线性代数与空间解析几何（第六版）学习指导教程

黄廷祝　蒲和平　主编

高等教育出版社·北京

内容简介

本书是"十二五"普通高等教育本科国家级规划教材《线性代数与空间解析几何》(第六版)(黄廷祝主编)的配套教学用书。全书共分七章,每章内容包括三部分:内容提要,典型例题,单元检测。

本书内容全面,题型丰富,融入了编者多年的教学实践经验,对问题分析透彻、叙述深入浅出,便于自学,可作为高等学校理、工、医、农、经、管等专业数学基础课程"线性代数"或"线性代数与空间解析几何"的学习参考书,对参加全国硕士研究生招生考试的学生具有很好的帮助与指导作用。

图书在版编目(CIP)数据

线性代数与空间解析几何(第六版)学习指导教程 / 黄廷祝,蒲和平主编．－－北京:高等教育出版社, 2021.12(2022.9重印)

ISBN 978－7－04－057313－8

Ⅰ.①线… Ⅱ.①黄… ②蒲… Ⅲ.①线性代数-高等学校-教学参考资料②立体几何-解析几何-高等学校-教学参考资料 Ⅳ.①O151.2②O182.2

中国版本图书馆 CIP 数据核字(2021)第 227916 号

Xianxing Daishu yu Kongjian Jiexi Jihe(Di-liu Ban) Xuexi Zhidao Jiaocheng

| 策划编辑 | 杨 帆 | 责任编辑 | 杨 帆 | 封面设计 | 贺雅馨 | 版式设计 | 马 云 |
| 插图绘制 | 于 博 | 责任校对 | 吕红颖 | 责任印制 | 存 怡 | | |

出版发行	高等教育出版社	网　　址	http://www.hep.edu.cn
社　　址	北京市西城区德外大街 4 号		http://www.hep.com.cn
邮政编码	100120	网上订购	http://www.hepmall.com.cn
印　　刷	北京市艺辉印刷有限公司		http://www.hepmall.com
开　　本	787mm×1092mm　1/16		http://www.hepmall.cn
印　　张	17		
字　　数	370 千字	版　　次	2021 年 12 月第 1 版
购书热线	010－58581118	印　　次	2022 年 9 月第 2 次印刷
咨询电话	400－810－0598	定　　价	37.80 元

前　言

本书是"十二五"普通高等教育本科国家级规划教材《线性代数与空间解析几何》(第六版)(黄廷祝主编,高等教育出版社出版)的配套教学用书。教材第六版是新工科背景下的特色教材,意在为理工类一年级学生搭建连接数学基础课程与前沿信息科技的桥梁,激发学生探索未知的兴趣、促进创新人才的培养。

为配合教材的学习,本书特别注重帮助读者增强对基础知识的理解、对课程内容与结构的把握,学会分析问题、解决问题的方法。在选材上力求全面、系统、典型、与教材协同,起到辅助与补充的作用。与教材同步,本书共分七章,每章包含三个部分:内容提要,典型例题,单元检测。

在"内容提要"部分,给出了教材对应各章内容的"知识结构框图",目的是帮助读者系统梳理本章的知识要点,把握知识间的相互关系,起到提纲挈领的作用;同时对章节知识做了全面的归纳总结,以便读者随时查阅与系统复习。

"典型例题"是本书的主体内容,我们精选了本课程的各类经典例题。这些例题除了部分典型的传统题目,还有很多选自历年全国硕士研究生招生考试试题。例题分三种类型:选择题,解答题,证明题。每个例题均给出了解答前的"分析";对某些具有代表性与普适性的方法以"评注"的形式给出了点评或总结,意在帮助读者提高认识问题、分析问题的能力,掌握解决问题的一般性方法。

"单元检测"是每章结束后的一套检测题,读者可做学习后的自测,以便了解自己对知识的掌握情况,检测题均有答案与提示。

书的最后附有几套期末检测题以及我校本课程的期末试题,为读者的课程复习与检测提供参考。在这些试题中有个别探究性与非标准答案的题目,这是我们近几年为配合教学改革所做的一点尝试,其目的是打破传统试题的局限,开阔学生的思维,发挥他们的能力,引导学生走出考试刷题的小圈子。

本书由黄廷祝、蒲和平主编。各章编者分别是:王转德(第一章、第二章),王博(第三章),蒲和平(第四章、第五章、附录),王也洲(第六章、第七章)。

借本书出版的机会,向一贯支持我们工作的高等教育出版社、电子科技大学教务处以及校内外关心、使用本书的读者与同行们致以诚挚的谢意！

限于编者水平，不足之处在所难免，敬请批评指正。

编　者

2021 年 6 月于成都

目 录

第一章　矩阵及其初等变换

一、内容提要

图 1.1　第一章知识结构框图

（一）矩阵及其运算

1. 矩阵的概念

（1）**定义**　由 $m \times n$ 个数排成的 m 行 n 列的数表

$$\begin{bmatrix} a_{11} & a_{12} & \cdots & a_{1n} \\ a_{21} & a_{22} & \cdots & a_{2n} \\ \vdots & \vdots & & \vdots \\ a_{m1} & a_{m2} & \cdots & a_{mn} \end{bmatrix}$$

称为一个 m 行 n 列矩阵,简称为 $m \times n$ 矩阵,记为 $\boldsymbol{A} = (a_{ij})_{m \times n}$,其中 $a_{ij}(i = 1, 2, \cdots, m; j = 1, 2, \cdots, n)$ 表示第 i 行第 j 列的元,i 称为 a_{ij} 的行指标,j 称为 a_{ij} 的列指标.

（2）几类特殊矩阵

n 阶方阵:$\boldsymbol{A} = (a_{ij})_{n \times n}$.

零矩阵:$\boldsymbol{A} = (a_{ij})_{m \times n}$,其中 $a_{ij} = 0 (i = 1, 2, \cdots, m; j = 1, 2, \cdots, n)$,记为 $\boldsymbol{A} = \boldsymbol{O}_{m \times n}$.

对角矩阵:$\boldsymbol{A} = (a_{ij})_{n \times n}$,其中 $a_{ij} = 0 (j \neq i)$,记为 $\boldsymbol{A} = \mathrm{diag}(a_{11}, a_{22}, \cdots, a_{nn})$.

数量矩阵:$\boldsymbol{A} = \mathrm{diag}(a_{11}, a_{22}, \cdots, a_{nn})$ 且 $a_{ii} = k(k$ 为非零常数$)(i = 1, 2, \cdots, n)$.

单位矩阵:$\boldsymbol{A} = \mathrm{diag}(a_{11}, a_{22}, \cdots, a_{nn})$ 且 $a_{ii} = 1 (i = 1, 2, \cdots, n)$,记为 $\boldsymbol{A} = \boldsymbol{I}$.

上三角形矩阵:$\boldsymbol{A} = (a_{ij})_{n \times n}$ 且 $a_{ij} = 0 (j < i)$.

下三角形矩阵:$\boldsymbol{A}=(a_{ij})_{n\times n}$且$a_{ij}=0(j>i)$.

2. 矩阵的线性运算

(1) 同型矩阵

$\boldsymbol{A}=(a_{ij})_{m\times n}$,$\boldsymbol{B}=(b_{ij})_{p\times q}$,若$m=p$,$n=q$,则称$\boldsymbol{A}$与$\boldsymbol{B}$为同型矩阵.

(2) 矩阵相等

$\boldsymbol{A}$与$\boldsymbol{B}$为同型矩阵,则$\boldsymbol{A}=\boldsymbol{B}\Leftrightarrow a_{ij}=b_{ij}(i=1,2,\cdots,m;j=1,2,\cdots,n)$.

(3) 矩阵的线性运算

矩阵的加法:$\boldsymbol{A}=(a_{ij})_{m\times n}$,$\boldsymbol{B}=(b_{ij})_{m\times n}$,定义$\boldsymbol{A}+\boldsymbol{B}=(a_{ij}+b_{ij})_{m\times n}$.

矩阵的数乘:$\boldsymbol{A}=(a_{ij})_{m\times n}$,$k$为常数,定义$k\boldsymbol{A}=(ka_{ij})_{m\times n}$.

矩阵的加法与数乘统称为矩阵的线性运算.

矩阵的线性运算满足下列八条性质:

1° $\boldsymbol{A}+\boldsymbol{B}=\boldsymbol{B}+\boldsymbol{A}$; 　　2° $(\boldsymbol{A}+\boldsymbol{B})+\boldsymbol{C}=\boldsymbol{A}+(\boldsymbol{B}+\boldsymbol{C})$;

3° $\boldsymbol{A}+\boldsymbol{O}=\boldsymbol{A}$; 　　4° $\boldsymbol{A}+(-\boldsymbol{A})=\boldsymbol{O}$;

5° $1\boldsymbol{A}=\boldsymbol{A}$; 　　6° $k(l\boldsymbol{A})=(kl)\boldsymbol{A}$;

7° $k(\boldsymbol{A}+\boldsymbol{B})=k\boldsymbol{A}+k\boldsymbol{B}$; 　　8° $(k+l)\boldsymbol{A}=k\boldsymbol{A}+l\boldsymbol{A}$,

其中$\boldsymbol{A}$,$\boldsymbol{B}$,$\boldsymbol{C}$为同型矩阵,k,l为常数.

3. 矩阵的乘法

(1) **定义**　设矩阵

$$\boldsymbol{A}=\begin{pmatrix} a_{11} & a_{12} & \cdots & a_{1n} \\ a_{21} & a_{22} & \cdots & a_{2n} \\ \vdots & \vdots & & \vdots \\ a_{m1} & a_{m2} & \cdots & a_{mn} \end{pmatrix},\quad \boldsymbol{B}=\begin{pmatrix} b_{11} & b_{12} & \cdots & b_{1s} \\ b_{21} & b_{22} & \cdots & b_{2s} \\ \vdots & \vdots & & \vdots \\ b_{n1} & b_{n2} & \cdots & b_{ns} \end{pmatrix},$$

则由元

$$c_{ij}=a_{i1}b_{1j}+a_{i2}b_{2j}+\cdots+a_{in}b_{nj} \quad (i=1,2,\cdots,m;j=1,2,\cdots,s)$$

组成的$m\times s$矩阵

$$\boldsymbol{C}=\begin{pmatrix} c_{11} & c_{12} & \cdots & c_{1s} \\ c_{21} & c_{22} & \cdots & c_{2s} \\ \vdots & \vdots & & \vdots \\ c_{m1} & c_{m2} & \cdots & c_{ms} \end{pmatrix}$$

称为矩阵$\boldsymbol{A}$与$\boldsymbol{B}$的乘积,记为$\boldsymbol{A}\boldsymbol{B}=\boldsymbol{C}$.

矩阵乘法具有以下特点:

1° 当$\boldsymbol{A}$的列数等于$\boldsymbol{B}$的行数时,$\boldsymbol{C}=\boldsymbol{A}\boldsymbol{B}$才有意义;

2° $\boldsymbol{C}$的行数等于$\boldsymbol{A}$的行数,$\boldsymbol{C}$的列数等于$\boldsymbol{B}$的列数;

3° $\boldsymbol{C}$的第i行第j列的元c_{ij}是$\boldsymbol{A}$的第i行元与$\boldsymbol{B}$的第j列元对应乘积之和.

(2) 矩阵乘法的运算规律

结合律:$(\boldsymbol{A}\boldsymbol{B})\boldsymbol{C}=\boldsymbol{A}(\boldsymbol{B}\boldsymbol{C})$,$(k\boldsymbol{A})\boldsymbol{B}=\boldsymbol{A}(k\boldsymbol{B})=k(\boldsymbol{A}\boldsymbol{B})$ (k为常数);

分配律:$(\boldsymbol{A}+\boldsymbol{B})\boldsymbol{C}=\boldsymbol{A}\boldsymbol{C}+\boldsymbol{B}\boldsymbol{C}$,$\boldsymbol{C}(\boldsymbol{A}+\boldsymbol{B})=\boldsymbol{C}\boldsymbol{A}+\boldsymbol{C}\boldsymbol{B}$.

矩阵乘法一般不满足交换律,即$\boldsymbol{A}\boldsymbol{B}\neq\boldsymbol{B}\boldsymbol{A}$;若$\boldsymbol{A}\boldsymbol{B}=\boldsymbol{B}\boldsymbol{A}$,则称矩阵$\boldsymbol{A}$与$\boldsymbol{B}$可交换.

4. 方阵的幂与矩阵多项式

（1）方阵的幂　设 A 是方阵，定义 $A^k = \underbrace{AA\cdots A}_{k个A相乘}$ 为 A 的 k 次幂.

（2）矩阵多项式

设 $f(x) = a_k x^k + a_{k-1} x^{k-1} + \cdots + a_1 x + a_0$ 是 x 的 k 次多项式，A 是 n 阶方阵，则称

$$f(A) = a_k A^k + a_{k-1} A^{k-1} + \cdots + a_1 A + a_0 I$$

为方阵 A 的 k 次多项式.

（3）运算规律

1° $A^k A^m = A^{k+m}$，$(A^k)^m = A^{km}$（k,m 为正整数）；

2° 设 $f(A)$，$g(A)$ 都是 A 的多项式，有

$$f(A)g(A) = g(A)f(A).$$

一般说来，$f(A)g(B) \neq g(B)f(A)$；若 $AB = BA$，则 $f(A)g(B) = g(B)f(A)$.

特别地，当 $AB = BA$ 时，有

$$(A + B)^k = \sum_{i=0}^{k} C_k^i A^{k-i} B^i.$$

5. 矩阵的转置运算

（1）**定义**　设 $A = \begin{bmatrix} a_{11} & a_{12} & \cdots & a_{1n} \\ a_{21} & a_{22} & \cdots & a_{2n} \\ \vdots & \vdots & & \vdots \\ a_{m1} & a_{m2} & \cdots & a_{mn} \end{bmatrix}$，将 A 的行、列互换后，所得到的矩阵称

为 A 的转置矩阵，记为 A^{T}，即

$$A^{\mathrm{T}} = \begin{bmatrix} a_{11} & a_{21} & \cdots & a_{m1} \\ a_{12} & a_{22} & \cdots & a_{m2} \\ \vdots & \vdots & & \vdots \\ a_{1n} & a_{2n} & \cdots & a_{mn} \end{bmatrix}.$$

（2）转置的运算规律

1° $(A^{\mathrm{T}})^{\mathrm{T}} = A$；

2° $(A + B)^{\mathrm{T}} = A^{\mathrm{T}} + B^{\mathrm{T}}$；

3° $(kA)^{\mathrm{T}} = kA^{\mathrm{T}}$；

4° $(AB)^{\mathrm{T}} = B^{\mathrm{T}} A^{\mathrm{T}}$，

其中 k 为常数.

（3）基于转置运算的两类矩阵

1° 对称矩阵：$A^{\mathrm{T}} = A$.

2° 反称矩阵：$A^{\mathrm{T}} = -A$.

（二）高斯消元法与矩阵的初等变换

1. 矩阵的初等变换

对矩阵施以下列 3 种变换称为矩阵的初等变换：

（1）交换矩阵的两行（列）的位置；

（2）用某一非零数 k 乘矩阵的某一行（列）的所有元；

（3）把矩阵某一行（列）的 k 倍加到另一行（列）.

2. 矩阵的等价

（1）**定义** 若矩阵 A 经过有限次初等变换变成矩阵 B，则称 A 与 B 等价，记为 $A \cong B$. 若 A 经过有限次行（列）初等变换化为 B，则称 A 与 B 行（列）等价.

（2）矩阵的等价性质

$1°$ 反身性：$A \cong A$；

$2°$ 对称性：$A \cong B \Leftrightarrow B \cong A$；

$3°$ 传递性：$A \cong B, B \cong C \Rightarrow A \cong C$.

3. 初等矩阵

（1）**定义** 对单位矩阵施行一次初等变换后得到的矩阵称为初等矩阵，即

$$
E_{ij} = \begin{pmatrix} 1 & & & & & & & & & & \\ & \ddots & & & & & & & & & \\ & & 1 & & & & & & & & \\ & & & 0 & \cdots & & 1 & & & & \\ & & & & 1 & & & & & & \\ & & & \vdots & & \ddots & \vdots & & & & \\ & & & & & & 1 & & & & \\ & & & 1 & \cdots & & 0 & & & & \\ & & & & & & & 1 & & & \\ & & & & & & & & \ddots & & \\ & & & & & & & & & 1 \end{pmatrix} \begin{matrix} \\ \\ \\ \text{（第 } i \text{ 行）} \\ \\ \\ \\ \text{（第 } j \text{ 行）} \\ \\ \\ \\ \end{matrix} ,
$$

$$
E_i(c) = \begin{pmatrix} 1 & & & & & & \\ & \ddots & & & & & \\ & & 1 & & & & \\ & & & c & & & \\ & & & & 1 & & \\ & & & & & \ddots & \\ & & & & & & 1 \end{pmatrix} \text{（第 } i \text{ 行）},
$$

$$
E_{ij}(c) = \begin{pmatrix} 1 & & & & & & \\ & \ddots & & & & & \\ & & 1 & & & & \\ & & \vdots & \ddots & & & \\ & & c & \cdots & 1 & & \\ & & & & & \ddots & \\ & & & & & & 1 \end{pmatrix} \begin{matrix} \\ \\ \text{（第 } i \text{ 行）} \\ \\ \text{（第 } j \text{ 行）} \\ \\ \\ \end{matrix} .
$$

（2）性质

$1°$ 对矩阵 A 施行一次行（列）初等变换相当于左（右）乘上对应的初等矩阵；

$2°$ A 与 B 行等价 $\Leftrightarrow$ 存在有限个初等矩阵 $E_1, E_2, \cdots, E_s$，使得 $E_s \cdots E_2 E_1 A = B$；

$3°$　$\boldsymbol{A}$ 与 $\boldsymbol{B}$ 列等价$\Leftrightarrow$存在有限个初等矩阵 $\boldsymbol{F}_1,\boldsymbol{F}_2,\cdots,\boldsymbol{F}_t$,使得 $\boldsymbol{A}\boldsymbol{F}_1\boldsymbol{F}_2\cdots\boldsymbol{F}_t=\boldsymbol{B}$;

$4°$　$\boldsymbol{A}$ 与 $\boldsymbol{B}$ 等价$\Leftrightarrow$存在有限个初等矩阵 $\boldsymbol{E}_1,\boldsymbol{E}_2,\cdots,\boldsymbol{E}_s,\boldsymbol{F}_1,\boldsymbol{F}_2,\cdots,\boldsymbol{F}_t$,使得

$$\boldsymbol{E}_s\cdots\boldsymbol{E}_2\boldsymbol{E}_1\boldsymbol{A}\boldsymbol{F}_1\boldsymbol{F}_2\cdots\boldsymbol{F}_t=\boldsymbol{B}.$$

4. 方程组求解的高斯消元法

定理　设有线性方程组 $\boldsymbol{A}\boldsymbol{X}=\boldsymbol{b}$,其中

$$\boldsymbol{A}=\begin{bmatrix} a_{11} & a_{12} & \cdots & a_{1n} \\ a_{21} & a_{22} & \cdots & a_{2n} \\ \vdots & \vdots & & \vdots \\ a_{m1} & a_{m2} & \cdots & a_{mn} \end{bmatrix}, \quad \boldsymbol{X}=\begin{bmatrix} x_1 \\ x_2 \\ \vdots \\ x_n \end{bmatrix}, \quad \boldsymbol{b}=\begin{bmatrix} b_1 \\ b_2 \\ \vdots \\ b_m \end{bmatrix},$$

对增广矩阵作行初等变换化为行阶梯形矩阵

$$\bar{\boldsymbol{A}}=(\boldsymbol{A},\boldsymbol{b}) \xrightarrow{\text{行初等变换}} \begin{bmatrix} c_{11} & c_{12} & \cdots & c_{1r} & c_{1,r+1} & \cdots & c_{1n} & d_1 \\ 0 & c_{22} & \cdots & c_{2r} & c_{2,r+1} & \cdots & c_{2n} & d_2 \\ \vdots & \vdots & & \vdots & \vdots & & \vdots & \vdots \\ 0 & 0 & \cdots & c_{rr} & c_{r,r+1} & \cdots & c_{rn} & d_r \\ 0 & 0 & \cdots & 0 & 0 & \cdots & 0 & d_{r+1} \\ 0 & 0 & \cdots & 0 & 0 & \cdots & 0 & 0 \\ \vdots & \vdots & & \vdots & \vdots & & \vdots & \vdots \\ 0 & 0 & \cdots & 0 & 0 & \cdots & 0 & 0 \end{bmatrix},$$

则方程组 $\boldsymbol{A}\boldsymbol{X}=\boldsymbol{b}$ 有解的充要条件是 $d_{r+1}=0$.

在 $d_{r+1}=0$ 时,若 $r=n$,方程组有唯一解;若 $r<n$,方程组有无穷多组解.

推论 1　齐次线性方程组 $\boldsymbol{A}\boldsymbol{X}=\boldsymbol{0}$ 有非零解的充要条件是 $r<n$.

推论 2　设 $\boldsymbol{A}=(a_{ij})_{m\times n}$,若 $m<n$,则方程组 $\boldsymbol{A}\boldsymbol{X}=\boldsymbol{0}$ 必有非零解.

(三) 逆矩阵

1. 定义　对于 n 阶矩阵 $\boldsymbol{A}$,若存在 n 阶矩阵 $\boldsymbol{B}$,使得 $\boldsymbol{A}\boldsymbol{B}=\boldsymbol{B}\boldsymbol{A}=\boldsymbol{I}$,则称 $\boldsymbol{A}$ 为可逆矩阵,并称 $\boldsymbol{B}$ 为 $\boldsymbol{A}$ 的逆矩阵,记为 $\boldsymbol{B}=\boldsymbol{A}^{-1}$.

2. 性质

(1) 若 $\boldsymbol{A}$ 可逆,则 $\boldsymbol{A}^{-1}$ 唯一;

(2) 若 $\boldsymbol{A}$ 可逆,则 $\boldsymbol{A}^{\mathrm{T}},\boldsymbol{A}^{-1}$ 均可逆,且有$(\boldsymbol{A}^{\mathrm{T}})^{-1}=(\boldsymbol{A}^{-1})^{\mathrm{T}}$, $(\boldsymbol{A}^{-1})^{-1}=\boldsymbol{A}$;

(3) 若 $\boldsymbol{A},\boldsymbol{B}$ 为同阶可逆矩阵,则 $\boldsymbol{A}\boldsymbol{B}$ 也可逆,且有$(\boldsymbol{A}\boldsymbol{B})^{-1}=\boldsymbol{B}^{-1}\boldsymbol{A}^{-1}$;

推广:若 $\boldsymbol{A}_i(i=1,\cdots,s)$ 可逆,则$(\boldsymbol{A}_1\boldsymbol{A}_2\cdots\boldsymbol{A}_s)^{-1}=\boldsymbol{A}_s^{-1}\cdots\boldsymbol{A}_2^{-1}\boldsymbol{A}_1^{-1}$.

(4) 若 $\boldsymbol{A}$ 可逆,且 $k\neq 0$,则$(k\boldsymbol{A})^{-1}=\dfrac{1}{k}\boldsymbol{A}^{-1}$.

3. 矩阵可逆的充要条件

n 阶矩阵 $\boldsymbol{A}$ 可逆$\Leftrightarrow$存在 n 阶矩阵 $\boldsymbol{B}$,使得 $\boldsymbol{A}\boldsymbol{B}=\boldsymbol{B}\boldsymbol{A}=\boldsymbol{I}$

　　　　　　　　$\Leftrightarrow\boldsymbol{A}$ 可表示成有限个初等矩阵的乘积

　　　　　　　　$\Leftrightarrow\boldsymbol{A}$ 与单位矩阵 $\boldsymbol{I}$ 等价

　　　　　　　　$\Leftrightarrow\boldsymbol{A}\boldsymbol{X}=\boldsymbol{0}$ 只有零解

　　　　　　　　$\Leftrightarrow\boldsymbol{A}\boldsymbol{X}=\boldsymbol{b}$ 有唯一解.

4. 用初等变换求逆矩阵

$$(A,I) \xrightarrow{\text{行初等变换}} (I,A^{-1})$$

（四）分块矩阵

以子矩阵为元的矩阵称为分块矩阵.对分块矩阵做加法、数乘、乘法运算时,与矩阵的加法、数乘、乘法运算对应一致,特别是求分块对角矩阵的逆矩阵时,可把它化为求对角线上的子矩阵的逆.

 二、典型例题

（一）选择题

例 1　设 A,B 都是 n 阶矩阵,则 $(A+B)^2 = A^2 + 2AB + B^2$ 的充要条件是(　　).
(A) $A=I$　　　　(B) $B=O$　　　　(C) $AB=BA$　　　　(D) $A=B$

分析　矩阵运算与代数运算的差异主要有两点:不满足交换律与消去律,即一般地 $AB \neq BA$;$AB=O$ 未必有 $A=O$ 或 $B=O$.(A)、(B)、(D)均为等式 $(A+B)^2 = A^2 + 2AB + B^2$ 成立的充分条件,但非必要条件,故(C)是正确答案.

答案　(C).

例 2　设 A,B 都是 n 阶对称矩阵,则下列结论不正确的是(　　).
(A) $A+B$ 也是对称矩阵
(B) AB 也是对称矩阵
(C) $A^m + B^m$(m 为正整数)也是对称矩阵
(D) $BA^\mathrm{T} + AB^\mathrm{T}$ 也是对称矩阵

分析　逐项计算转置矩阵看是否为对称矩阵即可.因 $(AB)^\mathrm{T} = B^\mathrm{T}A^\mathrm{T} = BA$,但一般 $AB \neq BA$,故(B)是正确答案.

答案　(B).

例 3　设 A,B,C 均为 n 阶方阵,若 $AB=BA,AC=CA$,则 ABC 等于(　　).
(A) ACB　　　　(B) CBA　　　　(C) BCA　　　　(D) CAB

分析　$ABC = (BA)C = B(AC) = BCA$,故(C)是正确答案.

答案　(C).

例 4　设 A,B,C 均为 n 阶方阵,若 $AB=BC=CA=I$,则 $A^2 + B^2 + C^2$ 等于(　　).
(A) $3I$　　　　(B) $2I$　　　　(C) I　　　　(D) O

分析　$I = (AB)(CA) = A(BC)A = A^2$,$I = (BC)(AB) = B(CA)B = B^2$,$I = (CA)(BC) = C(AB)C = C^2$,所以 $A^2 + B^2 + C^2 = 3I$,故(A)是正确答案.

答案　(A).

例 5　设 A,B 为 n 阶方阵,则(　　).
(A) A 或 B 可逆,必有 AB 可逆　　　　(B) A 或 B 不可逆,必有 AB 不可逆

（C）A 且 B 可逆,必有 $A+B$ 可逆　　　　（D）A 且 B 不可逆,必有 $A+B$ 不可逆

分析　若 A 或 B 不可逆,不妨设 B 不可逆,则存在 $X \neq 0$,使得 $BX = 0$.因此 $ABX = 0$,即 $ABX = 0$ 有非零解,必有 AB 不可逆.故（B）是正确答案.

答案　（B）.

例 6　设 A 可逆,B 与 A 为同阶方阵,则（　　　）.

（A）$AB = BA$　　　　　　　　　　（B）A 为对称矩阵

（C）$ABX = 0$ 与 $AX = 0$ 同解　　　（D）A^{T} 为可逆矩阵

分析　$(A^{\mathrm{T}})^{-1} = (A^{-1})^{\mathrm{T}}$,故（D）是正确答案.

答案　（D）.

例 7　设 A,B,C 均为 n 阶方阵,且 $ABC = I$,则必有（　　　）.

（A）$ACB = I$　　　（B）$CBA = I$　　　（C）$BAC = I$　　　（D）$BCA = I$

分析　由 $ABC = I$,说明 A 与 BC,或 AB 与 C 互为逆矩阵,即 $(AB)^{-1} = C$,$A^{-1} = BC$,故有 $A(BC) = (BC)A = (AB)C = C(AB) = I$,对比选项可知（D）为正确答案.其余选项因矩阵乘法不满足交换律而不成立.

答案　（D）.

例 8　设 $A,B,A+B,A^{-1}+B^{-1}$ 均为 n 阶可逆矩阵,则 $(A^{-1}+B^{-1})^{-1}$ 等于（　　　）.

（A）$A^{-1}+B^{-1}$　　　（B）$A+B$　　　（C）$A(A+B)^{-1}B$　　　（D）$(A+B)^{-1}$

分析　（A）可立即排除,这是因为 $A^{-1}+B^{-1}$ 的逆矩阵一般不等于自身;另外矩阵和的逆并不等于矩阵逆的和,故（B）错误.剩下（C）,（D）直接验证有一定的难度,不妨反求答案（C）,（D）的逆矩阵,看是否等于 $A^{-1}+B^{-1}$,因 $[A(A+B)^{-1}B]^{-1} = B^{-1}(A+B)A^{-1} = A^{-1}+B^{-1}$,$[(A+B)^{-1}]^{-1} = A+B$,故可知（C）为正确答案.

答案　（C）.

例 9　设 A 为 n 阶可逆矩阵,则（　　　）.

（A）若 $AB = CB$,则 $A = C$

（B）A 总可以经过行初等变换化为 I

（C）对矩阵 (A,I) 施行若干次初等变换,当 A 变为 I 时,相应地 I 变为 A^{-1}

（D）以上都不对

分析　由于矩阵乘法不满足消去律,当 B 不可逆时,一般 $A \neq C$,即（A）错误;（C）必须限于行初等变换,在 A 可逆的条件下,A 总可以经过行初等变换化为单位矩阵,故（B）为正确答案.

答案　（B）.

例 10　设

$$A = \begin{pmatrix} a_{11} & a_{12} & a_{13} \\ a_{21} & a_{22} & a_{23} \\ a_{31} & a_{32} & a_{33} \end{pmatrix}, \quad B = \begin{pmatrix} a_{21} & a_{22} & a_{23} \\ a_{11} & a_{12} & a_{13} \\ a_{31}+a_{11} & a_{32}+a_{12} & a_{33}+a_{13} \end{pmatrix},$$

$$P_1 = \begin{pmatrix} 0 & 1 & 0 \\ 1 & 0 & 0 \\ 0 & 0 & 1 \end{pmatrix}, \quad P_2 = \begin{pmatrix} 1 & 0 & 0 \\ 0 & 1 & 0 \\ 1 & 0 & 1 \end{pmatrix},$$

则必有(　　).

(A) $AP_1P_2=B$　　(B) $AP_2P_1=B$　　(C) $P_1P_2A=B$　　(D) $P_2P_1A=B$

分析　B 是 A 经过把第一行加到第三行,然后交换第一行与第二行的行初等变换得到的,因此(C)为正确答案.本题应注意左乘与右乘初等矩阵 P_1,P_2 分别对应行、列初等变换,同时还应注意所作初等变换的前后顺序.

答案　(C).

例 11　设矩阵 A 经过列初等变换化成矩阵 B,则(　　).

(A) 存在矩阵 P,使得 $PA=B$　　(B) 存在矩阵 P,使得 $BP=A$

(C) 存在矩阵 P,使得 $PB=A$　　(D) 方程组 $AX=0$ 与 $BX=0$ 同解

分析　根据初等变换与初等矩阵乘法的关系以及可逆矩阵与初等矩阵的关系,A 经过列初等变换化成矩阵 B 即为 A 与 B 列等价,故存在可逆矩阵 Q,使得 $AQ=B$.记 $P=Q^{-1}$,则有 $BP=A$.故选(B).

答案　(B).

例 12　已知矩阵 $A=\begin{pmatrix} 1 & 0 & -1 \\ 2 & -1 & 1 \\ -1 & 2 & -5 \end{pmatrix}$,若有下三角形可逆矩阵 P 和上三角形可逆矩阵 Q,使得 PAQ 为对角矩阵,则 P,Q 可分别取为(　　).

(A) $\begin{pmatrix} 1 & 0 & 0 \\ 0 & 1 & 0 \\ 0 & 0 & 1 \end{pmatrix}$,$\begin{pmatrix} 1 & 0 & 1 \\ 0 & 1 & 3 \\ 0 & 0 & 1 \end{pmatrix}$　　(B) $\begin{pmatrix} 1 & 0 & 0 \\ 2 & -1 & 0 \\ -3 & 2 & 1 \end{pmatrix}$,$\begin{pmatrix} 1 & 0 & 0 \\ 0 & 1 & 0 \\ 0 & 0 & 1 \end{pmatrix}$

(C) $\begin{pmatrix} 1 & 0 & 0 \\ 2 & -1 & 0 \\ -3 & 2 & 1 \end{pmatrix}$,$\begin{pmatrix} 1 & 0 & 1 \\ 0 & 1 & 3 \\ 0 & 0 & 1 \end{pmatrix}$　　(D) $\begin{pmatrix} 1 & 0 & 0 \\ 0 & 1 & 0 \\ 1 & 3 & 1 \end{pmatrix}$,$\begin{pmatrix} 1 & 2 & -3 \\ 0 & -1 & 2 \\ 0 & 0 & 1 \end{pmatrix}$

分析　对(A,I)做行初等变换可得

$$(A,I)=\begin{pmatrix} 1 & 0 & -1 & 1 & 0 & 0 \\ 2 & -1 & 1 & 0 & 1 & 0 \\ -1 & 2 & -5 & 0 & 0 & 1 \end{pmatrix} \rightarrow \begin{pmatrix} 1 & 0 & -1 & 1 & 0 & 0 \\ 0 & -1 & 3 & -2 & 1 & 0 \\ 0 & 2 & -6 & 1 & 0 & 1 \end{pmatrix} \rightarrow$$

$\begin{pmatrix} 1 & 0 & -1 & 1 & 0 & 0 \\ 0 & 1 & -3 & 2 & -1 & 0 \\ 0 & 0 & 0 & -3 & 2 & 1 \end{pmatrix}$,由此可得 $P=\begin{pmatrix} 1 & 0 & 0 \\ 2 & -1 & 0 \\ -3 & 2 & 1 \end{pmatrix}$. 记 $B=\begin{pmatrix} 1 & 0 & -1 \\ 0 & 1 & -3 \\ 0 & 0 & 0 \end{pmatrix}$,对 $\begin{pmatrix} B \\ I \end{pmatrix}$ 做列初等变换可得

$$\begin{pmatrix} B \\ I \end{pmatrix}=\begin{pmatrix} 1 & 0 & -1 \\ 0 & 1 & -3 \\ 0 & 0 & 0 \\ 1 & 0 & 0 \\ 0 & 1 & 0 \\ 0 & 0 & 1 \end{pmatrix} \rightarrow \begin{pmatrix} 1 & 0 & 0 \\ 0 & 1 & 0 \\ 0 & 0 & 0 \\ 1 & 0 & 1 \\ 0 & 1 & 3 \\ 0 & 0 & 1 \end{pmatrix}$$,由此可得 $Q=\begin{pmatrix} 1 & 0 & 1 \\ 0 & 1 & 3 \\ 0 & 0 & 1 \end{pmatrix}$. 故选(C).

答案　(C).

例 13 设 A 为 3 阶方阵，P 为 3 阶可逆方阵且 $P^{-1}AP = \begin{pmatrix} 1 & 0 & 0 \\ 0 & 1 & 0 \\ 0 & 0 & 2 \end{pmatrix}$，若 $P = (\boldsymbol{\alpha}_1,$

$\boldsymbol{\alpha}_2, \boldsymbol{\alpha}_3)$，$Q = (\boldsymbol{\alpha}_1 + \boldsymbol{\alpha}_2, \boldsymbol{\alpha}_2, \boldsymbol{\alpha}_3)$，则 $Q^{-1}AQ = ($ $)$.

(A) $\begin{pmatrix} 1 & 0 & 0 \\ 0 & 2 & 0 \\ 0 & 0 & 1 \end{pmatrix}$ (B) $\begin{pmatrix} 1 & 0 & 0 \\ 0 & 1 & 0 \\ 0 & 0 & 2 \end{pmatrix}$

(C) $\begin{pmatrix} 2 & 0 & 0 \\ 0 & 1 & 0 \\ 0 & 0 & 2 \end{pmatrix}$ (D) $\begin{pmatrix} 2 & 0 & 0 \\ 0 & 2 & 0 \\ 0 & 0 & 1 \end{pmatrix}$

分析 $Q = (\boldsymbol{\alpha}_1 + \boldsymbol{\alpha}_2, \boldsymbol{\alpha}_2, \boldsymbol{\alpha}_3) = (\boldsymbol{\alpha}_1, \boldsymbol{\alpha}_2, \boldsymbol{\alpha}_3) E_{12}(1) = P E_{12}(1)$，故

$$Q^{-1}AQ = E_{12}^{-1}(1) P^{-1} A P E_{12}(1) = E_{12}^{-1}(1) \begin{pmatrix} 1 & 0 & 0 \\ 0 & 1 & 0 \\ 0 & 0 & 2 \end{pmatrix} E_{12}(1) = \begin{pmatrix} 1 & 0 & 0 \\ 0 & 1 & 0 \\ 0 & 0 & 2 \end{pmatrix},$$

故选(B).

答案 (B).

例 14 设分块矩阵 $\boldsymbol{X} = \begin{pmatrix} \boldsymbol{A}_1 & \boldsymbol{\alpha}_1 \\ \boldsymbol{\beta}_1 & 1 \end{pmatrix}$，$\boldsymbol{X}^{-1} = \begin{pmatrix} \boldsymbol{A}_2 & \boldsymbol{\alpha}_2 \\ \boldsymbol{\beta}_2 & \alpha \end{pmatrix}$，其中 $\boldsymbol{A}_i$ 为 $n \times n$ 矩阵，$\boldsymbol{\alpha}_i$ 为

$n \times 1$ 矩阵，$\boldsymbol{\beta}_i$ 为 $1 \times n$ 矩阵，$i = 1, 2$，α 为实数，则 α 等于(   ).

(A) 1   (B) $\boldsymbol{\beta}_1 \boldsymbol{A}_1^{-1} \boldsymbol{\alpha}_1$

(C) $\dfrac{1}{1 - \boldsymbol{\beta}_1 \boldsymbol{A}_1^{-1} \boldsymbol{\alpha}_1}$ (D) $\dfrac{1}{1 + \boldsymbol{\beta}_1 \boldsymbol{A}_1^{-1} \boldsymbol{\alpha}_1}$

分析 由 $\begin{pmatrix} \boldsymbol{A}_1 & \boldsymbol{\alpha}_1 \\ \boldsymbol{\beta}_1 & 1 \end{pmatrix} \begin{pmatrix} \boldsymbol{A}_2 & \boldsymbol{\alpha}_2 \\ \boldsymbol{\beta}_2 & \alpha \end{pmatrix} = \boldsymbol{X}\boldsymbol{X}^{-1} = \begin{pmatrix} \boldsymbol{I} & \boldsymbol{0} \\ \boldsymbol{0} & 1 \end{pmatrix}$ 得

$$\begin{cases} \boldsymbol{A}_1 \boldsymbol{A}_2 + \boldsymbol{\alpha}_1 \boldsymbol{\beta}_2 = \boldsymbol{I}, \\ \boldsymbol{A}_1 \boldsymbol{\alpha}_2 + \alpha \boldsymbol{\alpha}_1 = \boldsymbol{0}, \\ \boldsymbol{\beta}_1 \boldsymbol{A}_2 + \boldsymbol{\beta}_2 = \boldsymbol{0}, \\ \boldsymbol{\beta}_1 \boldsymbol{\alpha}_2 + \alpha = 1. \end{cases}$$

由 $\boldsymbol{\beta}_1 \boldsymbol{\alpha}_2 + \alpha = 1$，有 $\alpha = 1 - \boldsymbol{\beta}_1 \boldsymbol{\alpha}_2 = 1 - \boldsymbol{\beta}_1 \boldsymbol{A}_1^{-1} \boldsymbol{A}_1 \boldsymbol{\alpha}_2 = 1 - \boldsymbol{\beta}_1 \boldsymbol{A}_1^{-1} (\boldsymbol{A}_1 \boldsymbol{\alpha}_2)$.利用第二个方程

得 $\alpha = 1 - \boldsymbol{\beta}_1 \boldsymbol{A}_1^{-1}(-\alpha \boldsymbol{\alpha}_1) = 1 + \alpha \boldsymbol{\beta}_1 \boldsymbol{A}_1^{-1} \boldsymbol{\alpha}_1$.故 $\alpha = \dfrac{1}{1 - \boldsymbol{\beta}_1 \boldsymbol{A}_1^{-1} \boldsymbol{\alpha}_1}$.

答案 (C).

例 15 下列结论不正确的是(   ).

(A) 设 A 为 n 阶矩阵，则 $(A + I)(A - I) = A^2 - I$

(B) 设 A, B 均为 $n \times 1$ 矩阵，则 $A^{\mathrm{T}}B = B^{\mathrm{T}}A$

(C) 设 A, B 均为 n 阶矩阵，且满足 $AB = O$，则 $(A + B)^2 = A^2 + B^2$

(D) 设 A, B 均为 n 阶矩阵，且满足 $AB = BA$，则 $A^5 B^3 = B^3 A^5$

分析 因 $(A + I)(A - I) = A^2 - AI + IA - I = A^2 - I$，故(A)正确.因为 A, B 均为

$n \times 1$ 矩阵，所以 $A^{\mathrm{T}}B, B^{\mathrm{T}}A$ 均为一阶矩阵，从而 $A^{\mathrm{T}}B = (A^{\mathrm{T}}B)^{\mathrm{T}} = B^{\mathrm{T}}A$，故(B)正确.由

于 $AB=O$ 一般推不出 $BA=O$,因此 $(A+B)^2=A^2+AB+BA+B^2\neq A^2+B^2$,故(C)不正确.由 $AB=BA$,可知 $AB^3=ABB^2=(BA)B^2=B(AB)B=B^2(AB)=B^3A$,所以 $A^5B^3=A^4(AB^3)=A^4(B^3A)=A^3(AB^3)A=\cdots=B^3A^5$,故(D)正确.因此,应选(C).

答案 (C).

(二)解答题

例 1 设矩阵

$$A=\begin{pmatrix}1&2&1\\2&1&1\\1&1&2\end{pmatrix},\quad B=\begin{pmatrix}-1&1&0\\1&3&1\\-1&0&1\end{pmatrix},$$

求 $(A+B)^2-(A^2+2AB+B^2)$.

分析 利用 $(A+B)^2=A^2+AB+BA+B$,代入表达式化简即可.

解 先化简

$$(A+B)^2-(A^2+2AB+B^2)=A^2+AB+BA+B^2-A^2-2AB-B^2$$
$$=BA-AB,$$

由于

$$BA=\begin{pmatrix}-1&1&0\\1&3&1\\-1&0&1\end{pmatrix}\begin{pmatrix}1&2&1\\2&1&1\\1&1&2\end{pmatrix}=\begin{pmatrix}1&-1&0\\8&6&6\\0&-1&1\end{pmatrix},$$

$$AB=\begin{pmatrix}1&2&1\\2&1&1\\1&1&2\end{pmatrix}\begin{pmatrix}-1&1&0\\1&3&1\\-1&0&1\end{pmatrix}=\begin{pmatrix}0&7&3\\-2&5&2\\-2&4&3\end{pmatrix},$$

所以

$$(A+B)^2-(A^2+2AB+B^2)=BA-AB$$
$$=\begin{pmatrix}1&-1&0\\8&6&6\\0&-1&1\end{pmatrix}-\begin{pmatrix}0&7&3\\-2&5&2\\-2&4&3\end{pmatrix}=\begin{pmatrix}1&-8&-3\\10&1&4\\2&-5&-2\end{pmatrix}.$$

评注 这个例子表明,对一般的 n 阶方阵 A,B,

$$(A+B)^2=A^2+2AB+B^2$$

一般不成立,只有当 $AB=BA$ 时,上式才能成立.

例 2 已知矩阵 $A=PQ$,其中 $P=\begin{pmatrix}1\\2\\1\end{pmatrix}$,$Q=(2,-1,2)$,求矩阵 A,A^2,A^{100}.

分析 计算方阵的高次幂除了用数学归纳法外,还应结合方阵自身的特征进行讨论.本题的关键是注意 PQ 为矩阵,而 QP 为数,利用矩阵乘法的结合律可得

$$A^2=PQPQ=P(QP)Q=2PQ.$$

解 $A=PQ=\begin{pmatrix}1\\2\\1\end{pmatrix}(2,-1,2)=\begin{pmatrix}2&-1&2\\4&-2&4\\2&-1&2\end{pmatrix},\quad QP=(2,-1,2)\begin{pmatrix}1\\2\\1\end{pmatrix}=2.$

$$A^2 = PQPQ = P(QP)Q = 2PQ = 2A,$$
$$A^3 = A^2A = 2AA = 2A^2 = 2^2A.$$

一般地,设 $A^{k-1} = 2^{k-2}A$,则
$$A^k = A^{k-1}A = 2^{k-2}AA = 2^{k-2}A^2 = 2^{k-1}A.$$

根据数学归纳法,有 $A^k = 2^{k-1}A$.于是

$$A^{100} = 2^{99}A = 2^{99}\begin{pmatrix} 2 & -1 & 2 \\ 4 & -2 & 4 \\ 2 & -1 & 2 \end{pmatrix} = 2^{100}\begin{pmatrix} 1 & -\dfrac{1}{2} & 1 \\ 2 & -1 & 2 \\ 1 & -\dfrac{1}{2} & 1 \end{pmatrix}.$$

例 3 已知 $A = \begin{pmatrix} 1 & 1 & 0 \\ 0 & 1 & 1 \\ 0 & 0 & 1 \end{pmatrix}$,试求 A^n.

分析 由 A 的元素特点得 $A = I + B$,其中 $B = \begin{pmatrix} 0 & 1 & 0 \\ 0 & 0 & 1 \\ 0 & 0 & 0 \end{pmatrix}$,将 A^n 转化为

$(I+B)^n$,或用数学归纳法.

解法 1 由于 $A = \begin{pmatrix} 1 & 1 & 0 \\ 0 & 1 & 1 \\ 0 & 0 & 1 \end{pmatrix} = \begin{pmatrix} 1 & 0 & 0 \\ 0 & 1 & 0 \\ 0 & 0 & 1 \end{pmatrix} + \begin{pmatrix} 0 & 1 & 0 \\ 0 & 0 & 1 \\ 0 & 0 & 0 \end{pmatrix} \xlongequal{\text{记为}} I + B$,且 I 与 B 可交

换,故有

$$A^n = (I+B)^n = \sum_{i=0}^{n} C_n^i I^{n-i}B^i$$
$$= I^n + nI^{n-1}B + \frac{n(n-1)}{2}I^{n-2}B^2 + \frac{n(n-1)(n-2)}{3!}I^{n-3}B^3 + \cdots + B^n,$$

而 $I^n = I^{n-1} = \cdots = I$,且由 $B = \begin{pmatrix} 0 & 1 & 0 \\ 0 & 0 & 1 \\ 0 & 0 & 0 \end{pmatrix}$ 可得,

$$B^2 = \begin{pmatrix} 0 & 1 & 0 \\ 0 & 0 & 1 \\ 0 & 0 & 0 \end{pmatrix}\begin{pmatrix} 0 & 1 & 0 \\ 0 & 0 & 1 \\ 0 & 0 & 0 \end{pmatrix} = \begin{pmatrix} 0 & 0 & 1 \\ 0 & 0 & 0 \\ 0 & 0 & 0 \end{pmatrix},$$

$$B^3 = B^2B = \begin{pmatrix} 0 & 0 & 1 \\ 0 & 0 & 0 \\ 0 & 0 & 0 \end{pmatrix}\begin{pmatrix} 0 & 1 & 0 \\ 0 & 0 & 1 \\ 0 & 0 & 0 \end{pmatrix} = \begin{pmatrix} 0 & 0 & 0 \\ 0 & 0 & 0 \\ 0 & 0 & 0 \end{pmatrix},$$

故

$$B^k = O, \quad 3 \leqslant k \leqslant n.$$

所以

$$A^n = (I+B)^n = I^n + nI^{n-1}B + \frac{n(n-1)}{2}I^{n-2}B^2$$

$$= \begin{pmatrix} 1 & 0 & 0 \\ 0 & 1 & 0 \\ 0 & 0 & 1 \end{pmatrix} + \begin{pmatrix} 0 & n & 0 \\ 0 & 0 & n \\ 0 & 0 & 0 \end{pmatrix} + \begin{pmatrix} 0 & 0 & \dfrac{n(n-1)}{2} \\ 0 & 0 & 0 \\ 0 & 0 & 0 \end{pmatrix} = \begin{pmatrix} 1 & n & \dfrac{n(n-1)}{2} \\ 0 & 1 & n \\ 0 & 0 & 1 \end{pmatrix}.$$

解法 2 因为

$$\boldsymbol{A}^2 = \boldsymbol{A}\boldsymbol{A} = \begin{pmatrix} 1 & 2 & 1 \\ 0 & 1 & 2 \\ 0 & 0 & 1 \end{pmatrix}, \quad \boldsymbol{A}^3 = \boldsymbol{A}^2\boldsymbol{A} = \begin{pmatrix} 1 & 3 & 3 \\ 0 & 1 & 3 \\ 0 & 0 & 1 \end{pmatrix}, \quad \boldsymbol{A}^4 = \boldsymbol{A}^3\boldsymbol{A} = \begin{pmatrix} 1 & 4 & 6 \\ 0 & 1 & 4 \\ 0 & 0 & 1 \end{pmatrix}.$$

观察这些矩阵的规律,可推测

$$\boldsymbol{A}^n = \begin{pmatrix} 1 & n & \dfrac{n(n-1)}{2} \\ 0 & 1 & n \\ 0 & 0 & 1 \end{pmatrix}.$$

此结论是否正确?下面用数学归纳法证明.

当 $n=2$ 时,上面已验算成立.

假设当 $n=k$ 时成立,即

$$\boldsymbol{A}^k = \begin{pmatrix} 1 & k & \dfrac{k(k-1)}{2} \\ 0 & 1 & k \\ 0 & 0 & 1 \end{pmatrix}.$$

当 $n=k+1$ 时,有

$$\boldsymbol{A}^{k+1} = \boldsymbol{A}^k\boldsymbol{A} = \begin{pmatrix} 1 & k & \dfrac{k(k-1)}{2} \\ 0 & 1 & k \\ 0 & 0 & 1 \end{pmatrix} \begin{pmatrix} 1 & 1 & 0 \\ 0 & 1 & 1 \\ 0 & 0 & 1 \end{pmatrix} = \begin{pmatrix} 1 & k+1 & \dfrac{(k+1)k}{2} \\ 0 & 1 & k+1 \\ 0 & 0 & 1 \end{pmatrix},$$

故 $n=k+1$ 时结论亦成立.于是上述结果正确.

评注 第二种方法是常规的数学归纳法,属于常规思维.第一种方法利用乘积可换时的二项式展开,把矩阵 $\boldsymbol{A}$ 的幂转化为特殊矩阵 $\boldsymbol{B}$ 的幂,简洁明了.

例 4 解下列线性方程组:

$$(1) \begin{cases} 2x_1 - x_2 + 3x_3 = 1, \\ 4x_1 - 2x_2 + 5x_3 = 4, \\ 2x_1 - x_2 + 4x_3 = 0; \end{cases} \quad (2) \begin{cases} x_1 - 2x_2 + 3x_3 - 4x_4 = 0, \\ \qquad x_2 - x_3 + x_4 = 0, \\ x_1 + 3x_2 \qquad - 3x_4 = 0, \\ \qquad -7x_2 + 3x_3 + x_4 = 0; \end{cases}$$

$$(3) \begin{cases} 2x_1 - x_2 + 3x_3 = 1, \\ 2x_1 \qquad + 2x_3 = 6, \\ 4x_1 + 2x_2 + 5x_3 = 7. \end{cases}$$

分析 对增广矩阵 $\overline{\boldsymbol{A}} = (\boldsymbol{A}, \boldsymbol{b})$ 作初等变换,借助于行阶梯形矩阵或简化行阶梯形矩阵求解.

解 (1) $\bar{A} = (A, b) = \begin{pmatrix} 2 & -1 & 3 & \vdots & 1 \\ 4 & -2 & 5 & \vdots & 4 \\ 2 & -1 & 4 & \vdots & 0 \end{pmatrix} \longrightarrow \begin{pmatrix} 2 & -1 & 3 & \vdots & 1 \\ 0 & 0 & -1 & \vdots & 2 \\ 0 & 0 & 1 & \vdots & -1 \end{pmatrix}$

$$\longrightarrow \begin{pmatrix} 2 & -1 & 3 & \vdots & 1 \\ 0 & 0 & -1 & \vdots & 2 \\ 0 & 0 & 0 & \vdots & 1 \end{pmatrix},$$

由行阶梯形矩阵可知, 该方程组无解.

(2) $\bar{A} = (A, b) = \begin{pmatrix} 1 & -2 & 3 & -4 & \vdots & 0 \\ 0 & 1 & -1 & 1 & \vdots & 0 \\ 1 & 3 & 0 & -3 & \vdots & 0 \\ 0 & -7 & 3 & 1 & \vdots & 0 \end{pmatrix} \longrightarrow \begin{pmatrix} 1 & -2 & 3 & -4 & \vdots & 0 \\ 0 & 1 & -1 & 1 & \vdots & 0 \\ 0 & 5 & -3 & 1 & \vdots & 0 \\ 0 & -7 & 3 & 1 & \vdots & 0 \end{pmatrix}$

$$\longrightarrow \begin{pmatrix} 1 & -2 & 3 & -4 & \vdots & 0 \\ 0 & 1 & -1 & 1 & \vdots & 0 \\ 0 & 0 & 2 & -4 & \vdots & 0 \\ 0 & 0 & -4 & 8 & \vdots & 0 \end{pmatrix} \longrightarrow \begin{pmatrix} 1 & -2 & 3 & -4 & \vdots & 0 \\ 0 & 1 & -1 & 1 & \vdots & 0 \\ 0 & 0 & 1 & -2 & \vdots & 0 \\ 0 & 0 & 0 & 0 & \vdots & 0 \end{pmatrix}$$

$$\longrightarrow \begin{pmatrix} 1 & 0 & 0 & 0 & \vdots & 0 \\ 0 & 1 & 0 & -1 & \vdots & 0 \\ 0 & 0 & 1 & -2 & \vdots & 0 \\ 0 & 0 & 0 & 0 & \vdots & 0 \end{pmatrix}.$$

由行阶梯形矩阵可知, 该方程组有无穷多解, 且解为

$$\begin{cases} x_1 = 0, \\ x_2 = k, \\ x_3 = 2k, \\ x_4 = k \end{cases} \quad (k \text{ 为任意常数}).$$

(3) $\bar{A} = (A, b) = \begin{pmatrix} 2 & -1 & 3 & \vdots & 1 \\ 2 & 0 & 2 & \vdots & 6 \\ 4 & 2 & 5 & \vdots & 7 \end{pmatrix} \longrightarrow \begin{pmatrix} 1 & 0 & 1 & \vdots & 3 \\ 2 & -1 & 3 & \vdots & 1 \\ 4 & 2 & 5 & \vdots & 7 \end{pmatrix} \longrightarrow \begin{pmatrix} 1 & 0 & 1 & \vdots & 3 \\ 0 & -1 & 1 & \vdots & -5 \\ 0 & 2 & 1 & \vdots & -5 \end{pmatrix}$

$$\longrightarrow \begin{pmatrix} 1 & 0 & 1 & \vdots & 3 \\ 0 & -1 & 1 & \vdots & -5 \\ 0 & 0 & 3 & \vdots & -15 \end{pmatrix} \longrightarrow \begin{pmatrix} 1 & 0 & 1 & \vdots & 3 \\ 0 & -1 & 1 & \vdots & -5 \\ 0 & 0 & 1 & \vdots & -5 \end{pmatrix} \longrightarrow \begin{pmatrix} 1 & 0 & 0 & \vdots & 8 \\ 0 & 1 & 0 & \vdots & 0 \\ 0 & 0 & 1 & \vdots & -5 \end{pmatrix},$$

由简化行阶梯形矩阵可知, 该方程组有唯一解, 且解为 $\begin{cases} x_1 = 8, \\ x_2 = 0, \\ x_3 = -5. \end{cases}$

例 5 当 c, d 为何值时, 线性方程组

$$\begin{cases} x_1 + x_2 + x_3 + x_4 + x_5 = 1, \\ 3x_1 + 2x_2 + x_3 + x_4 - 3x_5 = c, \\ x_2 + 2x_3 + 2x_4 + 6x_5 = 3, \\ 5x_1 + 4x_2 + 3x_3 + 3x_4 - x_5 = d \end{cases}$$

有解? 当有解时, 试求其一般解.

分析 对增广矩阵 $\bar{A}=(A,b)$ 作行初等变换,借助于行阶梯形矩阵或简化行阶梯形矩阵与解的存在性关系确定参数值.

解
$$\bar{A}=(A,b)=\begin{pmatrix} 1 & 1 & 1 & 1 & 1 & \vdots & 1 \\ 3 & 2 & 1 & 1 & -3 & \vdots & c \\ 0 & 1 & 2 & 2 & 6 & \vdots & 3 \\ 5 & 4 & 3 & 3 & -1 & \vdots & d \end{pmatrix} \longrightarrow \begin{pmatrix} 1 & 1 & 1 & 1 & 1 & \vdots & 1 \\ 0 & -1 & -2 & -2 & -6 & \vdots & c-3 \\ 0 & 1 & 2 & 2 & 6 & \vdots & 3 \\ 0 & -1 & -2 & -2 & -6 & \vdots & d-5 \end{pmatrix}$$

$$\longrightarrow \begin{pmatrix} 1 & 1 & 1 & 1 & 1 & \vdots & 1 \\ 0 & 0 & 0 & 0 & 0 & \vdots & c \\ 0 & 1 & 2 & 2 & 6 & \vdots & 3 \\ 0 & 0 & 0 & 0 & 0 & \vdots & d-2 \end{pmatrix} \longrightarrow \begin{pmatrix} 1 & 1 & 1 & 1 & 1 & \vdots & 1 \\ 0 & 1 & 2 & 2 & 6 & \vdots & 3 \\ 0 & 0 & 0 & 0 & 0 & \vdots & c \\ 0 & 0 & 0 & 0 & 0 & \vdots & d-2 \end{pmatrix},$$

由行阶梯形矩阵可知,当 $c=0,d=2$ 时,该方程组有无穷多解.

当 $c=0,d=2$ 时,进一步化行阶梯形矩阵为简化行阶梯形矩阵可得

$$\begin{pmatrix} 1 & 1 & 1 & 1 & 1 & \vdots & 1 \\ 0 & 1 & 2 & 2 & 6 & \vdots & 3 \\ 0 & 0 & 0 & 0 & 0 & \vdots & 0 \\ 0 & 0 & 0 & 0 & 0 & \vdots & 0 \end{pmatrix} \longrightarrow \begin{pmatrix} 1 & 0 & -1 & -1 & -5 & \vdots & -2 \\ 0 & 1 & 2 & 2 & 6 & \vdots & 3 \\ 0 & 0 & 0 & 0 & 0 & \vdots & 0 \\ 0 & 0 & 0 & 0 & 0 & \vdots & 0 \end{pmatrix},$$

故可得该方程组的解为

$$\begin{cases} x_1=-2+c_1+c_2+5c_3, \\ x_2=3-2c_1-2c_2-6c_3, \\ x_3=c_1, \\ x_4=c_2, \\ x_5=c_3 \end{cases} \quad (c_1,c_2,c_3 \text{ 为任意常数}).$$

例6 求一个 4 次多项式 $P_4(x)=a_0x^4+a_1x^3+a_2x^2+a_3x+a_4$,使其通过$(0,5),(2,-13),(3,-10),(1,-2),(-1,14)$五点.

分析 该问题的关键在于求多项式的系数.将五点坐标代入多项式得到五个方程,则求多项式系数的问题转化为方程组求解问题.

解 以 a_0,a_1,a_2,a_3,a_4 为未知量,由题设可得线性方程组

$$\begin{cases} a_4=5, \\ 16a_0+8a_1+4a_2+2a_3+a_4=-13, \\ 81a_0+27a_1+9a_2+3a_3+a_4=-10, \\ a_0+a_1+a_2+a_3+a_4=-2, \\ a_0-a_1+a_2-a_3+a_4=14. \end{cases}$$

对增广矩阵 $\bar{A}=(A,b)$ 作行初等变换化为简化行阶梯形矩阵,得

$$\bar{A}=(A,b)=\begin{pmatrix} 0 & 0 & 0 & 0 & 1 & \vdots & 5 \\ 16 & 8 & 4 & 2 & 1 & \vdots & -13 \\ 81 & 27 & 9 & 3 & 1 & \vdots & -10 \\ 1 & 1 & 1 & 1 & 1 & \vdots & -2 \\ 1 & -1 & 1 & -1 & 1 & \vdots & 14 \end{pmatrix} \longrightarrow \begin{pmatrix} 1 & 0 & 0 & 0 & 0 & \vdots & 1 \\ 0 & 1 & 0 & 0 & 0 & \vdots & -3 \\ 0 & 0 & 1 & 0 & 0 & \vdots & 0 \\ 0 & 0 & 0 & 1 & 0 & \vdots & -5 \\ 0 & 0 & 0 & 0 & 1 & \vdots & 5 \end{pmatrix},$$

由简化行阶梯形矩阵可知,该方程组有唯一解,且解为

$$a_0=1, \quad a_1=-3, \quad a_2=0, \quad a_3=-5, \quad a_4=5,$$

故该多项式为

$$P_4(x)=x^4-3x^3-5x+5.$$

例7 判断下列矩阵是否可逆.若可逆求出其逆矩阵:

(1) $\boldsymbol{A}=\begin{pmatrix} 1 & -3 & 1 \\ 2 & 0 & 1 \\ 0 & -6 & 1 \end{pmatrix}$; (2) $\boldsymbol{A}=\begin{pmatrix} 4 & 2 & 3 \\ 3 & 1 & 2 \\ 2 & 1 & 1 \end{pmatrix}$.

分析 $(\boldsymbol{A},\boldsymbol{I}) \xrightarrow{\text{行初等变换}} (\boldsymbol{I},\boldsymbol{A}^{-1})$.

解 (1) $(\boldsymbol{A},\boldsymbol{I})=\begin{pmatrix} 1 & -3 & 1 & \vdots & 1 & 0 & 0 \\ 2 & 0 & 1 & \vdots & 0 & 1 & 0 \\ 0 & -6 & 1 & \vdots & 0 & 0 & 1 \end{pmatrix} \longrightarrow \begin{pmatrix} 1 & -3 & 1 & \vdots & 1 & 0 & 0 \\ 0 & 6 & -1 & \vdots & -2 & 1 & 0 \\ 0 & -6 & 1 & \vdots & 0 & 0 & 1 \end{pmatrix}$

$$\longrightarrow \begin{pmatrix} 1 & -3 & 1 & \vdots & 1 & 0 & 0 \\ 0 & 6 & -1 & \vdots & -2 & 1 & 0 \\ 0 & 0 & 0 & \vdots & -2 & 1 & 1 \end{pmatrix},$$

故 $\boldsymbol{A}$ 不可逆.

(2) $(\boldsymbol{A},\boldsymbol{I})=\begin{pmatrix} 4 & 2 & 3 & \vdots & 1 & 0 & 0 \\ 3 & 1 & 2 & \vdots & 0 & 1 & 0 \\ 2 & 1 & 1 & \vdots & 0 & 0 & 1 \end{pmatrix} \longrightarrow \begin{pmatrix} 1 & 0 & 0 & \vdots & -1 & 1 & 1 \\ 0 & 1 & 0 & \vdots & 1 & -2 & 1 \\ 0 & 0 & 1 & \vdots & 1 & 0 & -2 \end{pmatrix},$

故 $\boldsymbol{A}$ 可逆,且 $\boldsymbol{A}^{-1}=\begin{pmatrix} -1 & 1 & 1 \\ 1 & -2 & 1 \\ 1 & 0 & -2 \end{pmatrix}$.

例8 设 n 阶矩阵 $\boldsymbol{A}$ 满足关系式 $a\boldsymbol{A}^2+b\boldsymbol{A}+c\boldsymbol{I}=\boldsymbol{O}$,其中 a,b,c 为常数,$c\neq0$,证明:$\boldsymbol{A}$ 可逆,并求 $\boldsymbol{A}^{-1}$.

分析 若存在矩阵 $\boldsymbol{B}$,使得 $\boldsymbol{AB}=\boldsymbol{I}$,则 $\boldsymbol{B}=\boldsymbol{A}^{-1}$.

解 由 $a\boldsymbol{A}^2+b\boldsymbol{A}+c\boldsymbol{I}=\boldsymbol{O}$ 和 $c\neq0$,可得

$$\left(-\frac{a}{c}\boldsymbol{A}-\frac{b}{c}\boldsymbol{I}\right)\boldsymbol{A}=\boldsymbol{I},$$

因此 $\boldsymbol{A}$ 可逆,且

$$\boldsymbol{A}^{-1}=-\frac{a}{c}\boldsymbol{A}-\frac{b}{c}\boldsymbol{I}.$$

例9 已知 $\boldsymbol{A}$ 为元全为 1 的 3 阶矩阵,证明:$(\boldsymbol{I}-\boldsymbol{A})^{-1}=\boldsymbol{I}-\frac{1}{2}\boldsymbol{A}$,并求出 $(\boldsymbol{I}-\boldsymbol{A})^{-1}$.

分析 由 $\boldsymbol{A}$ 的元的特点得关于 $\boldsymbol{I}-\boldsymbol{A}$ 的关系式.

解 由 $\boldsymbol{A}=\begin{pmatrix} 1 & 1 & 1 \\ 1 & 1 & 1 \\ 1 & 1 & 1 \end{pmatrix}$ 可得,$\boldsymbol{A}=\begin{pmatrix} 1 \\ 1 \\ 1 \end{pmatrix}(1,1,1)$,又 $(1,1,1)\begin{pmatrix} 1 \\ 1 \\ 1 \end{pmatrix}=3$,故

$$A^2 = \begin{pmatrix} 1 \\ 1 \\ 1 \end{pmatrix} \underbrace{(1,1,1) \begin{pmatrix} 1 \\ 1 \\ 1 \end{pmatrix}} (1,1,1) = 3 \begin{pmatrix} 1 \\ 1 \\ 1 \end{pmatrix} (1,1,1) = 3A,$$

即 $A^2 - 3A = O$，所以 $A^2 - 3A + 2I = 2I$，从而 $(I-A)(2I-A) = 2I$，故

$$(I-A)\left(I - \frac{1}{2}A\right) = I.$$

所以

$$(I-A)^{-1} = I - \frac{1}{2}A = \begin{pmatrix} 1 & 0 & 0 \\ 0 & 1 & 0 \\ 0 & 0 & 1 \end{pmatrix} - \frac{1}{2} \begin{pmatrix} 1 & 1 & 1 \\ 1 & 1 & 1 \\ 1 & 1 & 1 \end{pmatrix} = \frac{1}{2} \begin{pmatrix} 1 & -1 & -1 \\ -1 & 1 & -1 \\ -1 & -1 & 1 \end{pmatrix}.$$

例 10 已知 $n(n \geqslant 2)$ 阶矩阵 $A = \begin{pmatrix} 0 & 1 & 1 & \cdots & 1 \\ 1 & 0 & 1 & \cdots & 1 \\ 1 & 1 & 0 & \cdots & 1 \\ \vdots & \vdots & \vdots & & \vdots \\ 1 & 1 & 1 & \cdots & 0 \end{pmatrix}$，求 A^{-1}.

分析 可用行初等变换法，即 $(A, I) \xrightarrow{\text{行初等变换}} (I, A^{-1})$，或根据矩阵的特点，借助特殊矩阵求逆.

解法 1（行初等变换法）

$$(A,I) = \begin{pmatrix} 0 & 1 & 1 & \cdots & 1 & 1 & 0 & 0 & \cdots & 0 & 0 \\ 1 & 0 & 1 & \cdots & 1 & 0 & 1 & 0 & \cdots & 0 & 0 \\ 1 & 1 & 0 & \cdots & 1 & 0 & 0 & 1 & \cdots & 0 & 0 \\ \vdots & \vdots & \vdots & & \vdots & \vdots & \vdots & \vdots & & \vdots & \vdots \\ 1 & 1 & 1 & \cdots & 0 & 0 & 0 & 0 & \cdots & 0 & 1 \end{pmatrix}$$

$$\rightarrow \begin{pmatrix} 1 & 0 & 0 & \cdots & 0 & \frac{2-n}{n-1} & \frac{1}{n-1} & \frac{1}{n-1} & \cdots & \frac{1}{n-1} & \frac{1}{n-1} \\ 0 & 1 & 0 & \cdots & 0 & \frac{1}{n-1} & \frac{2-n}{n-1} & \frac{1}{n-1} & \cdots & \frac{1}{n-1} & \frac{1}{n-1} \\ 0 & 0 & 1 & \cdots & 0 & \frac{1}{n-1} & \frac{1}{n-1} & \frac{2-n}{n-1} & \cdots & \frac{1}{n-1} & \frac{1}{n-1} \\ \vdots & \vdots & \vdots & & \vdots & \vdots & \vdots & \vdots & & \vdots & \vdots \\ 0 & 0 & 0 & \cdots & 1 & \frac{1}{n-1} & \frac{1}{n-1} & \frac{1}{n-1} & \cdots & \frac{1}{n-1} & \frac{2-n}{n-1} \end{pmatrix},$$

所以

$$\boldsymbol{A}^{-1}=\begin{bmatrix} \dfrac{2-n}{n-1} & \dfrac{1}{n-1} & \dfrac{1}{n-1} & \cdots & \dfrac{1}{n-1} & \dfrac{1}{n-1} \\[2mm] \dfrac{1}{n-1} & \dfrac{2-n}{n-1} & \dfrac{1}{n-1} & \cdots & \dfrac{1}{n-1} & \dfrac{1}{n-1} \\[2mm] \dfrac{1}{n-1} & \dfrac{1}{n-1} & \dfrac{2-n}{n-1} & \cdots & \dfrac{1}{n-1} & \dfrac{1}{n-1} \\[2mm] \vdots & \vdots & \vdots & & \vdots & \vdots \\[2mm] \dfrac{1}{n-1} & \dfrac{1}{n-1} & \dfrac{1}{n-1} & \cdots & \dfrac{1}{n-1} & \dfrac{2-n}{n-1} \end{bmatrix}=\frac{1}{n-1}\begin{bmatrix} 2-n & 1 & 1 & \cdots & 1 \\ 1 & 2-n & 1 & \cdots & 1 \\ 1 & 1 & 2-n & \cdots & 1 \\ \vdots & \vdots & \vdots & & \vdots \\ 1 & 1 & 1 & \cdots & 2-n \end{bmatrix}.$$

解法 2(特殊矩阵求逆)

$$\boldsymbol{A}+\boldsymbol{I}=\begin{bmatrix} 1 & 1 & 1 & \cdots & 1 \\ 1 & 1 & 1 & \cdots & 1 \\ 1 & 1 & 1 & \cdots & 1 \\ \vdots & \vdots & \vdots & & \vdots \\ 1 & 1 & 1 & \cdots & 1 \end{bmatrix}=\begin{bmatrix} 1 \\ 1 \\ \vdots \\ 1 \end{bmatrix}(1,1,\cdots,1),$$

所以

$$(\boldsymbol{A}+\boldsymbol{I})^2=\left[\begin{bmatrix} 1 \\ 1 \\ \vdots \\ 1 \end{bmatrix}(1,1,\cdots,1)\right]^2=\begin{bmatrix} 1 \\ 1 \\ \vdots \\ 1 \end{bmatrix}\underbrace{(1,1,\cdots,1)\begin{bmatrix} 1 \\ 1 \\ \vdots \\ 1 \end{bmatrix}}(1,1,\cdots,1)=n(\boldsymbol{A}+\boldsymbol{I}),$$

即

$$\boldsymbol{A}^2+2\boldsymbol{A}+\boldsymbol{I}=n\boldsymbol{A}+n\boldsymbol{I},$$

从而

$$\boldsymbol{A}^2+(2-n)\boldsymbol{A}=(n-1)\boldsymbol{I},$$

故

$$\frac{1}{n-1}[\boldsymbol{A}+(2-n)\boldsymbol{I}]\boldsymbol{A}=\boldsymbol{I}.$$

可得

$$\boldsymbol{A}^{-1}=\frac{1}{n-1}[\boldsymbol{A}+(2-n)\boldsymbol{I}]=\frac{1}{n-1}\begin{bmatrix} 2-n & 1 & 1 & \cdots & 1 \\ 1 & 2-n & 1 & \cdots & 1 \\ 1 & 1 & 2-n & \cdots & 1 \\ \vdots & \vdots & \vdots & & \vdots \\ 1 & 1 & 1 & \cdots & 2-n \end{bmatrix}.$$

  评注 第一种方法为基本的初等变换法,较常规且计算量偏大.第二种方法从矩阵的元的特点出发,得到矩阵 $\boldsymbol{A}$ 的关系式,再利用逆矩阵的定义,求出 $\boldsymbol{A}^{-1}$,较简捷.

  例 11 设矩阵 $\boldsymbol{D}=\boldsymbol{A}^{-1}\boldsymbol{B}^{\mathrm{T}}(\boldsymbol{CB}^{-1}+\boldsymbol{I})^{\mathrm{T}}-[(\boldsymbol{C}^{-1})^{\mathrm{T}}\boldsymbol{A}]^{-1}$,其中

$$\boldsymbol{A}=\begin{pmatrix} 1 & 0 & 0 \\ 0 & \dfrac{1}{2} & 0 \\ 0 & 0 & \dfrac{1}{3} \end{pmatrix}, \quad \boldsymbol{B}=\begin{pmatrix} 1 & 2 & 0 \\ 2 & 1 & 0 \\ 0 & 0 & 1 \end{pmatrix}, \quad \boldsymbol{C}=\begin{pmatrix} 1 & 2 & 3 \\ 4 & 5 & 6 \\ 7 & 8 & 10 \end{pmatrix},$$

求矩阵 $\boldsymbol{D}$.

分析 先整理关系式,将矩阵 $\boldsymbol{D}$ 用 $\boldsymbol{A},\boldsymbol{B},\boldsymbol{C}$ 表示.

解 因为

$$\boldsymbol{D}=\boldsymbol{A}^{-1}\boldsymbol{B}^{\mathrm{T}}(\boldsymbol{C}\boldsymbol{B}^{-1}+\boldsymbol{I})^{\mathrm{T}}-[(\boldsymbol{C}^{-1})^{\mathrm{T}}\boldsymbol{A}]^{-1}=\boldsymbol{A}^{-1}[(\boldsymbol{C}\boldsymbol{B}^{-1}+\boldsymbol{I})\boldsymbol{B}]^{\mathrm{T}}-\boldsymbol{A}^{-1}[(\boldsymbol{C}^{\mathrm{T}})^{-1}]^{-1}$$
$$=\boldsymbol{A}^{-1}(\boldsymbol{C}+\boldsymbol{B})^{\mathrm{T}}-\boldsymbol{A}^{-1}\boldsymbol{C}^{\mathrm{T}}=\boldsymbol{A}^{-1}\boldsymbol{B}^{\mathrm{T}},$$

而 $\boldsymbol{A}^{-1}=\begin{pmatrix} 1 & 0 & 0 \\ 0 & \dfrac{1}{2} & 0 \\ 0 & 0 & \dfrac{1}{3} \end{pmatrix}^{-1}=\begin{pmatrix} 1 & 0 & 0 \\ 0 & 2 & 0 \\ 0 & 0 & 3 \end{pmatrix}$,故

$$\boldsymbol{D}=\boldsymbol{A}^{-1}\boldsymbol{B}^{\mathrm{T}}=\begin{pmatrix} 1 & 0 & 0 \\ 0 & 2 & 0 \\ 0 & 0 & 3 \end{pmatrix}\begin{pmatrix} 1 & 2 & 0 \\ 2 & 1 & 0 \\ 0 & 0 & 1 \end{pmatrix}=\begin{pmatrix} 1 & 2 & 0 \\ 4 & 2 & 0 \\ 0 & 0 & 3 \end{pmatrix}.$$

例 12 设矩阵 $\boldsymbol{A}=\begin{pmatrix} 1 & 0 & 0 & 0 \\ -2 & 3 & 0 & 0 \\ 0 & -4 & 5 & 0 \\ 0 & 0 & -6 & 7 \end{pmatrix}$,$\boldsymbol{I}$ 为 4 阶单位矩阵,且 $\boldsymbol{B}=(\boldsymbol{I}+\boldsymbol{A})^{-1} \cdot$

$(\boldsymbol{I}-\boldsymbol{A})$.证明:$\boldsymbol{I}+\boldsymbol{B}$ 可逆,并求其逆矩阵 $(\boldsymbol{I}+\boldsymbol{B})^{-1}$.

分析 若先求出 $\boldsymbol{B}$,然后求 $(\boldsymbol{I}+\boldsymbol{B})^{-1}$,计算量太大.因此,将 $\boldsymbol{B}=(\boldsymbol{I}+\boldsymbol{A})^{-1}(\boldsymbol{I}-\boldsymbol{A})$ 拆开后重新观察,找出和 $(\boldsymbol{I}+\boldsymbol{B})^{-1}$ 相关的关系式,然后求解.

证 由于 $\boldsymbol{B}=(\boldsymbol{I}+\boldsymbol{A})^{-1}(\boldsymbol{I}-\boldsymbol{A})$,所以 $(\boldsymbol{I}+\boldsymbol{A})\boldsymbol{B}=\boldsymbol{I}-\boldsymbol{A}$,从而 $\boldsymbol{B}+\boldsymbol{A}\boldsymbol{B}+\boldsymbol{A}=\boldsymbol{I}$,故 $\boldsymbol{I}+\boldsymbol{B}+\boldsymbol{A}\boldsymbol{B}+\boldsymbol{A}=2\boldsymbol{I}$,即 $(\boldsymbol{I}+\boldsymbol{A})(\boldsymbol{I}+\boldsymbol{B})=2\boldsymbol{I}$,从而 $\dfrac{1}{2}(\boldsymbol{I}+\boldsymbol{A})(\boldsymbol{I}+\boldsymbol{B})=\boldsymbol{I}$,故 $\boldsymbol{I}+\boldsymbol{B}$ 可逆,且

$$(\boldsymbol{I}+\boldsymbol{B})^{-1}=\frac{1}{2}(\boldsymbol{I}+\boldsymbol{A})$$
$$=\frac{1}{2}\left[\begin{pmatrix} 1 & 0 & 0 & 0 \\ 0 & 1 & 0 & 0 \\ 0 & 0 & 1 & 0 \\ 0 & 0 & 0 & 1 \end{pmatrix}+\begin{pmatrix} 1 & 0 & 0 & 0 \\ -2 & 3 & 0 & 0 \\ 0 & -4 & 5 & 0 \\ 0 & 0 & -6 & 7 \end{pmatrix}\right]$$
$$=\frac{1}{2}\begin{pmatrix} 2 & 0 & 0 & 0 \\ -2 & 4 & 0 & 0 \\ 0 & -4 & 6 & 0 \\ 0 & 0 & -6 & 8 \end{pmatrix}=\begin{pmatrix} 1 & 0 & 0 & 0 \\ -1 & 2 & 0 & 0 \\ 0 & -2 & 3 & 0 \\ 0 & 0 & -3 & 4 \end{pmatrix}.$$

例 13 设 n 阶矩阵 $\boldsymbol{A}$ 和 $\boldsymbol{B}$ 满足条件 $\boldsymbol{A}+\boldsymbol{B}=\boldsymbol{A}\boldsymbol{B}$,

（1）证明：$A-I$ 为可逆矩阵，其中 I 为 n 阶单位矩阵；

（2）证明：$AB=BA$；

（3）已知 $B=\begin{bmatrix} 1 & -3 & 0 \\ 2 & 1 & 0 \\ 0 & 0 & 2 \end{bmatrix}$，求矩阵 A.

分析 由关系式 $A+B=AB$，导出 $(A-I)(?)=I$，则可得 $A-I$ 可逆，由矩阵与其逆矩阵乘法可交换可推导 $AB=BA$.

证 （1）由 $A+B=AB$，有 $AB-A-B+I=I$，即 $(A-I)(B-I)=I$. 从而 $A-I$ 为可逆矩阵，且

$$(A-I)^{-1}=B-I.$$

（2）由 $A-I$ 与 $B-I$ 互为逆矩阵，可知 $(A-I)(B-I)=(B-I)(A-I)$，由此可得

$$AB=BA.$$

（3）由 $A-I=(B-I)^{-1}$，有

$$A=I+(B-I)^{-1}=I+\begin{bmatrix} 0 & \dfrac{1}{2} & 0 \\ -\dfrac{1}{3} & 0 & 0 \\ 0 & 0 & 1 \end{bmatrix}=\begin{bmatrix} 1 & \dfrac{1}{2} & 0 \\ -\dfrac{1}{3} & 1 & 0 \\ 0 & 0 & 2 \end{bmatrix}.$$

例 14 设 3 阶矩阵 A,B 满足关系式 $A^{-1}BA=6A+BA$，且 $A=\begin{bmatrix} \dfrac{1}{3} & 0 & 0 \\ 0 & \dfrac{1}{4} & 0 \\ 0 & 0 & \dfrac{1}{7} \end{bmatrix}$，求矩阵 B.

分析 整理关系式，利用逆矩阵的性质将矩阵 B 用 A^{-1} 和 I 表示. 又 A 为对角矩阵，A^{-1} 容易求，从而可求出矩阵 B.

解 由于 $A^{-1}BA=6A+BA$，两端右乘 A^{-1} 可得

$$A^{-1}B=6I+B,$$

从而

$$(A^{-1}-I)B=6I, \quad B=6(A^{-1}-I)^{-1}.$$

而 $A^{-1}=\begin{bmatrix} \dfrac{1}{3} & 0 & 0 \\ 0 & \dfrac{1}{4} & 0 \\ 0 & 0 & \dfrac{1}{7} \end{bmatrix}^{-1}=\begin{bmatrix} 3 & 0 & 0 \\ 0 & 4 & 0 \\ 0 & 0 & 7 \end{bmatrix}$，所以 $A^{-1}-I=\begin{bmatrix} 2 & 0 & 0 \\ 0 & 3 & 0 \\ 0 & 0 & 6 \end{bmatrix}$，从而

$$B=6\ (A^{-1}-I)^{-1}=6\begin{pmatrix}2&0&0\\0&3&0\\0&0&6\end{pmatrix}^{-1}=6\begin{pmatrix}\dfrac{1}{2}&0&0\\[4pt]0&\dfrac{1}{3}&0\\[4pt]0&0&\dfrac{1}{6}\end{pmatrix}=\begin{pmatrix}3&0&0\\0&2&0\\0&0&1\end{pmatrix}.$$

例 15 已知矩阵 X 满足 $AXA+BXB=AXB+BXA+I$,其中 $A=\begin{pmatrix}1&0&0\\1&1&0\\1&1&1\end{pmatrix}$,

$B=\begin{pmatrix}0&1&1\\1&0&1\\1&1&0\end{pmatrix}$,$I$ 为 3 阶单位矩阵,求矩阵 X.

分析 整理关系式,将矩阵 X 用 A 和 B 表示.

解 由 $AXA+BXB=AXB+BXA+I$ 可得,$AX(A-B)+BX(B-A)=I$,即

$$(A-B)X(A-B)=I.$$

由于

$$A-B=\begin{pmatrix}1&0&0\\1&1&0\\1&1&1\end{pmatrix}-\begin{pmatrix}0&1&1\\1&0&1\\1&1&0\end{pmatrix}=\begin{pmatrix}1&-1&-1\\0&1&-1\\0&0&1\end{pmatrix},$$

且

$$(A-B,I)=\begin{pmatrix}1&-1&-1&\vdots&1&0&0\\0&1&-1&\vdots&0&1&0\\0&0&1&\vdots&0&0&1\end{pmatrix}\rightarrow\begin{pmatrix}1&-1&0&\vdots&1&0&1\\0&1&0&\vdots&0&1&1\\0&0&1&\vdots&0&0&1\end{pmatrix}\rightarrow\begin{pmatrix}1&0&0&\vdots&1&1&2\\0&1&0&\vdots&0&1&1\\0&0&1&\vdots&0&0&1\end{pmatrix},$$

所以 $A-B$ 可逆,且 $(A-B)^{-1}=\begin{pmatrix}1&1&2\\0&1&1\\0&0&1\end{pmatrix}$.故

$$X=[(A-B)^{-1}]^2=\begin{pmatrix}1&1&2\\0&1&1\\0&0&1\end{pmatrix}^2=\begin{pmatrix}1&2&5\\0&1&2\\0&0&1\end{pmatrix}.$$

例 16 设矩阵 $A=\begin{pmatrix}0&a_1&0&\cdots&0&0\\0&0&a_2&\cdots&0&0\\\vdots&\vdots&\vdots&&\vdots&\vdots\\0&0&0&\cdots&0&a_{n-1}\\a_n&0&0&\cdots&0&0\end{pmatrix}$,其中 $a_1,a_2,\cdots,a_n$ 均不为 0,

试求 A^{-1}.

分析 可用行初等变换法,即 $(A,I)\xrightarrow{\text{行初等变换}}(I,A^{-1})$,或借助分块矩阵求逆的方法.

解法 1(行初等变换法)

$$(\boldsymbol{A},\boldsymbol{I})=\begin{pmatrix} 0 & a_1 & 0 & \cdots & 0 & 0 & \vdots & 1 & 0 & \cdots & 0 & 0 \\ 0 & 0 & a_2 & \cdots & 0 & 0 & \vdots & 0 & 1 & \cdots & 0 & 0 \\ \vdots & \vdots & \vdots & & \vdots & \vdots & \vdots & \vdots & \vdots & & \vdots & \vdots \\ 0 & 0 & 0 & \cdots & 0 & a_{n-1} & \vdots & 0 & 0 & \cdots & 1 & 0 \\ a_n & 0 & 0 & \cdots & 0 & 0 & \vdots & 0 & 0 & \cdots & 0 & 1 \end{pmatrix}$$

$$\xrightarrow[i=n,n-1,\cdots,2]{r_i \leftrightarrow r_{i-1}} \begin{pmatrix} a_n & 0 & \cdots & 0 & 0 & \vdots & 0 & 0 & \cdots & 0 & 0 & 1 \\ 0 & a_1 & \cdots & 0 & 0 & \vdots & 1 & 0 & \cdots & 0 & 0 & 0 \\ \vdots & \vdots & & \vdots & \vdots & \vdots & \vdots & \vdots & & \vdots & \vdots & \vdots \\ 0 & 0 & \cdots & a_{n-2} & 0 & \vdots & 0 & 0 & \cdots & 1 & 0 & 0 \\ 0 & 0 & \cdots & 0 & a_{n-1} & \vdots & 0 & 0 & \cdots & 0 & 1 & 0 \end{pmatrix}$$

$$\longrightarrow \begin{pmatrix} 1 & 0 & \cdots & 0 & 0 & \vdots & 0 & 0 & \cdots & 0 & 0 & a_n^{-1} \\ 0 & 1 & \cdots & 0 & 0 & \vdots & a_1^{-1} & 0 & \cdots & 0 & 0 & 0 \\ \vdots & \vdots & & \vdots & \vdots & \vdots & \vdots & \vdots & & \vdots & \vdots & \vdots \\ 0 & 0 & \cdots & 1 & 0 & \vdots & 0 & 0 & \cdots & a_{n-2}^{-1} & 0 & 0 \\ 0 & 0 & \cdots & 0 & 1 & \vdots & 0 & 0 & \cdots & 0 & a_{n-1}^{-1} & 0 \end{pmatrix},$$

所以

$$\boldsymbol{A}^{-1}=\begin{pmatrix} 0 & 0 & \cdots & 0 & 0 & a_n^{-1} \\ a_1^{-1} & 0 & \cdots & 0 & 0 & 0 \\ \vdots & \vdots & & \vdots & \vdots & \vdots \\ 0 & 0 & \cdots & a_{n-2}^{-1} & 0 & 0 \\ 0 & 0 & \cdots & 0 & a_{n-1}^{-1} & 0 \end{pmatrix}.$$

解法 2（利用分块矩阵求逆）

$$\boldsymbol{A}^{-1}=\begin{pmatrix} 0 & a_1 & 0 & \cdots & 0 & 0 \\ 0 & 0 & a_2 & \cdots & 0 & 0 \\ \vdots & \vdots & \vdots & & \vdots & \vdots \\ 0 & 0 & 0 & \cdots & 0 & a_{n-1} \\ a_n & 0 & 0 & \cdots & 0 & 0 \end{pmatrix}^{-1} = \begin{pmatrix} \boldsymbol{0} & \boldsymbol{A}_1 \\ a_n & \boldsymbol{0} \end{pmatrix}^{-1} = \begin{pmatrix} \boldsymbol{0} & a_n^{-1} \\ \boldsymbol{A}_1^{-1} & \boldsymbol{0} \end{pmatrix},$$

又

$$\boldsymbol{A}_1^{-1}=\begin{pmatrix} a_1 & & & \\ & a_2 & & \\ & & \ddots & \\ & & & a_{n-1} \end{pmatrix}^{-1} = \begin{pmatrix} a_1^{-1} & & & \\ & a_2^{-1} & & \\ & & \ddots & \\ & & & a_{n-1}^{-1} \end{pmatrix},$$

所以

$$\boldsymbol{A}^{-1}=\begin{pmatrix} \boldsymbol{0} & a_n^{-1} \\ \boldsymbol{A}_1^{-1} & \boldsymbol{0} \end{pmatrix} = \begin{pmatrix} 0 & 0 & \cdots & 0 & 0 & a_n^{-1} \\ a_1^{-1} & 0 & \cdots & 0 & 0 & 0 \\ \vdots & \vdots & & \vdots & \vdots & \vdots \\ 0 & 0 & \cdots & a_{n-2}^{-1} & 0 & 0 \\ 0 & 0 & \cdots & 0 & a_{n-1}^{-1} & 0 \end{pmatrix}.$$

评注 第一种方法是常见的初等变换法,较常规.第二种方法是用特殊矩阵求逆的方法.当矩阵具有特殊的分块结构时,用特殊矩阵求逆的方法可达到事半功倍的效果.

例 17 设 A,C 分别为 r 阶和 s 阶可逆矩阵,求分块矩阵 $X = \begin{pmatrix} O & A \\ C & B \end{pmatrix}$ 的逆矩阵.

分析 可设出矩阵 X 的逆矩阵,用矩阵逆的定义解方程,求出逆,或者用分块矩阵行初等变换法,即 $(X, I) \xrightarrow{\text{行初等变换}} (I, X^{-1})$.

解法 1(用矩阵逆的定义解方程)

设 X 的逆矩阵为 $X^{-1} = \begin{pmatrix} X_{11} & X_{12} \\ X_{21} & X_{22} \end{pmatrix}$,则

$$\begin{pmatrix} O & A \\ C & B \end{pmatrix} \begin{pmatrix} X_{11} & X_{12} \\ X_{21} & X_{22} \end{pmatrix} = XX^{-1} = I,$$

即

$$\begin{pmatrix} AX_{21} & AX_{22} \\ CX_{11}+BX_{21} & CX_{12}+BX_{22} \end{pmatrix} = \begin{pmatrix} I_r & O \\ O & I_s \end{pmatrix}.$$

比较等式两端对应的子块,可得矩阵方程组

$$\begin{cases} AX_{21} = I_r, \\ AX_{22} = O, \\ CX_{11}+BX_{21} = O, \\ CX_{12}+BX_{22} = I_s. \end{cases}$$

由 A,C 可逆,求解得

$$\begin{cases} X_{21} = A^{-1}, \\ X_{22} = O, \\ X_{11} = -C^{-1}BA^{-1}, \\ X_{12} = C^{-1}. \end{cases}$$

故

$$X^{-1} = \begin{pmatrix} -C^{-1}BA^{-1} & C^{-1} \\ A^{-1} & O \end{pmatrix}.$$

解法 2(利用分块矩阵行初等变换法)

$$(X, I) = \begin{pmatrix} O & A & I_r & O \\ C & B & O & I_s \end{pmatrix} \xrightarrow{r_1 \leftrightarrow r_2} \begin{pmatrix} C & B & O & I_s \\ O & A & I_r & O \end{pmatrix} \xrightarrow{-BA^{-1}r_2 + r_1} \begin{pmatrix} C & O & -BA^{-1} & I_s \\ O & A & I_r & O \end{pmatrix}$$

$$\xrightarrow{C^{-1}r_1} \begin{pmatrix} I_s & O & -C^{-1}BA^{-1} & C^{-1} \\ O & A & I_r & O \end{pmatrix} \xrightarrow{A^{-1}r_2} \begin{pmatrix} I_s & O & -C^{-1}BA^{-1} & C^{-1} \\ O & I_r & A^{-1} & O \end{pmatrix},$$

故

$$\begin{pmatrix} O & A \\ C & B \end{pmatrix}^{-1} = \begin{pmatrix} -C^{-1}BA^{-1} & C^{-1} \\ A^{-1} & O \end{pmatrix}$$

评注 1 类似地,可得

$$\begin{bmatrix} B & A \\ C & O \end{bmatrix}^{-1} = \begin{bmatrix} O & C^{-1} \\ A^{-1} & -A^{-1}BC^{-1} \end{bmatrix}.$$

评注 2 第一种方法用逆矩阵的定义,求解矩阵方程,较常规.第二种方法用求逆的行初等变换法,较简捷.但分块矩阵作初等变换时,需要注意行变换对应矩阵左乘,故不能把 $C^{-1}BA^{-1}$ 写为 $BA^{-1}C^{-1}$.

(三)证明题

例 1 已知矩阵 $A = \begin{bmatrix} a_1b_1 & a_1b_2 & a_1b_3 \\ a_2b_1 & a_2b_2 & a_2b_3 \\ a_3b_1 & a_3b_2 & a_3b_3 \end{bmatrix}$,证明:存在常数 k,使 $A^2 = kA$.

分析 计算方阵的高次幂除了用数学归纳法外,还应结合方阵自身的特征进行讨论.直接计算 A^2 再与 A 进行比较,找出所需要的 k 显然是可行的,但不是最有效的;观察 A 的形状,发现 $A = \alpha^\top \beta$,其中 $\alpha = (a_1, a_2, a_3)$,$\beta = (b_1, b_2, b_3)$,由此可得

$$A^2 = (\alpha^\top \beta)(\alpha^\top \beta) = \alpha^\top (\beta \alpha^\top) \beta = (\beta \alpha^\top) \alpha^\top \beta = (\beta \alpha^\top) A.$$

证 令 $\alpha = (a_1, a_2, a_3)$,$\beta = (b_1, b_2, b_3)$,则

$$A = \alpha^\top \beta.$$

此时,

$$A^2 = (\alpha^\top \beta)(\alpha^\top \beta) = \alpha^\top (\beta \alpha^\top) \beta = \alpha^\top (a_1b_1 + a_2b_2 + a_3b_3) \beta = (a_1b_1 + a_2b_2 + a_3b_3) A.$$

取 $k = a_1b_1 + a_2b_2 + a_3b_3$,则有 $A^2 = kA$.

例 2 证明:

$$\begin{bmatrix} \cos\theta & -\sin\theta \\ \sin\theta & \cos\theta \end{bmatrix}^n = \begin{bmatrix} \cos n\theta & -\sin n\theta \\ \sin n\theta & \cos n\theta \end{bmatrix},$$

并利用此结果计算 $\begin{bmatrix} 0 & 1 \\ -1 & 0 \end{bmatrix}^n$.

分析 关于 n 的命题,可以用数学归纳法来证明.数学归纳法的两种证明:

(1)证明当 $n=1$ 时命题为真,然后假设当 $n=k-1$ 时命题为真,再设法证明当 $n=k$ 时命题为真;

(2)证明当 $n=1,2$ 时命题为真,然后假设当 $n<k$ 时命题为真,再设法证明当 $n=k$ 时命题为真.

证 利用数学归纳法来进行证明,当 $n=1$ 时,等式显然成立.

假设当 $n=k$ 时,有

$$\begin{bmatrix} \cos\theta & -\sin\theta \\ \sin\theta & \cos\theta \end{bmatrix}^k = \begin{bmatrix} \cos k\theta & -\sin k\theta \\ \sin k\theta & \cos k\theta \end{bmatrix}$$

成立.今证当 $n=k+1$ 时,有

$$\begin{bmatrix} \cos\theta & -\sin\theta \\ \sin\theta & \cos\theta \end{bmatrix}^{k+1} = \begin{bmatrix} \cos\theta & -\sin\theta \\ \sin\theta & \cos\theta \end{bmatrix}^k \begin{bmatrix} \cos\theta & -\sin\theta \\ \sin\theta & \cos\theta \end{bmatrix}$$

$$= \begin{bmatrix} \cos k\theta & -\sin k\theta \\ \sin k\theta & \cos k\theta \end{bmatrix} \begin{bmatrix} \cos\theta & -\sin\theta \\ \sin\theta & \cos\theta \end{bmatrix}$$

$$= \begin{bmatrix} \cos k\theta \cos\theta - \sin k\theta \sin\theta & -\cos k\theta \sin\theta - \sin k\theta \cos\theta \\ \sin k\theta \cos\theta + \cos k\theta \sin\theta & -\sin k\theta \sin\theta + \cos k\theta \cos\theta \end{bmatrix}$$

$$= \begin{bmatrix} \cos(k+1)\theta & -\sin(k+1)\theta \\ \sin(k+1)\theta & \cos(k+1)\theta \end{bmatrix},$$

由归纳法可知原等式成立.

利用上面等式,有

$$\begin{bmatrix} 0 & 1 \\ -1 & 0 \end{bmatrix}^n = \begin{bmatrix} \cos\dfrac{3\pi}{2} & -\sin\dfrac{3\pi}{2} \\ \sin\dfrac{3\pi}{2} & \cos\dfrac{3\pi}{2} \end{bmatrix}^n = \begin{bmatrix} \cos\dfrac{3n\pi}{2} & -\sin\dfrac{3n\pi}{2} \\ \sin\dfrac{3n\pi}{2} & \cos\dfrac{3n\pi}{2} \end{bmatrix}$$

$$= \begin{cases} \begin{bmatrix} 0 & 1 \\ -1 & 0 \end{bmatrix}, & n = 4k+1, \\[2mm] \begin{bmatrix} -1 & 0 \\ 0 & -1 \end{bmatrix}, & n = 4k+2, \\[2mm] \begin{bmatrix} 0 & -1 \\ 1 & 0 \end{bmatrix}, & n = 4k+3, \\[2mm] \begin{bmatrix} 1 & 0 \\ 0 & 1 \end{bmatrix}, & n = 4k+4 \end{cases} \quad (k = 0,1,2,\cdots).$$

例 3 已知实矩阵 $\boldsymbol{A} = (a_{ij})_{m \times n}$ 满足 $\boldsymbol{A}^{\mathrm{T}}\boldsymbol{A} = \boldsymbol{O}$,证明: $\boldsymbol{A} = \boldsymbol{O}$.

分析 只需证明 $a_{ij} = 0$,先考察 $m = n = 2$ 的特殊情形.若 $\boldsymbol{A} = \begin{bmatrix} a_{11} & a_{12} \\ a_{21} & a_{22} \end{bmatrix}$,计算可得

$$\boldsymbol{A}^{\mathrm{T}}\boldsymbol{A} = \begin{bmatrix} a_{11}^2 + a_{21}^2 & a_{11}a_{12} + a_{21}a_{22} \\ a_{11}a_{12} + a_{21}a_{22} & a_{12}^2 + a_{22}^2 \end{bmatrix} = \boldsymbol{O}.$$

由等式两边主对角元相等,立即可得 $a_{11} = a_{12} = a_{21} = a_{22} = 0$.再考察一般的 $m \times n$ 矩阵的情况.

证

$$\boldsymbol{O} = \boldsymbol{A}^{\mathrm{T}}\boldsymbol{A} = \begin{bmatrix} a_{11} & a_{21} & \cdots & a_{m1} \\ a_{12} & a_{22} & \cdots & a_{m2} \\ \vdots & \vdots & & \vdots \\ a_{1n} & a_{2n} & \cdots & a_{mn} \end{bmatrix} \begin{bmatrix} a_{11} & a_{12} & \cdots & a_{1n} \\ a_{21} & a_{22} & \cdots & a_{2n} \\ \vdots & \vdots & & \vdots \\ a_{m1} & a_{m2} & \cdots & a_{mn} \end{bmatrix} = \begin{bmatrix} \sum\limits_{k=1}^{m} a_{k1}^2 & & & \\ & \sum\limits_{k=1}^{m} a_{k2}^2 & * & \\ & * & \ddots & \\ & & & \sum\limits_{k=1}^{m} a_{kn}^2 \end{bmatrix},$$

考虑最右端矩阵的对角元,可得 $\sum\limits_{k=1}^{m} a_{ki}^2 = 0, i = 1,2,\cdots,n$,因为 a_{ki} 均为实数,从而 $a_{ki} = 0 (i = 1,2,\cdots,n; k = 1,2,\cdots,m)$,此即 $\boldsymbol{A} = \boldsymbol{O}$.

例 4　若 $A^2=A$,则称 A 是幂等矩阵;若 $A^2=I$,则称 A 是对合矩阵.

(1) 设 A,B 都是幂等矩阵,证明 $A+B$ 是幂等矩阵的充要条件是 $AB+BA=O$;

(2) 设 A,B 都是对合矩阵,证明 AB 是对合矩阵的充要条件是 $AB=BA$.

分析　利用 $A^2=A,B^2=B$,推导 $(A+B)^2=A+B$ 的条件;利用 $A^2=I,B^2=I$,推导 $(A+B)^2=I$ 的条件即可.

证　(1) 因为 A,B 都是幂等矩阵,有
$$A^2=A,\quad B^2=B.$$

必要性.因为 $A+B$ 是幂等矩阵,从而有
$$(A+B)^2=A+B,$$

另一方面,
$$(A+B)^2=A^2+AB+BA+B^2=A+AB+BA+B=A+B,$$

所以有
$$AB+BA=O.$$

充分性.因为 $AB+BA=O$,所以
$$(A+B)^2=A^2+AB+BA+B^2=A^2+B^2=A+B,$$

故 $A+B$ 是幂等矩阵.

(2) 因为 A,B 都是对合矩阵,有
$$A^2=I,\quad B^2=I.$$

必要性.因为 AB 是对合矩阵,从而有 $(AB)^2=I$,即
$$(AB)^2=(AB)(AB)=A(BA)B=I,$$

于是有
$$AB=AIB=A[A(BA)B]B=A^2(BA)B^2=BA.$$

充分性.因为 $AB=BA$,所以
$$(AB)^2=A(BA)B=A(AB)B=A^2B^2=I,$$

故 AB 是对合矩阵.

例 5　设 $A=I-\xi\xi^{\mathrm{T}}$,ξ 为 $n\times 1$ 非零矩阵,证明:

(1) $A^2=A$ 的充要条件是 $\xi^{\mathrm{T}}\xi=1$;

(2) 当 $\xi^{\mathrm{T}}\xi=1$ 时,A 是不可逆矩阵.

分析　(1)可以直接根据 A 的定义验证.另外,在线性代数中,若要证明矩阵不可逆,往往可以用反证法.假设 A 可逆,再在已知等式两端同乘以 A^{-1},即可得到所需结论.

证　(1) $A^2=A\Leftrightarrow(I-\xi\xi^{\mathrm{T}})^2=I-\xi\xi^{\mathrm{T}}$
$$\Leftrightarrow I-2\xi\xi^{\mathrm{T}}+\xi\xi^{\mathrm{T}}\xi\xi^{\mathrm{T}}=I-\xi\xi^{\mathrm{T}}$$
$$\Leftrightarrow \xi(\xi^{\mathrm{T}}\xi)\xi^{\mathrm{T}}-\xi\xi^{\mathrm{T}}=O$$
$$\Leftrightarrow (\xi^{\mathrm{T}}\xi-1)\xi\xi^{\mathrm{T}}=O.$$

因为 $\xi\neq 0$,所以 $\xi\xi^{\mathrm{T}}\neq O$,从而
$$(\xi^{\mathrm{T}}\xi-1)\xi\xi^{\mathrm{T}}=O\Leftrightarrow\xi^{\mathrm{T}}\xi-1=0\Leftrightarrow\xi^{\mathrm{T}}\xi=1.$$

(2) 当 $\xi^{\mathrm{T}}\xi=1$ 时,由(1)知 $A^2=A$.假设 A 可逆,上式两端同乘以 A^{-1},得
$$A^{-1}A^2=A^{-1}A,$$

即 $A=I$. 由 $A=I-\xi\xi^\mathrm{T}$ 可得, $\xi\xi^\mathrm{T}=O$. 这与 $\xi\neq 0$ 矛盾, 故 A 不可逆.

例 6 设矩阵 $A=\begin{pmatrix} 5 & 2 & -4 \\ 2 & 8 & 2 \\ -4 & 2 & 5 \end{pmatrix}$, 证明: A 满足方程 $A^2-9A=O$, 并由此证明 A 不可逆.

分析 由 $A^2-9A=O$ 推导 A 是否满足可逆的条件.

证 $A^2-9A=O\Leftrightarrow A(A-9I)=O$, 故只需验证该关系式即可.

因为 $A-9I=\begin{pmatrix} -4 & 2 & -4 \\ 2 & -1 & 2 \\ -4 & 2 & -4 \end{pmatrix}$, 且

$$A(A-9I)=\begin{pmatrix} 5 & 2 & -4 \\ 2 & 8 & 2 \\ -4 & 2 & 5 \end{pmatrix}\begin{pmatrix} -4 & 2 & -4 \\ 2 & -1 & 2 \\ -4 & 2 & -4 \end{pmatrix}=\begin{pmatrix} 0 & 0 & 0 \\ 0 & 0 & 0 \\ 0 & 0 & 0 \end{pmatrix},$$

所以 A 满足方程 $A^2-9A=O$.

令 $A-9I=\begin{pmatrix} -4 & 2 & -4 \\ 2 & -1 & 2 \\ -4 & 2 & -4 \end{pmatrix}=(\boldsymbol{\beta}_1,\boldsymbol{\beta}_2,\boldsymbol{\beta}_3)$, 则

$$A(A-9I)=O\Leftrightarrow A(\boldsymbol{\beta}_1,\boldsymbol{\beta}_2,\boldsymbol{\beta}_3)=(\mathbf{0},\mathbf{0},\mathbf{0})$$

$$\Leftrightarrow A\boldsymbol{\beta}_i=\mathbf{0}\,(i=1,2,3),$$

其中 $\boldsymbol{\beta}_i\neq\mathbf{0}\,(i=1,2,3)$, 即齐次线性方程组 $AX=0$ 有非零解 $\boldsymbol{\beta}_i\,(i=1,2,3)$, 故矩阵 A 不可逆.

评注 该方法借助分块矩阵的乘法运算, 把条件 $A^2-9A=O$ 转化为 $AX=0$ 有非零解, 从而得到 A 不可逆, 较简捷. 也可用反证法证明.

例 7 设 a,b,c,d 为四个实数, 证明 $\begin{cases} a^2+b^2=1, \\ c^2+d^2=1, \\ ac+bd=0 \end{cases}$ 成立的充要条件是 $\begin{cases} a^2+c^2=1, \\ b^2+d^2=1, \\ ab+cd=0 \end{cases}$ 成立.

分析 可设矩阵 $A=\begin{pmatrix} a & b \\ c & d \end{pmatrix}$, 把上述式子转化为矩阵运算后的元的关系.

证 设矩阵 $A=\begin{pmatrix} a & b \\ c & d \end{pmatrix}$, 则

$$AA^\mathrm{T}=\begin{pmatrix} a & b \\ c & d \end{pmatrix}\begin{pmatrix} a & c \\ b & d \end{pmatrix}=\begin{pmatrix} a^2+b^2 & ac+bd \\ ac+bd & c^2+d^2 \end{pmatrix},$$

因此,

$$\begin{cases} a^2+b^2=1, \\ c^2+d^2=1, \\ ac+bd=0 \end{cases}\Leftrightarrow\begin{pmatrix} a^2+b^2 & ac+bd \\ ac+bd & c^2+d^2 \end{pmatrix}=\begin{pmatrix} 1 & 0 \\ 0 & 1 \end{pmatrix}\Leftrightarrow AA^\mathrm{T}=I\Leftrightarrow A^\mathrm{T}=A^{-1}.$$

由 $A^{-1}A = I \Leftrightarrow AA^{-1} = I$ 可得
$$AA^\mathrm{T} = I \Leftrightarrow A^\mathrm{T}A = I,$$
即
$$\begin{cases} a^2 + b^2 = 1, \\ c^2 + d^2 = 1, \Leftrightarrow AA^\mathrm{T} = I \Leftrightarrow A^\mathrm{T}A = I \\ ac + bd = 0 \end{cases}$$

$$\Leftrightarrow \begin{bmatrix} a & c \\ b & d \end{bmatrix} \begin{bmatrix} a & b \\ c & d \end{bmatrix} = \begin{bmatrix} a^2 + c^2 & ab + cd \\ ab + cd & b^2 + d^2 \end{bmatrix} = \begin{bmatrix} 1 & 0 \\ 0 & 1 \end{bmatrix}$$

$$\Leftrightarrow \begin{cases} a^2 + c^2 = 1, \\ b^2 + d^2 = 1, \\ ab + cd = 0. \end{cases}$$

例 8 证明如下结论：

(1) $\begin{bmatrix} \cos\theta & \sin\theta \\ -\sin\theta & \cos\theta \end{bmatrix}^{-1} = \begin{bmatrix} \cos\theta & -\sin\theta \\ \sin\theta & \cos\theta \end{bmatrix} = \begin{bmatrix} \cos(-\theta) & \sin(-\theta) \\ -\sin(-\theta) & \cos(-\theta) \end{bmatrix}$;

(2) 设 X 为 $n \times 1$ 矩阵，且 $X^\mathrm{T}X = 1$，$S = I - 2XX^\mathrm{T}$，证明：$S^\mathrm{T} = S = S^{-1}$.

分析 可根据矩阵可逆的定义，即若存在矩阵 B，使得 $AB = I$，或 (A, I)
$\xrightarrow{\text{行初等变换}} (I, A^{-1})$.

(1) **证法 1**（行初等变换法）

当 $\cos\theta \neq 0$ 时，

$$\begin{bmatrix} \cos\theta & \sin\theta & \vdots & 1 & 0 \\ -\sin\theta & \cos\theta & \vdots & 0 & 1 \end{bmatrix} \xrightarrow{\cos\theta\, r_1} \begin{bmatrix} \cos^2\theta & \cos\theta\sin\theta & \vdots & \cos\theta & 0 \\ -\sin\theta & \cos\theta & \vdots & 0 & 1 \end{bmatrix}$$

$$\xrightarrow{-\sin\theta\, r_2 + r_1} \begin{bmatrix} 1 & 0 & \vdots & \cos\theta & -\sin\theta \\ -\sin\theta & \cos\theta & \vdots & 0 & 1 \end{bmatrix}$$

$$\xrightarrow{\sin\theta\, r_1 + r_2} \begin{bmatrix} 1 & 0 & \vdots & \cos\theta & -\sin\theta \\ 0 & \cos\theta & \vdots & \cos\theta\sin\theta & \cos^2\theta \end{bmatrix}$$

$$\xrightarrow{\frac{1}{\cos\theta} r_2} \begin{bmatrix} 1 & 0 & \vdots & \cos\theta & -\sin\theta \\ 0 & 1 & \vdots & \sin\theta & \cos\theta \end{bmatrix}.$$

当 $\cos\theta = 0$ 时，$\sin\theta \neq 0$ 且 $\sin^2\theta = 1$，

$$\begin{bmatrix} \cos\theta & \sin\theta & \vdots & 1 & 0 \\ -\sin\theta & \cos\theta & \vdots & 0 & 1 \end{bmatrix} \xrightarrow{r_1 \leftrightarrow r_2} \begin{bmatrix} -\sin\theta & 0 & \vdots & 0 & 1 \\ 0 & \sin\theta & \vdots & 1 & 0 \end{bmatrix}$$

$$\xrightarrow{-1 r_1} \begin{bmatrix} \sin\theta & 0 & \vdots & 0 & -1 \\ 0 & \sin\theta & \vdots & 1 & 0 \end{bmatrix}$$

$$\xrightarrow[\sin\theta\, r_2]{\sin\theta\, r_1} \begin{bmatrix} \sin^2\theta & 0 & \vdots & 0 & -\sin\theta \\ 0 & \sin^2\theta & \vdots & \sin\theta & 0 \end{bmatrix}$$

$$= \begin{bmatrix} 1 & 0 & \vdots & \cos\theta & -\sin\theta \\ 0 & 1 & \vdots & \sin\theta & \cos\theta \end{bmatrix}.$$

证法 2(定义法)

$$\begin{bmatrix} \cos\theta & \sin\theta \\ -\sin\theta & \cos\theta \end{bmatrix} \begin{bmatrix} \cos\theta & -\sin\theta \\ \sin\theta & \cos\theta \end{bmatrix} = \begin{bmatrix} \cos^2\theta+\sin^2\theta & 0 \\ 0 & \cos^2\theta+\sin^2\theta \end{bmatrix} = \begin{bmatrix} 1 & 0 \\ 0 & 1 \end{bmatrix},$$

故

$$\begin{bmatrix} \cos\theta & \sin\theta \\ -\sin\theta & \cos\theta \end{bmatrix}^{-1} = \begin{bmatrix} \cos\theta & -\sin\theta \\ \sin\theta & \cos\theta \end{bmatrix} = \begin{bmatrix} \cos(-\theta) & \sin(-\theta) \\ -\sin(-\theta) & \cos(-\theta) \end{bmatrix}.$$

评注   第一种方法用求逆的行初等变换法,计算量较大且要分情况探讨.第二种方法用逆矩阵的定义验证,简单快捷.

(2) $$\boldsymbol{S}^{\mathrm{T}} = (\boldsymbol{I} - 2\boldsymbol{X}\boldsymbol{X}^{\mathrm{T}})^{\mathrm{T}} = \boldsymbol{I} - 2\left(\boldsymbol{X}^{\mathrm{T}}\right)^{\mathrm{T}}\boldsymbol{X}^{\mathrm{T}} = \boldsymbol{I} - 2\boldsymbol{X}\boldsymbol{X}^{\mathrm{T}} = \boldsymbol{S},$$

$$\boldsymbol{S}^{\mathrm{T}}\boldsymbol{S} = \boldsymbol{S}^2 = (\boldsymbol{I} - 2\boldsymbol{X}\boldsymbol{X}^{\mathrm{T}})^2 = \boldsymbol{I} - 2\boldsymbol{X}\boldsymbol{X}^{\mathrm{T}} - 2\boldsymbol{X}\boldsymbol{X}^{\mathrm{T}} + 4\boldsymbol{X}(\boldsymbol{X}^{\mathrm{T}}\boldsymbol{X})\boldsymbol{X}^{\mathrm{T}}$$

$$= \boldsymbol{I} - 4\boldsymbol{X}\boldsymbol{X}^{\mathrm{T}} + 4\boldsymbol{X}\boldsymbol{X}^{\mathrm{T}} = \boldsymbol{I},$$

故 $\boldsymbol{S}^{\mathrm{T}} = \boldsymbol{S} = \boldsymbol{S}^{-1}$.

例 9   证明如下结论:

(1) 设 $\boldsymbol{A}$ 为 $m \times n$ 矩阵,$\boldsymbol{B}$ 为 $n \times m$ 矩阵,证明: $\mathrm{tr}(\boldsymbol{AB}) = \mathrm{tr}(\boldsymbol{BA})$;

(2) 设 $\boldsymbol{A}$ 为 n 阶矩阵,$\boldsymbol{P}$ 为 n 阶可逆矩阵,证明: $\mathrm{tr}(\boldsymbol{P}^{-1}\boldsymbol{A}\boldsymbol{P}) = \mathrm{tr}(\boldsymbol{A})$;

(3) 设 $\boldsymbol{A}, \boldsymbol{B}$ 为 n 阶矩阵,证明: $\boldsymbol{AB} - \boldsymbol{BA} \neq k\boldsymbol{I}(k \neq 0)$.

分析   根据矩阵迹的定义可知,$\boldsymbol{A} = (a_{ij})_{n \times n}$ 的迹 $\mathrm{tr}(\boldsymbol{A}) = \sum\limits_{i=1}^{n} a_{ii}$,故只需把上述矩阵的迹表示出来即可得证.

证   (1) 记 $\boldsymbol{AB} = \boldsymbol{C} = (c_{ij})_{m \times m}$,$\boldsymbol{BA} = \boldsymbol{D} = (d_{ij})_{n \times n}$,则

$$c_{ii} = \sum_{j=1}^{n} a_{ij}b_{ji}(i=1,2,\cdots,m), \qquad d_{ii} = \sum_{j=1}^{m} b_{ij}a_{ji} \quad (i=1,2,\cdots,n),$$

于是

$$\mathrm{tr}(\boldsymbol{AB}) = \sum_{i=1}^{m} c_{ii} = \sum_{i=1}^{m}\sum_{j=1}^{n} a_{ij}b_{ji} = \sum_{i=1}^{n}\sum_{j=1}^{m} b_{ij}a_{ji} = \sum_{i=1}^{n} d_{ii} = \mathrm{tr}(\boldsymbol{BA}).$$

(2) 由 $\mathrm{tr}(\boldsymbol{AB}) = \mathrm{tr}(\boldsymbol{BA})$,可得

$$\mathrm{tr}(\boldsymbol{P}^{-1}\boldsymbol{A}\boldsymbol{P}) = \mathrm{tr}(\boldsymbol{A}\boldsymbol{P}\boldsymbol{P}^{-1}) = \mathrm{tr}(\boldsymbol{A}).$$

(3) 因为 $\mathrm{tr}(\boldsymbol{AB} - \boldsymbol{BA}) = \mathrm{tr}(\boldsymbol{AB}) - \mathrm{tr}(\boldsymbol{BA}) = 0$,$\mathrm{tr}(k\boldsymbol{I}) = nk \neq 0$,所以

$$\boldsymbol{AB} - \boldsymbol{BA} \neq k\boldsymbol{I}(k \neq 0).$$

例 10   证明如下结论:

(1) 设 $\boldsymbol{A}$ 为 n 阶矩阵,若对于任意 n 阶矩阵 $\boldsymbol{X}$ 都有 $\mathrm{tr}(\boldsymbol{XA}) = 0$,证明: $\boldsymbol{A} = \boldsymbol{O}$;

(2) 设 $\boldsymbol{A}, \boldsymbol{B}$ 为 n 阶矩阵,若对于任意 n 阶矩阵 $\boldsymbol{X}$ 都有 $\mathrm{tr}(\boldsymbol{XA}) = \mathrm{tr}(\boldsymbol{BX})$,证明: $\boldsymbol{A} = \boldsymbol{B}$.

分析   因对任意 n 阶矩阵 $\boldsymbol{X}$ 都有 $\mathrm{tr}(\boldsymbol{XA}) = 0$,故可取特殊的 $\boldsymbol{X}$,把 $\mathrm{tr}(\boldsymbol{XA}) = 0$ 转化为 $\boldsymbol{A} = (a_{ij})_{n \times n} = \boldsymbol{O}$.

证   (1) 取 n 阶方阵 $\boldsymbol{F}_{i,j}(i,j=1,2,\cdots,n)$,其第 (i,j) 元为 1,其余元都为 0,则

$$F_{i,j}A = \begin{pmatrix} 0 & & & & & & \\ & \ddots & & & & & \\ & & 0 & \cdots & 1 & & \\ & & & \ddots & \vdots & & \\ & & & & 0 & & \\ & & & & & \ddots & \\ & & & & & & 0 \end{pmatrix} \begin{pmatrix} a_{11} & \cdots & a_{1i} & \cdots & a_{1n} \\ \vdots & & \vdots & & \vdots \\ a_{j1} & \cdots & a_{ji} & \cdots & a_{jn} \\ \vdots & & \vdots & & \vdots \\ a_{n1} & \cdots & a_{ni} & \cdots & a_{nn} \end{pmatrix}$$

$$= \begin{pmatrix} 0 & \cdots & 0 & \cdots & 0 \\ \vdots & & \vdots & & \vdots \\ a_{j1} & \cdots & a_{ji} & \cdots & a_{jn} \\ \vdots & & \vdots & & \vdots \\ 0 & \cdots & 0 & \cdots & 0 \end{pmatrix},$$

于是

$$\mathrm{tr}(F_{i,j}A) = a_{ji} = 0 \quad (i,j = 1,2,\cdots,n),$$

所以 $A = O$.

(2) 由 $\mathrm{tr}(BX) = \mathrm{tr}(XB)$ 可得,对于任意 n 阶矩阵 X 都有

$$\mathrm{tr}(XA) = \mathrm{tr}(BX) = \mathrm{tr}(XB),$$

故

$$\mathrm{tr}[X(A-B)] = \mathrm{tr}(XA - XB) = \mathrm{tr}(XA) - \mathrm{tr}(XB) = 0,$$

由(1)的结论可知 $A - B = O$,即 $A = B$.

 单元检测

(一) 检测题

一、填空题(每题 3 分,共 15 分)

1. 若对任意的 $n \times 1$ 矩阵 X,均有 $AX = 0$,则 $A = $ _____.

2. 若 n 阶矩阵 A 满足方程 $A^2 + 2A + 3I = O$,则 $A^{-1} = $ _____.

3. 设矩阵 $A = \begin{pmatrix} 1 & 0 & 1 \\ 0 & 2 & 0 \\ 0 & 0 & 1 \end{pmatrix}$,则 $(A+3I)^{-1}(A^2 - 9I) = $ _____.

4. 设矩阵 $A = \begin{pmatrix} 2 & 1 & 0 & 0 \\ 1 & 1 & 0 & 0 \\ -1 & 2 & 2 & 5 \\ 1 & -1 & 1 & 3 \end{pmatrix}$,则 $A^{-1} = $ _____.

5. 设 A,B,C 均为 n 阶方阵,若 $B = I + AB, C = A + CA$,则 $B - C = $ _____.

二、选择题(每题 3 分,共 15 分)

1. 设 $1 \times n$ 矩阵 $\boldsymbol{\alpha} = \left(\dfrac{1}{2}, 0, \cdots, 0, \dfrac{1}{2}\right)$,矩阵 $\boldsymbol{A} = \boldsymbol{I} - \boldsymbol{\alpha}^{\mathrm{T}} \boldsymbol{\alpha}$,$\boldsymbol{B} = \boldsymbol{I} + 2\boldsymbol{\alpha}^{\mathrm{T}} \boldsymbol{\alpha}$,其中 $\boldsymbol{I}$ 为 n 阶单位矩阵,则 $\boldsymbol{AB} = ($ $)$.

(A) $\boldsymbol{O}$ (B) $-\boldsymbol{I}$ (C) $\boldsymbol{I}$ (D) $\boldsymbol{I} + \boldsymbol{\alpha}^{\mathrm{T}} \boldsymbol{\alpha}$

2. 设 $\boldsymbol{A} = \begin{pmatrix} a_{11} & a_{12} & a_{13} \\ a_{21} & a_{22} & a_{23} \\ a_{31} & a_{32} & a_{33} \end{pmatrix}$,$\boldsymbol{B} = \begin{pmatrix} a_{21} & a_{22} & a_{23} \\ a_{11} & a_{12} & a_{13} \\ a_{31} - a_{21} & a_{32} - a_{22} & a_{33} - a_{23} \end{pmatrix}$,$\boldsymbol{P}_1 = \begin{pmatrix} 0 & 1 & 0 \\ 1 & 0 & 0 \\ 0 & 0 & 1 \end{pmatrix}$ 且有 $\boldsymbol{P}_2 \boldsymbol{P}_1 \boldsymbol{A} = \boldsymbol{B}$,则 $\boldsymbol{P}_2 = ($ $)$.

(A) $\begin{pmatrix} 1 & 0 & 0 \\ 0 & 1 & 0 \\ 1 & 0 & 1 \end{pmatrix}$ (B) $\begin{pmatrix} 1 & 0 & 0 \\ 0 & 1 & 0 \\ -1 & 0 & 1 \end{pmatrix}$ (C) $\begin{pmatrix} 1 & 0 & 0 \\ 0 & 1 & 0 \\ 0 & 0 & 1 \end{pmatrix}$ (D) $\begin{pmatrix} 1 & 0 & -1 \\ 0 & 1 & 0 \\ 0 & 0 & 1 \end{pmatrix}$

3. 设 $\boldsymbol{A}$ 为 n 阶非零矩阵,$\boldsymbol{I}$ 为 n 阶单位矩阵,若 $\boldsymbol{A}^3 = \boldsymbol{O}$,则(   ).

(A) $\boldsymbol{I} - \boldsymbol{A}$ 不可逆,$\boldsymbol{I} + \boldsymbol{A}$ 不可逆   (B) $\boldsymbol{I} - \boldsymbol{A}$ 不可逆,$\boldsymbol{I} + \boldsymbol{A}$ 可逆

(C) $\boldsymbol{I} - \boldsymbol{A}$ 可逆,$\boldsymbol{I} + \boldsymbol{A}$ 可逆   (D) $\boldsymbol{I} - \boldsymbol{A}$ 可逆,$\boldsymbol{I} + \boldsymbol{A}$ 不可逆

4. 设 $\boldsymbol{A}$ 为 n 阶矩阵,则下列矩阵为对称矩阵的是(   ).

(A) $\boldsymbol{A} - \boldsymbol{A}^{\mathrm{T}}$ (B) $\boldsymbol{AA}^{\mathrm{T}}$

(C) $(\boldsymbol{AB}^{\mathrm{T}})\boldsymbol{C}$ (D) $\boldsymbol{C}^{\mathrm{T}} \boldsymbol{AC}$,其中 $\boldsymbol{C}$ 为 n 阶矩阵

5. 设 $\boldsymbol{A}, \boldsymbol{B}, \boldsymbol{C}$ 均为 n 阶方阵,若 $\boldsymbol{AB} = \boldsymbol{BC} = \boldsymbol{CA} = \boldsymbol{I}$,则 $\boldsymbol{A}^2 + (-2\boldsymbol{B})^2 + \boldsymbol{C}^2$ 等于(   ).

(A) $(4^n + 2)\boldsymbol{I}$ (B) $(2 - 4^n)\boldsymbol{I}$ (C) $6\boldsymbol{I}$ (D) $\boldsymbol{O}$

三、(10 分)设 $\boldsymbol{A} = \begin{pmatrix} 3 & 1 & 0 \\ -1 & 2 & 1 \\ 3 & 4 & 2 \end{pmatrix}$,$\boldsymbol{B} = \begin{pmatrix} 1 & -1 & 0 \\ 2 & -2 & 5 \\ 3 & 4 & 1 \end{pmatrix}$,求:

1. $\boldsymbol{AB} - \boldsymbol{BA}$;2. $\boldsymbol{A}^2 - \boldsymbol{B}^2$;3. $\boldsymbol{B}^{\mathrm{T}} \boldsymbol{A}^{\mathrm{T}}$.

四、(10 分)求下列矩阵的逆矩阵:

1. $\begin{pmatrix} 1 & 1 & 1 & 1 \\ 1 & 1 & -1 & -1 \\ 1 & -1 & 1 & -1 \\ 1 & -1 & -1 & 1 \end{pmatrix}$;2. $\begin{pmatrix} \cos \alpha & \sin \alpha & 0 \\ -\sin \alpha & \cos \alpha & 0 \\ 0 & 0 & 1 \end{pmatrix}$;3. $\begin{pmatrix} 5 & 2 & 0 & 0 \\ 2 & 1 & 0 & 0 \\ 0 & 0 & 1 & -2 \\ 0 & 0 & 1 & 1 \end{pmatrix}$.

五、(10 分)分别讨论参数 a 为何值时,线性方程组 $\begin{cases} -2x_1 + x_2 + x_3 = -2, \\ x_1 - 2x_2 + x_3 = a, \\ x_1 + x_2 - 2x_3 = a^2 \end{cases}$ 无解和有解? 当有解时,写出其解.

六、(10 分)已知 $\boldsymbol{A}, \boldsymbol{B}$ 均为 n 阶方阵,若 $\boldsymbol{AB} = \boldsymbol{I}$,化简 $\boldsymbol{B}[\boldsymbol{I} - \boldsymbol{B}(\boldsymbol{I} + \boldsymbol{A}^{\mathrm{T}} \boldsymbol{B}^{\mathrm{T}})^{-1} \boldsymbol{A}] \boldsymbol{A}$.

七、(10 分)求解矩阵方程:$\begin{pmatrix} 1 & 1 & -1 \\ 0 & 2 & 2 \\ 1 & -1 & 0 \end{pmatrix} \boldsymbol{X} + \begin{pmatrix} 0 & 1 \\ 1 & 0 \\ 4 & 3 \end{pmatrix} = \begin{pmatrix} 1 & -1 \\ 1 & 1 \\ 2 & 1 \end{pmatrix}$.

八、(10 分)已知 A, B 均为 n 阶方阵,$A^2 = A$,$B^2 = B$,$(A + B)^2 = A + B$,证明:$AB = O$.

九、(10 分)设 B 为元全为 1 的 $n(n \geq 2)$ 阶方阵,证明:

1. $B^k = n^{k-1}B$;

2. $(I - B)^{-1} = I - \dfrac{1}{n - 1}B$.

(二)检测题答案与提示

第二章 行列式

一、内容提要

图 2.1 第二章知识结构框图

（一）n 阶行列式的定义

设 $\boldsymbol{A}$ 是 n 阶矩阵，$\boldsymbol{A}$ 的行列式

$$\det \boldsymbol{A}=\begin{vmatrix} a_{11} & a_{12} & \cdots & a_{1n} \\ a_{21} & a_{22} & \cdots & a_{2n} \\ \vdots & \vdots & & \vdots \\ a_{n1} & a_{n2} & \cdots & a_{nn} \end{vmatrix}$$

是由 $\boldsymbol{A}$ 确定的一个数

$$\det \boldsymbol{A}=\begin{cases} a_{11}, & n=1, \\ \sum_{j=1}^{n} a_{1j}A_{1j}=a_{11}A_{11}+a_{12}A_{12}+\cdots+a_{1n}A_{1n}, & n\geqslant 2, \end{cases}$$

其中 $A_{1j}=(-1)^{1+j}M_{1j}$，而 M_{1j} 是如下 $n-1$ 阶行列式

$$\begin{vmatrix} a_{21} & \cdots & a_{2,j-1} & a_{2,j+1} & \cdots & a_{2n} \\ a_{31} & \cdots & a_{3,j-1} & a_{3,j+1} & \cdots & a_{3n} \\ \vdots & & \vdots & \vdots & & \vdots \\ a_{n1} & \cdots & a_{n,j-1} & a_{n,j+1} & \cdots & a_{nn} \end{vmatrix},$$

并称 M_{1j} 为元 a_{1j} 的余子式，A_{1j} 为元 a_{1j} 的代数余子式.

（二）行列式的性质与计算

1. 行列式的性质

性质 1 n 阶矩阵 A 的行列式按任一行展开,其值相等,即

$$\det A = a_{i1}A_{i1} + a_{i2}A_{i2} + \cdots + a_{in}A_{in} = \sum_{j=1}^{n} a_{ij}A_{ij} \quad (i=1,2,\cdots,n),$$

其中 $A_{ij} = (-1)^{i+j}M_{ij}$,$M_{ij}$ 是 $\det A$ 中去掉第 i 行和第 j 列元所成的 $n-1$ 阶行列式,称为元 a_{ij} 的余子式,A_{ij} 称为元 a_{ij} 的代数余子式.

特别地,若行列式中某一行元全为 0,则行列式等于 0.

性质 2 若行列式有两行元对应相等,则行列式等于 0.

性质 3

$$\begin{vmatrix} a_{11} & a_{12} & \cdots & a_{1n} \\ \vdots & \vdots & & \vdots \\ b_{i1}+c_{i1} & b_{i2}+c_{i2} & \cdots & b_{in}+c_{in} \\ \vdots & \vdots & & \vdots \\ a_{n1} & a_{n2} & & a_{nn} \end{vmatrix} = \begin{vmatrix} a_{11} & a_{12} & \cdots & a_{1n} \\ \vdots & \vdots & & \vdots \\ b_{i1} & b_{i2} & \cdots & b_{in} \\ \vdots & \vdots & & \vdots \\ a_{n1} & a_{n2} & & a_{nn} \end{vmatrix} + \begin{vmatrix} a_{11} & a_{12} & \cdots & a_{1n} \\ \vdots & \vdots & & \vdots \\ c_{i1} & c_{i2} & \cdots & c_{in} \\ \vdots & \vdots & & \vdots \\ a_{n1} & a_{n2} & & a_{nn} \end{vmatrix}$$

性质 4 若把行初等变换施于 n 阶矩阵 A 上,

（1）将 A 的某一行乘数 k 得到 A_1,则 $\det A_1 = k(\det A)$;

（2）将 A 的某一行的 k 倍加到另一行得到 A_2,则 $\det A_2 = \det A$;

（3）交换 A 的两行得到 A_3,则 $\det A_3 = -\det A$.

性质 5 行列式中行列互换,则行列式的值不变,即 $\det A = \det A^{\mathrm{T}}$.

2. 行列式的计算

（1）几类特殊行列式的值

$$\begin{vmatrix} a_{11} & a_{12} & \cdots & a_{1n} \\ 0 & a_{22} & \cdots & a_{2n} \\ \vdots & \vdots & & \vdots \\ 0 & 0 & \cdots & a_{nn} \end{vmatrix} = \begin{vmatrix} a_{11} & 0 & \cdots & 0 \\ a_{21} & a_{22} & \cdots & 0 \\ \vdots & \vdots & & \vdots \\ a_{n1} & a_{n2} & \cdots & a_{nn} \end{vmatrix} = a_{11}a_{22}\cdots a_{nn}.$$

$$\begin{vmatrix} 0 & 0 & \cdots & a_n \\ \vdots & \vdots & \cdot^{\cdot^{\cdot}} & \\ 0 & a_2 & & * \\ a_1 & & & \end{vmatrix} = \begin{vmatrix} & & & a_n \\ & * & \cdot^{\cdot^{\cdot}} & \vdots \\ a_2 & \cdots & & 0 \\ a_1 & 0 & \cdots & 0 \end{vmatrix} = (-1)^{\frac{n(n-1)}{2}} a_1 a_2 \cdots a_n.$$

$$\begin{vmatrix} 1 & 1 & \cdots & 1 \\ x_1 & x_2 & \cdots & x_n \\ x_1^2 & x_2^2 & \cdots & x_n^2 \\ \vdots & \vdots & & \vdots \\ x_1^{n-1} & x_2^{n-1} & \cdots & x_n^{n-1} \end{vmatrix} = \prod_{1 \leqslant j < i \leqslant n} (x_i - x_j).$$

$$\begin{vmatrix} a_{11} & \cdots & a_{1r} & & & \\ \vdots & & \vdots & & \boldsymbol{O} & \\ a_{r1} & \cdots & a_{rr} & & & \\ & & & b_{11} & \cdots & b_{1s} \\ & \boldsymbol{*} & & \vdots & & \vdots \\ & & & b_{s1} & \cdots & b_{ss} \end{vmatrix} = \begin{vmatrix} a_{11} & \cdots & a_{1r} & & & \\ \vdots & & \vdots & & \boldsymbol{*} & \\ a_{r1} & \cdots & a_{rr} & & & \\ & & & b_{11} & \cdots & b_{1s} \\ & \boldsymbol{O} & & \vdots & & \vdots \\ & & & b_{s1} & \cdots & b_{ss} \end{vmatrix}$$

$$= \begin{vmatrix} a_{11} & \cdots & a_{1r} \\ \vdots & & \vdots \\ a_{r1} & \cdots & a_{rr} \end{vmatrix} \cdot \begin{vmatrix} b_{11} & \cdots & b_{1s} \\ \vdots & & \vdots \\ b_{s1} & \cdots & b_{ss} \end{vmatrix}.$$

$$\begin{vmatrix} & & & a_{11} & \cdots & a_{1r} \\ & \boldsymbol{O} & & \vdots & & \vdots \\ & & & a_{r1} & \cdots & a_{rr} \\ b_{11} & \cdots & b_{1s} & & & \\ \vdots & & \vdots & & \boldsymbol{*} & \\ b_{s1} & \cdots & b_{ss} & & & \end{vmatrix} = \begin{vmatrix} & & & a_{11} & \cdots & a_{1r} \\ & \boldsymbol{*} & & \vdots & & \vdots \\ & & & a_{r1} & \cdots & a_{rr} \\ b_{11} & \cdots & b_{1s} & & & \\ \vdots & & \vdots & & \boldsymbol{O} & \\ b_{s1} & \cdots & b_{ss} & & & \end{vmatrix}$$

$$= (-1)^{rs} \begin{vmatrix} a_{11} & \cdots & a_{1r} \\ \vdots & & \vdots \\ a_{r1} & \cdots & a_{rr} \end{vmatrix} \cdot \begin{vmatrix} b_{11} & \cdots & b_{1s} \\ \vdots & & \vdots \\ b_{s1} & \cdots & b_{ss} \end{vmatrix}.$$

（2）矩阵运算与行列式的关系

1° $\det(k\boldsymbol{A}) = k^n(\det \boldsymbol{A})$，其中 $\boldsymbol{A}$ 是 n 阶矩阵；

2° $\det(\boldsymbol{AB}) = (\det \boldsymbol{A})(\det \boldsymbol{B})$，一般地，有

$$\det(\boldsymbol{A}_1\boldsymbol{A}_2\cdots\boldsymbol{A}_s) = (\det \boldsymbol{A}_1)(\det \boldsymbol{A}_2)\cdots(\det \boldsymbol{A}_s);$$

3° 若 $\boldsymbol{A} = \begin{bmatrix} \boldsymbol{A}_1 & & & \\ & \boldsymbol{A}_2 & & \\ & & \ddots & \\ & & & \boldsymbol{A}_s \end{bmatrix}$ 为块对角矩阵，则 $\det \boldsymbol{A} = (\det \boldsymbol{A}_1)(\det \boldsymbol{A}_2)\cdots(\det \boldsymbol{A}_s)$；

4° $\det \boldsymbol{A}^{-1} = \dfrac{1}{\det \boldsymbol{A}}.$

（3）常用计算方法：三角化方法、降阶法、归纳法、递推法、分拆法、升阶（加边）法等.

（三）拉普拉斯展开定理

1. 子式、余子式的概念

在 n 阶行列式 D 中，任取 k 行、k 列（$1 \leqslant k \leqslant n$），位于这 k 行、k 列的交点上的 k^2 个元按原来的相对位置组成的 k 阶行列式 S，称为 D 的一个 k 阶子式；在 D 中划去 S 所在的 k 行、k 列，余下的元按原来的相对位置组成的 $n-k$ 阶行列式 M，称为 S 的余子式. 设 S 所在的各行位于 D 的第 $i_1, i_2, \cdots, i_k$ 行（$i_1 < i_2 < \cdots < i_k$），S 的各列位于 D 的第 $j_1, j_2, \cdots, j_k$ 列（$j_1 < j_2 < \cdots < j_k$），则称

$$A = (-1)^{(i_1+i_2+\cdots+i_k)+(j_1+j_2+\cdots+j_k)}M$$

为 S 的代数余子式.

2. 拉普拉斯展开定理

若在行列式 D 中,任取 k 行$(1 \leqslant k \leqslant n-1)$,则由这 k 行组成的所有 k 阶子式与它们的代数余子式的乘积之和等于 D.

(四)克拉默法则

1. 伴随矩阵

(1) 伴随矩阵的概念 设 n 阶矩阵 $\boldsymbol{A} = \begin{bmatrix} a_{11} & a_{12} & \cdots & a_{1n} \\ a_{21} & a_{22} & \cdots & a_{2n} \\ \vdots & \vdots & & \vdots \\ a_{n1} & a_{n2} & \cdots & a_{nn} \end{bmatrix}$,记 A_{ij} 为 a_{ij} 的代数

余子式,则称 $\begin{bmatrix} A_{11} & A_{21} & \cdots & A_{n1} \\ A_{12} & A_{22} & \cdots & A_{n2} \\ \vdots & \vdots & & \vdots \\ A_{1n} & A_{2n} & \cdots & A_{nn} \end{bmatrix}$ 为 $\boldsymbol{A}$ 的伴随矩阵,记为 $\boldsymbol{A}^*$.

(2) 伴随矩阵的性质

$1°$ $\boldsymbol{A}\boldsymbol{A}^* = \boldsymbol{A}^*\boldsymbol{A} = (\det \boldsymbol{A})\boldsymbol{I}$.

$2°$ 矩阵 $\boldsymbol{A}$ 可逆的充要条件是 $\det \boldsymbol{A} \neq 0$.

$3°$ 当矩阵 $\boldsymbol{A}$ 可逆时,有

$$\boldsymbol{A}^{-1} = \frac{1}{\det \boldsymbol{A}} \boldsymbol{A}^*, \quad (\boldsymbol{A}^*)^{-1} = (\boldsymbol{A}^{-1})^* = \frac{1}{\det \boldsymbol{A}} \boldsymbol{A}.$$

$4°$ $\boldsymbol{A}$ 为 n 阶矩阵,则

$$\det \boldsymbol{A}^* = (\det \boldsymbol{A})^{n-1}, \quad (k\boldsymbol{A})^* = k^{n-1} \boldsymbol{A}^* (k \in \mathbf{R}), \quad (\boldsymbol{A}^{\mathsf{T}})^* = (\boldsymbol{A}^*)^{\mathsf{T}}.$$

2. 克拉默法则

定理 对于线性方程组

$$\begin{cases} a_{11}x_1 + a_{12}x_2 + \cdots + a_{1n}x_n = b_1, \\ a_{21}x_1 + a_{22}x_2 + \cdots + a_{2n}x_n = b_2, \\ \qquad \cdots\cdots\cdots\cdots \\ a_{n1}x_1 + a_{n2}x_2 + \cdots + a_{nn}x_n = b_n, \end{cases} \qquad (2-1)$$

若系数行列式 $D = \begin{vmatrix} a_{11} & a_{12} & \cdots & a_{1n} \\ a_{21} & a_{22} & \cdots & a_{2n} \\ \vdots & \vdots & & \vdots \\ a_{n1} & a_{n2} & \cdots & a_{nn} \end{vmatrix} \neq 0$,则方程组$(2-1)$有唯一解,且解为

$$(x_1, x_2, \cdots, x_n) = \left(\frac{D_1}{D}, \frac{D_2}{D}, \cdots, \frac{D_n}{D} \right),$$

其中 $D_j (j=1,2,\cdots,n)$ 是把 D 中第 j 列换成常数列$(b_1, b_2, \cdots, b_n)^{\mathsf{T}}$,而其余各列不变所得的行列式.

特别地,对齐次线性方程组

$$\begin{cases} a_{11}x_1 + a_{12}x_2 + \cdots + a_{1n}x_n = 0, \\ a_{21}x_1 + a_{22}x_2 + \cdots + a_{2n}x_n = 0, \\ \qquad \cdots\cdots\cdots\cdots \\ a_{n1}x_1 + a_{n2}x_2 + \cdots + a_{nn}x_n = 0, \end{cases} \qquad (2-2)$$

若系数行列式 $D \neq 0$，则方程组(2－2)只有零解．等价地，若方程组(2－2)有非零解，则必有 $D = 0$．

（五）矩阵的秩

1. 矩阵秩的定义

在 $m \times n$ 矩阵 $\boldsymbol{A}$ 中，位于任意取定的 k 行和 k 列($1 \leqslant k \leqslant \min\{m, n\}$)交叉点上的 k^2 个元，按原来的相对位置组成的 k 阶行列式称为 $\boldsymbol{A}$ 的一个 k 阶子式．矩阵 $\boldsymbol{A}$ 的非零子式的最高阶数称为 $\boldsymbol{A}$ 的秩，记为 $R(\boldsymbol{A})$，并规定零矩阵的秩为零．

2. 矩阵秩的性质

(1) n 阶矩阵 $\boldsymbol{A}$ 可逆的充要条件是 $R(\boldsymbol{A}) = n$；

(2) $\boldsymbol{A} = \boldsymbol{O}$ 的充要条件是 $R(\boldsymbol{A}) = 0$；

(3) $R(\boldsymbol{A}^\mathrm{T}) = R(\boldsymbol{A})$；

(4) $0 \leqslant R(\boldsymbol{A}) \leqslant \min\{m, n\}$，其中 $\boldsymbol{A}$ 是 $m \times n$ 矩阵；

(5) $R(k\boldsymbol{A}) = \begin{cases} 0, & k = 0, \\ R(\boldsymbol{A}), & k \neq 0; \end{cases}$

(6) 若 $\boldsymbol{P}, \boldsymbol{Q}$ 为可逆矩阵，则 $R(\boldsymbol{A}) = R(\boldsymbol{PA}) = R(\boldsymbol{AQ}) = R(\boldsymbol{PAQ})$；

(7) $R\begin{bmatrix} \boldsymbol{A} & \boldsymbol{O} \\ \boldsymbol{O} & \boldsymbol{B} \end{bmatrix} = R(\boldsymbol{A}) + R(\boldsymbol{B}), \quad R\begin{bmatrix} \boldsymbol{O} & \boldsymbol{A} \\ \boldsymbol{B} & \boldsymbol{O} \end{bmatrix} = R(\boldsymbol{A}) + R(\boldsymbol{B})$；

(8) $R(\boldsymbol{A}) = r \Leftrightarrow$ 存在可逆矩阵 $\boldsymbol{P}, \boldsymbol{Q}$，使得 $\boldsymbol{PAQ} = \begin{bmatrix} \boldsymbol{I}_r & \boldsymbol{O} \\ \boldsymbol{O} & \boldsymbol{O} \end{bmatrix}$；

(9) $\boldsymbol{A} \cong \boldsymbol{B} \Leftrightarrow R(\boldsymbol{A}) = R(\boldsymbol{B})$．

3. 矩阵秩的计算

(1) 初等变换不改变矩阵的秩；

(2) 利用行初等变换将矩阵化为行阶梯形矩阵，其非零行的行数为矩阵的秩．

◢ 典型例题

（一）选择题

例 1 设有 n 阶行列式 D_n，则 $D_n = 0$ 的必要条件是(　　　　)．

(A) D_n 中有两行(或列)元对应成比例

(B) D_n 中有一行(或列)元全为零

(C) D_n 中各列元之和为零

(D) 以 D_n 为系数行列式的齐次线性方程组有非零解

分析 据行列式的性质及线性方程组的解与系数行列式的关系知,选(D).

答案 (D).

例 2 设 $\begin{vmatrix} a_{11} & a_{12} & a_{13} \\ a_{21} & a_{22} & a_{23} \\ a_{31} & a_{32} & a_{33} \end{vmatrix} = a$,则 $\begin{vmatrix} a_{11} & a_{12} & a_{13} \\ 2a_{21}-3a_{31} & 2a_{22}-3a_{32} & 2a_{23}-3a_{33} \\ a_{31} & a_{32} & a_{33} \end{vmatrix} =$

( ).

(A) a (B) $2a$ (C) $-2a$ (D) $-3a$

分析 据行列式的性质,经简单计算知

$$\begin{vmatrix} a_{11} & a_{12} & a_{13} \\ 2a_{21}-3a_{31} & 2a_{22}-3a_{32} & 2a_{23}-3a_{33} \\ a_{31} & a_{32} & a_{33} \end{vmatrix} = \begin{vmatrix} a_{11} & a_{12} & a_{13} \\ 2a_{21} & 2a_{22} & 2a_{23} \\ a_{31} & a_{32} & a_{33} \end{vmatrix} = 2a.$$

答案 (B).

例 3 设线性方程组 $\begin{cases} bx - ay & = -2ab, \\ -2cy + 3bz = bc, \\ cx \quad\quad + az = 0, \end{cases}$ 则( ).

(A) 当 a,b,c 取任意实数时,方程组均有解

(B) 当 $a=0$ 时,方程组无解

(C) 当 $b=0$ 时,方程组无解

(D) 当 $c=0$ 时,方程组无解

分析 方程组的系数行列式

$$D = \begin{vmatrix} b & -a & 0 \\ 0 & -2c & 3b \\ c & 0 & a \end{vmatrix} = c\begin{vmatrix} -a & 0 \\ -2c & 3b \end{vmatrix} + a\begin{vmatrix} b & -a \\ 0 & -2c \end{vmatrix} = -5abc.$$

由克拉默法则知,当 $abc \neq 0$ 时,方程组有唯一解;当 $abc=0$(即 $a=0$ 或 $b=0$ 或 $c=0$)时,方程组均有无穷多个解.故选(A).

答案 (A).

例 4 四阶行列式 $\begin{vmatrix} a_1 & 0 & 0 & b_1 \\ 0 & a_2 & b_2 & 0 \\ 0 & b_3 & a_3 & 0 \\ b_4 & 0 & 0 & a_4 \end{vmatrix}$ 的值等于( ).

(A) $a_1 a_2 a_3 a_4 - b_1 b_2 b_3 b_4$ (B) $a_1 a_2 a_3 a_4 + b_1 b_2 b_3 b_4$

(C) $(a_1 a_2 - b_1 b_2)(a_3 a_4 - b_3 b_4)$ (D) $(a_2 a_3 - b_2 b_3)(a_1 a_4 - b_1 b_4)$

分析 1 按第一行展开

$$D = a_1 \begin{vmatrix} a_2 & b_2 & 0 \\ b_3 & a_3 & 0 \\ 0 & 0 & a_4 \end{vmatrix} - b_1 \begin{vmatrix} 0 & a_2 & b_2 \\ 0 & b_3 & a_3 \\ b_4 & 0 & 0 \end{vmatrix} = a_1 a_4 \begin{vmatrix} a_2 & b_2 \\ b_3 & a_3 \end{vmatrix} - b_1 b_4 \begin{vmatrix} a_2 & b_2 \\ b_3 & a_3 \end{vmatrix}$$

$$= (a_1 a_4 - b_1 b_4)(a_2 a_3 - b_2 b_3).$$

故选(D).

分析 2 用拉普拉斯定理

$$D = \begin{vmatrix} a_2 & b_2 \\ b_3 & a_3 \end{vmatrix} \cdot (-1)^{(2+3)+(2+3)} \begin{vmatrix} a_1 & b_1 \\ b_4 & a_4 \end{vmatrix} = (a_1 a_4 - b_1 b_4)(a_2 a_3 - b_2 b_3).$$

故选(D).

答案 (D).

例 5 设 $f(x) = \begin{vmatrix} x-2 & x-1 & x-2 & x-3 \\ 2x-2 & 2x-1 & 2x-2 & 2x-3 \\ 3x-3 & 3x-2 & 4x-5 & 3x-5 \\ 4x & 4x-3 & 5x-7 & 4x-3 \end{vmatrix}$,则方程 $f(x)=0$ 的根的个数为

( ).

(A) 1　　　　(B) 2　　　　(C) 3　　　　(D) 4

分析 由行列式的性质知

$$f(x) = \begin{vmatrix} x-2 & x-1 & x-2 & x-3 \\ 2 & 1 & 2 & 3 \\ 3x-3 & 3x-2 & 4x-5 & 3x-5 \\ 4x & 4x-3 & 5x-7 & 4x-3 \end{vmatrix} = x \begin{vmatrix} 1 & 1 & 1 & 1 \\ 2 & 1 & 2 & 3 \\ 3x-3 & 3x-2 & 4x-5 & 3x-5 \\ 4x & 4x-3 & 5x-7 & 4x-3 \end{vmatrix}$$

$$= x \begin{vmatrix} 1 & 1 & 1 & 1 \\ 2 & 1 & 2 & 3 \\ -3 & -2 & x-5 & -5 \\ 0 & -3 & x-7 & -3 \end{vmatrix} = x \begin{vmatrix} 1 & 1 & 1 & 1 \\ 0 & -1 & 0 & 1 \\ 0 & 1 & x-2 & -2 \\ 0 & -3 & x-7 & -3 \end{vmatrix} = x \begin{vmatrix} -1 & 0 & 1 \\ 1 & x-2 & -2 \\ -3 & x-7 & -3 \end{vmatrix}$$

$$= x \begin{vmatrix} -1 & 0 & 1 \\ 0 & x-2 & -1 \\ 0 & x-7 & -6 \end{vmatrix} = 5x(x-1),$$

故 $f(x)=0$ 根的个数为 2,应选(B).

答案 (B).

例 6 设 n 阶矩阵 $\boldsymbol{A}$ 的伴随矩阵为 $\boldsymbol{A}^*$,$|\boldsymbol{A}|=a \neq 0$,则 $|\boldsymbol{A}^*|=($).

(A) a　　　(B) $\dfrac{1}{a}$　　　(C) a^{n-1}　　　(D) a^n

分析 由矩阵与伴随矩阵的关系 $\boldsymbol{A}\boldsymbol{A}^* = \boldsymbol{A}^*\boldsymbol{A} = (\det \boldsymbol{A})\boldsymbol{I}$ 可知,
$$\det \boldsymbol{A}^* = (\det \boldsymbol{A})^{n-1} = a^{n-1},$$
故应选(C).

答案 (C).

例 7 设 3 阶矩阵 $\boldsymbol{A}$ 的行列式 $|\boldsymbol{A}|=2$,则 $\left| \dfrac{1}{2}(2\boldsymbol{A})^* \right| = ($).

(A) $\dfrac{1}{2}$　　　(B) 4　　　(C) 16　　　(D) 32

分析 由伴随矩阵的性质 $(k\boldsymbol{A})^* = k^{n-1}\boldsymbol{A}^*$ 及 $\det \boldsymbol{A}^* = (\det \boldsymbol{A})^{n-1}$ 可知,
$$\left| \frac{1}{2}(2\boldsymbol{A})^* \right| = \left| \frac{1}{2} \cdot (2^2 \boldsymbol{A}^*) \right| = |2\boldsymbol{A}^*| = 2^3 \cdot 2^2 = 32.$$

答案 (D).

例 8 设 $\boldsymbol{A}, \boldsymbol{B}$ 为 3 阶方阵,且 $|\boldsymbol{A}| = -2$,$\boldsymbol{A}^3 - \boldsymbol{A}\boldsymbol{B}\boldsymbol{A} + 2\boldsymbol{I} = \boldsymbol{O}$,则 $|\boldsymbol{A} - \boldsymbol{B}| = $

( ).

    (A) 2   (B) -2 (C) $\dfrac{1}{2}$ (D) $-\dfrac{1}{2}$

    分析   由 $A^3-ABA+2I=O$ 可得，$A(A-B)A=-2I$，两边取行列式得，

$$|A||A-B||A|=|-2I|=(-2)^3,$$

故 $|A-B|=\dfrac{-8}{(-2)^2}=-2$，故选(B).

    答案 (B).

    例 9   设 n 阶行列式 $D_n=\begin{vmatrix} 1 & a & a & \cdots & a \\ a & 1 & a & \cdots & a \\ a & a & 1 & \cdots & a \\ \vdots & \vdots & \vdots & & \vdots \\ a & a & a & \cdots & 1 \end{vmatrix}=0$，而 $n-1$ 阶行列式 $D_{n-1}\neq 0$，

则 $a=($).

    (A) 1   (B) -1 (C) $\dfrac{1}{n-1}$ (D) $\dfrac{1}{1-n}$

    分析 $D_n=\begin{vmatrix} 1+(n-1)a & 1+(n-1)a & 1+(n-1)a & \cdots & 1+(n-1)a \\ a & 1 & a & \cdots & a \\ a & a & 1 & \cdots & a \\ \vdots & \vdots & \vdots & & \vdots \\ a & a & a & \cdots & 1 \end{vmatrix}$

$$=[1+(n-1)a]\begin{vmatrix} 1 & 1 & 1 & \cdots & 1 \\ 0 & 1-a & 0 & \cdots & a \\ 0 & 0 & 1-a & \cdots & a \\ \vdots & \vdots & \vdots & & \vdots \\ 0 & 0 & 0 & \cdots & 1-a \end{vmatrix}=[1+(n-1)a](1-a)^{n-1}.$$

若 $a=1$，则 $D_{n-1}=0$，故 $a=\dfrac{1}{1-n}$.选(D).

    答案 (D).

    例 10   设 $D=\begin{vmatrix} 1 & 1 & 1 & 0 \\ 1 & 1 & 0 & 1 \\ 1 & 0 & 1 & 1 \\ 0 & 1 & 1 & 1 \end{vmatrix}$，则其值为(   ).

    (A) 1   (B) 2   (C) 3   (D) -3

    分析 $D=\begin{vmatrix} 3 & 1 & 1 & 0 \\ 3 & 1 & 0 & 1 \\ 3 & 0 & 1 & 1 \\ 3 & 1 & 1 & 1 \end{vmatrix}=3\begin{vmatrix} 1 & 1 & 1 & 0 \\ 1 & 1 & 0 & 1 \\ 1 & 0 & 1 & 1 \\ 1 & 1 & 1 & 1 \end{vmatrix}=3\begin{vmatrix} 1 & 1 & 1 & 0 \\ 0 & 0 & -1 & 1 \\ 0 & -1 & 0 & 1 \\ 0 & 0 & 0 & 1 \end{vmatrix}$

$$=-3\begin{vmatrix} 1 & 1 & 1 & 0 \\ 0 & -1 & 0 & 0 \\ 0 & 0 & -1 & 1 \\ 0 & 0 & 0 & 1 \end{vmatrix}=-3.$$

答案 (D).

例 11 设 n 阶矩阵 $\boldsymbol{A}$ 与 $\boldsymbol{B}$ 等价,则必有( ).

(A) 当 $|\boldsymbol{A}|=a(a\neq 0)$ 时,$|\boldsymbol{B}|=a$

(B) 当 $|\boldsymbol{A}|=a(a\neq 0)$ 时,$|\boldsymbol{B}|=-a$

(C) 当 $|\boldsymbol{A}|\neq 0$ 时,$|\boldsymbol{B}|=0$

(D) 当 $|\boldsymbol{A}|=0$ 时,$|\boldsymbol{B}|=0$

分析 当 $|\boldsymbol{A}|=0$ 时,$R(\boldsymbol{A})<n$,而 $\boldsymbol{A}$ 与 $\boldsymbol{B}$ 等价,故 $R(\boldsymbol{B})=R(\boldsymbol{A})<n$,即 $|\boldsymbol{B}|=0$,故选(D).

答案 (D).

例 12 设 $\boldsymbol{A}$ 为 $m\times n$ 矩阵,$\boldsymbol{B}$ 为 $n\times m$ 矩阵,则( ).

(A) 当 $m>n$ 时,必有 $|\boldsymbol{AB}|\neq 0$

(B) 当 $m>n$ 时,必有 $|\boldsymbol{AB}|=0$

(C) 当 $n>m$ 时,必有 $|\boldsymbol{AB}|\neq 0$

(D) 当 $n>m$ 时,必有 $|\boldsymbol{AB}|=0$

分析 $\boldsymbol{AB}$ 为 m 阶方阵,且 $R(\boldsymbol{AB})\leqslant\min\{R(\boldsymbol{A}),R(\boldsymbol{B})\}\leqslant n$,故当 $m>n$ 时,
$$R(\boldsymbol{AB})\leqslant\min\{R(\boldsymbol{A}),R(\boldsymbol{B})\}\leqslant n<m,$$
从而有 $|\boldsymbol{AB}|=0$,故选(B).

答案 (B).

例 13 设 $\boldsymbol{A},\boldsymbol{B}$ 均为 n 阶非零矩阵,且 $\boldsymbol{AB}=\boldsymbol{O}$,则 $\boldsymbol{A}$ 和 $\boldsymbol{B}$ 的秩( ).

(A) 必有一个等于零　　　　　　　(B) 都小于 n

(C) 一个小于 n,一个等于 n　　　(D) 都等于 n

分析 因为 $\boldsymbol{A}\neq\boldsymbol{O}$,$\boldsymbol{B}\neq\boldsymbol{O}$,故 $R(\boldsymbol{A})\geqslant 1$,$R(\boldsymbol{B})\geqslant 1$.由 $\boldsymbol{B}=(\boldsymbol{\beta}_1,\boldsymbol{\beta}_2,\cdots,\boldsymbol{\beta}_n)\neq\boldsymbol{O}$,可得存在 $\boldsymbol{\beta}_i\neq\boldsymbol{0}$,又由 $\boldsymbol{AB}=\boldsymbol{O}$,可得 $\boldsymbol{A}\boldsymbol{\beta}_i=\boldsymbol{0}(\boldsymbol{\beta}_i\neq\boldsymbol{0})$,即以 $\boldsymbol{A}$ 为系数的齐次线性方程组有非零解,所以 $\boldsymbol{A}$ 对应的行阶梯形矩阵非零行的行数小于 n,故 $R(\boldsymbol{A})<n$.类似地,由 $\boldsymbol{AB}=\boldsymbol{O}$,可得 $\boldsymbol{B}^{\mathrm{T}}\boldsymbol{A}^{\mathrm{T}}=\boldsymbol{O}$,从而得 $R(\boldsymbol{B})<n$.故选(B).

答案 (B).

例 14 设 $\boldsymbol{A},\boldsymbol{B}$ 为 n 阶实矩阵,下列不成立的是( ).

(A) $R\begin{bmatrix} \boldsymbol{A} & \boldsymbol{O} \\ \boldsymbol{O} & \boldsymbol{A}^{\mathrm{T}}\boldsymbol{A} \end{bmatrix}=2R(\boldsymbol{A})$　　　　(B) $R\begin{bmatrix} \boldsymbol{A} & \boldsymbol{AB} \\ \boldsymbol{O} & \boldsymbol{A}^{\mathrm{T}} \end{bmatrix}=2R(\boldsymbol{A})$

(C) $R\begin{bmatrix} \boldsymbol{A} & \boldsymbol{BA} \\ \boldsymbol{O} & \boldsymbol{AA}^{\mathrm{T}} \end{bmatrix}=2R(\boldsymbol{A})$　　　　(D) $R\begin{bmatrix} \boldsymbol{A} & \boldsymbol{O} \\ \boldsymbol{BA} & \boldsymbol{A}^{\mathrm{T}} \end{bmatrix}=2R(\boldsymbol{A})$

分析 $R\begin{bmatrix} \boldsymbol{A} & \boldsymbol{O} \\ \boldsymbol{O} & \boldsymbol{A}^{\mathrm{T}}\boldsymbol{A} \end{bmatrix}=R(\boldsymbol{A})+R(\boldsymbol{A}^{\mathrm{T}}\boldsymbol{A})=R(\boldsymbol{A})+R(\boldsymbol{A})=2R(\boldsymbol{A}).$

因

$$\begin{bmatrix} A & AB \\ O & A^{\mathrm{T}} \end{bmatrix} = \begin{bmatrix} A & O \\ O & A^{\mathrm{T}} \end{bmatrix} \begin{bmatrix} I & B \\ O & I \end{bmatrix},$$

故

$$R\begin{bmatrix} A & AB \\ O & A^{\mathrm{T}} \end{bmatrix} = R\begin{bmatrix} A & O \\ O & A^{\mathrm{T}} \end{bmatrix} = R(A) + R(A^{\mathrm{T}}) = 2R(A).$$

因 $\begin{bmatrix} A & O \\ BA & A^{\mathrm{T}} \end{bmatrix} = \begin{bmatrix} I & O \\ B & I \end{bmatrix} \begin{bmatrix} A & O \\ O & A^{\mathrm{T}} \end{bmatrix}$,故

$$R\begin{bmatrix} A & O \\ BA & A^{\mathrm{T}} \end{bmatrix} = R\begin{bmatrix} A & O \\ O & A^{\mathrm{T}} \end{bmatrix} = R(A) + R(A^{\mathrm{T}}) = 2R(A).$$

故选(C).

答案 (C).

例 15 设 A,B 为 n 阶矩阵,则下列结论正确的是（　　）.

(A) $R(A,AB) = R(A)$ (B) $R(A,BA) = R(A)$

(C) $R(A,B) = \max\{R(A), R(B)\}$ (D) $R(A,B) = R(A^{\mathrm{T}}, B^{\mathrm{T}})$

分析 由 $(A,AB) = A(I,B)$ 可得,$R(A,AB) \leqslant R(A)$. 又 $R(A) \leqslant R(A,AB)$. 故

$$R(A,AB) = R(A).$$

令 $A = \begin{bmatrix} 1 & 1 \\ 0 & 0 \end{bmatrix}$,$B = \begin{bmatrix} 0 & 1 \\ 1 & 0 \end{bmatrix}$,则 $BA = \begin{bmatrix} 0 & 0 \\ 1 & 1 \end{bmatrix}$,$(A,BA) = \begin{bmatrix} 1 & 1 & 0 & 0 \\ 0 & 0 & 1 & 1 \end{bmatrix}$,从而可得

$$R(A) = 1, R(A,BA) = 2.$$

令 $A = \begin{bmatrix} 1 & 0 \\ 0 & 0 \end{bmatrix}$,$B = \begin{bmatrix} 0 & 0 \\ 1 & 0 \end{bmatrix}$,则 $R(A) = R(B) = 1$,$R(A,B) = R\begin{bmatrix} 1 & 0 & 0 & 0 \\ 0 & 0 & 1 & 0 \end{bmatrix} = 2.$

另外,此时 $A^{\mathrm{T}} = A = \begin{bmatrix} 1 & 0 \\ 0 & 0 \end{bmatrix}$,$B^{\mathrm{T}} = \begin{bmatrix} 0 & 1 \\ 0 & 0 \end{bmatrix}$,可得 $R(A^{\mathrm{T}}, B^{\mathrm{T}}) = R\begin{bmatrix} 1 & 0 & 0 & 1 \\ 0 & 0 & 0 & 0 \end{bmatrix} = 1.$ 故选(A).

答案 (A).

（二）解答题

例 1 计算下列行列式:

$$(1) \begin{vmatrix} 4 & 1 & 2 & 4 \\ 1 & 2 & 0 & 2 \\ 10 & 5 & 2 & 0 \\ 0 & 1 & 1 & 7 \end{vmatrix}; \quad (2) \begin{vmatrix} -ab & ac & ae \\ bd & -cd & de \\ bf & cf & -ef \end{vmatrix}; \quad (3) \begin{vmatrix} a & 1 & 0 & 0 \\ -1 & b & 1 & 0 \\ 0 & -1 & c & 1 \\ 0 & 0 & -1 & d \end{vmatrix}.$$

分析 可通过初等变换使得行列式中包含尽可能多的零元,按零元较多的行(或列)展开,或利用行列式的性质、特殊行列式计算出结果.

解 （1）$D = \begin{vmatrix} 4 & 1 & 2 & 4 \\ 1 & 2 & 0 & 2 \\ 10 & 5 & 2 & 0 \\ 0 & 1 & 1 & 7 \end{vmatrix} \xlongequal[\hspace{5mm}]{r_1 \leftrightarrow r_2} - \begin{vmatrix} 1 & 2 & 0 & 2 \\ 4 & 1 & 2 & 4 \\ 10 & 5 & 2 & 0 \\ 0 & 1 & 1 & 7 \end{vmatrix} \xlongequal[-10r_1 + r_3]{-4r_1 + r_2}$

$$- \begin{vmatrix} 1 & 2 & 0 & 2 \\ 0 & -7 & 2 & -4 \\ 0 & -15 & 2 & -20 \\ 0 & 1 & 1 & 7 \end{vmatrix}$$

$$\xlongequal[\hspace{5mm}]{r_2 \leftrightarrow r_4} \begin{vmatrix} 1 & 2 & 0 & 2 \\ 0 & 1 & 1 & 7 \\ 0 & -15 & 2 & -20 \\ 0 & -7 & 2 & -4 \end{vmatrix} \xlongequal[7r_2 + r_4]{15r_2 + r_3} - \begin{vmatrix} 1 & 2 & 0 & 2 \\ 0 & 1 & 1 & 7 \\ 0 & 0 & 17 & 85 \\ 0 & 0 & 9 & 45 \end{vmatrix} = 0.$$

（2）$D = \begin{vmatrix} -ab & ac & ae \\ bd & -cd & de \\ bf & cf & -ef \end{vmatrix} = adf \begin{vmatrix} -b & c & e \\ b & -c & e \\ b & c & -e \end{vmatrix} = adfbce \begin{vmatrix} -1 & 1 & 1 \\ 1 & -1 & 1 \\ 1 & 1 & -1 \end{vmatrix}$

$$\xlongequal[i = 2,3]{r_1 + r_i} adfbce \begin{vmatrix} -1 & 1 & 1 \\ 0 & 0 & 2 \\ 0 & 2 & 0 \end{vmatrix} \xlongequal[\hspace{5mm}]{r_2 \leftrightarrow r_3} -adfbce \begin{vmatrix} -1 & 1 & 1 \\ 0 & 2 & 0 \\ 0 & 0 & 2 \end{vmatrix} = 4abcdef.$$

（3）$D = \begin{vmatrix} a & 1 & 0 & 0 \\ -1 & b & 1 & 0 \\ 0 & -1 & c & 1 \\ 0 & 0 & -1 & d \end{vmatrix} \xlongequal[\hspace{5mm}]{ar_2 + r_1} \begin{vmatrix} 0 & 1+ab & a & 0 \\ -1 & b & 1 & 0 \\ 0 & -1 & c & 1 \\ 0 & 0 & -1 & d \end{vmatrix}$

$$= (-1)(-1)^3 \begin{vmatrix} 1+ab & a & 0 \\ -1 & c & 1 \\ 0 & -1 & d \end{vmatrix}$$

$$\xlongequal[\hspace{5mm}]{dc_2 + c_3} \begin{vmatrix} 1+ab & a & ad \\ -1 & c & 1+cd \\ 0 & -1 & 0 \end{vmatrix} = (-1)(-1)^5 \begin{vmatrix} 1+ab & ad \\ -1 & 1+cd \end{vmatrix}$$

$$= (1+ab)(1+cd) + ad.$$

例 2 计算 $D_n = \begin{vmatrix} 1 & 2 & 3 & \cdots & n \\ 2 & 3 & 4 & \cdots & n+1 \\ 3 & 4 & 5 & \cdots & n+2 \\ \vdots & \vdots & \vdots & & \vdots \\ n & n+1 & n+2 & \cdots & n+(n-1) \end{vmatrix}$.

分析 由该行列式的结构可知，相邻两行对应元相差 1，故可对相邻两行做差，先化简行列式，再计算.

解 $D_n = \begin{vmatrix} 1 & 2 & 3 & \cdots & n \\ 2 & 3 & 4 & \cdots & n+1 \\ 3 & 4 & 5 & \cdots & n+2 \\ \vdots & \vdots & \vdots & & \vdots \\ n & n+1 & n+2 & \cdots & n+(n-1) \end{vmatrix}$

$$\xlongequal[i=n,n-1,\cdots,2]{-r_{i-1}+r_i} \begin{vmatrix} 1 & 2 & 3 & \cdots & n \\ 1 & 1 & 1 & \cdots & 1 \\ 1 & 1 & 1 & \cdots & 1 \\ \vdots & \vdots & \vdots & & \vdots \\ 1 & 1 & 1 & \cdots & 1 \end{vmatrix} = 0.$$

例 3 计算 $D_n = \begin{vmatrix} 0 & 1 & 2 & \cdots & n-1 \\ 1 & 0 & 1 & \cdots & n-2 \\ 2 & 1 & 0 & \cdots & n-3 \\ \vdots & \vdots & \vdots & & \vdots \\ n-1 & n-2 & n-3 & \cdots & 0 \end{vmatrix}$.

分析 由该行列式的结构可知,相邻两行对应元相差 ± 1,故可对相邻两行做差,先化简再计算.

解 $D_n = \begin{vmatrix} 0 & 1 & 2 & \cdots & n-1 \\ 1 & 0 & 1 & \cdots & n-2 \\ 2 & 1 & 0 & \cdots & n-3 \\ \vdots & \vdots & \vdots & & \vdots \\ n-1 & n-2 & n-3 & \cdots & 0 \end{vmatrix} \xlongequal[i=n,n-1,\cdots,2]{-r_{i-1}+r_i} \begin{vmatrix} 0 & 1 & 2 & \cdots & n-1 \\ 1 & -1 & -1 & \cdots & -1 \\ 1 & 1 & -1 & \cdots & -1 \\ \vdots & \vdots & \vdots & & \vdots \\ 1 & 1 & 1 & \cdots & -1 \end{vmatrix}$

$$\xlongequal[i=n-1,n-2,\cdots,1]{c_n+c_i} \begin{vmatrix} n-1 & n & n+1 & \cdots & n-1 \\ 0 & -2 & -2 & \cdots & -1 \\ 0 & 0 & -2 & \cdots & -1 \\ \vdots & \vdots & \vdots & & \vdots \\ 0 & 0 & 0 & \cdots & -1 \end{vmatrix} = (-1)^{n-1}(n-1)2^{n-2}.$$

例 4 计算 $D_n = \begin{vmatrix} 1 & 2 & 3 & \cdots & n-2 & n-1 & n \\ 1 & -1 & 0 & \cdots & 0 & 0 & 0 \\ 0 & 2 & -2 & \cdots & 0 & 0 & 0 \\ \vdots & \vdots & \vdots & & \vdots & \vdots & \vdots \\ 0 & 0 & 0 & \cdots & n-2 & -(n-2) & 0 \\ 0 & 0 & 0 & \cdots & 0 & n-1 & -(n-1) \end{vmatrix}$.

分析 由该行列式的结构可知,若将次对角线的元化为零,则原行列式变成上三角形行列式,故可先通过初等变换化次对角线的元为零,再计算.

解 $D_n = \begin{vmatrix} 1 & 2 & 3 & \cdots & n-2 & n-1 & n \\ 1 & -1 & 0 & \cdots & 0 & 0 & 0 \\ 0 & 2 & -2 & \cdots & 0 & 0 & 0 \\ \vdots & \vdots & \vdots & & \vdots & \vdots & \vdots \\ 0 & 0 & 0 & \cdots & n-2 & -(n-2) & 0 \\ 0 & 0 & 0 & \cdots & 0 & n-1 & -(n-1) \end{vmatrix}$

$$\overset{c_i+c_{i-1}}{\underset{i=n,n-1,\cdots,2}{=\!=\!=\!=}} \begin{vmatrix} 1+\cdots+n & 2+\cdots+n & 3+\cdots+n & \cdots & 3n-3 & 2n-1 & n \\ 0 & -1 & 0 & \cdots & 0 & 0 & 0 \\ 0 & 0 & -2 & \cdots & 0 & 0 & 0 \\ \vdots & \vdots & \vdots & & \vdots & \vdots & \vdots \\ 0 & 0 & 0 & \cdots & 0 & -(n-2) & 0 \\ 0 & 0 & 0 & \cdots & 0 & 0 & -(n-1) \end{vmatrix}$$

$$=\frac{n(n+1)}{2}(-1)^{n-1}(n-1)! \; = \frac{1}{2}(-1)^{n-1}(n+1)!.$$

例 5　计算 $D_n = \begin{vmatrix} n & n-1 & \cdots & 3 & 2 & 1 \\ n & n-1 & \cdots & 3 & 3 & 1 \\ n & n-1 & \cdots & 5 & 2 & 1 \\ \vdots & \vdots & & \vdots & \vdots & \vdots \\ n & 2n-3 & \cdots & 3 & 2 & 1 \\ 2n-1 & n-1 & \cdots & 3 & 2 & 1 \end{vmatrix}.$

分析　由该行列式的结构可知,相邻两行的对应元(除了斜对角线上的元外)完全相同,故可把第 1 行的 -1 倍加到其他行,先化简再计算.

解法 1

$$D_n = \begin{vmatrix} n & n-1 & \cdots & 3 & 2 & 1 \\ n & n-1 & \cdots & 3 & 3 & 1 \\ n & n-1 & \cdots & 5 & 2 & 1 \\ \vdots & \vdots & & \vdots & \vdots & \vdots \\ n & 2n-3 & \cdots & 3 & 2 & 1 \\ 2n-1 & n-1 & \cdots & 3 & 2 & 1 \end{vmatrix} \overset{-r_1+r_i}{\underset{i=2,3,\cdots,n}{=\!=\!=\!=}} \begin{vmatrix} n & n-1 & \cdots & 3 & 2 & 1 \\ 0 & 0 & \cdots & 0 & 1 & 0 \\ 0 & 0 & \cdots & 2 & 0 & 0 \\ \vdots & \vdots & & \vdots & \vdots & \vdots \\ 0 & n-2 & \cdots & 0 & 0 & 0 \\ n-1 & 0 & \cdots & 0 & 0 & 0 \end{vmatrix},$$

再将其第 $n,n-1,\cdots,1$ 列通过相邻两列互换依次调为第 $1,2,\cdots,n$ 列,得

$$D_n = (-1)^{\frac{n(n-1)}{2}} \begin{vmatrix} 1 & 2 & 3 & \cdots & n \\ & 1 & 0 & \cdots & 0 \\ & & 2 & \cdots & 0 \\ & & & \ddots & \vdots \\ & & & & n-1 \end{vmatrix} = (-1)^{\frac{n(n-1)}{2}}(n-1)!.$$

解法 2　按第 n 行展开,建立递推公式

$$D_n = \begin{vmatrix} n & n-1 & \cdots & 3 & 2 & 1 \\ n & n-1 & \cdots & 3 & 3 & 1 \\ n & n-1 & \cdots & 5 & 2 & 1 \\ \vdots & \vdots & & \vdots & \vdots & \vdots \\ n & 2n-3 & \cdots & 3 & 2 & 1 \\ 2n-1 & n-1 & \cdots & 3 & 2 & 1 \end{vmatrix} \xlongequal[i=2,3,\cdots,n]{-r_1+r_i} \begin{vmatrix} n & n-1 & \cdots & 3 & 2 & 1 \\ 0 & 0 & \cdots & 0 & 1 & 0 \\ 0 & 0 & \cdots & 2 & 0 & 0 \\ \vdots & \vdots & & \vdots & \vdots & \vdots \\ 0 & n-2 & \cdots & 0 & 0 & 0 \\ n-1 & 0 & \cdots & 0 & 0 & 0 \end{vmatrix}$$

$$= (n-1)(-1)^{n+1} D_{n-1} = (n-1)(-1)^{n-1} D_{n-1} = (n-1)(-1)^{n-1}(n-2)(-1)^{n-2} D_{n-2}$$

$$= (n-1)(-1)^{n-1}(n-2)(-1)^{n-2} \cdots 2(-1)^2 D_2$$

$$= (n-1)(-1)^{n-1}(n-2)(-1)^{n-2} \cdots 2(-1)^2 (-1)^1$$

$$= (-1)^{\frac{n(n-1)}{2}} (n-1)!.$$

例 6　计算 $D_n = \begin{vmatrix} a_0 & -1 & \cdots & 0 & 0 \\ a_1 & x & \cdots & 0 & 0 \\ \vdots & \vdots & & \vdots & \vdots \\ a_{n-3} & 0 & \cdots & -1 & 0 \\ a_{n-2} & 0 & \cdots & x & -1 \\ a_{n-1} & 0 & \cdots & 0 & x \end{vmatrix}.$

分析 1　根据行列式的结构,可将第 i 行的 x 倍加到第 $i+1$ 行$(i=1,2,\cdots,n-1)$,使得行列式中出现尽可能多的零元,再计算.

解法 1

$$D_n = \begin{vmatrix} a_0 & -1 & \cdots & 0 & 0 \\ a_1 & x & \cdots & 0 & 0 \\ \vdots & \vdots & & \vdots & \vdots \\ a_{n-3} & 0 & \cdots & -1 & 0 \\ a_{n-2} & 0 & \cdots & x & -1 \\ a_{n-1} & 0 & \cdots & 0 & x \end{vmatrix}$$

$$\xlongequal[i=1,2,\cdots,n-1]{xr_i + r_{i+1}} \begin{vmatrix} a_0 & -1 & \cdots & 0 & 0 \\ a_1 + a_0 x & 0 & \cdots & 0 & 0 \\ \vdots & \vdots & & \vdots & \vdots \\ a_{n-3} + a_{n-2}x + \cdots + a_1 x^{n-4} + a_0 x^{n-3} & 0 & \cdots & -1 & 0 \\ a_{n-2} + a_{n-1}x + \cdots + a_1 x^{n-3} + a_0 x^{n-2} & 0 & \cdots & 0 & -1 \\ a_{n-1} + a_{n-2}x + \cdots + a_1 x^{n-2} + a_0 x^{n-1} & 0 & \cdots & 0 & 0 \end{vmatrix}$$

$$= (-1)^{n+1}(a_{n-1} + a_{n-2}x + \cdots + a_1 x^{n-2} + a_0 x^{n-1})(-1)^{n-1} = a_{n-1} + a_{n-2}x + \cdots + a_1 x^{n-2} + a_0 x^{n-1}.$$

分析 2　根据行列式的结构,可用递推法导出递推公式.

解法 2　按第 n 行展开,建立递推公式

$$D_n = \begin{vmatrix} a_0 & -1 & \cdots & 0 & 0 \\ a_1 & x & \cdots & 0 & 0 \\ \vdots & \vdots & & \vdots & \vdots \\ a_{n-3} & 0 & \cdots & -1 & 0 \\ a_{n-2} & 0 & \cdots & x & -1 \\ a_{n-1} & 0 & \cdots & 0 & x \end{vmatrix} = x D_{n-1} + a_{n-1} (-1)^{n+1} (-1)^{n-1} = x D_{n-1} + a_{n-1},$$

又知 $D_1 = a_0$, 于是可得

$$\begin{aligned} D_n &= x D_{n-1} + a_{n-1} = x(x D_{n-2} + a_{n-2}) + a_{n-1} \\ &= x^2 D_{n-2} + a_{n-2} x + a_{n-1} = \cdots \\ &= x^{n-1} D_1 + a_1 x^{n-1} + \cdots + a_{n-2} x + a_{n-1} \\ &= a_{n-1} + a_{n-2} x + \cdots + a_1 x^{n-2} + a_0 x^{n-1}. \end{aligned}$$

例 7 计算 $D_n = \begin{vmatrix} a & a+b & a+b & \cdots & a+b \\ a-b & a & a+b & \cdots & a+b \\ a-b & a-b & a & \cdots & a+b \\ \vdots & \vdots & \vdots & & \vdots \\ a-b & a-b & a-b & \cdots & a \end{vmatrix}$.

分析 根据行列式的结构,可用递推法导出递推公式,也可通过初等变换化简,再计算.

解法 1

$$D_n = \begin{vmatrix} a & a+b & a+b & \cdots & a+b \\ a-b & a & a+b & \cdots & a+b \\ a-b & a-b & a & \cdots & a+b \\ \vdots & \vdots & \vdots & & \vdots \\ a-b & a-b & a-b & \cdots & a \end{vmatrix} \xlongequal{-r_2+r_1} \begin{vmatrix} b & b & 0 & \cdots & 0 \\ a-b & a & a+b & \cdots & a+b \\ a-b & a-b & a & \cdots & a+b \\ \vdots & \vdots & \vdots & & \vdots \\ a-b & a-b & a-b & \cdots & a \end{vmatrix}$$

$$\xlongequal{-c_2+c_1} \begin{vmatrix} 0 & b & 0 & \cdots & 0 \\ -b & a & a+b & \cdots & a+b \\ 0 & a-b & a & \cdots & a+b \\ \vdots & \vdots & \vdots & & \vdots \\ 0 & a-b & a-b & \cdots & a \end{vmatrix} = (-1)^{2+1}(-b) \begin{vmatrix} b & 0 & \cdots & 0 \\ a-b & a & \cdots & a+b \\ \vdots & \vdots & & \vdots \\ a-b & a-b & \cdots & a \end{vmatrix} = b^2 D_{n-2},$$

又知 $D_1 = a$, $D_2 = b^2$, 因此有

(1) 当 n 为偶数时, $D_n = b^2 D_{n-2} = b^4 D_{n-4} = \cdots = b^{n-2} D_2 = b^n$;

(2) 当 n 为奇数时, $D_n = b^2 D_{n-2} = b^4 D_{n-4} = \cdots = b^{n-1} D_1 = a b^{n-1}$.

解法 2 $D_n = \begin{vmatrix} a & a+b & a+b & \cdots & a+b \\ a-b & a & a+b & \cdots & a+b \\ a-b & a-b & a & \cdots & a+b \\ \vdots & \vdots & \vdots & & \vdots \\ a-b & a-b & a-b & \cdots & a \end{vmatrix} \xlongequal[i=2,3,\cdots,n]{-r_1+r_i} \begin{vmatrix} a & a+b & a+b & \cdots & a+b \\ -b & -b & 0 & \cdots & 0 \\ -b & -2b & -b & \cdots & 0 \\ \vdots & \vdots & \vdots & & \vdots \\ -b & -2b & -2b & \cdots & -b \end{vmatrix}$

$$\xrightarrow[\substack{-r_{i-1}+r_i \\ i=n,n-1,\cdots,3}]{} \begin{vmatrix} a & a+b & a+b & \cdots & a+b & a+b \\ -b & -b & 0 & \cdots & 0 & 0 \\ 0 & -b & -b & \cdots & 0 & 0 \\ \vdots & \vdots & \vdots & & \vdots & \vdots \\ 0 & 0 & 0 & \cdots & -b & 0 \\ 0 & 0 & 0 & \cdots & -b & -b \end{vmatrix},$$

再作列变换 $-c_i+c_{i-1}(i=n,n-1,\cdots,2)$，则

（1）当 n 为偶数时，$D_n=\begin{vmatrix} -b & a+b & 0 & \cdots & 0 & a+b \\ 0 & -b & 0 & \cdots & 0 & 0 \\ 0 & 0 & -b & \cdots & 0 & 0 \\ \vdots & \vdots & \vdots & & \vdots & \vdots \\ 0 & 0 & 0 & \cdots & -b & 0 \\ 0 & 0 & 0 & \cdots & 0 & -b \end{vmatrix}=(-b)^n=b^n;$

（2）当 n 为奇数时，$D_n=\begin{vmatrix} a & 0 & a+b & \cdots & 0 & a+b \\ 0 & -b & 0 & \cdots & 0 & 0 \\ 0 & 0 & -b & \cdots & 0 & 0 \\ \vdots & \vdots & \vdots & & \vdots & \vdots \\ 0 & 0 & 0 & \cdots & -b & 0 \\ 0 & 0 & 0 & \cdots & 0 & -b \end{vmatrix}=a(-b)^{n-1}=ab^{n-1}.$

例 8　计算 $|\boldsymbol{A}_n|=\begin{vmatrix} 7 & 5 & 0 & \cdots & 0 & 0 \\ 2 & 7 & 5 & \cdots & 0 & 0 \\ \vdots & \vdots & \vdots & & \vdots & \vdots \\ 0 & 0 & 0 & \cdots & 7 & 5 \\ 0 & 0 & 0 & \cdots & 2 & 7 \end{vmatrix}.$

分析　该行列式中 0 元较多，可按某行或某列展开.

解　按第 1 列展开，得

$$|\boldsymbol{A}_n|=7|\boldsymbol{A}_{n-1}|-2\begin{vmatrix} 5 & 0 & \cdots & 0 \\ 2 & & & \\ \vdots & & \boldsymbol{A}_{n-2} & \\ 0 & & & \end{vmatrix},$$

最后一个行列式再按第一行展开，得

$$|\boldsymbol{A}_n|=7|\boldsymbol{A}_{n-1}|-2\cdot5|\boldsymbol{A}_{n-2}|=(2+5)|\boldsymbol{A}_{n-1}|-2\cdot5|\boldsymbol{A}_{n-2}|,$$

于是，

$$|\boldsymbol{A}_n|-2|\boldsymbol{A}_{n-1}|=5(|\boldsymbol{A}_{n-1}|-2|\boldsymbol{A}_{n-2}|);\quad |\boldsymbol{A}_n|-5|\boldsymbol{A}_{n-1}|=2(|\boldsymbol{A}_{n-1}|-5|\boldsymbol{A}_{n-2}|).$$

当 $n=2$ 时，

$$|\boldsymbol{A}_2|-2|\boldsymbol{A}_1|=5^2;\qquad |\boldsymbol{A}_2|-5|\boldsymbol{A}_1|=2^2.$$

归纳可得，

$$|\boldsymbol{A}_n|-2|\boldsymbol{A}_{n-1}|=5^n;\qquad |\boldsymbol{A}_n|-5|\boldsymbol{A}_{n-1}|=2^n.$$

由克拉默法则知

$$|\boldsymbol{A}_n| = \frac{\begin{vmatrix} 5^n & -2 \\ 2^n & -5 \end{vmatrix}}{\begin{vmatrix} 1 & -2 \\ 1 & -5 \end{vmatrix}} = \frac{5^{n+1} - 2^{n+1}}{3}.$$

例 9 计算 $|\boldsymbol{A}_n| = \begin{vmatrix} \alpha+\beta & \beta & & & \\ \alpha & & \ddots & & \\ & \ddots & & \ddots & & \beta \\ & & \ddots & & \alpha & \alpha+\beta \end{vmatrix}.$

分析 同例 8.

解 按第 1 行展开,得

$$|\boldsymbol{A}_n| = (\alpha+\beta)|\boldsymbol{A}_{n-1}| - \beta \begin{vmatrix} \alpha & \beta & \cdots & 0 \\ 0 & & & \\ \vdots & & \boldsymbol{A}_{n-2} & \\ 0 & & & \end{vmatrix} = (\alpha+\beta)|\boldsymbol{A}_{n-1}| - \alpha\beta|\boldsymbol{A}_{n-2}|,$$

$$|\boldsymbol{A}_n| - \alpha|\boldsymbol{A}_{n-1}| = \beta(|\boldsymbol{A}_{n-1}| - \alpha|\boldsymbol{A}_{n-2}|),$$

故 $|\boldsymbol{A}_n| - \alpha|\boldsymbol{A}_{n-1}|$ 是以 β 为公比的等比数列 $(n = 3, 4, \cdots)$,其中

$$|\boldsymbol{A}_2| = (\alpha+\beta)^2 - \alpha\beta = \alpha^2 + \beta^2 + \alpha\beta \Rightarrow |\boldsymbol{A}_2| - \alpha(\alpha+\beta) = \beta^2,$$

即 $|\boldsymbol{A}_2| - \alpha|\boldsymbol{A}_1| = \beta^2$.

归纳可得,

$$|\boldsymbol{A}_n| - \alpha|\boldsymbol{A}_{n-1}| = \beta^n.$$

同理,$|\boldsymbol{A}_n| - \beta|\boldsymbol{A}_{n-1}| = \alpha^n$.

(1) 若 $\alpha \neq \beta$,由克拉默法则得,$|\boldsymbol{A}_n| = \dfrac{\begin{vmatrix} \beta^n & -\alpha \\ \alpha^n & -\beta \end{vmatrix}}{\begin{vmatrix} 1 & -\alpha \\ 1 & -\beta \end{vmatrix}} = \dfrac{\beta^{n+1} - \alpha^{n+1}}{\beta - \alpha}$;

(2) 若 $\alpha = \beta$,则 $|\boldsymbol{A}_1| = 2\alpha$,$|\boldsymbol{A}_2| = 3\alpha^2$,归纳可得 $|\boldsymbol{A}_n| = (n+1)\alpha^n$.

评注 例 8,例 9 说明,计算具有特殊结构的三对角行列式时,可以先按第 1 行展开得到递推公式,再求解关于通项的方程组,即得行列式.

例 10 计算(爪型或箭形行列式)$D_n = \begin{vmatrix} a_1 & c_2 & c_3 & \cdots & c_n \\ b_2 & a_2 & & & \\ b_3 & & a_3 & & \\ \vdots & & & \ddots & \\ b_n & & & & a_n \end{vmatrix}$ (其中 $\prod\limits_{i=2}^{n} a_i \neq 0$).

分析 若 $b_i = 0 (i = 2, 3, \cdots, n)$,则 D_n 为上三角形行列式,故可先用行列式的性质将第 1 列元化为 0,再利用上三角形行列式计算.

解 将第 i 列的 $-\dfrac{b_i}{a_i}$ 倍 $(i = 2, 3, \cdots, n)$ 全加到第 1 列,得

$$D_n = \begin{vmatrix} a_1 - \sum\limits_{i=2}^{n} \dfrac{b_i}{a_i} c_i & c_2 & c_3 & \cdots & c_n \\ 0 & a_2 & & & \\ 0 & & a_3 & & \\ \vdots & & & \ddots & \\ 0 & & & & a_n \end{vmatrix} = \prod_{i=2}^{n} a_i \left(a_1 - \sum_{i=2}^{n} \dfrac{b_i}{a_i} c_i \right).$$

例 11 计算 $D_n = \begin{vmatrix} a^n & (a-1)^n & \cdots & (a-n)^n \\ a^{n-1} & (a-1)^{n-1} & \cdots & (a-n)^{n-1} \\ \vdots & \vdots & & \vdots \\ a & a-1 & \cdots & a-n \\ 1 & 1 & \cdots & 1 \end{vmatrix}.$

分析 此行列式与范德蒙德(Vandermonde)行列式形式不同,将 D_n 中第 $n+1$ 行依次与上一行交换到第 1 行,第 n 行依次与上一行交换到第 2 行……经过 $n+(n-1)+(n-2)+\cdots+2+1 = \dfrac{n(n+1)}{2}$ 次行交换,与范德蒙德行列式建立关系.

解 $D_n = (-1)^{\frac{n(n+1)}{2}} \begin{vmatrix} 1 & 1 & \cdots & 1 \\ a & a-1 & \cdots & a-n \\ \vdots & \vdots & & \vdots \\ a^{n-1} & (a-1)^{n-1} & \cdots & (a-n)^{n-1} \\ a^n & (a-1)^n & \cdots & (a-n)^n \end{vmatrix}.$

再将第 $n+1$ 列依次与前一列交换到第 1 列,第 n 列依次与前一列交换到第 2 列……经过 $n+(n-1)+(n-2)+\cdots+2+1 = \dfrac{n(n+1)}{2}$ 次列交换,得

$$D_n = (-1)^{\frac{n(n+1)}{2}} \cdot (-1)^{\frac{n(n+1)}{2}} \begin{vmatrix} 1 & \cdots & 1 & 1 \\ a-n & \cdots & a-1 & a \\ \vdots & & \vdots & \vdots \\ (a-n)^{n-1} & \cdots & (a-1)^{n-1} & a^{n-1} \\ (a-n)^n & \cdots & (a-1)^n & a^n \end{vmatrix}$$

$$= (-1)^{n(n+1)} \prod_{0 \leqslant j < i \leqslant n} [(a-j)-(a-i)]$$

$$= \prod_{0 \leqslant j < i \leqslant n} (i-j) = n! \ (n-1)! \ \cdots \cdot 2!.$$

例 12 计算 $D_n = \begin{vmatrix} 1 & 1 & 1 & \cdots & 1 \\ x_1+1 & x_2+1 & x_3+1 & \cdots & x_n+1 \\ x_1^2+x_1 & x_2^2+x_2 & x_3^2+x_3 & \cdots & x_n^2+x_n \\ \vdots & \vdots & \vdots & & \vdots \\ x_1^{n-1}+x_1^{n-2} & x_2^{n-1}+x_2^{n-2} & x_3^{n-1}+x_3^{n-2} & \cdots & x_n^{n-1}+x_n^{n-2} \end{vmatrix}.$

分析 1 行列式中第 i 行与第 $i+1$ 行含有 x_j^{i-1},可利用相邻两行的关系和行列式的性质,先化简再计算.

解法 1

$$D_n \xrightarrow[i=1,2,\cdots,n-1]{-r_i+r_{i+1}} \begin{vmatrix} 1 & 1 & 1 & \cdots & 1 \\ x_1 & x_2 & x_3 & \cdots & x_n \\ x_1^2 & x_2^2 & x_3^2 & \cdots & x_n^2 \\ \vdots & \vdots & \vdots & & \vdots \\ x_1^{n-1} & x_2^{n-1} & x_3^{n-1} & \cdots & x_n^{n-1} \end{vmatrix} = \prod_{1 \leqslant j < i \leqslant n}(x_i - x_j).$$

分析 2　根据矩阵运算与行列式的关系,该行列式可写成两个行列式之积.

解法 2

$$D_n = \begin{vmatrix} 1 & 0 & 0 & \cdots & 0 & 0 & 0 \\ 1 & 1 & 0 & \cdots & 0 & 0 & 0 \\ 0 & 1 & 1 & \cdots & 0 & 0 & 0 \\ \vdots & \vdots & \vdots & & \vdots & \vdots & \vdots \\ 0 & 0 & 0 & \cdots & 1 & 1 & 0 \\ 0 & 0 & 0 & \cdots & 0 & 1 & 1 \end{vmatrix} \cdot \begin{vmatrix} 1 & 1 & 1 & \cdots & 1 \\ x_1 & x_2 & x_3 & \cdots & x_n \\ x_1^2 & x_2^2 & x_3^2 & \cdots & x_n^2 \\ \vdots & \vdots & \vdots & & \vdots \\ x_1^{n-1} & x_2^{n-1} & x_3^{n-1} & \cdots & x_n^{n-1} \end{vmatrix} = \prod_{1 \leqslant j < i \leqslant n}(x_i - x_j).$$

评注　第一种方法是通过初等变换把原行列式化为范德蒙德行列式.第二种方法是把原矩阵化作范德蒙德矩阵与另一矩阵的乘积,然后利用矩阵乘积的行列式等于行列式的乘积,求出最终结果.两种方法都较简捷,殊途而同归.

例 13　计算 $D = \begin{vmatrix} 1 & 1 & 1 & 1 \\ a & b & c & d \\ a^2 & b^2 & c^2 & d^2 \\ a^4 & b^4 & c^4 & d^4 \end{vmatrix}.$

分析　建立此行列式与范德蒙德行列式的关系或将其转化为范德蒙德行列式,也可通过初等变换产生尽可能多的零元,然后降阶.

解法 1　将此行列式按第 4 行展开,每个元的余子式均为范德蒙德行列式.

$$D = \begin{vmatrix} 1 & 1 & 1 & 1 \\ a & b & c & d \\ a^2 & b^2 & c^2 & d^2 \\ a^4 & b^4 & c^4 & d^4 \end{vmatrix}$$

$$= -a^4 \begin{vmatrix} 1 & 1 & 1 \\ b & c & d \\ b^2 & c^2 & d^2 \end{vmatrix} + b^4 \begin{vmatrix} 1 & 1 & 1 \\ a & c & d \\ a^2 & c^2 & d^2 \end{vmatrix} - c^4 \begin{vmatrix} 1 & 1 & 1 \\ a & b & d \\ a^2 & b^2 & d^2 \end{vmatrix} + d^4 \begin{vmatrix} 1 & 1 & 1 \\ a & b & c \\ a^2 & b^2 & c^2 \end{vmatrix}$$

$$= -a^4(c-b)(d-b)(d-c) + b^4(c-a)(d-a)(d-c) - c^4(b-a)(d-a)(d-b) + d^4(b-a)(c-a)(c-b)$$

$$= (b-a)(c-a)(d-a)(c-b)(d-b)(d-c)(a+b+c+d).$$

解法 2　用加边法,将该行列式转化为范德蒙德行列式.

$$\begin{vmatrix} 1 & 1 & 1 & 1 & 1 \\ a & b & c & d & x \\ a^2 & b^2 & c^2 & d^2 & x^2 \\ a^3 & b^3 & c^3 & d^3 & x^3 \\ a^4 & b^4 & c^4 & d^4 & x^4 \end{vmatrix}$$

$$= l_0 + l_1 x + l_2 x^2 + l_3 x^3 + l_4 x^4 = P_4(x)$$
$$= (b-a)(c-a)(d-a)(x-a)(c-b)(d-b)(x-b)(d-c)(x-c)(x-d)$$
$$= (b-a)(c-a)(d-a)(c-b)(d-b)(d-c)(x-a)(x-b)(x-c)(x-d),$$

从而有

$$(-1)^{3+4} D = l_3 = -(a+b+c+d)(b-a)(c-a)(d-a)(c-b)(d-b)(d-c),$$

故

$$D = (b-a)(c-a)(d-a)(c-b)(d-b)(d-c)(a+b+c+d).$$

解法 3 通过初等变换降阶.

$$D = \begin{vmatrix} 1 & 1 & 1 & 1 \\ a & b & c & d \\ a^2 & b^2 & c^2 & d^2 \\ a^4 & b^4 & c^4 & d^4 \end{vmatrix} \xrightarrow[\substack{-a^2 r_3 + r_4 \\ -a r_2 + r_3 \\ -a r_1 + r_2}]{} \begin{vmatrix} 1 & 1 & 1 & 1 \\ 0 & b-a & c-a & d-a \\ 0 & b(b-a) & c(c-a) & d(d-a) \\ 0 & b^2(b^2-a^2) & c^2(c^2-a^2) & d^2(d^2-a^2) \end{vmatrix}$$

$$= \begin{vmatrix} b-a & c-a & d-a \\ b(b-a) & c(c-a) & d(d-a) \\ b^2(b^2-a^2) & c^2(c^2-a^2) & d^2(d^2-a^2) \end{vmatrix}$$

$$= (b-a)(c-a)(d-a) \begin{vmatrix} 1 & 1 & 1 \\ b & c & d \\ b^2(b+a) & c^2(c+a) & d^2(d+a) \end{vmatrix}$$

$$\xrightarrow[\substack{-b(b+a) r_2 + r_3 \\ -b r_1 + r_2}]{} (b-a)(c-a)(d-a) \begin{vmatrix} 1 & 1 & 1 \\ 0 & c-b & d-b \\ 0 & x & y \end{vmatrix},$$

其中

$$x = c^2(c+a) - bc(b+a) = c(c^2 + ac - b^2 - ab) = c(a+b+c)(c-b),$$
$$y = d^2(d+a) - bd(b+a) = d(d^2 + ad - b^2 - ab) = d(a+b+d)(d-b).$$

从而有

$$\begin{vmatrix} c-b & d-b \\ x & y \end{vmatrix} = (c-b)(d-b) \begin{vmatrix} 1 & 1 \\ c(a+b+c) & d(a+b+d) \end{vmatrix}$$
$$= (c-b)(d-b)[d(a+b+d) - c(a+b+c)]$$
$$= (c-b)(d-b)[(d-c)(a+b) + d^2 - c^2]$$
$$= (b-a)(c-a)(d-a)(c-b)(d-b)(d-c)(a+b+c+d).$$

评注 第一、第二种方法通过最后一行展开或用加边法建立原行列式与范德蒙德行列式的关系,然后利用范德蒙德行列式求解原行列式.第三种方法先用初等变换法化简,然后再展开降阶.

例 14 计算 $D_n = \begin{vmatrix} a_1+b_1 & a_1+b_2 & \cdots & a_1+b_n \\ a_2+b_1 & a_2+b_2 & \cdots & a_2+b_n \\ \vdots & \vdots & & \vdots \\ a_n+b_1 & a_n+b_2 & \cdots & a_n+b_n \end{vmatrix}$ $(n \geqslant 2)$.

分析 1 行列式中第 i 列元均有 $b_i (i=2,3,\cdots,n)$，把第 1 行的 -1 倍加到其他各行，可简化计算.

解法 1

$$D_n = \begin{vmatrix} a_1+b_1 & a_1+b_2 & \cdots & a_1+b_n \\ a_2-a_1 & a_2-a_1 & \cdots & a_2-a_1 \\ \vdots & \vdots & & \vdots \\ a_n-a_1 & a_n-a_1 & \cdots & a_n-a_1 \end{vmatrix} = \begin{cases} (a_1-a_2)(b_2-b_1), & n=2, \\ 0, & n \geqslant 3. \end{cases}$$

分析 2 行列式中每一列均为两组数之和，可利用行列式的性质，拆分为行列式之和.

解法 2

$$D_n = \begin{vmatrix} a_1 & a_1+b_2 & \cdots & a_1+b_n \\ a_2 & a_2+b_2 & \cdots & a_2+b_n \\ \vdots & \vdots & & \vdots \\ a_n & a_n+b_2 & \cdots & a_n+b_n \end{vmatrix} + \begin{vmatrix} b_1 & a_1+b_2 & \cdots & a_1+b_n \\ b_1 & a_2+b_2 & \cdots & a_2+b_n \\ \vdots & \vdots & & \vdots \\ b_1 & a_n+b_2 & \cdots & a_n+b_n \end{vmatrix}$$

$$= \begin{vmatrix} a_1 & b_2 & \cdots & b_n \\ a_2 & b_2 & \cdots & b_n \\ \vdots & \vdots & & \vdots \\ a_n & b_2 & \cdots & b_n \end{vmatrix} + \begin{vmatrix} b_1 & a_1+b_2 & \cdots & a_1+b_n \\ 0 & a_2-a_1 & \cdots & a_2-a_1 \\ \vdots & \vdots & & \vdots \\ 0 & a_n-a_1 & \cdots & a_n-a_1 \end{vmatrix}$$

$$= \begin{vmatrix} a_1 & b_2 & \cdots & b_n \\ a_2 & b_2 & \cdots & b_n \\ \vdots & \vdots & & \vdots \\ a_n & b_2 & \cdots & b_n \end{vmatrix} + b_1 \begin{vmatrix} a_2-a_1 & \cdots & a_2-a_1 \\ \vdots & & \vdots \\ a_n-a_1 & \cdots & a_n-a_1 \end{vmatrix} = \begin{cases} (a_1-a_2)(b_2-b_1), & n=2, \\ 0, & n \geqslant 3. \end{cases}$$

例 15 计算 $D_n = \begin{vmatrix} x_1^2+1 & x_1 x_2 & \cdots & x_1 x_n \\ x_2 x_1 & x_2^2+1 & \cdots & x_2 x_n \\ \vdots & \vdots & & \vdots \\ x_n x_1 & x_n x_2 & \cdots & x_n^2+1 \end{vmatrix}$.

分析 行列式中各列元分别含有 $x_i (i=1,2,\cdots,n)$，可采用加边法（也称升阶法），利用行列式的性质消去相同元.

解 $D_n = \begin{vmatrix} 1 & x_1 & x_2 & \cdots & x_n \\ 0 & x_1^2+1 & x_1 x_2 & \cdots & x_1 x_n \\ 0 & x_2 x_1 & x_2^2+1 & \cdots & x_2 x_n \\ \vdots & \vdots & \vdots & & \vdots \\ 0 & x_n x_1 & x_n x_2 & \cdots & x_n^2+1 \end{vmatrix}$

$$\xrightarrow[i=2,3,\cdots,n+1]{-x_{i-1}r_1+r_i} \begin{vmatrix} 1 & x_1 & x_2 & \cdots & x_n \\ -x_1 & 1 & 0 & \cdots & 0 \\ -x_2 & 0 & 1 & \cdots & 0 \\ \vdots & \vdots & \vdots & & \vdots \\ -x_n & 0 & 0 & \cdots & 1 \end{vmatrix}$$

$$\xrightarrow[i=2,3,\cdots,n+1]{x_{i-1}c_i+c_1} \begin{vmatrix} 1+\sum_{i=1}^{n}x_i^2 & x_1 & x_2 & \cdots & x_n \\ 0 & 1 & 0 & \cdots & 0 \\ 0 & 0 & 1 & \cdots & 0 \\ \vdots & \vdots & \vdots & & \vdots \\ 0 & 0 & 0 & \cdots & 1 \end{vmatrix} = 1+\sum_{i=1}^{n}x_i^2.$$

例 16 计算 $D_4 = \begin{vmatrix} a & b & c & d \\ b & -a & d & c \\ c & -d & -a & b \\ d & c & -b & -a \end{vmatrix}$.

分析 令 $\boldsymbol{A} = \begin{pmatrix} a & b & c & d \\ b & -a & d & -c \\ c & -d & -a & b \\ d & c & -b & -a \end{pmatrix}$,则

$$\boldsymbol{AA}^{\mathrm{T}} = \begin{pmatrix} a & b & c & d \\ b & -a & d & -c \\ c & -d & -a & b \\ d & c & -b & -a \end{pmatrix} \begin{pmatrix} a & b & c & d \\ b & -a & -d & c \\ c & d & -a & -b \\ d & -c & b & -a \end{pmatrix} = \begin{pmatrix} t & 0 & 0 & 0 \\ 0 & t & 0 & 0 \\ 0 & 0 & t & 0 \\ 0 & 0 & 0 & t \end{pmatrix},$$

其中 $t=a^2+b^2+c^2+d^2$.进而可利用 $|\boldsymbol{AB}|=|\boldsymbol{A}||\boldsymbol{B}|$ 计算.

解 记 $t=a^2+b^2+c^2+d^2$,因

$$D_4^2 = |\boldsymbol{A}|^2 = |\boldsymbol{A}||\boldsymbol{A}^{\mathrm{T}}| = |\boldsymbol{AA}^{\mathrm{T}}| = \begin{vmatrix} t & 0 & 0 & 0 \\ 0 & t & 0 & 0 \\ 0 & 0 & t & 0 \\ 0 & 0 & 0 & t \end{vmatrix} = (a^2+b^2+c^2+d^2)^4,$$

故 $D_4 = \pm(a^2+b^2+c^2+d^2)^2$.又 D_4 中 a^4 的系数为 -1,因此

$$D_4 = -(a^2+b^2+c^2+d^2)^2.$$

例 17 设 4 阶行列式 $D_4 = \begin{vmatrix} a_1 & a_2 & a_3 & p \\ b_1 & b_2 & b_3 & p \\ c_1 & c_2 & c_3 & p \\ \alpha_1 & \alpha_2 & \alpha_3 & p \end{vmatrix}$,求第 1 列各元的代数余子式之

和,即

$$A_{11}+A_{21}+A_{31}+A_{41}.$$

分析 $A_{11}+A_{21}+A_{31}+A_{41}=1\cdot A_{11}+1\cdot A_{21}+1\cdot A_{31}+1\cdot A_{41}=\begin{vmatrix} 1 & a_2 & a_3 & p \\ 1 & b_2 & b_3 & p \\ 1 & c_2 & c_3 & p \\ 1 & \alpha_2 & \alpha_3 & p \end{vmatrix}$.

解 (1) 当 $p=0$ 时，$A_{i1}=0(i=1,2,3,4)$，故 $A_{11}+A_{21}+A_{31}+A_{41}=0$；

(2) 当 $p\neq0$ 时，由 $\sum\limits_{k=1}^{4}a_{k4}A_{k1}=0$ 知，$pA_{11}+pA_{21}+pA_{31}+pA_{41}=0$，即 $p(A_{11}+A_{21}+A_{31}+A_{41})=0$，故 $A_{11}+A_{21}+A_{31}+A_{41}=0$.

例 18 已知 5 阶行列式 $D_5=\begin{vmatrix} 1 & 2 & 3 & 4 & 5 \\ 2 & 2 & 2 & 1 & 1 \\ 3 & 1 & 2 & 4 & 5 \\ 1 & 1 & 1 & 2 & 2 \\ 4 & 3 & 1 & 5 & 0 \end{vmatrix}=27$，求 $S_1=A_{41}+A_{42}+A_{43}$ 及 $S_2=A_{44}+A_{45}$.

分析 若求 $S_1=A_{41}+A_{42}+A_{43}+A_{44}+A_{45}$，可仿例 17 求解.但此处所求 S_1 及 S_2 并不是 D_5 中某一行的代数余子式之和.观察行列式的特点，可知 $a_{41}=a_{42}=a_{43}=1,a_{44}=a_{45}=2$.而 $\sum\limits_{k=1}^{4}a_{4k}A_{4k}=D_5=27$，故 $(A_{41}+A_{42}+A_{43})+2(A_{44}+A_{45})=27$，即 $S_1+2S_2=27$.若再能找出一个 S_1 与 S_2 的关系式，求解二元一次方程组即可得 S_1 及 S_2.

解 由 $\sum\limits_{k=1}^{n}a_{ik}A_{jk}=\begin{cases} D_n, & i=j, \\ 0, & i\neq j \end{cases}$ 知

$$(A_{41}+A_{42}+A_{43})+2(A_{44}+A_{45})=D_5=27,$$

即

$$S_1+2S_2=27.$$

又

$$2(A_{41}+A_{42}+A_{43})+(A_{44}+A_{45})=2\cdot A_{41}+2\cdot A_{42}+2\cdot A_{43}+1\cdot A_{44}+1\cdot A_{45}=0,$$

即

$$2S_1+S_2=0.$$

联立两方程得 $\begin{cases} S_1+2S_2=27, \\ 2S_1+S_2=0. \end{cases}$ 解得 $S_1=-9,S_2=18$.

例 19 设 $\boldsymbol{A}=(a_{ij})$ 为 3 阶矩阵，若 $\boldsymbol{A}$ 的每行元之和为 2 且 $|\boldsymbol{A}|=3$，求 $A_{11}+A_{21}+A_{31}$.

分析 此问题涉及矩阵 $\boldsymbol{A}$ 的行列式及代数余子式，故可用 $\boldsymbol{A}\boldsymbol{A}^*=\boldsymbol{A}^*\boldsymbol{A}=|\boldsymbol{A}|\boldsymbol{I}$ 解决.

解 由 $\boldsymbol{A}$ 的每行元之和为 2 可得，$\boldsymbol{A}\begin{bmatrix} 1 \\ 1 \\ 1 \end{bmatrix}=2\begin{bmatrix} 1 \\ 1 \\ 1 \end{bmatrix}$.又由 $\boldsymbol{A}\boldsymbol{A}^*=\boldsymbol{A}^*\boldsymbol{A}=|\boldsymbol{A}|\boldsymbol{I}$ 及

$|\boldsymbol{A}|=3$ 可得, $2\boldsymbol{A}^{*}\begin{pmatrix}1\\1\\1\end{pmatrix}=\boldsymbol{A}^{*}\boldsymbol{A}\begin{pmatrix}1\\1\\1\end{pmatrix}=|\boldsymbol{A}|\begin{pmatrix}1\\1\\1\end{pmatrix}=3\begin{pmatrix}1\\1\\1\end{pmatrix}$, 即 $\boldsymbol{A}^{*}\begin{pmatrix}1\\1\\1\end{pmatrix}=\dfrac{3}{2}\begin{pmatrix}1\\1\\1\end{pmatrix}$. 故 $A_{11}+A_{21}+$

$A_{31}=\dfrac{3}{2}$.

例 20 求经过不在一直线上的三点 $P_1(x_1,y_1)$, $P_2(x_2,y_2)$, $P_3(x_3,y_3)$ 的圆的方程.

分析 设圆的一般形式方程为 $A(x^2+y^2)+Bx+Cy+D=0$ (其中 $A\neq 0$), 把三点 $P_1(x_1,y_1)$, $P_2(x_2,y_2)$, $P_3(x_3,y_3)$ 代入圆的方程, 求解方程中的系数即可.

解 圆的一般形式方程为
$$A(x^2+y^2)+Bx+Cy+D=0 \quad (\text{其中 } A\neq 0).$$
由于 $P_1(x_1,y_1)$, $P_2(x_2,y_2)$ 及 $P_3(x_3,y_3)$ 在圆上, 故其坐标满足圆的方程, 即
$$A(x_i^2+y_i^2)+Bx_i+Cy_i+D=0 \quad (i=1,2,3).$$
设 $P(x,y)$ 为圆上任一点, 则
$$A(x^2+y^2)+Bx+Cy+D=0.$$
联立 4 个方程, 得
$$\begin{cases} A(x^2+y^2)+Bx\ +Cy\ +D=0, \\ A(x_1^2+y_1^2)+Bx_1+Cy_1+D=0, \\ A(x_2^2+y_2^2)+Bx_2+Cy_2+D=0, \\ A(x_3^2+y_3^2)+Bx_3+Cy_3+D=0. \end{cases}$$
将上述方程组中 A, B, C, D 看作未知数, 则该方程为关于 A, B, C, D 的四元齐次线性方程组, 而 $A\neq 0$, 故该方程组有非零解. 因而, 其系数行列式必为 0, 即
$$\begin{vmatrix} x^2+y^2 & x & y & 1 \\ x_1^2+y_1^2 & x_1 & y_1 & 1 \\ x_2^2+y_2^2 & x_2 & y_2 & 1 \\ x_3^2+y_3^2 & x_3 & y_3 & 1 \end{vmatrix}=0$$
为所求圆的方程.

例 21 已知 3 阶行列式 $|\boldsymbol{A}|=2$, $|\boldsymbol{B}|=-1$, 计算行列式 $\begin{vmatrix} \boldsymbol{O} & 2\boldsymbol{A} \\ -\boldsymbol{B} & \boldsymbol{AB} \end{vmatrix}$.

分析 考虑到行列式的特殊结构, 可用拉普拉斯定理计算.

解 $\begin{vmatrix} \boldsymbol{O} & 2\boldsymbol{A} \\ -\boldsymbol{B} & \boldsymbol{AB} \end{vmatrix}=(-1)^{(1+2+3)+(4+5+6)}|2\boldsymbol{A}|\,|-\boldsymbol{B}|=(-1)^{3\times 7}\times 2^3\times(-1)^3|\boldsymbol{A}|\,|\boldsymbol{B}|=$

-16.

例 22 设 a, b, c 是方程 $x^3+px+q=0$ 的三个根, 计算行列式 $\begin{vmatrix} a & b & c \\ c & a & b \\ b & c & a \end{vmatrix}$.

分析 由 a, b, c 是方程 $x^3+px+q=0$ 的根, 可得 $a+b+c=0$.

解 由 a, b, c 是方程 $x^3+px+q=0$ 的根, 可得 $a+b+c=0$, 从而

$$\begin{vmatrix} a & b & c \\ c & a & b \\ b & c & a \end{vmatrix} \xlongequal[i=2,3]{r_i+r_1} \begin{vmatrix} a+b+c & a+b+c & a+b+c \\ c & a & b \\ b & c & a \end{vmatrix} = 0.$$

例 23 已知矩阵 $A = \begin{pmatrix} 2 & 0 & 1 \\ 0 & 1 & 0 \\ 1 & 2 & -1 \end{pmatrix}$，若 3 阶矩阵 B 满足方程 $A^2B - A - 4B = 2I$，

计算矩阵 B 的行列式 $|B|$.

分析 由方程 $A^2B - A - 4B = 2I$ 建立矩阵 B 与 A, I 的关系.

解 由方程 $A^2B - A - 4B = 2I$，可知 $(A+2I)(A-2I)B = A+2I$，故
$$|A+2I||A-2I||B| = |A+2I|.$$

计算可得 $|A+2I| = 9 \neq 0, |A-2I| = 1$，因此
$$|B| = \frac{1}{|A-2I|} = 1.$$

例 24 已知矩阵 A, B 为 3 阶矩阵，且 $|A| = 3, |B| = 2, |A^{-1}+B| = 2$，计算 $|A+B^{-1}|$.

分析 建立矩阵 $A+B^{-1}$ 与 $A, B, A^{-1}+B$ 的关系.

解 因为 $A+B^{-1} = (AB+I)B^{-1} = A(A^{-1}+B)B^{-1}$，所以
$$|A+B^{-1}| = |A| \, |A^{-1}+B| \, |B^{-1}| = 3.$$

例 25 设 4 阶矩阵 $A = (\boldsymbol{\alpha}, \boldsymbol{\gamma}_2, \boldsymbol{\gamma}_3, \boldsymbol{\gamma}_4), B = (\boldsymbol{\beta}, \boldsymbol{\gamma}_2, \boldsymbol{\gamma}_3, \boldsymbol{\gamma}_4)$，已知 $|A| = 4, |B| = 1$，计算 $|A+B|$.

分析 建立 $|A+B|$ 与 $|A|, |B|$ 的关系即可.

解
$$\begin{aligned} |A+B| &= |\boldsymbol{\alpha}+\boldsymbol{\beta}, 2\boldsymbol{\gamma}_2, 2\boldsymbol{\gamma}_3, 2\boldsymbol{\gamma}_4| = 2^3 |\boldsymbol{\alpha}+\boldsymbol{\beta}, \boldsymbol{\gamma}_2, \boldsymbol{\gamma}_3, \boldsymbol{\gamma}_4| \\ &= 8(|\boldsymbol{\alpha}, \boldsymbol{\gamma}_2, \boldsymbol{\gamma}_3, \boldsymbol{\gamma}_4| + |\boldsymbol{\beta}, \boldsymbol{\gamma}_2, \boldsymbol{\gamma}_3, \boldsymbol{\gamma}_4|) \\ &= 8(|A|+|B|) = 40. \end{aligned}$$

例 26 设 3 阶矩阵 $A = (\boldsymbol{\alpha}_1, \boldsymbol{\alpha}_2, \boldsymbol{\alpha}_3), B = (\boldsymbol{\alpha}_1+\boldsymbol{\alpha}_2+\boldsymbol{\alpha}_3, \boldsymbol{\alpha}_1+2\boldsymbol{\alpha}_2+4\boldsymbol{\alpha}_3, \boldsymbol{\alpha}_1+3\boldsymbol{\alpha}_2+9\boldsymbol{\alpha}_3)$，若 $|A| = 1$，求 $|B|$.

分析 建立 A 与 B 的关系或 $|A|$ 与 $|B|$ 的关系即可.

解法 1
$$\begin{aligned} |B| &= |\boldsymbol{\alpha}_1+\boldsymbol{\alpha}_2+\boldsymbol{\alpha}_3, \boldsymbol{\alpha}_1+2\boldsymbol{\alpha}_2+4\boldsymbol{\alpha}_3, \boldsymbol{\alpha}_1+3\boldsymbol{\alpha}_2+9\boldsymbol{\alpha}_3| \\ &= |\boldsymbol{\alpha}_1+\boldsymbol{\alpha}_2+\boldsymbol{\alpha}_3, \boldsymbol{\alpha}_2+3\boldsymbol{\alpha}_3, \boldsymbol{\alpha}_2+5\boldsymbol{\alpha}_3| \\ &= |\boldsymbol{\alpha}_1+\boldsymbol{\alpha}_2+\boldsymbol{\alpha}_3, \boldsymbol{\alpha}_2+3\boldsymbol{\alpha}_3, 2\boldsymbol{\alpha}_3| = 2|\boldsymbol{\alpha}_1+\boldsymbol{\alpha}_2+\boldsymbol{\alpha}_3, \boldsymbol{\alpha}_2, \boldsymbol{\alpha}_3| \\ &= 2|\boldsymbol{\alpha}_1, \boldsymbol{\alpha}_2, \boldsymbol{\alpha}_3| = 2|A| = 2. \end{aligned}$$

解法 2 因
$$\begin{aligned} B &= (\boldsymbol{\alpha}_1+\boldsymbol{\alpha}_2+\boldsymbol{\alpha}_3, \boldsymbol{\alpha}_1+2\boldsymbol{\alpha}_2+4\boldsymbol{\alpha}_3, \boldsymbol{\alpha}_1+3\boldsymbol{\alpha}_2+9\boldsymbol{\alpha}_3) \\ &= (\boldsymbol{\alpha}_1, \boldsymbol{\alpha}_2, \boldsymbol{\alpha}_3) \begin{pmatrix} 1 & 1 & 1 \\ 1 & 2 & 3 \\ 1 & 4 & 9 \end{pmatrix} = A \begin{pmatrix} 1 & 1 & 1 \\ 1 & 2 & 3 \\ 1 & 4 & 9 \end{pmatrix}. \end{aligned}$$

记 $C = \begin{pmatrix} 1 & 1 & 1 \\ 1 & 2 & 3 \\ 1 & 4 & 9 \end{pmatrix}$，则 $B = AC$ 且 $|C| = 2$. 故 $|B| = |AC| = |A| \cdot |C| = 2$.

例 27 设 $\boldsymbol{A}=(a_{ij})$ 为 3 阶非零矩阵,若 $a_{ij}+A_{ij}=0(i,j=1,2,3)$,求 $|\boldsymbol{A}|$.

分析 此问题涉及矩阵 $\boldsymbol{A}$ 的行列式及代数余子式,故可用 $\boldsymbol{A}\boldsymbol{A}^*=\boldsymbol{A}^*\boldsymbol{A}=|\boldsymbol{A}|\boldsymbol{I}$ 解决.

解 由 $a_{ij}+A_{ij}=0(i,j=1,2,3)$ 可得, $\boldsymbol{A}^{\mathrm{T}}=-\boldsymbol{A}^*$.因为 $\boldsymbol{A}\neq\boldsymbol{O}$,所以至少存在一个元不为零(不妨设 $a_{11}\neq0$).故

$$|\boldsymbol{A}|=a_{11}A_{11}+a_{12}A_{12}+a_{13}A_{13}=-(a_{11}^2+a_{12}^2+a_{13}^2)\neq0.$$

又 $\boldsymbol{A}^*\boldsymbol{A}=|\boldsymbol{A}|\boldsymbol{I}$,故 $\boldsymbol{A}^{\mathrm{T}}\boldsymbol{A}=-|\boldsymbol{A}|\boldsymbol{I}$.从而有 $|\boldsymbol{A}|^2=|\boldsymbol{A}^{\mathrm{T}}\boldsymbol{A}|=-|\boldsymbol{A}|^3$,即 $|\boldsymbol{A}|^2(|\boldsymbol{A}|+1)=0$,故 $|\boldsymbol{A}|=-1$.

例 28 设 $\boldsymbol{A}$ 为 3 阶矩阵,且 $|\boldsymbol{A}|=\dfrac{1}{2}$,计算 $\left|\left(\dfrac{1}{3}\boldsymbol{A}\right)^{-1}-10\boldsymbol{A}^*\right|$.

分析 建立矩阵 $\boldsymbol{A}$ 与 $\boldsymbol{A}^*$ 的关系, $\boldsymbol{A}\boldsymbol{A}^*=\boldsymbol{A}^*\boldsymbol{A}=|\boldsymbol{A}|\boldsymbol{I}$,若 $\boldsymbol{A}$ 可逆,则 $\boldsymbol{A}^*=|\boldsymbol{A}|\boldsymbol{A}^{-1}$.

解 因为 $|\boldsymbol{A}|=\dfrac{1}{2}\neq0$,所以 $\boldsymbol{A}$ 可逆, $\boldsymbol{A}^*=|\boldsymbol{A}|\boldsymbol{A}^{-1}=\dfrac{1}{2}\boldsymbol{A}^{-1}$,因此

$$\left|\left(\frac{1}{3}\boldsymbol{A}\right)^{-1}-10\boldsymbol{A}^*\right|=\left|3\boldsymbol{A}^{-1}-10\times\frac{1}{2}\boldsymbol{A}^{-1}\right|=|-2\boldsymbol{A}^{-1}|=(-2)^3|\boldsymbol{A}^{-1}|=-8\times2=-16.$$

例 29 已知矩阵 $\boldsymbol{A}$ 的逆矩阵为 $\boldsymbol{A}^{-1}=\begin{pmatrix}1&1&1\\1&2&1\\1&1&3\end{pmatrix}$,试计算 $(\boldsymbol{A}^*)^{-1}$.

分析 建立矩阵 $\boldsymbol{A}$ 与 $\boldsymbol{A}^*$ 的关系, $\boldsymbol{A}\boldsymbol{A}^*=\boldsymbol{A}^*\boldsymbol{A}=|\boldsymbol{A}|\boldsymbol{I}$ 或 $(\boldsymbol{A}^*)^{-1}=(\boldsymbol{A}^{-1})^*$.

解法 1 由于 $\boldsymbol{A}\boldsymbol{A}^*=\boldsymbol{A}^*\boldsymbol{A}=|\boldsymbol{A}|\boldsymbol{I}$,故 $\boldsymbol{A}^*=|\boldsymbol{A}|\boldsymbol{A}^{-1}$,从而有

$$(\boldsymbol{A}^*)^{-1}=\frac{1}{|\boldsymbol{A}|}\boldsymbol{A}=|\boldsymbol{A}^{-1}|\boldsymbol{A}=|\boldsymbol{A}^{-1}|(\boldsymbol{A}^{-1})^{-1}.$$

下面求 $\boldsymbol{A}=(\boldsymbol{A}^{-1})^{-1}$.

$$(\boldsymbol{A}^{-1},\boldsymbol{I})=\begin{pmatrix}1&1&1&\vdots&1&0&0\\1&2&1&\vdots&0&1&0\\1&1&3&\vdots&0&0&1\end{pmatrix}\longrightarrow\begin{pmatrix}1&0&0&\vdots&\dfrac{5}{2}&-1&-\dfrac{1}{2}\\0&1&0&\vdots&-1&1&0\\0&0&1&\vdots&-\dfrac{1}{2}&0&\dfrac{1}{2}\end{pmatrix},$$

故

$$\boldsymbol{A}=(\boldsymbol{A}^{-1})^{-1}=\begin{pmatrix}\dfrac{5}{2}&-1&-\dfrac{1}{2}\\-1&1&0\\-\dfrac{1}{2}&0&\dfrac{1}{2}\end{pmatrix}.$$

而

$$|\boldsymbol{A}^{-1}|=\begin{vmatrix}1&1&1\\1&2&1\\1&1&3\end{vmatrix}=2,$$

故

$$(A^*)^{-1} = |A^{-1}| A = 2 \begin{pmatrix} \frac{5}{2} & -1 & -\frac{1}{2} \\ -1 & 1 & 0 \\ -\frac{1}{2} & 0 & \frac{1}{2} \end{pmatrix} = \begin{pmatrix} 5 & -2 & -1 \\ -2 & 2 & 0 \\ -1 & 0 & 1 \end{pmatrix}.$$

解法 2　$(A^*)^{-1} = (A^{-1})^*$,又 $(A^{-1})^{\mathrm{T}} = A^{-1}$,故

$$[(A^{-1})^*]^{\mathrm{T}} = [(A^{-1})^{\mathrm{T}}]^* = (A^{-1})^*.$$

记 $B = A^{-1}$,则

$$(A^{-1})^* = B^*,\ (B^*)^{\mathrm{T}} = [(A^{-1})^{\mathrm{T}}]^* = (A^{-1})^* = B^*.$$

由于

$$B_{11} = \begin{vmatrix} 2 & 1 \\ 1 & 3 \end{vmatrix} = 5,\quad B_{12} = -\begin{vmatrix} 1 & 1 \\ 1 & 3 \end{vmatrix} = -2,\quad B_{13} = \begin{vmatrix} 1 & 2 \\ 1 & 1 \end{vmatrix} = -1,$$

$$B_{22} = \begin{vmatrix} 1 & 1 \\ 1 & 3 \end{vmatrix} = 2,\quad B_{23} = -\begin{vmatrix} 1 & 1 \\ 1 & 1 \end{vmatrix} = 0,\quad B_{33} = \begin{vmatrix} 1 & 1 \\ 1 & 2 \end{vmatrix} = 1,$$

故

$$(A^*)^{-1} = (A^{-1})^* = B^* = \begin{pmatrix} B_{11} & B_{12} & B_{13} \\ B_{21} & B_{22} & B_{23} \\ B_{31} & B_{32} & B_{33} \end{pmatrix} = \begin{pmatrix} 5 & -2 & -1 \\ -2 & 2 & 0 \\ -1 & 0 & 1 \end{pmatrix}.$$

例 30　设 A 为 n 阶可逆矩阵,α 为 $n \times 1$ 的列矩阵,b 为常数,记分块矩阵

$$P = \begin{pmatrix} I & 0 \\ -\alpha^{\mathrm{T}} A^* & |A| \end{pmatrix},\quad Q = \begin{pmatrix} A & \alpha \\ \alpha^{\mathrm{T}} & b \end{pmatrix},$$

（1）计算并化简 PQ;

（2）证明:矩阵 Q 可逆的充要条件是 $\alpha^{\mathrm{T}} A^{-1} \alpha \neq b$;

（3）在条件 $\alpha^{\mathrm{T}} A^{-1} \alpha \neq b$ 下,求矩阵 Q 的逆.

分析　由分块矩阵的乘法及 $AA^* = A^* A = |A| I$ 可实现化简与证明.

（1）**解**　由 $AA^* = A^* A = |A| I$,且 $|A| \neq 0$,可得 $A^* = |A| A^{-1}$,故

$$PQ = \begin{pmatrix} I & 0 \\ -\alpha^{\mathrm{T}} A^* & |A| \end{pmatrix} \begin{pmatrix} A & \alpha \\ \alpha^{\mathrm{T}} & b \end{pmatrix} = \begin{pmatrix} A & \alpha \\ -\alpha^{\mathrm{T}} A^* A + |A| \alpha^{\mathrm{T}} & -\alpha^{\mathrm{T}} A^* \alpha + b|A| \end{pmatrix}$$

$$= \begin{pmatrix} A & \alpha \\ -\alpha^{\mathrm{T}} |A| I + |A| \alpha^{\mathrm{T}} & b|A| - \alpha^{\mathrm{T}} |A| A^{-1} \alpha \end{pmatrix} = \begin{pmatrix} A & \alpha \\ 0 & |A|(b - \alpha^{\mathrm{T}} A^{-1} \alpha) \end{pmatrix}.$$

（2）**证**　上式两边取行列式得

$$|PQ| = \begin{vmatrix} A & \alpha \\ 0 & |A|(b - \alpha^{\mathrm{T}} A^{-1} \alpha) \end{vmatrix} = |A|^2 (b - \alpha^{\mathrm{T}} A^{-1} \alpha),$$

又 $|PQ| = |P| |Q|$,且 $|P| = |A| \neq 0$,从而

$$|Q| = |A|(b - \alpha^{\mathrm{T}} A^{-1} \alpha).$$

由此可知,$|Q| \neq 0$ 的充要条件是 $b - \alpha^{\mathrm{T}} A^{-1} \alpha \neq 0$,即矩阵 Q 可逆的充要条件是

$$\alpha^{\mathrm{T}} A^{-1} \alpha \neq b.$$

（3）**解**　由 $PQ = \begin{pmatrix} A & \alpha \\ 0 & |A|(b - \alpha^{\mathrm{T}} A^{-1} \alpha) \end{pmatrix}$,可得

$$\begin{bmatrix} A^{-1} & 0 \\ 0 & \dfrac{1}{|A|(b-\boldsymbol{\alpha}^{\mathrm{T}}A^{-1}\boldsymbol{\alpha})} \end{bmatrix} PQ = \begin{bmatrix} A^{-1} & 0 \\ 0 & \dfrac{1}{|A|(b-\boldsymbol{\alpha}^{\mathrm{T}}A^{-1}\boldsymbol{\alpha})} \end{bmatrix} \begin{bmatrix} A & \boldsymbol{\alpha} \\ 0 & |A|(b-\boldsymbol{\alpha}^{\mathrm{T}}A^{-1}\boldsymbol{\alpha}) \end{bmatrix}$$

$$= \begin{bmatrix} I & A^{-1}\boldsymbol{\alpha} \\ 0 & 1 \end{bmatrix},$$

$$\begin{bmatrix} I & -A^{-1}\boldsymbol{\alpha} \\ 0 & 1 \end{bmatrix} \begin{bmatrix} A^{-1} & 0 \\ 0 & \dfrac{1}{|A|(b-\boldsymbol{\alpha}^{\mathrm{T}}A^{-1}\boldsymbol{\alpha})} \end{bmatrix} PQ = \begin{bmatrix} I & -A^{-1}\boldsymbol{\alpha} \\ 0 & 1 \end{bmatrix} \begin{bmatrix} I & A^{-1}\boldsymbol{\alpha} \\ 0 & 1 \end{bmatrix} = \begin{bmatrix} I & 0 \\ 0 & 1 \end{bmatrix}.$$

由此可知,

$$Q^{-1} = \begin{bmatrix} I & -A^{-1}\boldsymbol{\alpha} \\ 0 & 1 \end{bmatrix} \begin{bmatrix} A^{-1} & 0 \\ 0 & \dfrac{1}{|A|(b-\boldsymbol{\alpha}^{\mathrm{T}}A^{-1}\boldsymbol{\alpha})} \end{bmatrix} P$$

$$= \begin{bmatrix} I & -A^{-1}\boldsymbol{\alpha} \\ 0 & 1 \end{bmatrix} \begin{bmatrix} A^{-1} & 0 \\ 0 & \dfrac{1}{|A|(b-\boldsymbol{\alpha}^{\mathrm{T}}A^{-1}\boldsymbol{\alpha})} \end{bmatrix} \begin{bmatrix} I & 0 \\ -\boldsymbol{\alpha}^{\mathrm{T}}A^{*} & |A| \end{bmatrix}$$

$$= \begin{bmatrix} I & -A^{-1}\boldsymbol{\alpha} \\ 0 & 1 \end{bmatrix} \begin{bmatrix} A^{-1} & 0 \\ -\dfrac{1}{b-\boldsymbol{\alpha}^{\mathrm{T}}A^{-1}\boldsymbol{\alpha}}\boldsymbol{\alpha}^{\mathrm{T}}A^{-1} & \dfrac{1}{b-\boldsymbol{\alpha}^{\mathrm{T}}A^{-1}\boldsymbol{\alpha}} \end{bmatrix}$$

$$= \begin{bmatrix} A^{-1}+\dfrac{1}{b-\boldsymbol{\alpha}^{\mathrm{T}}A^{-1}\boldsymbol{\alpha}}A^{-1}\boldsymbol{\alpha}\boldsymbol{\alpha}^{\mathrm{T}}A^{-1} & \dfrac{-1}{b-\boldsymbol{\alpha}^{\mathrm{T}}A^{-1}\boldsymbol{\alpha}}A^{-1}\boldsymbol{\alpha} \\ -\dfrac{1}{b-\boldsymbol{\alpha}^{\mathrm{T}}A^{-1}\boldsymbol{\alpha}}\boldsymbol{\alpha}^{\mathrm{T}}A^{-1} & \dfrac{1}{b-\boldsymbol{\alpha}^{\mathrm{T}}A^{-1}\boldsymbol{\alpha}} \end{bmatrix}.$$

例 31 设 A 为 n 阶可逆矩阵 $(n \geqslant 2)$,证明:$(A^{*})^{*} = |A|^{n-2}A$,并求 $|(A^{*})^{*}|$.

分析 由 $AA^{*} = A^{*}A = |A|I$ 可直接推导.

证 由 $AA^{*} = A^{*}A = |A|I$ 可得,

$$A^{*}(A^{*})^{*} = |A^{*}|I \Rightarrow (A^{*})^{*} = |A^{*}|(A^{*})^{-1},$$

由 $|A||A^{*}| = |AA^{*}| = ||A|I| = |A|^{n}$,可得 $|A^{*}| = |A|^{n-1}$.

又由 $AA^{*} = |A|I$ 可得,

$$(A^{*})^{-1} = \frac{1}{|A|}A,$$

从而

$$(A^{*})^{*} = |A|^{n-1}\frac{1}{|A|}A = |A|^{n-2}A,$$

故

$$|(A^{*})^{*}| = ||A|^{n-2}A| = (|A|^{n-2})^{n}|A| = |A|^{n^2-2n+1} = |A|^{(n-1)^2}.$$

例 32 设 $A = \begin{bmatrix} 1 & 1 & -1 \\ -1 & 1 & 1 \\ 1 & -1 & 1 \end{bmatrix}$,$A^{*}B\left(\dfrac{1}{2}A^{*}\right)^{*} = 8A^{-1}B + 12I$,求矩阵 B.

分析 由 $AA^{*} = A^{*}A = |A|I$,$A^{*}B\left(\dfrac{1}{2}A^{*}\right)^{*} = 8A^{-1}B + 12I$,建立矩阵 B 与 A,

I 的关系.

解 $|A| = \begin{vmatrix} 1 & 1 & -1 \\ -1 & 1 & 1 \\ 1 & -1 & 1 \end{vmatrix} = 4$，由 $AA^* = A^*A = |A|I$，可得

$$A^* = |A|A^{-1},$$

故有

$$A^* = 4A^{-1}, \quad \left(\frac{1}{2}A^*\right)^* = \left(\frac{1}{2} \cdot 4A^{-1}\right)^* = (2A^{-1})^* = 2^2 (A^{-1})^* = 2^2 \cdot \frac{1}{4}(A^{-1})^{-1} = A,$$

从而可得 $A^*B\left(\frac{1}{2}A^*\right)^* = 4A^{-1}BA$，因此有

$$4A^{-1}BA = 8A^{-1}B + 12I,$$
$$A^{-1}B(A - 2I) = 3I = 3A^{-1}A,$$

即

$$B(A - 2I) = 3A, B = 3A(A - 2I)^{-1}.$$

由 $(A - 2I)^{-1} = \frac{-1}{2}\begin{bmatrix} 1 & 1 & 0 \\ 0 & 1 & 1 \\ 1 & 0 & 1 \end{bmatrix}$，可得

$$B = 3A(A - 2I)^{-1} = \frac{-3}{2}\begin{bmatrix} 0 & 2 & 0 \\ 0 & 0 & 2 \\ 2 & 0 & 0 \end{bmatrix} = -3\begin{bmatrix} 0 & 1 & 0 \\ 0 & 0 & 1 \\ 1 & 0 & 0 \end{bmatrix}.$$

例 33 λ 取何值时线性方程组

$$\begin{cases} (\lambda + 3)x_1 + x_2 + 2x_3 = 0, \\ \lambda x_1 + (\lambda - 1)x_2 + x_3 = 0, \\ 3(\lambda + 1)x_1 + \lambda x_2 + (\lambda + 3)x_3 = 0, \end{cases}$$

(1) 只有零解；(2) 有非零解.

分析 根据线性方程组的解与系数行列式的关系（即克拉默法则），只需判断 λ 取何值时系数行列式不为零以及 λ 取何值时系数行列式为零即可.

解 方程组的系数行列式为

$$\begin{vmatrix} \lambda + 3 & 1 & 2 \\ \lambda & \lambda - 1 & 1 \\ 3(\lambda + 1) & \lambda & \lambda + 3 \end{vmatrix} = -\begin{vmatrix} 1 & \lambda + 3 & 2 \\ \lambda - 1 & \lambda & 1 \\ \lambda & 3(\lambda + 1) & \lambda + 3 \end{vmatrix} = \begin{vmatrix} 1 & \lambda + 3 & 2 \\ 0 & \lambda^2 + \lambda - 3 & 2\lambda - 3 \\ 0 & 3 - \lambda^2 & 3 - \lambda \end{vmatrix}$$

$$= \begin{vmatrix} \lambda^2 + \lambda - 3 & 2\lambda - 3 \\ 3 - \lambda^2 & 3 - \lambda \end{vmatrix} = \begin{vmatrix} \lambda & \lambda \\ 3 - \lambda^2 & 3 - \lambda \end{vmatrix}$$

$$= \lambda \begin{vmatrix} 1 & 1 \\ 3 - \lambda^2 & 3 - \lambda \end{vmatrix} = \lambda^2(\lambda - 1).$$

(1) 当 $\lambda \neq 0$ 且 $\lambda \neq 1$ 时，系数行列式不为零，方程组只有零解；

(2) 当 $\lambda = 0$ 或 $\lambda = 1$ 时，系数行列式为零，方程组有非零解.

例 34 方程组 $\begin{cases} \lambda x_1 + x_2 + x_3 = 1, \\ x_1 + \lambda x_2 + x_3 = \lambda, \\ x_1 + x_2 + \lambda x_3 = \lambda^2 \end{cases}$，有唯一解，求 λ 的值.

分析 系数矩阵为方阵的线性方程组有唯一解的充要条件是系数矩阵可逆.

解 由克拉默法则知,若 $\begin{vmatrix} \lambda & 1 & 1 \\ 1 & \lambda & 1 \\ 1 & 1 & \lambda \end{vmatrix} = \lambda^3 - 3\lambda + 2 = (\lambda-1)^2(\lambda+2) \neq 0$,则方程组有唯

一解,即当 $\lambda \neq 1$ 且 $\lambda \neq -2$ 时方程组有唯一解.

例 35 设矩阵 $\boldsymbol{A} = \begin{pmatrix} 1 & -1 & 3 & 0 \\ -2 & 1 & -2 & 1 \\ -1 & -1 & 5 & 2 \end{pmatrix}$,求其秩 $R(\boldsymbol{A})$.

分析 由矩阵秩的概念,可找出其最高阶非零子式以确定秩,也可通过初等变换化为行阶梯形以确定秩.

解法 1(最高阶非零子式法) 取矩阵 $\boldsymbol{A}$ 的左上角 2 阶子式

$$D_2 = \begin{vmatrix} 1 & -1 \\ -2 & 1 \end{vmatrix} = -1 \neq 0,$$

故 $R(\boldsymbol{A}) \geqslant 2$,但矩阵 $\boldsymbol{A}$ 只有 3 行,故 $R(\boldsymbol{A}) \leqslant 3$.

又所有 3 阶子式全为零,即

$$\begin{vmatrix} 1 & -1 & 3 \\ -2 & 1 & -2 \\ -1 & -1 & 5 \end{vmatrix} = 0, \quad \begin{vmatrix} 1 & -1 & 0 \\ -2 & 1 & 1 \\ -1 & -1 & 2 \end{vmatrix} = 0, \quad \begin{vmatrix} 1 & 3 & 0 \\ -2 & -2 & 1 \\ -1 & 5 & 2 \end{vmatrix} = 0,$$

$$\begin{vmatrix} -1 & 3 & 0 \\ 1 & -2 & 1 \\ -1 & 5 & 2 \end{vmatrix} = 0,$$

故有 $R(\boldsymbol{A}) \leqslant 2$,从而可得 $R(\boldsymbol{A}) = 2$.

解法 2(初等变换法)

$$\boldsymbol{A} = \begin{pmatrix} 1 & -1 & 3 & 0 \\ -2 & 1 & -2 & 1 \\ -1 & -1 & 5 & 2 \end{pmatrix} \xrightarrow[2r_1+r_2]{r_1+r_3} \begin{pmatrix} 1 & -1 & 3 & 0 \\ 0 & -1 & 4 & 1 \\ 0 & -2 & 8 & 2 \end{pmatrix} \xrightarrow{-2r_2+r_3} \begin{pmatrix} 1 & -1 & 3 & 0 \\ 0 & -1 & 4 & 1 \\ 0 & 0 & 0 & 0 \end{pmatrix},$$

故 $\boldsymbol{A}$ 的行阶梯形矩阵的非零行数为 2,故 $R(\boldsymbol{A}) = 2$.

例 36 设矩阵 $\boldsymbol{A} = \begin{pmatrix} 1 & a & a \\ a & 1 & a \\ a & a & 1 \end{pmatrix}$,且 $R(\boldsymbol{A}) = 2$,求常数 a 的值.

分析 由矩阵秩的概念 $R(\boldsymbol{A}) = 2$,可得所有 3 阶子式全为零,即 $|\boldsymbol{A}| = 0$,也可通过行初等变换化为行阶梯形,借助非零行的行数确定 a.

解法 1 由 $R(\boldsymbol{A}) = 2$,可得 $|\boldsymbol{A}| = 0$,即

$$|\boldsymbol{A}| = \begin{vmatrix} 1 & a & a \\ a & 1 & a \\ a & a & 1 \end{vmatrix} = (1+2a)\begin{vmatrix} 1 & 1 & 1 \\ a & 1 & a \\ a & a & 1 \end{vmatrix} = (1+2a)\begin{vmatrix} 1 & 1 & 1 \\ 0 & 1-a & 0 \\ 0 & 0 & 1-a \end{vmatrix} = (1+2a)(1-a)^2 = 0,$$

解得 $a = 1$ 或 $a = -\dfrac{1}{2}$.

若 $a=1$，则矩阵 $A=\begin{bmatrix}1&1&1\\1&1&1\\1&1&1\end{bmatrix}$，显然 $R(A)=1$，这与 $R(A)=2$ 矛盾，故 $a=-\dfrac{1}{2}$.

解法 2（初等变换法）

$$A=\begin{bmatrix}1&a&a\\a&1&a\\a&a&1\end{bmatrix}\xrightarrow[-r_1+r_2]{-r_1+r_3}\begin{bmatrix}1&a&a\\a-1&1-a&0\\a-1&0&1-a\end{bmatrix}\xrightarrow[c_2+c_1]{c_3+c_1}\begin{bmatrix}1+2a&a&a\\0&1-a&0\\0&0&1-a\end{bmatrix}.$$

(1) 若 $\begin{cases}1+2a\neq0,\\1-a\neq0,\end{cases}$ 即 $\begin{cases}a\neq-\dfrac{1}{2},\\a\neq1,\end{cases}$ 则 $R(A)=3$，这与 $R(A)=2$ 矛盾，故 $a=-\dfrac{1}{2}$ 或 $a=1$.

(2) 若 $a=1$，则矩阵 $A=\begin{bmatrix}1&1&1\\1&1&1\\1&1&1\end{bmatrix}$，显然 $R(A)=1$，这与 $R(A)=2$ 矛盾，故 $a=-\dfrac{1}{2}$.

评注 第一种方法中要注意 $R(A)=2$ 为 $|A|=0$ 的充分条件，而非必要条件，故在 $|A|=0$ 的条件下求出的参数值要讨论取舍.

例 37 设矩阵 $A=\begin{bmatrix}1&1&1&1&1\\3&2&1&-3&x\\0&1&2&6&3\\5&4&3&-1&y\end{bmatrix}$，且 $R(A)=2$，求常数 x,y 的值.

分析 由矩阵秩的概念及 $R(A)=2$，故所有三阶子式全为零，选择包含 x,y 的三阶子式或通过初等变换化为行阶梯形，借助非零行的行数确定 x,y.

解法 1 由 $R(A)=2$，易知 A 有二阶子式不为零，所有三阶子式全为零，选择包含 x,y 的三阶子式

$$\begin{vmatrix}1&1&1\\1&-3&x\\2&6&3\end{vmatrix}=-4x=0,\quad\begin{vmatrix}1&1&1\\2&6&3\\3&-1&y\end{vmatrix}=4y-8=0,$$

则 $x=0,y=2$.

解法 2（初等变换法） 将 A 作行初等变换化为阶梯形，有

$$A=\begin{bmatrix}1&1&1&1&1\\3&2&1&-3&x\\0&1&2&6&3\\5&4&3&-1&y\end{bmatrix}\longrightarrow\begin{bmatrix}1&0&0&0&0\\0&1&2&6&3\\0&0&0&0&x\\0&0&0&0&y-2\end{bmatrix}=B.$$

由 $R(A)=2$，可得 B 中有两个非零行，故 $x=0,y=2$.

例 38 讨论 n 阶方阵 $A=\begin{bmatrix}a&b&\cdots&b\\b&a&\cdots&b\\\vdots&\vdots&&\vdots\\b&b&\cdots&a\end{bmatrix}(n\geqslant2)$ 的秩.

分析 由于初等变换不改变矩阵的秩,故可通过初等变换把矩阵化为行阶梯形,再讨论.

解 对矩阵 A 作初等变换化为行阶梯形矩阵

$$A \xrightarrow[i=2,3,\cdots,n]{c_i+c_1} \begin{pmatrix} a+(n-1)b & b & \cdots & b \\ a+(n-1)b & a & \cdots & b \\ \vdots & \vdots & & \vdots \\ a+(n-1)b & b & \cdots & a \end{pmatrix} \xrightarrow[i=2,3,\cdots,n]{-r_1+r_i} \begin{pmatrix} a+(n-1)b & b & \cdots & b \\ 0 & a-b & \cdots & 0 \\ \vdots & \vdots & & \vdots \\ 0 & 0 & \cdots & a-b \end{pmatrix},$$

由上述行阶梯形矩阵可得

(1) 当 $a\neq b$ 且 $a\neq(1-n)b$ 时,$R(A)=n$;

(2) 当 $a=b=0$ 时,$A=O$,$R(A)=0$;

(3) 当 $a=b\neq0$ 时,$R(A)=1$;

(4) 当 $a\neq b$ 且 $a=(1-n)b$ 时,$R(A)=n-1$.

例39 设 A 是 4×3 矩阵且 $R(A)=2$,$B=\begin{pmatrix} 1 & 0 & 2 \\ 0 & 2 & 0 \\ -1 & 0 & 3 \end{pmatrix}$,求 $R(AB)$.

分析 可通过讨论 B 的可逆性,建立 $R(AB)$ 与 $R(A)$ 的关系.

解 由 $|B|=\begin{vmatrix} 1 & 0 & 2 \\ 0 & 2 & 0 \\ -1 & 0 & 3 \end{vmatrix}=2\times5=10\neq0$,可知 B 可逆.因此 $R(AB)=R(A)=2$.

例40 已知 $A=\begin{pmatrix} 1 \\ 3 \\ 2 \end{pmatrix}(1,-1,0)$,$B=\begin{pmatrix} 1 & 2 & -1 \\ 2 & a & 2 \\ -1 & 2 & 3 \end{pmatrix}$,若 $R(AB+B)=2$,求常数 a 的值.

分析 可直接计算 $AB+B$,并由 $R(AB+B)=2$,求常数 a 的值,或把 $R(AB+B)=2$ 转化为 $R(B)$ 的问题,由 B 确定 a.

解 由 $AB+B=(A+I)B$,且

$$A+I=\begin{pmatrix} 1 \\ 3 \\ 2 \end{pmatrix}(1,-1,0)+\begin{pmatrix} 1 & 0 & 0 \\ 0 & 1 & 0 \\ 0 & 0 & 1 \end{pmatrix}=\begin{pmatrix} 1 & -1 & 0 \\ 3 & -3 & 0 \\ 2 & -2 & 0 \end{pmatrix}+\begin{pmatrix} 1 & 0 & 0 \\ 0 & 1 & 0 \\ 0 & 0 & 1 \end{pmatrix}=\begin{pmatrix} 2 & -1 & 0 \\ 3 & -2 & 0 \\ 2 & -2 & 1 \end{pmatrix},$$

故 $|A+I|=-1\neq0$,即 $A+I$ 可逆.因此

$$R(B)=R[(A+I)B]=R(AB+B)=2.$$

由矩阵 B 的特征易知,其中有二阶子式 $\begin{vmatrix} 1 & -1 \\ 2 & 2 \end{vmatrix}=4\neq0$,因而只要 $|B|=0$,就有 $R(B)=2$.而由

$$|B|=\begin{vmatrix} 1 & 2 & -1 \\ 2 & a & 2 \\ -1 & 2 & 3 \end{vmatrix}=2(a-12)=0,$$

可得 $a=12$.

（三）证明题

例 1 证明 $D_n = \begin{vmatrix} a & b & b & \cdots & b & b \\ c & a & b & \cdots & b & b \\ c & c & a & \cdots & b & b \\ \vdots & \vdots & \vdots & & \vdots & \vdots \\ c & c & c & \cdots & a & b \\ c & c & c & \cdots & c & a \end{vmatrix} = \dfrac{c(a-b)^n - b(a-c)^n}{c-b}.$

分析 证明与正整数 n 有关的命题一般可用数学归纳法,展开 n 阶行列式为同样结构的低阶行列式,用归纳假设代入并计算,即可得证.

证 $D_n = \begin{vmatrix} a & b & b & \cdots & b & b \\ c & a & b & \cdots & b & b \\ c & c & a & \cdots & b & b \\ \vdots & \vdots & \vdots & & \vdots & \vdots \\ c & c & c & \cdots & a & b \\ c & c & c & \cdots & c & a \end{vmatrix}$

$= \begin{vmatrix} a & b & b & \cdots & b & b \\ c & a & b & \cdots & b & b \\ c & c & a & \cdots & b & b \\ \vdots & \vdots & \vdots & & \vdots & \vdots \\ c & c & c & \cdots & a & b \\ c+0 & c+0 & c+0 & \cdots & c+0 & c+(a-c) \end{vmatrix}$

$= \begin{vmatrix} a & b & b & \cdots & b & b \\ c & a & b & \cdots & b & b \\ c & c & a & \cdots & b & b \\ \vdots & \vdots & \vdots & & \vdots & \vdots \\ c & c & c & \cdots & a & b \\ c & c & c & \cdots & c & c \end{vmatrix} + \begin{vmatrix} a & b & b & \cdots & b & b \\ c & a & b & \cdots & b & b \\ c & c & a & \cdots & b & b \\ \vdots & \vdots & \vdots & & \vdots & \vdots \\ c & c & c & \cdots & a & b \\ 0 & 0 & 0 & \cdots & 0 & a-c \end{vmatrix}$

$= c \begin{vmatrix} a-b & 0 & 0 & \cdots & 0 & 0 \\ c-b & a-b & 0 & \cdots & 0 & 0 \\ c-b & c-b & a-b & \cdots & 0 & 0 \\ \vdots & \vdots & \vdots & & \vdots & \vdots \\ c-b & c-b & c-b & \cdots & a-b & 0 \\ 1 & 1 & 1 & \cdots & 1 & 1 \end{vmatrix} + (a-c)D_{n-1}$

$= c(a-b)^{n-1} + (a-c)D_{n-1}.$

(1) 当 $n=1$ 时,$D_1 = a = \dfrac{c(a-b) - b(a-c)}{c-b}$,等式成立;

当 $n=2$ 时,$D_2 = \begin{vmatrix} a & b \\ c & a \end{vmatrix} = a^2 - bc = \dfrac{c(a-b)^2 - b(a-c)^2}{c-b}$,等式成立.

（2）假设当 $n=k-1$ 时等式成立,即

$$D_{k-1}=\frac{c(a-b)^{k-1}-b(a-c)^{k-1}}{c-b}.$$

（3）当 $n=k$ 时,

$$\begin{aligned}
D_k &= c(a-b)^{k-1}+(a-c)D_{k-1}\\
&= c(a-b)^{k-1}+(a-c)\frac{c(a-b)^{k-1}-b(a-c)^{k-1}}{c-b}\\
&= \frac{c(a-b)^{k-1}\big[(c-b)+(a-c)\big]-b(a-c)^k}{c-b}\\
&= \frac{c(a-b)^k-b(a-c)^k}{c-b},
\end{aligned}$$

即当 $n=k$ 时等式也成立.故该等式对任何正整数 n 都成立.

例 2 证明 $D_n=\begin{vmatrix} 2\cos\theta & 1 & & & & \\ 1 & 2\cos\theta & 1 & & & \\ & 1 & 2\cos\theta & 1 & & \\ & & \ddots & \ddots & \ddots & \\ & & & 1 & 2\cos\theta & 1 \\ & & & & 1 & 2\cos\theta \end{vmatrix}=\dfrac{\sin(n+1)\theta}{\sin\theta}.$

分析 证明与正整数 n 有关的命题一般可用数学归纳法,展开 n 阶行列式为同样结构的低阶行列式,用归纳假设代入并计算,即可得证.

证（用第二数学归纳法）

（1）当 $n=1$ 时,$D_1=2\cos\theta=\dfrac{2\cos\theta\sin\theta}{\sin\theta}=\dfrac{\sin 2\theta}{\sin\theta}$,等式成立.

（2）假设当 $n\leqslant k-1$ 时等式成立,即

$$D_n=\frac{\sin(n+1)\theta}{\sin\theta}\quad(n\leqslant k-1).$$

（3）当 $n=k$ 时,

$$D_k=2\cos\theta\begin{vmatrix} 2\cos\theta & 1 & & & & \\ 1 & 2\cos\theta & 1 & & & \\ & 1 & 2\cos\theta & 1 & & \\ & & \ddots & \ddots & \ddots & \\ & & & 1 & 2\cos\theta & 1 \\ & & & & 1 & 2\cos\theta \end{vmatrix}+$$

$$(-1)^{1+2}\begin{vmatrix} 1 & 1 & & & & \\ & 2\cos\theta & 1 & & & \\ & 1 & 2\cos\theta & 1 & & \\ & & \ddots & \ddots & \ddots & \\ & & & 1 & 2\cos\theta & 1 \\ & & & & 1 & 2\cos\theta \end{vmatrix}$$

$$= 2\cos\theta D_{k-1} - D_{k-2} = 2\cos\theta\,\frac{\sin k\theta}{\sin\theta} - \frac{\sin(k-1)\theta}{\sin\theta}$$

$$= \frac{1}{\sin\theta}\left[2\cos\theta\sin k\theta - \sin(k-1)\theta\right]$$

$$= \frac{1}{\sin\theta}\left[\sin(k+1)\theta + \sin(k-1)\theta - \sin(k-1)\theta\right] = \frac{\sin(k+1)\theta}{\sin\theta},$$

即当 $n=k$ 时等式也成立. 故该等式对任何正整数 n 都成立.

例 3 证明 $\begin{vmatrix} b_1+c_1 & c_1+a_1 & a_1+b_1 \\ b_2+c_2 & c_2+a_2 & a_2+b_2 \\ b_3+c_3 & c_3+a_3 & a_3+b_3 \end{vmatrix} = 2\begin{vmatrix} a_1 & b_1 & c_1 \\ a_2 & b_2 & c_2 \\ a_3 & b_3 & c_3 \end{vmatrix}.$

分析 1 根据左边行列式中元的特点, 借助于矩阵乘积的行列式等于行列式的乘积, 即可得证.

证法 1 因

$$\begin{pmatrix} b_1+c_1 & c_1+a_1 & a_1+b_1 \\ b_2+c_2 & c_2+a_2 & a_2+b_2 \\ b_3+c_3 & c_3+a_3 & a_3+b_3 \end{pmatrix} = \begin{pmatrix} a_1 & b_1 & c_1 \\ a_2 & b_2 & c_2 \\ a_3 & b_3 & c_3 \end{pmatrix}\begin{pmatrix} 0 & 1 & 1 \\ 1 & 0 & 1 \\ 1 & 1 & 0 \end{pmatrix},$$

故

$$\begin{vmatrix} b_1+c_1 & c_1+a_1 & a_1+b_1 \\ b_2+c_2 & c_2+a_2 & a_2+b_2 \\ b_3+c_3 & c_3+a_3 & a_3+b_3 \end{vmatrix} = \begin{vmatrix} a_1 & b_1 & c_1 \\ a_2 & b_2 & c_2 \\ a_3 & b_3 & c_3 \end{vmatrix}\begin{vmatrix} 0 & 1 & 1 \\ 1 & 0 & 1 \\ 1 & 1 & 0 \end{vmatrix},$$

而

$$\begin{vmatrix} 0 & 1 & 1 \\ 1 & 0 & 1 \\ 1 & 1 & 0 \end{vmatrix} = 2\begin{vmatrix} 1 & 1 & 1 \\ 1 & 0 & 1 \\ 1 & 1 & 0 \end{vmatrix} = 2\begin{vmatrix} 1 & 1 & 1 \\ 0 & -1 & 0 \\ 0 & 0 & -1 \end{vmatrix} = 2,$$

所以

$$\begin{vmatrix} b_1+c_1 & c_1+a_1 & a_1+b_1 \\ b_2+c_2 & c_2+a_2 & a_2+b_2 \\ b_3+c_3 & c_3+a_3 & a_3+b_3 \end{vmatrix} = 2\begin{vmatrix} a_1 & b_1 & c_1 \\ a_2 & b_2 & c_2 \\ a_3 & b_3 & c_3 \end{vmatrix}.$$

分析 2 因行列式中每一列均为两组数之和, 可借助行列式的性质, 将行列式分成 8 个行列式之和.

证法 2

$$\begin{vmatrix} b_1+c_1 & c_1+a_1 & a_1+b_1 \\ b_2+c_2 & c_2+a_2 & a_2+b_2 \\ b_3+c_3 & c_3+a_3 & a_3+b_3 \end{vmatrix}$$

$$= \begin{vmatrix} b_1 & c_1+a_1 & a_1+b_1 \\ b_2 & c_2+a_2 & a_2+b_2 \\ b_3 & c_3+a_3 & a_3+b_3 \end{vmatrix} + \begin{vmatrix} c_1 & c_1+a_1 & a_1+b_1 \\ c_2 & c_2+a_2 & a_2+b_2 \\ c_3 & c_3+a_3 & a_3+b_3 \end{vmatrix}$$

$$=\begin{vmatrix} b_1 & c_1 & a_1+b_1 \\ b_2 & c_2 & a_2+b_2 \\ b_3 & c_3 & a_3+b_3 \end{vmatrix}+\begin{vmatrix} b_1 & a_1 & a_1+b_1 \\ b_2 & a_2 & a_2+b_2 \\ b_3 & a_3 & a_3+b_3 \end{vmatrix}+\begin{vmatrix} c_1 & c_1 & a_1+b_1 \\ c_2 & c_2 & a_2+b_2 \\ c_3 & c_3 & a_3+b_3 \end{vmatrix}+\begin{vmatrix} c_1 & a_1 & a_1+b_1 \\ c_2 & a_2 & a_2+b_2 \\ c_3 & a_3 & a_3+b_3 \end{vmatrix}$$

$$=\begin{vmatrix} b_1 & c_1 & a_1 \\ b_2 & c_2 & a_2 \\ b_3 & c_3 & a_3 \end{vmatrix}+\begin{vmatrix} c_1 & a_1 & b_1 \\ c_2 & a_2 & b_2 \\ c_3 & a_3 & b_3 \end{vmatrix}=\begin{vmatrix} a_1 & b_1 & c_1 \\ a_2 & b_2 & c_2 \\ a_3 & b_3 & c_3 \end{vmatrix}+\begin{vmatrix} a_1 & b_1 & c_1 \\ a_2 & b_2 & c_2 \\ a_3 & b_3 & c_3 \end{vmatrix}=2\begin{vmatrix} a_1 & b_1 & c_1 \\ a_2 & b_2 & c_2 \\ a_3 & b_3 & c_3 \end{vmatrix}.$$

分析 3 直接用行列式的性质进行化简,证明.

证法 3
$$\begin{vmatrix} b_1+c_1 & c_1+a_1 & a_1+b_1 \\ b_2+c_2 & c_2+a_2 & a_2+b_2 \\ b_3+c_3 & c_3+a_3 & a_3+b_3 \end{vmatrix}\xlongequal[i=2,3]{c_i+c_1}\begin{vmatrix} 2(a_1+b_1+c_1) & c_1+a_1 & a_1+b_1 \\ 2(a_2+b_2+c_2) & c_2+a_2 & a_2+b_2 \\ 2(a_3+b_3+c_3) & c_3+a_3 & a_3+b_3 \end{vmatrix}$$

$$=2\begin{vmatrix} a_1+b_1+c_1 & c_1+a_1 & a_1+b_1 \\ a_2+b_2+c_2 & c_2+a_2 & a_2+b_2 \\ a_3+b_3+c_3 & c_3+a_3 & a_3+b_3 \end{vmatrix}$$

$$\xlongequal[i=2,3]{-c_1+c_i}2\begin{vmatrix} a_1+b_1+c_1 & -b_1 & -c_1 \\ a_2+b_2+c_2 & -b_2 & -c_2 \\ a_3+b_3+c_3 & -b_3 & -c_3 \end{vmatrix}$$

$$\xlongequal[i=2,3]{c_i+c_1}2\begin{vmatrix} a_1 & -b_1 & -c_1 \\ a_2 & -b_2 & -c_2 \\ a_3 & -b_3 & -c_3 \end{vmatrix}=2\begin{vmatrix} a_1 & b_1 & c_1 \\ a_2 & b_2 & c_2 \\ a_3 & b_3 & c_3 \end{vmatrix}.$$

评注 第一种方法借助行列式的元的特点,把原矩阵转化为两个矩阵的乘积,然后利用矩阵乘积的行列式等于行列式的乘积,较简捷.后两种方法利用行列式的性质或初等变换法,计算量偏大.

例 4 设 $A=(a_{ij})$ 是 n 阶非零矩阵,A_{ij} 是 a_{ij} 的代数余子式,证明:

(1) $|A^*|=|A|^{n-1}$;(2) 若 A 可逆,则 $\begin{vmatrix} A_{22} & A_{23} & \cdots & A_{2n} \\ A_{32} & A_{33} & \cdots & A_{3n} \\ \vdots & \vdots & & \vdots \\ A_{n2} & A_{n3} & \cdots & A_{nn} \end{vmatrix}=a_{11}|A|^{n-2}.$

证 $AA^*=A^*A=|A|I$,则 $|AA^*|=|A|^n$,即
$$|A||A^*|=|A|^n.$$

(1) 若 A 可逆,则 $|A|\neq 0$,故 $|A^*|=|A|^{n-1}$;

若 A 不可逆,则 $|A|=0$,$A^*A=|A|I=O$,故 A^* 也不可逆,所以 $|A^*|=0=|A|^{n-1}$.

(2) 因为 $\sum\limits_{k=1}^{n}a_{ik}A_{jk}=\begin{cases} |A|, & i=j, \\ 0, & i\neq j, \end{cases}$ 所以

$$\begin{vmatrix} a_{11} & a_{12} & \cdots & a_{1n} \\ a_{21} & a_{22} & \cdots & a_{2n} \\ \vdots & \vdots & & \vdots \\ a_{n1} & a_{n2} & \cdots & a_{nn} \end{vmatrix}\begin{vmatrix} 1 & A_{21} & \cdots & A_{n1} \\ 0 & A_{22} & \cdots & A_{n2} \\ \vdots & \vdots & & \vdots \\ 0 & A_{2n} & \cdots & A_{nn} \end{vmatrix}=\begin{vmatrix} a_{11} & 0 & \cdots & 0 \\ a_{21} & |A| & \cdots & 0 \\ \vdots & \vdots & & \vdots \\ a_{n1} & 0 & \cdots & |A| \end{vmatrix}=a_{11}|A|^{n-1},$$

即

$$|\boldsymbol{A}| \begin{vmatrix} A_{22} & \cdots & A_{n2} \\ \vdots & & \vdots \\ A_{2n} & \cdots & A_{nn} \end{vmatrix} = a_{11} |\boldsymbol{A}|^{n-1}.$$

故

$$\begin{vmatrix} A_{22} & A_{23} & \cdots & A_{2n} \\ A_{32} & A_{33} & \cdots & A_{3n} \\ \vdots & \vdots & & \vdots \\ A_{n2} & A_{n3} & \cdots & A_{nn} \end{vmatrix} = a_{11} |\boldsymbol{A}|^{n-2}.$$

例 5 证明 $D_{2n} = \left.\begin{vmatrix} a & & & & & & b \\ & \ddots & & & & \ddots & \\ & & a & b & & & \\ & & b & a & & & \\ & \ddots & & & & \ddots & \\ b & & & & & & a \end{vmatrix}\right\} \begin{matrix} n\ 行 \\ \\ n\ 行 \end{matrix} = (a^2 - b^2)^n.$

分析 1 因行列式中 0 元较多,可按定义直接展开.

证法 1 按原行列式的第 1 列展开得到如下递推关系式

$$D_{2n} = \begin{vmatrix} a & & & & & & b \\ & \ddots & & & & \ddots & \\ & & a & b & & & \\ & & b & a & & & \\ & \ddots & & & & \ddots & \\ b & & & & & & a \end{vmatrix}$$

$$= a \begin{vmatrix} a & & & & & b & 0 \\ & \ddots & & & \ddots & & \\ & & a & b & & & \\ & & b & a & & & \\ & \ddots & & & & \ddots & \\ b & & & & & a & 0 \\ 0 & & & & & 0 & a \end{vmatrix} + (-1)^{2n+1} b \begin{vmatrix} 0 & & & & & 0 & b \\ a & & & & & b & 0 \\ & \ddots & & & \ddots & & \\ & & a & b & & & \\ & & b & a & & & \\ & \ddots & & & & \ddots & \\ b & & & & & a & 0 \end{vmatrix}$$

$$= a^2 D_{2n-2} - b^2 D_{2n-2} = (a^2 - b^2) D_{2n-2} = (a^2 - b^2)^2 D_{2n-4} = \cdots = (a^2 - b^2)^{n-1} D_2$$

$$= (a^2 - b^2)^{n-1} \begin{vmatrix} a & b \\ b & a \end{vmatrix} = (a^2 - b^2)^n.$$

分析 2 考虑到行列式的特殊结构,可用拉普拉斯定理证明.

证法 2

$$D_{2n} = \begin{vmatrix} a & & & & & & b \\ & \ddots & & & & \iddots & \\ & & a & b & & & \\ & & b & a & & & \\ & \iddots & & & & \ddots & \\ b & & & & & & a \end{vmatrix}$$

$$= \begin{vmatrix} a & b \\ b & a \end{vmatrix} \cdot (-1)^{(n+n+1)+(n+n+1)} \left. \begin{vmatrix} a & & & & & & b \\ & \ddots & & & & \iddots & \\ & & a & b & & & \\ & & b & a & & & \\ & \iddots & & & & \ddots & \\ b & & & & & & a \end{vmatrix} \right\} \begin{matrix} (n-1)\text{行} \\ \\ \\ (n-1)\text{行} \end{matrix}$$

$$= (a^2 - b^2) D_{2n-2} = (a^2 - b^2)^2 D_{2n-4} = \cdots = (a^2 - b^2)^{n-1} D_2$$

$$= (a^2 - b^2)^{n-1} \begin{vmatrix} a & b \\ b & a \end{vmatrix} = (a^2 - b^2)^n.$$

例 6 设 $\boldsymbol{A} = \begin{bmatrix} a & b \\ c & d \end{bmatrix}$，若存在某个正整数 $m \geqslant 3$ 使得 $\boldsymbol{A}^m = \boldsymbol{O}$，证明：$\boldsymbol{A}^2 = \boldsymbol{O}$.

分析 由 $\boldsymbol{A}^m = \boldsymbol{O}$，可得 $|\boldsymbol{A}|^m = |\boldsymbol{A}^m| = 0$，由此推导 $\boldsymbol{A}^2 = \boldsymbol{O}$.

证法 1 由 $\boldsymbol{A}^m = \boldsymbol{O}$，可得 $|\boldsymbol{A}|^m = |\boldsymbol{A}^m| = 0$，故 $|\boldsymbol{A}| = \begin{vmatrix} a & b \\ c & d \end{vmatrix} = ad - bc = 0$，即

$ad = bc$.

$$\boldsymbol{A}^2 = \begin{bmatrix} a & b \\ c & d \end{bmatrix} \begin{bmatrix} a & b \\ c & d \end{bmatrix} = \begin{bmatrix} a^2 + bc & b(a+d) \\ c(a+d) & d^2 + bc \end{bmatrix} = \begin{bmatrix} a(a+d) & b(a+d) \\ c(a+d) & d(a+d) \end{bmatrix} = (a+d)\boldsymbol{A},$$

由此可得 $\boldsymbol{A}^m = (a+d)^{m-1} \boldsymbol{A}$. 由 $\boldsymbol{A}^m = \boldsymbol{O}$，可得 $\boldsymbol{A} = \boldsymbol{O}$ 或 $a+d = 0$，于是总有 $\boldsymbol{A}^2 = \boldsymbol{O}$.

证法 2 由 $\boldsymbol{A}^m = \boldsymbol{O}$，可得 $|\boldsymbol{A}|^m = |\boldsymbol{A}^m| = 0$，故 $|\boldsymbol{A}| = 0$，即 $R(\boldsymbol{A}) < 2$.

若 $R(\boldsymbol{A}) = 0$，则 $\boldsymbol{A} = \boldsymbol{O}$，从而有 $\boldsymbol{A}^2 = \boldsymbol{O}$.

若 $R(\boldsymbol{A}) = 1$，则 $\boldsymbol{A} = \boldsymbol{P} \begin{bmatrix} 1 & 0 \\ 0 & 0 \end{bmatrix} \boldsymbol{Q}$，其中 $\boldsymbol{P}, \boldsymbol{Q}$ 为 2 阶可逆矩阵. 此时有

$$\boldsymbol{A} = \boldsymbol{P} \begin{bmatrix} 1 & 0 \\ 0 & 0 \end{bmatrix} \boldsymbol{Q} = \boldsymbol{P} \begin{bmatrix} 1 \\ 0 \end{bmatrix} (1, 0) \boldsymbol{Q}.$$

记 $\boldsymbol{\alpha} = \boldsymbol{P} \begin{bmatrix} 1 \\ 0 \end{bmatrix}$，$\boldsymbol{\beta} = (1, 0)\boldsymbol{Q}$，$l = \boldsymbol{\beta}\boldsymbol{\alpha}$，则 $\boldsymbol{A} = \boldsymbol{\alpha}\boldsymbol{\beta}$. 故 $\boldsymbol{A}^2 = (\boldsymbol{\alpha}\boldsymbol{\beta})^2 = \boldsymbol{\alpha}(\boldsymbol{\beta}\boldsymbol{\alpha})\boldsymbol{\beta} = l\boldsymbol{\alpha}\boldsymbol{\beta} = l\boldsymbol{A}$，从而 $\boldsymbol{A}^m = l^{m-1}\boldsymbol{A}$. 由于 $\boldsymbol{A}^m = \boldsymbol{O}$，故 $l^{m-1}\boldsymbol{A} = \boldsymbol{O}$. 于是有 $l = 0$ 或 $\boldsymbol{A} = \boldsymbol{O}$，从而 $\boldsymbol{A}^2 = l\boldsymbol{A} = \boldsymbol{O}$.

例 7 设 $\boldsymbol{A}, \boldsymbol{B}$ 均为 n 阶实矩阵，A_{ij} 为 $\boldsymbol{A}$ 的元 a_{ij} $(i, j = 1, 2, \cdots, n)$ 的代数余子式，且 $\boldsymbol{AB} = (\boldsymbol{B} - \boldsymbol{A}^*)\boldsymbol{A}$，证明：

(1) $|\boldsymbol{A}| = 0$；

(2) 当 $a_{ij} = A_{ij}(i,j=1,2,\cdots,n)$ 时,有 $\boldsymbol{A} = \boldsymbol{O}$.

分析 由 $\boldsymbol{A}\boldsymbol{A}^* = \boldsymbol{A}^*\boldsymbol{A} = |\boldsymbol{A}|\boldsymbol{I}$,$\boldsymbol{A}\boldsymbol{B} = (\boldsymbol{B} - \boldsymbol{A}^*)\boldsymbol{A}$,可得 $\boldsymbol{B}\boldsymbol{A} - \boldsymbol{A}\boldsymbol{B} = |\boldsymbol{A}|\boldsymbol{I}$,由此推导 $|\boldsymbol{A}|$.

证 (1) 由 $\boldsymbol{A}\boldsymbol{A}^* = \boldsymbol{A}^*\boldsymbol{A} = |\boldsymbol{A}|\boldsymbol{I}$,$\boldsymbol{A}\boldsymbol{B} = (\boldsymbol{B} - \boldsymbol{A}^*)\boldsymbol{A}$,可得 $\boldsymbol{B}\boldsymbol{A} - \boldsymbol{A}\boldsymbol{B} = |\boldsymbol{A}|\boldsymbol{I}$. 而 $\text{tr}(\boldsymbol{A}\boldsymbol{B}) = \text{tr}(\boldsymbol{B}\boldsymbol{A})$,故

$$n|\boldsymbol{A}| = \text{tr}(|\boldsymbol{A}|\boldsymbol{I}) = \text{tr}(\boldsymbol{B}\boldsymbol{A} - \boldsymbol{A}\boldsymbol{B}) = \text{tr}(\boldsymbol{B}\boldsymbol{A}) - \text{tr}(\boldsymbol{A}\boldsymbol{B}) = 0,$$

即 $|\boldsymbol{A}| = 0$;

(2) 当 $a_{ij} = A_{ij}(i,j=1,2,\cdots,n)$ 时,有 $|\boldsymbol{A}| = \sum_{i=1}^{n} a_{ij}A_{ij} = \sum_{i=1}^{n} a_{ij}^2$. 由 $|\boldsymbol{A}| = 0$ 且 $\boldsymbol{A}$ 为实矩阵可得 $\sum_{i=1}^{n} a_{ij}^2 = 0$,故 $a_{ij} = 0(i,j=1,2,\cdots,n)$,即 $\boldsymbol{A} = \boldsymbol{O}$.

例 8 设 $\boldsymbol{A}$,$\boldsymbol{B}$ 为同阶可逆矩阵,证明:$(\boldsymbol{A}\boldsymbol{B})^* = \boldsymbol{B}^*\boldsymbol{A}^*$.

分析 由 $(\boldsymbol{A}\boldsymbol{B})^{-1} = \boldsymbol{B}^{-1}\boldsymbol{A}^{-1}$ 及 $\boldsymbol{A}\boldsymbol{A}^* = \boldsymbol{A}^*\boldsymbol{A} = |\boldsymbol{A}|\boldsymbol{I}$ 可证.

证 因为 $\boldsymbol{A}\boldsymbol{A}^* = \boldsymbol{A}^*\boldsymbol{A} = |\boldsymbol{A}|\boldsymbol{I}$,且 $|\boldsymbol{A}| \neq 0$,可得 $\boldsymbol{A}^* = |\boldsymbol{A}|\boldsymbol{A}^{-1}$,所以

$$(\boldsymbol{A}\boldsymbol{B})^* = |\boldsymbol{A}\boldsymbol{B}|(\boldsymbol{A}\boldsymbol{B})^{-1} = |\boldsymbol{A}||\boldsymbol{B}|\boldsymbol{B}^{-1}\boldsymbol{A}^{-1} = (|\boldsymbol{B}|\boldsymbol{B}^{-1})(|\boldsymbol{A}|\boldsymbol{A}^{-1}) = \boldsymbol{B}^*\boldsymbol{A}^*.$$

例 9 设 $\boldsymbol{A}$,$\boldsymbol{B}$ 均为 n 阶矩阵,且 $\boldsymbol{A}^2 = \boldsymbol{B}^2$,$|\boldsymbol{A}| \neq |\boldsymbol{B}|$,证明:$\boldsymbol{A} + \boldsymbol{B}$ 不可逆.

分析 由 $\boldsymbol{A}^2 = \boldsymbol{B}^2$,$|\boldsymbol{A}| \neq |\boldsymbol{B}|$ 推导 $|\boldsymbol{A} + \boldsymbol{B}|$.

证 因为 $\boldsymbol{A}^2 = \boldsymbol{B}^2$,所以

$$|\boldsymbol{A}||\boldsymbol{A} + \boldsymbol{B}| = |\boldsymbol{A}^2 + \boldsymbol{A}\boldsymbol{B}| = |\boldsymbol{B}^2 + \boldsymbol{A}\boldsymbol{B}| = |\boldsymbol{A} + \boldsymbol{B}||\boldsymbol{B}|,$$

即 $(|\boldsymbol{A}| - |\boldsymbol{B}|)|\boldsymbol{A} + \boldsymbol{B}| = 0$,而 $|\boldsymbol{A}| \neq |\boldsymbol{B}|$,故 $|\boldsymbol{A} + \boldsymbol{B}| = 0$,因而 $\boldsymbol{A} + \boldsymbol{B}$ 不可逆.

例 10 证明齐次线性方程组

$$\begin{cases} x_1 + x_2 + x_3 + \cdots + x_n = 0, \\ 2x_1 + 4x_2 + 8x_3 + \cdots + 2^n x_n = 0, \\ \cdots\cdots\cdots\cdots\cdots \\ nx_1 + n^2 x_2 + n^3 x_3 + \cdots + n^n x_n = 0 \end{cases}$$

有唯一解.

分析 n 个方程 n 个未知量的齐次线性方程组有唯一解(只有零解)的充要条件是系数行列式不等于 0.

证 方程组的系数行列式为

$$\begin{vmatrix} 1 & 1 & 1 & \cdots & 1 \\ 2 & 4 & 8 & \cdots & 2^n \\ \vdots & \vdots & \vdots & & \vdots \\ n & n^2 & n^3 & \cdots & n^n \end{vmatrix} = (2 \times 3 \times \cdots \times n)\begin{vmatrix} 1 & 1 & 1 & \cdots & 1 \\ 1 & 2 & 4 & \cdots & 2^{n-1} \\ \vdots & \vdots & \vdots & & \vdots \\ 1 & n & n^2 & \cdots & n^{n-1} \end{vmatrix}$$

$$= n!\prod_{1 \leqslant j < i \leqslant n}(i - j) = n!(n-1)!\cdots2! \neq 0,$$

故方程组有唯一解.

例 11 若一元 n 次方程 $a_0 + a_1x + a_2x^2 + \cdots + a_nx^n = 0$ 有 $n+1$ 个不同的根,证明:

$$a_0 + a_1x + a_2x^2 + \cdots + a_nx^n \equiv 0.$$

分析 该问题的关键在于证明多项式的系数全为零.

证 设 $x_1, x_2, \cdots, x_{n+1}$ 为一元 n 次方程的 $n+1$ 个不同的根,即

$$\begin{cases} a_0 + a_1 x_1 + a_2 x_1^2 + \cdots + a_n x_1^n = 0, \\ a_0 + a_1 x_2 + a_2 x_2^2 + \cdots + a_n x_2^n = 0, \\ \quad\cdots\cdots\cdots\cdots \\ a_0 + a_1 x_{n+1} + a_2 x_{n+1}^2 + \cdots + a_n x_{n+1}^n = 0. \end{cases}$$

将上式看做以 $a_0, a_1, a_2, \cdots, a_n$ 为未知量的齐次线性方程组,其系数行列式 D 是 $n+1$ 阶范德蒙德行列式的转置.由于 $x_1, x_2, \cdots, x_{n+1}$ 互异,因此 $D \neq 0$,故由克拉默法则可知上述齐次线性方程组只有零解 $a_0 = a_1 = a_2 = \cdots = a_n = 0$,从而

$$a_0 + a_1 x + a_2 x^2 + \cdots + a_n x^n \equiv 0.$$

例 12 证明三条不同直线

$$ax + by + c = 0, \quad bx + cy + a = 0, \quad cx + ay + b = 0$$

相交于一点的充要条件是 $a + b + c = 0$.

分析 只需证明上述方程组有唯一解的充要条件是 $a + b + c = 0$.

证 必要性.设所给三条直线相交于点 $M(x_0, y_0)$,则 $x = x_0, y = y_0, z = 1$ 可看做齐次方程组

$$\begin{cases} ax + by + c = 0, \\ bx + cy + a = 0, \\ cx + ay + b = 0 \end{cases}$$

的非零解,从而其系数行列式满足

$$\begin{vmatrix} a & b & c \\ b & c & a \\ c & a & b \end{vmatrix} = -\frac{1}{2}(a+b+c)\left[(a-b)^2 + (b-c)^2 + (c-a)^2\right] = 0.$$

因三条直线互不相同,所以 a, b, c 不全相同,故 $a + b + c = 0$.

充分性.如果 $a + b + c = 0$,则将方程组

$$(\text{I}): \begin{cases} ax + by = -c, \\ bx + cy = -a, \\ cx + ay = -b \end{cases}$$

第一、二两个方程加到第三个方程,得到同解方程组

$$(\text{II}): \begin{cases} ax + by = -c, \\ bx + cy = -a. \end{cases}$$

若方程组(Ⅱ)的系数行列式 $ac - b^2 = 0$,则 $ac = b^2 \geqslant 0$.由 $b = -(a+c)$ 得

$$ac = b^2 = [-(a+c)]^2 = a^2 + 2ac + c^2,$$

于是 $ac = -(a^2 + c^2) \leqslant 0$,从而 $ac = 0$.不妨设 $a = 0$,由 $b^2 = ac$ 得 $b = 0$,再由 $a + b + c = 0$ 得 $c = 0$,与已知矛盾,故方程组(Ⅱ)的系数行列式不为零.由克拉默法则可知方程组(Ⅱ)有唯一解,从而方程组(Ⅰ)有唯一解,即题中三条不同直线相交于一点.

例 13 证明可逆上三角形矩阵的逆矩阵仍是上三角形矩阵.

分析 由 $\boldsymbol{A}^{-1} = \dfrac{1}{|\boldsymbol{A}|}\boldsymbol{A}^*$ 表示 $\boldsymbol{A}$ 的逆矩阵.

证 记上三角形矩阵 $\boldsymbol{A} = (a_{ij})$ 中元 a_{ij} 的代数余子式为 A_{ij},则当 $1 \leqslant j < i \leqslant n$ 时,

$a_{ij}=0$, 有 $A_{ij}=0$; 当 $1\leqslant i<j\leqslant n$ 时, a_{ij} 的余子式 M_{ij} 仍为上三角形行列式, 且主对角元必为零, 于是 $M_{ij}=0$, 从而 $A_{ij}=(-1)^{i+j}M_{ij}=0$ $(1\leqslant i<j\leqslant n)$. 所以

$$\boldsymbol{A}^{-1}=\frac{1}{|\boldsymbol{A}|}\boldsymbol{A}^*=\frac{1}{|\boldsymbol{A}|}\begin{pmatrix}A_{11}&A_{21}&\cdots&A_{n1}\\A_{12}&A_{22}&\cdots&A_{n2}\\\vdots&\vdots&&\vdots\\A_{1n}&A_{2n}&\cdots&A_{nn}\end{pmatrix}=\frac{1}{|\boldsymbol{A}|}\begin{pmatrix}A_{11}&A_{21}&\cdots&A_{n1}\\0&A_{22}&\cdots&A_{n2}\\\vdots&\vdots&&\vdots\\0&0&\cdots&A_{nn}\end{pmatrix}$$

是上三角形矩阵.

例 14 设 $\boldsymbol{A},\boldsymbol{B}$ 均为同阶矩阵, 证明: $R(\boldsymbol{A}+\boldsymbol{B})\leqslant R(\boldsymbol{A})+R(\boldsymbol{B})$.

分析 由初等变换不改变矩阵的秩, 通过初等变换建立 $\boldsymbol{A}+\boldsymbol{B}$ 与 $\boldsymbol{A},\boldsymbol{B}$ 的关系.

证 因为

$$\begin{pmatrix}\boldsymbol{A}&\boldsymbol{O}\\\boldsymbol{O}&\boldsymbol{B}\end{pmatrix}\xrightarrow{c_1+c_2}\begin{pmatrix}\boldsymbol{A}&\boldsymbol{A}\\\boldsymbol{O}&\boldsymbol{B}\end{pmatrix}\xrightarrow{r_2+r_1}\begin{pmatrix}\boldsymbol{A}&\boldsymbol{A}+\boldsymbol{B}\\\boldsymbol{O}&\boldsymbol{B}\end{pmatrix},$$

所以

$$R(\boldsymbol{A}+\boldsymbol{B})\leqslant R\begin{pmatrix}\boldsymbol{A}&\boldsymbol{A}+\boldsymbol{B}\\\boldsymbol{O}&\boldsymbol{B}\end{pmatrix}=R\begin{pmatrix}\boldsymbol{A}&\boldsymbol{O}\\\boldsymbol{O}&\boldsymbol{B}\end{pmatrix},$$

而 $R\begin{pmatrix}\boldsymbol{A}&\boldsymbol{O}\\\boldsymbol{O}&\boldsymbol{B}\end{pmatrix}=R(\boldsymbol{A})+R(\boldsymbol{B})$, 故有 $R(\boldsymbol{A}+\boldsymbol{B})\leqslant R(\boldsymbol{A})+R(\boldsymbol{B})$.

例 15 设 $\boldsymbol{A},\boldsymbol{B}$ 分别为 $m\times n$ 与 $n\times k$ 矩阵, 证明: $R(\boldsymbol{AB})\leqslant\min\{R(\boldsymbol{A}),R(\boldsymbol{B})\}$.

分析 建立 $\boldsymbol{A}$ 的标准形与 $\boldsymbol{AB}$ 的关系.

证 设 $R(\boldsymbol{A})=r$, 则存在 m 阶可逆矩阵 $\boldsymbol{P}$ 及 n 阶可逆矩阵 $\boldsymbol{Q}$, 使得

$$\boldsymbol{PAQ}=\begin{pmatrix}\boldsymbol{I}_r&\boldsymbol{O}\\\boldsymbol{O}&\boldsymbol{O}\end{pmatrix},$$

即

$$\boldsymbol{A}=\boldsymbol{P}^{-1}\begin{pmatrix}\boldsymbol{I}_r&\boldsymbol{O}\\\boldsymbol{O}&\boldsymbol{O}\end{pmatrix}\boldsymbol{Q}^{-1},$$

故

$$\boldsymbol{AB}=\boldsymbol{P}^{-1}\begin{pmatrix}\boldsymbol{I}_r&\boldsymbol{O}\\\boldsymbol{O}&\boldsymbol{O}\end{pmatrix}\boldsymbol{Q}^{-1}\boldsymbol{B},$$

记 $\boldsymbol{Q}^{-1}\boldsymbol{B}=\boldsymbol{C}=\begin{pmatrix}\boldsymbol{C}_1\\\boldsymbol{C}_2\end{pmatrix}$, 其中 $\boldsymbol{C}_1$ 为 $r\times k$ 矩阵, 则

$$\boldsymbol{AB}=\boldsymbol{P}^{-1}\begin{pmatrix}\boldsymbol{I}_r&\boldsymbol{O}\\\boldsymbol{O}&\boldsymbol{O}\end{pmatrix}\begin{pmatrix}\boldsymbol{C}_1\\\boldsymbol{C}_2\end{pmatrix}=\boldsymbol{P}^{-1}\begin{pmatrix}\boldsymbol{C}_1\\\boldsymbol{O}\end{pmatrix},$$

所以

$$R(\boldsymbol{AB})=R\left(\boldsymbol{P}^{-1}\begin{pmatrix}\boldsymbol{C}_1\\\boldsymbol{O}\end{pmatrix}\right)=R\begin{pmatrix}\boldsymbol{C}_1\\\boldsymbol{O}\end{pmatrix}=R(\boldsymbol{C}_1)\leqslant r=R(\boldsymbol{A}),$$

类似得

$$R(\boldsymbol{AB})\leqslant R(\boldsymbol{B}),$$

故

$$R(\boldsymbol{AB}) \leqslant \min\{R(\boldsymbol{A}), R(\boldsymbol{B})\}.$$

例 16 设 $\boldsymbol{A}$ 为 n 阶矩阵,证明:存在一个可逆矩阵 $\boldsymbol{B}$ 及一个幂等矩阵 $\boldsymbol{C}$(即 $\boldsymbol{C}^2 = \boldsymbol{C}$),使得 $\boldsymbol{A} = \boldsymbol{BC}$.

分析 根据任何方阵 $\boldsymbol{A}$ 等价于其标准形 $\begin{bmatrix} \boldsymbol{I}_r & \boldsymbol{O} \\ \boldsymbol{O} & \boldsymbol{O} \end{bmatrix}$,而 $\begin{bmatrix} \boldsymbol{I}_r & \boldsymbol{O} \\ \boldsymbol{O} & \boldsymbol{O} \end{bmatrix}$ 幂等,建立矩阵与标准形的关系,并由标准形进行变形.

证 设 $R(\boldsymbol{A}) = r$,则存在 n 阶可逆矩阵 $\boldsymbol{P}$ 及 $\boldsymbol{Q}$,使得

$$\boldsymbol{PAQ} = \begin{bmatrix} \boldsymbol{I}_r & \boldsymbol{O} \\ \boldsymbol{O} & \boldsymbol{O} \end{bmatrix},$$

即

$$\boldsymbol{A} = \boldsymbol{P}^{-1} \begin{bmatrix} \boldsymbol{I}_r & \boldsymbol{O} \\ \boldsymbol{O} & \boldsymbol{O} \end{bmatrix} \boldsymbol{Q}^{-1},$$

故

$$\boldsymbol{A} = \boldsymbol{P}^{-1} \begin{bmatrix} \boldsymbol{I}_r & \boldsymbol{O} \\ \boldsymbol{O} & \boldsymbol{O} \end{bmatrix} \boldsymbol{Q}^{-1} = \boldsymbol{P}^{-1} \boldsymbol{Q}^{-1} \boldsymbol{Q} \begin{bmatrix} \boldsymbol{I}_r & \boldsymbol{O} \\ \boldsymbol{O} & \boldsymbol{O} \end{bmatrix} \boldsymbol{Q}^{-1},$$

记 $\boldsymbol{B} = \boldsymbol{P}^{-1} \boldsymbol{Q}^{-1}, \boldsymbol{C} = \boldsymbol{Q} \begin{bmatrix} \boldsymbol{I}_r & \boldsymbol{O} \\ \boldsymbol{O} & \boldsymbol{O} \end{bmatrix} \boldsymbol{Q}^{-1}$,则 $\boldsymbol{A} = \boldsymbol{BC}$,其中 $\boldsymbol{B}$ 可逆,$\boldsymbol{C}$ 幂等.

例 17 设 $\boldsymbol{\alpha}, \boldsymbol{\beta}$ 均为 3×1 矩阵,$\boldsymbol{A} = \boldsymbol{\alpha}\boldsymbol{\alpha}^{\mathrm{T}} + \boldsymbol{\beta}\boldsymbol{\beta}^{\mathrm{T}}$,证明:

(1) $R(\boldsymbol{A}) \leqslant 2$;

(2) 若 $\boldsymbol{\alpha} = k\boldsymbol{\beta}$,则 $R(\boldsymbol{A}) < 2$.

分析 利用矩阵的结构特点及秩的不等式可证.

证 (1) 因 $\boldsymbol{\alpha}, \boldsymbol{\beta}$ 均为 3×1 矩阵,故 $R(\boldsymbol{\alpha}\boldsymbol{\alpha}^{\mathrm{T}}) \leqslant 1, R(\boldsymbol{\beta}\boldsymbol{\beta}^{\mathrm{T}}) \leqslant 1$,于是

$$R(\boldsymbol{A}) = R(\boldsymbol{\alpha}\boldsymbol{\alpha}^{\mathrm{T}} + \boldsymbol{\beta}\boldsymbol{\beta}^{\mathrm{T}}) \leqslant R(\boldsymbol{\alpha}\boldsymbol{\alpha}^{\mathrm{T}}) + R(\boldsymbol{\beta}\boldsymbol{\beta}^{\mathrm{T}}) \leqslant 2.$$

(2) 由 $\boldsymbol{\alpha} = k\boldsymbol{\beta}$,得 $\boldsymbol{A} = (1 + k^2)\boldsymbol{\alpha}\boldsymbol{\alpha}^{\mathrm{T}}$,从而

$$R(\boldsymbol{A}) = R[(1 + k^2)\boldsymbol{\alpha}\boldsymbol{\alpha}^{\mathrm{T}}] \leqslant R(\boldsymbol{\alpha}\boldsymbol{\alpha}^{\mathrm{T}}) \leqslant 1 < 2.$$

例 18 设 $\boldsymbol{A}$ 为 $m \times n$ 矩阵,$m < n$,$R(\boldsymbol{A}) = m$.证明:存在 $n \times m$ 矩阵 $\boldsymbol{B}$,使 $\boldsymbol{AB} = \boldsymbol{I}_m$.

分析 由矩阵的秩与标准形的关系,化矩阵 $\boldsymbol{A}$ 为标准形,再由标准形找出矩阵 $\boldsymbol{B}$ 即可.

证 由 $\boldsymbol{A}$ 为 $m \times n$ 矩阵,$m < n$,$R(\boldsymbol{A}) = m$ 知,存在 m 阶可逆矩阵 $\boldsymbol{P}$ 及 n 阶可逆矩阵 $\boldsymbol{Q}$,使得

$$\boldsymbol{PAQ} = (\boldsymbol{I}_m, \boldsymbol{O}_{m \times (n-m)}),$$

从而

$$\boldsymbol{AQ} = \boldsymbol{P}^{-1}(\boldsymbol{I}_m, \boldsymbol{O}_{m \times (n-m)}),$$

$$\boldsymbol{AQ} \begin{bmatrix} \boldsymbol{I}_m \\ \boldsymbol{O}_{(n-m) \times m} \end{bmatrix} = \boldsymbol{P}^{-1}(\boldsymbol{I}_m, \boldsymbol{O}_{m \times (n-m)}) \begin{bmatrix} \boldsymbol{I}_m \\ \boldsymbol{O}_{(n-m) \times m} \end{bmatrix} = \boldsymbol{P}^{-1}\boldsymbol{I}_m,$$

$$AQ\begin{bmatrix} I_m \\ O_{(n-m)\times m} \end{bmatrix}P = P^{-1}I_mP = I_m.$$

令 $B = Q\begin{bmatrix} I_m \\ O_{(n-m)\times m} \end{bmatrix}P$，则 $AB = I_m$ 且 B 为 $n\times m$ 矩阵.

例 19 设 A 为 $m\times n$ 矩阵且 $R(A)=r$，证明：存在一个 $m\times r$ 矩阵 B 及一个 $r\times n$ 矩阵 C，满足 $R(B)=R(C)=r$，使得 $A=BC$.

分析 根据任何方阵 A 等价于其标准形 $\begin{bmatrix} I_r & O \\ O & O \end{bmatrix}$，建立矩阵与标准形的关系，利用 $\begin{bmatrix} I_r & O \\ O & O \end{bmatrix}_{m\times n} = \begin{bmatrix} I_r \\ O \end{bmatrix}_{m\times r}(I_r, O)_{r\times n}$，并由标准形进行变形.

证 设 $R(A)=r$，则存在 m 阶可逆矩阵 P 及 n 阶可逆矩阵 Q，使得
$$PAQ = \begin{bmatrix} I_r & O \\ O & O \end{bmatrix},$$

即
$$A = P^{-1}\begin{bmatrix} I_r & O \\ O & O \end{bmatrix}Q^{-1},$$

故
$$A = P^{-1}\begin{bmatrix} I_r & O \\ O & O \end{bmatrix}Q^{-1} = P^{-1}\begin{bmatrix} I_r \\ O \end{bmatrix}_{m\times r}(I_r, O)_{r\times n}Q^{-1},$$

记 $B = P^{-1}\begin{bmatrix} I_r \\ O \end{bmatrix}_{m\times r}$，$C = (I_r, O)_{r\times n}Q^{-1}$，则 $A=BC$，其中 B 为 $m\times r$ 矩阵且 $R(B)=r$，C 为 $r\times n$ 矩阵且 $R(C)=r$.

评注 当 $R(A)=1$ 时，有 $A=BC$，这时 B 是一个列矩阵，而 C 是一个行矩阵.通常将等式 $A=BC$ 称为"秩 1 矩阵的列行分解".

例 20 设 A 为 $m\times n$ 矩阵且 $R(A)=r$，证明：矩阵 A 可表示为 r 个秩为 1 的 $m\times n$ 矩阵之和.

分析 根据任何方阵 A 等价于其标准形 $\begin{bmatrix} I_r & O \\ O & O \end{bmatrix}$，建立矩阵与标准形的关系，利用

$$\begin{bmatrix} I_r & O \\ O & O \end{bmatrix}_{m\times n}$$

$$= \underbrace{\begin{bmatrix} 1 & 0 & \cdots & 0 & 0 \\ 0 & 0 & \cdots & 0 & 0 \\ \vdots & \vdots & & \vdots & \vdots \\ 0 & 0 & \cdots & 0 & 0 \\ 0 & 0 & \cdots & 0 & 0 \end{bmatrix} + \begin{bmatrix} 0 & 0 & \cdots & 0 & 0 \\ 0 & 1 & \cdots & 0 & 0 \\ \vdots & \vdots & & \vdots & \vdots \\ 0 & 0 & \cdots & 0 & 0 \\ 0 & 0 & \cdots & 0 & 0 \end{bmatrix} + \cdots + \begin{bmatrix} 0 & \cdots & 0 & 0 & 0 \\ \vdots & & \vdots & \vdots & \vdots \\ 0 & \cdots & 1 & 0 & 0 \\ \vdots & & \vdots & \vdots & \vdots \\ 0 & \cdots & 0 & 0 & 0 \end{bmatrix}}_{r个},$$

并由标准形进行变形.

证 设 $R(A)=r$，则存在 m 阶可逆矩阵 P 及 n 阶可逆矩阵 Q，使得

$$PAQ=\begin{bmatrix} I_r & O \\ O & O \end{bmatrix},$$

即

$$A=P^{-1}\begin{bmatrix} I_r & O \\ O & O \end{bmatrix}Q^{-1},$$

故

$$A=P^{-1}\begin{bmatrix} I_r & O \\ O & O \end{bmatrix}Q^{-1}$$

$$=P^{-1}\left(\begin{bmatrix} 1 & 0 & \cdots & 0 & 0 \\ 0 & 0 & \cdots & 0 & 0 \\ \vdots & \vdots & & \vdots & \vdots \\ 0 & 0 & \cdots & 0 & 0 \\ 0 & 0 & \cdots & 0 & 0 \end{bmatrix}+\begin{bmatrix} 0 & 0 & \cdots & 0 & 0 \\ 0 & 1 & \cdots & 0 & 0 \\ \vdots & \vdots & & \vdots & \vdots \\ 0 & 0 & \cdots & 0 & 0 \\ 0 & 0 & \cdots & 0 & 0 \end{bmatrix}+\cdots+\begin{bmatrix} 0 & \cdots & 0 & 0 & \cdots & 0 \\ \vdots & & \vdots & \vdots & & \vdots \\ 0 & \cdots & 1 & 0 & \cdots & 0 \\ \vdots & & \vdots & \vdots & & \vdots \\ 0 & \cdots & 0 & 0 & \cdots & 0 \end{bmatrix}\right)Q^{-1}$$

$$=P^{-1}\begin{bmatrix} 1 & 0 & \cdots & 0 & 0 \\ 0 & 0 & \cdots & 0 & 0 \\ \vdots & \vdots & & \vdots & \vdots \\ 0 & 0 & \cdots & 0 & 0 \\ 0 & 0 & \cdots & 0 & 0 \end{bmatrix}Q^{-1}+P^{-1}\begin{bmatrix} 0 & 0 & \cdots & 0 & 0 \\ 0 & 1 & \cdots & 0 & 0 \\ \vdots & \vdots & & \vdots & \vdots \\ 0 & 0 & \cdots & 0 & 0 \\ 0 & 0 & \cdots & 0 & 0 \end{bmatrix}Q^{-1}+\cdots+$$

$$P^{-1}\begin{bmatrix} 0 & \cdots & 0 & 0 & \cdots & 0 \\ \vdots & & \vdots & \vdots & & \vdots \\ 0 & \cdots & 1 & 0 & \cdots & 0 \\ \vdots & & \vdots & \vdots & & \vdots \\ 0 & \cdots & 0 & 0 & \cdots & 0 \end{bmatrix}Q^{-1}$$

$$\stackrel{\text{记}}{=\!=\!=}C_1+C_2+\cdots+C_r,$$

则 $A=C_1+C_2+\cdots+C_r$，其中 C_i 为 $m\times n$ 矩阵，且 $R(C_i)=1(i=1,2,\cdots,r)$.

例 21 设 $A=(a_{ij})$ 为 n 阶非零实方阵且 $a_{ij}=A_{ij}(\forall i,j)$，证明：$R(A)=n$.

分析 A 为 n 阶非零实方阵，要证 $R(A)=n$，只需证 $|A|\neq0$ 即可.

证 因 $A=(a_{ij})$ 为 n 阶非零实方阵，故至少存在一个元 $a_{ik}\neq0$.

$$|A|=a_{i1}A_{i1}+a_{i2}A_{i2}+\cdots+a_{ik}A_{ik}+\cdots+a_{in}A_{in}$$
$$=a_{i1}^2+a_{i2}^2+\cdots+a_{ik}^2+\cdots+a_{in}^2$$
$$\geqslant a_{ik}^2>0,$$

即 $|A|\neq0$，故 $R(A)=n$.

例 22 设 n 阶矩阵 A 满足 $A^2=I$，证明：$R(A-I)+R(A+I)=n$.

分析 建立 $A^2=I$ 与 $\begin{bmatrix} A-I & O \\ O & A+I \end{bmatrix}$ 的关系即可.

证　记
$$B = \begin{pmatrix} A-I & O \\ I & A+I \end{pmatrix} = \begin{pmatrix} I & O \\ -\frac{1}{2}I & I \end{pmatrix} \begin{pmatrix} A-I & O \\ O & A+I \end{pmatrix} \begin{pmatrix} I & O \\ \frac{1}{2}I & I \end{pmatrix},$$

$$C = \begin{pmatrix} O & O \\ I & O \end{pmatrix} = \begin{pmatrix} O & I-A^2 \\ I & O \end{pmatrix} = \begin{pmatrix} I & -A+I \\ O & I \end{pmatrix} B \begin{pmatrix} I & -A-I \\ O & I \end{pmatrix},$$

则

$$R(A-I) + R(A+I) = R(B) = R(C) = n.$$

三、单元检测

（一）检测题

一、填空题（每题 3 分,共 15 分）

1. 设 $A = \begin{pmatrix} 2 & 1 & -3 & 5 \\ 1 & 1 & 1 & 1 \\ 4 & 2 & 3 & 1 \\ 2 & 5 & 3 & 1 \end{pmatrix}$,则 $A_{41} + A_{42} + A_{43} + A_{44} = $_____.

2. 行列式 $D_n = \begin{vmatrix} a & b & 0 & \cdots & 0 & 0 \\ 0 & a & b & \cdots & 0 & 0 \\ 0 & 0 & a & \cdots & 0 & 0 \\ \vdots & \vdots & \vdots & & \vdots & \vdots \\ 0 & 0 & 0 & \cdots & a & b \\ b & 0 & 0 & \cdots & 0 & a \end{vmatrix} = $_____.

3. 行列式 D_n 中等于 0 的元的个数多于 $n^2 - n$,则 $D_n = $_____.

4. 设 A 为 m 阶方阵,B 为 n 阶方阵,且 $|A| = a$,$|B| = b$,$C = \begin{pmatrix} O & A \\ B & O \end{pmatrix}$,则 $|C| = $_____.

5. 设 $A = \begin{pmatrix} 1 & 1 & 1 & \cdots & 1 \\ a_1 & a_2 & a_3 & \cdots & a_n \\ a_1^2 & a_2^2 & a_3^2 & \cdots & a_n^2 \\ \vdots & \vdots & \vdots & & \vdots \\ a_1^{n-1} & a_2^{n-1} & a_3^{n-1} & \cdots & a_n^{n-1} \end{pmatrix}$,$X = \begin{pmatrix} x_1 \\ x_2 \\ x_3 \\ \vdots \\ x_n \end{pmatrix}$,$b = \begin{pmatrix} 1 \\ 1 \\ 1 \\ \vdots \\ 1 \end{pmatrix}$ $(i,j=1,2,\cdots,$

n,且当 $i \neq j$ 时,$a_i \neq a_j$),则线性方程组 $A^{\mathrm{T}}X = b$ 的解是_____.

二、选择题（每题 3 分,共 15 分）

1. 设 $a>b>c>0$，$D_3 = \begin{vmatrix} a & a^2 & bc \\ b & b^2 & ac \\ c & c^2 & ab \end{vmatrix}$，则有（　　）.

（A）$D_3 = 0$　　　　　（B）$D_3 < 0$　　　　（C）$D_3 > 0$　　　　（D）$D_3 \neq 0$

2. $D = \begin{vmatrix} a_1 & & & b_1 \\ & a_2 & b_2 & \\ & b_3 & a_3 & \\ b_4 & & & a_4 \end{vmatrix} = $（　　）.

（A）$a_1 a_2 a_3 a_4 - b_1 b_2 b_3 b_4$　　　　　　（B）$a_1 a_2 a_3 a_4 + b_1 b_2 b_3 b_4$

（C）$(a_1 a_2 - b_1 b_2)(a_3 a_4 - b_3 b_4)$　　　（D）$(a_1 a_4 - b_1 b_4)(a_2 a_3 - b_2 b_3)$

3. 已知 $D_5 = \begin{vmatrix} 1-a & a & 0 & 0 & 0 \\ -1 & 1-a & a & 0 & 0 \\ 0 & -1 & 1-a & a & 0 \\ 0 & 0 & -1 & 1-a & a \\ 0 & 0 & 0 & -1 & 1-a \end{vmatrix}$，则 D_5 的值为（　　）.

（A）$1 - a + a^2 - a^3 + a^4 - a^5$　（B）$(1-a)^4$　（C）$(1-a)^5$　　　　（D）4

4. 当 $k \neq$（　　）时，方程组 $\begin{cases} kx + \quad\ z = 0, \\ 2x + ky + z = 0, \\ kx - 2y + z = 0 \end{cases}$ 只有零解.

（A）0　　　　　　　　　（B）-1　　　　　　　（C）2　　　　　　　（D）-2

5. 设 $f(x) = \begin{vmatrix} a & b & c & d-x \\ a & b & c-x & d \\ a & b-x & c & d \\ a-x & b & c & d \end{vmatrix}$，则方程 $f(x) = 0$ 的根为（　　）.

（A）a, b, c, d　　　　　　　　　（B）$a+b, c+d, a+d, b+c$

（C）$0, a+b+c+d$（其中 0 为三重根）（D）$0, -a-b-c-d$（其中 0 为三重根）

三、（10 分）计算 $|\boldsymbol{A}_n| = \begin{vmatrix} 9 & 5 & 0 & \cdots & 0 & 0 \\ 4 & 9 & 5 & \cdots & 0 & 0 \\ \vdots & \vdots & \vdots & & \vdots & \vdots \\ 0 & 0 & 0 & \cdots & 9 & 5 \\ 0 & 0 & 0 & \cdots & 4 & 9 \end{vmatrix}$.

四、（10 分）已知平面上三点 $P_1(x_1, y_1)$，$P_2(x_2, y_2)$，$P_3(x_3, y_3)$，求当该三点位于同一条直线上时，P_1, P_2, P_3 的坐标应满足的条件.

五、（10 分）计算 $D_{n+1} = \begin{vmatrix} a_1^n & a_1^{n-1} b_1 & a_1^{n-2} b_1^2 & \cdots & a_1 b_1^{n-1} & b_1^n \\ a_2^n & a_2^{n-1} b_2 & a_2^{n-2} b_2^2 & \cdots & a_2 b_2^{n-1} & b_2^n \\ \vdots & \vdots & \vdots & & \vdots & \vdots \\ a_{n+1}^n & a_{n+1}^{n-1} b_{n+1} & a_{n+1}^{n-2} b_{n+1}^2 & \cdots & a_{n+1} b_{n+1}^{n-1} & b_{n+1}^n \end{vmatrix}$.

六、（10 分）已知 $a^2 \neq b^2$，a, b 是实数，试证方程组

$$\begin{cases} ax_1 + bx_{2n} = 1, \\ ax_2 + bx_{2n-1} = 1, \\ \cdots\cdots\cdots\cdots \\ ax_n + bx_{n+1} = 1, \\ bx_n + ax_{n+1} = 1, \\ bx_{n-1} + ax_{n+2} = 1, \\ \cdots\cdots\cdots\cdots \\ bx_1 + ax_{2n} = 1 \end{cases}$$

有唯一解,并求其解.

七、(10 分)设 $\boldsymbol{A} = \begin{bmatrix} a_1b_1 & a_1b_2 & \cdots & a_1b_n \\ a_2b_1 & a_2b_2 & \cdots & a_2b_n \\ \vdots & \vdots & & \vdots \\ a_nb_1 & a_nb_2 & \cdots & a_nb_n \end{bmatrix}$, $a_i \neq 0 (i=1,2,\cdots,n)$, $b_1 \neq 0$,求 $R(\boldsymbol{A})$.

八、(10 分)设 $\boldsymbol{A}$ 为 n 阶非零实方阵且 $\boldsymbol{A}^* = \boldsymbol{A}^{\mathrm{T}}$,证明: $\boldsymbol{A}$ 可逆.

九、(10 分)已知 n 阶行列式

$$D = \begin{vmatrix} 1 & 3 & 5 & \cdots & 2n-1 \\ 1 & 2 & & & \\ 1 & & 3 & & \\ \vdots & & & \ddots & \\ 1 & & & & n \end{vmatrix},$$

求该行列式第一行元的代数余子式之和 $A_{11} + A_{12} + \cdots + A_{1n}$.

（二）检测题答案与提示

第三章　几何空间

◤ 内容提要

图 3.1　第三章知识结构框图

（一）向量的概念与运算

1. 向量的概念

定义　既有大小又有方向的量称为向量(矢量)，通常记为 $\boldsymbol{a}$ 或 $\overrightarrow{AB}$.

（1）**向量在轴上的投影**　对于空间向量 $\overrightarrow{AB}$ 与轴 $\boldsymbol{u}$，设 A,B 在轴 $\boldsymbol{u}$ 上的投影分别是 A',B'，则 $\overrightarrow{AB}$ 在轴 $\boldsymbol{u}$ 上的投影用记号 $\mathrm{Prj}_u\overrightarrow{AB}$ 表示且定义为

$$\mathrm{Prj}_u\overrightarrow{AB}=\begin{cases}\|\overrightarrow{A'B'}\|,&\overrightarrow{A'B'} \text{ 与 } \boldsymbol{u} \text{ 同向},\\-\|\overrightarrow{A'B'}\|,&\overrightarrow{A'B'} \text{ 与 } \boldsymbol{u} \text{ 反向}.\end{cases}$$

性质　$\mathrm{Prj}_u\boldsymbol{a}=\|\boldsymbol{a}\|\cos\langle\boldsymbol{a},\boldsymbol{u}\rangle,\mathrm{Prj}_u(\boldsymbol{a}+\boldsymbol{b})=\mathrm{Prj}_u\boldsymbol{a}+\mathrm{Prj}_u\boldsymbol{b}.$

（2）**向量的坐标**　设 a_1,a_2,a_3 为向量 $\boldsymbol{a}$ 在三坐标轴上的投影，则称 $a_1\boldsymbol{i}+a_2\boldsymbol{j}+a_3\boldsymbol{k}$ 为向量 $\boldsymbol{a}$ 的坐标表达式，显然 $\boldsymbol{a}=a_1\boldsymbol{i}+a_2\boldsymbol{j}+a_3\boldsymbol{k}$，称 a_1,a_2,a_3 为向量 $\boldsymbol{a}$ 的坐标，记为 $\boldsymbol{a}=(a_1,a_2,a_3)$.

（3）**向量的模**　向量的大小(或长度)称为向量的模，记为 $\|\boldsymbol{a}\|$. 设 $\boldsymbol{a}=(a_1,a_2,a_3)$，则

$$\|\boldsymbol{a}\|=\sqrt{a_1^2+a_2^2+a_3^2}.$$

当 $\|\boldsymbol{a}\|=1$ 时，称 $\boldsymbol{a}$ 为单位向量；

当 $\|\boldsymbol{a}\|=0$ 时，称 $\boldsymbol{a}$ 为零向量，记为 $\boldsymbol{0}$. 零向量没有确定的方向.

（4）向量的方向角、方向余弦　向量 a 与三坐标轴正向的夹角记为 α,β,γ，则称 α,β,γ 为向量 a 的方向角，$\cos\alpha,\cos\beta,\cos\gamma$ 称为向量 a 的方向余弦，记 $a=(a_1,a_2,a_3)$，则

$$\cos\alpha=\frac{a_1}{\sqrt{a_1^2+a_2^2+a_3^2}},\quad \cos\beta=\frac{a_2}{\sqrt{a_1^2+a_2^2+a_3^2}},\quad \cos\gamma=\frac{a_3}{\sqrt{a_1^2+a_2^2+a_3^2}},$$

且 $\cos^2\alpha+\cos^2\beta+\cos^2\gamma=1$.

（5）向量相等　大小相等、方向相同的向量相等. 向量通过平移保持不变.

2. 向量的线性运算

设 $a=(a_1,a_2,a_3)$，$b=(b_1,b_2,b_3)$，λ 为数，则

（1）加法　$a+b=(a_1+b_1,a_2+b_2,a_3+b_3)$.

几何意义：向量的加法在几何上符合平行四边形法则（或三角形法则）.

（2）数乘　$\lambda a=(\lambda a_1,\lambda a_2,\lambda a_3)$.

几何意义：λa 为向量，与 a 共线. $\|\lambda a\|=|\lambda|\|a\|$.

当 $\lambda>0$ 时，λa 与 a 同向；当 $\lambda<0$ 时，λa 与 a 反向.

3. 向量的乘法

（1）内积　向量 a 与 b 的内积是一个数，记为 $a\cdot b$，

$$a\cdot b=\|a\|\|b\|\cos\langle a,b\rangle.$$

性质　向量的内积满足交换律与分配律，即

$$a\cdot b=b\cdot a,\quad a\cdot(b+c)=a\cdot b+a\cdot c.$$

计算　设 $a=(a_1,a_2,a_3)$，$b=(b_1,b_2,b_3)$，则

$$a\cdot b=a_1b_1+a_2b_2+a_3b_3,\quad \cos\langle a,b\rangle=\frac{a_1b_1+a_2b_2+a_3b_3}{\sqrt{a_1^2+a_2^2+a_3^2}\sqrt{b_1^2+b_2^2+b_3^2}}.$$

几何意义：非零向量 a 与 b 垂直的充要条件是 $a\cdot b=0$，即

$$a_1b_1+a_2b_2+a_3b_3=0.$$

（2）外积　向量 a 与 b 的外积为一向量，记为 $a\times b$，其模

$$\|a\times b\|=\|a\|\|b\|\sin\langle a,b\rangle,$$

其方向与 a,b 都垂直，且 $a,b,a\times b$ 成右手系.

性质　向量的外积满足反交换律与分配律，即

$$a\times b=-b\times a,\quad a\times(b+c)=a\times b+a\times c.$$

计算　设 $a=(a_1,a_2,a_3)$，$b=(b_1,b_2,b_3)$，则

$$a\times b=\begin{vmatrix} i & j & k \\ a_1 & a_2 & a_3 \\ b_1 & b_2 & b_3 \end{vmatrix}.$$

几何意义：

$1°$　非零向量 a 与 b 平行的充要条件是 $a\times b=0$，即

$$\frac{a_1}{b_1}=\frac{a_2}{b_2}=\frac{a_3}{b_3};$$

$2°$　$\|a\times b\|$ 等于以 a,b 为邻边的平行四边形的面积.

（3）混合积　向量 a,b,c 的混合积是一个数，记为 $[a\ b\ c]$，

$$[\boldsymbol{a}\ \boldsymbol{b}\ \boldsymbol{c}]=(\boldsymbol{a}\times\boldsymbol{b})\cdot\boldsymbol{c}.$$

性质　向量的混合积满足$[\boldsymbol{a}\ \boldsymbol{b}\ \boldsymbol{c}]=[\boldsymbol{b}\ \boldsymbol{c}\ \boldsymbol{a}]=[\boldsymbol{c}\ \boldsymbol{a}\ \boldsymbol{b}]$.

计算　设$\boldsymbol{a}=(a_1,a_2,a_3),\boldsymbol{b}=(b_1,b_2,b_3),\boldsymbol{c}=(c_1,c_2,c_3)$,则

$$[\boldsymbol{a}\ \boldsymbol{b}\ \boldsymbol{c}]=\begin{vmatrix} a_1 & a_2 & a_3 \\ b_1 & b_2 & b_3 \\ c_1 & c_2 & c_3 \end{vmatrix}.$$

几何意义:

1° $[\boldsymbol{a}\ \boldsymbol{b}\ \boldsymbol{c}]$的绝对值等于以$\boldsymbol{a},\boldsymbol{b},\boldsymbol{c}$为棱的平行六面体的体积;

2° $\boldsymbol{a},\boldsymbol{b},\boldsymbol{c}$共面$\Leftrightarrow[\boldsymbol{a}\ \boldsymbol{b}\ \boldsymbol{c}]=0$.

(二) 平面与空间直线

1. 平面的方程

(1) 点法式方程　过点(x_0,y_0,z_0),法向量为$\boldsymbol{n}=(A,B,C)$的平面方程为

$$A(x-x_0)+B(y-y_0)+C(z-z_0)=0.$$

(2) 一般式方程　任何关于x,y,z的三元一次方程$Ax+By+Cz+D=0$表示平面,称为平面的一般式方程,其法向量$\boldsymbol{n}=(A,B,C)$.

(3) 截距式方程　平面在x,y,z轴上的截距分别为$a,b,c(abc\neq0)$,其方程为

$$\frac{x}{a}+\frac{y}{b}+\frac{z}{c}=1.$$

2. 空间直线的方程

(1) 点向式方程　过点(x_0,y_0,z_0),且方向向量为$\boldsymbol{s}=(m,n,p)$的直线方程为

$$\frac{x-x_0}{m}=\frac{y-y_0}{n}=\frac{z-z_0}{p}.$$

(2) 参数方程　令$\dfrac{x-x_0}{m}=\dfrac{y-y_0}{n}=\dfrac{z-z_0}{p}=t$,直线的参数方程为

$$\begin{cases} x=x_0+mt, \\ y=y_0+nt, \\ z=z_0+pt, \end{cases} \quad t\ 为参数.$$

(3) 一般式方程　若两平面$A_1x+B_1y+C_1z+D_1=0$与$A_2x+B_2y+C_2z+D_2=0$不平行,则交线为直线,方程为

$$\begin{cases} A_1x+B_1y+C_1z+D_1=0, \\ A_2x+B_2y+C_2z+D_2=0, \end{cases}$$

两平面的法向量分别为$\boldsymbol{n}_1=(A_1,B_1,C_1),\boldsymbol{n}_2=(A_2,B_2,C_2)$,直线的方向向量为

$$\boldsymbol{s}=\boldsymbol{n}_1\times\boldsymbol{n}_2=\begin{vmatrix} \boldsymbol{i} & \boldsymbol{j} & \boldsymbol{k} \\ A_1 & B_1 & C_1 \\ A_2 & B_2 & C_2 \end{vmatrix}.$$

3. 平面与平面、直线与直线、直线与平面的位置关系

(1) 平面与平面

对于两个平面

$$\pi_1 : A_1 x + B_1 y + C_1 z + D_1 = 0,$$
$$\pi_2 : A_2 x + B_2 y + C_2 z + D_2 = 0,$$

它们的法向量分别为 $\boldsymbol{n}_1 = (A_1, B_1, C_1), \boldsymbol{n}_2 = (A_2, B_2, C_2).$

平面与平面间的夹角 设 θ 为平面 π_1 与 π_2 的夹角,则

$$\cos \theta = \frac{\boldsymbol{n}_1 \cdot \boldsymbol{n}_2}{\|\boldsymbol{n}_1\| \|\boldsymbol{n}_2\|} = \frac{A_1 A_2 + B_1 B_2 + C_1 C_2}{\sqrt{A_1^2 + B_1^2 + C_1^2} \sqrt{A_2^2 + B_2^2 + C_2^2}}.$$

平面与平面间的位置关系

1° π_1 与 π_2 重合 $\Leftrightarrow \dfrac{A_1}{A_2} = \dfrac{B_1}{B_2} = \dfrac{C_1}{C_2} = \dfrac{D_1}{D_2};$

2° π_1 与 π_2 平行但不重合 $\Leftrightarrow \dfrac{A_1}{A_2} = \dfrac{B_1}{B_2} = \dfrac{C_1}{C_2} \neq \dfrac{D_1}{D_2};$

3° π_1 与 π_2 相交 $\Leftrightarrow \dfrac{A_1}{A_2} = \dfrac{B_1}{B_2} = \dfrac{C_1}{C_2}$ 不成立;

4° π_1 与 π_2 垂直 $\Leftrightarrow A_1 A_2 + B_1 B_2 + C_1 C_2 = 0.$

(2) 直线与直线

对于两条空间直线

$$l_1 : \frac{x - x_1}{m_1} = \frac{y - y_1}{n_1} = \frac{z - z_1}{p_1}, \quad l_2 : \frac{x - x_2}{m_2} = \frac{y - y_2}{n_2} = \frac{z - z_2}{p_2},$$

它们的方向向量分别为 $\boldsymbol{s}_1 = (m_1, n_1, p_1), \boldsymbol{s}_2 = (m_2, n_2, p_2), M_1(x_1, y_1, z_1),$ $M_2(x_2, y_2, z_2)$ 分别为 l_1, l_2 上的点.

直线与直线的夹角 设 θ 为 l_1 与 l_2 的夹角,则

$$\cos \theta = \frac{\boldsymbol{s}_1 \cdot \boldsymbol{s}_2}{\|\boldsymbol{s}_1\| \|\boldsymbol{s}_2\|} = \frac{m_1 m_2 + n_1 n_2 + p_1 p_2}{\sqrt{m_1^2 + n_1^2 + p_1^2} \sqrt{m_2^2 + n_2^2 + p_2^2}}.$$

直线与直线的位置关系

1° l_1 与 l_2 异面 $\Leftrightarrow [\boldsymbol{s}_1 \ \boldsymbol{s}_2 \ \overrightarrow{M_1 M_2}] \neq 0;$

2° l_1 与 l_2 重合 $\Leftrightarrow \boldsymbol{s}_1 /\!/ \boldsymbol{s}_2 /\!/ \overrightarrow{M_1 M_2};$

3° l_1 与 l_2 平行但不重合 $\Leftrightarrow \boldsymbol{s}_1 /\!/ \boldsymbol{s}_2$,但它们不平行于 $\overrightarrow{M_1 M_2};$

4° l_1 与 l_2 相交 $\Leftrightarrow \boldsymbol{s}_1$ 与 $\boldsymbol{s}_2$ 不平行且 $[\boldsymbol{s}_1 \ \boldsymbol{s}_2 \ \overrightarrow{M_1 M_2}] = 0;$

5° l_1 与 l_2 垂直 $\Leftrightarrow m_1 m_2 + n_1 n_2 + p_1 p_2 = 0.$

(3) 直线与平面

对于直线 $l : \dfrac{x - x_0}{m} = \dfrac{y - y_0}{n} = \dfrac{z - z_0}{p}$ 与平面 $\pi : Ax + By + Cz + D = 0$,直线的方向向量为 $\boldsymbol{s} = (m, n, p)$,平面的法向量为 $\boldsymbol{n} = (A, B, C).$

直线与平面的夹角 设 θ 为直线 l 与平面 π 的夹角,则

$$\sin \theta = \frac{|\boldsymbol{n} \cdot \boldsymbol{s}|}{\|\boldsymbol{n}\| \|\boldsymbol{s}\|} = \frac{|Am + Bn + Cp|}{\sqrt{A^2 + B^2 + C^2} \sqrt{m^2 + n^2 + p^2}}.$$

直线与平面的位置关系

1° 直线 l 在平面 π 上 $\Leftrightarrow Am + Bn + Cp = 0$ 且 $Ax_0 + By_0 + Cz_0 + D = 0;$

2° 直线 l 与平面 π 平行但不在 π 上 $\Leftrightarrow Am + Bn + Cp = 0$ 且 $Ax_0 + By_0 + Cz_0 +$

$D \neq 0$;

3° 直线 l 与平面 π 相交 $\Leftrightarrow Am + Bn + Cp \neq 0$;

4° 直线 l 与平面 π 垂直 $\Leftrightarrow \dfrac{A}{m} = \dfrac{B}{n} = \dfrac{C}{p}$.

4. 点到平面、点到直线的距离

(1) 点到平面的距离

设 $M_0(x_0, y_0, z_0)$ 为平面 $\pi: Ax + By + Cz + D = 0$ 外一点,则点 M_0 到平面 π 的距离为

$$d = \frac{|Ax_0 + By_0 + Cz_0 + D|}{\sqrt{A^2 + B^2 + C^2}}.$$

(2) 点到直线的距离

设 $M_0(x_0, y_0, z_0)$ 为直线 $l: \dfrac{x - x_1}{m} = \dfrac{y - y_1}{n} = \dfrac{z - z_1}{p}$ 外一点,$\boldsymbol{s} = (m, n, p)$ 为直线 l 的方向向量,$M_1(x_1, y_1, z_1)$ 为直线上一点,则点 M_0 到直线 l 的距离为

$$d = \frac{\| \boldsymbol{s} \times \overrightarrow{M_0 M_1} \|}{\| \boldsymbol{s} \|} = \frac{\left\| \begin{array}{ccc} \boldsymbol{i} & \boldsymbol{j} & \boldsymbol{k} \\ m & n & p \\ x_1 - x_0 & y_1 - y_0 & z_1 - z_0 \end{array} \right\|}{\sqrt{m^2 + n^2 + p^2}}.$$

5. 平面束方程

过两相交平面

$$\pi_1: A_1 x + B_1 y + C_1 z + D_1 = 0,$$
$$\pi_2: A_2 x + B_2 y + C_2 z + D_2 = 0$$

交线的任一平面方程(但不包含平面 π_2)可表示为

$$A_1 x + B_1 y + C_1 z + D_1 + \lambda(A_2 x + B_2 y + C_2 z + D_2) = 0,$$

其中 λ 为任意常数.

二、典型例题

(一)选择题

例 1 下列空间各点中,位于第六卦限内的是( ).

(A) $(1, 1, -1)$ (B) $(-1, 1, 2)$

(C) $(-1, -2, 1)$ (D) $(-1, 1, -1)$

分析 根据八个卦限中点的坐标的符号(如表 3.1 所示)可知正确答案.

表 3.1　八个卦限中点的坐标的符号

卦限	Ⅰ	Ⅱ	Ⅲ	Ⅳ	Ⅴ	Ⅵ	Ⅶ	Ⅷ
x	+	−	−	+	+	−	−	+
y	+	+	−	−	+	+	−	−
z	+	+	+	+	−	−	−	−

答案　(D).

例 2　下列等式中正确的是(　　　).

(A) $\boldsymbol{a}\cdot(\boldsymbol{b}\times\boldsymbol{c})=\boldsymbol{a}\cdot(\boldsymbol{c}\times\boldsymbol{b})$　　　　(B) $\boldsymbol{a}\cdot(\boldsymbol{b}\times\boldsymbol{c})=(\boldsymbol{a}\cdot\boldsymbol{b})\cdot\boldsymbol{c}$

(C) $\boldsymbol{a}\cdot(\boldsymbol{b}\times\boldsymbol{c})=(\boldsymbol{a}\times\boldsymbol{b})\times\boldsymbol{c}$　　　　(D) $\boldsymbol{a}\cdot(\boldsymbol{b}\times\boldsymbol{c})=(\boldsymbol{a}\times\boldsymbol{b})\cdot\boldsymbol{c}$

分析　由两个向量的内积是一个数,两个向量的外积是一个向量,可知(B),(C)均不正确.

设 $\boldsymbol{a}=(a_1,a_2,a_3),\boldsymbol{b}=(b_1,b_2,b_3),\boldsymbol{c}=(c_1,c_2,c_3)$,则由混合积的运算及行列式性质知

$$\boldsymbol{a}\cdot(\boldsymbol{b}\times\boldsymbol{c})=\begin{vmatrix} a_1 & a_2 & a_3 \\ b_1 & b_2 & b_3 \\ c_1 & c_2 & c_3 \end{vmatrix}=(\boldsymbol{a}\times\boldsymbol{b})\cdot\boldsymbol{c},$$

故(D)正确,(A)不正确.

答案　(D).

例 3　设 $\boldsymbol{a},\boldsymbol{b},\boldsymbol{c}$ 为三个向量,则向量 $\boldsymbol{m}=\boldsymbol{a}-\boldsymbol{b},\boldsymbol{n}=\boldsymbol{b}-\boldsymbol{c},\boldsymbol{p}=\boldsymbol{c}-\boldsymbol{a}$ 的相互关系为(　　　).

(A) 共面　　　　　　　　　　　(B) 共线

(C) 既不共面也不共线　　　　　(D) 不确定

分析　三个向量共面的充要条件为其混合积为零.

解法 1　因为 $\boldsymbol{b}\times\boldsymbol{b}=\boldsymbol{0},(\boldsymbol{a}\times\boldsymbol{c})\cdot\boldsymbol{c}=0,(\boldsymbol{b}\times\boldsymbol{c})\cdot\boldsymbol{c}=0,(\boldsymbol{a}\times\boldsymbol{b})\cdot\boldsymbol{a}=0,(\boldsymbol{a}\times\boldsymbol{c})\cdot\boldsymbol{a}=0$,所以

$$\begin{aligned}[\boldsymbol{m}\ \boldsymbol{n}\ \boldsymbol{p}]&=[(\boldsymbol{a}-\boldsymbol{b})\times(\boldsymbol{b}-\boldsymbol{c})]\cdot(\boldsymbol{c}-\boldsymbol{a})\\ &=(\boldsymbol{a}\times\boldsymbol{b}-\boldsymbol{a}\times\boldsymbol{c}+\boldsymbol{b}\times\boldsymbol{c})\cdot(\boldsymbol{c}-\boldsymbol{a})\\ &=(\boldsymbol{a}\times\boldsymbol{b})\cdot\boldsymbol{c}-(\boldsymbol{b}\times\boldsymbol{c})\cdot\boldsymbol{a}=0.\end{aligned}$$

解法 2　混合积可以通过行列式来计算.根据分块矩阵乘法,可得

$$\begin{bmatrix}\boldsymbol{m}\\ \boldsymbol{n}\\ \boldsymbol{p}\end{bmatrix}=\begin{bmatrix} 1 & -1 & 0 \\ 0 & 1 & -1 \\ -1 & 0 & 1 \end{bmatrix}\begin{bmatrix}\boldsymbol{a}\\ \boldsymbol{b}\\ \boldsymbol{c}\end{bmatrix},\quad \begin{vmatrix} 1 & -1 & 0 \\ 0 & 1 & -1 \\ -1 & 0 & 1 \end{vmatrix}=0,$$

所以 $[\boldsymbol{m}\ \boldsymbol{n}\ \boldsymbol{p}]=0$.

解法 3　因为 $(\boldsymbol{a}-\boldsymbol{b})+(\boldsymbol{b}-\boldsymbol{c})+(\boldsymbol{c}-\boldsymbol{a})=\boldsymbol{0}$,所以 $\boldsymbol{a}-\boldsymbol{b},\boldsymbol{b}-\boldsymbol{c},\boldsymbol{c}-\boldsymbol{a}$ 首尾相接,构成一个封闭的三角形(如图 3.2),从而必共面.

几何意义:将自由向量 $\boldsymbol{a},\boldsymbol{b},\boldsymbol{c}$ 平行移动到一个起点,$\boldsymbol{a}-\boldsymbol{b},\boldsymbol{b}-\boldsymbol{c},\boldsymbol{c}-\boldsymbol{a}$ 分别是连接 $\boldsymbol{a},\boldsymbol{b},\boldsymbol{c}$ 三个向量的终点而得

图 3.2

到的三个向量.

答案 （A）.

评注 该题属于利用向量运算证明（确定）向量位置关系.讨论三个向量共面（或四点共面）常用方法：

(1) 讨论其中一个向量可由其余两个向量线性表出.若有 $a=\lambda b+\mu c$，则 a,b,c 共面.

(2) 讨论三个向量的混合积.若有 $[a\ b\ c]=0$，则 a,b,c 共面.反之亦成立.

四点共面的问题可以从一点向其他三点引三个向量转化为三个向量共面的问题.

讨论两个向量平行（或共线）常用方法：

(1) 讨论两个向量是否可表示为 $a=\lambda b$.若满足 $a=\lambda b$，则 $a/\!/b$；

(2) 讨论两个向量对应坐标是否成比例.若对应坐标成比例，则两个向量平行；

(3) 讨论两个向量的外积.若满足 $a\times b=0$，则 $a/\!/b$.

以上三点反之亦成立.

例 4 平面 $\pi_1:x+2y-4z+1=0$ 与平面 $\pi_2:-\dfrac{1}{4}x-\dfrac{1}{2}y+z+1=0$ 的位置关系（　　）.

(A) 相交但不垂直　　　　　　(B) 垂直

(C) 平行　　　　　　　　　　(D) 重合

分析 利用平面与平面的位置关系可得正确答案.

答案 （C）.

例 5 下列各点在平面 $\pi:x+2y-3z+4=0$ 的同侧的是（　　　）.

(A) $(0,0,0),(2,0,2)$　　　　　　(B) $(1,0,-2),(1,3,0)$

(C) $(1,1,4),(1,0,-2)$　　　　　　(D) $(0,0,4),(-1,0,1)$

分析 令 $F(x,y,z)=x+2y-3z+4$，若点 (x_0,y_0,z_0) 使得 $F(x_0,y_0,z_0)=0$，则该点在平面上.若两个点的坐标使得 $F(x,y,z)$ 同号，则这两点就在平面的同侧.

答案 （B）.

例 6 已知直线 $l:\begin{cases}x+3y+2z+1=0,\\ 2x-y-10z+3=0\end{cases}$ 及平面 $\pi:2x+13y+18z+1=0$，则直线 l（　　）.

(A) 垂直于 π　　　　　　(B) 平行于 π

(C) 在 π 上　　　　　　　(D) 与 π 斜交.

分析 利用直线与平面的位置关系可得正确答案.

解法 1 在 l 上任求一点，令 $z=0$，得 l 上点 $\left(-\dfrac{10}{7},\dfrac{1}{7},0\right)$，该点满足 π 的方程；再找另一点，如令 $y=0$，得 l 上点 $\left(-\dfrac{8}{7},0,\dfrac{1}{14}\right)$，此点也在 π 上，故直线 l 在 π 上.

解法 2 用 l 的方程组中第一个方程的 4 倍，减第二个方程，即得 π 的方程，可见直线 l 在 π 上.

解法 3 将 l 化为标准式方程，得

$$\frac{x+\frac{10}{7}}{4}=\frac{y-\frac{1}{7}}{-2}=\frac{z}{1},$$

直线的方向向量与平面的法向量的内积 $(4,-2,1)\cdot(2,13,18)=0$. 所以直线 l 平行于 π 或在 π 上, 而点 $\left(-\frac{8}{7},0,\frac{1}{14}\right)$ 在 π 上, 故直线 l 在 π 上.

答案 (C).

评注 (1) 解法 2 利用了过直线的平面束方程. 解法 3 是常规解法, 通过法向量和方向向量来确定直线与平面的位置关系.

(2) 直线、平面之间的位置关系 (平面与平面、直线与直线、平面与直线), 主要是讨论平面的法向量和直线的方向向量之间的位置关系. 其中, 特别要注意: 直线和平面平行相当于直线的方向向量和平面的法向量垂直; 直线和平面垂直相当于直线的方向向量和平面的法向量平行.

(二) 解答题

例 1 已知起点为原点的单位向量 $\overrightarrow{OP}$ 与 z 轴夹角为 $30°$, 另两个方向角相等, 求 P 的坐标.

分析 根据方向余弦的性质 $\cos^2\alpha+\cos^2\beta+\cos^2\gamma=1$ 可以求得另两个方向角, 进而可知向量的坐标, 再结合起点为原点的向量的坐标即为该向量的终点坐标可解本题.

解 设 P 点的坐标为 (x,y,z), 方向角为 α,β,γ, 由于 $\alpha=\beta,\gamma=30°$, 故有

$$2\cos^2\alpha+\frac{3}{4}=1, \quad \cos\alpha=\cos\beta=\pm\frac{\sqrt{2}}{4}.$$

因为 $\|\overrightarrow{OP}\|=1,\overrightarrow{OP}=(x,y,z)$, 所以

$$x=1\times\cos\alpha=\pm\frac{\sqrt{2}}{4}, \quad y=x, \quad z=1\times\cos\gamma=\frac{\sqrt{3}}{2},$$

从而 P 的坐标为 $\left(\frac{\sqrt{2}}{4},\frac{\sqrt{2}}{4},\frac{\sqrt{3}}{2}\right)$ 或 $\left(-\frac{\sqrt{2}}{4},-\frac{\sqrt{2}}{4},\frac{\sqrt{3}}{2}\right)$.

例 2 设向量 a,b,c 满足 $a+b+c=0$, $\|a\|=3$, $\|b\|=5$, $\|c\|=7$, 求向量 a 与 b 的夹角.

分析 可通过向量的内积计算两向量夹角的余弦, 进而求得其夹角; 也可借助向量的几何意义直接求得夹角余弦. 又由 $a+b+c=0$, 可知向量 a,b,c 首尾相接, 构成一个三角形.

解法 1 因为 $a+b+c=0$, 所以 $c=-(a+b)$, 从而 $\|c\|^2=\|a+b\|^2$. 由于
$$\|a+b\|^2=(a+b)\cdot(a+b)=\|a\|^2+\|b\|^2+2a\cdot b,$$
于是

$$\|a\|^2+\|b\|^2+2a\cdot b=\|c\|^2,$$

即有

$$a\cdot b=\frac{1}{2}(\|c\|^2-\|a\|^2-\|b\|^2)=\frac{15}{2}.$$

由 $\cos\langle a, b\rangle = \dfrac{a \cdot b}{\|a\| \|b\|} = \dfrac{1}{2}$，得 $\langle a, b\rangle = \dfrac{\pi}{3}$.

解法 2　由 $a+b+c=0$ 及 $\|a\|$，$\|b\|$，$\|c\|$ 的关系，可知向量 a，b，c 首尾相接，即构成一个三角形，由余弦定理

$$\cos\langle a, b\rangle = \frac{\|c\|^2 - \|a\|^2 - \|b\|^2}{2\|a\|\|b\|} = \frac{1}{2},$$

故有 $\langle a, b\rangle = \dfrac{\pi}{3}$.

例 3　已知向量 a 垂直于向量 $b=(1,2,1)$ 和 $c=(-1,1,1)$，并满足 $a \cdot (i-2j+k)=8$. 求向量 a 以及平行于向量 a 的单位向量 e.

分析　根据 $a \perp b \Leftrightarrow a \cdot b = 0$，由题设有 $a \cdot b = 0$，$a \cdot c = 0$，再加上题设条件 $a \cdot (i-2j+k)=8$，联立三个方程解出 a 的三个未知分量，求得 a.

另一个思路是：因为向量 a 同时和 b，c 垂直，所以 a 和 $b \times c$ 平行. 再利用第三个条件求得 a.

解法 1　设 $a=(x,y,z)$，由题设可得

$$\begin{cases} a \cdot b = 0, \\ a \cdot c = 0, \\ a \cdot (i-2j+k) = 8. \end{cases}$$

于是

$$\begin{cases} x+2y+z=0, \\ -x+y+z=0, \\ x-2y+z=8. \end{cases}$$

解得 $x=1$，$y=-2$，$z=3$，所以 $a=(1,-2,3)$，平行于向量 a 的单位向量

$$e = \pm\frac{a}{\|a\|} = \pm\left(\frac{1}{\sqrt{14}}, -\frac{2}{\sqrt{14}}, \frac{3}{\sqrt{14}}\right).$$

解法 2　由于

$$b \times c = \begin{vmatrix} i & j & k \\ 1 & 2 & 1 \\ -1 & 1 & 1 \end{vmatrix} = (1,-2,3),$$

而向量 a 和 b，c 垂直，所以 a 和 $b \times c$ 平行，可设 $a = k(1,-2,3)$.

由条件 $a \cdot (i-2j+k)=8$，可得 $k=1$. 所以 $a=(1,-2,3)$，平行于向量 a 的单位向量

$$e = \pm\frac{a}{\|a\|} = \pm\left(\frac{1}{\sqrt{14}}, -\frac{2}{\sqrt{14}}, \frac{3}{\sqrt{14}}\right).$$

评注　平行于某一向量的单位向量有两个：一个同向，一个反向.

例 4　已知 $\|a\|=2$，$\|b\|=\sqrt{2}$，$a \cdot b = 2$，求 $\|a \times b\|$.

分析　根据内积、外积的计算公式进行求解.

解法 1　由于 $a \cdot b = \|a\| \|b\| \cos\langle a, b\rangle$，则

$$\cos\langle a, b\rangle = \frac{a \cdot b}{\|a\| \|b\|} = \frac{2}{2\sqrt{2}} = \frac{1}{\sqrt{2}}.$$

故 $\langle a,b\rangle=\dfrac{\pi}{4}$. 可得,

$$\|a\times b\|=\|a\|\|b\|\sin\langle a,b\rangle=2\sqrt 2\times\dfrac{1}{\sqrt 2}=2.$$

解法 2 由于 $a\cdot b=\|a\|\|b\|\cos\langle a,b\rangle$, $\|a\times b\|=\|a\|\|b\|\sin\langle a,b\rangle$, 则
$$\|a\times b\|^2+(a\cdot b)^2=\|a\|^2\|b\|^2,$$

从而
$$\|a\times b\|^2=\|a\|^2\|b\|^2-(a\cdot b)^2=8-4=4,$$

所以 $\|a\times b\|=2$.

例 5 化简 $[(3a-b+c)\times(b+c)]\cdot(a+b-2c)$.

分析 混合积的化简一般有两种方法:

(1) 利用内积、外积的运算律和性质进行化简. 需注意到 $a\times a=0$, 且 $a\times b$ 与 a,b 均垂直, 所以 $(a\times b)\cdot a=0$, $(a\times b)\cdot b=0$.

(2) 利用混合积的计算公式, 将混合积的问题转化为行列式的问题. 不妨假设 a,b,c 均为列向量, 则
$$(a\times b)\cdot c=[a\ b\ c]=|(a,b,c)|.$$

解法 1 原式 $=(3a\times b+3a\times c-2b\times c)\cdot(a+b-2c)$
$$=-6[a\ b\ c]+3[a\ c\ b]-2[b\ c\ a]$$
$$=-6[a\ b\ c]-3[a\ b\ c]-2[a\ b\ c]$$
$$=-11[a\ b\ c].$$

解法 2 不妨假设 a,b,c 为列向量, 由分块矩阵乘法可知
$$(3a-b+c,b+c,a+b-2c)=(a,b,c)\begin{pmatrix}3&0&1\\-1&1&1\\1&1&-2\end{pmatrix}.$$

进而根据混合积的计算公式, 可得
$$[(3a-b+c)\times(b+c)]\cdot(a+b-2c)=|(3a-b+c,b+c,a+b-2c)|$$
$$=|(a,b,c)|\begin{vmatrix}3&0&1\\-1&1&1\\1&1&-2\end{vmatrix}=-11[a\ b\ c].$$

评注 解法 2 更具有一般性且简单不易出错.

例 6 求与 $A(3,5,-2)$, $B(1,-1,4)$ 两点距离相等的点的轨迹.

分析 设所求轨迹上任一点为 (x,y,z), 再运用向量"翻译"几何性质, 得到关于 x,y,z 的方程 $F(x,y,z)=0$ 即可. 也可根据几何性质确定出所求轨迹为 A,B 两点的垂直平分面, 利用平面的点法式方程求解.

解法 1 设 $M(x,y,z)$ 为轨迹上任一点, 则 $\|\overrightarrow{MA}\|=\|\overrightarrow{MB}\|$, 故
$$(x-3)^2+(y-5)^2+(z+2)^2=(x-1)^2+(y+1)^2+(z-4)^2,$$
化简可得所求轨迹
$$x+3y-3z-5=0.$$

解法 2 所求轨迹为 A,B 两点的垂直平分面, 此平面过 AB 的中点, 且以 $\overrightarrow{AB}$ 为

法向量.而 AB 的中点坐标为 $M_0(2,2,1),\overrightarrow{BA}=(2,6,-6)$,则所求平面方程为
$$(x-2)+3(y-2)-3(z-1)=0,$$
即 $x+3y-3z-5=0.$

例 7 设点 $A(-1,3,2),B(0,1,-1),C(2,0,1),M$ 为空间一点,已知四面体 $M-ABC$ 的体积为 2,求 M 点的轨迹方程.

分析 与例 6 的解法 1 相同.

解 向量 $\overrightarrow{AB},\overrightarrow{AC},\overrightarrow{AM}$ 的混合积等于以 $\overrightarrow{AB},\overrightarrow{AC},\overrightarrow{AM}$ 为棱的平行六面体的体积,即为四面体体积的六倍.

设 $M(x,y,z)$,则 $\overrightarrow{AB}=(1,-2,-3),\overrightarrow{AC}=(3,-3,-1),\overrightarrow{AM}=(x+1,y-3,z-2)$,从而有
$$|[\overrightarrow{AB}\quad\overrightarrow{AC}\quad\overrightarrow{AM}]|=|-7x-8y+3z+11|=12,$$
故 M 点的轨迹为
$$7x+8y-3z+1=0\quad\text{或}\quad 7x+8y-3z-23=0.$$

评注 确定平面方程的几种方式:

(1) 根据平面方程的定义.设出平面上任一点的坐标,通过几何性质来确定坐标所满足的方程.

(2) 利用平面方程的点法式.通过题设条件确定平面上的一个点以及平面法向量.

(3) 利用一般式和截距式.先写出含参数的平面方程,再通过题设条件确定参数的值.

例 8 根据所给条件,确定下列平面方程:

(1) 过点 $M_0(4,-1,1)$ 且与平面 $2x-7y+4z+1=0$ 平行;

(2) 过三点 $A(4,3,2),B(1,1,1),C(2,3,4)$;

(3) 过点 $M_0(0,-2,3)$ 且与直线 $\dfrac{x+3}{1}=\dfrac{y-5}{3}=\dfrac{z}{1}$ 垂直.

分析 确定平面的法向量,利用平面的点法式方程求解.

解 (1) 所求平面与已知平面平行,则两平面具有相同的法向量,设所求平面方程为
$$2x-7y+4z+D=0,$$
将 $M_0(4,-1,1)$ 代入方程得 $D=-19$,故所求平面方程为
$$2x-7y+4z-19=0.$$

(2) **解法 1** 由题设有 $\overrightarrow{BA}=(3,2,1),\overrightarrow{BC}=(1,2,3)$,所求平面的法向量与 $\overrightarrow{BA},\overrightarrow{BC}$ 都垂直.而 $\overrightarrow{BA}\times\overrightarrow{BC}=4(1,-2,1)$,则可取 $\boldsymbol{n}=(1,-2,1)$,所求平面方程为
$$(x-1)-2(y-1)+(z-1)=0,$$
即 $x-2y+z=0.$

解法 2 在平面内任取一点 $M(x,y,z)$,则 $\overrightarrow{BM},\overrightarrow{BA},\overrightarrow{BC}$ 三个向量共面,故它们的混合积 $[\overrightarrow{BM}\quad\overrightarrow{BA}\quad\overrightarrow{BC}]=0$,即
$$\begin{vmatrix} x-1 & y-1 & z-1 \\ 3 & 2 & 1 \\ 1 & 2 & 3 \end{vmatrix}=0,$$

此式为平面的三点式方程,化简后得平面方程为 $x-2y+z=0$.

（3）平面与直线垂直,则平面的法向量即为直线的方向向量,故 $\boldsymbol{n}=(1,3,1)$,所求平面方程为 $(x-0)+3(y+2)+(z-3)=0$,即 $x+3y+z+3=0$.

评注 平面的法向量是平面的一个非常重要的量.应该注意到,一个平面的法向量是不唯一的,与平面垂直的任意非零向量均可作为该平面的法向量.如果题设条件中有与所求平面垂直的向量,则可直接用作法向量,一般还可通过两个与平面平行的向量的外积等方法来确定法向量.

例 9 一平面过点 $M_0(2,1,-1)$,且在 x 轴和 y 轴上截距分别为 2 和 1,求平面方程.

分析 可利用平面的截距式方程、一般式方程、点法式方程求解.

解法 1 设平面的截距方程为

$$\frac{x}{2}+\frac{y}{1}+\frac{z}{c}=1.$$

因平面过点 $M_0(2,1,-1)$,将点 M_0 的坐标代入平面方程得

$$\frac{2}{2}+\frac{1}{1}+\frac{-1}{c}=1,$$

解得 $c=1$,故所求平面方程为 $\frac{x}{2}+y+z=1$.

解法 2 设平面的一般式方程为 $Ax+By+Cz+D=0$,将平面上三点坐标 $(2,1,-1),(2,0,0),(0,1,0)$ 代入方程,得

$$\begin{cases}2A+B-C+D=0,\\2A+D=0,\\B+D=0,\end{cases}\quad\text{解得}\quad\begin{cases}A=-\dfrac{1}{2}D,\\B=-D,\\C=-D,\end{cases}$$

故所求平面方程为 $x+2y+2z-2=0$.

解法 3 因为点 $A(2,0,0),B(0,1,0),C(2,1,-1)$ 在所求平面上,所以可取平面法向量

$$\boldsymbol{n}=\overrightarrow{AB}\times\overrightarrow{AC}=\begin{vmatrix}\boldsymbol{i}&\boldsymbol{j}&\boldsymbol{k}\\-2&1&0\\0&1&-1\end{vmatrix}=(-1,-2,-2),$$

故所求平面方程为 $(x-2)+2y+2z=0$,即 $x+2y+2z-2=0$.

例 10 求平行于 y 轴且过点 $M_1(1,-5,1)$ 及 $M_2(3,2,-2)$ 的平面方程.

分析 利用平面的一般式方程和点法式方程求解.

解法 1 由于平面平行于 y 轴,故设所求的平面方程为 $Ax+Cz+D=0$.又点 M_1,M_2 在所求的平面上,从而有

$$\begin{cases}A+C+D=0,\\3A-2C+D=0.\end{cases}$$

解之得 $A=-\dfrac{3}{5}D,C=-\dfrac{2}{5}D$.于是所求的平面方程为 $3x+2z-5=0$.

解法 2 $\overrightarrow{M_1M_2}=(2,7,-3)$.在 y 轴上取一向量 $\boldsymbol{a}=(0,1,0)$,由于所求的平面平

行于 y 轴,从而此平面的法向量 n 垂直于 y 轴,即是 $n \perp a$.

又因为向量 $\overrightarrow{M_1M_2}$ 在所求平面上,所以 $n \perp \overrightarrow{M_1M_2}$. 于是所求的平面法向量可取为

$$n = \overrightarrow{M_1M_2} \times a = \begin{vmatrix} i & j & k \\ 2 & 7 & -3 \\ 0 & 1 & 0 \end{vmatrix} = (3, 0, 2).$$

故所求的平面方程为 $3(x-1)+0(y+5)+2(z-1)=0$,即 $3x+2z-5=0$.

例 11 求过点 $(4,-1,3)$ 且平行于直线 $\dfrac{x-3}{2}=y=\dfrac{z-1}{5}$ 的直线方程.

分析 利用直线的点向式方程求解,只需确定所求直线的方向向量即可.

解 所求直线与已知直线平行,则它们的方向向量也平行,故所求直线的方向向量可取为 $s=(2,1,5)$,于是所求直线方程为

$$\frac{x-4}{2}=\frac{y+1}{1}=\frac{z-3}{5}.$$

评注 直线的方向向量是直线的一个非常重要的量.方向向量之于直线就如同法向量之于平面.因此,根据题设条件有效地确定出直线的方向向量就显得尤为重要.

例 12 一直线 l 过点 $M_0(-2,0,3)$ 与直线 $l_1: \dfrac{x-1}{-2}=\dfrac{y+2}{1}=\dfrac{z-2}{1}$ 相交且与另一直线 $l_2: \dfrac{x}{2}=\dfrac{y-5}{4}=\dfrac{z+3}{-1}$ 垂直,求直线 l 的方程.

分析 可用直线的点向式方程或一般式方程求解.用点向式方程,需要确定直线的方向向量.求出直线 l 与 l_1 的交点 M,可得直线 l 的方向向量 $s=\overrightarrow{M_0M}$.用一般式方程,需要确定过直线 l 的两个相交平面.其中一个平面是过点 M_0 且与直线 l_2 垂直的平面,另一个平面是由相交直线 l 与 l_1 所确定的平面.

解法 1 设 l 与 l_1 的交点为 M,M 可用 l_1 的参数表示为 $(-2t+1, t-2, t+2)$.又直线 l_2 的方向向量为 $s_2=(2,4,-1)$,则 $\overrightarrow{M_0M} \perp s_2$,即

$$(-2t+3, t-2, t-1) \cdot (2,4,-1) = 0,$$

得 $t=-1$,所以 M 的坐标为 $(3,-3,1)$.

l 过 M_0 与 M,取方向向量 $s=\overrightarrow{M_0M}=(5,-3,-2)$,由直线的点向式方程得

$$l: \frac{x+2}{5}=\frac{y}{-3}=\frac{z-3}{-2}.$$

解法 2 设过 M_0 且与 l_2 垂直的平面方程为 π_1,则 π_1 的法向量即为 l_2 的方向向量,利用平面的点法式方程,π_1 的方程为 $2x+4y-z+7=0$.

l 在 π_1 上,l 与 l_1 的交点 M 即为 l_1 与 π_1 的交点,将 l_1 的参数方程代入平面 π_1 得

$$2(-2t+1)+4(t-2)-(t+2)+7=0,$$

解得 $t=-1$.可得 M 的坐标为 $M(3,-3,1)$.

l 过 M_0 与 M,取方向向量 $s=\overrightarrow{M_0M}=(5,-3,-2)$,由点向式方程得

$$l: \frac{x+2}{5}=\frac{y}{-3}=\frac{z-3}{-2}.$$

解法 3 在解法 2 中知 l 在 π_1 上,同时 l 也在过 M_0 及直线 l_1 的平面 π_2 上,将 l_1

化为一般式
$$\begin{cases} x+2y+3=0, \\ y-z+4=0. \end{cases}$$

利用平面束方程,过 l_1 的任一平面方程为
$$(x+2y+3)+\lambda(y-z+4)=0.$$

将 M_0 代入得 $\lambda=-1$,故 π_2 的方程为 $x+y+z-1=0$.

l 为 π_1 与 π_2 的交线,则
$$l:\begin{cases} x+y+z-1=0, \\ 2x+4y-z+7=0. \end{cases}$$

例 13 在平面 $\pi:2x-3y-3z+4=0$ 内求一直线 l,使其过 l_0 与 π 的交点 M_0,且 $l\perp l_0$,其中
$$l_0:\begin{cases} x-2y-z+7=0, \\ 3x+y+2z-1=0. \end{cases}$$

分析 用直线的点向式方程. 由于直线 l 在平面 π 内且 $l\perp l_0$,所以直线 l 的方向向量 $\boldsymbol{s}$ 与平面 π 的法向量 $\boldsymbol{n}$,直线 l_0 的方向向量 $\boldsymbol{s}_0$ 都垂直,故可取 $\boldsymbol{s}=\boldsymbol{n}\times\boldsymbol{s}_0$.也可利用直线的一般式方程求解,需确定直线 l 所在的另一平面,即过点 M_0 且垂直于 l_0 的平面.

解法 1 l_0 与 π 的交点 $M_0(x,y,z)$ 满足
$$\begin{cases} x-2y-z+7=0, \\ 3x+y+2z-1=0, \\ 2x-3y-3z+4=0, \end{cases}$$

解得 $M_0(1,6,-4)$.又平面 π 的法向量 $\boldsymbol{n}=(2,-3,-3)$,直线 l_0 的方向向量
$$\boldsymbol{s}_0=(3,1,2)\times(1,-2,-1)=(3,5,-7),$$

而所求直线 l 的方向向量 $\boldsymbol{s}$ 与 $\boldsymbol{n},\boldsymbol{s}_0$ 都垂直,故 $\boldsymbol{s}=\boldsymbol{n}\times\boldsymbol{s}_0=(2,-3,-3)\times(3,5,-7)$,即 $\boldsymbol{s}=(36,5,19)$,所以 l 的方程为
$$\frac{x-1}{36}=\frac{y-6}{5}=\frac{z+4}{19}.$$

解法 2 过 M_0 且与 l_0 垂直的平面的法向量为 $(3,5,-7)$,故该平面方程为
$$3x+5y-7z-61=0.$$

直线 l 应落在该平面上,l 即为该平面与平面 π 的交线. 故 l 的方程为
$$\begin{cases} 2x-3y-3z+4=0, \\ 3x+5y-7z-61=0. \end{cases}$$

例 14 求过点 $A(-3,0,1)$ 且平行于平面 $\pi_1:3x-4y-z+5=0$,又与直线 $l_1:\dfrac{x}{2}=\dfrac{y-1}{1}=\dfrac{z+1}{-1}$ 相交的直线 l 的方程.

分析 用点向式方程,确定出直线的方向向量;或者用一般式方程,即先求出过 l 的两个平面,再将这两个平面方程联立便得 l 的方程.

解法 1 因为直线 l 平行于平面 π_1,所以直线 l 的方向向量 $\boldsymbol{s}=(m,n,p)$ 垂直于

平面 π_1 的法向量 $\boldsymbol{n}=(3,-4,-1)$, 从而得
$$3m-4n-p=0. \tag{3-1}$$
又直线 l_1 的方向向量为 $\boldsymbol{s}_1=(2,1,-1)$, $B(0,1,-1)$ 是直线 l_1 上的点, $A(-3,0,1)$ 是直线 l 上的点, 根据题设, 直线 l 与 l_1 相交, 故 $\boldsymbol{s},\boldsymbol{s}_1$ 及 $\overrightarrow{AB}$ 共面, 因此,
$$\begin{vmatrix} m & n & p \\ 2 & 1 & -1 \\ 3 & 1 & -2 \end{vmatrix}=0,$$
即
$$-m+n-p=0. \tag{3-2}$$
将 (3-1) 式和 (3-2) 式联立解得 $m=-5p,n=-4p$.

故直线 l 的方向向量 $\boldsymbol{s}$ 可取为 $(-5,-4,1)$. 于是所求直线方程为
$$\frac{x+3}{-5}=\frac{y}{-4}=\frac{z-1}{1}.$$

解法 2 直线 l 在过点 A 且平行于平面 π_1 的平面 π_2 上. 平面 π_2 的方程为
$$3(x+3)-4(y-0)-(z-1)=0,$$
即 $3x-4y-z+10=0$.

直线 l 又在过点 A 及直线 l_1 的平面 π_3 上, $B(0,1,-1)$ 是直线 l_1 上的点, $\boldsymbol{s}_1=(2,1,-1)$ 是直线 l_1 的方向向量, 则平面 π_3 的法向量可取为
$$\boldsymbol{s}_1\times\overrightarrow{AB}=\begin{vmatrix} \boldsymbol{i} & \boldsymbol{j} & \boldsymbol{k} \\ 2 & 1 & -1 \\ 3 & 1 & -2 \end{vmatrix}=(-1,1,-1),$$
平面 π_3 的方程为
$$(x+3)-(y-0)+(z-1)=0,$$
即 $x-y+z+2=0$.

于是所求直线方程为
$$\begin{cases} 3x-4y-z+10=0, \\ x-y+z+2=0. \end{cases}$$

解法 3 也可利用平面束方程来求过点 A 及直线 l_1 的平面 π_3.

直线 l_1 的一般方程为
$$\begin{cases} x-2y+2=0, \\ x+2z+2=0, \end{cases}$$
因此, 过直线 l_1 的任一平面方程可设为 $\lambda(x-2y+2)+(x+2z+2)=0$.

又平面 π_3 过点 $A(-3,0,1)$, 代入上述方程可得 $\lambda=1$, 进而可得平面 π_3 的方程为
$$x-y+z+2=0.$$

于是, 结合解法 2 中平面 π_2 的方程, 可知所求直线方程为
$$\begin{cases} 3x-4y-z+10=0, \\ x-y+z+2=0. \end{cases}$$

例 15 求直线 $\dfrac{x-1}{2}=\dfrac{y-1}{3}=\dfrac{z}{2}$ 与平面 $x-y+z=0$ 的夹角.

分析 根据直线与平面的夹角公式求解.

解 直线的方向向量 $s=(2,3,2)$,平面的法向量 $n=(1,-1,1)$.设直线与平面的夹角为 θ,则

$$\sin\theta=\frac{|s\cdot n|}{\|s\|\|n\|}=\frac{2\times1+3\times(-1)+2\times1}{\sqrt{2^2+3^2+2^2}\sqrt{1^2+(-1)^2+1^2}}=\frac{1}{\sqrt{51}},$$

故 $\theta=\arcsin\dfrac{1}{\sqrt{51}}$.

例 16 确定参数 λ,使直线 l_1 与 l_2 相交,其中

$$l_1:\frac{x-5}{3}=\frac{y+1}{-1}=\frac{z-3}{2},\quad l_2:\frac{x}{1}=\frac{y+2}{-3}=\frac{z+2}{\lambda}.$$

分析 有两种思路:一是由两直线相交则共面,利用向量共面的性质来确定参数;二是由直线相交则它们的方程联立应有唯一解,可通过方程组解的讨论来确定参数.

解法 1 在 l_1 与 l_2 上分别取一点 $M_1(5,-1,3)$,$M_2(0,-2,-2)$, 直线 l_1 与 l_2 的方向向量分别为 $s_1=(3,-1,2)$,$s_2=(1,-3,\lambda)$.要使 l_1 与 l_2 相交,则 $s_1,s_2,\overrightarrow{M_1M_2}$共面,故

$$[s_1\ s_2\ \overrightarrow{M_1M_2}]=\begin{vmatrix} 3 & -1 & 2 \\ 1 & -3 & \lambda \\ -5 & -1 & -5 \end{vmatrix}=8\lambda+8=0,$$

解得 $\lambda=-1$.

解法 2 将 l_1 与 l_2 化为一般式方程

$$l_1:\begin{cases} x+3y-2=0, \\ 2y+z-1=0, \end{cases}\quad l_2:\begin{cases} y+3x+2=0, \\ \lambda y+3z+2\lambda+6=0, \end{cases}$$

联立前三个方程,

$$\begin{cases} x+3y-2=0, \\ 2y+z-1=0, \\ y+3x+2=0, \end{cases}$$

解得 $x=-1,y=1,z=-1$.代入第四个方程,得 $\lambda=-1$.

例 17 一光线沿直线 $l:\dfrac{x+3}{5}=\dfrac{y-1}{1}=\dfrac{z-4}{3}$ 入射,经平面 $\pi:2x-y-z+5=0$ 反射,求反射光线的方程 l_1.

分析 用直线的点向式方程求解,需确定反射光线的方向向量. 在反射光线所在直线上找两个不同的点:直线 l 与平面 π 的交点以及 l 上的任意一点(比如 $M(-3,1,4)$)关于平面 π 的对称点,也可根据入射光线与反射光线的几何性质直接确定.

解法 1 设直线 l 与平面 π 的交点为 N,如能求出 l 上的点 $M(-3,1,4)$ 关于平面 π 的对称点 M_1,则 $\overrightarrow{M_1N}$ 即为 l_1 的方向向量.

过 M 垂直于 π 的直线参数方程为

$$x=2t-3,y=-t+1,z=-t+4,$$

将此参数方程代入平面 π,得 $t=1$,即 M 在平面 π 上的投影点为 $(-1,0,3)$,此点为 M 与 M_1 连线的中点,故 M_1 的坐标为 $(1,-1,2)$.

将 l 的参数方程

$$x=5t-3, y=t+1, z=3t+4$$

代入平面 π 得 $t=1$. 于是 l 与 π 的交点为 $N(2,2,7)$,则 $\overrightarrow{M_1 N}=(1,3,5)$,故反射光线方程为

$$\frac{x-2}{1}=\frac{y-2}{3}=\frac{z-7}{5}.$$

解法 2 记直线 l, l_1 的方向向量分别为 $\boldsymbol{s}, \boldsymbol{s}_1$,平面 π 的法向量为 $\boldsymbol{n}$. 因为 $\boldsymbol{s}, \boldsymbol{s}_1, \boldsymbol{n}$ 共面,且 $\boldsymbol{n}$ 与 $\boldsymbol{s}, \boldsymbol{s}_1$ 的夹角相等,即 $\boldsymbol{n}$ 在 $\boldsymbol{s}$ 与 $\boldsymbol{s}_1$ 的夹角平分线上,如果取 $\|\boldsymbol{s}_1\|=\|\boldsymbol{s}\|$,则 $(\boldsymbol{s}+\boldsymbol{s}_1)/\!/\boldsymbol{n}$,设 $\boldsymbol{s}_1=(m,n,p)$,而 $\boldsymbol{s}=(5,1,3), \boldsymbol{n}=(2,-1,-1)$,则

$$\begin{cases} m^2+n^2+p^2=35, \\ \dfrac{5+m}{2}=\dfrac{1+n}{-1}=\dfrac{3+p}{-1}, \end{cases}$$

解得 $(m,n,p)=(-1,-3,-5)$.

由解法 1 知道,l 与 π 的交点为 $N(2,2,7)$,故反射光线的方程 l_1 为

$$\frac{x-2}{1}=\frac{y-2}{3}=\frac{z-7}{5}.$$

解法 3 需用到镜面反射矩阵 $\boldsymbol{H}=\boldsymbol{I}-2\boldsymbol{u}\boldsymbol{u}^{\mathrm{T}}$,其中 $\boldsymbol{u}$ 是平面 π 的单位法向量,则反射光线的方向向量 $\boldsymbol{s}_1$ 可通过矩阵 $\boldsymbol{H}$ 和入射光线的方向向量 $\boldsymbol{s}$ 来得到,即 $\boldsymbol{s}_1=\boldsymbol{H}\boldsymbol{s}$.

平面 π 的法向量为 $\boldsymbol{n}=(2,-1,-1)^{\mathrm{T}}$,单位化可得 $\boldsymbol{u}=\dfrac{1}{\sqrt{6}}\boldsymbol{n}$.因此镜面反射矩阵为

$$\boldsymbol{H}=\boldsymbol{I}-2\boldsymbol{u}\boldsymbol{u}^{\mathrm{T}}=\frac{1}{3}\begin{pmatrix} -1 & 2 & 2 \\ 2 & 2 & -1 \\ 2 & -1 & 2 \end{pmatrix}.$$

通过计算可得反射光线的方向向量

$$\boldsymbol{s}_1=\boldsymbol{H}\boldsymbol{s}=\frac{1}{3}\begin{pmatrix} -1 & 2 & 2 \\ 2 & 2 & -1 \\ 2 & -1 & 2 \end{pmatrix}\begin{pmatrix} 5 \\ 1 \\ 3 \end{pmatrix}=\begin{pmatrix} 1 \\ 3 \\ 5 \end{pmatrix}.$$

由解法 1 知道,l 与 π 的交点为 $N(2,2,7)$,故反射光线的方程 l_1 为

$$\frac{x-2}{1}=\frac{y-2}{3}=\frac{z-7}{5}.$$

评注 解法 3 用到了镜面反射矩阵,也称为豪斯霍尔德矩阵(Householder matrix).

例 18 已知直线 $l_1: \dfrac{x-1}{1}=\dfrac{y-2}{0}=\dfrac{z-3}{-1}$ 与 $l_2: \dfrac{x+2}{2}=\dfrac{y-1}{1}=\dfrac{z}{1}$.

(1) 判断 l_1 与 l_2 的位置关系;(2) 求过 l_1 且平行于 l_2 的平面方程.

分析 可根据直线与直线的位置关系进行判定.

解 (1) 在 l_1 上取点 $A(1,2,3)$,l_2 上取点 $B(-2,1,0)$,从而 $\overrightarrow{BA}=(3,1,3)$,又 l_1 的方向向量 $\boldsymbol{s}_1=(1,0,-1)$,$l_2$ 的方向向量 $\boldsymbol{s}_2=(2,1,1)$,则混合积为

$$\begin{bmatrix} \boldsymbol{s}_1 & \boldsymbol{s}_2 & \overrightarrow{BA} \end{bmatrix}=\begin{vmatrix} 1 & 0 & -1 \\ 2 & 1 & 1 \\ 3 & 1 & 3 \end{vmatrix}=3\neq 0,$$

故 l_1 与 l_2 异面.

（2）所求平面的法向量

$$\boldsymbol{n} = \boldsymbol{s}_1 \times \boldsymbol{s}_2 = \begin{vmatrix} \boldsymbol{i} & \boldsymbol{j} & \boldsymbol{k} \\ 1 & 0 & -1 \\ 2 & 1 & 1 \end{vmatrix} = (1, -3, 1),$$

又平面过点 $A(1,2,3)$，故所求平面方程为

$$(x-1) - 3(y-2) + (z-3) = 0,$$

即 $x - 3y + z + 2 = 0$.

评注 两直线的位置关系的判定,我们可用这样的顺序(见图 3.3):

（1）先判定两直线是异面还是共面;

（2）若两直线共面,则判定是重合,平行还是相交;

（3）若两直线相交,则判定是否垂直.

图 3.3

例 19 过两个平面 $x + y - z = 0$, $x + 2y + z = 0$ 的交线,求作两个互相垂直的平面,其中一个平面过点 $A(0, -1, 1)$.

分析 利用平面束方程求解.

解 过两平面交线的平面束方程为 $(x + y - z) + \lambda(x + 2y + z) = 0$,即

$$(1+\lambda)x + (1+2\lambda)y + (-1+\lambda)z = 0.$$

因而过点 $A(0, -1, 1)$ 的平面应满足

$$-(1+2\lambda) + (-1+\lambda) = 0,$$

解得 $\lambda = -2$,于是过点 A 的平面方程为 $x + 3y + 3z = 0$.

因为另一平面与此平面垂直,所以有

$$(1+\lambda) + 3(1+2\lambda) + 3(-1+\lambda) = 0,$$

解得 $\lambda = -\dfrac{1}{10}$,于是另一平面的方程为 $9x + 8y - 11z = 0$.

评注 求过已知直线且满足另一约束条件的平面方程时,常利用平面束方程求解. 当直线方程由点向式给出时,也常用点法式来求平面方程.

例 20 过点 $M_0(-1, 1, -1)$ 在平面 $\pi_1 : x + z + 2 = 0$ 上求一直线 l,使 l 与平面 $\pi_2 : x - y - 1 = 0$ 成 $\dfrac{\pi}{4}$ 的角.

分析 利用直线的参数方程求解. 可设出方向向量,再根据题设条件确定所需参数.

解法 1 设 l 的方向向量 $\boldsymbol{s}=(m,n,p)$，l 的参数方程为

$$\begin{cases} x=mt-1, \\ y=nt+1, \\ z=pt-1. \end{cases}$$

l 在平面 π_1 上，其参数方程满足 π_1 的方程，即

$$mt-1+pt-1+2=0,$$

解得 $m+p=0$. 由 l 与 π_2 的夹角为 $\dfrac{\pi}{4}$，得

$$\sin\frac{\pi}{4}=\frac{|(1,-1,0)(m,n,p)^{\top}|}{\sqrt{1^2+(-1)^2+0^2}\sqrt{m^2+n^2+p^2}}$$

$$=\frac{|m-n|}{\sqrt{2}\sqrt{m^2+n^2+p^2}}=\frac{\sqrt{2}}{2},$$

因此得到方程组

$$\begin{cases} m+p=0, \\ |m-n|=\sqrt{m^2+n^2+p^2}. \end{cases}$$

由 $\boldsymbol{s}\neq 0$，解得 $m=0,p=0,n$ 任意（不为 0）或 $m=-2n,p=2n$，故所求直线方程为

$$\frac{x+1}{2}=\frac{y-1}{-1}=\frac{z+1}{-2} \quad 或 \quad \frac{x+1}{0}=\frac{y-1}{1}=\frac{z+1}{0}.$$

解法 2 由于 l 与平面 π_2 夹角为 $\dfrac{\pi}{4}$，则 l 与 π_2 有交点 M 且该点在 π_1 与 π_2 的交线上，即在直线 $\begin{cases} x+z+2=0, \\ x-y-1=0 \end{cases}$ 上，其参数方程为 $x=t,y=t-1,z=-t-2$.

设 M 为 $(t,t-1,-t-2)$，于是 $\overrightarrow{M_0M}=(t+1,t-2,-t-1)$. 又 $\overrightarrow{M_0M}$ 与 π_2 夹角为 $\dfrac{\pi}{4}$，π_2 的法向量为 $\boldsymbol{n}_2=(1,-1,0)$，则

$$\sin\frac{\pi}{4}=\frac{|\overrightarrow{M_0M}\cdot\boldsymbol{n}_2|}{\|\overrightarrow{M_0M}\|\,\|\boldsymbol{n}_2\|}=\frac{3}{\sqrt{2}\sqrt{3t^2+6}}=\frac{\sqrt{2}}{2},$$

解得 $t=\pm 1$. 因此 $\overrightarrow{M_0M}=(2,-1,-2)$ 或 $\overrightarrow{M_0M}=(0,-3,0)$，所求直线方程为

$$\frac{x+1}{2}=\frac{y-1}{-1}=\frac{z+1}{-2} \quad 或 \quad \frac{x+1}{0}=\frac{y-1}{1}=\frac{z+1}{0}.$$

例 21 平面 π 垂直于 $\pi_1:5x-y+3z-2=0$，且 π 与 π_1 的交线落在 xOy 平面上，求平面 π 的方程.

分析 利用平面束方程求解. 借助 π 与 π_1 垂直来确定平面束方程中的参数.

解 由题意，π 过 π_1 与 xOy 面的交线 l，从而 l 的方程为

$$\begin{cases} 5x-y+3z-2=0, \\ z=0, \end{cases}$$

由平面束方程知 π 的方程为

$$5x-y+3z-2+\lambda z=0,$$

即 $5x-y+(3+\lambda)z-2=0$. 又 π 与 π_1 垂直,得

$$25+1+9+3\lambda=0,$$

有 $\lambda=-\dfrac{35}{3}$. 故 π 的方程为

$$15x-3y-26z-6=0.$$

例 22 求过点 $(3,1,-2)$ 且通过直线 $\dfrac{x-4}{5}=\dfrac{y+3}{2}=\dfrac{z}{1}$ 的平面方程.

分析 用点法式或平面束方程来确定所求平面方程.

解法 1 用点法式方程. 直线的方向向量为 $s=(5,2,1)$. 点 $M_1(3,1,-2)$ 及 $M_2(4,-3,0)$ 在平面 π 内,故平面的法向量可取为

$$n=\overrightarrow{M_1M_2}\times s=\begin{vmatrix} i & j & k \\ 1 & -4 & 2 \\ 5 & 2 & 1 \end{vmatrix}=(-8,9,22),$$

所求平面方程为 $-8(x-3)+9(y-1)+22(z+2)=0$, 即

$$8x-9y-22z-59=0.$$

解法 2 用平面束方程. 将已知直线的点向式方程化为一般式方程

$$l:\begin{cases} x-5z-4=0, \\ y-2z+3=0, \end{cases}$$

则过 l 的平面束方程为

$$x-5z-4+\lambda(y-2z+3)=0.$$

将点 $(3,1,-2)$ 代入平面束方程得 $\lambda=-\dfrac{9}{8}$, 则所求的平面方程为

$$8x-9y-22z-59=0.$$

例 23 求通过直线 $l:\begin{cases} x+5y+z=0, \\ x-z+4=0, \end{cases}$ 且与平面 $\pi:x-4y-8z+12=0$ 的夹角为 $\dfrac{\pi}{4}$ 的平面方程.

分析 所求平面过已知直线,故而可用平面束方程求解. 利用直线 l 与平面 π 成一定的夹角这一条件来确定平面束方程中的参数即可.

解 设过直线 l 的平面束方程为 $(x-z+4)+\lambda(x+5y+z)=0$, 即

$$(\lambda+1)x+5\lambda y+(\lambda-1)z+4=0.$$

由该平面与平面 π 的夹角为 $\dfrac{\pi}{4}$, 有

$$\cos\frac{\pi}{4}=\frac{|(\lambda+1)+5\lambda\cdot(-4)+(\lambda-1)\cdot(-8)|}{\sqrt{1+16+64}\sqrt{(\lambda+1)^2+25\lambda^2+(\lambda-1)^2}}=\frac{|1-3\lambda|}{\sqrt{27\lambda^2+2}}.$$

解得 $\lambda_1=0,\lambda_2=-\dfrac{4}{3}$. 因此,所求平面为 $x-z+4=0$ 与 $x+20y+7z-12=0$.

评注 如果平面束方程设为 $x+5y+z+\lambda(x-z+4)=0$, 这时所得的结果只有 $x+20y+7z-12=0$, 缺解 $x-z+4=0$. 这是因为平面束 $x+5y+z+\lambda(x-z+4)=0$ 中并不包含 $x-z+4=0$, 而它现在恰恰也是解. 因此,应对平面束方程中所缺的平

面进行验证,看它是不是可能的解.

例 24 求原点关于平面 $6x+2y-9z+121=0$ 的对称点.

分析 根据对称点的几何性质,点与其对称点连线的中点就是该点在平面上的垂足,因此只需求得原点在平面上的垂足,利用中点公式即可求得对称点坐标.

解 过原点作与已知平面相垂直的直线,其参数方程是

$$\begin{cases} x=6t, \\ y=2t, \\ z=-9t. \end{cases}$$

代入平面方程得 $(36+4+81)t+121=0$,解得 $t=-1$.因此,$(-6,-2,9)$ 是所求点与原点连线的中点,故所求对称点为 $(-12,-4,18)$.

评注 在求给定点关于平面或直线的对称点时,先确定该点在平面或直线上的垂足,而垂足是给定点与其对称点连线的中点,利用中点公式即可求得对称点的坐标.

例 25 求点 $P_1(3,1,-4)$ 关于直线 $l:\begin{cases} x-y-4z+9=0 \\ 2x+y-2z=0 \end{cases}$ 的对称点 P_2 的坐标.

解 过点 $P_1(3,1,-4)$ 作垂直于直线 l 的平面 π.因为直线 l 的方向向量是

$$s=\begin{vmatrix} \boldsymbol{i} & \boldsymbol{j} & \boldsymbol{k} \\ 1 & -1 & -4 \\ 2 & 1 & -2 \end{vmatrix}=(6,-6,3),$$

所以平面 π 的法向量可取为 $(2,-2,1)$,故 π 的方程为

$$2(x-3)-2(y-1)+(z+4)=0,$$

即 $2x-2y+z=0$.

P_1 在 π 上的垂足 P 即为平面 π 与直线 l 的交点,解方程组

$$\begin{cases} x-y-4z+9=0, \\ 2x+y-2z=0, \\ 2x-2y+z=0, \end{cases}$$

得 P 的坐标为 $(1,2,2)$.因为 P 是线段 P_1P_2 的中点,所以设 P_2 的坐标为 (x_2,y_2,z_2),由中点公式得

$$\frac{3+x_2}{2}=1,\frac{1+y_2}{2}=2,\frac{-4+z_2}{2}=2.$$

解得 $x_2=-1,y_2=3,z_2=8$,因此 P_1 关于直线 l 的对称点为 $P_2(-1,3,8)$.

例 26 求异面直线 $l_1:\dfrac{x+1}{0}=\dfrac{y-1}{1}=\dfrac{z-2}{3}$ 与 $l_2:\dfrac{x-1}{1}=\dfrac{y}{2}=\dfrac{z+1}{2}$ 之间的距离.

分析 从给出的方程可知,直线 l_1 过点 $M_1(-1,1,2)$,方向向量为 $s_1=(0,1,3)$;直线 l_2 过点 $M_2(1,0,-1)$,方向向量为 $s_2=(1,2,2)$.

要求 l_1 与 l_2 的距离,亦即求公垂线 l 上两垂足间的距离.因此,认清公垂线 l 的方向向量是解题关键.由于公垂线 l 与 l_1,l_2 都垂直,故它的方向向量为 $n=s_1\times s_2$,然后采取不同的分析思路,结合相应的图形,可得各种不同解法.

解法 1 过 l_1 作平行于 n 的平面 π_1,求出 π_1 与 l_2 的交点 O_2(O_2 即公垂线 l 与 l_2 的交点);过 l_2 作平行于 n 的平面 π_2,求出 π_2 与 l_1 的交点 O_1(O_1 即公垂线 l 与 l_1

的交点).于是所求距离 $d = \| \overrightarrow{O_1 O_2} \|$.这种解法思路简单,但计算较繁,故从略.

解法 2 过 l_1 作平行于 l_2 的平面 π(见图 3.4),所求距离即为 l_2 上的点 M_2 到 π 的距离.由于平面 π 过 $M_1(-1,1,2)$,且其法向量为

图 3.4

$$\boldsymbol{n} = \boldsymbol{s}_1 \times \boldsymbol{s}_2 = \begin{vmatrix} \boldsymbol{i} & \boldsymbol{j} & \boldsymbol{k} \\ 0 & 1 & 3 \\ 1 & 2 & 2 \end{vmatrix} = (-4, 3, -1).$$

于是 π 的方程为

$$-4(x+1) + 3(y-1) - (z-2) = 0.$$

M_2 到 π 的距离即所求距离,为

$$d = \frac{|4-1+5|}{\sqrt{26}} = \frac{4}{13}\sqrt{26}.$$

解法 3 所求距离(见图 3.4)为

$$d = |\mathrm{Prj}_{\boldsymbol{n}} \overrightarrow{M_1 M_2}| = \frac{1}{\|\boldsymbol{n}\|} |\boldsymbol{n} \cdot \overrightarrow{M_1 M_2}|.$$

由 $\boldsymbol{n} = (-4, 3, -1)$ 得,$\|\boldsymbol{n}\| = \sqrt{26}$,又 $\overrightarrow{M_1 M_2} = (2, -1, -3)$,$|\boldsymbol{n} \cdot \overrightarrow{M_1 M_2}| = 8$.于是,

$$d = \frac{1}{\sqrt{26}} \times 8 = \frac{4}{13}\sqrt{26}.$$

解法 4 设以向量 $\boldsymbol{s}_1, \boldsymbol{s}_2, \overrightarrow{M_1 M_2}$ 为棱的平行六面体的体积为 V,以 $\boldsymbol{s}_1, \boldsymbol{s}_2$ 为边的平行四边形面积为 A(如图 3.4 所示),则所求距离为

$$d = \frac{V}{A} = \frac{|[\boldsymbol{s}_1 \ \boldsymbol{s}_2 \ \overrightarrow{M_1 M_2}]|}{\|\boldsymbol{s}_1 \times \boldsymbol{s}_2\|} = \frac{4}{13}\sqrt{26}.$$

评注 解法 1 通过求出两个垂足点的坐标,然后根据两点间的距离公式求出异面直线之间的距离;解法 2 是通过点到平面的距离公式求得的;解法 3 是通过直线上两点向量在它们的公垂线方向向量上的投影求得的;解法 4 是通过向量的外积及混合积的几何意义求得的.所以一个题目的解法可以是多种多样的,关键在于我们应该选择一种最佳的解题方法.

(三)证明题

例 1 如果平面上一个四边形的对角线互相平分,试用向量证明它是平行四边形.

分析 两向量相等,则方向相同、大小相等.要证明平面上一四边形是平行四边形只需证明其中一组对边所表示的向量相等即可.

证 四边形 $ABCD$ 中两对角线 AC 与 BD 交于点 M（如图 3.5 所示）．根据题设，

图 3.5

有 $\overrightarrow{AM}=\overrightarrow{MC},\overrightarrow{DM}=\overrightarrow{MB}$，则

$$\overrightarrow{AB}=\overrightarrow{AM}+\overrightarrow{MB}=\overrightarrow{MC}+\overrightarrow{DM}=\overrightarrow{DM}+\overrightarrow{MC}=\overrightarrow{DC},$$

所以 $\overrightarrow{AB}\ /\!/\ \overrightarrow{DC}$ 且 $\|\overrightarrow{AB}\|=\|\overrightarrow{DC}\|$．

于是 $ABCD$ 是平行四边形．

评注 解此类题目应该先画出图形，然后一般有两种思路：

(1) 将图形中的几何关系与向量计算结合来解决问题；

(2) 建立坐标系，用向量表达式进行运算．

例 2 利用向量方法证明：

(1) 直径上的圆周角都是直角；(2) 正弦定理．

分析 (1)的证明可建立坐标系，运用向量计算来证明相应的两向量垂直．(2)的证明涉及正弦，而向量的运算中外积的计算中有正弦，因此可根据外积的几何意义来证明．

证 (1) 建立平面直角坐标系（如图 3.6 所示），欲证圆周角是直角，即证 $\overrightarrow{AO}\perp\overrightarrow{AB}$，即 $\overrightarrow{AO}\cdot\overrightarrow{AB}=0$．

设圆半径为 a，$A(x,y,0)$ 为圆周上任一点，则有 $B(2a,0,0),\overrightarrow{AO}=(-x,-y,0),\overrightarrow{AB}=(2a-x,-y,0)$，且 $(x-a)^2+y^2=a^2$，即 $x^2+y^2-2ax=0$，故

$$\overrightarrow{AO}\cdot\overrightarrow{AB}=-x(2a-x)+y^2=x^2+y^2-2ax=0,$$

即 $\overrightarrow{AO}\perp\overrightarrow{AB}$，所以直径上的圆周角是直角．

(2) 在 $\triangle ABC$ 中（图 3.7），根据外积的几何意义，有

$$\|\overrightarrow{AB}\times\overrightarrow{BC}\|=\|\overrightarrow{BC}\times\overrightarrow{CA}\|=\|\overrightarrow{CA}\times\overrightarrow{AB}\|.$$

记 $\|\overrightarrow{AB}\|=c,\|\overrightarrow{BC}\|=a,\|\overrightarrow{CA}\|=b$，因此

$$ca\sin(\pi-B)=ab\sin(\pi-C)=bc\sin(\pi-A),$$

即 $ca\sin B=ab\sin C=bc\sin A$．进而可得，

$$\frac{a}{\sin A}=\frac{b}{\sin B}=\frac{c}{\sin C}.$$

例 3 已知 $\boldsymbol{a}\times\boldsymbol{b}=\boldsymbol{c}\times\boldsymbol{d},\boldsymbol{a}\times\boldsymbol{c}=\boldsymbol{b}\times\boldsymbol{d}$，证明 $\boldsymbol{a}-\boldsymbol{d}$ 与 $\boldsymbol{b}-\boldsymbol{c}$ 共线．

分析 证明 $\boldsymbol{a}-\boldsymbol{d}$ 与 $\boldsymbol{b}-\boldsymbol{c}$ 共线只需证明它们的外积为零．

证
$$\begin{aligned}(\boldsymbol{a}-\boldsymbol{d})\times(\boldsymbol{b}-\boldsymbol{c})&=\boldsymbol{a}\times\boldsymbol{b}-\boldsymbol{a}\times\boldsymbol{c}-\boldsymbol{d}\times\boldsymbol{b}+\boldsymbol{d}\times\boldsymbol{c}\\&=\boldsymbol{a}\times\boldsymbol{b}-\boldsymbol{c}\times\boldsymbol{d}-\boldsymbol{a}\times\boldsymbol{c}+\boldsymbol{b}\times\boldsymbol{d}\\&=\boldsymbol{0}.\end{aligned}$$

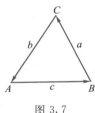

图 3.7

因此，$a-d$ 与 $b-c$ 共线.

例 4 设 $a\times b+b\times c+c\times a=\mathbf{0}$.证明 a,b,c 共面.

分析 证明 a,b,c 共面只需证明它们的混合积为零.

证 对等式 $a\times b+b\times c+c\times a=\mathbf{0}$ 的两边用 a 做内积，得
$$a\cdot(a\times b+b\times c+c\times a)=a\cdot\mathbf{0},$$
$$a\cdot(a\times b)+a\cdot(b\times c)+a\cdot(c\times a)=0.$$

因为 $a\perp a\times b,a\perp c\times a$，所以 $a\cdot(a\times b)=0,a\cdot(c\times a)=0$. 于是 $a\cdot(b\times c)=0$.故 a,b,c 共面.

例 5 矩阵 $A=\begin{pmatrix} a_1 & b_1 & c_1 \\ a_2 & b_2 & c_2 \\ a_3 & b_3 & c_3 \end{pmatrix}$ 为满秩矩阵，证明直线 $l_1:\dfrac{x-a_1}{a_2-a_3}=\dfrac{y-b_1}{b_2-b_3}=\dfrac{z-c_1}{c_2-c_3}$

与直线 $l_2:\dfrac{x-a_2}{a_3-a_1}=\dfrac{y-b_2}{b_3-b_1}=\dfrac{z-c_2}{c_3-c_1}$ 相交.

分析 要证明两直线相交，只需证明两直线共面且不平行即可.

证法 1 取 l_1 上的一点 $M_1(a_1,b_1,c_1)$，l_2 上的一点 $M_2(a_2,b_2,c_2)$，可得
$$\overrightarrow{M_2M_1}=(a_1-a_2,b_1-b_2,c_1-c_2).$$

直线 l_1,l_2 的方向向量分别为 $s_1=(a_2-a_3,b_2-b_3,c_2-c_3)$，$s_2=(a_3-a_1,b_3-b_1,c_3-c_1)$. 因为

$$[\overrightarrow{M_2M_1}\ \ s_1\ \ s_2]=\begin{vmatrix} a_1-a_2 & b_1-b_2 & c_1-c_2 \\ a_2-a_3 & b_2-b_3 & c_2-c_3 \\ a_3-a_1 & b_3-b_1 & c_3-c_1 \end{vmatrix}=0,$$

所以两直线共面. 下面只需证明两直线不平行即可.

因为矩阵 A 为满秩矩阵，所以 $|A|\neq 0$，而

$$|A|\xlongequal{-r_3+r_2}\begin{vmatrix} a_1 & b_1 & c_1 \\ a_2-a_3 & b_2-b_3 & c_2-c_3 \\ a_3 & b_3 & c_3 \end{vmatrix}\xlongequal{-r_1+r_3}\begin{vmatrix} a_1 & b_1 & c_1 \\ a_2-a_3 & b_2-b_3 & c_2-c_3 \\ a_3-a_1 & b_3-b_1 & c_3-c_1 \end{vmatrix}\neq 0,$$

故 l_1,l_2 的方向向量的对应坐标不成比例，那么 l_1 与 l_2 不平行，因此 l_1 与 l_2 相交.

证法 2 证明 l_1 与 l_2 共面同上. 因 A 为满秩矩阵，故行向量 $\boldsymbol{\alpha}=(a_1,b_1,c_1)$，$\boldsymbol{\beta}=(a_2,b_2,c_2)$，$\boldsymbol{\gamma}=(a_3,b_3,c_3)$ 线性无关，因此 $s_1=\boldsymbol{\beta}-\boldsymbol{\gamma}$ 与 $s_2=\boldsymbol{\gamma}-\boldsymbol{\alpha}$ 也线性无关（参见第四章），即 l_1 与 l_2 不平行，所以 l_1 与 l_2 相交.

例 6 设 M_0 是直线 l 上任一点，s 为其方向向量，M 为直线 l 外一点，证明 M 到 l 的距离 $d=\dfrac{\|\overrightarrow{M_0M}\times s\|}{\|s\|}$.

证 如图 3.8 所示，显然有
$$d=\|\overrightarrow{M_0M}\|\sin\langle\overrightarrow{M_0M},s\rangle$$
$$=\frac{\|s\|\ \|\overrightarrow{M_0M}\|\sin\langle\overrightarrow{M_0M},s\rangle}{\|s\|}=\frac{\|\overrightarrow{M_0M}\times s\|}{\|s\|}.$$

图 3.8

例 7 设 e 是单位向量，$b\perp e$.证明：$e\times b$ 等于 b 按右手法则绕 e 旋转 $90°$ 得到的向量 b'.

分析 欲证明两向量相等,可根据定义证明其大小相等,方向相同.

证 如图 3.9 所示,$\|e \times b\| = \|e\| \|b\| \sin\langle e, b\rangle = \|b\| = \|b'\|$.又因为 $e \times b$ 与 b' 同向,所以 $e \times b = b'$.

例 8 设 $a \neq 0$,向量 b 沿向量 a 方向有如下分解
$$b = b_1 + b_2,$$
其中 $b_1 /\!/ a$ 且 $b_2 \perp a$.证明:$a \times b = a \times b_2$.

证 如图 3.10 所示,在直角三角形中有 $\|b_2\| = \|b\| \sin\langle a, b\rangle$,因而
$$\|a \times b\| = \|a\| \|b\| \sin\langle a, b\rangle = \|a\| \|b_2\| = \|a \times b_2\|.$$
另一方面,$a \times b$ 与 $a \times b_2$ 方向相同.所以
$$a \times b = a \times b_2.$$

图 3.9

图 3.10

例 9 设 e 是单位向量,且 $b \perp e, c \perp e$.证明:$e \times (b+c) = e \times b + e \times c$.

证 由题设可知 $(b+c) \perp e$,所以 $e \times (b+c)$ 等于 $b+c$ 按右手法则绕 e 旋转 $90°$ 得到的向量 d'(例 7 的结论).

同理,$e \times b$ 等于 b 按右手法则绕 e 旋转 $90°$ 得到的向量 b',$e \times c$ 等于 c 按右手法则绕 e 旋转 $90°$ 得到的向量 c'.

因为 $b, c, b+c$ 这 3 个向量按向量加法的规则可构成一个三角形,所以它们绕 e 右旋 $90°$ 得到的向量 b', c', d' 也构成一个三角形.于是 $b' + c' = d'$,即,
$$e \times (b+c) = e \times b + e \times c.$$

例 10 证明向量的外积满足左分配律,即 $a \times (b+c) = a \times b + a \times c$.

证 若向量 $a = 0$,则结论成立.

若向量 $a \neq 0$,令 $e_a = \dfrac{a}{\|a\|}$,则
$$a \times (b+c) = (\|a\| e_a) \times (b+c) = \|a\| [e_a \times (b+c)].$$

根据例 8、例 9 的结论,我们对向量 b, c 沿 e_a 做如下分解:
$$b = b_1 + b_2, \quad c = c_1 + c_2,$$
其中 $b_1 /\!/ e_a, b_2 \perp e_a, c_1 /\!/ e_a, c_2 \perp e_a$,则有
$$b + c = (b_1 + c_1) + (b_2 + c_2),$$
其中 $(b_1 + c_1) /\!/ e_a, (b_2 + c_2) \perp e_a$.进而可得
$$\begin{aligned}
a \times (b+c) &= \|a\| [e_a \times (b+c)] \\
&= \|a\| [e_a \times (b_2 + c_2)] \\
&= \|a\| (e_a \times b_2 + e_a \times c_2) \\
&= a \times b + a \times c.
\end{aligned}$$

评注 利用向量外积的反对称性及左分配律可证明右分配律也成立.

（一）检测题

一、填空题（每题 3 分，共 15 分）

1. 设 $a \cdot b = 3$，$a \times b = (1,1,1)$，则 a 与 b 的夹角 $\theta = $ _____.

2. 设 $a \cdot (b \times c) = 2$，则 $(a+b) \times (b+c) \cdot (c+a) = $ _____.

3. 设 $\| a \| = 1$，$\| b \| = 3$，$\| a+b \| = 2$，则 $\| a-b \| = $ _____.

4. 设单位向量 a,b,c 满足 $a+b+c = 0$，则 $a \cdot b + b \cdot c + c \cdot a = $ _____.

5. 设平面 $x+ky-2z = 9$ 与 y 轴平行，则 $k = $ _____.

二、选择题（每题 3 分，共 15 分）

1. 设有非零向量 a,b,c，若 $a \cdot b = 0$，$a \times c = 0$，则 $b \cdot c = $ (   ).

(A) 3　　　　　(B) -1　　　　　(C) 0　　　　　(D) 1

2. 设非零向量 a,b 满足 $\| a+b \| = \| a-b \|$，则有(   ).

(A) $a /\!/ b$　　　　　　　　　　(B) $a \cdot b = 0$

(C) $a \times b = 0$　　　　　　　　(D) $\| a \| = \| b \|$.

3. 设有直线 $l: \begin{cases} x+3y+2z+1 = 0, \\ 2x-y-10z+3 = 0 \end{cases}$ 及平面 $\pi: 4x-2y+z-2 = 0$，则直线 l (   ).

(A) 平行于 π　　　(B) 在 π 上　　　(C) 垂直于 π　　　(D) 与 π 斜交

4. 设在平面 $x+y+z-2 = 0$ 与平面 $x+2y-z-1 = 0$ 的交线上有一点 M，它与平面 $x+2y+z+1 = 0$ 和平面 $x+2y+z-3 = 0$ 距离相等，则 M 的坐标为(   ).

(A) $(3,0,0)$　　　　　　　　　　(B) $(3,2,1)$

(C) $(3,2,2)$　　　　　　　　　　(D) $(3,-1,0)$

5. 设有直线 $l_1: \dfrac{x-1}{1} = \dfrac{y-5}{-2} = \dfrac{z+8}{1}$，$l_2: \begin{cases} x-y = 6, \\ 2y+z = 3, \end{cases}$ 则 l_1 与 l_2 的夹角为(   ).

(A) $\dfrac{\pi}{6}$　　　　　(B) $\dfrac{\pi}{4}$　　　　　(C) $\dfrac{\pi}{3}$　　　　　(D) $\dfrac{\pi}{2}$

三、计算和证明（每题 10 分，共 70 分）

1. 在空间直角坐标系中，向量 $a = (1,0,1)$，$b = (1,-2,0)$，$c = (-1,2,1)$，计算

(1) $\text{Prj}_c(a+b)$；　　　　　　　　　(2) $(3a+b) \times (b-c)$.

2. 设 $c = (b \times a) - b$，证明 a 垂直于 $b+c$.

3. 已知平面在 x 轴上的截距为 2，且过点 $(0,-1,0)$ 和点 $(2,1,3)$，求此平面方程.

4. 求点 $M(-1,2,0)$ 关于平面 $x+2y-z+1 = 0$ 的对称点的坐标.

5. 求过点 $M_0(-1,0,4)$ 且与直线 l_1, l_2 都垂直的直线方程，其中

$$l_1: \begin{cases} x-y+z+4 = 0, \\ x+2y+3z-1 = 0, \end{cases} \qquad l_2: \dfrac{x-1}{1} = \dfrac{y+3}{2} = \dfrac{z+1}{1}.$$

6. 在平面 $\pi: x+y+z+1 = 0$ 内求一直线 l，其通过直线 $l_0: \begin{cases} y+z+1 = 0, \\ x+2z = 0 \end{cases}$ 与平面

π 的交点,且与直线 l_0 垂直.

7. 一质点从点 $M_0(3,2,0)$ 出发,以速度 $v=(-1,2,2)$ 运动,问经过多少时间,在何处到达平面 $2x-y-3z+6=0$?到达时走了多少路程?

（二）检测题答案与提示

第四章 n 维向量空间

一、内容提要

图 4.1 第四章知识结构框图

（一）n 维向量空间的概念

1. n 维向量

定义 n 个数组成的有序数组 $(a_1, a_2, \cdots, a_n)$ 称为一个 n 维向量，其中第 i 个数 a_i 称为这个向量的第 i 个分量.

分量全为零的向量 $(0, 0, \cdots, 0)$ 称为零向量.

2. 向量的线性运算

定义 设 $\boldsymbol{\alpha} = (a_1, a_2, \cdots, a_n)$，$\boldsymbol{\beta} = (b_1, b_2, \cdots, b_n)$，$k$ 为数，称下列运算分别为向量的**加法**与**数乘**：

$$\boldsymbol{\alpha} + \boldsymbol{\beta} = (a_1 + b_1, a_2 + b_2, \cdots, a_n + b_n), \quad k \cdot \boldsymbol{\alpha} = (ka_1, ka_2, \cdots, ka_n).$$

向量的加法与数乘又称为向量的**线性运算**.

线性运算满足八条运算法则：

(1) $\boldsymbol{\alpha} + \boldsymbol{\beta} = \boldsymbol{\beta} + \boldsymbol{\alpha}$；

(2) $(\boldsymbol{\alpha} + \boldsymbol{\beta}) + \boldsymbol{\gamma} = \boldsymbol{\alpha} + (\boldsymbol{\beta} + \boldsymbol{\gamma})$；

(3) $\boldsymbol{\alpha} + \boldsymbol{0} = \boldsymbol{\alpha}$；

(4) $\boldsymbol{\alpha} + (-\boldsymbol{\alpha}) = \boldsymbol{0}$；

(5) $1 \cdot \boldsymbol{\alpha} = \boldsymbol{\alpha}$；

(6) $k(l\boldsymbol{\alpha}) = (kl)\boldsymbol{\alpha}$；

(7) $k(\boldsymbol{\alpha} + \boldsymbol{\beta}) = k\boldsymbol{\alpha} + k\boldsymbol{\beta}$；

(8) $(k+l)\boldsymbol{\alpha} = k\boldsymbol{\alpha} + l\boldsymbol{\alpha}$，

其中 k,l 为常数.

3. n 维向量空间

定义 1 设 V 是一个 n 维向量的集合,若 V 非空,且对向量的线性运算封闭,即
$$\forall \boldsymbol{\alpha}, \boldsymbol{\beta} \in V, k \in \mathbf{R}, 都有 \boldsymbol{\alpha} + \boldsymbol{\beta} \in V, k\boldsymbol{\alpha} \in V,$$
则称 V 构成一个**向量空间**.

特别地,全体 n 维实向量组成的集合 $\mathbf{R}^n$ 构成一个向量空间,称为 n **维实向量空间**.

定义 2 设 V 是一个向量空间,U 是 V 的非空子集合,若 U 中的向量对线性运算也封闭,则称 U 是 V 的**子空间**.

特别地,设 $\boldsymbol{\alpha}_1, \cdots, \boldsymbol{\alpha}_r \in \mathbf{R}^n$,则
$$L(\boldsymbol{\alpha}_1, \cdots, \boldsymbol{\alpha}_r) = \{\boldsymbol{\beta} \mid \boldsymbol{\beta} = k_1\boldsymbol{\alpha}_1 + k_2\boldsymbol{\alpha}_2 + \cdots + k_r\boldsymbol{\alpha}_r, k_1, k_2, \cdots, k_r \in \mathbf{R}\}$$
构成 $\mathbf{R}^n$ 的一个子空间,称为由向量组 $\boldsymbol{\alpha}_1, \cdots, \boldsymbol{\alpha}_r$ 生成的子空间.

(二) 向量组的线性相关性

1. 向量组的线性表示与等价

定义 1 设 $\boldsymbol{\alpha}_1, \boldsymbol{\alpha}_2, \cdots, \boldsymbol{\alpha}_s, \boldsymbol{\beta}$ 都是 n 维向量,若存在数 $k_1, k_2, \cdots, k_s$,使得
$$\boldsymbol{\beta} = k_1\boldsymbol{\alpha}_1 + k_2\boldsymbol{\alpha}_2 + \cdots + k_s\boldsymbol{\alpha}_s,$$
则称 $\boldsymbol{\beta}$ 是向量组 $\boldsymbol{\alpha}_1, \boldsymbol{\alpha}_2, \cdots, \boldsymbol{\alpha}_s$ 的**线性组合**,或称 $\boldsymbol{\beta}$ 可由向量组 $\boldsymbol{\alpha}_1, \boldsymbol{\alpha}_2, \cdots, \boldsymbol{\alpha}_s$ **线性表出**.

注 若向量 $\boldsymbol{\beta}$ 可由向量组 $\boldsymbol{\alpha}_1, \boldsymbol{\alpha}_2, \cdots, \boldsymbol{\alpha}_s$ 线性表出,则记为 $\boldsymbol{\beta} \in L(\boldsymbol{\alpha}_1, \boldsymbol{\alpha}_2, \cdots, \boldsymbol{\alpha}_s)$,其中 $L(\boldsymbol{\alpha}_1, \boldsymbol{\alpha}_2, \cdots, \boldsymbol{\alpha}_s)$ 是由 $\boldsymbol{\alpha}_1, \boldsymbol{\alpha}_2, \cdots, \boldsymbol{\alpha}_s$ 生成的向量空间.

定义 2 设有两个向量组
$$A: \boldsymbol{\alpha}_1, \boldsymbol{\alpha}_2, \cdots, \boldsymbol{\alpha}_m, \qquad B: \boldsymbol{\beta}_1, \boldsymbol{\beta}_2, \cdots, \boldsymbol{\beta}_n.$$
若向量组 A 中的每个向量都能由向量组 B 中的向量线性表出,则称向量组 A 能由向量组 B 线性表出;若两个向量组能相互线性表出,则称这两个向量组**等价**.

性质 等价向量组具有反身性、对称性和传递性.

定理 向量 $\boldsymbol{\beta}$ 可由向量组 $\boldsymbol{\alpha}_1, \boldsymbol{\alpha}_2, \cdots, \boldsymbol{\alpha}_n$ 线性表出 $\Leftrightarrow$ 线性方程组 $\boldsymbol{AX} = \boldsymbol{\beta}$ 有解 $\Leftrightarrow R(\boldsymbol{A}) = R(\overline{\boldsymbol{A}})$,其中 $\boldsymbol{A} = (\boldsymbol{\alpha}_1, \boldsymbol{\alpha}_2, \cdots, \boldsymbol{\alpha}_n), \overline{\boldsymbol{A}} = (\boldsymbol{A}, \boldsymbol{\beta})$.

2. 向量组线性相关的概念

定义 设有向量组 $\boldsymbol{\alpha}_1, \boldsymbol{\alpha}_2, \cdots, \boldsymbol{\alpha}_n$,若存在一组不全为零的数 $k_1, k_2, \cdots, k_n$,使得
$$k_1\boldsymbol{\alpha}_1 + k_2\boldsymbol{\alpha}_2 + \cdots + k_n\boldsymbol{\alpha}_n = \boldsymbol{0},$$
则称 $\boldsymbol{\alpha}_1, \boldsymbol{\alpha}_2, \cdots, \boldsymbol{\alpha}_n$ **线性相关**;否则,称 $\boldsymbol{\alpha}_1, \boldsymbol{\alpha}_2, \cdots, \boldsymbol{\alpha}_n$ **线性无关**,即仅当 $k_1 = k_2 = \cdots = k_n = 0$ 时,上式才成立.

3. 向量组线性相关的判定

定理 设 $\boldsymbol{\alpha}_1, \boldsymbol{\alpha}_2, \cdots, \boldsymbol{\alpha}_n$ 为列向量组,$\boldsymbol{A} = (\boldsymbol{\alpha}_1, \boldsymbol{\alpha}_2, \cdots, \boldsymbol{\alpha}_n), \boldsymbol{X} = (x_1, x_2, \cdots, x_n)^{\top}$,则 $\boldsymbol{\alpha}_1, \boldsymbol{\alpha}_2, \cdots, \boldsymbol{\alpha}_n$ 线性相关 $\Leftrightarrow \boldsymbol{AX} = \boldsymbol{0}$ 有非零解 $\Leftrightarrow R(\boldsymbol{A}) < n$.

推论 1 设 $\boldsymbol{\alpha}_1, \boldsymbol{\alpha}_2, \cdots, \boldsymbol{\alpha}_n$ 为 n 维列向量组,$\boldsymbol{A} = (\boldsymbol{\alpha}_1, \boldsymbol{\alpha}_2, \cdots, \boldsymbol{\alpha}_n)$,则 $\boldsymbol{\alpha}_1, \boldsymbol{\alpha}_2, \cdots, \boldsymbol{\alpha}_n$ 线性相关 $\Leftrightarrow |\boldsymbol{A}| = 0$.

推论 2 设 $\boldsymbol{\alpha}_1, \boldsymbol{\alpha}_2, \cdots, \boldsymbol{\alpha}_m$ 是一个 n 维向量组,若 $m > n$,则该向量组线性相关.

4. 线性相关性的几个基本结论

定理 1　向量组中有一部分向量线性相关,则整个向量组线性相关.

逆否命题　若一个向量组整体线性无关,则这个向量组的任意部分向量所组成的向量组都线性无关.

定理 2　向量组 $\boldsymbol{\alpha}_1,\boldsymbol{\alpha}_2,\cdots,\boldsymbol{\alpha}_m(m\geqslant 2)$ 线性相关的充要条件是该向量组中至少有一个向量能被其余 $m-1$ 个向量线性表出.

逆否命题　向量组 $\boldsymbol{\alpha}_1,\boldsymbol{\alpha}_2,\cdots,\boldsymbol{\alpha}_m(m\geqslant 2)$ 线性无关的充要条件是该向量组中任意一个向量都不能被其余的向量线性表出.

定理 3　若 $\boldsymbol{\alpha}_1,\boldsymbol{\alpha}_2,\cdots,\boldsymbol{\alpha}_m$ 线性无关,而 $\boldsymbol{\alpha}_1,\boldsymbol{\alpha}_2,\cdots,\boldsymbol{\alpha}_m,\boldsymbol{\beta}$ 线性相关,则 $\boldsymbol{\beta}$ 可由 $\boldsymbol{\alpha}_1,\boldsymbol{\alpha}_2,\cdots,\boldsymbol{\alpha}_m$ 线性表出,且表示式唯一.

定理 4　矩阵的行初等变换不改变其列向量组的线性相关性.

（三）向量组的秩与极大无关组

1. 秩与极大无关组的概念

定义　若向量组 T 满足

（1）T 中有 r 个向量 $\boldsymbol{\alpha}_1,\boldsymbol{\alpha}_2,\cdots,\boldsymbol{\alpha}_r$ 线性无关;

（2）T 中任意 $r+1$ 个向量(如果 T 中有 $r+1$ 个向量)都线性相关;

则称 $\boldsymbol{\alpha}_1,\boldsymbol{\alpha}_2,\cdots,\boldsymbol{\alpha}_r$ 为 T 的一个极大无关组,数 r 称为向量组 T 的秩.

等价命题　设 $\boldsymbol{\alpha}_1,\boldsymbol{\alpha}_2,\cdots,\boldsymbol{\alpha}_r$ 是向量组 T 的一个线性无关部分组,则它是极大无关组的充要条件是 T 中每一个向量均可由它线性表出.

推论　向量组的任意一个极大无关组都与这个向量组本身等价.

2. 几个相关结论

定理 1　矩阵 $\boldsymbol{A}$ 的秩＝$\boldsymbol{A}$ 的行向量组的秩＝$\boldsymbol{A}$ 的列向量组的秩.

求向量组秩与极大无关组的方法:

设有列向量组 $\boldsymbol{\alpha}_1,\boldsymbol{\alpha}_2,\cdots,\boldsymbol{\alpha}_m$,令 $\boldsymbol{A}=(\boldsymbol{\alpha}_1,\boldsymbol{\alpha}_2,\cdots,\boldsymbol{\alpha}_m)$,对 $\boldsymbol{A}$ 作行初等变换化为行阶梯形矩阵 $\boldsymbol{B}$,则 $R(\boldsymbol{\alpha}_1,\boldsymbol{\alpha}_2,\cdots,\boldsymbol{\alpha}_m)=R(\boldsymbol{B})$,$\boldsymbol{B}$ 中非零行的非零首元所在列对应的 $\boldsymbol{A}$ 中的列向量组就构成向量组 $\boldsymbol{\alpha}_1,\boldsymbol{\alpha}_2,\cdots,\boldsymbol{\alpha}_m$ 的一个极大无关组.

定理 2　设向量组 $\boldsymbol{\alpha}_1,\boldsymbol{\alpha}_2,\cdots,\boldsymbol{\alpha}_r$ 可由向量组 $\boldsymbol{\beta}_1,\boldsymbol{\beta}_2,\cdots,\boldsymbol{\beta}_s$ 线性表出,若 $\boldsymbol{\alpha}_1,\boldsymbol{\alpha}_2,\cdots,\boldsymbol{\alpha}_r$ 线性无关,则 $r\leqslant s$.

逆否命题　设向量组 $\boldsymbol{\alpha}_1,\boldsymbol{\alpha}_2,\cdots,\boldsymbol{\alpha}_r$ 可由向量组 $\boldsymbol{\beta}_1,\boldsymbol{\beta}_2,\cdots,\boldsymbol{\beta}_s$ 线性表出,若 $r>s$,则 $\boldsymbol{\alpha}_1,\boldsymbol{\alpha}_2,\cdots,\boldsymbol{\alpha}_r$ 线性相关.

特别地,两个等价的线性无关向量组所含向量个数相同.

推论　若向量组 A 可由向量组 B 线性表出,则 $R(A)\leqslant R(B)$;特别地,等价向量组有相同的秩.

注　秩相同的两个向量组不一定等价.向量组 A 与向量组 B 等价的充要条件是 $R(A)=R(A,B)=R(B)$.

3. 向量空间的基、维数与坐标

定义 1　向量空间 V 的一个极大无关组称为 V 的一组基,而基所含向量的个数(即 V 的秩)称为 V 的维数,记为 $\dim V$.

特别地，$\dim \mathbf{R}^n = n$.

定义 2 设 V 是 n 维向量空间，$\boldsymbol{\alpha}_1, \boldsymbol{\alpha}_2, \cdots, \boldsymbol{\alpha}_n$ 是 V 的一组基，则任一 $\boldsymbol{\beta} \in V$ 均可由 $\boldsymbol{\alpha}_1, \boldsymbol{\alpha}_2, \cdots, \boldsymbol{\alpha}_n$ 唯一的线性表出，即存在一组不全为零的数 $x_1, x_2, \cdots, x_n$，使得
$$\boldsymbol{\beta} = x_1 \boldsymbol{\alpha}_1 + x_2 \boldsymbol{\alpha}_2 + \cdots + x_n \boldsymbol{\alpha}_n,$$
则称 $(x_1, x_2, \cdots, x_n)$ 为向量 $\boldsymbol{\beta}$ 在基 $\boldsymbol{\alpha}_1, \boldsymbol{\alpha}_2, \cdots, \boldsymbol{\alpha}_n$ 下的**坐标**.

我们通常所说的向量的坐标形式其实就是该向量在标准基 $\boldsymbol{\varepsilon}_1 = (1, 0, \cdots, 0)$，$\boldsymbol{\varepsilon}_2 = (0, 1, \cdots, 0), \cdots, \boldsymbol{\varepsilon}_n = (0, 0, \cdots, 1)$ 下的坐标.

（四）线性方程组解的结构

1. 齐次线性方程组

性质 齐次线性方程组 $\boldsymbol{AX} = \boldsymbol{0}$ 的任一解向量的线性组合也是它的一个解.

定义 齐次线性方程组 $\boldsymbol{AX} = \boldsymbol{0}$ 解向量的全体 $W = \{\boldsymbol{X} \mid \boldsymbol{AX} = \boldsymbol{0}\}$ 构成一个向量空间，W 的一组基称为方程组 $\boldsymbol{AX} = \boldsymbol{0}$ 的一个基础解系.

等价命题 设 $\boldsymbol{\xi}_1, \boldsymbol{\xi}_2, \cdots, \boldsymbol{\xi}_s$ 是方程组 $\boldsymbol{AX} = \boldsymbol{0}$ 的一组解向量，满足

(1) $\boldsymbol{\xi}_1, \boldsymbol{\xi}_2, \cdots, \boldsymbol{\xi}_s$ 线性无关；

(2) 方程组 $\boldsymbol{AX} = \boldsymbol{0}$ 的任一解向量都可由 $\boldsymbol{\xi}_1, \boldsymbol{\xi}_2, \cdots, \boldsymbol{\xi}_s$ 线性表出，

则称 $\boldsymbol{\xi}_1, \boldsymbol{\xi}_2, \cdots, \boldsymbol{\xi}_s$ 为 $\boldsymbol{AX} = \boldsymbol{0}$ 的一个基础解系.

定理 若 n 元齐次线性方程组 $\boldsymbol{AX} = \boldsymbol{0}$ 系数矩阵的秩 $R(\boldsymbol{A}) = r < n$，则方程组有基础解系，且基础解系所含解向量的个数为 $n - r$.

齐次线性方程组的通解 设 $R(\boldsymbol{A}) = r < n$，$\boldsymbol{\xi}_1, \boldsymbol{\xi}_2, \cdots, \boldsymbol{\xi}_{n-r}$ 是 n 元线性方程组 $\boldsymbol{AX} = \boldsymbol{0}$ 的一个基础解系，则 $\boldsymbol{AX} = \boldsymbol{0}$ 的通解为
$$\boldsymbol{X} = k_1 \boldsymbol{\xi}_1 + k_2 \boldsymbol{\xi}_2 + \cdots + k_{n-r} \boldsymbol{\xi}_{n-r} \quad (k_1, k_2, \cdots, k_{n-r} \text{ 为任意常数}).$$

2. 非齐次线性方程组

性质 1 若 $\boldsymbol{\eta}_1, \boldsymbol{\eta}_2$ 是方程组 $\boldsymbol{AX} = \boldsymbol{b}$ 的解，则 $\boldsymbol{\eta}_1 - \boldsymbol{\eta}_2$ 是其导出组 $\boldsymbol{AX} = \boldsymbol{0}$ 的解.

性质 2 若 $\boldsymbol{\eta}$ 是方程组 $\boldsymbol{AX} = \boldsymbol{b}$ 的解，$\boldsymbol{\xi}$ 是其导出组 $\boldsymbol{AX} = \boldsymbol{0}$ 的解，则 $\boldsymbol{\eta} + \boldsymbol{\xi}$ 是 $\boldsymbol{AX} = \boldsymbol{b}$ 的解.

性质 3 若 $\boldsymbol{\eta}_0$ 是方程组 $\boldsymbol{AX} = \boldsymbol{b}$ 的一个特解，则 $\boldsymbol{AX} = \boldsymbol{b}$ 的任一解 $\boldsymbol{\eta}$ 都可表示成
$$\boldsymbol{\eta} = \boldsymbol{\eta}_0 + \boldsymbol{\xi},$$
其中 $\boldsymbol{\xi}$ 是 $\boldsymbol{AX} = \boldsymbol{0}$ 的一个解.

非齐次线性方程组的通解 设 $R(\boldsymbol{A}) = R(\overline{\boldsymbol{A}}) = r < n$，$\boldsymbol{\eta}_0$ 是 n 元线性方程组 $\boldsymbol{AX} = \boldsymbol{b}$ 的一个特解，$\boldsymbol{\xi}_1, \boldsymbol{\xi}_2, \cdots, \boldsymbol{\xi}_{n-r}$ 是 $\boldsymbol{AX} = \boldsymbol{0}$ 的一个基础解系，则 $\boldsymbol{AX} = \boldsymbol{b}$ 的通解为
$$\boldsymbol{X} = \boldsymbol{\eta}_0 + k_1 \boldsymbol{\xi}_1 + k_2 \boldsymbol{\xi}_2 + \cdots + k_{n-r} \boldsymbol{\xi}_{n-r} \quad (k_1, k_2, \cdots, k_{n-r} \text{ 为任意常数}).$$

二、典型例题

（一）选择题

例 1 下列 $\mathbf{R}^3$ 的子集合中能构成子空间是（　　　）.

(A) $U_1 = \left\{ \boldsymbol{x} = (x_1, x_2, x_3) \mid x_1 = \dfrac{x_2}{2} = \dfrac{x_3}{3} \right\}$

(B) $U_2 = \{ \boldsymbol{x} = (x_1, x_2, x_3) \mid x_1 + x_2 = 1 \}$

(C) $U_3 = \left\{ \boldsymbol{x} = (x_1, x_2, x_3) \mid x_1 = \dfrac{x_2 - 1}{2} = \dfrac{x_3}{3} \right\}$

(D) $U_4 = \{ \boldsymbol{x} = (x_1, x_2, x_3) \mid x_1 x_2 = 0 \}$

分析 显然 $\boldsymbol{0} = (0, 0, 0) \in U_1$,故 U_1 非空.又若 $\boldsymbol{\alpha} = (a_1, a_2, a_3), \boldsymbol{\beta} = (b_1, b_2, b_3) \in U_1, k \in \mathbf{R}$,则

$$\boldsymbol{\alpha} + \boldsymbol{\beta} = (a_1 + b_1, a_2 + b_2, a_3 + b_3), \quad k\boldsymbol{\alpha} = (ka_1, ka_2, ka_3).$$

再由 $a_1 = \dfrac{a_2}{2} = \dfrac{a_3}{3}, b_1 = \dfrac{b_2}{2} = \dfrac{b_3}{3}$,可得

$$a_1 + b_1 = \frac{a_2 + b_2}{2} = \frac{a_3 + b_3}{3}, \quad ka_1 = \frac{ka_2}{2} = \frac{ka_3}{3},$$

即 $\boldsymbol{\alpha} + \boldsymbol{\beta} \in U_1, k\boldsymbol{\alpha} \in U_1$,故 U_1 是 $\mathbf{R}^3$ 的子空间.

容易验证其余几个集合对 $\mathbf{R}^3$ 中的加法均不封闭,故不构成 $\mathbf{R}^3$ 的子空间.

答案 (A).

评注 构成子空间的充要条件是子集合对线性运算封闭. U_1 是齐次方程组解向量构成的集合,它对线性运算是封闭的.

例 2 向量组 $\boldsymbol{\alpha}_1, \boldsymbol{\alpha}_2, \boldsymbol{\alpha}_3, \boldsymbol{\alpha}_4$ 线性无关,则下面向量组中线性无关的是(　　).

(A) $\boldsymbol{\alpha}_1 + \boldsymbol{\alpha}_2, \boldsymbol{\alpha}_2 + \boldsymbol{\alpha}_3, \boldsymbol{\alpha}_3 + \boldsymbol{\alpha}_4, \boldsymbol{\alpha}_4 + \boldsymbol{\alpha}_1$

(B) $\boldsymbol{\alpha}_1 - \boldsymbol{\alpha}_2, \boldsymbol{\alpha}_2 - \boldsymbol{\alpha}_3, \boldsymbol{\alpha}_3 - \boldsymbol{\alpha}_4, \boldsymbol{\alpha}_4 - \boldsymbol{\alpha}_1$

(C) $\boldsymbol{\alpha}_1 + \boldsymbol{\alpha}_2, \boldsymbol{\alpha}_2 + \boldsymbol{\alpha}_3, \boldsymbol{\alpha}_3 + \boldsymbol{\alpha}_4, \boldsymbol{\alpha}_4 - \boldsymbol{\alpha}_1$

(D) $\boldsymbol{\alpha}_1 + \boldsymbol{\alpha}_2, \boldsymbol{\alpha}_2 + \boldsymbol{\alpha}_3, \boldsymbol{\alpha}_3 - \boldsymbol{\alpha}_4, \boldsymbol{\alpha}_4 - \boldsymbol{\alpha}_1$

分析 由(A)可知,$(\boldsymbol{\alpha}_1 + \boldsymbol{\alpha}_2) - (\boldsymbol{\alpha}_2 + \boldsymbol{\alpha}_3) + (\boldsymbol{\alpha}_3 + \boldsymbol{\alpha}_4) - (\boldsymbol{\alpha}_4 + \boldsymbol{\alpha}_1) = \boldsymbol{0}$,所以向量组线性相关.由(B)可知,$(\boldsymbol{\alpha}_1 - \boldsymbol{\alpha}_2) + (\boldsymbol{\alpha}_2 - \boldsymbol{\alpha}_3) + (\boldsymbol{\alpha}_3 - \boldsymbol{\alpha}_4) + (\boldsymbol{\alpha}_4 - \boldsymbol{\alpha}_1) = \boldsymbol{0}$,所以向量组线性相关.由(D)可知,$(\boldsymbol{\alpha}_1 + \boldsymbol{\alpha}_2) - (\boldsymbol{\alpha}_2 + \boldsymbol{\alpha}_3) + (\boldsymbol{\alpha}_3 - \boldsymbol{\alpha}_4) + (\boldsymbol{\alpha}_4 - \boldsymbol{\alpha}_1) = \boldsymbol{0}$,所以向量组线性相关.

只有(C)正确.原因如下:

设

$$k_1(\boldsymbol{\alpha}_1 + \boldsymbol{\alpha}_2) + k_2(\boldsymbol{\alpha}_2 + \boldsymbol{\alpha}_3) + k_3(\boldsymbol{\alpha}_3 + \boldsymbol{\alpha}_4) + k_4(\boldsymbol{\alpha}_4 - \boldsymbol{\alpha}_1) = \boldsymbol{0},$$

则

$$(k_1 - k_4)\boldsymbol{\alpha}_1 + (k_1 + k_2)\boldsymbol{\alpha}_2 + (k_2 + k_3)\boldsymbol{\alpha}_3 + (k_3 + k_4)\boldsymbol{\alpha}_4 = \boldsymbol{0}.$$

由于 $\boldsymbol{\alpha}_1, \boldsymbol{\alpha}_2, \boldsymbol{\alpha}_3, \boldsymbol{\alpha}_4$ 线性无关,所以

$$k_1 - k_4 = 0, k_1 + k_2 = 0, k_2 + k_3 = 0, k_3 + k_4 = 0,$$

解得 $k_1 = k_2 = k_3 = k_4 = 0$,所以选项(C)的向量组线性无关.

选项(C)的向量组的线性无关性也可以由向量组的秩来判断,方法如下:

矩阵

$$(\boldsymbol{\alpha}_1 + \boldsymbol{\alpha}_2, \boldsymbol{\alpha}_2 + \boldsymbol{\alpha}_3, \boldsymbol{\alpha}_3 + \boldsymbol{\alpha}_4, \boldsymbol{\alpha}_4 - \boldsymbol{\alpha}_1) = (\boldsymbol{\alpha}_1, \boldsymbol{\alpha}_2, \boldsymbol{\alpha}_3, \boldsymbol{\alpha}_4) \begin{pmatrix} 1 & 0 & 0 & -1 \\ 1 & 1 & 0 & 0 \\ 0 & 1 & 1 & 0 \\ 0 & 0 & 1 & 1 \end{pmatrix},$$

因为 $\begin{vmatrix} 1 & 0 & 0 & -1 \\ 1 & 1 & 0 & 0 \\ 0 & 1 & 1 & 0 \\ 0 & 0 & 1 & 1 \end{vmatrix} = 2 \neq 0$，所以

$$R(\boldsymbol{\alpha}_1+\boldsymbol{\alpha}_2, \boldsymbol{\alpha}_2+\boldsymbol{\alpha}_3, \boldsymbol{\alpha}_3+\boldsymbol{\alpha}_4, \boldsymbol{\alpha}_4-\boldsymbol{\alpha}_1) = R(\boldsymbol{\alpha}_1, \boldsymbol{\alpha}_2, \boldsymbol{\alpha}_3, \boldsymbol{\alpha}_4) = 4,$$

故选项(C)的向量组线性无关.

(A),(B),(D)的向量组的线性相关性也可以类似做出判断.

答案 (C).

评注 上面的第一种方法是用向量组线性相(无)关的定义来判断的,采用了观察法,这种方法只能在组合系数很简单的情况下可行. 第二种方法是普遍适用的方法. 另外,由于本题是单项选择题,故可以用特殊值法来判断. 比如,本题中也可以假设这四个向量为单位坐标向量,通过对特殊向量组的运算来选择答案.

例 3 对任意的 a, b, c,线性无关的向量组为( ).

(A) $(a,1,2), (2,b,3), (0,0,0)$

(B) $(b,1,1), (2,a,3), (2,3,c), (a,0,c)$

(C) $(1,a,1,1), (1,b,1,0), (1,c,0,0)$

(D) $(1,1,1,a), (2,2,2,b), (0,0,0,c)$

分析 (A)中有零向量,故线性相关.(B)有 4 个 3 维向量,故线性相关. 对于(D),若令 $c=0$,则(D)中有零向量,故线性相关.

答案 (C).

评注 这一类问题尽量用观察法,排除选项中一些明显具有线性相关的答案,再进一步确认. 该题设 a, b, c 是任意实数,故可取特殊值.

例 4 已知直线 $L_1: \dfrac{x-a_2}{a_1} = \dfrac{y-b_2}{b_1} = \dfrac{z-c_2}{c_1}$ 与直线 $L_2: \dfrac{x-a_3}{a_2} = \dfrac{y-b_3}{b_2} = \dfrac{z-c_3}{c_2}$ 相交于一点,记向量 $\boldsymbol{\alpha}_i = \begin{bmatrix} a_i \\ b_i \\ c_i \end{bmatrix}, i=1,2,3$,则( ).

(A) $\boldsymbol{\alpha}_1$ 可由 $\boldsymbol{\alpha}_2, \boldsymbol{\alpha}_3$ 线性表示　　　　(B) $\boldsymbol{\alpha}_2$ 可由 $\boldsymbol{\alpha}_1, \boldsymbol{\alpha}_3$ 线性表示

(C) $\boldsymbol{\alpha}_3$ 可由 $\boldsymbol{\alpha}_1, \boldsymbol{\alpha}_2$ 线性表示　　　　(D) $\boldsymbol{\alpha}_1, \boldsymbol{\alpha}_2, \boldsymbol{\alpha}_3$ 线性无关

分析 L_1 与 L_2 的方向向量分别为 $\boldsymbol{\alpha}_1, \boldsymbol{\alpha}_2$,这两条直线相交于一点,说明 $\boldsymbol{\alpha}_1, \boldsymbol{\alpha}_2$ 线性无关. 点 $P(a_2, b_2, c_2) \in L_1$,$Q(a_3, b_3, c_3) \in L_2$,由于 L_1, L_2 共面,故

$$|\boldsymbol{\alpha}_1, \boldsymbol{\alpha}_2, \overrightarrow{PQ}| = \begin{vmatrix} a_1 & a_2 & a_3-a_2 \\ b_1 & b_2 & b_3-b_2 \\ c_1 & c_2 & c_3-c_2 \end{vmatrix} = \begin{vmatrix} a_1 & a_2 & a_3 \\ b_1 & b_2 & b_3 \\ c_1 & c_2 & c_3 \end{vmatrix} = |\boldsymbol{\alpha}_1, \boldsymbol{\alpha}_2, \boldsymbol{\alpha}_3| = 0,$$

即 $\boldsymbol{\alpha}_1, \boldsymbol{\alpha}_2, \boldsymbol{\alpha}_3$ 线性相关,而 $\boldsymbol{\alpha}_1, \boldsymbol{\alpha}_2$ 线性无关,因此 $\boldsymbol{\alpha}_3$ 可由 $\boldsymbol{\alpha}_1, \boldsymbol{\alpha}_2$ 线性表示,故选(C). 由于 $\boldsymbol{\alpha}_3$ 可能是零向量,因此(A)与(B)均可能不对.

答案 (C).

例 5 设向量 $\boldsymbol{\beta}$ 可由向量组 $\boldsymbol{\alpha}_1, \boldsymbol{\alpha}_2, \cdots, \boldsymbol{\alpha}_n$ 线性表出,但不能由向量组(Ⅰ):$\boldsymbol{\alpha}_1$, $\boldsymbol{\alpha}_2, \cdots, \boldsymbol{\alpha}_{n-1}$ 线性表出,记向量组(Ⅱ):$\boldsymbol{\alpha}_1, \boldsymbol{\alpha}_2, \cdots, \boldsymbol{\alpha}_{n-1}, \boldsymbol{\beta}$,则( ).

(A) $\boldsymbol{\alpha}_n$ 不能由向量组（Ⅰ）线性表出，也不能由向量组（Ⅱ）线性表出

(B) $\boldsymbol{\alpha}_n$ 不能由向量组（Ⅰ）线性表出，但可由向量组（Ⅱ）线性表出

(C) $\boldsymbol{\alpha}_n$ 可由向量组（Ⅰ）线性表出，也可由向量组（Ⅱ）线性表出

(D) $\boldsymbol{\alpha}_n$ 可由向量组（Ⅰ）线性表出，但不可由向量组（Ⅱ）线性表出

分析 由题设有

$$\boldsymbol{\beta}=k_1\boldsymbol{\alpha}_1+k_2\boldsymbol{\alpha}_2+\cdots+k_n\boldsymbol{\alpha}_n. \tag{4-1}$$

因 $\boldsymbol{\beta}$ 不能由向量组 $\boldsymbol{\alpha}_1,\boldsymbol{\alpha}_2,\cdots,\boldsymbol{\alpha}_{n-1}$ 线性表出，故 $k_n\neq0$. 因此

$$\boldsymbol{\alpha}_n=-\frac{1}{k_n}(-\boldsymbol{\beta}+k_1\boldsymbol{\alpha}_1+k_2\boldsymbol{\alpha}_2+\cdots+k_{n-1}\boldsymbol{\alpha}_{n-1}),$$

即 $\boldsymbol{\alpha}_n$ 可由向量组（Ⅱ）线性表出.

若 $\boldsymbol{\alpha}_n=l_1\boldsymbol{\alpha}_1+l_2\boldsymbol{\alpha}_2+\cdots+l_{n-1}\boldsymbol{\alpha}_{n-1}$，将其代入(4-1)式得

$$\boldsymbol{\beta}=(k_1+k_nl_1)\boldsymbol{\alpha}_1+(k_2+k_nl_2)\boldsymbol{\alpha}_2+\cdots+(k_{n-1}+k_nl_{n-1})\boldsymbol{\alpha}_{n-1},$$

这与 $\boldsymbol{\beta}$ 不能由向量组（Ⅰ）线性表出矛盾，所以 $\boldsymbol{\alpha}_n$ 不能由向量组（Ⅰ）线性表出.

答案 (B).

例 6 已知向量组（Ⅰ）：$\boldsymbol{\alpha}_1,\boldsymbol{\alpha}_2,\cdots,\boldsymbol{\alpha}_s$ 与（Ⅱ）：$\boldsymbol{\alpha}_1,\boldsymbol{\alpha}_2,\cdots,\boldsymbol{\alpha}_s,\boldsymbol{\alpha}_{s+1},\boldsymbol{\alpha}_{s+1},\cdots,$ $\boldsymbol{\alpha}_{s+t}$，若向量组的秩 $R(Ⅰ)=p,R(Ⅱ)=q$，则下列条件中不能判定（Ⅰ）是（Ⅱ）的极大无关组的是（ ）.

(A) $p=q$，（Ⅱ）可由（Ⅰ）线性表出 (B) $s=q$，（Ⅰ）与（Ⅱ）为等价向量组

(C) $p=q$，（Ⅰ）线性无关 (D) $p=q=s$

分析 (A)中仅凭 $p=q$ 不能保证 $\boldsymbol{\alpha}_1,\boldsymbol{\alpha}_2,\cdots,\boldsymbol{\alpha}_s$ 线性无关，所以不能判定（Ⅰ）是（Ⅱ）的极大无关组. 其余情况均能根据极大无关组的定义确定是正确的.

答案 (A).

例 7 设线性方程组 $\boldsymbol{AX}=\boldsymbol{b}$ 有 n 个未知量，m 个方程，且 $R(\boldsymbol{A})=r$，则此方程组（ ）.

(A) 当 $r=m$ 时，有解 (B) 当 $r=n$ 时，有唯一解

(C) 当 $m=n$ 时，有唯一解 (D) 当 $r<n$ 时，有无穷解

分析 已知 $\boldsymbol{A}$ 是 $m\times n$ 矩阵.(A) 若 $R(\boldsymbol{A})=m$，则必有 m 阶子式不为零，而 $\overline{\boldsymbol{A}}$ 中不存在 $m+1$ 阶子式，所以 $R(\overline{\boldsymbol{A}})=m$，故方程组必有解. 且若 $r=m=n$，方程组有唯一解；若 $r=m<n$，方程组有无穷多解. 所以(A)正确.

(B) 若 $R(\boldsymbol{A})=n$，自然有 $m\geqslant n$.若 $m=n$，则 $\boldsymbol{A}$ 是 n 阶可逆矩阵，由克拉默法则，方程组有唯一解.若 $m>n$，且 $R(\overline{\boldsymbol{A}})=n=R(\boldsymbol{A})$，则因 $\boldsymbol{A}$ 的列向量线性无关，此时方程组有唯一解.但若 $m>n$，且 $R(\overline{\boldsymbol{A}})>n$ 时，方程组就无解. 所以(B)不正确. 要注意 $R(\boldsymbol{A})=n$ 时，不能保证 $R(\overline{\boldsymbol{A}})=n$ 必成立.

(C)、(D)两种条件下都可能有无解的情况，故不正确.

答案 (A).

例 8 设 n 维列向量组 $\boldsymbol{\alpha}_1,\boldsymbol{\alpha}_2,\cdots,\boldsymbol{\alpha}_m(m<n)$ 线性无关，则 n 维列向量组 $\boldsymbol{\beta}_1,$ $\boldsymbol{\beta}_2,\cdots,\boldsymbol{\beta}_m$ 线性无关的充要条件为（ ）.

(A) 向量组 $\boldsymbol{\alpha}_1,\boldsymbol{\alpha}_2,\cdots,\boldsymbol{\alpha}_m$ 可由向量组 $\boldsymbol{\beta}_1,\boldsymbol{\beta}_2,\cdots,\boldsymbol{\beta}_m$ 线性表出

(B) 向量组 $\boldsymbol{\beta}_1,\boldsymbol{\beta}_2,\cdots,\boldsymbol{\beta}_m$ 可由向量组 $\boldsymbol{\alpha}_1,\boldsymbol{\alpha}_2,\cdots,\boldsymbol{\alpha}_m$ 线性表出

(C) 向量组 $\boldsymbol{\alpha}_1,\boldsymbol{\alpha}_2,\cdots,\boldsymbol{\alpha}_m$ 与向量组 $\boldsymbol{\beta}_1,\boldsymbol{\beta}_2,\cdots,\boldsymbol{\beta}_m$ 等价

(D) 矩阵 $\boldsymbol{A}=(\boldsymbol{\alpha}_1,\boldsymbol{\alpha}_2,\cdots,\boldsymbol{\alpha}_m)$ 与矩阵 $\boldsymbol{B}=(\boldsymbol{\beta}_1,\boldsymbol{\beta}_2,\cdots,\boldsymbol{\beta}_m)$ 等价

分析 1 (A)是 $\boldsymbol{\beta}_1,\boldsymbol{\beta}_2,\cdots,\boldsymbol{\beta}_m$ 线性无关的充分条件而非必要条件.

由 $\boldsymbol{\beta}_1,\boldsymbol{\beta}_2,\cdots,\boldsymbol{\beta}_m$ 可由向量组 $\boldsymbol{\alpha}_1,\boldsymbol{\alpha}_2,\cdots,\boldsymbol{\alpha}_m$ 线性表出不能保证 $\boldsymbol{\beta}_1,\boldsymbol{\beta}_2,\cdots,\boldsymbol{\beta}_m$ 线性无关.故(B)错误.

(C)是 $\boldsymbol{\beta}_1,\boldsymbol{\beta}_2,\cdots,\boldsymbol{\beta}_m$ 线性无关的充分条件而非必要条件.例如,取 $m=2,\boldsymbol{\alpha}_1=(1,0,0)^{\mathrm{T}},\boldsymbol{\alpha}_2=(0,1,0)^{\mathrm{T}};\boldsymbol{\beta}_1=(0,1,0)^{\mathrm{T}},\boldsymbol{\beta}_2=(0,0,1)^{\mathrm{T}}.$ 显然这两个向量组都线性无关,但它们却不等价.

若矩阵 $\boldsymbol{A}=(\boldsymbol{\alpha}_1,\boldsymbol{\alpha}_2,\cdots,\boldsymbol{\alpha}_m)$ 与矩阵 $\boldsymbol{B}=(\boldsymbol{\beta}_1,\boldsymbol{\beta}_2,\cdots,\boldsymbol{\beta}_m)$ 等价,则 $R(\boldsymbol{A})=R(\boldsymbol{B})=m$,因此 $\boldsymbol{\beta}_1,\boldsymbol{\beta}_2,\cdots,\boldsymbol{\beta}_m$ 线性无关. 反之,若 $\boldsymbol{\beta}_1,\boldsymbol{\beta}_2,\cdots,\boldsymbol{\beta}_m$ 线性无关,则 $R(\boldsymbol{B})=m=R(\boldsymbol{A})$,同型矩阵 $\boldsymbol{A},\boldsymbol{B}$ 有相同的秩,因此 $\boldsymbol{A}$ 与 $\boldsymbol{B}$ 等价. 故(D)正确.

分析 2 设 $\boldsymbol{\alpha}_1=(1,0,0,0)^{\mathrm{T}},\boldsymbol{\alpha}_2=(0,1,0,0)^{\mathrm{T}},\boldsymbol{\beta}_1=(0,0,1,0)^{\mathrm{T}},\boldsymbol{\beta}_2=(0,0,0,1)^{\mathrm{T}}$,则 $\boldsymbol{\alpha}_1,\boldsymbol{\alpha}_2$ 线性无关,$\boldsymbol{\beta}_1,\boldsymbol{\beta}_2$ 线性无关,但 $\boldsymbol{\alpha}_1,\boldsymbol{\alpha}_2$ 与 $\boldsymbol{\beta}_1,\boldsymbol{\beta}_2$ 不能相互线性表出,故排除(A),(B),(C).

答案 (D).

评注 矩阵等价与向量组等价的区别:

矩阵 $\boldsymbol{A}=(\boldsymbol{\alpha}_1,\boldsymbol{\alpha}_2,\cdots,\boldsymbol{\alpha}_m)$ 与 $\boldsymbol{B}=(\boldsymbol{\beta}_1,\boldsymbol{\beta}_2,\cdots,\boldsymbol{\beta}_m)$ 等价是指这两个矩阵能够通过初等变换互化,其充要条件为 $R(\boldsymbol{A})=R(\boldsymbol{B})$.

向量组 $\boldsymbol{\alpha}_1,\boldsymbol{\alpha}_2,\cdots,\boldsymbol{\alpha}_m$ 与 $\boldsymbol{\beta}_1,\boldsymbol{\beta}_2,\cdots,\boldsymbol{\beta}_m$ 等价是指这两个向量组能够相互线性表出,其充要条件为 $R(\boldsymbol{A})=R(\boldsymbol{A},\boldsymbol{B})=R(\boldsymbol{B})$.

例 9 设 $\boldsymbol{A},\boldsymbol{B}$ 为满足 $\boldsymbol{AB}=\boldsymbol{O}$ 的任意两个非零矩阵,则必有( ).

(A) $\boldsymbol{A}$ 的列向量组线性相关,$\boldsymbol{B}$ 的行向量组线性相关

(B) $\boldsymbol{A}$ 的列向量组线性相关,$\boldsymbol{B}$ 的列向量组线性相关

(C) $\boldsymbol{A}$ 的行向量组线性相关,$\boldsymbol{B}$ 的行向量组线性相关

(D) $\boldsymbol{A}$ 的行向量组线性相关,$\boldsymbol{B}$ 的列向量组线性相关

分析 设 $\boldsymbol{A}$ 是 $m\times s$ 矩阵,$\boldsymbol{B}$ 是 $s\times n$ 矩阵.把矩阵 $\boldsymbol{B}$ 按列分块 $\boldsymbol{B}=(\boldsymbol{\beta}_1,\boldsymbol{\beta}_2,\cdots,\boldsymbol{\beta}_n)$,由题设得 $\boldsymbol{AB}=\boldsymbol{A}(\boldsymbol{\beta}_1,\boldsymbol{\beta}_2,\cdots,\boldsymbol{\beta}_n)=(\boldsymbol{A\beta}_1,\boldsymbol{A\beta}_2,\cdots,\boldsymbol{A\beta}_n)=\boldsymbol{O}$,即

$$\boldsymbol{A\beta}_i=\boldsymbol{0} \quad (i=1,2,\cdots,n).$$

$\boldsymbol{\beta}_i(i=1,2,\cdots,n)$ 为线性方程组 $\boldsymbol{AX}=\boldsymbol{0}$ 的解. 由 $\boldsymbol{B}\neq\boldsymbol{O}$ 知 $\boldsymbol{AX}=\boldsymbol{0}$ 有非零解,所以 $R(\boldsymbol{A})<s$,所以 $\boldsymbol{A}$ 的列向量组线性相关.由 $\boldsymbol{AB}=\boldsymbol{O}$ 取转置,类似可得 $\boldsymbol{B}$ 的行向量组线性相关.

答案 (A).

例 10 记齐次线性方程组 $\begin{cases} \lambda x_1+x_2+\lambda^2 x_3=0, \\ x_1+\lambda x_2+x_3=0, \\ x_1+x_2+\lambda x_3=0 \end{cases}$ 的系数矩阵为 $\boldsymbol{A}$,若存在 3 阶矩阵 $\boldsymbol{B}\neq\boldsymbol{O}$,使得 $\boldsymbol{AB}=\boldsymbol{O}$,则( ).

(A) $\lambda=-2$ 且 $|\boldsymbol{B}|=0$

(B) $\lambda=-2$ 且 $|\boldsymbol{B}|\neq 0$

(C) $\lambda=1$ 且 $|\boldsymbol{B}|=0$

(D) $\lambda=1$ 且 $|\boldsymbol{B}|\neq 0$

分析 由 $AB = O$ 知 $R(A) + R(B) \leqslant 3$，因 $B \neq O$，故 $R(A) \leqslant 2$. 由

$$|A| = \begin{vmatrix} \lambda & 1 & \lambda^2 \\ 1 & \lambda & 1 \\ 1 & 1 & \lambda \end{vmatrix} = (1-\lambda)^2 = 0,$$ 故 $\lambda = 1$，且有 $R(B) \leqslant 2$，则 $|B| = 0$，所以(C)正确.

答案 (C).

例 11 设 $\boldsymbol{\alpha}_1 = \begin{bmatrix} a_1 \\ a_2 \\ a_3 \end{bmatrix}, \boldsymbol{\alpha}_2 = \begin{bmatrix} b_1 \\ b_2 \\ b_3 \end{bmatrix}, \boldsymbol{\alpha}_3 = \begin{bmatrix} c_1 \\ c_2 \\ c_3 \end{bmatrix}$，则三条直线 $a_i x + b_i y + c_i = 0$(其中 $a_i^2 + b_i^2 \neq 0, i = 1, 2, 3$)交于一点的充要条件为(   ).

(A) $\boldsymbol{\alpha}_1, \boldsymbol{\alpha}_2, \boldsymbol{\alpha}_3$ 线性相关

(B) $\boldsymbol{\alpha}_1, \boldsymbol{\alpha}_2, \boldsymbol{\alpha}_3$ 线性无关

(C) $R(\boldsymbol{\alpha}_1, \boldsymbol{\alpha}_2, \boldsymbol{\alpha}_3) = R(\boldsymbol{\alpha}_1, \boldsymbol{\alpha}_2)$

(D) $\boldsymbol{\alpha}_1, \boldsymbol{\alpha}_2, \boldsymbol{\alpha}_3$ 线性相关，$\boldsymbol{\alpha}_1, \boldsymbol{\alpha}_2$ 线性无关

分析 将三条直线方程组成的方程组用向量形式来表示，即为 $x\boldsymbol{\alpha}_1 + y\boldsymbol{\alpha}_2 = -\boldsymbol{\alpha}_3$，则

$$\text{三直线交于一点} \Leftrightarrow \text{方程组有唯一解} \Leftrightarrow \boldsymbol{\alpha}_3 \text{ 能由 } \boldsymbol{\alpha}_1, \boldsymbol{\alpha}_2 \text{ 唯一线性表出}$$
$$\Leftrightarrow \boldsymbol{\alpha}_1, \boldsymbol{\alpha}_2 \text{ 线性无关，且 } \boldsymbol{\alpha}_1, \boldsymbol{\alpha}_2, \boldsymbol{\alpha}_3 \text{ 线性相关}.$$

答案 (D).

评注 将几何问题转化为代数问题是解决该类题目的关键.

例 12 设 A 是 $m \times n$ 矩阵，线性方程组(Ⅰ)：$AX = b$ 对应的齐次线性方程组为(Ⅱ)：$AX = 0$，则(   ).

(A) (Ⅰ)有无穷多解 $\Rightarrow$ (Ⅱ)仅有零解

(B) (Ⅰ)有无穷多解 $\Rightarrow$ (Ⅱ)有无穷多解

(C) (Ⅱ)仅有零解 $\Rightarrow$ (Ⅰ)有唯一解

(D) (Ⅱ)有非零解 $\Rightarrow$ (Ⅰ)有无穷多解

分析 由非齐次方程组解的结构知，(B)是正确的，(A)不正确.(C)与(D)不正确的原因是(Ⅱ)有解时(Ⅰ)可能无解.

答案 (B).

评注 非齐次方程组 $AX = b$ 有解的充要条件是 $R(A) = R(A, b)$，与齐次方程组 $AX = 0$ 有多少解无关.

例 13 设有齐次线性方程组 $AX = 0$ 和 $BX = 0$，其中 A, B 均为 $m \times n$ 矩阵，现有 4 个命题：

① 若 $AX = 0$ 的解均为 $BX = 0$ 的解，则 $R(A) \geqslant R(B)$；

② 若 $R(A) \geqslant R(B)$，则 $AX = 0$ 的解均为 $BX = 0$ 的解；

③ 若 $AX = 0$ 与 $BX = 0$ 同解，则 $R(A) = R(B)$；

④ 若 $R(A) = R(B)$，则 $AX = 0$ 与 $BX = 0$ 同解.

以上命题正确的是(   )

(A) ①②   (B) ①③   (C) ②④   (D) ③④

分析 若 $AX = 0$ 的解均为 $BX = 0$ 的解，则 $AX = 0$ 的解空间的维数不超过 $BX = $

$\mathbf{0}$ 的解空间的维数,即 $n-R(\mathbf{A})\leqslant n-R(\mathbf{B})$,①正确. 而根据两个解空间的维数的大小关系不能得出其对应的齐次线性方程组的解集的包含关系,所以②不成立,即(A),(C)不对. 只需考虑(B),(D)两项的正确性. 显然④不成立,故选(B).

答案 (B).

例 14 设 n 阶矩阵 $\mathbf{A}$ 的伴随矩阵 $\mathbf{A}^*\neq\mathbf{O}$,若 $\boldsymbol{\xi}_1,\boldsymbol{\xi}_2,\boldsymbol{\xi}_3,\boldsymbol{\xi}_4$ 是非齐次线性方程组 $\mathbf{A}\mathbf{X}=\mathbf{b}$ 的互不相等的解,则对应的齐次线性方程组 $\mathbf{A}\mathbf{X}=\mathbf{0}$ 的基础解系( ).

(A) 不存在
(B) 仅含一个非零向量
(C) 含有两个线性无关的向量
(D) 含有三个线性无关的向量

分析 矩阵与其伴随矩阵的秩之间的关系为

$$R(\mathbf{A}^*)=\begin{cases}0, & R(\mathbf{A})<n-1,\\ 1, & R(\mathbf{A})=n-1,\\ n, & R(\mathbf{A})=n.\end{cases}$$

因为 $\mathbf{A}^*\neq\mathbf{O}$,所以 $R(\mathbf{A}^*)\neq 0$,则 $R(\mathbf{A})=n$ 或 $n-1$. 因为线性方程组 $\mathbf{A}\mathbf{X}=\mathbf{b}$ 有互不相等的解 $\boldsymbol{\xi}_1,\boldsymbol{\xi}_2,\boldsymbol{\xi}_3,\boldsymbol{\xi}_4$,即解不唯一,则矩阵 $\mathbf{A}$ 不是满秩矩阵,即 $R(\mathbf{A})\neq n$,从而 $R(\mathbf{A})=n-1$. 故齐次线性方程组 $\mathbf{A}\mathbf{X}=\mathbf{0}$ 的基础解系仅含一个解向量.

答案 (B).

(二) 解答题

例 1 已知 $\boldsymbol{\alpha}_1=(1,4,0,2)^{\mathrm{T}}$,$\boldsymbol{\alpha}_2=(2,7,1,3)^{\mathrm{T}}$,$\boldsymbol{\alpha}_3=(0,1,-1,a)^{\mathrm{T}}$,$\boldsymbol{\beta}=(3,10,b,4)^{\mathrm{T}}$,问
(1) a,b 取何值时,$\boldsymbol{\beta}$ 不能由 $\boldsymbol{\alpha}_1,\boldsymbol{\alpha}_2,\boldsymbol{\alpha}_3$ 由线性表出;
(2) a,b 取何值时,$\boldsymbol{\beta}$ 能由 $\boldsymbol{\alpha}_1,\boldsymbol{\alpha}_2,\boldsymbol{\alpha}_3$ 唯一线性表出? 并写出表示式.

分析 这一类问题可以归结为讨论线性方程组 $x_1\boldsymbol{\alpha}_1+x_2\boldsymbol{\alpha}_2+x_3\boldsymbol{\alpha}_3=\boldsymbol{\beta}$ 解的情况. 若方程组有解,则 $\boldsymbol{\beta}$ 能由 $\boldsymbol{\alpha}_1,\boldsymbol{\alpha}_2,\boldsymbol{\alpha}_3$ 线性表出,而且根据其解可以写出表示式. 若方程组无解,则 $\boldsymbol{\beta}$ 不能由 $\boldsymbol{\alpha}_1,\boldsymbol{\alpha}_2,\boldsymbol{\alpha}_3$ 线性表出.

解 设 $x_1\boldsymbol{\alpha}_1+x_2\boldsymbol{\alpha}_2+x_3\boldsymbol{\alpha}_3=\boldsymbol{\beta}$. 因为

$$\begin{bmatrix}1 & 2 & 0 & \vdots & 3\\ 4 & 7 & 1 & \vdots & 10\\ 0 & 1 & -1 & \vdots & b\\ 2 & 3 & a & \vdots & 4\end{bmatrix}\rightarrow\begin{bmatrix}1 & 2 & 0 & \vdots & 3\\ 0 & -1 & 1 & \vdots & -2\\ 0 & 1 & -1 & \vdots & b\\ 0 & -1 & a & \vdots & -2\end{bmatrix}\rightarrow\begin{bmatrix}1 & 2 & 0 & \vdots & 3\\ 0 & -1 & 1 & \vdots & -2\\ 0 & 0 & a-1 & \vdots & 0\\ 0 & 0 & 0 & \vdots & b-2\end{bmatrix},$$

所以当 $b\neq 2$ 时,线性方程组 $(\boldsymbol{\alpha}_1,\boldsymbol{\alpha}_2,\boldsymbol{\alpha}_3)\mathbf{X}=\boldsymbol{\beta}$ 无解,此时 $\boldsymbol{\beta}$ 不能由 $\boldsymbol{\alpha}_1,\boldsymbol{\alpha}_2,\boldsymbol{\alpha}_3$ 线性表出.

当 $b=2,a\neq 1$ 时,线性方程组 $(\boldsymbol{\alpha}_1,\boldsymbol{\alpha}_2,\boldsymbol{\alpha}_3)\mathbf{X}=\boldsymbol{\beta}$ 有唯一解

$$\mathbf{X}=(x_1,x_2,x_3)^{\mathrm{T}}=(-1,2,0)^{\mathrm{T}},$$

此时 $\boldsymbol{\beta}$ 能由 $\boldsymbol{\alpha}_1,\boldsymbol{\alpha}_2,\boldsymbol{\alpha}_3$ 唯一线性表出,

$$\boldsymbol{\beta}=-\boldsymbol{\alpha}_1+2\boldsymbol{\alpha}_2+0\boldsymbol{\alpha}_3.$$

例 2 已知 3 维向量 $\boldsymbol{\alpha}_1=(1,1,0)^{\mathrm{T}}$,$\boldsymbol{\alpha}_2=(5,3,2)^{\mathrm{T}}$,$\boldsymbol{\alpha}_3=(1,3,-1)^{\mathrm{T}}$,$\boldsymbol{\alpha}_4=(-2,2,-3)^{\mathrm{T}}$,设 $\mathbf{A}$ 是 3 阶矩阵,满足 $\mathbf{A}\boldsymbol{\alpha}_1=\boldsymbol{\alpha}_2$,$\mathbf{A}\boldsymbol{\alpha}_2=\boldsymbol{\alpha}_3$,$\mathbf{A}\boldsymbol{\alpha}_3=\boldsymbol{\alpha}_4$,求 $\mathbf{A}\boldsymbol{\alpha}_4$.

分析 1 可将关系式 $\mathbf{A}\boldsymbol{\alpha}_1=\boldsymbol{\alpha}_2$,$\mathbf{A}\boldsymbol{\alpha}_2=\boldsymbol{\alpha}_3$,$\mathbf{A}\boldsymbol{\alpha}_3=\boldsymbol{\alpha}_4$ 写成矩阵形式,并求出 $\mathbf{A}$,$\mathbf{A}\boldsymbol{\alpha}_4$ 就容易计算了.

解法 1 由题设,可以用分块矩阵表示为 $A(\alpha_1,\alpha_2,\alpha_3)=(\alpha_2,\alpha_3,\alpha_4)$. 由于

$$|\alpha_1,\alpha_2,\alpha_3|=\begin{vmatrix}1&5&1\\1&3&3\\0&2&-1\end{vmatrix}=-2\neq 0,$$

所以 $(\alpha_1,\alpha_2,\alpha_3)$ 为可逆矩阵,从而

$$A=(\alpha_2,\alpha_3,\alpha_4)(\alpha_1,\alpha_2,\alpha_3)^{-1}=\begin{pmatrix}5&1&-2\\3&3&2\\2&-1&-3\end{pmatrix}\begin{pmatrix}1&5&1\\1&3&3\\0&2&-1\end{pmatrix}^{-1}$$

$$=\begin{pmatrix}5&1&-2\\3&3&2\\2&-1&-3\end{pmatrix}\begin{pmatrix}\dfrac{9}{2}&-\dfrac{7}{2}&-6\\[4pt]-\dfrac{1}{2}&\dfrac{1}{2}&1\\[4pt]-1&1&1\end{pmatrix}=\begin{pmatrix}24&-19&-31\\[2pt]10&-7&-13\\[2pt]\dfrac{25}{2}&-\dfrac{21}{2}&-16\end{pmatrix}.$$

由此得 $A\alpha_4=\begin{pmatrix}7\\5\\2\end{pmatrix}$.

分析 2 显然 $\alpha_1,\alpha_2,\alpha_3,\alpha_4$ 是线性相关的,若将 α_4 用 $\alpha_1,\alpha_2,\alpha_3$ 线性表出,则 $A\alpha_4$ 也就容易计算了.

解法 2 设 $\alpha_4=x_1\alpha_1+x_2\alpha_2+x_3\alpha_3$,对方程组的增广矩阵作初等变换得

$$\begin{pmatrix}1&5&1&\vdots&-2\\1&3&3&\vdots&2\\0&2&-1&\vdots&-3\end{pmatrix}\rightarrow\begin{pmatrix}1&5&1&\vdots&-2\\0&-2&2&\vdots&4\\0&2&-1&\vdots&-3\end{pmatrix}\rightarrow\begin{pmatrix}1&5&1&\vdots&-2\\0&1&-1&\vdots&-2\\0&0&1&\vdots&1\end{pmatrix}\rightarrow\begin{pmatrix}1&0&0&\vdots&2\\0&1&0&\vdots&-1\\0&0&1&\vdots&1\end{pmatrix},$$

解出 $\alpha_4=2\alpha_1-\alpha_2+\alpha_3$,则

$$A\alpha_4=A(2\alpha_1-\alpha_2+\alpha_3)=2A\alpha_1-A\alpha_2+A\alpha_3=2\begin{pmatrix}5\\3\\2\end{pmatrix}-\begin{pmatrix}1\\3\\-1\end{pmatrix}+\begin{pmatrix}-2\\2\\-3\end{pmatrix}=\begin{pmatrix}7\\5\\2\end{pmatrix}.$$

评注 解法 1 的思路比较直接,易于理解,但计算量较大. 解法 2 先将 α_4 用 α_1, α_2,α_3 线性表出,省略了求矩阵 A,计算量更小.

例 3 下列各向量组是否等价,若等价,写出线性表示式:

(1) $\alpha_1=(1,-1,1)^{\mathrm{T}}$,$\alpha_2=(2,1,0)^{\mathrm{T}}$ 和 $\beta_1=(4,-1,2)^{\mathrm{T}}$,$\beta_2=(1,2,-1)^{\mathrm{T}}$, $\beta_3=(-2,5,-4)^{\mathrm{T}}$;

(2) $\alpha_1=(1,0,-1)^{\mathrm{T}}$,$\alpha_2=(1,-2,4)^{\mathrm{T}}$,$\alpha_3=(2,-1,-1)^{\mathrm{T}}$ 和 $\beta_1=(1,1,1)^{\mathrm{T}}$, $\beta_2=(-1,-1,2)^{\mathrm{T}}$,$\beta_3=(3,3,6)^{\mathrm{T}}$.

分析 由非齐次线性方程组 $AX=b$ 有解的充要条件是 $R(A,b)=R(A)$ 可知,向量组 β_1,β_2,β_3 能由 α_1,α_2 线性表出的充要条件是 $R(\alpha_1,\alpha_2)=R(\alpha_1,\alpha_2,\beta_1,\beta_2,\beta_3)$; 交换两组向量的位置,可判定 α_1,α_2 能否由 β_1,β_2,β_3 线性表出.

解 (1) 由

$$(\alpha_1,\alpha_2,\beta_1,\beta_2,\beta_3)=\begin{pmatrix}1&2&4&1&-2\\-1&1&-1&2&5\\1&0&2&-1&-4\end{pmatrix}\rightarrow\begin{pmatrix}1&2&4&1&-2\\0&3&3&3&3\\0&-2&-2&-2&-2\end{pmatrix}$$

$$\rightarrow \begin{pmatrix} 1 & 2 & 4 & 1 & -2 \\ 0 & 1 & 1 & 1 & 1 \\ 0 & 0 & 0 & 0 & 0 \end{pmatrix} \rightarrow \begin{pmatrix} 1 & 0 & 2 & -1 & -4 \\ 0 & 1 & 1 & 1 & 1 \\ 0 & 0 & 0 & 0 & 0 \end{pmatrix}$$

得

$$\boldsymbol{\beta}_1 = 2\boldsymbol{\alpha}_1 + \boldsymbol{\alpha}_2, \quad \boldsymbol{\beta}_2 = -\boldsymbol{\alpha}_1 + \boldsymbol{\alpha}_2, \quad \boldsymbol{\beta}_3 = -4\boldsymbol{\alpha}_1 + \boldsymbol{\alpha}_2.$$

由此可解出

$$\boldsymbol{\alpha}_1 = \frac{1}{3}\boldsymbol{\beta}_1 - \frac{1}{3}\boldsymbol{\beta}_2 + 0\boldsymbol{\beta}_3, \quad \boldsymbol{\alpha}_2 = \frac{1}{3}\boldsymbol{\beta}_1 + \frac{2}{3}\boldsymbol{\beta}_2 + 0\boldsymbol{\beta}_3,$$

故两向量组等价.

（2）

$$(\boldsymbol{\beta}_1, \boldsymbol{\beta}_2, \boldsymbol{\beta}_3, \boldsymbol{\alpha}_1, \boldsymbol{\alpha}_2, \boldsymbol{\alpha}_3) = \begin{pmatrix} 1 & -1 & 3 & 1 & 1 & 2 \\ 1 & -1 & 3 & 0 & -2 & -1 \\ 1 & 2 & 6 & -1 & 4 & -1 \end{pmatrix} \rightarrow \begin{pmatrix} 1 & -1 & 3 & 1 & 1 & 2 \\ 0 & 3 & 3 & -2 & 3 & -3 \\ 0 & 0 & 0 & 0 & 1 & 3 \end{pmatrix},$$

可见 $R(\boldsymbol{\beta}_1, \boldsymbol{\beta}_2, \boldsymbol{\beta}_3) = 2 \neq R(\boldsymbol{\beta}_1, \boldsymbol{\beta}_2, \boldsymbol{\beta}_3, \boldsymbol{\alpha}_1, \boldsymbol{\alpha}_2, \boldsymbol{\alpha}_3) = 3$，故 $\boldsymbol{\alpha}_1, \boldsymbol{\alpha}_2, \boldsymbol{\alpha}_3$ 不能由 $\boldsymbol{\beta}_1, \boldsymbol{\beta}_2, \boldsymbol{\beta}_3$ 线性表出,两向量组不等价.

评注 若题目仅要求判断两个向量组是否等价,在(1)中对矩阵 $(\boldsymbol{\alpha}_1, \boldsymbol{\alpha}_2, \boldsymbol{\beta}_1, \boldsymbol{\beta}_2, \boldsymbol{\beta}_3)$ 的初等变换只需做到倒数第二步,就能看出 $R(\boldsymbol{\alpha}_1, \boldsymbol{\alpha}_2) = R(\boldsymbol{\alpha}_1, \boldsymbol{\alpha}_2, \boldsymbol{\beta}_1, \boldsymbol{\beta}_2, \boldsymbol{\beta}_3) = R(\boldsymbol{\beta}_1, \boldsymbol{\beta}_2, \boldsymbol{\beta}_3)$ $= 2$,两向量组等价.

例 4 设向量组 $\boldsymbol{\alpha}_1, \boldsymbol{\alpha}_2, \boldsymbol{\alpha}_3$ 线性相关, $\boldsymbol{\alpha}_2, \boldsymbol{\alpha}_3, \boldsymbol{\alpha}_4$ 线性无关,问 $\boldsymbol{\alpha}_4$ 能否由 $\boldsymbol{\alpha}_1, \boldsymbol{\alpha}_2,$ $\boldsymbol{\alpha}_3$ 线性表出?

分析 由 $\boldsymbol{\alpha}_2, \boldsymbol{\alpha}_3, \boldsymbol{\alpha}_4$ 线性无关 $\Rightarrow \boldsymbol{\alpha}_2, \boldsymbol{\alpha}_3$ 线性无关,且 $\boldsymbol{\alpha}_4$ 不能由 $\boldsymbol{\alpha}_2, \boldsymbol{\alpha}_3$ 线性表出.

又由 $\boldsymbol{\alpha}_1, \boldsymbol{\alpha}_2, \boldsymbol{\alpha}_3$ 线性相关 $\Rightarrow \boldsymbol{\alpha}_1$ 可由 $\boldsymbol{\alpha}_2, \boldsymbol{\alpha}_3$ 线性表出.可见 $\boldsymbol{\alpha}_4$ 不能由 $\boldsymbol{\alpha}_1, \boldsymbol{\alpha}_2, \boldsymbol{\alpha}_3$ 线性表出.

解 由 $\boldsymbol{\alpha}_2, \boldsymbol{\alpha}_3, \boldsymbol{\alpha}_4$ 线性无关 $\Rightarrow \boldsymbol{\alpha}_2, \boldsymbol{\alpha}_3$ 线性无关.

又由 $\boldsymbol{\alpha}_1, \boldsymbol{\alpha}_2, \boldsymbol{\alpha}_3$ 线性相关 $\Rightarrow \boldsymbol{\alpha}_1$ 可由 $\boldsymbol{\alpha}_2, \boldsymbol{\alpha}_3$ 线性表出.

设

$$\boldsymbol{\alpha}_1 = k_2 \boldsymbol{\alpha}_2 + k_3 \boldsymbol{\alpha}_3, \tag{4-2}$$

若 $\boldsymbol{\alpha}_4$ 可由 $\boldsymbol{\alpha}_1, \boldsymbol{\alpha}_2, \boldsymbol{\alpha}_3$ 线性表出,则

$$\boldsymbol{\alpha}_4 = l_1 \boldsymbol{\alpha}_1 + l_2 \boldsymbol{\alpha}_2 + l_3 \boldsymbol{\alpha}_3,$$

将(4-2)式代入上式得

$$\boldsymbol{\alpha}_4 = (l_1 k_2 + l_2)\boldsymbol{\alpha}_2 + (l_1 k_3 + l_3)\boldsymbol{\alpha}_3,$$

这表明 $\boldsymbol{\alpha}_2, \boldsymbol{\alpha}_3, \boldsymbol{\alpha}_4$ 线性相关,与已知矛盾.故 $\boldsymbol{\alpha}_4$ 不能由 $\boldsymbol{\alpha}_1, \boldsymbol{\alpha}_2, \boldsymbol{\alpha}_3$ 线性表出.

例 5 设向量组 $\boldsymbol{\alpha}_1, \boldsymbol{\alpha}_2, \cdots, \boldsymbol{\alpha}_n (n \geq 2)$ 线性无关,试问向量组 $\boldsymbol{\alpha}_1 + \boldsymbol{\alpha}_2, \boldsymbol{\alpha}_2 + \boldsymbol{\alpha}_3, \cdots,$ $\boldsymbol{\alpha}_{n-1} + \boldsymbol{\alpha}_n, \boldsymbol{\alpha}_n + \boldsymbol{\alpha}_1$ 是否线性无关?

分析 1 按定义,只需判定齐次线性方程组

$$x_1(\boldsymbol{\alpha}_1 + \boldsymbol{\alpha}_2) + x_2(\boldsymbol{\alpha}_2 + \boldsymbol{\alpha}_3) + \cdots + x_{n-1}(\boldsymbol{\alpha}_{n-1} + \boldsymbol{\alpha}_n) + x_n(\boldsymbol{\alpha}_n + \boldsymbol{\alpha}_1) = \boldsymbol{0}$$

是否有非零解.

解法 1 设 $x_1(\boldsymbol{\alpha}_1 + \boldsymbol{\alpha}_2) + x_2(\boldsymbol{\alpha}_2 + \boldsymbol{\alpha}_3) + \cdots + x_{n-1}(\boldsymbol{\alpha}_{n-1} + \boldsymbol{\alpha}_n) + x_n(\boldsymbol{\alpha}_n + \boldsymbol{\alpha}_1) = \boldsymbol{0}$,即有

$$(x_1+x_n)\boldsymbol{\alpha}_1+(x_1+x_2)\boldsymbol{\alpha}_2+\cdots+(x_{n-1}+x_n)\boldsymbol{\alpha}_n=\mathbf{0},$$

由 $\boldsymbol{\alpha}_1,\boldsymbol{\alpha}_2,\cdots,\boldsymbol{\alpha}_n$ 线性无关得

$$\begin{cases}x_1+x_n=0,\\ x_1+x_2=0,\\ \cdots\cdots\cdots\cdots\\ x_{n-1}+x_n=0.\end{cases} \qquad (4-3)$$

方程组的系数行列式

$$D_n=\begin{vmatrix}1&0&0&\cdots&0&1\\1&1&0&\cdots&0&0\\0&1&1&\cdots&0&0\\\vdots&\vdots&\vdots&&\vdots&\vdots\\0&0&0&\cdots&1&0\\0&0&0&\cdots&1&1\end{vmatrix}\xmapsto{\text{按 }r_1\text{ 展开}}1+(-1)^{n+1}=\begin{cases}2,n\text{ 为奇数},\\0,n\text{ 为偶数}.\end{cases}$$

故当 n 为奇数时, $D_n\neq0$, 方程组(4-3)只有零解, 向量组线性无关; 当 n 为偶数时, $D_n=0$, 方程组(4-3)有非零解, 向量组线性相关.

分析 2　不妨设 $\boldsymbol{\alpha}_1,\boldsymbol{\alpha}_2,\cdots,\boldsymbol{\alpha}_n$ 为列向量组,

$$(\boldsymbol{\alpha}_1+\boldsymbol{\alpha}_2,\boldsymbol{\alpha}_2+\boldsymbol{\alpha}_3,\cdots,\boldsymbol{\alpha}_{n-1}+\boldsymbol{\alpha}_n,\boldsymbol{\alpha}_n+\boldsymbol{\alpha}_1)=(\boldsymbol{\alpha}_1,\boldsymbol{\alpha}_2,\cdots,\boldsymbol{\alpha}_{n-1},\boldsymbol{\alpha}_n)\begin{pmatrix}1&0&0&\cdots&0&1\\1&1&0&\cdots&0&0\\0&1&1&\cdots&0&0\\\vdots&\vdots&\vdots&&\vdots&\vdots\\0&0&0&\cdots&1&0\\0&0&0&\cdots&1&1\end{pmatrix},$$

$$(4-4)$$

由于 $\boldsymbol{\alpha}_1,\boldsymbol{\alpha}_2,\cdots,\boldsymbol{\alpha}_n$ 线性无关, 故(4-4)式左边矩阵的列向量组是否线性无关取决于右边的矩阵是否可逆.

解法 2　记(4-4)式右边的矩阵为 $\boldsymbol{A}$, 即有

$$(\boldsymbol{\alpha}_1+\boldsymbol{\alpha}_2,\boldsymbol{\alpha}_2+\boldsymbol{\alpha}_3,\cdots,\boldsymbol{\alpha}_{n-1}+\boldsymbol{\alpha}_n,\boldsymbol{\alpha}_n+\boldsymbol{\alpha}_1)=(\boldsymbol{\alpha}_1,\boldsymbol{\alpha}_2,\cdots,\boldsymbol{\alpha}_{n-1},\boldsymbol{\alpha}_n)\boldsymbol{A}.$$

由解法 1 知, $|\boldsymbol{A}|=\begin{cases}2,n\text{ 为奇数},\\0,n\text{ 为偶数}.\end{cases}$

当 n 为奇数时, $|\boldsymbol{A}|=2,\boldsymbol{A}$ 可逆, 有

$$(\boldsymbol{\alpha}_1+\boldsymbol{\alpha}_2,\boldsymbol{\alpha}_2+\boldsymbol{\alpha}_3,\cdots,\boldsymbol{\alpha}_{n-1}+\boldsymbol{\alpha}_n,\boldsymbol{\alpha}_n+\boldsymbol{\alpha}_1)\boldsymbol{A}^{-1}=(\boldsymbol{\alpha}_1,\boldsymbol{\alpha}_2,\cdots,\boldsymbol{\alpha}_{n-1},\boldsymbol{\alpha}_n),$$

则向量组 $\boldsymbol{\alpha}_1+\boldsymbol{\alpha}_2,\boldsymbol{\alpha}_2+\boldsymbol{\alpha}_3,\cdots,\boldsymbol{\alpha}_{n-1}+\boldsymbol{\alpha}_n,\boldsymbol{\alpha}_n+\boldsymbol{\alpha}_1$ 与 $\boldsymbol{\alpha}_1,\boldsymbol{\alpha}_2,\cdots,\boldsymbol{\alpha}_n$ 等价, 有

$$R(\boldsymbol{\alpha}_1+\boldsymbol{\alpha}_2,\boldsymbol{\alpha}_2+\boldsymbol{\alpha}_3,\cdots,\boldsymbol{\alpha}_{n-1}+\boldsymbol{\alpha}_n,\boldsymbol{\alpha}_n+\boldsymbol{\alpha}_1)=R(\boldsymbol{\alpha}_1,\boldsymbol{\alpha}_2,\cdots,\boldsymbol{\alpha}_{n-1},\boldsymbol{\alpha}_n)=n,$$

故向量组 $\boldsymbol{\alpha}_1+\boldsymbol{\alpha}_2,\boldsymbol{\alpha}_2+\boldsymbol{\alpha}_3,\cdots,\boldsymbol{\alpha}_{n-1}+\boldsymbol{\alpha}_n,\boldsymbol{\alpha}_n+\boldsymbol{\alpha}_1$ 线性无关.

当 n 为偶数时, $|\boldsymbol{A}|=0,R(\boldsymbol{A})<n$, 有

$$R(\boldsymbol{\alpha}_1+\boldsymbol{\alpha}_2,\boldsymbol{\alpha}_2+\boldsymbol{\alpha}_3,\cdots,\boldsymbol{\alpha}_{n-1}+\boldsymbol{\alpha}_n,\boldsymbol{\alpha}_n+\boldsymbol{\alpha}_1)\leqslant R(\boldsymbol{A})<n,$$

故向量组 $\boldsymbol{\alpha}_1+\boldsymbol{\alpha}_2,\boldsymbol{\alpha}_2+\boldsymbol{\alpha}_3,\cdots,\boldsymbol{\alpha}_{n-1}+\boldsymbol{\alpha}_n,\boldsymbol{\alpha}_n+\boldsymbol{\alpha}_1$ 线性相关.

例 6　设向量组

$$\boldsymbol{\alpha}_1=(1,1,1,3)^{\mathrm{T}},\quad \boldsymbol{\alpha}_2=(-1,-3,5,1)^{\mathrm{T}},\quad \boldsymbol{\alpha}_3=(3,2,-1,p+2)^{\mathrm{T}},\quad \boldsymbol{\alpha}_4=(-2,-6,10,p)^{\mathrm{T}},$$

试问：p 为何值时，该向量组线性相关？并在此时求出它的秩和一个极大无关组.

分析 向量组的秩即为矩阵 $\boldsymbol{A}=(\boldsymbol{\alpha}_1,\boldsymbol{\alpha}_2,\boldsymbol{\alpha}_3,\boldsymbol{\alpha}_4)$ 的秩，向量组线性相关 $\Leftrightarrow R(\boldsymbol{A})<4$ 或 $|\boldsymbol{A}|=0$. 为便于找出一个极大无关组，用行初等变换求 $R(\boldsymbol{A})$ 更方便.

解 对矩阵 $(\boldsymbol{\alpha}_1,\boldsymbol{\alpha}_2,\boldsymbol{\alpha}_3,\boldsymbol{\alpha}_4)$ 作行初等变换得

$$
\begin{bmatrix} 1 & -1 & 3 & -2 \\ 1 & -3 & 2 & -6 \\ 1 & 5 & -1 & 10 \\ 3 & 1 & p+2 & p \end{bmatrix} \rightarrow
\begin{bmatrix} 1 & -1 & 3 & -2 \\ 0 & -2 & -1 & -4 \\ 0 & 6 & -4 & 12 \\ 0 & 4 & p-7 & p+6 \end{bmatrix} \rightarrow
\begin{bmatrix} 1 & -1 & 3 & -2 \\ 0 & -2 & -1 & -4 \\ 0 & 0 & -7 & 0 \\ 0 & 0 & p-9 & p-2 \end{bmatrix} \rightarrow
$$

$$
\begin{bmatrix} 1 & -1 & 3 & -2 \\ 0 & -2 & -1 & -4 \\ 0 & 0 & 1 & 0 \\ 0 & 0 & 0 & p-2 \end{bmatrix}.
$$

当 $p=2$ 时，向量组 $\boldsymbol{\alpha}_1,\boldsymbol{\alpha}_2,\boldsymbol{\alpha}_3,\boldsymbol{\alpha}_4$ 线性相关，此时向量组的秩为 3，$\boldsymbol{\alpha}_1,\boldsymbol{\alpha}_2,\boldsymbol{\alpha}_3$ 为其一个极大无关组.

例 7 已知 4 阶方阵 $\boldsymbol{A}=(\boldsymbol{\alpha}_1,\boldsymbol{\alpha}_2,\boldsymbol{\alpha}_3,\boldsymbol{\alpha}_4)$，其中 $\boldsymbol{\alpha}_2,\boldsymbol{\alpha}_3,\boldsymbol{\alpha}_4$ 线性无关，$\boldsymbol{\alpha}_1=2\boldsymbol{\alpha}_2-\boldsymbol{\alpha}_3$，若 $\boldsymbol{\beta}=\boldsymbol{\alpha}_1+\boldsymbol{\alpha}_2+\boldsymbol{\alpha}_3+\boldsymbol{\alpha}_4$，求解线性方程组 $\boldsymbol{AX}=\boldsymbol{\beta}$.

分析 将 $\boldsymbol{\beta}=\boldsymbol{\alpha}_1+\boldsymbol{\alpha}_2+\boldsymbol{\alpha}_3+\boldsymbol{\alpha}_4$ 与 $\boldsymbol{\alpha}_1=2\boldsymbol{\alpha}_2-\boldsymbol{\alpha}_3$ 代入方程组 $\boldsymbol{AX}=\boldsymbol{\beta}$，化简后再求解. 因此，需将方程组 $\boldsymbol{AX}=\boldsymbol{\beta}$ 写成向量形式.

解 方程组可写为

$$(\boldsymbol{\alpha}_1,\boldsymbol{\alpha}_2,\boldsymbol{\alpha}_3,\boldsymbol{\alpha}_4)\begin{bmatrix} x_1 \\ x_2 \\ x_3 \\ x_4 \end{bmatrix}=\boldsymbol{\beta}=\boldsymbol{\alpha}_1+\boldsymbol{\alpha}_2+\boldsymbol{\alpha}_3+\boldsymbol{\alpha}_4,$$

即

$$x_1\boldsymbol{\alpha}_1+x_2\boldsymbol{\alpha}_2+x_3\boldsymbol{\alpha}_3+x_4\boldsymbol{\alpha}_4=\boldsymbol{\alpha}_1+\boldsymbol{\alpha}_2+\boldsymbol{\alpha}_3+\boldsymbol{\alpha}_4,$$

将 $\boldsymbol{\alpha}_1=2\boldsymbol{\alpha}_2-\boldsymbol{\alpha}_3$ 代入，得

$$(2x_1+x_2-3)\boldsymbol{\alpha}_2+(-x_1+x_3)\boldsymbol{\alpha}_3+(x_4-1)\boldsymbol{\alpha}_4=\boldsymbol{0}.$$

因 $\boldsymbol{\alpha}_2,\boldsymbol{\alpha}_3,\boldsymbol{\alpha}_4$ 线性无关，故可得

$$\begin{cases} 2x_1+x_2-3=0, \\ -x_1+x_3=0, \\ x_4-1=0, \end{cases}$$

解该方程组得 $\begin{cases} x_1=k, \\ x_2=3-2k, \\ x_3=k, \\ x_4=1, \end{cases}$ 其中 k 为任意常数.

例 8 已知向量组 $\boldsymbol{\beta}_1=(0,1,-1)^{\mathrm{T}}$，$\boldsymbol{\beta}_2=(a,2,1)^{\mathrm{T}}$，$\boldsymbol{\beta}_3=(b,1,0)^{\mathrm{T}}$ 与 $\boldsymbol{\alpha}_1=(1,2,-3)^{\mathrm{T}}$，$\boldsymbol{\alpha}_2=(3,0,1)^{\mathrm{T}}$，$\boldsymbol{\alpha}_3=(9,6,-7)^{\mathrm{T}}$ 具有相同的秩，且 $\boldsymbol{\beta}_3$ 可由 $\boldsymbol{\alpha}_1,\boldsymbol{\alpha}_2,\boldsymbol{\alpha}_3$ 线性表出. 求 a,b 的值.

分析 易求得 $R(\boldsymbol{\alpha}_1,\boldsymbol{\alpha}_2,\boldsymbol{\alpha}_3)=2$，由 $R(\boldsymbol{\beta}_1,\boldsymbol{\beta}_2,\boldsymbol{\beta}_3)=2$ 或 $\det(\boldsymbol{\beta}_1,\boldsymbol{\beta}_2,\boldsymbol{\beta}_3)=0$ 可得

a 与 b 的关系式；再由 $\boldsymbol{\beta}_3$ 可由 $\boldsymbol{\alpha}_1,\boldsymbol{\alpha}_2,\boldsymbol{\alpha}_3$ 线性表出，从而可由其极大无关组线性表出，可得类似的关系式.

解 对矩阵 $(\boldsymbol{\alpha}_1,\boldsymbol{\alpha}_2,\boldsymbol{\alpha}_3)$ 作行初等变换得

$$\begin{bmatrix} 1 & 3 & 9 \\ 2 & 0 & 6 \\ -3 & 1 & -7 \end{bmatrix} \rightarrow \begin{bmatrix} 1 & 3 & 9 \\ 0 & -6 & -12 \\ 0 & 10 & 20 \end{bmatrix} \rightarrow \begin{bmatrix} 1 & 3 & 9 \\ 0 & 1 & 2 \\ 0 & 0 & 0 \end{bmatrix},$$

可见 $R(\boldsymbol{\alpha}_1,\boldsymbol{\alpha}_2,\boldsymbol{\alpha}_3)=2$，且 $\boldsymbol{\alpha}_1,\boldsymbol{\alpha}_2$ 是向量组 $\boldsymbol{\alpha}_1,\boldsymbol{\alpha}_2,\boldsymbol{\alpha}_3$ 的一个极大无关组.

由已知条件 $R(\boldsymbol{\beta}_1,\boldsymbol{\beta}_2,\boldsymbol{\beta}_3)=R(\boldsymbol{\alpha}_1,\boldsymbol{\alpha}_2,\boldsymbol{\alpha}_3)=2$，得

$$|\boldsymbol{\beta}_1,\boldsymbol{\beta}_2,\boldsymbol{\beta}_3| = \begin{vmatrix} 0 & a & b \\ 1 & 2 & 1 \\ -1 & 1 & 0 \end{vmatrix} = 0 \Rightarrow a = 3b.$$

又 $\boldsymbol{\beta}_3$ 可由 $\boldsymbol{\alpha}_1,\boldsymbol{\alpha}_2,\boldsymbol{\alpha}_3$ 线性表出，从而可由 $\boldsymbol{\alpha}_1,\boldsymbol{\alpha}_2$ 线性表出，所以 $\boldsymbol{\alpha}_1,\boldsymbol{\alpha}_2,\boldsymbol{\beta}_3$ 线性相关，可得

$$|\boldsymbol{\alpha}_1,\boldsymbol{\alpha}_2,\boldsymbol{\beta}_3| = \begin{vmatrix} 1 & 3 & b \\ 2 & 0 & 1 \\ -3 & 1 & 0 \end{vmatrix} = 0 \Rightarrow 2b - 10 = 0.$$

上面两式联立求解，得 $b=5,a=15$.

例 9 已知向量组（Ⅰ）：$\boldsymbol{\alpha}_1,\boldsymbol{\alpha}_2,\boldsymbol{\alpha}_3$；（Ⅱ）：$\boldsymbol{\alpha}_1,\boldsymbol{\alpha}_2,\boldsymbol{\alpha}_3,\boldsymbol{\alpha}_4$；（Ⅲ）：$\boldsymbol{\alpha}_1,\boldsymbol{\alpha}_2,\boldsymbol{\alpha}_3,\boldsymbol{\alpha}_5$. 如果它们的秩分别为 $R(Ⅰ)=R(Ⅱ)=3,R(Ⅲ)=4$，求 $R(\boldsymbol{\alpha}_1,\boldsymbol{\alpha}_2,\boldsymbol{\alpha}_3,\boldsymbol{\alpha}_5-\boldsymbol{\alpha}_4)$.

分析 由于 $R(Ⅰ)=R(Ⅱ)=3$，$\boldsymbol{\alpha}_1,\boldsymbol{\alpha}_2,\boldsymbol{\alpha}_3$ 线性无关，故 $\boldsymbol{\alpha}_1,\boldsymbol{\alpha}_2,\boldsymbol{\alpha}_3,\boldsymbol{\alpha}_5-\boldsymbol{\alpha}_4$ 的秩至少为 3，能否为 4，关键是看 $\boldsymbol{\alpha}_5-\boldsymbol{\alpha}_4$ 能否用 $\boldsymbol{\alpha}_1,\boldsymbol{\alpha}_2,\boldsymbol{\alpha}_3$ 线性表出，或看向量组 $\boldsymbol{\alpha}_1,\boldsymbol{\alpha}_2,\boldsymbol{\alpha}_3,\boldsymbol{\alpha}_5-\boldsymbol{\alpha}_4$ 是线性相关的还是线性无关的.

解法 1 由 $R(Ⅰ)=R(Ⅱ)=3$，知 $\boldsymbol{\alpha}_1,\boldsymbol{\alpha}_2,\boldsymbol{\alpha}_3$ 线性无关，而 $\boldsymbol{\alpha}_1,\boldsymbol{\alpha}_2,\boldsymbol{\alpha}_3,\boldsymbol{\alpha}_4$ 线性相关，故 $\boldsymbol{\alpha}_4$ 可由 $\boldsymbol{\alpha}_1,\boldsymbol{\alpha}_2,\boldsymbol{\alpha}_3$ 线性表出，设

$$\boldsymbol{\alpha}_4 = x_1\boldsymbol{\alpha}_1 + x_2\boldsymbol{\alpha}_2 + x_3\boldsymbol{\alpha}_3.$$

若 $\boldsymbol{\alpha}_5-\boldsymbol{\alpha}_4$ 能由 $\boldsymbol{\alpha}_1,\boldsymbol{\alpha}_2,\boldsymbol{\alpha}_3$ 线性表出，设 $\boldsymbol{\alpha}_5-\boldsymbol{\alpha}_4=k_1\boldsymbol{\alpha}_1+k_2\boldsymbol{\alpha}_2+k_3\boldsymbol{\alpha}_3$，于是

$$\boldsymbol{\alpha}_5 = (k_1+x_1)\boldsymbol{\alpha}_1 + (k_2+x_2)\boldsymbol{\alpha}_2 + (k_3+x_3)\boldsymbol{\alpha}_3,$$

即 $\boldsymbol{\alpha}_5$ 可由 $\boldsymbol{\alpha}_1,\boldsymbol{\alpha}_2,\boldsymbol{\alpha}_3$ 线性表出，则 $R(Ⅲ)=3$，与已知矛盾. 按极大无关组的定义知

$$R(\boldsymbol{\alpha}_1,\boldsymbol{\alpha}_2,\boldsymbol{\alpha}_3,\boldsymbol{\alpha}_5-\boldsymbol{\alpha}_4)=4.$$

解法 2 若 $k_1\boldsymbol{\alpha}_1+k_2\boldsymbol{\alpha}_2+k_3\boldsymbol{\alpha}_3+k_4(\boldsymbol{\alpha}_5-\boldsymbol{\alpha}_4)=\boldsymbol{0}$，把 $\boldsymbol{\alpha}_4=x_1\boldsymbol{\alpha}_1+x_2\boldsymbol{\alpha}_2+x_3\boldsymbol{\alpha}_3$ 代入有

$$(k_1-x_1k_4)\boldsymbol{\alpha}_1 + (k_2-x_2k_4)\boldsymbol{\alpha}_2 + (k_3-x_3k_4)\boldsymbol{\alpha}_3 + k_4\boldsymbol{\alpha}_5 = \boldsymbol{0}.$$

由 $R(Ⅲ)=4$，知 $\boldsymbol{\alpha}_1,\boldsymbol{\alpha}_2,\boldsymbol{\alpha}_3,\boldsymbol{\alpha}_5$ 线性无关，所以

$$k_1-x_1k_4 = k_2-x_2k_4 = k_3-x_3k_4 = k_4 = 0,$$

由此可得 $k_1=k_2=k_3=k_4=0$，故 $\boldsymbol{\alpha}_1,\boldsymbol{\alpha}_2,\boldsymbol{\alpha}_3,\boldsymbol{\alpha}_5-\boldsymbol{\alpha}_4$ 线性无关，$R(\boldsymbol{\alpha}_1,\boldsymbol{\alpha}_2,\boldsymbol{\alpha}_3,\boldsymbol{\alpha}_5-\boldsymbol{\alpha}_4)=4$.

例 10 设 $R(\boldsymbol{A}_{4\times4})=1$，已知 $\boldsymbol{\alpha}_1=(1,1,1,3),\boldsymbol{\alpha}_2=(-1,-3,5,1),\boldsymbol{\alpha}_3=(3,2,-1,p+2),\boldsymbol{\alpha}_4=(-2,-6,10,p),\boldsymbol{\alpha}_5=(4,1,6,11)$ 均是方程组 $\boldsymbol{AX}=\boldsymbol{0}$ 的解向量，问 p 应为何值，并求此时方程组的基础解系.

分析 因 $R(A_{4\times4})=1$，则 $AX=0$ 的基础解系含有 3 个线性无关的解向量，从而 $R(\alpha_1^T,\alpha_2^T,\alpha_3^T,\alpha_4^T,\alpha_5^T)=r\leqslant3$，令 $r=3$ 就可定出 p 的值以及 $\alpha_1,\alpha_2,\alpha_3,\alpha_4,\alpha_5$ 的极大无关组，也就是方程组的基础解系.

解 因 $R(A_{4\times4})=1$，则方程组 $AX=0$ 的基础解系含有 3 个线性无关的解向量. 对矩阵 $(\alpha_1^T,\alpha_2^T,\alpha_3^T,\alpha_4^T,\alpha_5^T)$ 作行初等变换，求向量组的秩与极大无关组.

$$(\alpha_1^T,\alpha_2^T,\alpha_3^T,\alpha_4^T,\alpha_5^T)=\begin{pmatrix}1&-1&3&-2&4\\1&-3&2&-6&1\\1&5&-1&10&6\\3&1&p+2&p&11\end{pmatrix}$$

$$\rightarrow\begin{pmatrix}1&-1&3&-2&4\\0&-2&-1&-4&-3\\0&0&-7&0&-7\\0&0&p-9&p-2&-7\end{pmatrix}\rightarrow\begin{pmatrix}1&-1&3&-2&4\\0&2&1&4&3\\0&0&1&0&1\\0&0&0&p-2&2-p\end{pmatrix}.$$

当 $p=2$ 时，$R(\alpha_1^T,\alpha_2^T,\alpha_3^T,\alpha_4^T,\alpha_5^T)=3$，$\alpha_1,\alpha_2,\alpha_3$ 是一个极大无关组，也就是方程组 $AX=0$ 的一个基础解系.

例 11 设 $\alpha_1,\alpha_2,\cdots,\alpha_s$ 为线性方程组 $AX=0$ 的一个基础解系，
$$\beta_1=t_1\alpha_1+t_2\alpha_2,\beta_2=t_1\alpha_2+t_2\alpha_3,\cdots,\beta_s=t_1\alpha_s+t_2\alpha_1,$$
其中 t_1,t_2 为实常数. 问当 t_1,t_2 满足什么关系时，$\beta_1,\beta_2,\cdots,\beta_s$ 也为 $AX=0$ 的一个基础解系.

分析 判断一个向量组是不是线性方程组 $AX=0$ 的一个基础解系，① 要看是否方程组的解；② 要看是否线性无关；③ 要看所含向量的个数是不是 $n-r$，其中 n 为未知数个数，$r=R(A)$.

解法 1 由 $\beta_i(i=1,2,\cdots,s)$ 为 $\alpha_1,\alpha_2,\cdots,\alpha_s$ 的线性组合，所以 $\beta_i(i=1,2,\cdots,s)$ 为 $AX=0$ 的解.

设 $k_1\beta_1+k_2\beta_2+\cdots+k_s\beta_s=0$，即
$$k_1(t_1\alpha_1+t_2\alpha_2)+k_2(t_1\alpha_2+t_2\alpha_3)+\cdots+k_s(t_1\alpha_s+t_2\alpha_1)=0,$$
$$(k_1t_1+k_st_2)\alpha_1+(k_1t_2+k_2t_1)\alpha_2+\cdots+(k_{s-1}t_2+k_st_1)\alpha_s=0,$$
由于 $\alpha_1,\alpha_2,\cdots,\alpha_s$ 线性无关，因此有

$$\begin{cases}t_1k_1+t_2k_s=0,\\t_2k_1+t_1k_2=0,\\\cdots\cdots\cdots\cdots\\t_2k_{s-1}+t_1k_s=0.\end{cases}\tag{4-5}$$

考虑方程组的系数矩阵的行列式

$$\begin{vmatrix}t_1&0&0&\cdots&0&t_2\\t_2&t_1&0&\cdots&0&0\\0&t_2&t_1&\cdots&0&0\\\vdots&\vdots&\vdots&&\vdots&\vdots\\0&0&0&\cdots&t_2&t_1\end{vmatrix}=t_1^s+(-1)^{s+1}t_2^s,$$

因此当 $t_1^s+(-1)^{s+1}t_2^s\neq0$ 时，即当 s 为偶数时，$t_1\neq\pm t_2$，当 s 为奇数时，$t_1\neq-t_2$ 时，

方程组(4-5)只有零解 $k_1 = k_2 = \cdots = k_s = 0$,从而 $\boldsymbol{\beta}_1, \boldsymbol{\beta}_2, \cdots, \boldsymbol{\beta}_s$ 线性无关.

因为方程组 $\boldsymbol{AX} = \boldsymbol{0}$ 的基础解系含有 s 个解向量,所以 $\boldsymbol{\beta}_1, \boldsymbol{\beta}_2, \cdots, \boldsymbol{\beta}_s$ 也为该方程组的一个基础解系.

解法 2 由题设知

$$(\boldsymbol{\beta}_1, \boldsymbol{\beta}_2, \cdots, \boldsymbol{\beta}_s) = (\boldsymbol{\alpha}_1, \boldsymbol{\alpha}_2, \cdots, \boldsymbol{\alpha}_s)\begin{pmatrix} t_1 & 0 & \cdots & 0 & t_2 \\ t_2 & t_1 & \cdots & 0 & 0 \\ \vdots & \vdots & & \vdots & \vdots \\ 0 & 0 & \cdots & t_1 & 0 \\ 0 & 0 & \cdots & t_2 & t_1 \end{pmatrix}.$$

当 $|\boldsymbol{C}| = \begin{vmatrix} t_1 & 0 & \cdots & 0 & t_2 \\ t_2 & t_1 & \cdots & 0 & 0 \\ \vdots & \vdots & & \vdots & \vdots \\ 0 & 0 & \cdots & t_1 & 0 \\ 0 & 0 & \cdots & t_2 & t_1 \end{vmatrix} = t_1^s + (-1)^{s+1} t_2^s \neq 0$ 时,有

$$(\boldsymbol{\alpha}_1, \boldsymbol{\alpha}_2, \cdots, \boldsymbol{\alpha}_s) = (\boldsymbol{\beta}_1, \boldsymbol{\beta}_2, \cdots, \boldsymbol{\beta}_s)\boldsymbol{C}^{-1},$$

即 $\boldsymbol{\alpha}_1, \boldsymbol{\alpha}_2, \cdots, \boldsymbol{\alpha}_s$ 和 $\boldsymbol{\beta}_1, \boldsymbol{\beta}_2, \cdots, \boldsymbol{\beta}_s$ 等价,所以

$$R(\boldsymbol{\alpha}_1, \boldsymbol{\alpha}_2, \cdots, \boldsymbol{\alpha}_s) = R(\boldsymbol{\beta}_1, \boldsymbol{\beta}_2, \cdots, \boldsymbol{\beta}_s) = s.$$

故 $\boldsymbol{\beta}_1, \boldsymbol{\beta}_2, \cdots, \boldsymbol{\beta}_s$ 线性无关,从而该向量组也是方程组 $\boldsymbol{AX} = \boldsymbol{0}$ 的基础解系.

评注 关于齐次线性方程组 $\boldsymbol{AX} = \boldsymbol{0}$ 的基础解系有以下常用结论:与基础解系等价的线性无关向量组也是方程组的基础解系.

例 12 设有齐次线性方程组

$$\begin{cases} (1+a)x_1 + x_2 + \cdots + x_n = 0, \\ 2x_1 + (2+a)x_2 + \cdots + 2x_n = 0, \\ \quad\cdots\cdots\cdots\cdots \\ nx_1 + nx_2 + \cdots + (n+a)x_n = 0 \end{cases} \quad (n \geqslant 2),$$

问当 a 取何值时,该方程组有非零解,并求出其通解.

分析 这是方程个数与未知数个数相同的齐次线性方程组,系数矩阵 $\boldsymbol{A}$ 为 n 阶矩阵,方程组有非零解的充要条件为 $R(\boldsymbol{A}) < n$ 或 $|\boldsymbol{A}| = 0$.

解法 1 $\boldsymbol{A} = \begin{pmatrix} 1+a & 1 & 1 & \cdots & 1 \\ 2 & 2+a & 2 & \cdots & 2 \\ \vdots & \vdots & \vdots & & \vdots \\ n & n & n & \cdots & n+a \end{pmatrix} \rightarrow \begin{pmatrix} 1+a & 1 & 1 & \cdots & 1 \\ -2a & a & 0 & \cdots & 0 \\ -3a & 0 & a & \cdots & 0 \\ \vdots & \vdots & \vdots & & \vdots \\ -na & 0 & 0 & \cdots & a \end{pmatrix}.$

当 $a = 0$ 时,$R(\boldsymbol{A}) = 1 < n$,方程组有非零解,基础解系含 $n-1$ 个解向量. 同解方程组为

$$x_1 + x_2 + \cdots + x_n = 0,$$

基础解系为

$$\boldsymbol{\eta}_1 = \begin{pmatrix} -1 \\ 1 \\ 0 \\ \vdots \\ 0 \end{pmatrix}, \boldsymbol{\eta}_2 = \begin{pmatrix} -1 \\ 0 \\ 1 \\ \vdots \\ 0 \end{pmatrix}, \cdots, \boldsymbol{\eta}_{n-1} = \begin{pmatrix} -1 \\ 0 \\ 0 \\ \vdots \\ 1 \end{pmatrix},$$

方程组的通解为 $\boldsymbol{X} = k_1 \boldsymbol{\eta}_1 + k_2 \boldsymbol{\eta}_2 + \cdots + k_{n-1} \boldsymbol{\eta}_{n-1}$ ($k_1, k_2, \cdots, k_{n-1}$ 为任意常数).

当 $a \neq 0$ 时,进一步有

$$\boldsymbol{A} \rightarrow \begin{pmatrix} 1+a & 1 & 1 & \cdots & 1 \\ -2 & 1 & 0 & \cdots & 0 \\ \vdots & \vdots & \vdots & & \vdots \\ -n & 0 & 0 & \cdots & 1 \end{pmatrix} \rightarrow \begin{pmatrix} a+\dfrac{n(n+1)}{2} & 0 & 0 & \cdots & 0 \\ -2 & 1 & 0 & \cdots & 0 \\ \vdots & \vdots & \vdots & & \vdots \\ -n & 0 & 0 & \cdots & 1 \end{pmatrix}.$$

当 $a = -\dfrac{n(n+1)}{2}$ 时,$R(\boldsymbol{A}) = n-1 < n$,方程组也有非零解,基础解系含 1 个解向量. 同解方程组为

$$\begin{cases} x_1 = x_1, \\ x_2 = 2x_1, \\ \cdots\cdots\cdots\cdots \\ x_n = nx_1, \end{cases}$$

基础解系为 $\boldsymbol{\eta} = \begin{pmatrix} 1 \\ 2 \\ \vdots \\ n \end{pmatrix}$. 此时方程组的通解为 $\boldsymbol{X} = k\boldsymbol{\eta}$,$k$ 为任意常数.

解法 2　方程组的系数矩阵的行列式为

$$|\boldsymbol{A}| = \begin{vmatrix} 1+a & 1 & 1 & \cdots & 1 \\ 2 & 2+a & 2 & \cdots & 2 \\ \vdots & \vdots & \vdots & & \vdots \\ n & n & n & \cdots & n+a \end{vmatrix}$$

$$= \begin{vmatrix} a+\dfrac{n(n+1)}{2} & a+\dfrac{n(n+1)}{2} & a+\dfrac{n(n+1)}{2} & \cdots & a+\dfrac{n(n+1)}{2} \\ 2 & 2+a & 2 & \cdots & 2 \\ \vdots & \vdots & \vdots & & \vdots \\ n & n & n & \cdots & n+a \end{vmatrix}$$

$$= \left(a+\dfrac{n(n+1)}{2}\right) \begin{vmatrix} 1 & 1 & 1 & \cdots & 1 \\ 2 & 2+a & 2 & \cdots & 2 \\ \vdots & \vdots & \vdots & & \vdots \\ n & n & n & \cdots & n+a \end{vmatrix}$$

$$= \left(a + \frac{n(n+1)}{2}\right) \begin{vmatrix} 1 & 0 & 0 & \cdots & 0 \\ 2 & a & 0 & \cdots & 0 \\ \vdots & \vdots & \vdots & & \vdots \\ n & 0 & 0 & \cdots & a \end{vmatrix}$$

$$= a^{n-1}\left(a + \frac{n(n+1)}{2}\right).$$

当 $|A| = 0$，即 $a = 0$ 或 $a = -\dfrac{n(n+1)}{2}$ 时，方程组有非零解.

当 $a = 0$ 时，

$$A = \begin{pmatrix} 1 & 1 & \cdots & 1 \\ 2 & 2 & \cdots & 2 \\ \vdots & \vdots & & \vdots \\ n & n & \cdots & n \end{pmatrix} \rightarrow \begin{pmatrix} 1 & 1 & \cdots & 1 \\ 0 & 0 & \cdots & 0 \\ \vdots & \vdots & & \vdots \\ 0 & 0 & \cdots & 0 \end{pmatrix},$$

基础解系为

$$\boldsymbol{\eta}_1 = \begin{pmatrix} -1 \\ 1 \\ 0 \\ \vdots \\ 0 \end{pmatrix}, \quad \boldsymbol{\eta}_2 = \begin{pmatrix} -1 \\ 0 \\ 1 \\ \vdots \\ 0 \end{pmatrix}, \cdots, \quad \boldsymbol{\eta}_{n-1} = \begin{pmatrix} -1 \\ 0 \\ 0 \\ \vdots \\ 1 \end{pmatrix},$$

此时通解为 $X = k_1 \boldsymbol{\eta}_1 + k_2 \boldsymbol{\eta}_2 + \cdots + k_{n-1} \boldsymbol{\eta}_{n-1}$（$k_1, k_2, \cdots, k_{n-1}$ 为任意常数）.

当 $a = -\dfrac{n(n+1)}{2}$ 时，

$$A \rightarrow \begin{pmatrix} 1+a & 1 & 1 & \cdots & 1 \\ -2a & a & 0 & \cdots & 0 \\ \vdots & \vdots & \vdots & & \vdots \\ -na & 0 & 0 & \cdots & a \end{pmatrix} \rightarrow \begin{pmatrix} 1+a & 1 & 1 & \cdots & 1 \\ -2 & 1 & 0 & \cdots & 0 \\ \vdots & \vdots & \vdots & & \vdots \\ -n & 0 & 0 & \cdots & 1 \end{pmatrix} \rightarrow \begin{pmatrix} 0 & 0 & 0 & \cdots & 0 \\ -2 & 1 & 0 & \cdots & 0 \\ \vdots & \vdots & \vdots & & \vdots \\ -n & 0 & 0 & \cdots & 1 \end{pmatrix},$$

同解方程组为

$$\begin{cases} x_1 = x_1, \\ x_2 = 2x_1, \\ \cdots\cdots\cdots \\ x_n = nx_1, \end{cases}$$

基础解系为 $\boldsymbol{\eta} = \begin{pmatrix} 1 \\ 2 \\ \vdots \\ n \end{pmatrix}$. 此时通解为 $X = k\boldsymbol{\eta}$，k 为任意常数.

例 13 已知 $\boldsymbol{\alpha}_1 = (1, -2, 1, 0, 0), \boldsymbol{\alpha}_2 = (1, -2, 0, 1, 0), \boldsymbol{\alpha}_3 = (0, 0, 1, -1, 0)$, $\boldsymbol{\alpha}_4 = (1, -2, 3, -2, 0)$ 是线性方程组

$$\begin{cases} x_1+x_2+x_3+x_4+x_5=0, \\ 3x_1+2x_2+x_3+x_4-3x_5=0, \\ x_2+2x_3+2x_4+6x_5=0, \\ 5x_1+4x_2+3x_3+3x_4-x_5=0 \end{cases} \quad (4-6)$$

的解向量,问 $\boldsymbol{\alpha}_1,\boldsymbol{\alpha}_2,\boldsymbol{\alpha}_3,\boldsymbol{\alpha}_4$ 是否构成方程组(4—6)的基础解系? 假如不能,是多了,还是少了? 若多了,如何去除;若少了,如何补充?

分析 只需将方程组 $\boldsymbol{AX}=\boldsymbol{0}$ 基础解系所含向量的个数 $5-R(\boldsymbol{A})$ 与 $R(\boldsymbol{\alpha}_1,\boldsymbol{\alpha}_2,\boldsymbol{\alpha}_3,\boldsymbol{\alpha}_4)$ 做比较,若 $R(\boldsymbol{\alpha}_1,\boldsymbol{\alpha}_2,\boldsymbol{\alpha}_3,\boldsymbol{\alpha}_4)=5-R(\boldsymbol{A})$,则 $\boldsymbol{\alpha}_1,\boldsymbol{\alpha}_2,\boldsymbol{\alpha}_3,\boldsymbol{\alpha}_4$ 的极大无关组就是基础解系;否则还需补充解向量.

解 将方程组(4—6)的系数矩阵化为阶梯形矩阵

$$\boldsymbol{A}=\begin{pmatrix} 1 & 1 & 1 & 1 & 1 \\ 3 & 2 & 1 & 1 & -3 \\ 0 & 1 & 2 & 2 & 6 \\ 5 & 4 & 3 & 3 & -1 \end{pmatrix} \rightarrow \begin{pmatrix} 1 & 1 & 1 & 1 & 1 \\ 0 & -1 & -2 & -2 & -6 \\ 0 & 1 & 2 & 2 & 6 \\ 0 & -1 & -2 & -2 & -6 \end{pmatrix} \rightarrow \begin{pmatrix} 1 & 1 & 1 & 1 & 1 \\ 0 & 1 & 2 & 2 & 6 \\ 0 & 0 & 0 & 0 & 0 \\ 0 & 0 & 0 & 0 & 0 \end{pmatrix},$$

可知 $R(\boldsymbol{A})=2$,未知量个数为5,基础解系应由 $5-2=3$ 个线性无关解向量组成.

将解向量 $\boldsymbol{\alpha}_1,\boldsymbol{\alpha}_2,\boldsymbol{\alpha}_3,\boldsymbol{\alpha}_4$ 作为行向量的矩阵作行初等变换

$$\begin{pmatrix} 1 & -2 & 1 & 0 & 0 \\ 1 & -2 & 0 & 1 & 0 \\ 0 & 0 & 1 & -1 & 0 \\ 1 & -2 & 3 & -2 & 0 \end{pmatrix} \rightarrow \begin{pmatrix} 1 & -2 & 1 & 0 & 0 \\ 0 & 0 & -1 & 1 & 0 \\ 0 & 0 & 1 & -1 & 0 \\ 0 & 0 & 2 & -2 & 0 \end{pmatrix} \rightarrow \begin{pmatrix} 1 & -2 & 1 & 0 & 0 \\ 0 & 0 & 1 & -1 & 0 \\ 0 & 0 & 0 & 0 & 0 \\ 0 & 0 & 0 & 0 & 0 \end{pmatrix},$$

得 $R(\boldsymbol{\alpha}_1,\boldsymbol{\alpha}_2,\boldsymbol{\alpha}_3,\boldsymbol{\alpha}_4)=2,\boldsymbol{\alpha}_1,\boldsymbol{\alpha}_3$ 是极大无关组.

从而知 $\boldsymbol{\alpha}_1,\boldsymbol{\alpha}_2,\boldsymbol{\alpha}_3,\boldsymbol{\alpha}_4$ 不能构成方程组(4—6)的基础解系,应去除线性相关的解向量. 即去除 $\boldsymbol{\alpha}_2,\boldsymbol{\alpha}_4$,增添一个线性无关解向量.解方程组(4—6)取自由未知量为 $(x_3,x_4,x_5)=(0,0,1)$,解得 $\boldsymbol{\beta}=(5,-6,0,0,1)$,此时 $\boldsymbol{\alpha}_1,\boldsymbol{\alpha}_3,\boldsymbol{\beta}$ 线性无关,则 $\boldsymbol{\alpha}_1,\boldsymbol{\alpha}_3,\boldsymbol{\beta}$ 构成方程组(4—6)的一个基础解系.

例 14 已知线性方程组

$$(\text{I})\begin{cases} a_{11}x_1+a_{12}x_2+\cdots+a_{1,2n}x_{2n}=0, \\ a_{21}x_1+a_{22}x_2+\cdots+a_{2,2n}x_{2n}=0, \\ \cdots\cdots\cdots\cdots\cdots \\ a_{n1}x_1+a_{n2}x_2+\cdots+a_{n,2n}x_{2n}=0 \end{cases}$$

的一个基础解系为 $(b_{11},b_{12},\cdots,b_{1,2n})^{\mathrm{T}},(b_{21},b_{22},\cdots,b_{2,2n})^{\mathrm{T}},\cdots,(b_{n1},b_{n2},\cdots,b_{n,2n})^{\mathrm{T}}$,试写出线性方程组

$$(\text{II})\begin{cases} b_{11}y_1+b_{12}y_2+\cdots+b_{1,2n}y_{2n}=0, \\ b_{21}y_1+b_{22}y_2+\cdots+b_{2,2n}y_{2n}=0, \\ \cdots\cdots\cdots\cdots\cdots \\ b_{n1}y_1+b_{n2}y_2+\cdots+b_{n,2n}y_{2n}=0 \end{cases}$$

的通解,并说明理由.

分析 由题意易知(II)的系数矩阵的秩为 n,所以只需找到 $2n-n=n$ 个线性无关的解向量即可.

解　将方程组（Ⅰ），（Ⅱ）的系数矩阵分别记为 A，B，则由（Ⅰ）的已知基础解系可知 $R(B)=n$，且 $AB^{\mathrm{T}}=O$，于是 $BA^{\mathrm{T}}=(AB^{\mathrm{T}})^{\mathrm{T}}=O$，由此可知 A 的 n 个行向量的转置向量为（Ⅱ）的 n 个解.

由于（Ⅰ）的基础解系有 n 个（线性无关）解向量，故知 $2n-R(A)=n$（$2n$ 是（Ⅰ）的未知量个数），所以 $R(A)=n$，A 的 n 个行向量线性无关，从而它们的转置向量构成（Ⅱ）的一个基础解系.故（Ⅱ）的通解为

$$y=c_1(a_{11},a_{12},\cdots,a_{1,2n})^{\mathrm{T}}+c_2(a_{21},a_{22},\cdots a_{2,2n})^{\mathrm{T}}+\cdots+c_n(a_{n1},a_{n2},\cdots,a_{n,2n})^{\mathrm{T}},$$

其中 $c_1,c_2,\cdots,c_n$ 为任意常数.

评注　矩阵等式 $AB=O$ 成立 $\Leftrightarrow B$ 的列向量是齐次方程组 $AX=0$ 的解向量.

例 15　已知 $\boldsymbol{\xi}_1=\left(\dfrac{31}{6},\dfrac{2}{3},-\dfrac{7}{6},0\right)^{\mathrm{T}}$，$\boldsymbol{\xi}_2=\left(5,\dfrac{2}{3},-1,-\dfrac{1}{3}\right)^{\mathrm{T}}$ 是线性方程组

$$\begin{cases} x_1+2x_2+3x_3+x_4=a, \\ \quad\ \ 2x_2+2x_3+bx_4=c, \\ \quad\ \ 5x_2+2x_3+x_4=c, \\ 3x_1+dx_2+7x_3+2x_4=12 \end{cases}$$

的解向量,求方程组的通解.

分析　记方程组为 $AX=b$，易看出 $R(A)\geqslant 3$，所以对应齐次方程组的基础解系最多含有一个解向量，方程组的通解就很容易求得.

解　因为 $\boldsymbol{\xi}_1$，$\boldsymbol{\xi}_2$ 是 $AX=b$ 的两个不同的解向量,所以 $\boldsymbol{\xi}_1-\boldsymbol{\xi}_2$ 是其导出组 $AX=0$ 的非零解,故有 $R(A)=R(A,b)\leqslant 3$.又

$$R(A)=R\begin{bmatrix} 1 & 2 & 3 & 1 \\ 0 & 2 & 2 & b \\ 0 & 5 & 2 & 1 \\ 3 & d & 7 & 2 \end{bmatrix}\geqslant R\begin{bmatrix} 1 & 2 & 3 \\ 0 & 2 & 2 \\ 0 & 5 & 2 \end{bmatrix}=3,$$

则 $R(A)=R(A,b)=3$.$AX=0$ 的基础解系只含有 $4-3=1$ 个解向量,即 $\boldsymbol{\xi}_1-\boldsymbol{\xi}_2$ 就是其基础解系,故 $AX=b$ 的通解为

$$X=k(\boldsymbol{\xi}_1-\boldsymbol{\xi}_2)+\boldsymbol{\xi}_1\ (k\ 为任意常数).$$

例 16　对于线性方程组

$$\begin{cases} \lambda x_1+x_2+x_3=\lambda-3, \\ x_1+\lambda x_2+x_3=-2, \\ x_1+x_2+\lambda x_3=-2, \end{cases}$$

讨论 λ 取何值时,方程组无解、有唯一解和有无穷多解,在方程组有无穷多解时,求出方程组的通解.

分析　方程组 $AX=b$ 有解 $\Leftrightarrow R(A)=R(\overline{A})$，首先用行初等变换化 $\overline{A}$ 为阶梯形,再做讨论.

解法 1　对方程组的增广矩阵作行初等变换

$$\overline{A}=\begin{bmatrix} \lambda & 1 & 1 & \vdots & \lambda-3 \\ 1 & \lambda & 1 & \vdots & -2 \\ 1 & 1 & \lambda & \vdots & -2 \end{bmatrix}\to\begin{bmatrix} 1 & 1 & \lambda & \vdots & -2 \\ 0 & \lambda-1 & 1-\lambda & \vdots & 0 \\ 0 & 1-\lambda & 1-\lambda^2 & \vdots & 3(\lambda-1) \end{bmatrix}$$

$$\rightarrow \begin{bmatrix} 1 & 1 & \lambda & \vdots & -2 \\ 0 & \lambda-1 & 1-\lambda & \vdots & 0 \\ 0 & 0 & -(\lambda+2)(\lambda-1) & \vdots & 3(\lambda-1) \end{bmatrix}.$$

(1) 当 $\lambda \neq -2$ 且 $\lambda \neq 1$ 时，$R(A)=R(\overline{A})=3$，方程组有唯一解；

(2) 当 $\lambda = -2$ 时，$R(A)=2$，$R(\overline{A})=3$，方程组无解；

(3) 当 $\lambda = 1$ 时，有 $\overline{A} = \begin{bmatrix} 1 & 1 & 1 & \vdots & -2 \\ 0 & 0 & 0 & \vdots & 0 \\ 0 & 0 & 0 & \vdots & 0 \end{bmatrix}$，可见 $R(A)=R(\overline{A})=1<3$，方程组有无

穷多组解. 与原方程组同解方程组为

$$x_1 = -2 - x_2 - x_3,$$

它的一个特解为 $\boldsymbol{\xi} = (-2,0,0)^{\mathrm{T}}$. 对应齐次方程组的一个基础解系为 $\boldsymbol{\eta}_1 = (-1,1,0)^{\mathrm{T}}$，$\boldsymbol{\eta}_2 = (-1,0,1)^{\mathrm{T}}$. 所以原方程组的通解为

$$\boldsymbol{X} = k_1 \boldsymbol{\eta}_1 + k_2 \boldsymbol{\eta}_2 + \boldsymbol{\xi} \ (k_1, k_2 \ \text{为任意实数}).$$

解法 2 因为系数矩阵的行列式

$$D = \begin{vmatrix} \lambda & 1 & 1 \\ 1 & \lambda & 1 \\ 1 & 1 & \lambda \end{vmatrix} = (\lambda+2)(\lambda-1)^2,$$

(1) 当 $\lambda \neq -2$ 且 $\lambda \neq 1$ 时，$R(A)=R(\overline{A})=3$，方程组有唯一解；

(2) 当 $\lambda = -2$ 时，对增广矩阵施行行初等变换，有

$$\overline{A} = \begin{bmatrix} -2 & 1 & 1 & \vdots & -5 \\ 1 & -2 & 1 & \vdots & -2 \\ 1 & 1 & -2 & \vdots & -2 \end{bmatrix} \rightarrow \begin{bmatrix} 0 & 0 & 0 & \vdots & -9 \\ 1 & -2 & 1 & \vdots & -2 \\ 1 & 1 & -2 & \vdots & -2 \end{bmatrix},$$

第一个方程矛盾，所以方程组无解；

(3) 当 $\lambda = 1$ 时，有

$$\overline{A} = \begin{bmatrix} 1 & 1 & 1 & \vdots & -2 \\ 1 & 1 & 1 & \vdots & -2 \\ 1 & 1 & 1 & \vdots & -2 \end{bmatrix} \rightarrow \begin{bmatrix} 1 & 1 & 1 & \vdots & -2 \\ 0 & 0 & 0 & \vdots & 0 \\ 0 & 0 & 0 & \vdots & 0 \end{bmatrix},$$

余下步骤同解法 1.

评注 解法 2 比解法 1 计算量要小一些，在系数矩阵是方阵时，可以考虑把克拉默法则与高斯消元法结合起来求解.

例 17 已知线性方程组

$$\begin{cases} x_1 + x_2 + x_3 = 0, \\ x_1 + 2x_2 + ax_3 = 0, \\ x_1 + 4x_2 + a^2 x_3 = 0 \end{cases}$$

与方程 $x_1 + 2x_2 + x_3 = a - 1$ 有公共解，求常数 a 的值，并求公共解.

分析 方程组的解就是该方程组中各个方程的公共解，所以只需将后一方程并入前面的方程组求解即可.

解 联立方程组得新方程组，则新方程组的解即为所求的公共解.

新方程组的增广矩阵经过初等行变换有

$$\overline{A} = \begin{pmatrix} 1 & 1 & 1 & \vdots & 0 \\ 1 & 2 & a & \vdots & 0 \\ 1 & 4 & a^2 & \vdots & 0 \\ 1 & 2 & 1 & \vdots & a-1 \end{pmatrix} \rightarrow \begin{pmatrix} 1 & 1 & 1 & \vdots & 0 \\ 0 & 1 & a-1 & \vdots & 0 \\ 0 & 0 & (a-1)(a-2) & \vdots & 0 \\ 0 & 0 & 1-a & \vdots & a-1 \end{pmatrix}$$

$$\rightarrow \begin{pmatrix} 1 & 1 & 1 & \vdots & 0 \\ 0 & 1 & a-1 & \vdots & 0 \\ 0 & 0 & 1-a & \vdots & a-1 \\ 0 & 0 & (a-1)(a-2) & \vdots & 0 \end{pmatrix}.$$

当 $a=1$ 时,有 $R(A)=R(\overline{A})=2<3$,新方程组有解,此时

$$\overline{A} \rightarrow \begin{pmatrix} 1 & 0 & 1 & \vdots & 0 \\ 0 & 1 & 0 & \vdots & 0 \\ 0 & 0 & 0 & \vdots & 0 \\ 0 & 0 & 0 & \vdots & 0 \end{pmatrix},$$

对应的齐次线性方程组的基础解系为 $(-1,0,1)^{\mathrm{T}}$,则全部公共解为
$$X=k\,(-1,0,1)^{\mathrm{T}}(k \text{ 为任意常数}).$$

当 $a=2$ 时,有 $R(A)=R(\overline{A})=3$,新方程组有唯一解. 此时

$$\overline{A} \rightarrow \begin{pmatrix} 1 & 0 & 0 & \vdots & 0 \\ 0 & 1 & 0 & \vdots & 1 \\ 0 & 0 & 1 & \vdots & -1 \\ 0 & 0 & 0 & \vdots & 0 \end{pmatrix},$$

对应线性方程组的解为 $(0,1,-1)^{\mathrm{T}}$,则唯一公共解为 $X=(0,1,-1)^{\mathrm{T}}$.

评注 该题也可以先求出第一个方程组的解再代入第二个方程中去确定 a 的值.

例 18 已知下列非齐次线性方程组(Ⅰ),(Ⅱ),

$$(\text{Ⅰ}): \begin{cases} x_1 + x_2 \quad\quad -2x_4 = -6, \\ 4x_1 - x_2 - x_3 - x_4 = 1, \\ 3x_1 - x_2 - x_3 \quad\quad = 3, \end{cases}$$

$$(\text{Ⅱ}): \begin{cases} x_1 + mx_2 - x_3 - \ x_4 = -5, \\ \quad nx_2 - x_3 - 2x_4 = -11, \\ \quad\quad x_3 - 2x_4 = -t+1. \end{cases}$$

当方程组(Ⅱ)中的参数 m,n,t 为何值时,方程组(Ⅰ)与(Ⅱ)同解.

分析 由于方程组(Ⅰ)中不含有待定参数,故其通解是确定的,只需求出其通解并代入方程组(Ⅱ)即可求得满足题目要求的参数值.

解 设方程组(Ⅰ)的系数矩阵为 A_1,增广矩阵为 $\overline{A}_1$,对 $\overline{A}_1$ 作行初等变换得

$$\overline{A}_1 = \begin{pmatrix} 1 & 1 & 0 & -2 & \vdots & -6 \\ 4 & -1 & -1 & -1 & \vdots & 1 \\ 3 & -1 & -1 & 0 & \vdots & 3 \end{pmatrix} \rightarrow \begin{pmatrix} 1 & 0 & 0 & -1 & \vdots & -2 \\ 0 & 1 & 0 & -1 & \vdots & -4 \\ 0 & 0 & 1 & -2 & \vdots & -5 \end{pmatrix}.$$

由于 $R(\overline{A}_1)=R(A_1)=3<4$,故方程组有无穷多组解,且通解为

$$\boldsymbol{X} = \begin{pmatrix} -2 \\ -4 \\ -5 \\ 0 \end{pmatrix} + k \begin{pmatrix} 1 \\ 1 \\ 2 \\ 1 \end{pmatrix} \quad (k \text{ 为任意常数}).$$

将（Ⅰ）的通解代入（Ⅱ）的第一个方程得
$$(-2+k)+m(-4+k)-(-5+2k)-k=-5,$$
解得 $m=2$. 将（Ⅰ）的通解代入（Ⅱ）的第二个方程得
$$n(-4+k)-(-5+2k)-2k=-11,$$
解得 $n=4$. 将（Ⅰ）的通解代入（Ⅱ）的第三个方程得
$$(-5+2k)-2k=-t+1,$$
解得 $t=6$. 因此，当方程组（Ⅱ）的参数为 $m=2,n=4,t=6$ 时，方程组（Ⅰ）的解都是（Ⅱ）的解. 这时方程组（Ⅱ）化为

$$(\text{Ⅱ}): \begin{cases} x_1+2x_2-x_3-x_4=-5, \\ 4x_2-x_3-2x_4=-11, \\ x_3-2x_4=-5. \end{cases}$$

设方程组（Ⅱ）的系数矩阵为 $\boldsymbol{A}_2$，增广矩阵为 $\overline{\boldsymbol{A}}_2$，对 $\overline{\boldsymbol{A}}_2$ 作行初等变换得

$$\overline{\boldsymbol{A}}_2 = \begin{pmatrix} 1 & 2 & -1 & -1 & \vdots & -5 \\ 0 & 4 & -1 & -2 & \vdots & -11 \\ 0 & 0 & 1 & -2 & \vdots & -5 \end{pmatrix} \rightarrow \begin{pmatrix} 1 & 0 & 0 & -1 & \vdots & -2 \\ 0 & 1 & 0 & -1 & \vdots & -4 \\ 0 & 0 & 1 & -2 & \vdots & -5 \end{pmatrix},$$

显然，这就是（Ⅰ）所化成的阶梯形方程组，所以（Ⅰ）与（Ⅱ）同解.

评注 该题也可用例 17 的方法求解，但会困难些.

例 19 设三元线性方程组有通解 $k_1(-1,3,2)^{\mathrm{T}}+k_2(2,-3,1)^{\mathrm{T}}+(1,-1,3)^{\mathrm{T}}$，求原方程组.

分析 1 从通解中可看出 $\boldsymbol{\eta}_1=(-1,3,2)^{\mathrm{T}}, \boldsymbol{\eta}_2=(2,-3,1)^{\mathrm{T}}$ 是对应齐次方程组的基础解系，$\boldsymbol{\eta}^*=(1,-1,3)^{\mathrm{T}}$ 是非齐次方程组的特解. 故可设所求方程组为 $ax_1+bx_2+cx_3=d$，只需确定出其中的待定系数即可.

解法 1 设非齐次方程为
$$ax_1+bx_2+cx_3=d. \tag{4-7}$$

由通解知 $\boldsymbol{\eta}_1=(-1,3,2)^{\mathrm{T}}, \boldsymbol{\eta}_2=(2,-3,1)^{\mathrm{T}}$ 是对应齐次方程的解，代入齐次方程得

$$\begin{cases} -a+3b+2c=0, \\ 2a-3b+c=0. \end{cases} \tag{4-8}$$

方程组（4-8）的通解为 $(a,b,c)^{\mathrm{T}}=k(-9,-5,3)^{\mathrm{T}}$（$k$ 为任意常数），代入方程组（4-7）得

$$k(-9x_1-5x_2+3x_3)=d. \tag{4-9}$$

又 $\boldsymbol{\eta}^*=(1,-1,3)^{\mathrm{T}}$ 是非齐次方程组的特解，代入（4-9）式得 $d=5k$，故所求方程是

$$9x_1+5x_2-3x_3=-5.$$

分析 2 将通解表达式看成一个含参数 k_1,k_2 的方程组，消去参数就得到所需方

程组.

解法 2 由 $x=k_1\begin{bmatrix}-1\\3\\2\end{bmatrix}+k_2\begin{bmatrix}2\\-3\\1\end{bmatrix}+\begin{bmatrix}1\\-1\\3\end{bmatrix}$,得

$$\begin{cases}x_1=-k_1+2k_2+1,\\x_2=3k_1-3k_2-1,\\x_3=2k_1+k_2+3,\end{cases}$$

由 1,2 两个方程及 1,3 两个方程消去 k_1 ,得

$$\begin{cases}3x_1+x_2=3k_2+2,\\2x_1+x_3=5k_2+5,\end{cases}$$

消去 k_2 ,得所求方程

$$9x_1+5x_2-3x_3=-5.$$

评注 由通解知,对应齐次方程组 $\boldsymbol{AX}=\boldsymbol{0}$ 的基础解系含有两个解向量,故有 $R(\boldsymbol{A})=3-2=1$,所以方程组 $\boldsymbol{AX}=\boldsymbol{b}$ 只含有一个独立的方程.

若通解中,对应齐次方程组的基础解系只含有一个解向量,则有 $R(\boldsymbol{A})=3-1=2$,从而 $\boldsymbol{AX}=\boldsymbol{b}$ 应含有两个独立的方程.这时方程组(4—8)中只有一个方程,其基础解系含两个解向量,从而可确定出两个不同的方程.

两种解法中,解法 2 更为直接可行.

例 20 求过不在一条直线上的三点 $M_i(x_i,y_i)(i=1,2,3)$ 的圆的方程.

分析 设所求圆的方程为 $a(x^2+y^2)+bx+cy+d=0$,只需将三点 $M_i(x_i,y_i)(i=1,2,3)$ 代入,定出 a,b,c,d 的值.

解 设过三点的圆的方程为

$$a(x^2+y^2)+bx+cy+d=0, \tag{4—10}$$

其中 (x,y) 为圆上任一点的坐标.

由圆过三点 $M_i(x_i,y_i)$,将三点的坐标代入(4—10)式并与(4—10)式联立得关于 a,b,c,d 的齐次方程组

$$\begin{cases}a(x^2+y^2)+bx+cy+d=0,\\a(x_1^2+y_1^2)+bx_1+cy_1+d=0,\\a(x_2^2+y_2^2)+bx_2+cy_2+d=0,\\a(x_3^2+y_3^2)+bx_3+cy_3+d=0,\end{cases}$$

该方程组有非零解,故系数行列式

$$\begin{vmatrix}x^2+y^2 & x & y & 1\\x_1^2+y_1^2 & x_1 & y_1 & 1\\x_2^2+y_2^2 & x_2 & y_2 & 1\\x_3^2+y_3^2 & x_3 & y_3 & 1\end{vmatrix}=0. \tag{4—11}$$

下面说明(4—11)式就是所求的圆的方程:

首先(4—11)式是一个圆的方程.原因是 x^2+y^2 的系数为 $A_{11}=\begin{vmatrix}x_1 & y_1 & 1\\x_2 & y_2 & 1\\x_3 & y_3 & 1\end{vmatrix}$,

由于 M_1, M_2, M_3 不在一直线上,所以 $A_{11} \neq 0$. 又 $M_i(x_i, y_i)(i=1,2,3)$ 均满足 (4—11)式,故(4—11)式即为所求的圆方程.

例 21 设矩阵 $A = \begin{bmatrix} 1 & a \\ 1 & 0 \end{bmatrix}$, $B = \begin{bmatrix} 0 & 1 \\ 1 & b \end{bmatrix}$, 当 a, b 为何值时,存在矩阵 C 使得 $AC - CA = B$, 并求所有矩阵 C.

分析 要使 AC 与 CA 均有意义, C 只能是二阶方阵,可设 $C = \begin{bmatrix} x_1 & x_2 \\ x_3 & x_4 \end{bmatrix}$, 代入所给等式,再确定出 $x_i(i=1,2,3,4)$ 即可.

解 设 $C = \begin{bmatrix} x_1 & x_2 \\ x_3 & x_4 \end{bmatrix}$, 则

$$\begin{bmatrix} 1 & a \\ 1 & 0 \end{bmatrix}\begin{bmatrix} x_1 & x_2 \\ x_3 & x_4 \end{bmatrix} - \begin{bmatrix} x_1 & x_2 \\ x_3 & x_4 \end{bmatrix}\begin{bmatrix} 1 & a \\ 1 & 0 \end{bmatrix} = \begin{bmatrix} 0 & 1 \\ 1 & b \end{bmatrix},$$

$$\begin{bmatrix} x_1 + ax_3 & x_2 + ax_4 \\ x_1 & x_2 \end{bmatrix} - \begin{bmatrix} x_1 + x_2 & ax_1 \\ x_3 + x_4 & ax_3 \end{bmatrix} = \begin{bmatrix} 0 & 1 \\ 1 & b \end{bmatrix},$$

即有

$$\begin{cases} \quad\quad - x_2 + ax_3 \quad\quad\quad = 0, \\ -ax_1 + x_2 \quad\quad\quad + ax_4 = 1, \\ \quad x_1 \quad\quad - x_3 - x_4 = 1, \\ \quad\quad x_2 - ax_3 \quad\quad\quad = b, \end{cases}$$

对增广矩阵作行初等变换,有

$$\overline{A} = \begin{bmatrix} 0 & -1 & a & 0 & \vdots & 0 \\ -a & 1 & 0 & a & \vdots & 1 \\ 1 & 0 & -1 & -1 & \vdots & 1 \\ 0 & 1 & -a & 0 & \vdots & b \end{bmatrix} \rightarrow \begin{bmatrix} 1 & 0 & -1 & -1 & \vdots & 1 \\ 0 & 1 & -a & 0 & \vdots & 0 \\ 0 & 0 & 0 & 0 & \vdots & a+1 \\ 0 & 0 & 0 & 0 & \vdots & b \end{bmatrix}.$$

当 $a \neq -1$ 或 $b \neq 0$ 时,方程组无解;

当 $a = -1$ 且 $b = 0$ 时,方程组有解,其通解为

$$\begin{bmatrix} x_1 \\ x_2 \\ x_3 \\ x_4 \end{bmatrix} = \begin{bmatrix} 1 \\ 0 \\ 0 \\ 0 \end{bmatrix} + k_1 \begin{bmatrix} 1 \\ -1 \\ 1 \\ 0 \end{bmatrix} + k_2 \begin{bmatrix} 1 \\ 0 \\ 0 \\ 1 \end{bmatrix}, \quad k_1, k_2 \text{ 为任意实数.}$$

故当且仅当 $a = -1, b = 0$ 时,存在矩阵 $C = \begin{bmatrix} 1 + k_1 + k_2 & -k_1 \\ k_1 & k_2 \end{bmatrix}$, 满足 $AC - CA = B$.

评注 矩阵方程的求解,很多时候可转化为线性方程组的求解问题.

例 22 设 $W = \{(a_1, a_2, \cdots, a_{n-1}, 0) \mid a_i \in \mathbf{R}, i = 1, 2, \cdots, n-1\}$, 验证 W 是 $\mathbf{R}^n$ 的一个子空间,且求 W 的一组基与维数.

分析 按子空间的定义,只需验证 W 非空,并且对 $\mathbf{R}^n$ 中的线性运算封闭. W 的

一个极大无关组就是它的一组基.

解 显然 $(0,0,\cdots,0)\in W$, 所以 W 是非空子集. 设
$$\boldsymbol{\alpha}=(a_1,a_2,\cdots,a_{n-1},0)\in W,$$
$$\boldsymbol{\beta}=(b_1,b_2,\cdots,b_{n-1},0)\in W, k\in\mathbf{R},$$
则
$$\boldsymbol{\alpha}+\boldsymbol{\beta}=(a_1+b_1,a_2+b_2,\cdots,a_{n-1}+b_{n-1},0)\in W,$$
$$k\boldsymbol{\alpha}=(ka_1,ka_2,\cdots,ka_{n-1},0)\in W,$$
所以 W 是 $\mathbf{R}^n$ 的一个线性子空间. 取
$$e_1=(1,0,\cdots,0,0), e_2=(0,1,\cdots,0,0),\cdots,e_{n-1}=(0,0,\cdots,1,0),$$
易知 $e_1,e_2,\cdots,e_{n-1}$ 线性无关, 设任意向量 $\boldsymbol{\alpha}\in W$, 则有
$$\boldsymbol{\alpha}=(a_1,a_2,\cdots,a_{n-1},0)=a_1e_1+a_2e_2+\cdots+a_{n-1}e_{n-1},$$
所以 $e_1,e_2,\cdots,e_{n-1}$ 是 W 的一组基, $\dim W=n-1$.

评注 求空间的基与维数, 其关键是求基, 基确定了, 即可确定出维数.

例 23 设 L 是由向量组 $\boldsymbol{\alpha}_1=(1,-1,0,0)^{\mathrm{T}}, \boldsymbol{\alpha}_2=(-1,2,1,-1)^{\mathrm{T}}, \boldsymbol{\alpha}_3=(0,1,1,-1)^{\mathrm{T}}, \boldsymbol{\alpha}_4=(-1,3,2,1)^{\mathrm{T}}, \boldsymbol{\alpha}_5=(-2,6,4,1)^{\mathrm{T}}$ 所生成的向量空间. 求 L 的一组基与维数.

分析 向量组 $\boldsymbol{\alpha}_1,\boldsymbol{\alpha}_2,\boldsymbol{\alpha}_3,\boldsymbol{\alpha}_4,\boldsymbol{\alpha}_5$ 的一个极大无关组就是 L 的一组基, 向量组的秩就是 L 的维数.

解 作矩阵 $A=(\boldsymbol{\alpha}_1,\boldsymbol{\alpha}_2,\boldsymbol{\alpha}_3,\boldsymbol{\alpha}_4,\boldsymbol{\alpha}_5)$, 对 A 作行初等变换化阶梯形得

$$A=\begin{pmatrix}1&-1&0&-1&-2\\-1&2&1&3&6\\0&1&1&2&4\\0&-1&-1&1&1\end{pmatrix}\longrightarrow\begin{pmatrix}1&-1&0&-1&-2\\0&1&1&2&4\\0&1&1&2&4\\0&-1&-1&1&1\end{pmatrix}$$

$$\longrightarrow\begin{pmatrix}1&-1&0&-1&-2\\0&1&1&2&4\\0&0&0&0&0\\0&0&0&3&5\end{pmatrix}\longrightarrow\begin{pmatrix}1&-1&0&-1&-2\\0&1&1&2&4\\0&0&0&3&5\\0&0&0&0&0\end{pmatrix}.$$

从最后一个矩阵可看出, 秩 $R(A)=3$, 即 $\dim(L)=3$. 向量组 $\boldsymbol{\alpha}_1,\boldsymbol{\alpha}_2,\boldsymbol{\alpha}_4$ 是 A 的列向量组的一个极大无关组, 也就是 L 的一组基.

例 24 若 $\boldsymbol{\alpha}_1,\boldsymbol{\alpha}_2,\cdots,\boldsymbol{\alpha}_n$ 是 n 维向量空间 V 的一组基, 证明向量组 $\boldsymbol{\alpha}_1,\boldsymbol{\alpha}_1+\boldsymbol{\alpha}_2,\cdots,\boldsymbol{\alpha}_1+\boldsymbol{\alpha}_2+\cdots+\boldsymbol{\alpha}_n$ 仍是 V 的一组基, 若 $\boldsymbol{\alpha}$ 关于前一组基的坐标为 $(n,n-1,\cdots,2,1)$, 求 $\boldsymbol{\alpha}$ 关于后一组基的坐标.

分析 若 $\boldsymbol{\alpha}_1,\boldsymbol{\alpha}_1+\boldsymbol{\alpha}_2,\cdots,\boldsymbol{\alpha}_1+\boldsymbol{\alpha}_2+\cdots+\boldsymbol{\alpha}_n$ 线性无关, 则它就构成 V 的一组基. 求 $\boldsymbol{\alpha}$ 在这组基下的坐标, 可用坐标的定义及 $\boldsymbol{\alpha}$ 在已知基下的坐标来求得.

解 $(\boldsymbol{\alpha}_1,\boldsymbol{\alpha}_1+\boldsymbol{\alpha}_2,\cdots,\boldsymbol{\alpha}_1+\boldsymbol{\alpha}_2+\cdots+\boldsymbol{\alpha}_n)=(\boldsymbol{\alpha}_1,\boldsymbol{\alpha}_2,\cdots,\boldsymbol{\alpha}_n)\begin{pmatrix}1&1&1&\cdots&1\\0&1&1&\cdots&1\\0&0&1&\cdots&1\\\vdots&\vdots&\vdots&&\vdots\\0&0&0&\cdots&1\end{pmatrix},$

由于矩阵 $\begin{bmatrix} 1 & 1 & 1 & \cdots & 1 \\ 0 & 1 & 1 & \cdots & 1 \\ 0 & 0 & 1 & \cdots & 1 \\ \vdots & \vdots & \vdots & & \vdots \\ 0 & 0 & 0 & \cdots & 1 \end{bmatrix}$ 可逆,故 $\boldsymbol{\alpha}_1,\boldsymbol{\alpha}_1+\boldsymbol{\alpha}_2,\cdots,\boldsymbol{\alpha}_1+\boldsymbol{\alpha}_2+\cdots+\boldsymbol{\alpha}_n$ 与 $\boldsymbol{\alpha}_1,$

$\boldsymbol{\alpha}_2,\cdots,\boldsymbol{\alpha}_n$ 等价,从而

$$R(\boldsymbol{\alpha}_1,\boldsymbol{\alpha}_1+\boldsymbol{\alpha}_2,\cdots,\boldsymbol{\alpha}_1+\boldsymbol{\alpha}_2+\cdots+\boldsymbol{\alpha}_n)=R(\boldsymbol{\alpha}_1,\boldsymbol{\alpha}_2,\cdots,\boldsymbol{\alpha}_n)=n,$$

故 $\boldsymbol{\alpha}_1,\boldsymbol{\alpha}_1+\boldsymbol{\alpha}_2,\cdots,\boldsymbol{\alpha}_1+\boldsymbol{\alpha}_2+\cdots+\boldsymbol{\alpha}_n$ 线性无关,且也是 V 的一组基.

令

$$\begin{aligned} \boldsymbol{\alpha} &= x_1\boldsymbol{\alpha}_1+x_2(\boldsymbol{\alpha}_1+\boldsymbol{\alpha}_2)+\cdots+x_n(\boldsymbol{\alpha}_1+\boldsymbol{\alpha}_2+\cdots+\boldsymbol{\alpha}_n) \\ &= (x_1+x_2+\cdots+x_n)\boldsymbol{\alpha}_1+(x_2+\cdots+x_n)\boldsymbol{\alpha}_2+\cdots+x_n\boldsymbol{\alpha}_n, \end{aligned}$$

由已知 $\boldsymbol{\alpha}=n\boldsymbol{\alpha}_1+(n-1)\boldsymbol{\alpha}_2+\cdots+\boldsymbol{\alpha}_n$,且向量在同一基下的坐标是唯一的,得

$$\begin{cases} x_1+x_2+\cdots+x_n=n, \\ x_2+\cdots+x_n=n-1, \\ \cdots\cdots\cdots\cdots \\ x_n=1, \end{cases}$$

解得 $x_1=x_2=\cdots=x_n=1$,即 $\boldsymbol{\alpha}$ 在后一组基下的坐标为 $(1,1,\cdots,1)$.

评注 设 $\boldsymbol{\alpha}_1,\boldsymbol{\alpha}_2,\cdots,\boldsymbol{\alpha}_n$ 与 $\boldsymbol{\beta}_1,\boldsymbol{\beta}_2,\cdots,\boldsymbol{\beta}_n$ 是空间 V 的两组基,且有

$$(\boldsymbol{\beta}_1,\boldsymbol{\beta}_2,\cdots,\boldsymbol{\beta}_n)=(\boldsymbol{\alpha}_1,\boldsymbol{\alpha}_2,\cdots,\boldsymbol{\alpha}_n)\boldsymbol{P},$$

则称 $\boldsymbol{P}$ 是从基 $\boldsymbol{\alpha}_1,\boldsymbol{\alpha}_2,\cdots,\boldsymbol{\alpha}_n$ 到 $\boldsymbol{\beta}_1,\boldsymbol{\beta}_2,\cdots,\boldsymbol{\beta}_n$ 的**过渡矩阵**.

若 $\boldsymbol{X}=(x_1,\cdots,x_n)^{\mathrm{T}}$ 与 $\boldsymbol{Y}=(y_1,\cdots,y_n)^{\mathrm{T}}$ 分别是同一向量在前后两组基下的坐标,则有**坐标变换公式** $\boldsymbol{X}=\boldsymbol{P}\boldsymbol{Y}$ 或 $\boldsymbol{Y}=\boldsymbol{P}^{-1}\boldsymbol{X}$.

本例中所求的坐标也可以用坐标变换公式来计算,即

$$\begin{bmatrix} x_1 \\ x_2 \\ \vdots \\ x_n \end{bmatrix} = \begin{bmatrix} 1 & 1 & \cdots & 1 \\ 0 & 1 & \cdots & 1 \\ \vdots & \vdots & & \vdots \\ 0 & 0 & \cdots & 1 \end{bmatrix}^{-1} \begin{bmatrix} n \\ n-1 \\ \vdots \\ 1 \end{bmatrix} = \begin{bmatrix} 1 & -1 & \cdots & 0 \\ 0 & 1 & \cdots & 0 \\ \vdots & \vdots & & \vdots \\ 0 & 0 & \cdots & 1 \end{bmatrix} \begin{bmatrix} n \\ n-1 \\ \vdots \\ 1 \end{bmatrix} = \begin{bmatrix} 1 \\ 1 \\ \vdots \\ 1 \end{bmatrix}.$$

例 25 设向量组 $\boldsymbol{\alpha}_1=(1,2,1)^{\mathrm{T}},\boldsymbol{\alpha}_2=(1,3,2)^{\mathrm{T}},\boldsymbol{\alpha}_3=(1,a,3)^{\mathrm{T}}$ 为 $\mathbf{R}^3$ 的一个基,$\boldsymbol{\beta}=(1,1,1)^{\mathrm{T}}$ 在这个基下的坐标为 $(b,c,1)^{\mathrm{T}}$.

(1) 求 a,b,c;

(2) 证明 $\boldsymbol{\alpha}_2,\boldsymbol{\alpha}_3,\boldsymbol{\beta}$ 为 $\mathbf{R}^3$ 的一组基,并求 $\boldsymbol{\alpha}_2,\boldsymbol{\alpha}_3,\boldsymbol{\beta}$ 到 $\boldsymbol{\alpha}_1,\boldsymbol{\alpha}_2,\boldsymbol{\alpha}_3$ 的过渡矩阵.

分析 (1) 由题意知 $\boldsymbol{\beta}=b\boldsymbol{\alpha}_1+c\boldsymbol{\alpha}_2+\boldsymbol{\alpha}_3$,等式两边对应分量相等就可求得 a,b,c 的值;

(2) 若 $\boldsymbol{\alpha}_2,\boldsymbol{\alpha}_3,\boldsymbol{\beta}$ 线性无关,它就是 $\mathbf{R}^3$ 的一组基.将 $\boldsymbol{\alpha}_2,\boldsymbol{\alpha}_3,\boldsymbol{\beta}$ 用 $\boldsymbol{\alpha}_1,\boldsymbol{\alpha}_2,\boldsymbol{\alpha}_3$ 线性表出,就会得到过渡矩阵.

解 (1) 由题意 $\boldsymbol{\beta}=b\boldsymbol{\alpha}_1+c\boldsymbol{\alpha}_2+\boldsymbol{\alpha}_3$,即

$$\begin{cases} b+c+1=1, \\ 2b+3c+a=1, \\ b+2c+3=1, \end{cases}$$

解得 $a=3, b=2, c=-2$.

(2) 因为 $|\boldsymbol{\alpha}_2, \boldsymbol{\alpha}_3, \boldsymbol{\beta}| = \begin{vmatrix} 1 & 1 & 1 \\ 3 & 3 & 1 \\ 2 & 3 & 1 \end{vmatrix} = 2 \neq 0$，所以 $\boldsymbol{\alpha}_2, \boldsymbol{\alpha}_3, \boldsymbol{\beta}$ 线性无关，故 $\boldsymbol{\alpha}_2, \boldsymbol{\alpha}_3, \boldsymbol{\beta}$

为 $\mathbf{R}^3$ 的一组基. 由 $\boldsymbol{\beta} = 2\boldsymbol{\alpha}_1 - 2\boldsymbol{\alpha}_2 + \boldsymbol{\alpha}_3$，有

$$(\boldsymbol{\alpha}_2, \boldsymbol{\alpha}_3, \boldsymbol{\beta}) = (\boldsymbol{\alpha}_1, \boldsymbol{\alpha}_2, \boldsymbol{\alpha}_3) \begin{pmatrix} 0 & 0 & 2 \\ 1 & 0 & -2 \\ 0 & 1 & 1 \end{pmatrix},$$

因此从 $\boldsymbol{\alpha}_2, \boldsymbol{\alpha}_3, \boldsymbol{\beta}$ 到 $\boldsymbol{\alpha}_1, \boldsymbol{\alpha}_2, \boldsymbol{\alpha}_3$ 的过渡矩阵为

$$\begin{pmatrix} 0 & 0 & 2 \\ 1 & 0 & -2 \\ 0 & 1 & 1 \end{pmatrix}^{-1} = \begin{pmatrix} 1 & 1 & 0 \\ -\dfrac{1}{2} & 0 & 1 \\ \dfrac{1}{2} & 0 & 0 \end{pmatrix}.$$

（三）证明题

例 1 设 $\boldsymbol{\beta}$ 可由 $\boldsymbol{\alpha}_1, \boldsymbol{\alpha}_2, \cdots, \boldsymbol{\alpha}_m$ 线性表出，但不能由 $\boldsymbol{\alpha}_1, \boldsymbol{\alpha}_2, \cdots, \boldsymbol{\alpha}_{m-1}$ 线性表出，证明：$\boldsymbol{\alpha}_m$ 可由 $\boldsymbol{\alpha}_1, \boldsymbol{\alpha}_2, \cdots, \boldsymbol{\alpha}_{m-1}, \boldsymbol{\beta}$ 线性表出.

分析 设 $\boldsymbol{\beta} = k_1\boldsymbol{\alpha}_1 + k_2\boldsymbol{\alpha}_2 + \cdots + k_{m-1}\boldsymbol{\alpha}_{m-1} + k_m\boldsymbol{\alpha}_m$，只需证明 $k_m \neq 0$.

证 由题设 $\boldsymbol{\beta}$ 可由 $\boldsymbol{\alpha}_1, \boldsymbol{\alpha}_2, \cdots, \boldsymbol{\alpha}_m$ 线性表出，所以存在 m 个常数 $k_1, k_2, \cdots, k_m$，使得

$$\boldsymbol{\beta} = k_1\boldsymbol{\alpha}_1 + k_2\boldsymbol{\alpha}_2 + \cdots + k_{m-1}\boldsymbol{\alpha}_{m-1} + k_m\boldsymbol{\alpha}_m. \tag{4-12}$$

下证 $k_m \neq 0$，否则有

$$\boldsymbol{\beta} = k_1\boldsymbol{\alpha}_1 + k_2\boldsymbol{\alpha}_2 + \cdots + k_{m-1}\boldsymbol{\alpha}_{m-1},$$

这与已知 $\boldsymbol{\beta}$ 不能由 $\boldsymbol{\alpha}_1, \boldsymbol{\alpha}_2, \cdots, \boldsymbol{\alpha}_{m-1}$ 线性表出矛盾.

由于 $k_m \neq 0$，由 (4-12) 式有

$$\boldsymbol{\alpha}_m = \frac{1}{k_m}\boldsymbol{\beta} - \frac{k_1}{k_m}\boldsymbol{\alpha}_1 - \cdots - \frac{k_{m-1}}{k_m}\boldsymbol{\alpha}_{m-1},$$

得证.

评注 证明线性表出的常用方法有

(1) 定义法：$\boldsymbol{\beta}$ 能由 $\boldsymbol{\alpha}_1, \boldsymbol{\alpha}_2, \cdots, \boldsymbol{\alpha}_s$ 线性表出 $\Leftrightarrow$ 在 $k_1\boldsymbol{\alpha}_1 + k_2\boldsymbol{\alpha}_2 + \cdots + k_s\boldsymbol{\alpha}_s + k_{s+1}\boldsymbol{\beta} = \boldsymbol{0}$ 中 $k_{s+1} \neq 0$.

(2) 方程组法：方程组 $x_1\boldsymbol{\alpha}_1 + x_2\boldsymbol{\alpha}_2 + \cdots + x_s\boldsymbol{\alpha}_s = \boldsymbol{\beta}$ 有解 $\Leftrightarrow R(\boldsymbol{\alpha}_1, \boldsymbol{\alpha}_2, \cdots, \boldsymbol{\alpha}_s, \boldsymbol{\beta}) = R(\boldsymbol{\alpha}_1, \boldsymbol{\alpha}_2, \cdots, \boldsymbol{\alpha}_s)$.

(3) 基本定理：$\boldsymbol{\alpha}_1, \boldsymbol{\alpha}_2, \cdots, \boldsymbol{\alpha}_s$ 线性无关，而 $\boldsymbol{\alpha}_1, \boldsymbol{\alpha}_2, \cdots, \boldsymbol{\alpha}_s, \boldsymbol{\beta}$ 线性相关 $\Leftrightarrow \boldsymbol{\beta}$ 可由 $\boldsymbol{\alpha}_1, \boldsymbol{\alpha}_2, \cdots, \boldsymbol{\alpha}_s$ 唯一地线性表出.

特别地，向量空间中的任一向量，都可由空间的一组基唯一地线性表出.

(4) 反证法.

例 2 设有向量组 $\boldsymbol{\alpha}_i = (a_i, a_i^2, \cdots, a_i^n)^{\mathrm{T}}, i = 1, 2, \cdots, m (m \leqslant n)$，试证：向量组 $\boldsymbol{\alpha}_1,$

$\boldsymbol{\alpha}_2,\cdots,\boldsymbol{\alpha}_m$ 线性无关,其中 $a_1,a_2,\cdots,a_m$ 是 m 个互不相等且不为零的常数.

分析 作矩阵 $\boldsymbol{A}=(\boldsymbol{\alpha}_1,\boldsymbol{\alpha}_2,\cdots,\boldsymbol{\alpha}_m)$,只需证明 $R(\boldsymbol{A})=m$.

证 记 $\boldsymbol{A}=(\boldsymbol{\alpha}_1,\boldsymbol{\alpha}_2,\cdots,\boldsymbol{\alpha}_m)=\begin{pmatrix} a_1 & a_2 & \cdots & a_m \\ a_1^2 & a_2^2 & \cdots & a_m^2 \\ \vdots & \vdots & & \vdots \\ a_1^n & a_2^n & \cdots & a_m^n \end{pmatrix}$,由 $m\leqslant n$,取 $\boldsymbol{A}$ 的前 m 行与 m

列作成的子式

$$D=\begin{vmatrix} a_1 & a_2 & \cdots & a_m \\ a_1^2 & a_2^2 & \cdots & a_m^2 \\ \vdots & \vdots & & \vdots \\ a_1^m & a_2^m & \cdots & a_m^m \end{vmatrix}=a_1a_2\cdots a_m\begin{vmatrix} 1 & 1 & \cdots & 1 \\ a_1 & a_2 & \cdots & a_m \\ \vdots & \vdots & & \vdots \\ a_1^{m-1} & a_2^{m-1} & \cdots & a_m^{m-1} \end{vmatrix}$$

$$=a_1a_2\cdots a_m\prod_{1\leqslant i<j\leqslant m}(a_j-a_i)\neq 0,$$

所以 $R(\boldsymbol{A})=m$,故 $\boldsymbol{\alpha}_1,\boldsymbol{\alpha}_2,\cdots,\boldsymbol{\alpha}_m$ 线性无关.

例 3 设在向量组 $\boldsymbol{\alpha}_1,\boldsymbol{\alpha}_2,\cdots,\boldsymbol{\alpha}_m$ 中,$\boldsymbol{\alpha}_1\neq\boldsymbol{0}$,且每个 $\boldsymbol{\alpha}_i(i=2,3,\cdots,m)$ 都不能由 $\boldsymbol{\alpha}_1,\boldsymbol{\alpha}_2,\cdots,\boldsymbol{\alpha}_{i-1}$ 线性表出,证明这个向量组线性无关.

分析 1 用线性无关定义证明.设 $k_1\boldsymbol{\alpha}_1+k_2\boldsymbol{\alpha}_2+\cdots+k_m\boldsymbol{\alpha}_m=\boldsymbol{0}$,依次说明 $k_m,k_{m-1},\cdots,k_1$ 只能全为 0.

证法 1 设 $k_1\boldsymbol{\alpha}_1+k_2\boldsymbol{\alpha}_2+\cdots+k_m\boldsymbol{\alpha}_m=\boldsymbol{0}$,由 $\boldsymbol{\alpha}_m$ 不能由 $\boldsymbol{\alpha}_1,\boldsymbol{\alpha}_2,\cdots,\boldsymbol{\alpha}_{m-1}$ 线性表出,故 $k_m=0$. 否则,$\boldsymbol{\alpha}_m$ 能由 $\boldsymbol{\alpha}_1,\boldsymbol{\alpha}_2,\cdots,\boldsymbol{\alpha}_{m-1}$ 线性表出.

由 $\boldsymbol{\alpha}_{m-1}$ 不能由 $\boldsymbol{\alpha}_1,\boldsymbol{\alpha}_2,\cdots,\boldsymbol{\alpha}_{m-2}$ 线性表出,故 $k_{m-1}=0$,否则,$\boldsymbol{\alpha}_{m-1}$ 能由 $\boldsymbol{\alpha}_1,\boldsymbol{\alpha}_2,\cdots,\boldsymbol{\alpha}_{m-2}$ 线性表出.

同理可证,$k_{m-2}=k_{m-3}=\cdots=k_2=0$. 最后得 $k_1\boldsymbol{\alpha}_1=\boldsymbol{0}$,而 $\boldsymbol{\alpha}_1\neq\boldsymbol{0}$,故 $k_1=0$,从而 $k_1=k_2=\cdots=k_m=0$,因此 $\boldsymbol{\alpha}_1,\boldsymbol{\alpha}_2,\cdots,\boldsymbol{\alpha}_m$ 线性无关.

分析 2 用反证法.显然 $\boldsymbol{\alpha}_1,\boldsymbol{\alpha}_2$ 线性无关,若 $\boldsymbol{\alpha}_1,\boldsymbol{\alpha}_2,\cdots,\boldsymbol{\alpha}_m$ 线性相关,则存在一个 $\boldsymbol{\alpha}_j$,使 $\boldsymbol{\alpha}_j$ 可由 $\boldsymbol{\alpha}_1,\boldsymbol{\alpha}_2,\cdots,\boldsymbol{\alpha}_{j-1}$ 线性表出.与题设矛盾.

证法 2 若 $\boldsymbol{\alpha}_1,\boldsymbol{\alpha}_2,\cdots,\boldsymbol{\alpha}_m$ 线性相关,则存在不全为零的数 $k_1,k_2,\cdots,k_m$ 使

$$k_1\boldsymbol{\alpha}_1+k_2\boldsymbol{\alpha}_2+\cdots+k_m\boldsymbol{\alpha}_m=\boldsymbol{0}.$$

设 $k_1,k_2,\cdots,k_m$ 中从右到左第一个不为零的数是 k_j,即

$$k_m=k_{m-1}=\cdots=k_{j+1}=0,k_j\neq 0.$$

于是有

$$k_1\boldsymbol{\alpha}_1+k_2\boldsymbol{\alpha}_2+\cdots+k_j\boldsymbol{\alpha}_j=\boldsymbol{0},k_j\neq 0.$$

若 $j=1$,则 $k_1\boldsymbol{\alpha}_1=\boldsymbol{0}$,即 $\boldsymbol{\alpha}_1=\boldsymbol{0}$ 与题设 $\boldsymbol{\alpha}_1\neq\boldsymbol{0}$ 矛盾. 故 $j>1$. 因此有

$$\boldsymbol{\alpha}_j=-\frac{k_1}{k_j}\boldsymbol{\alpha}_1-\frac{k_2}{k_j}\boldsymbol{\alpha}_2-\cdots-\frac{k_{j-1}}{k_j}\boldsymbol{\alpha}_{j-1},$$

即 $\boldsymbol{\alpha}_j$ 可由 $\boldsymbol{\alpha}_1,\boldsymbol{\alpha}_2,\cdots,\boldsymbol{\alpha}_{j-1}$ 线性表出,则与题设矛盾,从而该向量组线性无关.

分析 3 对个数 m 进行数学归纳法.

证法 3 设 $m=1$ 时,因为 $\boldsymbol{\alpha}_1\neq\boldsymbol{0}$,$\boldsymbol{\alpha}_1$ 线性无关. 设命题对 $m-1$ 个向量成立. 考察 m 个向量,因为 $\boldsymbol{\alpha}_1,\boldsymbol{\alpha}_2,\cdots,\boldsymbol{\alpha}_{m-1}$ 中 $\boldsymbol{\alpha}_1\neq\boldsymbol{0}$,且每个 $\boldsymbol{\alpha}_i$ 都不能由它前面的 $i-1$ 个向量线性表出,所以这 $m-1$ 个向量满足题设条件,故 $\boldsymbol{\alpha}_1,\boldsymbol{\alpha}_2,\cdots,\boldsymbol{\alpha}_{m-1}$ 线性无关.

又因为 $\boldsymbol{\alpha}_m$ 不能由 $\boldsymbol{\alpha}_1, \boldsymbol{\alpha}_2, \cdots, \boldsymbol{\alpha}_{m-1}$ 线性表出,故 $\boldsymbol{\alpha}_1, \boldsymbol{\alpha}_2, \cdots, \boldsymbol{\alpha}_m$ 线性无关. 所以命题对所有自然数都成立.

评注 证明一个向量组线性无关的常用方法有

(1) 定义法:$k_1\boldsymbol{\alpha}_1 + k_2\boldsymbol{\alpha}_2 + \cdots + k_s\boldsymbol{\alpha}_s = \boldsymbol{0} \Leftrightarrow k_1 = k_2 = \cdots = k_s = 0$.

(2) 方程组法:方程组 $x_1\boldsymbol{\alpha}_1 + x_2\boldsymbol{\alpha}_2 + \cdots + x_s\boldsymbol{\alpha}_s = \boldsymbol{0}$ 只有零解.

(3) 矩阵的秩:$R(\boldsymbol{\alpha}_1, \boldsymbol{\alpha}_2, \cdots, \boldsymbol{\alpha}_s) = s$. 特别地,若 $(\boldsymbol{\alpha}_1, \boldsymbol{\alpha}_2, \cdots, \boldsymbol{\alpha}_s)$ 是方阵,则 $\det(\boldsymbol{\alpha}_1, \boldsymbol{\alpha}_2, \cdots, \boldsymbol{\alpha}_s) \neq 0$.

(4) 反证法.

(5) 归纳法.

例 4 设向量组 $\boldsymbol{\alpha}_1, \boldsymbol{\alpha}_2, \cdots, \boldsymbol{\alpha}_n$ 线性无关,向量 $\boldsymbol{\beta}_1$ 可以由这组向量线性表出,而 $\boldsymbol{\beta}_2$ 不能由这组向量线性表出,证明:向量组 $\boldsymbol{\alpha}_1, \boldsymbol{\alpha}_2, \cdots, \boldsymbol{\alpha}_n, l\boldsymbol{\beta}_1 + \boldsymbol{\beta}_2$ 必线性无关,其中 l 为任意常数.

分析 因为 $\boldsymbol{\alpha}_1, \boldsymbol{\alpha}_2, \cdots, \boldsymbol{\alpha}_n$ 线性无关,若 $\boldsymbol{\alpha}_1, \boldsymbol{\alpha}_2, \cdots, \boldsymbol{\alpha}_n, l\boldsymbol{\beta}_1 + \boldsymbol{\beta}_2$ 线性相关,容易推出 $\boldsymbol{\beta}_2$ 必可由 $\boldsymbol{\alpha}_1, \boldsymbol{\alpha}_2, \cdots, \boldsymbol{\alpha}_n$ 线性表出而出现矛盾.

证 若向量组 $\boldsymbol{\alpha}_1, \boldsymbol{\alpha}_2, \cdots, \boldsymbol{\alpha}_n, l\boldsymbol{\beta}_1 + \boldsymbol{\beta}_2$ 线性相关,则存在一组不全为零的数 $k_1, k_2, \cdots, k_{n+1}$,使得

$$k_1\boldsymbol{\alpha}_1 + k_2\boldsymbol{\alpha}_2 + \cdots + k_n\boldsymbol{\alpha}_n + k_{n+1}(l\boldsymbol{\beta}_1 + \boldsymbol{\beta}_2) = \boldsymbol{0},$$

由 $\boldsymbol{\alpha}_1, \boldsymbol{\alpha}_2, \cdots, \boldsymbol{\alpha}_n$ 线性无关,有 $k_{n+1} \neq 0$. 故

$$\boldsymbol{\beta}_2 = -\frac{k_1}{k_{n+1}}\boldsymbol{\alpha}_1 - \frac{k_2}{k_{n+1}}\boldsymbol{\alpha}_2 - \cdots - \frac{k_n}{k_{n+1}}\boldsymbol{\alpha}_n - l\boldsymbol{\beta}_1, \tag{4-13}$$

因为 $\boldsymbol{\beta}_1$ 可以由 $\boldsymbol{\alpha}_1, \boldsymbol{\alpha}_2, \cdots, \boldsymbol{\alpha}_n$ 线性表出,所以由 $(4-13)$ 式知 $\boldsymbol{\beta}_2$ 可以由 $\boldsymbol{\alpha}_1, \boldsymbol{\alpha}_2, \cdots, \boldsymbol{\alpha}_n$ 线性表出,矛盾. 故向量组 $\boldsymbol{\alpha}_1, \boldsymbol{\alpha}_2, \cdots, \boldsymbol{\alpha}_n, l\boldsymbol{\beta}_1 + \boldsymbol{\beta}_2$ 必线性无关.

例 5 若向量组 $\boldsymbol{\alpha}_1, \boldsymbol{\alpha}_2, \cdots, \boldsymbol{\alpha}_s$ 线性无关,$\boldsymbol{\beta}$ 可由 $\boldsymbol{\alpha}_1, \boldsymbol{\alpha}_2, \cdots, \boldsymbol{\alpha}_s$ 线性表出,且表示式的系数全不为 0,证明 $\boldsymbol{\alpha}_1, \boldsymbol{\alpha}_2, \cdots, \boldsymbol{\alpha}_s, \boldsymbol{\beta}$ 中任意 s 个向量线性无关.

分析 因为 $\boldsymbol{\beta}$ 可由 $\boldsymbol{\alpha}_1, \boldsymbol{\alpha}_2, \cdots, \boldsymbol{\alpha}_s$ 线性表出,所以 $\boldsymbol{\alpha}_1, \boldsymbol{\alpha}_2, \cdots, \boldsymbol{\alpha}_s, \boldsymbol{\beta}$ 中任意 s 个向量的线性关系均表现为 $\boldsymbol{\alpha}_1, \boldsymbol{\alpha}_2, \cdots, \boldsymbol{\alpha}_s$ 的线性关系,因而是线性无关的.

证 反证法. 设 $\boldsymbol{\alpha}_1, \boldsymbol{\alpha}_2, \cdots, \boldsymbol{\alpha}_s, \boldsymbol{\beta}$ 中有 s 个向量 $\boldsymbol{\alpha}_1, \boldsymbol{\alpha}_2, \cdots, \boldsymbol{\alpha}_{i-1}, \boldsymbol{\alpha}_{i+1}, \cdots, \boldsymbol{\alpha}_s, \boldsymbol{\beta}$ $(i=1, 2, \cdots, s)$ 线性相关,则存在不全为零的数 $k_1, k_2, \cdots, k_{i-1}, k_{i+1}, \cdots, k_s, k$,使得

$$k_1\boldsymbol{\alpha}_1 + k_2\boldsymbol{\alpha}_2 + \cdots + k_{i-1}\boldsymbol{\alpha}_{i-1} + k_{i+1}\boldsymbol{\alpha}_{i+1} + k\boldsymbol{\beta} = \boldsymbol{0}. \tag{4-14}$$

另一方面,由题设 $\boldsymbol{\beta} = l_1\boldsymbol{\alpha}_1 + l_2\boldsymbol{\alpha}_2 + \cdots + l_i\boldsymbol{\alpha}_i + \cdots + l_s\boldsymbol{\alpha}_s$,其中 $l_i \neq 0 (i=1, 2, \cdots, s)$,代入 $(4-14)$ 式得

$$(k_1 + kl_1)\boldsymbol{\alpha}_1 + (k_2 + kl_2)\boldsymbol{\alpha}_2 + \cdots + (k_{i-1} + kl_{i-1})\boldsymbol{\alpha}_{i-1} +$$
$$kl_i\boldsymbol{\alpha}_i + (k_{i+1} + kl_{i+1})\boldsymbol{\alpha}_{i+1} + \cdots + (k_s + kl_s)\boldsymbol{\alpha}_s = \boldsymbol{0},$$

因为 $\boldsymbol{\alpha}_1, \boldsymbol{\alpha}_2, \cdots, \boldsymbol{\alpha}_s$ 线性无关,所以 $kl_i = 0, l_i \neq 0$,故 $k=0$. 代入 $(4-14)$ 式可得

$$k_1 = k_2 = \cdots = k_{i-1} = k_{i+1} = \cdots = k_s = 0,$$

矛盾. 故任意 s 个向量线性无关.

例 6 设向量组 $\boldsymbol{\alpha}_1, \boldsymbol{\alpha}_2, \cdots, \boldsymbol{\alpha}_m$ 线性相关,但其中任意 $m-1$ 个都线性无关,证明:

(1) 如果等式 $k_1\boldsymbol{\alpha}_1 + k_2\boldsymbol{\alpha}_2 + \cdots + k_m\boldsymbol{\alpha}_m = \boldsymbol{0}$,则 $k_1, k_2, \cdots, k_m$ 要么全为 0,要么全不为 0;

（2）如果存在两个等式

$$k_1\boldsymbol{\alpha}_1+k_2\boldsymbol{\alpha}_2+\cdots+k_m\boldsymbol{\alpha}_m=\boldsymbol{0}, \quad l_1\boldsymbol{\alpha}_1+l_2\boldsymbol{\alpha}_2+\cdots+l_m\boldsymbol{\alpha}_m=\boldsymbol{0},$$

其中 $l_1\neq0$，则 $\dfrac{k_1}{l_1}=\dfrac{k_2}{l_2}=\cdots=\dfrac{k_m}{l_m}$.

分析 （1）只需证明 $k_1,k_2,\cdots,k_m$ 中若有一个为 0，则其余 $m-1$ 个都为 0.

（2）从所给的两个等式中消去一个向量，则剩下的 $m-1$ 个向量线性无关，即得结论.

证 （1）如果 $k_1=k_2=\cdots=k_m=0$，则证毕. 若有一个 $k_i\neq0$，不妨设 $k_1\neq0$，那么其余的 k_i 都全不为 0，否则若有某个 $k_i=0$，则有 $\sum\limits_{j\neq i}k_j\boldsymbol{\alpha}_j=\boldsymbol{0}$，再由 $k_1\neq0$ 知，这 $m-1$ 个向量线性相关，这与已知矛盾.

（2）因为 $l_1\neq0$，由（1）知 $l_2,l_3,\cdots,l_m$ 均不为 0.

再看 k_i，若 $k_1=k_2=\cdots=k_m=0$，则证毕. 否则 $k_1,k_2,\cdots,k_m$ 均不为 0，用 l_1 乘所设第一式，用 k_1 乘所设第二式，得

$$l_1k_1\boldsymbol{\alpha}_1+l_1k_2\boldsymbol{\alpha}_2+\cdots+l_1k_m\boldsymbol{\alpha}_m=\boldsymbol{0},$$
$$k_1l_1\boldsymbol{\alpha}_1+k_1l_2\boldsymbol{\alpha}_2+\cdots+k_1l_m\boldsymbol{\alpha}_m=\boldsymbol{0},$$

上面两式相减，得

$$0\boldsymbol{\alpha}_1+(l_1k_2-k_1l_2)\boldsymbol{\alpha}_2+\cdots+(l_1k_m-k_1l_m)\boldsymbol{\alpha}_m=\boldsymbol{0}.$$

因为 $\boldsymbol{\alpha}_2,\boldsymbol{\alpha}_3,\cdots,\boldsymbol{\alpha}_m$ 线性无关，所以

$$0=l_1k_2-k_1l_2=\cdots=l_1k_m-k_1l_m\Rightarrow\dfrac{k_1}{l_1}=\dfrac{k_2}{l_2}=\cdots=\dfrac{k_m}{l_m}.$$

评注 本例说明：若向量组 $\boldsymbol{\alpha}_1,\boldsymbol{\alpha}_2,\cdots,\boldsymbol{\alpha}_m$ 线性相关，但其中任意 $m-1$ 个都线性无关，则使等式 $k_1\boldsymbol{\alpha}_1+k_2\boldsymbol{\alpha}_2+\cdots+k_m\boldsymbol{\alpha}_m=\boldsymbol{0}$ 成立的系数比 $k_1:k_2:\cdots:k_m$ 是不变的.

例 7 设 $\boldsymbol{A}$ 是 n 阶方阵，$\boldsymbol{\alpha}_1,\boldsymbol{\alpha}_2,\boldsymbol{\alpha}_3$ 是 n 维向量，且

$$\boldsymbol{\alpha}_1\neq\boldsymbol{0},\boldsymbol{A}\boldsymbol{\alpha}_1=\boldsymbol{\alpha}_1,\boldsymbol{A}\boldsymbol{\alpha}_2=\boldsymbol{\alpha}_1+\boldsymbol{\alpha}_2,\boldsymbol{A}\boldsymbol{\alpha}_3=\boldsymbol{\alpha}_2+\boldsymbol{\alpha}_3,$$

试证 $\boldsymbol{\alpha}_1,\boldsymbol{\alpha}_2,\boldsymbol{\alpha}_3$ 线性无关.

分析 所给条件可变形为 $(\boldsymbol{A}-\boldsymbol{I})\boldsymbol{\alpha}_1=\boldsymbol{0},(\boldsymbol{A}-\boldsymbol{I})\boldsymbol{\alpha}_2=\boldsymbol{\alpha}_1,(\boldsymbol{A}-\boldsymbol{I})\boldsymbol{\alpha}_3=\boldsymbol{\alpha}_2$，对 $k_1\boldsymbol{\alpha}_1+k_2\boldsymbol{\alpha}_2+k_3\boldsymbol{\alpha}_3=\boldsymbol{0}$，要证 $k_1=k_2=k_3=0$，只需用 $\boldsymbol{A}-\boldsymbol{I}$ 左乘等式两边即可.

证 由 $\begin{cases}\boldsymbol{A}\boldsymbol{\alpha}_1=\boldsymbol{\alpha}_1,\\\boldsymbol{A}\boldsymbol{\alpha}_2=\boldsymbol{\alpha}_1+\boldsymbol{\alpha}_2,\\\boldsymbol{A}\boldsymbol{\alpha}_3=\boldsymbol{\alpha}_2+\boldsymbol{\alpha}_3\end{cases}\Rightarrow\begin{cases}(\boldsymbol{A}-\boldsymbol{I})\boldsymbol{\alpha}_1=\boldsymbol{0},\\(\boldsymbol{A}-\boldsymbol{I})\boldsymbol{\alpha}_2=\boldsymbol{\alpha}_1,\\(\boldsymbol{A}-\boldsymbol{I})\boldsymbol{\alpha}_3=\boldsymbol{\alpha}_2.\end{cases}\qquad(4-15)$

设

$$k_1\boldsymbol{\alpha}_1+k_2\boldsymbol{\alpha}_2+k_3\boldsymbol{\alpha}_3=\boldsymbol{0},\qquad(4-16)$$

用 $\boldsymbol{A}-\boldsymbol{I}$ 左乘上式两边，得

$$k_1(\boldsymbol{A}-\boldsymbol{I})\boldsymbol{\alpha}_1+k_2(\boldsymbol{A}-\boldsymbol{I})\boldsymbol{\alpha}_2+k_3(\boldsymbol{A}-\boldsymbol{I})\boldsymbol{\alpha}_3=\boldsymbol{0}.$$

由（4-15）式，有

$$k_2\boldsymbol{\alpha}_1+k_3\boldsymbol{\alpha}_2=\boldsymbol{0},\qquad(4-17)$$

再用 $\boldsymbol{A}-\boldsymbol{I}$ 左乘上式两边，得 $k_3\boldsymbol{\alpha}_1=\boldsymbol{0}$，而 $\boldsymbol{\alpha}_1\neq\boldsymbol{0}$，所以 $k_3=0$. 依次代入（4-17）式、（4-16）式得 $k_2=0,k_1=0$，即 $k_1=k_2=k_3=0$. 故 $\boldsymbol{\alpha}_1,\boldsymbol{\alpha}_2,\boldsymbol{\alpha}_3$ 线性无关.

例 8 已知三维向量组（Ⅰ）：$\boldsymbol{\alpha}_1,\boldsymbol{\alpha}_2$ 线性无关，（Ⅱ）：$\boldsymbol{\beta}_1,\boldsymbol{\beta}_2$ 线性无关.

（1）证明存在向量 $\boldsymbol{\xi}\neq0$，$\boldsymbol{\xi}$ 既可由 $\boldsymbol{\alpha}_1,\boldsymbol{\alpha}_2$ 线性表出，也可由 $\boldsymbol{\beta}_1,\boldsymbol{\beta}_2$ 线性表出；

（2）当 $\boldsymbol{\alpha}_1=(1,2,2)^\top,\boldsymbol{\alpha}_2=(2,1,3)^\top,\boldsymbol{\beta}_1=(1,0,3)^\top,\boldsymbol{\beta}_2=(0,4,-2)^\top$ 时，求（1）中的 $\boldsymbol{\xi}$.

分析 （1）若有 $\boldsymbol{\xi}=k_1\boldsymbol{\alpha}_1+k_2\boldsymbol{\alpha}_2=\lambda_1\boldsymbol{\beta}_1+\lambda_2\boldsymbol{\beta}_2\neq0$，则 $\boldsymbol{\alpha}_1,\boldsymbol{\alpha}_2,\boldsymbol{\beta}_1,\boldsymbol{\beta}_2$ 线性相关. 因此，可考虑从说明 $\boldsymbol{\alpha}_1,\boldsymbol{\alpha}_2,\boldsymbol{\beta}_1,\boldsymbol{\beta}_2$ 线性相关入手.

（2）将（1）中表达式 $\boldsymbol{\xi}=k_1\boldsymbol{\alpha}_1+k_2\boldsymbol{\alpha}_2=\lambda_1\boldsymbol{\beta}_1+\lambda_2\boldsymbol{\beta}_2$ 的系数 $k_1,k_2,\lambda_1,\lambda_2$ 解出即可.

解 （1）四个 3 维向量 $\boldsymbol{\alpha}_1,\boldsymbol{\alpha}_2,\boldsymbol{\beta}_1,\boldsymbol{\beta}_2$ 必线性相关，故存在不全为零的 $k_1,k_2,\lambda_1,\lambda_2$，使得

$$k_1\boldsymbol{\alpha}_1+k_2\boldsymbol{\alpha}_2+\lambda_1\boldsymbol{\beta}_1+\lambda_2\boldsymbol{\beta}_2=\mathbf{0}. \tag{4-18}$$

首先，（4-18）式中的 k_1,k_2 不会全为 0，否则有

$$\lambda_1\boldsymbol{\beta}_1+\lambda_2\boldsymbol{\beta}_2=\mathbf{0},$$

由于 λ_1,λ_2 不全为 0，所以 $\boldsymbol{\beta}_1,\boldsymbol{\beta}_2$ 线性相关，矛盾.

同理，（4-18）式中的 λ_1,λ_2 也不会全为 0. 这样就有

$$k_1\boldsymbol{\alpha}_1+k_2\boldsymbol{\alpha}_2=-(\lambda_1\boldsymbol{\beta}_1+\lambda_2\boldsymbol{\beta}_2)\neq\mathbf{0}. \tag{4-19}$$

令 $\boldsymbol{\xi}=k_1\boldsymbol{\alpha}_1+k_2\boldsymbol{\alpha}_2=-(\lambda_1\boldsymbol{\beta}_1+\lambda_2\boldsymbol{\beta}_2)$，则 $\boldsymbol{\xi}$ 即为所求.

（2）将（4-18）式改写为

$$(\boldsymbol{\alpha}_1,\boldsymbol{\alpha}_2,\boldsymbol{\beta}_1,\boldsymbol{\beta}_2)\begin{pmatrix}k_1\\k_2\\\lambda_1\\\lambda_2\end{pmatrix}=\mathbf{0},\quad 即\quad \begin{pmatrix}1&2&1&0\\2&1&0&4\\2&3&3&-2\end{pmatrix}\begin{pmatrix}k_1\\k_2\\\lambda_1\\\lambda_2\end{pmatrix}=\mathbf{0},$$

这是关于 $k_1,k_2,\lambda_1,\lambda_2$ 的线性方程组，将系数矩阵作行初等变换

$$\begin{pmatrix}1&2&1&0\\2&1&0&4\\2&3&3&-2\end{pmatrix}\rightarrow\begin{pmatrix}1&2&1&0\\0&-3&-2&4\\0&-1&1&-2\end{pmatrix}\rightarrow\begin{pmatrix}1&2&1&0\\0&-1&1&-2\\0&0&-5&10\end{pmatrix}$$

$$\rightarrow\begin{pmatrix}1&2&1&0\\0&-1&1&-2\\0&0&1&-2\end{pmatrix}\rightarrow\begin{pmatrix}1&0&0&2\\0&1&0&0\\0&0&1&-2\end{pmatrix},$$

得方程组的一个基础解系 $(k_1,k_2,\lambda_1,\lambda_2)^\top=(-2,0,2,1)^\top$，通解为 $k(-2,0,2,1)^\top$. 代入（4-19）式得

$$\boldsymbol{\xi}=k(-2\boldsymbol{\alpha}_1+0\cdot\boldsymbol{\alpha}_2)=-k(2\boldsymbol{\beta}_1+\boldsymbol{\beta}_2)=k(-2,-4,-4)^\top.$$

例 9 设向量组 $B:\boldsymbol{\beta}_1,\boldsymbol{\beta}_2,\cdots,\boldsymbol{\beta}_r$ 能由向量组 $A:\boldsymbol{\alpha}_1,\boldsymbol{\alpha}_2,\cdots,\boldsymbol{\alpha}_s$ 线性表出为

$$(\boldsymbol{\beta}_1,\boldsymbol{\beta}_2,\cdots,\boldsymbol{\beta}_r)=(\boldsymbol{\alpha}_1,\boldsymbol{\alpha}_2,\cdots,\boldsymbol{\alpha}_s)\boldsymbol{K},$$

其中 $\boldsymbol{K}$ 为 $s\times r$ 矩阵，且向量组 A 线性无关，证明：向量组 B 线性无关的充要条件是 $R(\boldsymbol{K})=r$.

分析 等式 $(\boldsymbol{\beta}_1,\boldsymbol{\beta}_2,\cdots,\boldsymbol{\beta}_r)=(\boldsymbol{\alpha}_1,\boldsymbol{\alpha}_2,\cdots,\boldsymbol{\alpha}_s)\boldsymbol{K}$ 将向量组的线性关系转化为矩阵乘积的关系. 要证向量组 B 线性无关 $\Leftrightarrow R(B)=r$，只需弄清 $R(B)$ 与 $R(\boldsymbol{K})$ 的关系.

证 必要性. 若 $B:\boldsymbol{\beta}_1,\boldsymbol{\beta}_2,\cdots,\boldsymbol{\beta}_r$ 线性无关，则 $R(B)=r$，而 $r\geqslant R(\boldsymbol{K})\geqslant R(B)$，所以 $R(\boldsymbol{K})=r$.

充分性(用反证法).若 $R(K)=r$,但 $\boldsymbol{\beta}_1,\boldsymbol{\beta}_2,\cdots,\boldsymbol{\beta}_r$ 线性相关.记 $\boldsymbol{B}=(\boldsymbol{\beta}_1,\boldsymbol{\beta}_2,\cdots,\boldsymbol{\beta}_r)$,则齐次方程组 $\boldsymbol{BX}=\boldsymbol{0}$ 有非零解 $\boldsymbol{X}_0\neq\boldsymbol{0}$,即有

$$(\boldsymbol{\beta}_1,\boldsymbol{\beta}_2,\cdots,\boldsymbol{\beta}_r)\boldsymbol{X}_0=(\boldsymbol{\alpha}_1,\boldsymbol{\alpha}_2,\cdots,\boldsymbol{\alpha}_s)\boldsymbol{KX}_0=\boldsymbol{0},$$

由 $\boldsymbol{\alpha}_1,\boldsymbol{\alpha}_2,\cdots,\boldsymbol{\alpha}_s$ 线性无关,得 $\boldsymbol{KX}_0=\boldsymbol{0}$.这说明齐次方程组 $\boldsymbol{KX}=\boldsymbol{0}$ 有非零解,这与 $R(K)=r$ 矛盾.故 $\boldsymbol{\beta}_1,\boldsymbol{\beta}_2,\cdots,\boldsymbol{\beta}_r$ 线性无关.

评注 关系式 $(\boldsymbol{\beta}_1,\boldsymbol{\beta}_2,\cdots,\boldsymbol{\beta}_r)=(\boldsymbol{\alpha}_1,\boldsymbol{\alpha}_2,\cdots,\boldsymbol{\alpha}_s)\boldsymbol{K}$ 不仅刻画了向量组 $\boldsymbol{\beta}_1,\boldsymbol{\beta}_2,\cdots,\boldsymbol{\beta}_r$ 能由 $\boldsymbol{\alpha}_1,\boldsymbol{\alpha}_2,\cdots,\boldsymbol{\alpha}_s$ 线性表出,而且还将向量组的线性关系转化成矩阵乘积的关系.利用这种转化,我们可以通过矩阵来研究向量组,反之也可通过向量组来研究矩阵.

例 10 证明:一个向量组的任何一个线性无关组都可以扩充成一个极大无关组.

分析 1 用已知的线性无关向量组去替换极大无关组中与之等价的部分组,由此得到的极大无关组就是已知线性无关组的一个扩充.

证法 1 设向量组(Ⅰ):$\boldsymbol{\alpha}_{j_1},\boldsymbol{\alpha}_{j_2},\cdots,\boldsymbol{\alpha}_{j_s}$ 是向量组(Ⅱ):$\boldsymbol{\alpha}_1,\boldsymbol{\alpha}_2,\cdots,\boldsymbol{\alpha}_m$ 的一个线性无关组,而向量组(Ⅲ):$\boldsymbol{\beta}_1,\boldsymbol{\beta}_2,\cdots,\boldsymbol{\beta}_r$ 是(Ⅱ)的一个极大无关组,则(Ⅰ)可由(Ⅲ)线性表出,于是(Ⅲ)中存在 s 个向量(例如前 s 个)用(Ⅰ)代替后得到的向量组(Ⅳ):$\boldsymbol{\alpha}_{j_1},\boldsymbol{\alpha}_{j_2},\cdots,\boldsymbol{\alpha}_{j_s},\boldsymbol{\beta}_{s+1},\cdots,\boldsymbol{\beta}_r$ 与(Ⅲ)等价,从而(Ⅳ)是(Ⅱ)的一个极大无关组,即线性无关组(Ⅰ)可以扩充为(Ⅱ)的一个极大无关组.

分析 2 将向量组中不能由已知线性无关组线性表出的向量逐一加入,最终可扩充成一个极大无关组.

证法 2 设向量组(Ⅰ):$\boldsymbol{\alpha}_{j_1},\boldsymbol{\alpha}_{j_2},\cdots,\boldsymbol{\alpha}_{j_s}$ 是向量组(Ⅱ):$\boldsymbol{\alpha}_1,\boldsymbol{\alpha}_2,\cdots,\boldsymbol{\alpha}_m$ 的一个线性无关组.若(Ⅱ)中每个向量都能由(Ⅰ)线性表出,则(Ⅰ)是(Ⅱ)的一个极大无关组.若(Ⅱ)中向量 $\boldsymbol{\alpha}_{i_1}$ 不能由(Ⅰ)线性表出,则向量组(Ⅴ):$\boldsymbol{\alpha}_{j_1},\boldsymbol{\alpha}_{j_2},\cdots,\boldsymbol{\alpha}_{j_s},\boldsymbol{\alpha}_{i_1}$ 也是(Ⅱ)的线性无关组.

设向量组(Ⅱ)的秩为 r,当 $r=s+1$ 时,(Ⅴ)即为(Ⅱ)的一个极大无关组.

当 $r>s+1$ 时,(Ⅱ)中必存在 $\boldsymbol{\alpha}_{i_2}$ 不能由(Ⅴ)线性表出,于是 $\boldsymbol{\alpha}_{j_1},\boldsymbol{\alpha}_{j_2},\cdots,\boldsymbol{\alpha}_{j_s},\boldsymbol{\alpha}_{i_1},\boldsymbol{\alpha}_{i_2}$ 线性无关.

继续上述过程,最后总能得到一个包含(Ⅰ)的线性无关组,使(Ⅱ)中每个向量都可由它线性表出,所以它是(Ⅱ)的一个包含(Ⅰ)的极大无关组.从而可知每个线性无关组都可扩充为极大无关组.

例 11 设 $\boldsymbol{\alpha}_1=(1,-1,2,4)$,$\boldsymbol{\alpha}_2=(0,3,1,2)$,$\boldsymbol{\alpha}_3=(3,0,7,14)$,$\boldsymbol{\alpha}_4=(1,-1,2,0)$,$\boldsymbol{\alpha}_5=(2,1,5,6)$,证明:$\boldsymbol{\alpha}_1,\boldsymbol{\alpha}_2$ 线性无关,并把 $\boldsymbol{\alpha}_1,\boldsymbol{\alpha}_2$ 扩充成一个极大无关组.

分析 可按例 10 中给出的两种方法扩充.

证 因为 $\boldsymbol{\alpha}_1\neq k\boldsymbol{\alpha}_2$,所以 $\boldsymbol{\alpha}_1,\boldsymbol{\alpha}_2$ 线性无关.下面用两种方法将 $\boldsymbol{\alpha}_1,\boldsymbol{\alpha}_2$ 扩充成一个极大无关组.

方法 1 因为 $\boldsymbol{\alpha}_3=3\boldsymbol{\alpha}_1+\boldsymbol{\alpha}_2$,所以 $\boldsymbol{\alpha}_1,\boldsymbol{\alpha}_2,\boldsymbol{\alpha}_3$ 线性相关.

设 $\boldsymbol{\alpha}_4=k_1\boldsymbol{\alpha}_1+k_2\boldsymbol{\alpha}_2$,得方程组

$$\begin{cases} k_1=1, \\ -k_1+3k_2=-1, \\ 2k_1+k_2=2, \\ 4k_1+2k_2=0. \end{cases}$$

由其中第三与第四方程矛盾知,方程组无解,所以 $\boldsymbol{\alpha}_1,\boldsymbol{\alpha}_2,\boldsymbol{\alpha}_4$ 线性无关.

又设 $\boldsymbol{\alpha}_5=k_1\boldsymbol{\alpha}_1+k_2\boldsymbol{\alpha}_2+k_3\boldsymbol{\alpha}_4$,得方程组

$$\begin{cases} k_1+k_3=2,\\ -k_1+3k_2-k_3=1,\\ 2k_1+k_2+2k_3=5,\\ 4k_1+2k_2=6, \end{cases}$$

解得 $k_1=1,k_2=1,k_3=1$,知 $\boldsymbol{\alpha}_5$ 可由 $\boldsymbol{\alpha}_1,\boldsymbol{\alpha}_2,\boldsymbol{\alpha}_4$ 线性表出. 所以原向量组任一向量均可由 $\boldsymbol{\alpha}_1,\boldsymbol{\alpha}_2,\boldsymbol{\alpha}_4$ 线性表出,$\boldsymbol{\alpha}_1,\boldsymbol{\alpha}_2,\boldsymbol{\alpha}_4$ 是由 $\boldsymbol{\alpha}_1,\boldsymbol{\alpha}_2$ 扩充成的一个极大无关组.

方法 2 将矩阵 $\boldsymbol{A}=(\boldsymbol{\alpha}_1^{\mathrm{T}},\boldsymbol{\alpha}_2^{\mathrm{T}},\boldsymbol{\alpha}_3^{\mathrm{T}},\boldsymbol{\alpha}_4^{\mathrm{T}},\boldsymbol{\alpha}_5^{\mathrm{T}})$ 作行初等变换化为行阶梯形矩阵

$$\boldsymbol{A}=\begin{pmatrix} 1 & 0 & 3 & 1 & 2\\ -1 & 3 & 0 & -1 & 1\\ 2 & 1 & 7 & 2 & 5\\ 4 & 2 & 14 & 0 & 6 \end{pmatrix} \rightarrow \begin{pmatrix} 1 & 0 & 3 & 1 & 2\\ 0 & 3 & 3 & 0 & 3\\ 0 & 1 & 1 & 0 & 1\\ 0 & 2 & 2 & -4 & -2 \end{pmatrix} \rightarrow \begin{pmatrix} 1 & 0 & 3 & 1 & 2\\ 0 & 1 & 1 & 0 & 1\\ 0 & 0 & 0 & 1 & 1\\ 0 & 0 & 0 & 0 & 0 \end{pmatrix},$$

可见,$\boldsymbol{\alpha}_1,\boldsymbol{\alpha}_2,\boldsymbol{\alpha}_4$ 或 $\boldsymbol{\alpha}_1,\boldsymbol{\alpha}_2,\boldsymbol{\alpha}_5$ 都是由 $\boldsymbol{\alpha}_1,\boldsymbol{\alpha}_2$ 扩充成的一个极大无关组.

评注 方法 2 显然较方法 1 简捷.对分量具体给定的向量组,宜用方法 2;否则只能选用方法 1.

例 12 在 $\boldsymbol{A}_{m\times n}$ 中任取 s 列作一 $m\times s$ 矩阵 $\boldsymbol{B}$,设秩 $R(\boldsymbol{A})=r$,证明:

$$r+s-n\leqslant R(\boldsymbol{B})\leqslant r.$$

分析 右边不等式显然;要证明左边,只需说明矩阵 $\boldsymbol{B}$ 的列向量中至少有 $r+s-n$ 个线性无关.

证 设 $\boldsymbol{A}=(\boldsymbol{\alpha}_1,\boldsymbol{\alpha}_2,\cdots,\boldsymbol{\alpha}_n)$,$\boldsymbol{B}=(\boldsymbol{\alpha}_{i_1},\boldsymbol{\alpha}_{i_2},\cdots,\boldsymbol{\alpha}_{i_s})$,因为 $\boldsymbol{B}$ 的列向量组是 $\boldsymbol{A}$ 的列向量组的一部分,所以显然 $R(\boldsymbol{B})\leqslant R(\boldsymbol{A})=r$.

由于 $R(\boldsymbol{A})=r$,则 $\boldsymbol{A}$ 的列向量组中有 r 个向量构成极大无关组,除此之外,$\boldsymbol{A}$ 中还含 $n-r$ 个列向量,故 $\boldsymbol{B}$ 中至少含有该极大无关组中的 $s-(n-r)$ 个向量,而它们又是线性无关的,从而知 $\boldsymbol{B}$ 中至少有 $s-(n-r)$ 个向量线性无关. 故 $r+s-n\leqslant R(\boldsymbol{B})$. 所以原不等式成立.

例 13 设 $\boldsymbol{A},\boldsymbol{B}$ 为同型矩阵. 证明:$R(\boldsymbol{A}+\boldsymbol{B})\leqslant R(\boldsymbol{A})+R(\boldsymbol{B})$.

分析 1 将矩阵 $\boldsymbol{A},\boldsymbol{B},\boldsymbol{A}+\boldsymbol{B}$ 按列分块,将问题转化为向量组的秩的大小比较,这与向量组的极大无关组有密切的联系.

证法 1 将矩阵按列分块,记 $\boldsymbol{A}=(\boldsymbol{\alpha}_1,\boldsymbol{\alpha}_2,\cdots,\boldsymbol{\alpha}_n)$, $\boldsymbol{B}=(\boldsymbol{\beta}_1,\boldsymbol{\beta}_2,\cdots,\boldsymbol{\beta}_n)$,则

$$\boldsymbol{A}+\boldsymbol{B}=(\boldsymbol{\alpha}_1+\boldsymbol{\beta}_1,\ \boldsymbol{\alpha}_2+\boldsymbol{\beta}_2,\ \cdots,\ \boldsymbol{\alpha}_n+\boldsymbol{\beta}_n).$$

因为 $\boldsymbol{\alpha}_1+\boldsymbol{\beta}_1,\boldsymbol{\alpha}_2+\boldsymbol{\beta}_2,\cdots,\boldsymbol{\alpha}_n+\boldsymbol{\beta}_n$ 可由向量组 $\boldsymbol{\alpha}_1,\boldsymbol{\alpha}_2,\cdots,\boldsymbol{\alpha}_n,\boldsymbol{\beta}_1,\boldsymbol{\beta}_2,\cdots,\boldsymbol{\beta}_n$ 线性表出,所以

$$R(\boldsymbol{A}+\boldsymbol{B})=R\{\boldsymbol{\alpha}_1+\boldsymbol{\beta}_1,\ \boldsymbol{\alpha}_2+\boldsymbol{\beta}_2,\ \cdots,\ \boldsymbol{\alpha}_n+\boldsymbol{\beta}_n\}\leqslant R\{\boldsymbol{\alpha}_1,\ \boldsymbol{\alpha}_2,\ \cdots,\ \boldsymbol{\alpha}_n,\ \boldsymbol{\beta}_1,\ \boldsymbol{\beta}_2,\ \cdots,\ \boldsymbol{\beta}_n\}.$$

设 $R(\boldsymbol{A})=r_1,\boldsymbol{\alpha}_1,\boldsymbol{\alpha}_2,\cdots,\boldsymbol{\alpha}_{r_1}$ 为 $\boldsymbol{\alpha}_1,\boldsymbol{\alpha}_2,\cdots,\boldsymbol{\alpha}_n$ 的一个极大无关组;$R(\boldsymbol{B})=r_2,\boldsymbol{\beta}_1,\boldsymbol{\beta}_2,\cdots,\boldsymbol{\beta}_{r_2}$ 为 $\boldsymbol{\beta}_1,\boldsymbol{\beta}_2,\cdots,\boldsymbol{\beta}_n$ 的一个极大无关组,则 $\boldsymbol{\alpha}_1,\boldsymbol{\alpha}_2,\cdots,\boldsymbol{\alpha}_{r_1},\boldsymbol{\beta}_1,\boldsymbol{\beta}_2,\cdots,\boldsymbol{\beta}_{r_2}$ 与 $\boldsymbol{\alpha}_1,\boldsymbol{\alpha}_2,\cdots,\boldsymbol{\alpha}_n,\boldsymbol{\beta}_1,\boldsymbol{\beta}_2,\cdots,\boldsymbol{\beta}_n$ 等价,所以

$$R\{\boldsymbol{\alpha}_1,\ \boldsymbol{\alpha}_2,\ \cdots,\ \boldsymbol{\alpha}_n,\ \boldsymbol{\beta}_1,\boldsymbol{\beta}_2,\ \cdots,\ \boldsymbol{\beta}_n\}=R\{\boldsymbol{\alpha}_1,\ \boldsymbol{\alpha}_2,\cdots,\boldsymbol{\alpha}_{r_1},\ \boldsymbol{\beta}_1,\boldsymbol{\beta}_2,\cdots,\boldsymbol{\beta}_{r_2}\}\leqslant r_1+r_2,$$

即

$$R(\boldsymbol{A}+\boldsymbol{B}) \leqslant R(\boldsymbol{A})+R(\boldsymbol{B}).$$

分析 2　由于 $R(\boldsymbol{A})+R(\boldsymbol{B})=R\begin{bmatrix}\boldsymbol{A} & \boldsymbol{O}\\ \boldsymbol{O} & \boldsymbol{B}\end{bmatrix}$，故只需证明 $R(\boldsymbol{A}+\boldsymbol{B})\leqslant R\begin{bmatrix}\boldsymbol{A} & \boldsymbol{O}\\ \boldsymbol{O} & \boldsymbol{B}\end{bmatrix}$.

证法 2　因为 $\boldsymbol{A}+\boldsymbol{B}=(\boldsymbol{I},\boldsymbol{I})\begin{bmatrix}\boldsymbol{A}\\ \boldsymbol{B}\end{bmatrix}$，所以 $R(\boldsymbol{A}+\boldsymbol{B})\leqslant R\begin{bmatrix}\boldsymbol{A}\\ \boldsymbol{B}\end{bmatrix}$ 又

$$\begin{bmatrix}\boldsymbol{A}\\ \boldsymbol{B}\end{bmatrix}=\begin{bmatrix}\boldsymbol{A} & \boldsymbol{O}\\ \boldsymbol{O} & \boldsymbol{B}\end{bmatrix}\begin{bmatrix}\boldsymbol{I}\\ \boldsymbol{I}\end{bmatrix},$$

故

$$R\begin{bmatrix}\boldsymbol{A}\\ \boldsymbol{B}\end{bmatrix}\leqslant R\begin{bmatrix}\boldsymbol{A} & \boldsymbol{O}\\ \boldsymbol{O} & \boldsymbol{B}\end{bmatrix}=R(\boldsymbol{A})+R(\boldsymbol{B}).$$

评注　当一个命题与向量组的秩或线性表出有关时,常用极大无关组来讨论,因为极大无关组所含向量的个数最少,且线性无关,有利于问题的解决.

例 14　若两个向量组(Ⅰ): $\boldsymbol{\alpha}_1,\boldsymbol{\alpha}_2,\cdots,\boldsymbol{\alpha}_s$ 与(Ⅱ): $\boldsymbol{\beta}_1,\boldsymbol{\beta}_2,\cdots,\boldsymbol{\beta}_m$ 有相同的秩,且(Ⅰ)可由(Ⅱ)线性表出,证明:(Ⅰ)与(Ⅱ)等价.

分析　由于向量组与其极大无关组等价,故只需证明两个向量组的极大无关组等价.

证　设两个向量组的秩都为 r, $\boldsymbol{\alpha}_1,\boldsymbol{\alpha}_2,\cdots,\boldsymbol{\alpha}_r$ 为(Ⅰ)的一个极大无关组, $\boldsymbol{\beta}_1,\boldsymbol{\beta}_2,\cdots,\boldsymbol{\beta}_r$ 为(Ⅱ)的一个极大无关组.

因为向量组(Ⅰ)可由(Ⅱ)线性表出,所以 $\boldsymbol{\alpha}_1,\boldsymbol{\alpha}_2,\cdots,\boldsymbol{\alpha}_r$ 可以由 $\boldsymbol{\beta}_1,\boldsymbol{\beta}_2,\cdots,\boldsymbol{\beta}_r$ 线性表出,设 $\boldsymbol{\alpha}_i=\sum\limits_{j=1}^{r}k_{ji}\boldsymbol{\beta}_j (i=1,2,\cdots,r)$，即

$$(\boldsymbol{\alpha}_1,\boldsymbol{\alpha}_2,\cdots,\boldsymbol{\alpha}_r)=(\boldsymbol{\beta}_1,\boldsymbol{\beta}_2,\cdots,\boldsymbol{\beta}_r)\begin{pmatrix}k_{11} & k_{12} & \cdots & k_{1r}\\ k_{21} & k_{22} & \cdots & k_{2r}\\ \vdots & \vdots & & \vdots\\ k_{r1} & k_{r2} & \cdots & k_{rr}\end{pmatrix},$$

记 $\boldsymbol{K}=\begin{pmatrix}k_{11} & k_{12} & \cdots & k_{1r}\\ k_{21} & k_{22} & \cdots & k_{2r}\\ \vdots & \vdots & & \vdots\\ k_{r1} & k_{r2} & \cdots & k_{rr}\end{pmatrix}$，因为 $R(\boldsymbol{K})\geqslant R(\boldsymbol{\alpha}_1,\boldsymbol{\alpha}_2,\cdots,\boldsymbol{\alpha}_r)=r$，所以 $\boldsymbol{K}$ 可逆,有

$$(\boldsymbol{\alpha}_1,\boldsymbol{\alpha}_2,\cdots,\boldsymbol{\alpha}_r)\boldsymbol{K}^{-1}=(\boldsymbol{\beta}_1,\boldsymbol{\beta}_2,\cdots,\boldsymbol{\beta}_r),$$

这说明 $\boldsymbol{\alpha}_1,\boldsymbol{\alpha}_2,\cdots,\boldsymbol{\alpha}_r$ 与 $\boldsymbol{\beta}_1,\boldsymbol{\beta}_2,\cdots,\boldsymbol{\beta}_r$ 等价,故向量组(Ⅰ)与(Ⅱ)等价.

例 15　设 $\boldsymbol{A},\boldsymbol{B}$ 都是 n 阶方阵,证明:线性方程组 $\boldsymbol{ABX}=\boldsymbol{0}$ 与 $\boldsymbol{BX}=\boldsymbol{0}$ 同解的充要条件为 $R(\boldsymbol{AB})=R(\boldsymbol{B})$.

分析　可以从两个角度来考虑:两齐次方程组同解⇔两方程组的基础解系等价⇔两方程组系数矩阵的行向量组等价.

证法 1　若线性方程组 $\boldsymbol{ABX}=\boldsymbol{0}$ 与 $\boldsymbol{BX}=\boldsymbol{0}$ 同解,则它们有共同的基础解系,所以
$$n-R(\boldsymbol{AB})=n-R(\boldsymbol{B})\Rightarrow R(\boldsymbol{AB})=R(\boldsymbol{B}).$$

反之,若秩 $R(\boldsymbol{AB})=R(\boldsymbol{B})$，则 $\boldsymbol{ABX}=\boldsymbol{0}$ 与 $\boldsymbol{BX}=\boldsymbol{0}$ 的基础解系含有相同的个数的解向

量.设 $ABX=0$ 的基础解系为 $\boldsymbol{\alpha}_1,\boldsymbol{\alpha}_2,\cdots,\boldsymbol{\alpha}_s$，$BX=0$ 的基础解为 $\boldsymbol{\beta}_1,\boldsymbol{\beta}_2,\cdots,\boldsymbol{\beta}_s$. 因为 $BX=0$ 的解也为 $ABX=0$ 的解，所以 $\boldsymbol{\beta}_1,\boldsymbol{\beta}_2,\cdots,\boldsymbol{\beta}_s$ 可以由 $\boldsymbol{\alpha}_1,\boldsymbol{\alpha}_2,\cdots,\boldsymbol{\alpha}_s$ 线性表出，由例 14 结论知 $\boldsymbol{\beta}_1,\boldsymbol{\beta}_2,\cdots,\boldsymbol{\beta}_s$ 与 $\boldsymbol{\alpha}_1,\boldsymbol{\alpha}_2,\cdots,\boldsymbol{\alpha}_s$ 等价，所以 $ABX=0$ 与 $BX=0$ 同解.

证法 2 若 $ABX=0$ 与 $BX=0$ 同解，则矩阵 AB 与 B 的行向量组等价，所以 $R(AB)=R(B)$.

反之，若 $R(AB)=R(B)$，由于 AB 的行向量组可由 B 的行向量组线性表示，由例 14 结论知，AB 与 B 的行向量组等价，所以方程组 $ABX=0$ 与 $BX=0$ 同解.

例 16 设 A 是 $m\times n$ 实矩阵，证明 (1) $R(A^{\mathrm{T}}A)=R(A)$；(2) 方程组 $(A^{\mathrm{T}}A)X=A^{\mathrm{T}}b$ 一定有解.

分析 (1) 只需证明方程组 $A^{\mathrm{T}}AX=0$ 与 $AX=0$ 同解.

(2) 只需证明 $R(A^{\mathrm{T}}A)=R(A^{\mathrm{T}}A,A^{\mathrm{T}}b)$.

证 (1) 设 X_0 是方程 $AX=0$ 的解，则 $AX_0=0\Rightarrow A^{\mathrm{T}}AX_0=0$，即 X_0 也是方程 $A^{\mathrm{T}}AX=0$ 的解；反过来，设实向量 X_1 是方程 $A^{\mathrm{T}}AX=0$ 的解，则

$$A^{\mathrm{T}}AX_1=0\Rightarrow X_1^{\mathrm{T}}A^{\mathrm{T}}AX_1=0\Rightarrow (AX_1)^{\mathrm{T}}AX_1=0.$$

设 $AX_1=(b_1,b_2,\cdots,b_m)^{\mathrm{T}}$，则 $(AX_1)^{\mathrm{T}}(AX_1)=\sum_{i=1}^{m}b_i^2=0$，必有 $b_1=b_2=\cdots=b_m=0$，即 $AX_1=0$，故 X_1 也是方程组 $AX=0$ 的解.

综上可知，方程组 $A^{\mathrm{T}}AX=0$ 与 $AX=0$ 同解，从而有 $R(A)=R(A^{\mathrm{T}}A)$.

(2) 由 (1) 知 $R(A)=R(A^{\mathrm{T}}A)$，将 $A,A^{\mathrm{T}}A$ 按列分块，由于 $A^{\mathrm{T}}A$ 的每个列向量均可由 A^{T} 的列向量组线性表出，故由例 14 知 A^{T} 和 $A^{\mathrm{T}}A$ 的列向量组是等价向量组.

又 $A^{\mathrm{T}}b$ 是 A^{T} 的列向量组的一个线性组合，从而

$$R(A^{\mathrm{T}})=R(A^{\mathrm{T}},A^{\mathrm{T}}b)=R(A^{\mathrm{T}}A,A^{\mathrm{T}}b),$$

故

$$R(A^{\mathrm{T}}A)=R(A)=R(A^{\mathrm{T}})=R(A^{\mathrm{T}}A,A^{\mathrm{T}}b),$$

即 $R(A^{\mathrm{T}}A)=R(A^{\mathrm{T}}A,A^{\mathrm{T}}b)$，所以方程组 $(A^{\mathrm{T}}A)X=A^{\mathrm{T}}b$ 有解.

评注 本题中 A 是实矩阵的条件是必要的，因对于复矩阵，结论不一定成立. 例如 $A=\begin{bmatrix}1 & i\\ -i & 1\end{bmatrix}$，因 $A^{\mathrm{T}}A=O$，故 $R(A^{\mathrm{T}}A)=0$，但 $R(A)=1$.

例 17 已知平面上三条不同直线的方程分别为

$$l_1:ax+2by+3c=0,$$
$$l_2:bx+2cy+3a=0,$$
$$l_3:cx+2ay+3b=0.$$

证明这三条直线交于一点的充要条件为 $a+b+c=0$.

分析 三条直线交于一点的充要条件是三个方程构成的线性方程组有唯一解.

证 因为三条直线不相同，所以常数 a,b,c 不同时相等，不妨设 a 是三个数中的最大者.考虑非齐次线性方程组

$$\begin{cases}ax+2by+3c=0,\\ bx+2cy+3a=0,\\ cx+2ay+3b=0,\end{cases} \tag{4-20}$$

显然该方程组系数矩阵的秩 $R(\boldsymbol{A})=2$，则方程组有唯一解的充要条件是增广矩阵的秩 $R(\overline{\boldsymbol{A}})=2$，它等价于

$$\begin{vmatrix} a & 2b & 3c \\ b & 2c & 3a \\ c & 2a & 3b \end{vmatrix}=0, \tag{4-21}$$

左边行列式

$$\begin{vmatrix} a & 2b & 3c \\ b & 2c & 3a \\ c & 2a & 3b \end{vmatrix}=(a+b+c)\begin{vmatrix} 1 & 2 & 3 \\ b & 2c & 3a \\ c & 2a & 3b \end{vmatrix}=6(a+b+c)\begin{vmatrix} 1 & 0 & 0 \\ b & c-b & a-b \\ c & a-c & b-c \end{vmatrix}$$

$$=-6(a+b+c)[(b-c)^2+(a-b)(a-c)],$$

由于 $(b-c)^2+(a-b)(a-c)>0$，故 (4-21) 式成立的充要条件为 $a+b+c=0$.

评注 因为行列式 $\begin{vmatrix} a & 2b & 3c \\ b & 2c & 3a \\ c & 2a & 3b \end{vmatrix}$ 关于字母 a,b,c 轮换对称，所以题解中设 a 是

三个数中的最大者不影响题解的正确性.

例 18 设 $\boldsymbol{A}=(a_{ij})_{n\times n}$，且 $\sum_{j=1}^{n}a_{ij}=0(i=1,2,\cdots,n)$. 证明：$\boldsymbol{A}$ 的第一行元素的代数余子式全相等.

分析 由 $\sum_{j=1}^{n}a_{ij}=0(i=1,2,\cdots,n)$ 易知 $R(\boldsymbol{A})<n$，且 $\boldsymbol{\xi}=(1,1,\cdots,1)^{\mathrm{T}}$ 是齐次方程组 $\boldsymbol{AX}=\boldsymbol{0}$ 的解. 若 $R(\boldsymbol{A})<n-1$，结论自然成立；若 $R(\boldsymbol{A})=n-1$，只需证明伴随矩阵 $\boldsymbol{A}^*$ 的第一列 $(A_{11},A_{12},\cdots,A_{1n})^{\mathrm{T}}$ 也是 $\boldsymbol{AX}=\boldsymbol{0}$ 的解即可.

证 由 $\sum_{j=1}^{n}a_{ij}=0(i=1,2,\cdots,n)$，知 $|\boldsymbol{A}|=0$（或 $R(\boldsymbol{A})<n$），且 $\boldsymbol{AX}=\boldsymbol{0}$ 有解 $\boldsymbol{\xi}=(1,1,\cdots,1)^{\mathrm{T}}$ 及

$$\boldsymbol{AA}^*=|\boldsymbol{A}|\boldsymbol{I}=\boldsymbol{O},$$

即 $\boldsymbol{A}^*$ 的第一列 $(A_{11},A_{12},\cdots,A_{1n})^{\mathrm{T}}$ 是 $\boldsymbol{AX}=\boldsymbol{0}$ 的解向量.

若有 $A_{1j}\neq0$，则 $R(\boldsymbol{A})=n-1$，$(A_{11},A_{12},\cdots,A_{1n})^{\mathrm{T}}$ 是 $\boldsymbol{AX}=\boldsymbol{0}$ 的非零解，$\boldsymbol{AX}=\boldsymbol{0}$ 的通解是 $k(1,1,\cdots,1)^{\mathrm{T}}$，故有 $A_{11}=A_{12}=\cdots=A_{1n}$.

若 $A_{1j}=0(j=1,2,\cdots,n)$，则 $\boldsymbol{A}$ 的第一行的代数余子式全为零，即 $A_{11}=A_{12}=\cdots=A_{1n}=0$.

综上所述，$\boldsymbol{A}$ 的第一行元素的代数余子式全相等.

例 19 设向量 $\boldsymbol{\beta}$ 为非齐次线性方程组 $\boldsymbol{AX}=\boldsymbol{b}(\boldsymbol{b}\neq\boldsymbol{0})$ 的一个解，$\boldsymbol{\alpha}_1,\boldsymbol{\alpha}_2,\cdots,\boldsymbol{\alpha}_s$ 为其导出组 $\boldsymbol{AX}=\boldsymbol{0}$ 的一个基础解系，证明：$\boldsymbol{\beta},\boldsymbol{\beta}+\boldsymbol{\alpha}_1,\boldsymbol{\beta}+\boldsymbol{\alpha}_2,\cdots,\boldsymbol{\beta}+\boldsymbol{\alpha}_s$ 为 $\boldsymbol{AX}=\boldsymbol{b}$ 解向量组中的一个极大无关向量组.

分析 只需证明 $\boldsymbol{\beta},\boldsymbol{\beta}+\boldsymbol{\alpha}_1,\boldsymbol{\beta}+\boldsymbol{\alpha}_2,\cdots,\boldsymbol{\beta}+\boldsymbol{\alpha}_s$ 是 $\boldsymbol{AX}=\boldsymbol{b}$ 的一组线性无关解，并且方程组的任意解都可由这组解向量线性表出.

证 显然，向量组 $\boldsymbol{\beta},\boldsymbol{\beta}+\boldsymbol{\alpha}_1,\boldsymbol{\beta}+\boldsymbol{\alpha}_2,\cdots,\boldsymbol{\beta}+\boldsymbol{\alpha}_s$ 都是 $\boldsymbol{AX}=\boldsymbol{b}$ 的解. 下证它是线性无关的. 设

$$k\boldsymbol{\beta}+k_1(\boldsymbol{\beta}+\boldsymbol{\alpha}_1)+k_2(\boldsymbol{\beta}+\boldsymbol{\alpha}_2)+\cdots+k_s(\boldsymbol{\beta}+\boldsymbol{\alpha}_s)=\mathbf{0}, \tag{4-22}$$

则

$$(k+k_1+k_2+\cdots+k_s)\boldsymbol{\beta}+k_1\boldsymbol{\alpha}_1+k_2\boldsymbol{\alpha}_2+\cdots+k_s\boldsymbol{\alpha}_s=\mathbf{0}, \tag{4-23}$$

左乘 $\boldsymbol{A}$,有

$$(k+k_1+k_2+\cdots+k_s)\boldsymbol{A\beta}+k_1\boldsymbol{A\alpha}_1+k_2\boldsymbol{A\alpha}_2+\cdots+k_s\boldsymbol{A\alpha}_s=\mathbf{0},$$

即

$$(k+k_1+k_2+\cdots+k_s)\boldsymbol{A\beta}=\mathbf{0}\Rightarrow(k+k_1+k_2+\cdots+k_s)\boldsymbol{b}=\mathbf{0},$$

因为 $\boldsymbol{b}\neq\mathbf{0}$,所以 $k+k_1+k_2+\cdots+k_s=0$.

由(4-23)得

$$k_1\boldsymbol{\alpha}_1+k_2\boldsymbol{\alpha}_2+\cdots+k_s\boldsymbol{\alpha}_s=\mathbf{0},$$

因为 $\boldsymbol{\alpha}_1,\boldsymbol{\alpha}_2,\cdots,\boldsymbol{\alpha}_s$ 线性无关,所以 $k_1=k_2=\cdots=k_s=0$. 代入(4-22)得 $k\boldsymbol{\beta}=\mathbf{0}$. 因为 $\boldsymbol{\beta}$ 为非齐次线性方程组 $\boldsymbol{AX}=\boldsymbol{b}$ $(\boldsymbol{b}\neq\mathbf{0})$ 的一个解,可得 $\boldsymbol{\beta}\neq\mathbf{0}$,得 $k=0$,所以 $\boldsymbol{\beta},\boldsymbol{\beta}+\boldsymbol{\alpha}_1,\boldsymbol{\beta}+\boldsymbol{\alpha}_2,\cdots,\boldsymbol{\beta}+\boldsymbol{\alpha}_s$ 线性无关.

下证任一 $\boldsymbol{AX}=\boldsymbol{b}$ 的解都可由 $\boldsymbol{\beta},\boldsymbol{\beta}+\boldsymbol{\alpha}_1,\boldsymbol{\beta}+\boldsymbol{\alpha}_2,\cdots,\boldsymbol{\beta}+\boldsymbol{\alpha}_s$ 线性表出.

设 $\boldsymbol{\gamma}$ 为 $\boldsymbol{AX}=\boldsymbol{b}$ 的任一解,则

$$\begin{aligned}\boldsymbol{\gamma}&=\boldsymbol{\beta}+k_1\boldsymbol{\alpha}_1+k_2\boldsymbol{\alpha}_2+\cdots+k_s\boldsymbol{\alpha}_s\\&=(1-k_1-k_2-\cdots-k_s)\boldsymbol{\beta}+k_1(\boldsymbol{\alpha}_1+\boldsymbol{\beta})+k_2(\boldsymbol{\alpha}_2+\boldsymbol{\beta})+\cdots+k_s(\boldsymbol{\alpha}_s+\boldsymbol{\beta}).\end{aligned}$$

综上所述,$\boldsymbol{\beta},\boldsymbol{\beta}+\boldsymbol{\alpha}_1,\boldsymbol{\beta}+\boldsymbol{\alpha}_2,\cdots,\boldsymbol{\beta}+\boldsymbol{\alpha}_s$ 为 $\boldsymbol{AX}=\boldsymbol{b}$ 解向量组中的一个极大无关组.

例 20 已知 $\boldsymbol{A}$ 是 $m\times n$ 矩阵,$\boldsymbol{B}$ 是 $n\times s$ 矩阵,若 $\boldsymbol{AB}=\boldsymbol{O}$,证明:$R(\boldsymbol{A})+R(\boldsymbol{B})\leqslant n$.

分析 由 $\boldsymbol{AB}=\boldsymbol{O}$ 可知,$\boldsymbol{B}$ 的列向量组是方程组 $\boldsymbol{AX}=\boldsymbol{0}$ 的解向量,从而可由方程组的基础解系线性表出,故结论成立.

证 对矩阵 $\boldsymbol{B}$ 按列分块,有

$$\boldsymbol{AB}=\boldsymbol{A}(\boldsymbol{\beta}_1,\boldsymbol{\beta}_2,\cdots,\boldsymbol{\beta}_s)=(\boldsymbol{A\beta}_1,\boldsymbol{A\beta}_2,\cdots,\boldsymbol{A\beta}_s)=\boldsymbol{O},$$

因为 $\boldsymbol{A\beta}_i=\boldsymbol{0}(i=1,2,\cdots,s)$,所以矩阵 $\boldsymbol{B}$ 的每一列 $\boldsymbol{\beta}_i(i=1,2,\cdots,s)$ 都是齐次线性方程组 $\boldsymbol{AX}=\boldsymbol{0}$ 的解,$\boldsymbol{B}$ 的列向量组的秩不超过 $\boldsymbol{AX}=\boldsymbol{0}$ 的解向量组的秩,即有

$$R(\boldsymbol{B})=R(\boldsymbol{\beta}_1,\boldsymbol{\beta}_2,\cdots,\boldsymbol{\beta}_s)\leqslant n-R(\boldsymbol{A}),$$

故

$$R(\boldsymbol{A})+R(\boldsymbol{B})\leqslant n.$$

评注 齐次线性方程组的基础解系含有 $n-R(\boldsymbol{A})$ 个解向量,它与秩 $R(\boldsymbol{A})$ 有关,因此一些有关矩阵秩的问题可转化为齐次线性方程组解的问题来讨论.

该例的结论很有用,用它可以得到一些有关矩阵秩的不等式.

例 21 已知 $\boldsymbol{A},\boldsymbol{B},\boldsymbol{C}$ 分别是 $m\times s,s\times t,t\times n$ 矩阵,$R(\boldsymbol{A})=s,R(\boldsymbol{C})=t$,且 $\boldsymbol{ABC}=\boldsymbol{O}$. 证明 $\boldsymbol{B}=\boldsymbol{O}$.

分析 1 只需证明 $R(\boldsymbol{B})=0$. 由于 $\boldsymbol{ABC}=\boldsymbol{O}$,可利用上例中的不等式.

证法 1 因 $\boldsymbol{ABC}=\boldsymbol{O}$,故

$$R(\boldsymbol{A})+R(\boldsymbol{BC})\leqslant s(\text{其中 } s \text{ 是 } \boldsymbol{A} \text{ 的列数},\boldsymbol{BC} \text{ 的行数}),$$

又 $R(\boldsymbol{A})=s$,从而有 $R(\boldsymbol{BC})\leqslant 0$,显然 $R(\boldsymbol{BC})\geqslant 0$,得 $R(\boldsymbol{BC})=0$,即 $\boldsymbol{BC}=\boldsymbol{O}$.

由 $\boldsymbol{BC}=\boldsymbol{O}$,得

$$R(\boldsymbol{B})+R(\boldsymbol{C})\leqslant t(\text{其中 } t \text{ 是 } \boldsymbol{B} \text{ 的列数},\boldsymbol{C} \text{ 的行数}),$$

又 $R(C)=t$,同理可得 $R(B)=0$,得证 $B=O$.

分析 2 只需证明 B 的行或列向量是某齐次方程组的解向量,而该方程组只有零解.

证法 2 因 $R(A)=s$,即 A 列满秩,A 的列向量组线性无关,s 元齐次线性方程组 $AX=O$ 仅有零解,而已知 $ABC=O$,故 BC 的每一列都是 $AX=O$ 的解向量,从而得证 $BC=O$.

因 $BC=O$,故有 $(BC)^{\mathrm{T}}=C^{\mathrm{T}}B^{\mathrm{T}}=O$.因 $R(C)=t$,C 行满秩,C^{T} 是列满秩,C^{T} 的 t 个列向量线性无关,$C^{\mathrm{T}}X=O$ 仅有零解,而 $C^{\mathrm{T}}B^{\mathrm{T}}=O$,故 B^{T} 的每一列均是 $C^{\mathrm{T}}X=O$ 的解向量,从而得证 $B^{\mathrm{T}}=O$,即 $B=O$.

例 22 设 A,B 都是 n 阶矩阵,且秩 $R(A)+R(B)<n$,证明齐次线性方程组 $AX=0$ 与 $BX=0$ 有非零公共解.

分析 1 只需证明两个方程组的基础解系合并成的向量组线性相关.

证法 1(直接构造出其公共解)

设 $R(A)=r,R(B)=s,r+s<n$.若 $\boldsymbol{\alpha}_1,\boldsymbol{\alpha}_2,\cdots,\boldsymbol{\alpha}_{n-r}$ 是 $AX=0$ 的基础解系,$\boldsymbol{\beta}_1,\boldsymbol{\beta}_2,\cdots,\boldsymbol{\beta}_{n-s}$ 是 $BX=0$ 的基础解系,则因为
$$n-r+n-s=n+(n-r-s)>n,$$
所以向量组 $\boldsymbol{\alpha}_1,\boldsymbol{\alpha}_2,\cdots,\boldsymbol{\alpha}_{n-r},\boldsymbol{\beta}_1,\boldsymbol{\beta}_2,\cdots,\boldsymbol{\beta}_{n-s}$ 线性相关. 故存在不全为零的数 $k_1,k_2,\cdots,k_{n-r},l_1,l_2,\cdots,l_{n-s}$,使
$$k_1\boldsymbol{\alpha}_1+k_2\boldsymbol{\alpha}_2+\cdots+k_{n-r}\boldsymbol{\alpha}_{n-r}+l_1\boldsymbol{\beta}_1+l_2\boldsymbol{\beta}_2+\cdots+l_{n-s}\boldsymbol{\beta}_{n-s}=0.$$

若 $k_1=k_2=\cdots=k_{n-r}=0$,则 $l_1,l_2,\cdots,l_{n-s}$ 不全为零,由上式知 $\boldsymbol{\beta}_1,\boldsymbol{\beta}_2,\cdots,\boldsymbol{\beta}_{n-s}$ 线性相关,与其为基础解系矛盾.所以必存在 $k_j\neq0$,同理有 $l_m\neq0$,那么
$$\boldsymbol{\gamma}=k_1\boldsymbol{\alpha}_1+k_2\boldsymbol{\alpha}_2+\cdots+k_{n-r}\boldsymbol{\alpha}_{n-r}=-(l_1\boldsymbol{\beta}_1+l_2\boldsymbol{\beta}_2+\cdots+l_{n-s}\boldsymbol{\beta}_{n-s})\neq0$$
就是 $AX=0$ 与 $BX=0$ 的非零公共解.

分析 2 要证 $AX=0$ 与 $BX=0$ 有非零公共解,即证齐次线性方程组 $\begin{bmatrix}A\\B\end{bmatrix}X=0$ 有非零解,只需证明 $R\begin{bmatrix}A\\B\end{bmatrix}<n$.

证法 2 因为
$$\begin{bmatrix}A & O\\O & B\end{bmatrix}\begin{bmatrix}I\\I\end{bmatrix}=\begin{bmatrix}A\\B\end{bmatrix},$$
所以
$$R\begin{bmatrix}A\\B\end{bmatrix}\leqslant R\begin{bmatrix}A & O\\O & B\end{bmatrix}=R(A)+R(B)<n,$$
故齐次线性方程组 $\begin{bmatrix}A\\B\end{bmatrix}X=0$ 有非零解,所以 $AX=0$ 与 $BX=0$ 有非零公共解.

例 23 设 V_1,V_2 都是向量空间 V 的子空间,且 $V_1\subseteq V_2$,证明:若 V_1 与 V_2 的维数相等,则 $V_1=V_2$.

分析 只需证明 $V_2 \subseteq V_1$ 也成立. 因为向量空间都是由它的一组基生成的, 所以只需说明它们有相同的一组基即可.

证 设 V_1 的维数为 r, 若 $r=0$, 则 V_1 与 V_2 都是零空间, 显然相等.

当 $r \neq 0$ 时, 任取 V_1 的一组基 $\boldsymbol{\alpha}_1, \boldsymbol{\alpha}_2, \cdots, \boldsymbol{\alpha}_r$, 由于 $V_1 \subseteq V_2$, 且 V_1 与 V_2 维数相等, 故 $\boldsymbol{\alpha}_1, \boldsymbol{\alpha}_2, \cdots, \boldsymbol{\alpha}_r$ 也是 V_2 的一组基, 所以 V_2 中任一向量均可由 $\boldsymbol{\alpha}_1, \boldsymbol{\alpha}_2, \cdots, \boldsymbol{\alpha}_r$ 线性表出, 而 $\boldsymbol{\alpha}_1, \boldsymbol{\alpha}_2, \cdots, \boldsymbol{\alpha}_r$ 的任一线性组合也是 V_1 中的向量, 于是 $V_2 \subseteq V_1$, 故 $V_1 = V_2$.

例 24 设 $\boldsymbol{\alpha}_1, \boldsymbol{\alpha}_2, \cdots, \boldsymbol{\alpha}_n$ 是 n 维线性空间 V 的一组基, $\boldsymbol{A}$ 是 $n \times s$ 矩阵, 且

$$(\boldsymbol{\beta}_1, \boldsymbol{\beta}_2, \cdots, \boldsymbol{\beta}_s) = (\boldsymbol{\alpha}_1, \boldsymbol{\alpha}_2, \cdots, \boldsymbol{\alpha}_n) \boldsymbol{A}.$$

证明: 由 $\boldsymbol{\beta}_1, \boldsymbol{\beta}_2, \cdots, \boldsymbol{\beta}_s$ 所生成的向量空间 $L(\boldsymbol{\beta}_1, \boldsymbol{\beta}_2, \cdots, \boldsymbol{\beta}_s)$ 的维数等于 $\boldsymbol{A}$ 的秩.

分析 因为 $\dim L(\boldsymbol{\beta}_1, \boldsymbol{\beta}_2, \cdots, \boldsymbol{\beta}_s) = R(\boldsymbol{\beta}_1, \boldsymbol{\beta}_2, \cdots, \boldsymbol{\beta}_s)$, 所以只需证明 $R(\boldsymbol{\beta}_1, \boldsymbol{\beta}_2, \cdots, \boldsymbol{\beta}_s) = R(\boldsymbol{A})$.

证 设 $R(\boldsymbol{A}) = r$, 不妨设 $\boldsymbol{A}$ 的前 r 个列向量线性无关, 并将 $\boldsymbol{A}$ 的前 r 列分块为 $\boldsymbol{A}_1$, 后 $s-r$ 列分块为 $\boldsymbol{A}_2$, 则 $\boldsymbol{A} = (\boldsymbol{A}_1, \boldsymbol{A}_2)$, $R(\boldsymbol{A}_1) = R(\boldsymbol{A}) = r$. 因为

$$(\boldsymbol{\beta}_1, \boldsymbol{\beta}_2, \cdots, \boldsymbol{\beta}_s) = (\boldsymbol{\alpha}_1, \boldsymbol{\alpha}_2, \cdots, \boldsymbol{\alpha}_n) \boldsymbol{A},$$

所以

$$(\boldsymbol{\beta}_1, \boldsymbol{\beta}_2, \cdots, \boldsymbol{\beta}_r) = (\boldsymbol{\alpha}_1, \boldsymbol{\alpha}_2, \cdots, \boldsymbol{\alpha}_n) \boldsymbol{A}_1.$$

设有 $k_1 \boldsymbol{\beta}_1 + k_2 \boldsymbol{\beta}_2 + \cdots + k_r \boldsymbol{\beta}_r = \boldsymbol{0}$, 即 $(\boldsymbol{\beta}_1, \boldsymbol{\beta}_2, \cdots, \boldsymbol{\beta}_r) \begin{pmatrix} k_1 \\ k_2 \\ \vdots \\ k_r \end{pmatrix} = \boldsymbol{0}$, 则有

$$(\boldsymbol{\alpha}_1, \boldsymbol{\alpha}_2, \cdots, \boldsymbol{\alpha}_n) \boldsymbol{A}_1 \begin{pmatrix} k_1 \\ k_2 \\ \vdots \\ k_r \end{pmatrix} = \boldsymbol{0}.$$

因为 $\boldsymbol{\alpha}_1, \boldsymbol{\alpha}_2, \cdots, \boldsymbol{\alpha}_n$ 线性无关, 所以 $\boldsymbol{A}_1 \begin{pmatrix} k_1 \\ k_2 \\ \vdots \\ k_r \end{pmatrix} = \boldsymbol{0}$. 再由 $R(\boldsymbol{A}_1) = r$ 知, 关于 $k_1, k_2, \cdots, k_r$ 的方程组只有零解, 故 $\boldsymbol{\beta}_1, \boldsymbol{\beta}_2, \cdots, \boldsymbol{\beta}_r$ 线性无关.

另一方面, 由 $(\boldsymbol{\beta}_1, \boldsymbol{\beta}_2, \cdots, \boldsymbol{\beta}_s) = (\boldsymbol{\alpha}_1, \boldsymbol{\alpha}_2, \cdots, \boldsymbol{\alpha}_n) \boldsymbol{A}$ 知,

$$R(\boldsymbol{\beta}_1, \boldsymbol{\beta}_2, \cdots, \boldsymbol{\beta}_s) \leqslant R(\boldsymbol{A}) = r,$$

所以 $\boldsymbol{\beta}_1, \boldsymbol{\beta}_2, \cdots, \boldsymbol{\beta}_r$ 是 $\boldsymbol{\beta}_1, \boldsymbol{\beta}_2, \cdots, \boldsymbol{\beta}_s$ 的一个极大无关组, 有

$$R(\boldsymbol{\beta}_1, \boldsymbol{\beta}_2, \cdots, \boldsymbol{\beta}_s) = r = R(\boldsymbol{A}),$$

即 $\dim L(\boldsymbol{\beta}_1, \boldsymbol{\beta}_2, \cdots, \boldsymbol{\beta}_s) = R(\boldsymbol{A})$.

（一）检测题

一、填空题(每题 3 分,共 15 分)

1. 已知方程组 $\begin{bmatrix} 1 & 2 & 1 \\ 2 & 3 & a+2 \\ 1 & a & -2 \end{bmatrix} \begin{bmatrix} x_1 \\ x_2 \\ x_3 \end{bmatrix} = \begin{bmatrix} 1 \\ 3 \\ 4 \end{bmatrix}$ 无解,则 $a=$ _____.

2. 设 n 维单位向量组 $\boldsymbol{\varepsilon}_1, \boldsymbol{\varepsilon}_2, \cdots, \boldsymbol{\varepsilon}_n$ 可由向量组 $\boldsymbol{\alpha}_1, \boldsymbol{\alpha}_2, \cdots, \boldsymbol{\alpha}_s$ 线性表出,则 s 与 n 的关系_____.

3. 已知四元线性方程组 $\boldsymbol{AX}=\boldsymbol{b}$ 的三个解是 $\boldsymbol{\alpha}_1, \boldsymbol{\alpha}_2, \boldsymbol{\alpha}_3$,且
$$\boldsymbol{\alpha}_1=(1,2,3,4)^{\mathrm{T}}, \boldsymbol{\alpha}_2+\boldsymbol{\alpha}_3=(3,5,7,9)^{\mathrm{T}}, R(\boldsymbol{A})=3,$$
则方程组的通解是 _____.

4. 设 $\boldsymbol{A}=\begin{bmatrix} 1 & 2 & -2 \\ 4 & t & 3 \\ 3 & -1 & 1 \end{bmatrix}$, $\boldsymbol{B}$ 为 3 阶非零矩阵,且 $\boldsymbol{AB}=\boldsymbol{O}$,则 $t=$ _____.

5. 已知线性方程组
$$\begin{cases} a_1 x_1 + a_2 x_2 + a_3 x_3 + a_4 x_4 = a_5, \\ b_1 x_1 + b_2 x_2 + b_3 x_3 + b_4 x_4 = b_5, \\ c_1 x_1 + c_2 x_2 + c_3 x_3 + c_4 x_4 = c_5 \end{cases}$$

有通解 $k(1,2,-1,1)^{\mathrm{T}}, +(1,-1,0,2)^{\mathrm{T}}$,则方程组
$$\begin{cases} -a_1 x_1 + a_2 x_2 + a_3 x_3 + a_4 x_4 = a_5, \\ b_1 x_1 + b_2 x_2 + b_3 x_3 + b_4 x_4 = b_5, \\ c_1 x_1 + c_2 x_2 + c_3 x_3 + c_4 x_4 = c_5 \end{cases}$$

有特解是 _____.

二、选择题(每题 3 分,共 15 分)

1. 下列集合构成向量空间 $\mathbf{R}^n$ 中的子空间的是( ).

(A) $\{(a_1, a_2, \cdots, a_n) \mid a_1 + a_2 = 0\}$ (B) $\{(a_1, a_2, \cdots, a_n) \mid a_1 + a_2 \neq 0\}$

(C) $\{(a_1, a_2, \cdots, a_n) \mid a_1 a_2 = 0\}$ (D) $\{(a_1, a_2, \cdots, a_n) \mid a_1 a_2 \neq 0\}$

2. n 维向量组 $\boldsymbol{\alpha}_1, \boldsymbol{\alpha}_2, \cdots, \boldsymbol{\alpha}_s (3 \leqslant s \leqslant n)$ 线性无关的充要条件是( ).

(A) $\boldsymbol{\alpha}_1, \boldsymbol{\alpha}_2, \cdots, \boldsymbol{\alpha}_s$ 中任何两个向量都线性无关

(B) 存在不全为 0 的 s 个数 $k_1, k_2, \cdots, k_s$,使得 $k_1 \boldsymbol{\alpha}_1 + k_2 \boldsymbol{\alpha}_2 + \cdots + k_s \boldsymbol{\alpha}_s \neq \boldsymbol{0}$

(C) $\boldsymbol{\alpha}_1, \boldsymbol{\alpha}_2, \cdots, \boldsymbol{\alpha}_s$ 中任何一个向量都不能用其余向量线性表出

(D) $\boldsymbol{\alpha}_1, \boldsymbol{\alpha}_2, \cdots, \boldsymbol{\alpha}_s$ 中存在一个向量不能用其余向量线性表出

3. 设 $\boldsymbol{A}$ 为 $m \times n$ 矩阵,且 $R(\boldsymbol{A})=m < n$,则有( ).

(A) $\boldsymbol{A}$ 的任意 m 个列向量线性无关

(B) $\boldsymbol{A}$ 经过若干次行初等变换可化为 $(\boldsymbol{I}_m, \boldsymbol{O})$ 形式

(C) $\boldsymbol{A}$ 中任一 m 阶子式均为零

(D) $AX=b$ 必有无穷多组解

4. 已知 $\boldsymbol{\beta}_1,\boldsymbol{\beta}_2$ 为非齐次线性方程组 $AX=b$ 的两个不同的解,$\boldsymbol{\alpha}_1,\boldsymbol{\alpha}_2$ 是对应齐次线性方程组 $AX=0$ 的基础解系,k_1,k_2 为任意常数,则方程组 $AX=b$ 的通解为（ ）.

(A) $k_1\boldsymbol{\alpha}_1+k_2(\boldsymbol{\alpha}_1+\boldsymbol{\alpha}_2)+\dfrac{\boldsymbol{\beta}_1-\boldsymbol{\beta}_2}{2}$ (B) $k_1\boldsymbol{\alpha}_1+k_2(\boldsymbol{\alpha}_1-\boldsymbol{\alpha}_2)+\dfrac{\boldsymbol{\beta}_1+\boldsymbol{\beta}_2}{2}$

(C) $k_1\boldsymbol{\alpha}_1+k_2(\boldsymbol{\beta}_1+\boldsymbol{\beta}_2)+\dfrac{\boldsymbol{\beta}_1-\boldsymbol{\beta}_2}{2}$ (D) $k_1\boldsymbol{\alpha}_1+k_2(\boldsymbol{\beta}_1-\boldsymbol{\beta}_2)+\dfrac{\boldsymbol{\beta}_1+\boldsymbol{\beta}_2}{2}$

5. 设 A 是 $m\times s$ 矩阵,B 是 $s\times n$ 矩阵,则方程组 $BX=0$ 和 $ABX=0$ 是同解方程组的一个充分条件是（ ）.

(A) $R(A)=m$ (B) $R(A)=s$

(C) $R(B)=s$ (D) $R(B)=n$

三、(10 分)已知 $\boldsymbol{\alpha}_1=\begin{pmatrix}1\\0\\3\end{pmatrix},\boldsymbol{\alpha}_2=\begin{pmatrix}1\\-1\\a\end{pmatrix},\boldsymbol{\alpha}_3=\begin{pmatrix}2\\a+1\\1\end{pmatrix},\boldsymbol{\beta}=\begin{pmatrix}1\\1\\b+2\end{pmatrix}.$

(1) 当 a,b 为何值时,$\boldsymbol{\beta}$ 不能由 $\boldsymbol{\alpha}_1,\boldsymbol{\alpha}_2,\boldsymbol{\alpha}_3$ 线性表出;

(2) 当 a,b 为何值时,$\boldsymbol{\beta}$ 可由 $\boldsymbol{\alpha}_1,\boldsymbol{\alpha}_2,\boldsymbol{\alpha}_3$ 线性表出,且表示法不唯一,并写出其表达式.

四、(10 分)设向量组 $\boldsymbol{\alpha}_1,\boldsymbol{\alpha}_2,\cdots,\boldsymbol{\alpha}_m$ 与 $\boldsymbol{\alpha}_1,\boldsymbol{\alpha}_2,\cdots,\boldsymbol{\alpha}_m,\boldsymbol{\beta}$ 有相同的秩,证明:$\boldsymbol{\beta}$ 可由 $\boldsymbol{\alpha}_1,\boldsymbol{\alpha}_2,\cdots,\boldsymbol{\alpha}_m$ 线性表出.

五、(10 分)设向量组

（Ⅰ）:$\boldsymbol{\alpha}_1=(2,4,-2)^{\mathrm{T}},\boldsymbol{\alpha}_2=(-1,a-3,1)^{\mathrm{T}},\boldsymbol{\alpha}_3=(2,8,b-1)^{\mathrm{T}};$

（Ⅱ）:$\boldsymbol{\beta}_1=(2,b+5,-2)^{\mathrm{T}},\boldsymbol{\beta}_2=(3,7,a-4)^{\mathrm{T}},\boldsymbol{\beta}_3=(1,2b+4,-1)^{\mathrm{T}}.$

问:(1) 当 a,b 取何值时,秩 $R(Ⅰ)=R(Ⅱ)$,且（Ⅰ）与（Ⅱ）等价?

(2) 当 a,b 取何值时,秩 $R(Ⅰ)=R(Ⅱ)$,但（Ⅰ）与（Ⅱ）不等价?

六、(10 分)求解方程组 $\begin{cases}x_1+x_2+x_3+x_4=0,\\ x_2+2x_3+2x_4=1,\\ -x_2+(a-3)x_3-2x_4=b,\\ 3x_1+2x_2+x_3+ax_4=-1.\end{cases}$

七、(10 分)若 n 阶矩阵 A 满足 $A^2=kA$（k 为非零实数）,证明:$R(A)+R(A-kI)=n.$

八、(10 分)已知线性方程组 $\begin{cases}a_{11}x_1+a_{12}x_2+a_{13}x_3+a_{14}x_4=a_{15},\\ a_{21}x_1+a_{22}x_2+a_{23}x_3+a_{24}x_4=a_{25},\\ a_{31}x_1+a_{32}x_2+a_{33}x_3+a_{34}x_4=a_{35},\\ a_{41}x_1+a_{42}x_2+a_{43}x_3+a_{44}x_4=a_{45}\end{cases}$ 的通解为

$(2,1,0,1)^{\mathrm{T}}+k(1,-1,2,0)^{\mathrm{T}}$,记 $\boldsymbol{\alpha}_j=(a_{1j},a_{2j},a_{3j},a_{4j})^{\mathrm{T}}(j=1,2,3,4,5).$

问:(1) $\boldsymbol{\alpha}_4$ 能否由 $\boldsymbol{\alpha}_1,\boldsymbol{\alpha}_2,\boldsymbol{\alpha}_3,\boldsymbol{\alpha}_5$ 线性表出?

(2) $\boldsymbol{\alpha}_4$ 能否由 $\boldsymbol{\alpha}_1,\boldsymbol{\alpha}_2,\boldsymbol{\alpha}_3$ 线性表出?

九、(10 分)设 $\boldsymbol{\eta}^*$ 是非齐次线性方程组 $AX=b$ 的一个解,$\boldsymbol{\xi}_1,\boldsymbol{\xi}_2,\cdots,\boldsymbol{\xi}_{n-1}$ 是对应

齐次方程组的一个基础解系,证明:

(1) $\boldsymbol{\eta}^*, \boldsymbol{\xi}_1, \boldsymbol{\xi}_2, \cdots, \boldsymbol{\xi}_{n-1}$ 线性无关;

(2) $\boldsymbol{\eta}^*, \boldsymbol{\eta}^* + \boldsymbol{\xi}_1, \boldsymbol{\eta}^* + \boldsymbol{\xi}_2, \cdots, \boldsymbol{\eta}^* + \boldsymbol{\xi}_{n-1}$ 线性无关.

(二)检测题答案与提示

第五章 特征值与特征向量

▶ 一、内容提要

图 5.1 第五章知识结构框图

（一）特征值与特征向量的概念与计算

1. 特征值与特征向量的概念

定义 设 A 为 n 阶方阵，如果存在数 λ 和 n 维非零列向量 $\boldsymbol{\alpha}$，使得

$$A\boldsymbol{\alpha} = \lambda\boldsymbol{\alpha},$$

则称 λ 为 A 的一个特征值，$\boldsymbol{\alpha}$ 为 A 对应于特征值 λ 的一个特征向量.

2. 特征多项式

定义 设 $A = (a_{ij})$ 为 n 阶方阵，则

$$f(\lambda) = |\lambda \boldsymbol{I} - \boldsymbol{A}| = \lambda^n - (a_{11} + a_{22} + \cdots + a_{nn})\lambda^{n-1} + \cdots + (-1)^n |\boldsymbol{A}|$$

叫 A 的特征多项式.

3. 特征值与特征向量的性质

（1）设 $\boldsymbol{\alpha}_1, \boldsymbol{\alpha}_2, \cdots, \boldsymbol{\alpha}_m$ 是特征值 λ 对应的线性无关的特征向量，则任意非零线性组合

$$k_1\boldsymbol{\alpha}_1 + k_2\boldsymbol{\alpha}_2 + \cdots + k_m\boldsymbol{\alpha}_m$$

仍然是 λ 对应的特征向量，即 $V_{\lambda_0} = \{\boldsymbol{\alpha} \mid \boldsymbol{A\alpha} = \lambda_0 \boldsymbol{\alpha}, \boldsymbol{\alpha} \in \mathbf{R}^n\}$ 是 $\mathbf{R}^n$ 的一个子空间，称为 λ_0 的特征子空间.

（2）设 $\boldsymbol{A\alpha} = \lambda \boldsymbol{\alpha}$，$g(x)$ 是一个多项式，则

$$g(\boldsymbol{A})\boldsymbol{\alpha} = g(\lambda)\boldsymbol{\alpha};$$

当 $\boldsymbol{A}$ 可逆时，有

$$\boldsymbol{A}^{-1}\boldsymbol{\alpha} = \frac{1}{\lambda}\boldsymbol{\alpha}, \quad \boldsymbol{A}^* \boldsymbol{\alpha} = \frac{|\boldsymbol{A}|}{\lambda}\boldsymbol{\alpha} \quad (\boldsymbol{A}^* \text{ 为 } \boldsymbol{A} \text{ 的伴随矩阵}).$$

（3）不同特征值对应的特征向量线性无关. 一般有

定理 设 $\lambda_1, \lambda_2, \cdots, \lambda_s$ 是矩阵 $\boldsymbol{A}$ 的互异特征值，$\boldsymbol{\alpha}_{i1}, \boldsymbol{\alpha}_{i2}, \cdots, \boldsymbol{\alpha}_{ir_i}$ $(i = 1, 2, \cdots, s)$ 是 λ_i 对应的线性无关的特征向量，则 $\boldsymbol{\alpha}_{11}, \cdots, \boldsymbol{\alpha}_{1r_1}, \cdots, \boldsymbol{\alpha}_{s1}, \cdots, \boldsymbol{\alpha}_{sr_s}$ 线性无关.

（4）设 n 阶方阵 $\boldsymbol{A} = (a_{ij})$ 的 n 个特征值为 $\lambda_1, \lambda_2, \cdots, \lambda_n$，则

$$\lambda_1 + \lambda_2 + \cdots + \lambda_n = a_{11} + a_{22} + \cdots + a_{nn} = \operatorname{tr} \boldsymbol{A}, \quad \lambda_1 \lambda_2 \cdots \lambda_n = |\boldsymbol{A}|.$$

4. 特征值与特征向量的计算

（1）求特征多项式 $f(\lambda) = |\lambda \boldsymbol{I} - \boldsymbol{A}|$ 的全部互异的根 $\lambda_1, \lambda_2, \cdots, \lambda_s$；

（2）分别求齐次线性方程组 $(\lambda_i \boldsymbol{I} - \boldsymbol{A})\boldsymbol{X} = \boldsymbol{0}$ 的基础解系 $\boldsymbol{\alpha}_{i1}, \boldsymbol{\alpha}_{i2}, \cdots, \boldsymbol{\alpha}_{ir_i}$ $(i = 1, 2, \cdots, s)$，则非零线性组合

$$k_1 \boldsymbol{\alpha}_{i1} + k_2 \boldsymbol{\alpha}_{i2} + \cdots + k_{r_i} \boldsymbol{\alpha}_{ir_i}$$

就是 $\boldsymbol{A}$ 对应于特征值 λ_i 的全部特征向量.

（二）相似矩阵

1. 相似矩阵的概念

定义 对于 n 阶矩阵 $\boldsymbol{A}, \boldsymbol{B}$，如果存在可逆矩阵 $\boldsymbol{P}$，使得

$$\boldsymbol{B} = \boldsymbol{P}^{-1}\boldsymbol{AP},$$

则称 $\boldsymbol{A}$ 与 $\boldsymbol{B}$ 相似，记为 $\boldsymbol{A} \sim \boldsymbol{B}$.

2. 相似矩阵的性质

（1）相似关系是一种等价关系，矩阵相似具有反身性、对称性、传递性；

（2）相似矩阵有相同的特征多项式，因而有相同的特征值、相同的迹与相同的行列式；

（3）若矩阵 $\boldsymbol{A}$ 与 $\boldsymbol{B}$ 相似，$g(x)$ 是一个多项式，则 $g(\boldsymbol{A})$ 与 $g(\boldsymbol{B})$ 也相似.

3. 矩阵的相似对角化

（1）矩阵相似于对角矩阵的条件

定理（必要条件） 若 n 阶矩阵 $\boldsymbol{A}$ 与对角矩阵 $\operatorname{diag}(\lambda_1, \lambda_2, \cdots, \lambda_n)$ 相似，则 $\lambda_1, \lambda_2, \cdots, \lambda_n$ 是 $\boldsymbol{A}$ 的全部特征值.

定理（充要条件） n 阶矩阵 $\boldsymbol{A}$ 与对角矩阵相似的充要条件是 $\boldsymbol{A}$ 有 n 个线性无关的特征向量.

推论 n 阶矩阵 $\boldsymbol{A}$ 与对角矩阵相似 $\Leftrightarrow$ 对于 $\boldsymbol{A}$ 的每一个 k_i 重特征值 λ_i，都有 $R(\lambda_i \boldsymbol{I} - \boldsymbol{A}) = n - k_i \Leftrightarrow \boldsymbol{A}$ 的每一个 k_i 重特征值都对应 k_i 个线性无关的特征向量.

定理（充分条件） 若矩阵 $\boldsymbol{A}$ 的特征值都是单根，则 $\boldsymbol{A}$ 与对角矩阵相似.

（2）矩阵相似对角化的步骤

第一步　计算 $|\lambda \boldsymbol{I}-\boldsymbol{A}|$,求 $\boldsymbol{A}$ 的全部特征值 $\lambda_1,\lambda_2,\cdots,\lambda_n$;

第二步　对每个不同的 λ_i,求 $(\lambda_i\boldsymbol{I}-\boldsymbol{A})\boldsymbol{X}=\boldsymbol{0}$ 的基础解系;

第三步　以 $\boldsymbol{A}$ 的 n 个线性无关的特征向量为列向量构成可逆矩阵 $\boldsymbol{P}=(\boldsymbol{\alpha}_1,\boldsymbol{\alpha}_2,\cdots,\boldsymbol{\alpha}_n)$,则

$$\boldsymbol{P}^{-1}\boldsymbol{A}\boldsymbol{P}=\begin{pmatrix}\lambda_1 & & & \\ & \lambda_2 & & \\ & & \ddots & \\ & & & \lambda_n\end{pmatrix},$$

其中 $\boldsymbol{\alpha}_1,\boldsymbol{\alpha}_2,\cdots,\boldsymbol{\alpha}_n$ 的排列顺序与 $\lambda_1,\lambda_2,\cdots,\lambda_n$ 的排列顺序一致($\boldsymbol{\alpha}_i$ 是 λ_i 对应的特征向量).

（三）n 维向量空间中的正交性

1. 向量的内积

（1）内积的概念

定义　设 $\boldsymbol{\alpha}=(a_1,a_2,\cdots,a_n),\boldsymbol{\beta}=(b_1,b_2,\cdots,b_n)$ 是 $\mathbf{R}^n$ 中的两个向量,则 $(\boldsymbol{\alpha},\boldsymbol{\beta})=\boldsymbol{\alpha}\boldsymbol{\beta}^{\mathrm{T}}=\sum_{i=1}^{n}a_ib_i$ 称为 $\boldsymbol{\alpha}$ 与 $\boldsymbol{\beta}$ 的内积.

（2）内积的性质

非负性　$(\boldsymbol{\alpha},\boldsymbol{\alpha})\geqslant0$,当且仅当 $\boldsymbol{\alpha}=\boldsymbol{0}$ 时等号成立;

对称性　$(\boldsymbol{\alpha},\boldsymbol{\beta})=(\boldsymbol{\beta},\boldsymbol{\alpha})$;

线性　$(\boldsymbol{\alpha}+\boldsymbol{\beta},\boldsymbol{\gamma})=(\boldsymbol{\alpha},\boldsymbol{\gamma})+(\boldsymbol{\beta},\boldsymbol{\gamma}),(k\boldsymbol{\alpha},\boldsymbol{\beta})=k(\boldsymbol{\alpha},\boldsymbol{\beta})$,

其中 $\boldsymbol{\alpha},\boldsymbol{\beta},\boldsymbol{\gamma}\in\mathbf{R}^n,k\in\mathbf{R}$.

2. 向量的长度(模)

（1）长度的概念

定义　设 $\boldsymbol{\alpha}=(a_1,a_2,\cdots,a_n)\in\mathbf{R}^n$,称 $\|\boldsymbol{\alpha}\|=\sqrt{(\boldsymbol{\alpha},\boldsymbol{\alpha})}=\sqrt{a_1^2+a_2^2+\cdots+a_n^2}$ 为向量 $\boldsymbol{\alpha}$ 的长度(模).长度为 1 的向量叫单位向量.

（2）长度的性质

非负性　$\|\boldsymbol{\alpha}\|\geqslant0$,当且仅当 $\boldsymbol{\alpha}=\boldsymbol{0}$ 时等号成立;

齐次性　$\|k\boldsymbol{\alpha}\|=|k|\|\boldsymbol{\alpha}\|,k\in\mathbf{R}$;

三角不等式　$\|\boldsymbol{\alpha}+\boldsymbol{\beta}\|\leqslant\|\boldsymbol{\alpha}\|+\|\boldsymbol{\beta}\|$.

柯西-施瓦茨不等式　$|(\boldsymbol{\alpha},\boldsymbol{\beta})|\leqslant\|\boldsymbol{\alpha}\|\cdot\|\boldsymbol{\beta}\|$ 或 $(\boldsymbol{\alpha},\boldsymbol{\beta})^2\leqslant(\boldsymbol{\alpha},\boldsymbol{\alpha})(\boldsymbol{\beta},\boldsymbol{\beta})$,当且仅当 $\boldsymbol{\alpha},\boldsymbol{\beta}$ 线性相关时,等号成立.

3. 向量组的正交性

（1）正交向量组

定义　若 $(\boldsymbol{\alpha},\boldsymbol{\beta})=0$,称向量 $\boldsymbol{\alpha}$ 与 $\boldsymbol{\beta}$ 正交.两两正交且不含零向量的向量组称为正交向量组.每一个向量都是单位向量的正交向量组,称为标准(或规范)正交向量组.

定理　正交向量组一定线性无关.

（2）向量组的施密特正交化方法

设 $\boldsymbol{\alpha}_1,\boldsymbol{\alpha}_2,\cdots,\boldsymbol{\alpha}_s$ 是 $\mathbf{R}^n$ 中线性无关的向量组,令

$$\boldsymbol{\beta}_1 = \boldsymbol{\alpha}_1 ,$$

$$\boldsymbol{\beta}_2 = \boldsymbol{\alpha}_2 - \frac{(\boldsymbol{\alpha}_2, \boldsymbol{\beta}_1)}{(\boldsymbol{\beta}_1, \boldsymbol{\beta}_1)} \boldsymbol{\beta}_1 ,$$

$$\boldsymbol{\beta}_3 = \boldsymbol{\alpha}_3 - \frac{(\boldsymbol{\alpha}_3, \boldsymbol{\beta}_1)}{(\boldsymbol{\beta}_1, \boldsymbol{\beta}_1)} \boldsymbol{\beta}_1 - \frac{(\boldsymbol{\alpha}_3, \boldsymbol{\beta}_2)}{(\boldsymbol{\beta}_2, \boldsymbol{\beta}_2)} \boldsymbol{\beta}_2 ,$$

$$\cdots\cdots\cdots\cdots$$

$$\boldsymbol{\beta}_s = \boldsymbol{\alpha}_s - \frac{(\boldsymbol{\alpha}_s, \boldsymbol{\beta}_1)}{(\boldsymbol{\beta}_1, \boldsymbol{\beta}_1)} \boldsymbol{\beta}_1 - \cdots - \frac{(\boldsymbol{\alpha}_s, \boldsymbol{\beta}_{s-1})}{(\boldsymbol{\beta}_{s-1}, \boldsymbol{\beta}_{s-1})} \boldsymbol{\beta}_{s-1} ,$$

再令

$$\boldsymbol{\gamma}_i = \frac{1}{\|\boldsymbol{\beta}_i\|} \boldsymbol{\beta}_i \quad (i = 1, 2, \cdots, s),$$

则 $\boldsymbol{\gamma}_1, \boldsymbol{\gamma}_2, \cdots, \boldsymbol{\gamma}_s$ 是一组与 $\boldsymbol{\alpha}_1, \boldsymbol{\alpha}_2, \cdots, \boldsymbol{\alpha}_s$ 等价的标准正交向量组.

4. 正交矩阵

（1）正交矩阵的概念

定义　若实矩阵 $\boldsymbol{A}$ 满足

$$\boldsymbol{A}\boldsymbol{A}^\mathrm{T} = \boldsymbol{A}^\mathrm{T}\boldsymbol{A} = \boldsymbol{I},$$

则称 $\boldsymbol{A}$ 为正交矩阵.

（2）正交矩阵的性质

性质 1　$\boldsymbol{A}$ 为正交矩阵 $\Leftrightarrow \boldsymbol{A}^\mathrm{T} = \boldsymbol{A}^{-1}$.

性质 2　若 $\boldsymbol{A}$ 是正交矩阵，则 $|\boldsymbol{A}| = \pm 1$.

性质 3　若 $\boldsymbol{A}, \boldsymbol{B}$ 都是 n 阶正交矩阵，则 $\boldsymbol{AB}$ 也是正交矩阵.

性质 4　方阵 $\boldsymbol{A}$ 是正交矩阵 $\Leftrightarrow \boldsymbol{A}$ 的行（列）向量组是标准正交向量组.

（四）实对称矩阵的相似对角化

1. 实对称矩阵特征值与特征向量的性质

定理 1　实对称矩阵的特征值都是实数.

定理 2　实对称矩阵的不同特征值对应的特征向量相互正交.

2. 实对称矩阵的相似对角化

定理　任一 n 阶实对称矩阵 $\boldsymbol{A}$，都存在一个正交矩阵 $\boldsymbol{C}$，使得

$$\boldsymbol{C}^\mathrm{T}\boldsymbol{A}\boldsymbol{C} = \boldsymbol{C}^{-1}\boldsymbol{A}\boldsymbol{C} = \mathrm{diag}(\lambda_1, \lambda_2, \cdots, \lambda_n).$$

实对称矩阵相似对角化的步骤：

第一步　求出实对称矩阵 $\boldsymbol{A}$ 的全部特征值 $\lambda_1, \lambda_2, \cdots, \lambda_n$；

第二步　对每个不同的 λ_i，求 $(\lambda_i \boldsymbol{I} - \boldsymbol{A})\boldsymbol{X} = \boldsymbol{0}$ 的基础解系，并将其正交化、单位化为 $\boldsymbol{\gamma}_{i1}, \boldsymbol{\gamma}_{i2}, \cdots, \boldsymbol{\gamma}_{ir_i}$；

第三步　设 $r_1 + r_2 + \cdots + r_s = n$，令 $\boldsymbol{C} = (\boldsymbol{\gamma}_{11}, \cdots, \boldsymbol{\gamma}_{1r_1}, \cdots, \boldsymbol{\gamma}_{s1}, \cdots, \boldsymbol{\gamma}_{sr_s})$，则 $\boldsymbol{C}$ 为正交矩阵，且

$$\boldsymbol{C}^\mathrm{T}\boldsymbol{A}\boldsymbol{C} = \boldsymbol{C}^{-1}\boldsymbol{A}\boldsymbol{C} = \mathrm{diag}(\lambda_1, \lambda_2, \cdots, \lambda_n).$$

二、典型例题

（一）选择题

例 1 设 A 是 n 阶方阵，且 $A^k = O$（k 为一自然数），则下列说法正确的是（　　）.

(A) $A = O$　　　　　　　　　　(B) A 有一不为零的特征值

(C) A 的特征值全部为零　　　　(D) A 有 n 个线性无关特征向量

分析 设 λ 是矩阵 A 的任一特征值，$\boldsymbol{\alpha}$ 是矩阵 A 的与 λ 相对应的特征向量，则 $A\boldsymbol{\alpha} = \lambda\boldsymbol{\alpha} \Rightarrow A^k\boldsymbol{\alpha} = \lambda^k\boldsymbol{\alpha}$. 因为 $A^k = O$，所以 $\lambda^k\boldsymbol{\alpha} = \boldsymbol{0}$，同时 $\boldsymbol{\alpha} \neq \boldsymbol{0}$，故有 $\lambda^k = 0$，即 $\lambda = 0$. 故 (C) 正确. 其他选项均不对，如取 $A = \begin{bmatrix} 0 & 1 \\ 0 & 0 \end{bmatrix}$，可验证 (A)、(B)、(D) 均不正确.

答案 (C).

例 2 设 n 阶方阵 A 的全部特征值为 $2, 4, \cdots, 2n$，则方阵 $I - A$ 的行列式等于（　　）.

(A) $1 \times 3 \times \cdots \times (2n-1)$　　　　(B) $2^n \times 1 \times 3 \times \cdots \times (2n-1)$

(C) $(-2)^n \times 1 \times 3 \times \cdots \times (2n-1)$　　(D) $(-1)^n \times 1 \times 3 \times \cdots \times (2n-1)$

分析 若 λ 是矩阵 A 的特征值，则 $I - A$ 的特征值为 $1 - \lambda$，所以 $I - A$ 的全部特征值为 $-1, -3, \cdots, -(2n-1)$，故 $|I - A| = (-1)^n \times 1 \times 3 \times \cdots \times (2n-1)$.

答案 (D).

例 3 已知 3 阶矩阵 A 的特征值为 $-1, 1, 2$，则矩阵 $B = (3A^*)^{-1}$ 的特征值为（　　）.

(A) $1, -1, -2$　　　　　　　　(B) $\dfrac{1}{6}, -\dfrac{1}{6}, -\dfrac{1}{3}$

(C) $\dfrac{1}{6}, -\dfrac{1}{6}, \dfrac{1}{3}$　　　　　　(D) $\dfrac{1}{2}, -\dfrac{1}{2}, -1$

分析 因为 $|A| = \lambda_1\lambda_2\lambda_3 = -2$，则 $B = (3A^*)^{-1} = \dfrac{1}{3|A|}A = -\dfrac{1}{6}A$，于是 $B = (3A^*)^{-1}$ 的特征值为 $\dfrac{1}{6}, -\dfrac{1}{6}, -\dfrac{1}{3}$.

答案 (B).

例 4 设 A 为 n 阶矩阵，则以下结论正确的是（　　）.

(A) 若矩阵 A 可逆，则 A^{-1} 与 A 有相同的特征向量

(B) A 的特征向量的任一线性组合都是 A 的特征向量

(C) A 与 A^T 具有相同的特征向量

(D) 方程组 $(A - \lambda I)X = \boldsymbol{0}$ 的解向量都是 A 的特征向量

分析 (A) 中，设 $\boldsymbol{\alpha}$ 是 A 对应特征值 λ 的特征向量，即 $A\boldsymbol{\alpha} = \lambda\boldsymbol{\alpha}$. 若矩阵 A 可逆，则 $\boldsymbol{\alpha} = \lambda A^{-1}\boldsymbol{\alpha}$，且 $\lambda \neq 0$，从而 $A^{-1}\boldsymbol{\alpha} = \dfrac{1}{\lambda}\boldsymbol{\alpha}$，故 $\boldsymbol{\alpha}$ 也是 A^{-1} 特征向量；同理，A^{-1} 特征向量也都是 A 的特征向量. 所以 (A) 正确.

(B)不正确. 设 $A\alpha_i=\lambda_i\alpha_i(i=1,2)$，$\lambda_1\neq\lambda_2$，则 $\alpha_1+\alpha_2$ 一定不是 A 的特征向量，因为若 $A(\alpha_1+\alpha_2)=\lambda(\alpha_1+\alpha_2)$，则 $\lambda_1\alpha_1+\lambda_2\alpha_2=\lambda(\alpha_1+\alpha_2)$，由于 α_1,α_2 线性无关，可得 $\lambda_1=\lambda=\lambda_2$，矛盾.

(C)不正确. 设矩阵 $A=\begin{bmatrix}1&1\\0&2\end{bmatrix}$，则 $A^{\mathrm{T}}=\begin{bmatrix}1&0\\1&2\end{bmatrix}$，易知，$\alpha=\begin{bmatrix}1\\0\end{bmatrix}$ 是 A 对应于特征值 $\lambda=1$ 的特征向量，但 α 却不是 A^{T} 的特征向量.

(D)不正确. 根据特征值和特征向量的定义，矩阵 A 的特征向量为非零向量，故方程组 $(A-\lambda I)X=0$ 的零向量解不是 A 的特征向量.

答案 (A).

评注 一般结论是：A 与 A^{-1} 有相同的特征向量，但不一定有相同的特征值；A 与 A^{T} 有相同的特征值，但不一定有相同的特征向量；A 的同一特征值对应的特征向量的任一非零线性组合都是 A 的特征向量，不同特征值对应的特征向量的非零线性组合都不是 A 的特征向量.

例5 不是"-1 是 A 的特征值"的充分条件的是(　　).

(A) $A^2=I$ (B) $R(A+I)<n$

(C) A 中每行元素之和为 -1 (D) $A^{\mathrm{T}}=-A$，且 1 是 A 的特征值

分析 对(A)，取 $A=I$，显然 $A^2=I$，但 -1 不是 A 的特征值，故应选(A)；

对(B)，由 $R(A+I)<n$ 知，$|A+I|=0\Rightarrow|-I-A|=0$，则 -1 是 A 的特征值；

对(C)，记 $\alpha=(1,1,\cdots,1)^{\mathrm{T}}$，则有 $A\alpha=-\alpha$，-1 是 A 的特征值；

对(D)，由条件知，
$$0=|I-A|=|(I-A)^{\mathrm{T}}|=|I-A^{\mathrm{T}}|=|I+A|=(-1)^n|-I-A|,$$
得 $|-I-A|=0$，所以 -1 是 A 的特征值.

答案 (A).

评注 判断数 λ 是 n 阶矩阵 A 的特征值的常见方法有：$A\alpha=\lambda\alpha$；$|\lambda I-A|=0$；$\lambda I-A$ 不可逆；$R(\lambda I-A)<n$；A 中每行元素之和为 λ.

例6 已知 A 是 3 阶矩阵，$R(A)=1$，则 $\lambda=0$(　　).

(A) 必是 A 的二重特征值   (B) 至少是 A 的二重特征值

(C) 至多是 A 的二重特征值   (D) 一重、二重、三重特征值都可能

分析 因为 $R(0I-A)=R(A)=1$，所以 $(0I-A)X=0$ 基础解系含有 2 个解向量，即 A 对应 $\lambda=0$ 有两个线性无关的特征向量，根据特征值的代数重数要大于或等于其几何重数知，$\lambda=0$ 至少是二重特征值，也可能是三重. 如 $A=\begin{bmatrix}0&0&1\\0&0&0\\0&0&0\end{bmatrix}$，

$R(A)=1$，$\lambda=0$ 是三重特征值.

答案 (B).

例7 设矩阵 $B=\begin{bmatrix}0&0&1\\0&1&0\\1&0&0\end{bmatrix}$，矩阵 A 与 B 相似，则 $R(A-2I)+R(A-I)=(\quad)$.

(A) 2   (B) 3   (C) 4   (D) 5

分析　利用相似矩阵具有相同的秩即可求解. 由 $A \sim B$ 知, $A - 2I \sim B - 2I$, $A - I \sim B - I$, 易求得 $R(B - 2I) = 3$, $R(B - I) = 1$, 所以

$$R(A - 2I) + R(A - I) = R(B - 2I) + R(B - I) = 4.$$

答案　(C).

评注　一般情况有:设 $g(x)$ 是多项式,若矩阵 $A \sim B$,则 $g(A) \sim g(B)$.

例 8　设 n 阶方阵 A 与 B 有相同的特征值,则下列说法正确的是(　　).

(A) $A \sim B$ 　　　　　　　　　　(B) 存在对角矩阵 $\boldsymbol{\varLambda}$,使得 $A \sim \boldsymbol{\varLambda} \sim B$

(C) $\det A = \det B$ 　　　　　　　(D) A 与 B 等价

分析　相似矩阵有相同的特征值,反之则不成立. 例如二阶零矩阵 O 和矩阵 $A = \begin{bmatrix} 0 & 1 \\ 0 & 0 \end{bmatrix}$ 有相同的特征值 0(二重),但它们不相似也不等价,所以(A)、(B)、(D) 均不对. 由于矩阵的行列式等于其所有特征值的乘积,因此(C)正确.

答案　(C).

例 9　设 A, B, C 是可逆矩阵,且 A 与 B 相似,则下列结论错误的是(　　).

(A) A^{T} 与 B^{T} 相似 　　　　　　(B) A^{-1} 与 B^{-1} 相似

(C) $A + A^{\mathrm{T}}$ 与 $B + B^{\mathrm{T}}$ 相似 　　(D) $A + A^{-1}$ 与 $B + B^{-1}$ 相似

分析　A 与 B 相似,则存在可逆矩阵 P 使得

$$P^{-1}AP = B,$$

由此可得

$$B^{\mathrm{T}} = (P^{-1}AP)^{\mathrm{T}} = P^{\mathrm{T}}A^{\mathrm{T}}(P^{\mathrm{T}})^{-1},$$

即 $A^{\mathrm{T}} \sim B^{\mathrm{T}}$.

类似可得 $A^{-1} \sim B^{-1}$, $A + A^{-1} \sim B + B^{-1}$.

但 $A + A^{\mathrm{T}}$ 与 $B + B^{\mathrm{T}}$ 不相似. 例如 $A = \begin{bmatrix} 1 & 1 \\ 0 & 2 \end{bmatrix}$, $B = \begin{bmatrix} 1 & 0 \\ 0 & 2 \end{bmatrix}$ 相似,但 $A + A^{\mathrm{T}} = \begin{bmatrix} 2 & 1 \\ 1 & 4 \end{bmatrix}$ 与 $B + B^{\mathrm{T}} = \begin{bmatrix} 2 & 0 \\ 0 & 4 \end{bmatrix}$ 不相似,因为 $|A + A^{\mathrm{T}}| = 7 \neq |B + B^{\mathrm{T}}| = 8$. 应选(C).

答案　(C).

例 10　已知矩阵 $A = \begin{bmatrix} 2 & 0 & 0 \\ 0 & 2 & 1 \\ 0 & 0 & 1 \end{bmatrix}$, $B = \begin{bmatrix} 2 & 1 & 0 \\ 0 & 2 & 0 \\ 0 & 0 & 1 \end{bmatrix}$, $C = \begin{bmatrix} 1 & 0 & 0 \\ 0 & 2 & 0 \\ 0 & 0 & 2 \end{bmatrix}$,则(　　).

(A) A 与 C 相似,B 与 C 相似 　　　(B) A 与 C 相似,B 与 C 不相似

(C) A 与 C 不相似,B 与 C 相似 　　(D) A 与 C 不相似,B 与 C 不相似

分析　A, B, C 的特征值为 $2, 2, 1$. 由于 $2I - A = \begin{bmatrix} 0 & 0 & 0 \\ 0 & 0 & -1 \\ 0 & 0 & 1 \end{bmatrix}$,其秩为 1,特征值 2 对应两个线性无关的特征向量,故 $A \sim C$. 而 $2I - B = \begin{bmatrix} 0 & -1 & 0 \\ 0 & 0 & 0 \\ 0 & 0 & 1 \end{bmatrix}$,其秩为 2,故

B 与 C 不相似.故选(B).

答案 (B).

例 11 设 $A = (\alpha_1, \alpha_2, \alpha_3, \alpha_4)$ 为 4 阶正交矩阵,若 $B = \begin{pmatrix} \alpha_1^\mathrm{T} \\ \alpha_2^\mathrm{T} \\ \alpha_3^\mathrm{T} \end{pmatrix}$, $\beta = \begin{pmatrix} 1 \\ 1 \\ 1 \end{pmatrix}$, k 表示任意常数,则线性方程组 $Bx = \beta$ 的通解 $x = ($).

(A) $\alpha_2 + \alpha_3 + \alpha_4 + k\alpha_1$ (B) $\alpha_1 + \alpha_3 + \alpha_4 + k\alpha_2$

(C) $\alpha_1 + \alpha_2 + \alpha_4 + k\alpha_3$ (D) $\alpha_1 + \alpha_2 + \alpha_3 + k\alpha_4$

分析 因为 $A = (\alpha_1, \alpha_2, \alpha_3, \alpha_4)$ 为 4 阶正交矩阵,所以 $\alpha_1, \alpha_2, \alpha_3, \alpha_4$ 是一个标准正交向量组,则 $R(B) = 3$,又 $B\alpha_4 = \begin{pmatrix} \alpha_1^\mathrm{T} \\ \alpha_2^\mathrm{T} \\ \alpha_3^\mathrm{T} \end{pmatrix} \alpha_4 = 0$,因此齐次线性方程组 $Bx = 0$ 的通解为 $k\alpha_4$. 而

$$B(\alpha_1 + \alpha_2 + \alpha_3) = \begin{pmatrix} \alpha_1^\mathrm{T} \\ \alpha_2^\mathrm{T} \\ \alpha_3^\mathrm{T} \end{pmatrix} (\alpha_1 + \alpha_2 + \alpha_3) = \begin{pmatrix} 1 \\ 1 \\ 1 \end{pmatrix} = \beta,$$

故线性方程组 $Bx = \beta$ 的通解为 $x = \alpha_1 + \alpha_2 + \alpha_3 + k\alpha_4$($k$ 为任意常数). 应选(D).

答案 (D).

例 12 设 α 为 n 维单位列向量,I 为 n 阶单位矩阵,则( ).

(A) $I - \alpha\alpha^\mathrm{T}$ 不可逆   (B) $I + \alpha\alpha^\mathrm{T}$ 不可逆

(C) $I + 2\alpha\alpha^\mathrm{T}$ 不可逆   (D) $I - 2\alpha\alpha^\mathrm{T}$ 不可逆

分析 因为 $A = \alpha\alpha^\mathrm{T}$ 是秩为 1 的对称矩阵,所以 A 只有一个非零特征值.又 α 为 n 维单位列向量,则

$$\alpha^\mathrm{T}\alpha = \|\alpha\|^2 = 1 \Rightarrow (\alpha\alpha^\mathrm{T})\alpha = \alpha(\alpha^\mathrm{T}\alpha) = \alpha,$$

所以 A 的全部特征值为 $1, 0, \cdots, 0$($n-1$ 个 0). $I - \alpha\alpha^\mathrm{T}$ 的全部特征值为 $0, 1, \cdots, 1$($n-1$ 个 1),因此 $I - \alpha\alpha^\mathrm{T}$ 不可逆.其余几个矩阵均无零特征值,是可逆的.故选(A).

答案 (A).

评注 因为对称矩阵一定相似于对角矩阵,所以对称矩阵的秩等于其非零特征值的个数.

例 13 矩阵 $A = \begin{pmatrix} 1 & a & 1 \\ a & b & a \\ 1 & a & 1 \end{pmatrix}$ 与 $B = \begin{pmatrix} 2 & 0 & 0 \\ 0 & b & 0 \\ 0 & 0 & 0 \end{pmatrix}$ 相似的充要条件为( ).

(A) $a = 0, b = 2$ (B) $a = 0, b$ 为任意常数

(C) $a = 2, b = 0$ (D) $a = 2, b$ 为任意常数

分析 A, B 均为实对称矩阵,它们相似的充要条件是具有相同的特征值或特征多项式.

$$|\lambda I - A| = \lambda^3 - (b+2)\lambda^2 + 2(b - a^2)\lambda, \quad |\lambda I - B| = \lambda^3 - (b+2)\lambda^2 + 2b\lambda,$$

由两特征多项式相等,可得 $a = 0, b$ 为任意常数.故选(B).

答案 (B).

评注 从两个矩阵的特征多项式可以看出,它们的常数项与 λ^2 项都相同,因此利用相似矩阵有相同的迹与相同的行列式没法完成该问题的求解.特征多项式相同是矩阵相似更一般性的结论.

例 14 设 A 为 3 阶矩阵,P 为 3 阶可逆矩阵,且有

$$P^{-1}AP = \begin{bmatrix} 0 & & \\ & 0 & \\ & & 1 \end{bmatrix},$$

若齐次线性方程组 $AX=0$ 有通解 $k_1\boldsymbol{\alpha}_1+k_2\boldsymbol{\alpha}_2$,且 $A\boldsymbol{\alpha}_3=\boldsymbol{\alpha}_3$,则 P 应是( ).

(A) $(\boldsymbol{\alpha}_1,\boldsymbol{\alpha}_2,\boldsymbol{\alpha}_1+\boldsymbol{\alpha}_3)$ (B) $(\boldsymbol{\alpha}_2,\boldsymbol{\alpha}_3,\boldsymbol{\alpha}_1)$

(C) $(\boldsymbol{\alpha}_1+\boldsymbol{\alpha}_2,-\boldsymbol{\alpha}_2,2\boldsymbol{\alpha}_3)$ (D) $(\boldsymbol{\alpha}_1+\boldsymbol{\alpha}_2,\boldsymbol{\alpha}_2+\boldsymbol{\alpha}_3,\boldsymbol{\alpha}_3)$

分析 由于 $R(A)=R(P^{-1}AP)=1$,则齐次方程组 $AX=0$ 的基础解系含有 2 个解向量.由 $k_1\boldsymbol{\alpha}_1+k_2\boldsymbol{\alpha}_2$ 是通解,知 $\boldsymbol{\alpha}_1,\boldsymbol{\alpha}_2$ 就是方程组的一个基础解系,从而是矩阵 A 的两个线性无关的特征向量,对应的特征值是 0.再由 $A\boldsymbol{\alpha}_3=\boldsymbol{\alpha}_3$,知 $\boldsymbol{\alpha}_3$ 是 A 对应于特征值 1 的特征向量.根据特征向量的性质:同一特征值对应特征向量的非零线性组合还是其特征向量;不同特征值对应的特征向量的和不再是其特征向量.只有选项(C)正确.选项(B)中向量的顺序不对.

答案 (C).

评注 该题涉及线性代数的多个知识点,值得读者留意.

（二）解答题

例 1 已知 3 阶矩阵 $A = \begin{bmatrix} 3 & 2 & -1 \\ x & -2 & 2 \\ 3 & y & -1 \end{bmatrix}$ 有一个特征向量 $\boldsymbol{\alpha}=(1,-2,3)^{\mathrm{T}}$,求 x,y 及与 $\boldsymbol{\alpha}$ 对应的特征值 λ.

分析 由题意知 $(\lambda I-A)\boldsymbol{\alpha}=\mathbf{0}$,解方程组可求得 x,y 与 λ 的值.

解 由题意知 $(\lambda I-A)\boldsymbol{\alpha}=\mathbf{0}$,即

$$\begin{bmatrix} \lambda-3 & -2 & 1 \\ -x & \lambda+2 & -2 \\ -3 & -y & \lambda+1 \end{bmatrix} \begin{bmatrix} 1 \\ -2 \\ 3 \end{bmatrix} = \begin{bmatrix} 0 \\ 0 \\ 0 \end{bmatrix},$$

或

$$\begin{cases} \lambda-3+4+3=0, \\ -x-2(\lambda+2)-6=0, \\ -3+2y+3(\lambda+1)=0, \end{cases}$$

解得 $x=-2$,$y=6$,$\lambda=-4$.

例 2 设 A 是 3 阶矩阵,已知 $|A+I|=0$,$|A+2I|=0$,$|A+3I|=0$,求 $|A+4I|$.

分析 由所给条件知 $\lambda=-1,-2,-3$ 是 A 的 3 个特征值,由此可得到 $A+4I$ 的 3 个特征值,它们的乘积就是行列式.

解 由 $|\boldsymbol{A}+\boldsymbol{I}|=0$ 可得 $|-\boldsymbol{I}-\boldsymbol{A}|=0$,所以 $\lambda=-1$ 是 $\boldsymbol{A}$ 的一个特征值.同理,由 $|\boldsymbol{A}+2\boldsymbol{I}|=0$,$|\boldsymbol{A}+3\boldsymbol{I}|=0$ 可得 $\lambda=-2,-3$ 也是 $\boldsymbol{A}$ 的特征值,因此,$\boldsymbol{A}+4\boldsymbol{I}$ 的特征值为 $\lambda+4=3,2,1$,故

$$|\boldsymbol{A}+4\boldsymbol{I}|=3\cdot2\cdot1=6.$$

例 3 求下列矩阵的特征值与特征向量:

$$(1)\ \boldsymbol{A}=\begin{pmatrix} 4 & 6 & 0 \\ -3 & -5 & 0 \\ -3 & -6 & 1 \end{pmatrix};\qquad (2)\ \boldsymbol{B}=\begin{pmatrix} 0 & 0 & -1 \\ -1 & 0 & 0 \\ 0 & -1 & 0 \end{pmatrix}.$$

分析 由特征方程 $|\lambda\boldsymbol{I}-\boldsymbol{A}|=0$ 计算特征值;解齐次方程组 $(\lambda\boldsymbol{I}-\boldsymbol{A})\boldsymbol{X}=\boldsymbol{0}$ 得对应的特征向量.

解 (1) $\boldsymbol{A}$ 的特征方程

$$|\lambda\boldsymbol{I}-\boldsymbol{A}|=\begin{vmatrix} \lambda-4 & -6 & 0 \\ 3 & \lambda+5 & 0 \\ 3 & 6 & \lambda-1 \end{vmatrix}=(\lambda-1)^2(\lambda+2)=0,$$

则特征值为 $\lambda_1=-2,\lambda_2=\lambda_3=1$.

对 $\lambda_1=-2$,由

$$-2\boldsymbol{I}-\boldsymbol{A}=\begin{pmatrix} -6 & -6 & 0 \\ 3 & 3 & 0 \\ 3 & 6 & -3 \end{pmatrix}\rightarrow\begin{pmatrix} 1 & 0 & 1 \\ 0 & 1 & -1 \\ 0 & 0 & 0 \end{pmatrix},$$

对应齐次方程组为

$$\begin{cases} x_1+x_3=0, \\ x_2-x_3=0, \end{cases}$$

其基础解系为 $\boldsymbol{\alpha}_1=(-1,1,1)^{\mathrm{T}}$,故 $\boldsymbol{A}$ 对应于 $\lambda_1=-2$ 的全部特征向量为

$$k_1\boldsymbol{\alpha}_1=k_1(-1,1,1)^{\mathrm{T}}(k_1\neq0).$$

对于 $\lambda_2=\lambda_3=1$,由

$$\boldsymbol{I}-\boldsymbol{A}=\begin{pmatrix} -3 & -6 & 0 \\ 3 & 6 & 0 \\ 3 & 6 & 0 \end{pmatrix}\rightarrow\begin{pmatrix} 1 & 2 & 0 \\ 0 & 0 & 0 \\ 0 & 0 & 0 \end{pmatrix},$$

对应齐次方程为

$$x_1+2x_2=0,$$

其基础解系为 $\boldsymbol{\alpha}_2=(-2,1,0)^{\mathrm{T}},\boldsymbol{\alpha}_3=(0,0,1)^{\mathrm{T}}$,故 $\boldsymbol{A}$ 对应于 $\lambda_2=\lambda_3=1$ 的全部特征向量为

$$k_2\boldsymbol{\alpha}_2+k_3\boldsymbol{\alpha}_3(k_2,k_3\ \text{不同时为}\ 0).$$

(2) $\boldsymbol{B}$ 的特征方程

$$|\lambda\boldsymbol{I}-\boldsymbol{B}|=\begin{vmatrix} \lambda & 0 & 1 \\ 1 & \lambda & 0 \\ 0 & 1 & \lambda \end{vmatrix}=\lambda^3+1=0,$$

特征值为 $\lambda_1=-\varepsilon,\lambda_2=-\varepsilon^2,\lambda_3=-1$,其中 $\varepsilon=-\dfrac{1+\sqrt{3}\,\mathrm{i}}{2}$.

对于 $\lambda_1 = -\varepsilon$，由

$$-\varepsilon I - B = \begin{pmatrix} -\varepsilon & 0 & 1 \\ 1 & -\varepsilon & 0 \\ 0 & 1 & -\varepsilon \end{pmatrix} \rightarrow \begin{pmatrix} 1 & 0 & -\varepsilon^2 \\ 0 & 1 & -\varepsilon \\ 0 & 0 & 0 \end{pmatrix},$$

对应齐次方程组为

$$\begin{cases} x_1 - \varepsilon^2 x_3 = 0, \\ x_2 - \varepsilon x_3 = 0, \end{cases}$$

其基础解系为 $\boldsymbol{\alpha}_1 = (\varepsilon^2, \varepsilon, 1)^\top$，故 B 对应于 $\lambda_1 = -\varepsilon$ 的全部特征向量为 $k_1\boldsymbol{\alpha}_1 (k_1 \neq 0)$.

对于 $\lambda_2 = -\varepsilon^2$，由

$$-\varepsilon^2 I - B = \begin{pmatrix} -\varepsilon^2 & 0 & 1 \\ 1 & -\varepsilon^2 & 0 \\ 0 & 1 & -\varepsilon^2 \end{pmatrix} \rightarrow \begin{pmatrix} 1 & 0 & -\varepsilon \\ 0 & 1 & -\varepsilon^2 \\ 0 & 0 & 0 \end{pmatrix},$$

对应齐次方程组为

$$\begin{cases} x_1 - \varepsilon x_3 = 0, \\ x_2 - \varepsilon^2 x_3 = 0, \end{cases}$$

其基础解系为 $\boldsymbol{\alpha}_2 = (\varepsilon, \varepsilon^2, 1)^\top$，故 B 对应于 $\lambda_2 = -\varepsilon^2$ 的全部特征向量为 $k_2\boldsymbol{\alpha}_2 (k_2 \neq 0)$.

对于 $\lambda_3 = -1$，由

$$-I - B = \begin{pmatrix} -1 & 0 & 1 \\ 1 & -1 & 0 \\ 0 & 1 & -1 \end{pmatrix} \rightarrow \begin{pmatrix} 1 & 0 & -1 \\ 0 & 1 & -1 \\ 0 & 0 & 0 \end{pmatrix},$$

对应齐次方程组为

$$\begin{cases} x_1 - x_3 = 0, \\ x_2 - x_3 = 0, \end{cases}$$

其基础解系为 $\boldsymbol{\alpha}_3 = (1, 1, 1)^\top$，故 B 对应于 $\lambda_3 = -1$ 的全部特征向量为 $k_3\boldsymbol{\alpha}_3 (k_3 \neq 0)$.

评注 （1）上面的矩阵 B 是实矩阵，但其特征值与特征向量中都可能出现复数；

（2）计算 B 的特征向量时，在矩阵化阶梯形的过程中用到了 $\lambda_1 = -\varepsilon$ 是方程 $\lambda^3 + 1 = 0$ 的根这一特性，即有 $\varepsilon^3 = 1$.

例 4 设向量 $\boldsymbol{\alpha} = (a_1, a_2, \cdots, a_n)^\top$，$\boldsymbol{\beta} = (b_1, b_2, \cdots, b_n)^\top (n \geq 2)$ 都是非零向量，且满足 $\boldsymbol{\alpha}^\top\boldsymbol{\beta} = a (a \neq 0)$. 记 n 阶矩阵 $A = \boldsymbol{\alpha}\boldsymbol{\beta}^\top$，求矩阵 A 的特征值和特征向量.

分析 显然 $A^2 = (\boldsymbol{\alpha}\boldsymbol{\beta}^\top)(\boldsymbol{\alpha}\boldsymbol{\beta}^\top) = \boldsymbol{\alpha}(\boldsymbol{\beta}^\top\boldsymbol{\alpha})\boldsymbol{\beta}^\top = aA$，则 A 的特征值必满足 $\lambda^2 = a\lambda$，由此可求得 A 的特征值，再确定其特征向量.

解 由于

$$A^2 = (\boldsymbol{\alpha}\boldsymbol{\beta}^\top)(\boldsymbol{\alpha}\boldsymbol{\beta}^\top) = \boldsymbol{\alpha}(\boldsymbol{\beta}^\top\boldsymbol{\alpha})\boldsymbol{\beta}^\top = aA,$$

故 A 的特征值必满足 $\lambda^2 = a\lambda$，由此得到 A 的特征值只可能是 0 或 a.

显然 $R(A) = 1$，$|A| = 0$，$\lambda_1 = 0$ 一定是 A 的特征值.

下面求 $\lambda_1 = 0$ 对应的特征向量.

由

$$0\boldsymbol{I}-\boldsymbol{A}=\begin{pmatrix} -a_1b_1 & -a_1b_2 & \cdots & -a_1b_n \\ -a_2b_1 & -a_2b_2 & \cdots & -a_2b_n \\ \vdots & \vdots & & \vdots \\ -a_nb_1 & -a_nb_2 & \cdots & -a_nb_n \end{pmatrix} \rightarrow \begin{pmatrix} b_1 & b_2 & \cdots & b_n \\ 0 & 0 & \cdots & 0 \\ \vdots & \vdots & & \vdots \\ 0 & 0 & \cdots & 0 \end{pmatrix},$$

可得齐次线性方程组$(0\boldsymbol{I}-\boldsymbol{A})\boldsymbol{X}=\boldsymbol{0}$的基础解系为

$$\boldsymbol{\alpha}_1=(-b_2, b_1, 0, \cdots, 0)^{\mathrm{T}},$$
$$\boldsymbol{\alpha}_2=(-b_3, 0, b_1, \cdots, 0)^{\mathrm{T}},$$
$$\cdots\cdots\cdots\cdots$$
$$\boldsymbol{\alpha}_{n-1}=(-b_n, 0, \cdots, 0, b_1)^{\mathrm{T}},$$

则$\boldsymbol{A}$对应于$\lambda_1=0$的全部特征向量为

$$k_1\boldsymbol{\alpha}_1+k_2\boldsymbol{\alpha}_2+\cdots+k_{n-1}\boldsymbol{\alpha}_{n-1}(k_1, k_2, \cdots, k_{n-1}\text{是不全为零的数}).$$

又因为

$$\boldsymbol{A}\boldsymbol{\alpha}=(\boldsymbol{\alpha}\boldsymbol{\beta}^{\mathrm{T}})\boldsymbol{\alpha}=\boldsymbol{\alpha}(\boldsymbol{\beta}^{\mathrm{T}}\boldsymbol{\alpha})=a\boldsymbol{\alpha},$$

所以$\lambda_2=a$也是$\boldsymbol{A}$的特征值，$\boldsymbol{\alpha}$是对应的特征向量.

因为$\boldsymbol{A}$最多有n个线性无关的特征向量，所以$\lambda_2=a$对应的线性无关的特征向量只有一个，故$\lambda_2=a$的全部特征向量为$k\boldsymbol{\alpha}\ (k\neq0)$.

评注 该例中的矩阵$\boldsymbol{A}$是n阶矩阵，且它的元为字母参数，直接计算其特征多项式是很困难的，这里利用特征值的性质以及特征值与特征向量的定义得到了较为简捷的计算. 学习中要善于观察、总结.

例5 设$\boldsymbol{A}=\begin{pmatrix} 0 & 0 & 1 \\ x & 1 & y \\ 1 & 0 & 0 \end{pmatrix}$有三个线性无关的特征向量，求$x, y$应满足的条件.

分析 由于$\boldsymbol{A}$有三个线性无关的特征向量，其特征值的代数重数必等于其几何重数.

解 因为

$$|\boldsymbol{A}-\lambda\boldsymbol{I}|=\begin{vmatrix} -\lambda & 0 & 1 \\ x & 1-\lambda & y \\ 1 & 0 & -\lambda \end{vmatrix}=-(\lambda-1)^2(\lambda+1)=0,$$

所以$\lambda=1$是二重特征根，应对应两个线性无关的特征向量，即有$R(\boldsymbol{A}-\boldsymbol{I})=1$. 而

$$\boldsymbol{A}-\boldsymbol{I}=\begin{pmatrix} -1 & 0 & 1 \\ x & 0 & y \\ 1 & 0 & -1 \end{pmatrix} \rightarrow \begin{pmatrix} 1 & 0 & -1 \\ x & 0 & y \\ 0 & 0 & 0 \end{pmatrix} \rightarrow \begin{pmatrix} 1 & 0 & -1 \\ 0 & 0 & x+y \\ 0 & 0 & 0 \end{pmatrix},$$

所以x, y应满足的条件$x+y=0$.

评注 n阶矩阵有n个线性无关的特征向量的充要条件是每个k重特征值都对应k个线性无关的特征向量，即每个特征值的代数重数都等于其几何重数.

例6 设$\boldsymbol{A}$是3阶矩阵，$|\boldsymbol{A}|=12$，且满足$2\boldsymbol{A}^3-\boldsymbol{A}^2-13\boldsymbol{A}=6\boldsymbol{I}$，求伴随矩阵$\boldsymbol{A}^*$的特征值.

分析 由所给条件知，$\boldsymbol{A}$的特征值必满足$2\lambda^3-\lambda^2-13\lambda=6$，并根据$|\boldsymbol{A}|=\lambda_1\lambda_2\lambda_3=12$，可确定$\boldsymbol{A}$的特征值，再由$\boldsymbol{A}^*$的特征值与$\boldsymbol{A}$的特征值之间的关系可得所求.

解 因为 $2A^3 - A^2 - 13A = 6I$，所以 A 的特征值必满足方程

$$2\lambda^3 - \lambda^2 - 13\lambda = 6,$$

即

$$(\lambda + 2)(\lambda - 3)(2\lambda + 1) = 0,$$

解得

$$\lambda_1 = -2, \lambda_2 = 3, \lambda_3 = -\frac{1}{2}.$$

因为 $|A| = \lambda_1 \lambda_2 \lambda_3 = 12$，所以 $\lambda_1 = -2$ 是 A 的二重特征值，$\lambda_2 = 3$ 是单特征值，$\lambda_3 = -\frac{1}{2}$ 不是 A 的特征值，则 A^* 的特征值为 $\dfrac{|A|}{\lambda} = -6$(二重)，4.

评注 若矩阵 A 满足方程 $f(A) = 0$(f 为多项式)，则 A 的特征值必是方程 $f(\lambda) = 0$ 的根. 反之却不一定成立. 例如，单位矩阵 I 必满足方程 $I^2 - I = O$，而方程 $\lambda^2 - \lambda = 0$ 的根 $\lambda = 0$ 却不是 I 的特征值.

例 7 设 3 阶矩阵 A 有特征值 $1, 2, 3$，A_{ij} 是 A 中元 a_{ij} 的代数余子式，求 $A_{11} + A_{22} + A_{33}$.

分析 因为 $A_{11} + A_{22} + A_{33}$ 是伴随矩阵 A^* 的迹，即 $A_{11} + A_{22} + A_{33} = \text{tr}A^*$，所以它等于 A^* 的三个特征值之和. 只需先求出 A^* 的特征值即可.

解 A 有特征值 $\lambda = 1, 2, 3$，则 $|A| = 1 \cdot 2 \cdot 3 = 6$，故 A^* 的三个特征值为

$$\frac{|A|}{\lambda} = 6, 3, 2,$$

所以

$$A_{11} + A_{22} + A_{33} = \text{tr } A^* = 6 + 3 + 2 = 11.$$

例 8 设 n 阶可逆矩阵 A 的各行元之和均为常数 k，求 $2A^{-1} + 4A$ 的一个特征值及与之对应的一个特征向量.

分析 由于 A 的各行元之和均为常数 k，易知 $\lambda = k$ 是 A 的一个特征值，$\boldsymbol{\alpha} = (1, 1, \cdots, 1)^{\mathrm{T}}$ 是对应的特征向量，由此可得到 $2A^{-1} + 4A$ 的一个特征值与对应的特征向量.

解 设

$$A = \begin{pmatrix} a_{11} & a_{12} & \cdots & a_{1n} \\ a_{21} & a_{22} & \cdots & a_{2n} \\ \vdots & \vdots & & \vdots \\ a_{n1} & a_{n2} & \cdots & a_{nn} \end{pmatrix},$$

则

$$A \begin{pmatrix} 1 \\ 1 \\ \vdots \\ 1 \end{pmatrix} = \begin{pmatrix} a_{11} + a_{12} + \cdots + a_{1n} \\ a_{21} + a_{22} + \cdots + a_{2n} \\ \vdots \\ a_{n1} + a_{n2} + \cdots + a_{nn} \end{pmatrix} = \begin{pmatrix} k \\ k \\ \vdots \\ k \end{pmatrix} = k \begin{pmatrix} 1 \\ 1 \\ \vdots \\ 1 \end{pmatrix},$$

即 k 是矩阵 A 的一个特征值，其对应的特征向量为 $\boldsymbol{\alpha} = (1, 1, \cdots, 1)^{\mathrm{T}}$.

因为 A 可逆，所以 $k \neq 0$，由 $A\boldsymbol{\alpha} = k\boldsymbol{\alpha}$ 得 $A^{-1}\boldsymbol{\alpha} = \dfrac{1}{k}\boldsymbol{\alpha}$，故

$$(2\boldsymbol{A}^{-1}+4\boldsymbol{A})\boldsymbol{\alpha}=2\boldsymbol{A}^{-1}\boldsymbol{\alpha}+4\boldsymbol{A}\boldsymbol{\alpha}=\frac{2}{k}\boldsymbol{\alpha}+4k\boldsymbol{\alpha}=\left(\frac{2}{k}+4k\right)\boldsymbol{\alpha},$$

故 $2\boldsymbol{A}^{-1}+4\boldsymbol{A}$ 的一个特征值为 $\frac{2}{k}+4k$,对应的一个特征向量为 $\boldsymbol{\alpha}=(1,1,\cdots,1)^{\top}$.

评注 (1) 若矩阵 $\boldsymbol{A}$ 的各行元之和均为常数 k,则 $\lambda=k$ 一定是 $\boldsymbol{A}$ 的一个特征值,$(1,1,\cdots,1)^{\top}$ 是对应的特征向量;

(2) 设 $f(\boldsymbol{A})$ 是 $\boldsymbol{A}$ 的矩阵多项式,则 $\boldsymbol{A}$ 的特征向量一定是 $f(\boldsymbol{A})$ 的特征向量,反之却不一定成立. 例如 $\boldsymbol{A}=\begin{bmatrix} 1 & 1 \\ 0 & 1 \end{bmatrix}$,有 $2\boldsymbol{A}-\boldsymbol{A}^2=\boldsymbol{I}$,则任一非零向量都是 $2\boldsymbol{A}-\boldsymbol{A}^2$ 的特征向量,但并非 $\boldsymbol{A}$ 的特征向量.

例 9 设矩阵 $\boldsymbol{A}=\begin{bmatrix} a & -1 & c \\ 5 & b & 3 \\ 1-c & 0 & -a \end{bmatrix}$,其行列式 $|\boldsymbol{A}|=-1$,又 $\boldsymbol{A}^{*}$ 有一个特征值 λ_0,属于 λ_0 的一个特征向量为 $\boldsymbol{\alpha}=(-1,-1,1)^{\top}$,求 a,b,c 和 λ_0 的值.

分析 利用关系式 $\boldsymbol{A}\boldsymbol{A}^{*}=|\boldsymbol{A}|\boldsymbol{I}=-\boldsymbol{I}$,可将题设 $\boldsymbol{A}^{*}\boldsymbol{\alpha}=\lambda_0\boldsymbol{\alpha}$ 转化为 $\lambda_0\boldsymbol{A}\boldsymbol{\alpha}=-\boldsymbol{\alpha}$,由此可求得 a,b,c 和 λ_0 的值.

解 根据题设有 $\boldsymbol{A}\boldsymbol{A}^{*}=|\boldsymbol{A}|\boldsymbol{I}=-\boldsymbol{I}$ 和 $\boldsymbol{A}^{*}\boldsymbol{\alpha}=\lambda_0\boldsymbol{\alpha}$,于是有

$$\boldsymbol{A}\boldsymbol{A}^{*}\boldsymbol{\alpha}=-\boldsymbol{\alpha}, \quad \boldsymbol{A}\boldsymbol{A}^{*}\boldsymbol{\alpha}=\boldsymbol{A}(\lambda_0\boldsymbol{\alpha})=\lambda_0\boldsymbol{A}\boldsymbol{\alpha},$$

由此可得 $\lambda_0\boldsymbol{A}\boldsymbol{\alpha}=-\boldsymbol{\alpha}$,即

$$\lambda_0\begin{bmatrix} a & -1 & c \\ 5 & b & 3 \\ 1-c & 0 & -a \end{bmatrix}\begin{bmatrix} -1 \\ -1 \\ 1 \end{bmatrix}=-\begin{bmatrix} -1 \\ -1 \\ 1 \end{bmatrix},$$

或

$$\begin{cases} \lambda_0(-a+1+c)=1, \\ \lambda_0(-5-b+3)=1, \\ \lambda_0(-1+c-a)=-1, \end{cases}$$

解此方程组可得 $\lambda_0=1,b=-3,a=c$,再由 $|\boldsymbol{A}|=-1$,有 $|\boldsymbol{A}|=a-3=-1$,解得 $a=2$,即 $a=2,b=-3,c=2,\lambda_0=1$.

评注 $\boldsymbol{A}\boldsymbol{A}^{*}=|\boldsymbol{A}|\boldsymbol{I}$ 是矩阵与其伴随矩阵最基本的关系式,当一个命题与矩阵及其伴随矩阵有关时,常用这个关系式来作转换.

例 10 设矩阵 $\boldsymbol{A}=\begin{bmatrix} 0 & -1 & 0 \\ 1 & 0 & 0 \\ 0 & 0 & -1 \end{bmatrix}$,$\boldsymbol{B}=\boldsymbol{P}^{-1}\boldsymbol{A}\boldsymbol{P}$,其中 $\boldsymbol{P}$ 为 3 阶可逆矩阵,求 $\boldsymbol{B}^{2020}-2\boldsymbol{A}^2$.

分析 由 $\boldsymbol{B}=\boldsymbol{P}^{-1}\boldsymbol{A}\boldsymbol{P}$ 可得 $\boldsymbol{B}^{2020}=\boldsymbol{P}^{-1}\boldsymbol{A}^{2020}\boldsymbol{P}$,而 $\boldsymbol{A}^2=\begin{bmatrix} -1 & 0 & 0 \\ 0 & -1 & 0 \\ 0 & 0 & 1 \end{bmatrix}$,所求计算就简单了.

解 由矩阵乘法可得

$$A^2 = \begin{pmatrix} 0 & -1 & 0 \\ 1 & 0 & 0 \\ 0 & 0 & -1 \end{pmatrix} \begin{pmatrix} 0 & -1 & 0 \\ 1 & 0 & 0 \\ 0 & 0 & -1 \end{pmatrix} = \begin{pmatrix} -1 & 0 & 0 \\ 0 & -1 & 0 \\ 0 & 0 & 1 \end{pmatrix},$$

从而

$$A^4 = I,$$

于是,

$$B^{2020} - 2A^2 = P^{-1}A^{2020}P - 2A^2 = P^{-1}IP - 2A^2 = I - 2A^2 = \begin{pmatrix} 3 & 0 & 0 \\ 0 & 3 & 0 \\ 0 & 0 & -1 \end{pmatrix}.$$

评注 该题容易计算的关键是 A^2 是一个对角矩阵,或者说 B^2 相似于一个对角矩阵.

例 11 已知 ξ 是 A 的对应于 λ(单根)的特征向量,P 是可逆矩阵,求 $P^{-1}AP$ 对应于 λ 的全部特征向量.

分析 因为单特征根对应的线性无关的特征向量只有一个,所以只需找到 $P^{-1}AP$ 对应于 λ 的一个特征向量即可.

解 由于相似矩阵有相同的特征值,而 λ 是 A 的单特征根,故 λ 也是 $P^{-1}AP$ 的单特征根,从而它所对应的线性无关的特征向量只有一个.

设 $P^{-1}AP$ 对应于 λ 的特征向量为 $\boldsymbol{\alpha}$,则

$$P^{-1}AP\boldsymbol{\alpha} = \lambda\boldsymbol{\alpha}.$$

由此可得 $AP\boldsymbol{\alpha} = \lambda P\boldsymbol{\alpha}$,这说明 $P\boldsymbol{\alpha}$ 是 A 的对应于 λ(单根)的特征向量,从而 $P\boldsymbol{\alpha}$ 与 ξ 线性相关,即有

$$P\boldsymbol{\alpha} = k\boldsymbol{\xi}(k \text{ 是不为零的任意常数}),$$

因此 $P^{-1}AP$ 对应于 λ 的全部特征向量为

$$\boldsymbol{\alpha} = kP^{-1}\boldsymbol{\xi}(k \text{ 是不为零的任意常数}).$$

评注 相似矩阵有相同的特征值,但未必有相同的特征向量. 由本题可看出,当 ξ 是 A 的特征向量而不是 P 的特征向量时,它就不再是 $P^{-1}AP$ 的特征向量.

例 12 已知 3 阶矩阵 A 的第一行元全是 1,且 $\boldsymbol{\alpha}_1 = (1,1,1)^\top$,$\boldsymbol{\alpha}_2 = (1,0,-1)^\top$,$\boldsymbol{\alpha}_3 = (1,-1,0)^\top$ 是 A 的 3 个特征向量,求 A.

分析 容易判断所给的 3 个特征向量是线性无关的,因此 A 相似于对角矩阵,只需求出对应的特征值.

解 设 3 个特征向量对应的特征值分别为 λ_1,λ_2,λ_3,则

$$\begin{pmatrix} 1 & 1 & 1 \\ a_1 & a_2 & a_3 \\ b_1 & b_2 & b_3 \end{pmatrix} \begin{pmatrix} 1 \\ 1 \\ 1 \end{pmatrix} = \begin{pmatrix} 3 \\ a_1 + a_2 + a_3 \\ b_1 + b_2 + b_3 \end{pmatrix} = \lambda_1 \begin{pmatrix} 1 \\ 1 \\ 1 \end{pmatrix},$$

所以 $\lambda_1 = 3$. 同样可得 $\lambda_2 = \lambda_3 = 0$.

由于 3 个特征向量线性无关,故 A 相似于对角矩阵 $\boldsymbol{\Lambda} = \begin{pmatrix} 3 & & \\ & 0 & \\ & & 0 \end{pmatrix}$.记 $P = (\boldsymbol{\alpha}_1,\boldsymbol{\alpha}_2,\boldsymbol{\alpha}_3)$,则

$$A = P\Lambda P^{-1} = \begin{pmatrix} 1 & 1 & 1 \\ 1 & 0 & -1 \\ 1 & -1 & 0 \end{pmatrix} \begin{pmatrix} 3 & & \\ & 0 & \\ & & 0 \end{pmatrix} \begin{pmatrix} 1 & 1 & 1 \\ 1 & 0 & -1 \\ 1 & -1 & 0 \end{pmatrix}^{-1} = \begin{pmatrix} 1 & 1 & 1 \\ 1 & 1 & 1 \\ 1 & 1 & 1 \end{pmatrix}.$$

例 13 设 A 相似于对角矩阵 $\begin{pmatrix} \lambda_1 & & \\ & \lambda_2 & \\ & & \lambda_3 \end{pmatrix}$, $B = (A - \lambda_1 I)(A - \lambda_2 I)(A - \lambda_3 I)$,

求矩阵 B.

分析 将 A 用相似的对角矩阵来表示, 并代入 B 即可.

解 记 $\Lambda = \begin{pmatrix} \lambda_1 & & \\ & \lambda_2 & \\ & & \lambda_3 \end{pmatrix}$, 由题设知, 存在可逆矩阵 P 使 $P^{-1} AP = \Lambda$, 即

$A = P\Lambda P^{-1}$, 所以

$$\begin{aligned} B &= (A - \lambda_1 I)(A - \lambda_2 I)(A - \lambda_3 I) \\ &= (P\Lambda P^{-1} - \lambda_1 I)(P\Lambda P^{-1} - \lambda_2 I)(P\Lambda P^{-1} - \lambda_3 I) \\ &= P(\Lambda - \lambda_1 I)P^{-1} P(\Lambda - \lambda_2 I)P^{-1} P(\Lambda - \lambda_3 I)P^{-1} \\ &= P \begin{pmatrix} 0 & & \\ & \lambda_2 - \lambda_1 & \\ & & \lambda_3 - \lambda_1 \end{pmatrix} \begin{pmatrix} \lambda_1 - \lambda_2 & & \\ & 0 & \\ & & \lambda_3 - \lambda_2 \end{pmatrix} \begin{pmatrix} \lambda_1 - \lambda_3 & & \\ & \lambda_2 - \lambda_3 & \\ & & 0 \end{pmatrix} P^{-1} \\ &= P O P^{-1} = O. \end{aligned}$$

评注 下面的做法是不正确的:

由题设知 A 的三个特征值为 $\lambda_1, \lambda_2, \lambda_3$, 则 B 的三个特征值均为 0, 所以 B 是零矩阵.

因为特征值全为 0 的矩阵未必是零矩阵. 如 $B = \begin{pmatrix} 0 & 1 & 0 \\ 0 & 0 & 1 \\ 0 & 0 & 0 \end{pmatrix}$ 的特征值均为 0, 但 $B \neq O$. 若矩阵的特征值全为 0, 且又相似于对角矩阵, 则该矩阵就一定是零矩阵. 该题中的矩阵 B 是相似于对角矩阵的, 但需要说明理由.

例 14 已知矩阵 $A = \begin{pmatrix} 0 & -1 & 1 \\ 2 & -3 & 0 \\ 0 & 0 & 0 \end{pmatrix}$.

(1) 求 A^{99};

(2) 设 3 阶矩阵 $B = (\alpha_1, \alpha_2, \alpha_3)$ 满足 $B^2 = BA$, 记 $B^{100} = (\beta_1, \beta_2, \beta_3)$, 将 $\beta_1, \beta_2, \beta_3$ 分别表示为 $\alpha_1, \alpha_2, \alpha_3$ 的线性组合.

分析 (1) 只需将 A 相似对角化, 便容易求得 A^{99};

(2) 利用关系式 $B^2 = BA$, 将 B 的幂运算转化为 A 的幂运算, 即可得到 $\beta_1, \beta_2, \beta_3$ 与 $\alpha_1, \alpha_2, \alpha_3$ 的关系.

解 (1) A 的特征多项式

$$|\lambda I - A| = \begin{vmatrix} \lambda & 1 & -1 \\ -2 & \lambda + 3 & 0 \\ 0 & 0 & \lambda \end{vmatrix} = \lambda(\lambda + 1)(\lambda + 2),$$

特征值为 $0, -1, -2$.

对 $\lambda=0$，由 $(0\boldsymbol{I}-\boldsymbol{A})\boldsymbol{X}=\boldsymbol{0}$，即

$$\begin{pmatrix} 0 & 1 & -1 \\ -2 & 3 & 0 \\ 0 & 0 & 0 \end{pmatrix} \begin{pmatrix} x_1 \\ x_2 \\ x_3 \end{pmatrix} = \begin{pmatrix} 0 \\ 0 \\ 0 \end{pmatrix},$$

得基础解系 $\boldsymbol{\gamma}_1=(3,2,2)^{\top}$.

对 $\lambda=-1$，由 $(-\boldsymbol{I}-\boldsymbol{A})\boldsymbol{X}=\boldsymbol{0}$，即

$$\begin{pmatrix} -1 & 1 & -1 \\ -2 & 2 & 0 \\ 0 & 0 & -1 \end{pmatrix} \begin{pmatrix} x_1 \\ x_2 \\ x_3 \end{pmatrix} = \begin{pmatrix} 0 \\ 0 \\ 0 \end{pmatrix},$$

得基础解系 $\boldsymbol{\gamma}_2=(1,1,0)^{\top}$.

对 $\lambda=-2$，由 $(-2\boldsymbol{I}-\boldsymbol{A})\boldsymbol{X}=\boldsymbol{0}$，即

$$\begin{pmatrix} -2 & 1 & -1 \\ -2 & 1 & 0 \\ 0 & 0 & -2 \end{pmatrix} \begin{pmatrix} x_1 \\ x_2 \\ x_3 \end{pmatrix} = \begin{pmatrix} 0 \\ 0 \\ 0 \end{pmatrix},$$

得基础解系 $\boldsymbol{\gamma}_3=(1,2,0)^{\top}$.

令 $\boldsymbol{P}=(\boldsymbol{\gamma}_1,\boldsymbol{\gamma}_2,\boldsymbol{\gamma}_3)=\begin{pmatrix} 3 & 1 & 1 \\ 2 & 1 & 2 \\ 2 & 0 & 0 \end{pmatrix}$，有

$$\boldsymbol{P}^{-1}\boldsymbol{A}\boldsymbol{P}=\boldsymbol{\Lambda}=\begin{pmatrix} 0 & & \\ & -1 & \\ & & -2 \end{pmatrix}, \boldsymbol{P}^{-1}\boldsymbol{A}^{99}\boldsymbol{P}=\boldsymbol{\Lambda}^{99}=\begin{pmatrix} 0 & & \\ & -1 & \\ & & -2^{99} \end{pmatrix},$$

所以

$$\boldsymbol{A}^{99}=\boldsymbol{P}\begin{pmatrix} 0 & & \\ & -1 & \\ & & -2^{99} \end{pmatrix}\boldsymbol{P}^{-1}=\begin{pmatrix} 3 & 1 & 1 \\ 2 & 1 & 2 \\ 2 & 0 & 0 \end{pmatrix}\begin{pmatrix} 0 & & \\ & -1 & \\ & & -2^{99} \end{pmatrix}\frac{1}{2}\begin{pmatrix} 0 & 0 & 1 \\ 4 & -2 & -4 \\ -2 & 2 & 1 \end{pmatrix}$$

$$=\begin{pmatrix} -2+2^{99} & 1-2^{99} & 2-2^{98} \\ -2+2^{100} & 1-2^{100} & 2-2^{99} \\ 0 & 0 & 0 \end{pmatrix}.$$

（2）因为 $\boldsymbol{B}^2=\boldsymbol{BA}$，则

$$\boldsymbol{B}^3=\boldsymbol{B}^2\boldsymbol{A}=\boldsymbol{BA}^2,$$

归纳得

$$\boldsymbol{B}^{100}=\boldsymbol{BA}^{99}=(\boldsymbol{\alpha}_1,\boldsymbol{\alpha}_2,\boldsymbol{\alpha}_3)\begin{pmatrix} -2+2^{99} & 1-2^{99} & 2-2^{98} \\ -2+2^{100} & 1-2^{100} & 2-2^{99} \\ 0 & 0 & 0 \end{pmatrix}$$

$$=((-2+2^{99})\boldsymbol{\alpha}_1+(-2+2^{100})\boldsymbol{\alpha}_2, (1-2^{99})\boldsymbol{\alpha}_1+(1-2^{100})\boldsymbol{\alpha}_2, (2-2^{98})\boldsymbol{\alpha}_1+(2-2^{99})\boldsymbol{\alpha}_2)$$

$$=(\boldsymbol{\beta}_1,\boldsymbol{\beta}_2,\boldsymbol{\beta}_3),$$

所以

$$\boldsymbol{\beta}_1 = (-2+2^{99})\boldsymbol{\alpha}_1 + (-2+2^{100})\boldsymbol{\alpha}_2,$$
$$\boldsymbol{\beta}_2 = (1-2^{99})\boldsymbol{\alpha}_1 + (1-2^{100})\boldsymbol{\alpha}_2,$$
$$\boldsymbol{\beta}_3 = (2-2^{98})\boldsymbol{\alpha}_1 + (2-2^{99})\boldsymbol{\alpha}_2.$$

例 15　设矩阵 $\boldsymbol{A}$ 是 3 阶矩阵，已知 $\boldsymbol{I}+2\boldsymbol{A}$，$\boldsymbol{I}-3\boldsymbol{A}$，$\boldsymbol{I}-4\boldsymbol{A}$ 均不可逆，求 $\lim\limits_{n\to\infty}\boldsymbol{A}^n$.

分析　要求 $\boldsymbol{A}^n$，需将 $\boldsymbol{A}$ 相似对角化，由题设条件知这是容易做到的.

解　因为 $\boldsymbol{I}+2\boldsymbol{A}$，$\boldsymbol{I}-3\boldsymbol{A}$，$\boldsymbol{I}-4\boldsymbol{A}$ 均不可逆，所以有
$$|\boldsymbol{I}+2\boldsymbol{A}| = |\boldsymbol{I}-3\boldsymbol{A}| = |\boldsymbol{I}-4\boldsymbol{A}| = 0,$$
可写成
$$(-1)^3 2^3 \left|-\frac{1}{2}\boldsymbol{I}-\boldsymbol{A}\right| = 3^3 \left|\frac{1}{3}\boldsymbol{I}-\boldsymbol{A}\right| = 4^3 \left|\frac{1}{4}\boldsymbol{I}-\boldsymbol{A}\right| = 0,$$

则 $\boldsymbol{A}$ 有三个不同的特征值 $-\dfrac{1}{2}$，$\dfrac{1}{3}$，$\dfrac{1}{4}$，故 $\boldsymbol{A}$ 相似于对角矩阵，即存在可逆矩阵 $\boldsymbol{P}$，使得

$$\boldsymbol{A} = \boldsymbol{P}\begin{pmatrix} -\dfrac{1}{2} & & \\ & \dfrac{1}{3} & \\ & & \dfrac{1}{4} \end{pmatrix}\boldsymbol{P}^{-1},$$

因此

$$\lim_{n\to\infty}\boldsymbol{A}^n = \lim_{n\to\infty}\boldsymbol{P}\begin{pmatrix} \left(-\dfrac{1}{2}\right)^n & 0 & 0 \\ 0 & \left(\dfrac{1}{3}\right)^n & 0 \\ 0 & 0 & \left(\dfrac{1}{4}\right)^n \end{pmatrix}\boldsymbol{P}^{-1} = \boldsymbol{O}.$$

例 16　设 3 阶矩阵 $\boldsymbol{A}$ 的特征值为 $\lambda_1=1$，$\lambda_2=2$，$\lambda_3=3$，对应的特征向量依次为
$$\boldsymbol{\alpha}_1=(1,1,1)^\top,\quad \boldsymbol{\alpha}_2=(1,2,4)^\top,\quad \boldsymbol{\alpha}_3=(1,3,9)^\top,$$
又向量 $\boldsymbol{\beta}=(1,1,3)^\top$. 求 $\boldsymbol{A}^n\boldsymbol{\beta}$（$n$ 为自然数）.

分析　因为 $\boldsymbol{\alpha}_1,\boldsymbol{\alpha}_2,\boldsymbol{\alpha}_3$ 是三个不同特征值对应的特征向量，所以它们线性无关，$\boldsymbol{\beta}$ 可由这三个向量线性表出，由此可求得 $\boldsymbol{A}^n\boldsymbol{\beta}$；也可先求出矩阵 $\boldsymbol{A}$ 再计算 $\boldsymbol{A}^n\boldsymbol{\beta}$.

解法 1　因为 $\boldsymbol{\alpha}_1,\boldsymbol{\alpha}_2,\boldsymbol{\alpha}_3$ 是三个不同特征值对应的特征向量，所以它们线性无关，设 $\boldsymbol{\beta}=x_1\boldsymbol{\alpha}_1+x_2\boldsymbol{\alpha}_2+x_3\boldsymbol{\alpha}_3$，得方程组

$$\begin{pmatrix} 1 & 1 & 1 \\ 1 & 2 & 3 \\ 1 & 4 & 9 \end{pmatrix}\begin{pmatrix} x_1 \\ x_2 \\ x_3 \end{pmatrix} = \begin{pmatrix} 1 \\ 1 \\ 3 \end{pmatrix},$$

将增广矩阵作行初等变换

$$\begin{pmatrix} 1 & 1 & 1 & \vdots & 1 \\ 1 & 2 & 3 & \vdots & 1 \\ 1 & 4 & 9 & \vdots & 3 \end{pmatrix} \rightarrow \begin{pmatrix} 1 & 1 & 1 & \vdots & 1 \\ 0 & 1 & 2 & \vdots & 0 \\ 0 & 0 & 1 & \vdots & 1 \end{pmatrix},$$

则 $R(\overline{A}) = R(A) = 3$，方程组有唯一解 $x_3 = 1, x_2 = -2, x_1 = 2$，即有

$$\boldsymbol{\beta} = 2\boldsymbol{\alpha}_1 - 2\boldsymbol{\alpha}_2 + \boldsymbol{\alpha}_3,$$

所以

$$\boldsymbol{A}^n\boldsymbol{\beta} = \boldsymbol{A}^n(2\boldsymbol{\alpha}_1 - 2\boldsymbol{\alpha}_2 + \boldsymbol{\alpha}_3) = 2\lambda_1^n\boldsymbol{\alpha}_1 - 2\lambda_2^n\boldsymbol{\alpha}_2 + \lambda_3^n\boldsymbol{\alpha}_3 = \begin{pmatrix} 2 - 2^{n+1} + 3^n \\ 2 - 2^{n+2} + 3^{n+1} \\ 2 - 2^{n+3} + 3^{n+2} \end{pmatrix}.$$

解法 2 因为矩阵 $\boldsymbol{A}$ 有三个不相等的特征值，所以 $\boldsymbol{A}$ 必可对角化，记 $\boldsymbol{P} = (\boldsymbol{\alpha}_1, \boldsymbol{\alpha}_2, \boldsymbol{\alpha}_3)$，则有

$$\boldsymbol{P}^{-1}\boldsymbol{A}\boldsymbol{P} = \boldsymbol{\Lambda} = \begin{pmatrix} 1 & & \\ & 2 & \\ & & 3 \end{pmatrix}, \quad \boldsymbol{A} = \boldsymbol{P}\boldsymbol{\Lambda}\boldsymbol{P}^{-1} = \boldsymbol{P}\begin{pmatrix} 1 & & \\ & 2 & \\ & & 3 \end{pmatrix}\boldsymbol{P}^{-1},$$

故

$$\boldsymbol{A}^n\boldsymbol{\beta} = \boldsymbol{P}\boldsymbol{\Lambda}^n\boldsymbol{P}^{-1}\boldsymbol{\beta} = \boldsymbol{P}\begin{pmatrix} 1^n & & \\ & 2^n & \\ & & 3^n \end{pmatrix}\boldsymbol{P}^{-1}\boldsymbol{\beta}$$

$$= \begin{pmatrix} 1 & 1 & 1 \\ 1 & 2 & 3 \\ 1 & 4 & 9 \end{pmatrix}\begin{pmatrix} 1^n & & \\ & 2^n & \\ & & 3^n \end{pmatrix}\begin{pmatrix} 1 & 1 & 1 \\ 1 & 2 & 3 \\ 1 & 4 & 9 \end{pmatrix}^{-1}\begin{pmatrix} 1 \\ 1 \\ 3 \end{pmatrix}$$

$$= \begin{pmatrix} 2 - 2^{n+1} + 3^n \\ 2 - 2^{n+2} + 3^{n+1} \\ 2 - 2^{n+3} + 3^{n+2} \end{pmatrix}.$$

例 17 设矩阵 $\boldsymbol{A}$ 与 $\boldsymbol{B}$ 相似，其中

$$\boldsymbol{A} = \begin{pmatrix} -2 & 0 & 0 \\ 2 & x & 2 \\ 3 & 1 & 1 \end{pmatrix}, \boldsymbol{B} = \begin{pmatrix} -1 & 0 & 0 \\ 0 & 2 & 0 \\ 0 & 0 & y \end{pmatrix},$$

（1）求 x 和 y 的值；

（2）求可逆矩阵 $\boldsymbol{P}$，使 $\boldsymbol{P}^{-1}\boldsymbol{A}\boldsymbol{P} = \boldsymbol{B}$.

分析 由相似矩阵有相同的迹与相同的行列式可求得 x 和 y 的值，再求 $\boldsymbol{A}$ 的特征向量可得矩阵 $\boldsymbol{P}$.

解 （1）因为 $\boldsymbol{A}$ 与 $\boldsymbol{B}$ 相似，所以

$$\begin{cases} \operatorname{tr}\boldsymbol{A} = \operatorname{tr}\boldsymbol{B}, \\ |\boldsymbol{A}| = |\boldsymbol{B}| \end{cases} \Rightarrow \begin{cases} -2 + x + 1 = -1 + 2 + y, \\ -2(x-2) = -2y \end{cases} \Rightarrow \begin{cases} x = 0, \\ y = -2. \end{cases}$$

（2）由 $x = 0, y = -2$ 可得

$$\boldsymbol{A} = \begin{pmatrix} -2 & 0 & 0 \\ 2 & 0 & 2 \\ 3 & 1 & 1 \end{pmatrix}, \boldsymbol{B} = \begin{pmatrix} -1 & 0 & 0 \\ 0 & 2 & 0 \\ 0 & 0 & -2 \end{pmatrix},$$

$\boldsymbol{A}$ 的特征值为 $\lambda_1 = -1, \lambda_2 = 2, \lambda_3 = -2$.

将 $\lambda_1 = -1$ 代入 $(\lambda_1\boldsymbol{I} - \boldsymbol{A})\boldsymbol{X} = \boldsymbol{0}$，可得 λ_1 对应的一个特征向量为

$$\boldsymbol{\alpha}_1 = (0, 2, -1)^\top.$$

同样可求得 λ_2, λ_3 所对应的另两个特征向量为

$$\boldsymbol{\alpha}_2 = (0, 1, 1)^\top, \quad \boldsymbol{\alpha}_3 = (1, 0, -1)^\top.$$

令

$$\boldsymbol{P} = (\boldsymbol{\alpha}_1, \boldsymbol{\alpha}_2, \boldsymbol{\alpha}_3) = \begin{pmatrix} 0 & 0 & 1 \\ 2 & 1 & 0 \\ -1 & 1 & -1 \end{pmatrix},$$

则 $\boldsymbol{P}^{-1}\boldsymbol{A}\boldsymbol{P} = \boldsymbol{B}$.

例 18 设矩阵 $\boldsymbol{A} = \begin{pmatrix} 3 & 2 & -2 \\ k & -1 & -k \\ 4 & 2 & -3 \end{pmatrix}$, 问 k 为何值时, 存在可逆矩阵 $\boldsymbol{P}$, 使 $\boldsymbol{P}^{-1}\boldsymbol{A}\boldsymbol{P}$

为对角矩阵, 并求出 $\boldsymbol{P}$ 及相应的对角矩阵.

分析 n 阶矩阵 $\boldsymbol{A}$ 可相似对角化的一个充要条件是 $\boldsymbol{A}$ 有 n 个线性无关的特征向量, 故当 $\boldsymbol{A}$ 有 2 重特征值时, 对应于该特征值有 2 个线性无关的特征向量, 否则 $\boldsymbol{A}$ 就不可以对角化.

矩阵相似于对角矩阵的充要条件是每个特征值的代数重数都等于其几何重数, 由此可定出 k 的值.

解 由

$$|\lambda\boldsymbol{I} - \boldsymbol{A}| = \begin{vmatrix} \lambda-3 & -2 & 2 \\ -k & \lambda+1 & k \\ -4 & -2 & \lambda+3 \end{vmatrix} = (\lambda+1)^2(\lambda-1),$$

得 $\boldsymbol{A}$ 的特征值 $\lambda_1 = \lambda_2 = -1, \lambda_3 = 1$.

$\lambda_1 = \lambda_2 = -1$ 是一个二重特征值, $\boldsymbol{A}$ 与对角矩阵相似, 故该特征值要对应两个线性无关的特征向量, 所以 $R(-\boldsymbol{I} - \boldsymbol{A}) = 1$. 因为

$$-\boldsymbol{I} - \boldsymbol{A} = \begin{pmatrix} -4 & -2 & 2 \\ -k & 0 & k \\ -4 & -2 & 2 \end{pmatrix} \rightarrow \begin{pmatrix} -4 & -2 & 2 \\ -k & 0 & k \\ 0 & 0 & 0 \end{pmatrix},$$

所以 k 必须为 0.

当 $k=0$ 时, $-\boldsymbol{I} - \boldsymbol{A} \rightarrow \begin{pmatrix} 2 & 1 & -1 \\ 0 & 0 & 0 \\ 0 & 0 & 0 \end{pmatrix}$, 对应于 $\lambda_1 = \lambda_2 = -1$ 的两个线性无关的特

征向量为 $\boldsymbol{\alpha}_1 = (-1, 2, 0)^\top, \boldsymbol{\alpha}_2 = (1, 0, 2)^\top$.

当 $\lambda_3 = 1$ 时, $\boldsymbol{I} - \boldsymbol{A} \rightarrow \begin{pmatrix} 1 & 0 & -1 \\ 0 & 1 & 0 \\ 0 & 0 & 0 \end{pmatrix}$, 对应的特征向量为 $\boldsymbol{\alpha}_3 = (1, 0, 1)^\top$.

所以, 当 $k=0$ 时, 存在可逆矩阵 $\boldsymbol{P} = (\boldsymbol{\alpha}_1, \boldsymbol{\alpha}_2, \boldsymbol{\alpha}_3) = \begin{pmatrix} -1 & 1 & 1 \\ 2 & 0 & 0 \\ 0 & 2 & 1 \end{pmatrix}$, 使

$$P^{-1}AP = \begin{pmatrix} -1 & 0 & 0 \\ 0 & -1 & 0 \\ 0 & 0 & 1 \end{pmatrix}.$$

例 19 设矩阵 $A = \begin{pmatrix} 1 & 2 & -3 \\ -1 & 4 & -3 \\ 1 & a & 5 \end{pmatrix}$ 的特征方程有一个二重根,求 a 的值,并讨论

A 是否可相似对角化.

分析 该题的解题思路同例 18.

解 矩阵 A 的特征多项式

$$|\lambda I - A| = \begin{vmatrix} \lambda-1 & -2 & 3 \\ 1 & \lambda-4 & 3 \\ -1 & -a & \lambda-5 \end{vmatrix} = \begin{vmatrix} \lambda-2 & 2-\lambda & 0 \\ 1 & \lambda-4 & 3 \\ -1 & -a & \lambda-5 \end{vmatrix}$$

$$= (\lambda-2) \begin{vmatrix} 1 & -1 & 0 \\ 1 & \lambda-4 & 3 \\ -1 & -a & \lambda-5 \end{vmatrix} = (\lambda-2) \begin{vmatrix} 1 & 0 & 0 \\ 1 & \lambda-3 & 3 \\ -1 & -a-1 & \lambda-5 \end{vmatrix}$$

$$= (\lambda-2)(\lambda^2 - 8\lambda + 18 + 3a).$$

若 $\lambda = 2$ 是特征方程的二重根,则有 $2^2 - 8 \times 2 + 18 + 3a = 0$,解得 $a = -2$.

当 $a = -2$ 时,矩阵 A 的特征值为 $2, 2, 6$,矩阵 $2I - A = \begin{pmatrix} 1 & -2 & 3 \\ 1 & -2 & 3 \\ -1 & 2 & -3 \end{pmatrix}$ 的秩

显然为 1,故 $\lambda = 2$ 对应的线性无关的特征向量有两个,因此 A 可以相似对角化.

若 $\lambda = 2$ 不是特征方程的二重根,则 $\lambda^2 - 8\lambda + 18 + 3a$ 为完全平方数,从而 $18 + 3a = 16$,解得 $a = -\dfrac{2}{3}$.

当 $a = -\dfrac{2}{3}$ 时,矩阵 A 的特征值为 $2, 4, 4$,矩阵

$$4I - A = \begin{pmatrix} 3 & -2 & 3 \\ 1 & 0 & 3 \\ -1 & \dfrac{2}{3} & -1 \end{pmatrix} \rightarrow \begin{pmatrix} 1 & 0 & 3 \\ 0 & 1 & 3 \\ 0 & 0 & 0 \end{pmatrix}.$$

由于 $R(4I - A) = 2$,故 $\lambda = 4$ 对应的线性无关的特征向量只有一个,从而 A 不可以相似对角化.

例 20 在 $\mathbf{R}^4$ 中求一单位向量,使它与 $\boldsymbol{\alpha}_1 = (1,1,-1,1)^\mathrm{T}$,$\boldsymbol{\alpha}_2 = (1,-1,-1,1)^\mathrm{T}$ 和 $\boldsymbol{\alpha}_3 = (2,1,1,3)^\mathrm{T}$ 都正交.

分析 先求方程组 $\boldsymbol{\alpha}_i^\mathrm{T} \boldsymbol{x} = 0 (i=1,2,3)$ 的解,再单位化.

解 设 $\boldsymbol{x} = (x_1, x_2, x_3, x_4)^\mathrm{T}$ 与 $\boldsymbol{\alpha}_i (i=1,2,3)$ 正交,则 $\boldsymbol{\alpha}_i^\mathrm{T} \boldsymbol{x} = 0 (i=1,2,3)$,即

$$\begin{cases} x_1 + x_2 - x_3 + x_4 = 0, \\ x_1 - x_2 - x_3 + x_4 = 0, \\ 2x_1 + x_2 + x_3 + 3x_4 = 0, \end{cases}$$

解此齐次线性方程组,得基础解系为 $p=(4,0,1,-3)^T$. 故与 $\pmb{\alpha}_i\,(i=1,2,3)$ 都正交的向量全体为 $\pmb{x}=kp=k(4,0,1,-3)^T\,(k$ 为任意实数),当 $k\neq0$ 时,将非零向量 $\pmb{x}=kp$ 单位化,得所求的单位向量为

$$\pmb{\eta}=\frac{\pmb{x}}{\|\pmb{x}\|}=\pm\frac{1}{\sqrt{26}}(4,0,1,-3)^T.$$

例 21 用施密特正交化方法将 $\mathbf{R}^4$ 中向量 $\pmb{\alpha}_1=(1,2,2,-1)^T$,$\pmb{\alpha}_2=(1,1,-5,3)^T$,$\pmb{\alpha}_3=(3,2,8,-7)^T$ 化为正交单位向量组.

解 先正交化,即令

$$\pmb{\beta}_1=\pmb{\alpha}_1=(1,2,2,-1)^T,$$

$$\pmb{\beta}_2=\pmb{\alpha}_2-\frac{(\pmb{\alpha}_2,\pmb{\beta}_1)}{(\pmb{\beta}_1,\pmb{\beta}_1)}\pmb{\beta}_1=(2,3,-3,2)^T,$$

$$\pmb{\beta}_3=\pmb{\alpha}_3-\frac{(\pmb{\alpha}_3,\pmb{\beta}_1)}{(\pmb{\beta}_1,\pmb{\beta}_1)}\pmb{\beta}_1-\frac{(\pmb{\alpha}_3,\pmb{\beta}_2)}{(\pmb{\beta}_2,\pmb{\beta}_2)}\pmb{\beta}_2=(2,-1,-1,-2)^T.$$

再单位化,即令 $\pmb{\eta}_i=\frac{1}{\|\pmb{\beta}_i\|}\pmb{\beta}_i\,(i=1,2,3)$,所求正交单位向量组为

$$\pmb{\eta}_1=\frac{1}{\sqrt{10}}(1,2,2,-1)^T,\ \pmb{\eta}_2=\frac{1}{\sqrt{26}}(2,3,-3,2)^T,\ \pmb{\eta}_3=\frac{1}{\sqrt{10}}(2,-1,-1,-2)^T.$$

例 22 求齐次线性方程组 $\begin{cases}2x_1+x_2-x_3+x_4-3x_5=0,\\x_1+x_2-x_3+x_5=0\end{cases}$ 解空间的一组标准正交基.

分析 先求方程组的一个基础解系,再正交化、单位化.

解 将系数矩阵作行初等变换化为阶梯形

$$\begin{bmatrix}2&1&-1&1&-3\\1&1&-1&0&1\end{bmatrix}\rightarrow\begin{bmatrix}1&0&0&1&-4\\0&1&-1&-1&5\end{bmatrix},$$

则原线性方程组等价于线性方程组

$$\begin{cases}x_1=-x_4+4x_5,\\x_2=x_3+x_4-5x_5.\end{cases}$$

分别取 (x_3,x_4,x_5) 等于 $(1,0,0)$,$(0,1,0)$,$(0,0,1)$,得基础解系为

$$\pmb{\alpha}_1=(0,1,1,0,0)^T,\pmb{\alpha}_2=(-1,1,0,1,0)^T,\pmb{\alpha}_3=(4,-5,0,0,1)^T,$$

这就是解空间的基,将它们正交化,得

$$\pmb{\beta}_1=\pmb{\alpha}_1=(0,1,1,0,0)^T,$$

$$\pmb{\beta}_2=\pmb{\alpha}_2-\frac{(\pmb{\alpha}_2,\pmb{\beta}_1)}{(\pmb{\beta}_1,\pmb{\beta}_1)}\pmb{\beta}_1=\left(-1,\frac{1}{2},-\frac{1}{2},1,0\right)^T,$$

$$\pmb{\beta}_3=\pmb{\alpha}_3-\frac{(\pmb{\alpha}_3,\pmb{\beta}_1)}{(\pmb{\beta}_1,\pmb{\beta}_1)}\pmb{\beta}_1-\frac{(\pmb{\alpha}_3,\pmb{\beta}_2)}{(\pmb{\beta}_2,\pmb{\beta}_2)}\pmb{\beta}_2=\frac{1}{5}(7,-6,6,13,5)^T.$$

再将 $\pmb{\beta}_1,\pmb{\beta}_2,\pmb{\beta}_3$ 单位化,得

$$\pmb{\eta}_1=\frac{1}{\|\pmb{\beta}_1\|}\pmb{\beta}_1=\frac{1}{\sqrt{2}}(0,1,1,0,0)^T,$$

$$\pmb{\eta}_2=\frac{1}{\|\pmb{\beta}_2\|}\pmb{\beta}_2=\frac{1}{\sqrt{10}}(-2,1,-1,2,0)^T,$$

$$\boldsymbol{\eta}_3 = \frac{1}{\parallel \boldsymbol{\beta}_3 \parallel} \boldsymbol{\beta}_3 = \frac{1}{3\sqrt{35}}(7, -6, 6, 13, 5)^\mathrm{T},$$

则 $\boldsymbol{\eta}_1, \boldsymbol{\eta}_2, \boldsymbol{\eta}_3$ 就是解空间的标准正交基.

例 23 设 $\boldsymbol{A} = (a_{ij})_{3\times 3}$ 是正交矩阵,且 $a_{11} = 1$, $\boldsymbol{b} = (1, 0, 0)^\mathrm{T}$,求线性方程组 $\boldsymbol{Ax} = \boldsymbol{b}$ 的解.

分析 因为 $\boldsymbol{A}$ 是正交矩阵,所以 $\boldsymbol{A}^\mathrm{T} = \boldsymbol{A}^{-1}$,方程组 $\boldsymbol{Ax} = \boldsymbol{b}$ 有唯一的解 $\boldsymbol{x} = \boldsymbol{A}^\mathrm{T}\boldsymbol{b}$,该解向量就是 $\boldsymbol{A}$ 的第一行的转置向量.

解 设 $\boldsymbol{A} = \begin{bmatrix} 1 & a_{12} & a_{13} \\ a_{21} & a_{22} & a_{23} \\ a_{31} & a_{32} & a_{33} \end{bmatrix}$,则由 $\boldsymbol{A}$ 为正交矩阵得

$$1^2 + a_{12}^2 + a_{13}^2 = 1,$$

所以有 $a_{12} = a_{13} = 0$.

又由 $\boldsymbol{A}^{-1} = \boldsymbol{A}^\mathrm{T}$,可得方程的唯一解

$$\boldsymbol{x} = \boldsymbol{A}^{-1}\boldsymbol{b} = \boldsymbol{A}^\mathrm{T}\boldsymbol{b} = \begin{bmatrix} 1 & a_{21} & a_{31} \\ 0 & a_{22} & a_{32} \\ 0 & a_{23} & a_{33} \end{bmatrix} \begin{bmatrix} 1 \\ 0 \\ 0 \end{bmatrix} = \begin{bmatrix} 1 \\ 0 \\ 0 \end{bmatrix}.$$

例 24 设 $\boldsymbol{A}$ 是 n 阶实对称矩阵, $\lambda_1, \lambda_2, \cdots, \lambda_n$ 是 $\boldsymbol{A}$ 的 n 个互不相同的特征值, $\boldsymbol{\xi}_1, \boldsymbol{\xi}_2, \cdots, \boldsymbol{\xi}_n$ 是对应的特征向量,求矩阵 $\boldsymbol{B} = \boldsymbol{A} - \boldsymbol{\xi}_1\boldsymbol{\xi}_1^\mathrm{T}$ 的特征值与特征向量.

分析 因为题中的矩阵为抽象形式,所以没法用特征多项式去计算特征值,也没法用特征方程组去计算特征向量,只能用特征值与特征向量的定义来做判断,并用 $\boldsymbol{\xi}_1, \boldsymbol{\xi}_2, \cdots, \boldsymbol{\xi}_n$ 去尝试.

解 因为 $\boldsymbol{A}$ 是实对称矩阵, $\lambda_1, \lambda_2, \cdots, \lambda_n$ 互不相同,所以对应的特征向量 $\boldsymbol{\xi}_1, \boldsymbol{\xi}_2, \cdots, \boldsymbol{\xi}_n$ 相互正交.

记 $\parallel \boldsymbol{\xi}_1 \parallel = a$,注意到

$$\boldsymbol{\xi}_1^\mathrm{T}\boldsymbol{\xi}_i = \begin{cases} a^2, & i = 1, \\ 0, & i \neq 1. \end{cases}$$

因此

$$\boldsymbol{B}\boldsymbol{\xi}_i = (\boldsymbol{A} - \boldsymbol{\xi}_1\boldsymbol{\xi}_1^\mathrm{T})\boldsymbol{\xi}_i = \boldsymbol{A}\boldsymbol{\xi}_i - \boldsymbol{\xi}_1(\boldsymbol{\xi}_1^\mathrm{T}\boldsymbol{\xi}_i) = \begin{cases} (\lambda_1 - a^2)\boldsymbol{\xi}_1, & i = 1, \\ \lambda_i\boldsymbol{\xi}_i, & i \neq 1. \end{cases}$$

故 $\boldsymbol{B}$ 的特征值为 $\lambda_1 - a^2, \lambda_i (i \neq 1)$. $\boldsymbol{B}$ 与 $\boldsymbol{A}$ 有完全相同的特征向量. 也就是对应于特征值 $\lambda_1 - a^2$ 的全部特征向量为 $k_1\boldsymbol{\xi}_1 (k_1$ 是不为 0 的任意常数),对应于特征值 $\lambda_i (i \neq 1)$ 的全部特征向量为 $k_i\boldsymbol{\xi}_i (k_i$ 是不为 0 的任意常数).

例 25 设实对称矩阵 $\boldsymbol{A}$ 满足 $\boldsymbol{A}^3 + \boldsymbol{A}^2 + \boldsymbol{A} = 3\boldsymbol{I}$,求矩阵 $\boldsymbol{A}$.

分析 因为实对称矩阵的特征值一定是实数,且矩阵一定相似于由它的特征值为对角元所构成的对角矩阵,所以利用已知条件确定出 $\boldsymbol{A}$ 的特征值,才有可能确定矩阵 $\boldsymbol{A}$.

解 设矩阵 $\boldsymbol{A}$ 的特征值为 λ,由于 $\boldsymbol{A}^3 + \boldsymbol{A}^2 + \boldsymbol{A} = 3\boldsymbol{I}$,则有

$$\lambda^3 + \lambda^2 + \lambda = 3, \quad 即 (\lambda - 1)(\lambda^2 + 2\lambda + 3) = 0.$$

由于实对称矩阵的特征值是实数, $\lambda^2 + 2\lambda + 3 = (\lambda + 1)^2 + 2 > 0$,故可得 $\boldsymbol{A}$ 只有

唯一的 n 重特征值 1，即存在可逆矩阵 P，使得

$$P^{-1}AP = I \Rightarrow A = PIP^{-1} = I.$$

例 26 设矩阵 $A = \begin{bmatrix} 1 & 1 & 1 & 1 \\ 1 & 1 & 1 & 1 \\ 1 & 1 & 1 & 1 \\ 1 & 1 & 1 & 1 \end{bmatrix}$，求正交矩阵 P 使 $P^{-1}AP$ 为对角矩阵.

分析 A 是实对称矩阵，则一定存在正交矩阵 P 使 $P^{-1}AP$ 为对角矩阵；又 $R(A) = 1$，且各行元素之和都相等，由此很容易求得 A 的特征值与特征向量.

解 由于 A 的各行元素之和都等于 4，所以 $\lambda_1 = 4$ 是 A 的一个特征值，$\boldsymbol{\alpha} = (1, 1, 1, 1)^\top$ 是对应的一个特征向量. 单位化得

$$\boldsymbol{\eta} = \frac{1}{2}(1, 1, 1, 1)^\top.$$

又 $R(A) = 1$，所以 $\lambda_2 = \lambda_3 = \lambda_4 = 0$ 是 A 的三重特征值. 易知 $(0I - A)X = 0$ 的同解方程组为

$$x_1 + x_2 + x_3 + x_4 = 0,$$

其基础解系为

$$\boldsymbol{\alpha}_1 = (-1, 1, 0, 0)^\top, \boldsymbol{\alpha}_2 = (-1, 0, 1, 0)^\top, \boldsymbol{\alpha}_3 = (-1, 0, 0, 1)^\top,$$

将 $\boldsymbol{\alpha}_1, \boldsymbol{\alpha}_2, \boldsymbol{\alpha}_3$ 正交化，得

$$\boldsymbol{\beta}_1 = \boldsymbol{\alpha}_1 = (-1, 1, 0, 0)^\top,$$

$$\boldsymbol{\beta}_2 = \boldsymbol{\alpha}_2 - \frac{(\boldsymbol{\alpha}_2, \boldsymbol{\beta}_1)}{(\boldsymbol{\beta}_1, \boldsymbol{\beta}_1)}\boldsymbol{\beta}_1 = \left(-\frac{1}{2}, -\frac{1}{2}, 1, 0\right)^\top,$$

$$\boldsymbol{\beta}_3 = \boldsymbol{\alpha}_3 - \frac{(\boldsymbol{\alpha}_3, \boldsymbol{\beta}_1)}{(\boldsymbol{\beta}_1, \boldsymbol{\beta}_1)}\boldsymbol{\beta}_1 - \frac{(\boldsymbol{\alpha}_3, \boldsymbol{\beta}_2)}{(\boldsymbol{\beta}_2, \boldsymbol{\beta}_2)}\boldsymbol{\beta}_2 = \left(-\frac{1}{3}, -\frac{1}{3}, -\frac{1}{3}, 1\right)^\top.$$

再将 $\boldsymbol{\beta}_1, \boldsymbol{\beta}_2, \boldsymbol{\beta}_3$ 单位化，得

$$\boldsymbol{\eta}_1 = \frac{1}{\|\boldsymbol{\beta}_1\|}\boldsymbol{\beta}_1 = \frac{1}{\sqrt{2}}(-1, 1, 0, 0)^\top,$$

$$\boldsymbol{\eta}_2 = \frac{1}{\|\boldsymbol{\beta}_2\|}\boldsymbol{\beta}_2 = \frac{1}{\sqrt{6}}(-1, -1, 2, 0)^\top,$$

$$\boldsymbol{\eta}_3 = \frac{1}{\|\boldsymbol{\beta}_3\|}\boldsymbol{\beta}_3 = \frac{\sqrt{3}}{6}(-1, -1, -1, 3)^\top.$$

令 $P = (\boldsymbol{\eta}, \boldsymbol{\eta}_1, \boldsymbol{\eta}_2, \boldsymbol{\eta}_3)$，则 P 是正交矩阵，且有

$$P^{-1}AP = \begin{bmatrix} 4 & & & \\ & 0 & & \\ & & 0 & \\ & & & 0 \end{bmatrix}.$$

评注 若该题的特征值采用特征方程 $|\lambda I - A| = 0$ 来计算，会困难些.

例 27 设 3 阶实对称矩阵 A 的秩为 2，$\lambda_1 = \lambda_2 = 6$ 是 A 的二重特征值. 若 $\boldsymbol{\alpha}_1 = (1, 1, 0)^\top$，$\boldsymbol{\alpha}_2 = (2, 1, 1)^\top$，$\boldsymbol{\alpha}_3 = (-1, 2, -3)^\top$ 都是 A 的属于特征值 6 的特征向量. 求矩阵 A.

分析 因为实对称矩阵一定能相似对角化,所以只需求得 A 的三个特征值及与特征值对应的三个线性无关的特征向量. 由 A 的相似标准形即可算出 A.

解 因为 $\lambda_1 = \lambda_2 = 6$ 是 A 的二重特征值,所以 A 的属于特征值 6 的线性无关的特征向量有 2 个. 由题设可得 $\boldsymbol{\alpha}_1, \boldsymbol{\alpha}_2, \boldsymbol{\alpha}_3$ 的一个最大线性无关组为 $\boldsymbol{\alpha}_1, \boldsymbol{\alpha}_2$,故 $\boldsymbol{\alpha}_1, \boldsymbol{\alpha}_2$ 为 A 的属于特征值 6 的线性无关的特征向量. 由 $R(A) = 2$ 可知,$|A| = 0$,故矩阵 A 的另一个特征值为 $\lambda_3 = 0$.

设 $\lambda_3 = 0$ 所对应的特征向量为 $\boldsymbol{\alpha} = (x_1, x_2, x_3)^{\mathrm{T}}$,则有 $\boldsymbol{\alpha}_1^{\mathrm{T}} \boldsymbol{\alpha} = 0$,$\boldsymbol{\alpha}_2^{\mathrm{T}} \boldsymbol{\alpha} = 0$,即

$$\begin{cases} x_1 + x_2 = 0, \\ 2x_1 + x_2 + x_3 = 0, \end{cases}$$

解得此方程组的基础解系为 $\boldsymbol{\alpha} = (-1, 1, 1)^{\mathrm{T}}$.

令矩阵 $\boldsymbol{P} = (\boldsymbol{\alpha}_1, \boldsymbol{\alpha}_2, \boldsymbol{\alpha})$,则

$$\boldsymbol{P}^{-1} \boldsymbol{A} \boldsymbol{P} = \begin{pmatrix} 6 & 0 & 0 \\ 0 & 6 & 0 \\ 0 & 0 & 0 \end{pmatrix},$$

因此

$$\boldsymbol{A} = \boldsymbol{P} \begin{pmatrix} 6 & 0 & 0 \\ 0 & 6 & 0 \\ 0 & 0 & 0 \end{pmatrix} \boldsymbol{P}^{-1},$$

又

$$\boldsymbol{P}^{-1} = \begin{pmatrix} 0 & 1 & -1 \\ \dfrac{1}{3} & -\dfrac{1}{3} & \dfrac{2}{3} \\ -\dfrac{1}{3} & \dfrac{1}{3} & \dfrac{1}{3} \end{pmatrix},$$

可求得

$$\boldsymbol{A} = \begin{pmatrix} 4 & 2 & 2 \\ 2 & 4 & -2 \\ 2 & -2 & 4 \end{pmatrix}.$$

例 28 设 n 阶实对称矩阵 $\boldsymbol{A} = \begin{pmatrix} 1 & b & \cdots & b \\ b & 1 & \cdots & b \\ \vdots & \vdots & & \vdots \\ b & b & \cdots & 1 \end{pmatrix}$.

(1)求 A 的特征值和特征向量;

(2)求可逆矩阵 P,使得 $P^{-1}AP$ 为对角矩阵.

分析 在计算特征多项式时,注意 $|\lambda I - A|$ 的各行之和相等,这会给行列式的计算带来方便;A 的特征值和特征向量都与 b 的取值有关,求解中要注意讨论.

解 (1) $|\lambda I - A| = \begin{vmatrix} \lambda-1 & -b & \cdots & -b \\ -b & \lambda-1 & \cdots & -b \\ \vdots & \vdots & & \vdots \\ -b & -b & \cdots & \lambda-1 \end{vmatrix} = \begin{vmatrix} \lambda-1-(n-1)b & -b & \cdots & -b \\ \lambda-1-(n-1)b & \lambda-1 & \cdots & -b \\ \vdots & \vdots & & \vdots \\ \lambda-1-(n-1)b & -b & \cdots & \lambda-1 \end{vmatrix}$

$$=[\lambda-1-(n-1)b]\begin{vmatrix} 1 & -b & \cdots & -b \\ 1 & \lambda-1 & \cdots & -b \\ \vdots & \vdots & & \vdots \\ 1 & -b & \cdots & \lambda-1 \end{vmatrix}$$

$$=[\lambda-1-(n-1)b]\begin{vmatrix} 1 & -b & \cdots & -b \\ 0 & \lambda-(1-b) & \cdots & 0 \\ \vdots & \vdots & & \vdots \\ 0 & 0 & \cdots & \lambda-(1-b) \end{vmatrix}$$

$$=[\lambda-1-(n-1)b][\lambda-(1-b)]^{n-1},$$

故矩阵 A 的特征值 $\lambda_1=1+(n-1)b$，$\lambda_2=\cdots=\lambda_n=1-b$.

1° 当 $b\neq0$ 时，$\lambda_1=1+(n-1)b$ 是 A 的单特征值，对应线性无关的特征向量只有一个，易见，$\boldsymbol{\xi}_1=(1,1,\cdots,1)^{\mathrm{T}}$ 是它的一个特征向量（因为 A 的各行元素和等于 λ_1）. 所以属于 λ_1 的全部特征向量为

$$k\boldsymbol{\xi}_1=k(1,1,\cdots,1)^{\mathrm{T}}\ (k\ \text{为任意非零常数}).$$

对于 $\lambda_2=\cdots=\lambda_n=1-b$，解齐次线性方程组 $[(1-b)I-A]X=\boldsymbol{0}$，由

$$(1-b)I-A=\begin{pmatrix} -b & -b & \cdots & -b \\ -b & -b & \cdots & -b \\ \vdots & \vdots & & \vdots \\ -b & -b & \cdots & -b \end{pmatrix}\rightarrow\begin{pmatrix} 1 & 1 & \cdots & 1 \\ 0 & 0 & \cdots & 0 \\ \vdots & \vdots & & \vdots \\ 0 & 0 & \cdots & 0 \end{pmatrix},$$

得基础解系为

$$\boldsymbol{\xi}_2=(1,-1,0,\cdots,0)^{\mathrm{T}},$$
$$\boldsymbol{\xi}_3=(1,0,-1,\cdots,0)^{\mathrm{T}},$$
$$\cdots\cdots\cdots\cdots$$
$$\boldsymbol{\xi}_n=(1,0,0,\cdots,-1)^{\mathrm{T}},$$

对应的全部特征向量为

$$k_2\boldsymbol{\xi}_2+k_3\boldsymbol{\xi}_3+\cdots+k_n\boldsymbol{\xi}_n\ (k_2,k_3\cdots,k_n\ \text{是不全为零的任意常数}).$$

2° 当 $b=0$ 时，$\lambda_1=\lambda_2=\cdots=\lambda_n=1$，$A=I$，由 $I-A=\boldsymbol{O}$ 知任意非零向量都是特征向量.

(2) 当 $b\neq0$ 时，A 有 n 个线性无关的特征向量，令 $P=(\boldsymbol{\xi}_1,\boldsymbol{\xi}_2,\cdots,\boldsymbol{\xi}_n)$，则

$$P^{-1}AP=\mathrm{diag}(1+(n-1)b,1-b,\cdots,1-b).$$

当 $b=0$ 时，$A=I$，对任意可逆矩阵 P，均有

$$P^{-1}AP=I.$$

评注 (1) 虽然 A 的各行元素之和相等，这个和就是 A 的一个特征值，但由于要计算 A 的全部特征值，故这里仍然计算了 A 的特征多项式；

(2) 在计算单特征值 $\lambda_1=1+(n-1)b(b\neq0)$ 所对应的特征向量时，我们没具体解线性方程组 $(\lambda_1I-A)X=\boldsymbol{0}$ 求基础解系，是因为此时化 λ_1I-A 为阶梯形的工作量较大.学习中要充分利用已有的知识来简化计算.

例 29 设 A 为 n 阶实对称矩阵，$A^2=A$，$R(A)=r$，求：

(1) A 的相似对角矩阵；

(2) $|2I-A|$.

分析 A 的相似对角矩阵完全由 A 的特征值确定,因此只需求出 A 的全部特征值;利用 A 的相似对角阵可求得行列式 $|2I-A|$ 的值.

解 (1) 设 λ 为 A 的任一特征值,由于 $A^2=A$,则

$$\lambda^2-\lambda=0 \Rightarrow \lambda=0, \lambda=1,$$

即 A 的特征值只能为 0 或 1.

因为 A 为实对称矩阵,所以存在正交矩阵 Q 使

$$Q^{-1}AQ = \begin{pmatrix} 1 & & & & & & \\ & \ddots & & & & & \\ & & 1 & & & & \\ & & & 0 & & & \\ & & & & \ddots & & \\ & & & & & 0 \end{pmatrix},$$

其中 1 的个数为 $R(A)=r$ 个,即 $Q^{-1}AQ = \begin{pmatrix} I_r & O \\ O & O \end{pmatrix}$ 为 A 的相似对角矩阵.

(2)
$$\begin{aligned}
|2I-A| &= |Q^{-1}||2I-A||Q| \\
&= |Q^{-1}(2I-A)Q| = |2I-Q^{-1}AQ| \\
&= \left| 2I - \begin{pmatrix} I_r & O \\ O & O \end{pmatrix} \right| = \begin{vmatrix} I_r & O \\ O & 2I_{n-r} \end{vmatrix} = 2^{n-r}.
\end{aligned}$$

评注 求(2)中行列式 $|2I-A|$ 的值也可由矩阵 $2I-A$ 特征值的乘积来计算.

例 30 设 A 为 3 阶矩阵,$\alpha_1, \alpha_2, \alpha_3$ 是三个线性无关的三维列向量,且满足

$$A\alpha_1 = \alpha_1+\alpha_2+\alpha_3, \quad A\alpha_2 = 2\alpha_2+\alpha_3, \quad A\alpha_3 = 2\alpha_2+3\alpha_3.$$

(1) 求矩阵 B,使得 $A(\alpha_1, \alpha_2, \alpha_3)=(\alpha_1, \alpha_2, \alpha_3)B$;

(2) 求矩阵 A 的特征值;

(3) 求可逆矩阵 P,使 $P^{-1}AP$ 为对角矩阵.

分析 将所给三个等式写成矩阵乘积的形式就可得到(1)中所求的矩阵 B;由(1)可知 A 与 B 相似,B 的特征值就是 A 的特征值;将 B 相似对角化,就可得到 A 的相似对角矩阵.

解 (1) 由题设知

$$A(\alpha_1, \alpha_2, \alpha_3) = (\alpha_1, \alpha_2, \alpha_3) \begin{pmatrix} 1 & 0 & 0 \\ 1 & 2 & 2 \\ 1 & 1 & 3 \end{pmatrix},$$

故

$$B = \begin{pmatrix} 1 & 0 & 0 \\ 1 & 2 & 2 \\ 1 & 1 & 3 \end{pmatrix}.$$

(2) 因为 $\alpha_1, \alpha_2, \alpha_3$ 线性无关,所以矩阵 $C=(\alpha_1, \alpha_2, \alpha_3)$ 可逆,故 $C^{-1}AC=B$,即 A 与 B 相似,故 A 与 B 有相同的特征值. 由

$$|\lambda \boldsymbol{I} - \boldsymbol{B}| = \begin{vmatrix} \lambda-1 & 0 & 0 \\ -1 & \lambda-2 & -2 \\ -1 & -1 & \lambda-3 \end{vmatrix} = (\lambda-1)^2(\lambda-4) = 0,$$

解得 $\boldsymbol{B}$（即 $\boldsymbol{A}$）的特征值为 $\lambda_1 = \lambda_2 = 1, \lambda_3 = 4$.

（3）当 $\lambda_1 = \lambda_2 = 1$ 时，由 $(\boldsymbol{I} - \boldsymbol{B})\boldsymbol{X} = \boldsymbol{0}$ 解得基础解系
$$\boldsymbol{\xi}_1 = (-1, 1, 0)^\top, \boldsymbol{\xi}_2 = (-2, 0, 1)^\top.$$

当 $\lambda_3 = 4$ 时，由 $(4\boldsymbol{I} - \boldsymbol{B})\boldsymbol{X} = \boldsymbol{0}$ 解得基础解系
$$\boldsymbol{\xi}_3 = (0, 1, 1)^\top.$$

令
$$\boldsymbol{Q} = (\boldsymbol{\xi}_1, \boldsymbol{\xi}_2, \boldsymbol{\xi}_3) = \begin{pmatrix} -1 & -2 & 0 \\ 1 & 0 & 1 \\ 0 & 1 & 1 \end{pmatrix} \Rightarrow \boldsymbol{Q}^{-1}\boldsymbol{B}\boldsymbol{Q} = \begin{pmatrix} 1 & 0 & 0 \\ 0 & 1 & 0 \\ 0 & 0 & 4 \end{pmatrix},$$

由 $\boldsymbol{Q}^{-1}\boldsymbol{B}\boldsymbol{Q} = \boldsymbol{Q}^{-1}\boldsymbol{C}^{-1}\boldsymbol{A}\boldsymbol{C}\boldsymbol{Q}$，记矩阵
$$\boldsymbol{P} = \boldsymbol{C}\boldsymbol{Q} = (\boldsymbol{\alpha}_1, \boldsymbol{\alpha}_2, \boldsymbol{\alpha}_3) \begin{pmatrix} -1 & -2 & 0 \\ 1 & 0 & 1 \\ 0 & 1 & 1 \end{pmatrix}$$
$$= (-\boldsymbol{\alpha}_1 + \boldsymbol{\alpha}_2, -2\boldsymbol{\alpha}_1 + \boldsymbol{\alpha}_3, \boldsymbol{\alpha}_2 + \boldsymbol{\alpha}_3),$$

$\boldsymbol{P}$ 即为所求的可逆矩阵.

例 31 已知 3 阶矩阵 $\boldsymbol{A}$ 和三维向量 $\boldsymbol{X}$，向量组 $\boldsymbol{A}, \boldsymbol{A}\boldsymbol{X}, \boldsymbol{A}^2\boldsymbol{X}$ 线性无关，且满足 $\boldsymbol{A}^3\boldsymbol{X} = 3\boldsymbol{A}\boldsymbol{X} - 2\boldsymbol{A}^2\boldsymbol{X}$.

（1）记 $\boldsymbol{P} = (\boldsymbol{X}, \boldsymbol{A}\boldsymbol{X}, \boldsymbol{A}^2\boldsymbol{X})$，求 3 阶矩阵 $\boldsymbol{B}$，使 $\boldsymbol{A} = \boldsymbol{P}\boldsymbol{B}\boldsymbol{P}^{-1}$；

（2）计算行列式 $|\boldsymbol{A} + \boldsymbol{I}|$.

分析 求 $\boldsymbol{A}$ 的特征值和特征向量，将 $\boldsymbol{A}$ 相似对角化，利用相似矩阵的传递性就可求得矩阵 $\boldsymbol{B}$.

解法 1 （1）由题设 $\boldsymbol{A}^3\boldsymbol{X} + 2\boldsymbol{A}^2\boldsymbol{X} - 3\boldsymbol{A}\boldsymbol{X} = \boldsymbol{0}$，得
$$\boldsymbol{A}(\boldsymbol{A}^2\boldsymbol{X} + 2\boldsymbol{A}\boldsymbol{X} - 3\boldsymbol{X}) = \boldsymbol{0},$$
$$\boldsymbol{A}(\boldsymbol{A}^2\boldsymbol{X} + 3\boldsymbol{A}\boldsymbol{X}) = (\boldsymbol{A}^2\boldsymbol{X} + 3\boldsymbol{A}\boldsymbol{X}),$$
$$\boldsymbol{A}(\boldsymbol{A}^2\boldsymbol{X} - \boldsymbol{A}\boldsymbol{X}) = -3(\boldsymbol{A}^2\boldsymbol{X} - \boldsymbol{A}\boldsymbol{X}).$$

因
$$\boldsymbol{D} = (\boldsymbol{A}^2\boldsymbol{X} + 2\boldsymbol{A}\boldsymbol{X} - 3\boldsymbol{X}, \boldsymbol{A}^2\boldsymbol{X} + 3\boldsymbol{A}\boldsymbol{X}, \boldsymbol{A}^2\boldsymbol{X} - \boldsymbol{A}\boldsymbol{X})$$
$$= (\boldsymbol{X}, \boldsymbol{A}\boldsymbol{X}, \boldsymbol{A}^2\boldsymbol{X}) \begin{pmatrix} -3 & 0 & 0 \\ 2 & 3 & -1 \\ 1 & 1 & 1 \end{pmatrix} \overset{\text{记}}{=\!=\!=} \boldsymbol{P}\boldsymbol{C},$$

其中 $\boldsymbol{P} = (\boldsymbol{X}, \boldsymbol{A}\boldsymbol{X}, \boldsymbol{A}^2\boldsymbol{X})$ 可逆，$|\boldsymbol{C}| = -12 \neq 0$，故 $\boldsymbol{A}^2\boldsymbol{X} - 2\boldsymbol{A}\boldsymbol{X} + 3\boldsymbol{X}, \boldsymbol{A}^2\boldsymbol{X} + 3\boldsymbol{A}\boldsymbol{X}, \boldsymbol{A}^2\boldsymbol{X} - \boldsymbol{A}\boldsymbol{X}$ 线性无关，均为非零向量，且均是 $\boldsymbol{A}$ 的特征向量，它们对应的特征值分别是 $0, 1, -3$，从而有
$$\boldsymbol{D}^{-1}\boldsymbol{A}\boldsymbol{D} = \boldsymbol{\Lambda} = \begin{pmatrix} 0 & & \\ & 1 & \\ & & -3 \end{pmatrix},$$

$$D^{-1}AD = (PC)^{-1}APC = C^{-1}P^{-1}APC = C^{-1}BC = \Lambda,$$
$$B = C\Lambda C^{-1}$$

$$= \begin{pmatrix} -3 & 0 & 0 \\ 2 & 3 & -1 \\ 1 & 1 & 1 \end{pmatrix} \begin{pmatrix} 0 & & \\ & 1 & \\ & & -3 \end{pmatrix} \begin{pmatrix} -\dfrac{1}{3} & 0 & 0 \\ \dfrac{1}{4} & \dfrac{1}{4} & \dfrac{1}{4} \\ \dfrac{1}{12} & -\dfrac{1}{4} & \dfrac{3}{4} \end{pmatrix}$$

$$= \begin{pmatrix} 0 & 0 & 0 \\ 0 & 3 & 3 \\ 0 & 1 & -3 \end{pmatrix} \begin{pmatrix} -\dfrac{1}{3} & 0 & 0 \\ \dfrac{1}{4} & \dfrac{1}{4} & \dfrac{1}{4} \\ \dfrac{1}{12} & -\dfrac{1}{4} & \dfrac{3}{4} \end{pmatrix} = \begin{pmatrix} 0 & 0 & 0 \\ 1 & 0 & 3 \\ 0 & 1 & -2 \end{pmatrix}.$$

（2）由（1）知 $A \sim B$，则 $A+I \sim B+I$，从而

$$|A+I| = |B+I| = \begin{vmatrix} 1 & 0 & 0 \\ 1 & 1 & 3 \\ 0 & 1 & -1 \end{vmatrix} = -4.$$

解法 2　由题设 $A = PBP^{-1}$ 得

$$AP = PB,$$
$$A(X, AX, A^2X) = (AX, A^2X, A^3X) = (AX, A^2X, 3AX - 2A^2X)$$
$$= (X, AX, A^2X) \begin{pmatrix} 0 & 0 & 0 \\ 1 & 0 & 3 \\ 0 & 1 & -2 \end{pmatrix} = (X, AX, A^2X)B = PB,$$

得

$$B = \begin{pmatrix} 0 & 0 & 0 \\ 1 & 0 & 3 \\ 0 & 1 & -2 \end{pmatrix}.$$

解法 3　由题设 $P = (X, AX, A^2X)$，因 X, AX, A^2X 线性无关，故 P 可逆，且
$$P^{-1}P = P^{-1}(X, AX, A^2X) = (P^{-1}X, P^{-1}AX, P^{-1}A^2X) = I,$$

故

$$P^{-1}X = \begin{pmatrix} 1 \\ 0 \\ 0 \end{pmatrix}, P^{-1}AX = \begin{pmatrix} 0 \\ 1 \\ 0 \end{pmatrix}, P^{-1}A^2X = \begin{pmatrix} 0 \\ 0 \\ 1 \end{pmatrix},$$

从而有

$$P^{-1}A^3X = P^{-1}(3AX - 2A^2X) = \begin{pmatrix} 0 \\ 3 \\ -2 \end{pmatrix},$$
$$B = P^{-1}AP = P^{-1}A(X, AX, A^2X) = P^{-1}(AX, A^2X, A^3X)$$
$$= (P^{-1}AX, P^{-1}A^2X, P^{-1}A^3X) = \begin{pmatrix} 0 & 0 & 0 \\ 1 & 0 & 3 \\ 0 & 1 & -2 \end{pmatrix}.$$

解法 4 由题设
$$AP = PB,$$
$$A(X, AX, A^2X) = (AX, A^2X, A^3X) = (AX, A^2X, 3AX - 2A^2X)$$
$$= (X, AX, A^2X)B.$$

将 $P = (X, AX, A^2X)$ 中第一,二列对换,再第二,三列对换,再将第三列乘零,并将第一列的 3 倍和第二列的 -2 倍加到第三列,即得 AP,即

$$AP = P \begin{pmatrix} 0 & 1 & 0 \\ 1 & 0 & 0 \\ 0 & 0 & 1 \end{pmatrix} \begin{pmatrix} 1 & 0 & 0 \\ 0 & 0 & 1 \\ 0 & 1 & 0 \end{pmatrix} \begin{pmatrix} 1 & & \\ & 1 & \\ & & 0 \end{pmatrix} \begin{pmatrix} 1 & 0 & 3 \\ 0 & 1 & -2 \\ 0 & 0 & 1 \end{pmatrix}.$$

故

$$B = \begin{pmatrix} 0 & 1 & 0 \\ 1 & 0 & 0 \\ 0 & 0 & 1 \end{pmatrix} \begin{pmatrix} 1 & 0 & 0 \\ 0 & 0 & 1 \\ 0 & 1 & 0 \end{pmatrix} \begin{pmatrix} 1 & & \\ & 1 & \\ & & 0 \end{pmatrix} \begin{pmatrix} 1 & 0 & 3 \\ 0 & 1 & -2 \\ 0 & 0 & 1 \end{pmatrix} = \begin{pmatrix} 0 & 0 & 0 \\ 1 & 0 & 3 \\ 0 & 1 & -2 \end{pmatrix}.$$

解法 5 用待定系数法确定矩阵 B,设 $B = \begin{pmatrix} b_{11} & b_{12} & b_{13} \\ b_{21} & b_{22} & b_{23} \\ b_{31} & b_{32} & b_{33} \end{pmatrix}$,则由 $AP = PB$,得

$$AP = A(X, AX, A^2X) = (AX, A^2X, A^3X)$$
$$= (AX, A^2X, 3AX - 2A^2X)$$
$$= (X, AX, A^2X) \begin{pmatrix} b_{11} & b_{12} & b_{13} \\ b_{21} & b_{22} & b_{23} \\ b_{31} & b_{32} & b_{33} \end{pmatrix},$$

$$AX = b_{11}X + b_{21}AX + b_{31}A^2X, \tag{5-1}$$
$$A^2X = b_{12}X + b_{22}AX + b_{32}A^2X, \tag{5-2}$$
$$3AX - 2A^2X = b_{13}X + b_{23}AX + b_{33}A^2X, \tag{5-3}$$

由于 X, AX, A^2X 线性无关,故由(5-1)式得 $b_{11} = 0, b_{21} = 1, b_{31} = 0$,由(5-2)式得 $b_{12} = b_{22} = 0, b_{32} = 1$,由(5-3)式得 $b_{13} = 0, b_{23} = 3, b_{33} = -2$.从而

$$B = \begin{pmatrix} 0 & 0 & 0 \\ 1 & 0 & 3 \\ 0 & 1 & -2 \end{pmatrix}.$$

例 32 设 A 为 n 阶方阵,满足 $A^2 - 3A + 2I = O$,求一可逆矩阵 P,使 $P^{-1}AP$ 为对角矩阵.

分析 已知条件可写为 $(A - I)(A - 2I) = (A - 2I)(A - I) = O$,由此可知 $A - 2I$ 非零列向量是矩阵 A 的属于特征值 1 的特征向量,$A - I$ 非零列向量是矩阵 A 的属于特征值 2 的特征向量,若能证明 $R(A - I) + R(A - 2I) = n$,则 A 就有 n 个线性无关的特征向量,问题便得以解决.

解 由题设可得
$$(A - I)(A - 2I) = (A - 2I)(A - I) = O,$$
故
$$R(A - I) + R(A - 2I) \leqslant n.$$

又
$$A - I - (A - 2I) = I \Rightarrow R(A - I) + R(A - 2I) \geqslant R(I) = n,$$
所以
$$R(A - I) + R(A - 2I) = n.$$

不妨设 $R(A - I) = k$，$R(A - 2I) = s$，则 $k + s = n$.

设 $\boldsymbol{\alpha}_1, \boldsymbol{\alpha}_2, \cdots, \boldsymbol{\alpha}_k$ 和 $\boldsymbol{\beta}_1, \boldsymbol{\beta}_2, \cdots, \boldsymbol{\beta}_s$ 分别是 $A - I$ 和 $A - 2I$ 的列向量组的最大线性无关组，由 $(A - I)(A - 2I) = O$，知 $\boldsymbol{\beta}_1, \boldsymbol{\beta}_2, \cdots, \boldsymbol{\beta}_s$ 是矩阵 A 的属于特征值 1 的线性无关的特征向量；由 $(A - 2I)(A - I) = O$，知 $\boldsymbol{\alpha}_1, \boldsymbol{\alpha}_2, \cdots, \boldsymbol{\alpha}_k$ 是矩阵 A 的属于特征值 2 的线性无关的特征向量．故 $\boldsymbol{\alpha}_1, \boldsymbol{\alpha}_2, \cdots, \boldsymbol{\alpha}_k, \boldsymbol{\beta}_1, \boldsymbol{\beta}_2, \cdots, \boldsymbol{\beta}_s$ 线性无关．令 $P = (\boldsymbol{\alpha}_1, \boldsymbol{\alpha}_2, \cdots, \boldsymbol{\alpha}_k, \boldsymbol{\beta}_1, \boldsymbol{\beta}_2, \cdots, \boldsymbol{\beta}_s)$，得

$$P^{-1}AP = \left.\left.\begin{bmatrix} 2 & & & & & \\ & \ddots & & & & \\ & & 2 & & & \\ & & & 1 & & \\ & & & & \ddots & \\ & & & & & 1 \end{bmatrix}\right\}k \text{ 个} \atop \right\}s \text{ 个}.$$

例 33 某试验性生产线每年一月份进行熟练工与非熟练工的人数统计，然后将 $\dfrac{1}{6}$ 熟练工支援其他生产部门，其缺额由新招的非熟练工补齐，新、老非熟练工经过培训及实践至年终考核有 $\dfrac{2}{5}$ 成为熟练工．设第 n 年一月份统计的熟练工和非熟练工所占百分比分别为 x_n 和 y_n．

(1) 求向量 $\begin{bmatrix} x_{n+1} \\ y_{n+1} \end{bmatrix}$ 与 $\begin{bmatrix} x_n \\ y_n \end{bmatrix}$ 的关系，并写成矩阵形式 $\begin{bmatrix} x_{n+1} \\ y_{n+1} \end{bmatrix} = A \begin{bmatrix} x_n \\ y_n \end{bmatrix}$.

(2) 验证 $\boldsymbol{p}_1 = \begin{bmatrix} 4 \\ 1 \end{bmatrix}$，$\boldsymbol{p}_2 = \begin{bmatrix} -1 \\ 1 \end{bmatrix}$ 是 A 的两个线性无关的特征向量，并求出相应的特征值．

(3) 当 $\begin{bmatrix} x_1 \\ y_1 \end{bmatrix} = \begin{bmatrix} \dfrac{1}{2} \\ \dfrac{1}{2} \end{bmatrix}$ 时，求 $\begin{bmatrix} x_{n+1} \\ y_{n+1} \end{bmatrix}$.

分析 据题意可知 $x_{n+1} = \dfrac{5}{6}x_n + \dfrac{2}{5}\left(\dfrac{1}{6}x_n + y_n\right)$，$y_{n+1} = \dfrac{3}{5}\left(\dfrac{1}{6}x_n + y_n\right)$，将该关系式写成矩阵形式就可得到矩阵 A；由 (1) 中的关系式可得 $\begin{bmatrix} x_{n+1} \\ y_{n+1} \end{bmatrix} = A^n \begin{bmatrix} x_1 \\ y_1 \end{bmatrix}$，计算 A^n 需将 A 相似对角化．

解 (1) 根据题意有
$$\begin{cases} x_{n+1} = \dfrac{5}{6}x_n + \dfrac{2}{5}\left(\dfrac{1}{6}x_n + y_n\right), \\ y_{n+1} = \dfrac{3}{5}\left(\dfrac{1}{6}x_n + y_n\right), \end{cases}$$

写成矩阵形式为

$$
\begin{bmatrix} x_{n+1} \\ y_{n+1} \end{bmatrix} = A \begin{bmatrix} x_n \\ y_n \end{bmatrix} = \begin{bmatrix} \dfrac{9}{10} & \dfrac{2}{5} \\ \dfrac{1}{10} & \dfrac{3}{5} \end{bmatrix} \begin{bmatrix} x_n \\ y_n \end{bmatrix},
$$

所以

$$
A = \begin{bmatrix} \dfrac{9}{10} & \dfrac{2}{5} \\ \dfrac{1}{10} & \dfrac{3}{5} \end{bmatrix}.
$$

（2） $\begin{bmatrix} x_{n+1} \\ y_{n+1} \end{bmatrix} = A \begin{bmatrix} x_n \\ y_n \end{bmatrix} = A^2 \begin{bmatrix} x_{n-1} \\ y_{n-1} \end{bmatrix} = \cdots = A^n \begin{bmatrix} x_1 \\ y_1 \end{bmatrix}.$

易求得的 A 特征值为 $\lambda_1 = 1$，$\lambda_2 = \dfrac{1}{2}$，对应的特征向量分别为

$$
\boldsymbol{\alpha}_1 = \begin{bmatrix} 4 \\ 1 \end{bmatrix}, \quad \boldsymbol{\alpha}_2 = \begin{bmatrix} -1 \\ 1 \end{bmatrix}.
$$

（3）令 $P = (\boldsymbol{\alpha}_1, \boldsymbol{\alpha}_2)$，则有 $P^{-1}AP = \begin{bmatrix} 1 & 0 \\ 0 & \dfrac{1}{2} \end{bmatrix}$，得

$$
A^n = P \begin{bmatrix} 1 & 0 \\ 0 & \dfrac{1}{2} \end{bmatrix}^n P^{-1} = P \begin{bmatrix} 1 & 0 \\ 0 & \dfrac{1}{2^n} \end{bmatrix} P^{-1}
$$

$$
= \begin{pmatrix} 4 & -1 \\ 1 & 1 \end{pmatrix} \begin{bmatrix} 1 & 0 \\ 0 & \dfrac{1}{2} \end{bmatrix}^n \frac{1}{5} \begin{pmatrix} 1 & 1 \\ -1 & 4 \end{pmatrix} = \frac{1}{5} \begin{bmatrix} 4 + \dfrac{1}{2^n} & 4 - \dfrac{4}{2^n} \\ 1 - \dfrac{1}{2^n} & 1 + \dfrac{4}{2^n} \end{bmatrix},
$$

所以

$$
\begin{bmatrix} x_{n+1} \\ y_{n+1} \end{bmatrix} = A^n \begin{bmatrix} \dfrac{1}{2} \\ \dfrac{1}{2} \end{bmatrix} = \frac{1}{10} \begin{bmatrix} 8 - \dfrac{3}{2^n} \\ 2 + \dfrac{3}{2^n} \end{bmatrix}.
$$

（三）证明题

例 1　设 $\boldsymbol{\alpha}_1$，$\boldsymbol{\alpha}_2$ 是矩阵 A 对应于不同特征值 λ_1，λ_2 的特征向量，试证 $k_1\boldsymbol{\alpha}_1 + k_2\boldsymbol{\alpha}_2 (k_1 k_2 \neq 0)$ 不是 A 的特征向量.

　　分析　可从矩阵的特征值与特征向量的定义去考察，用反证法.

　　证　假设 $k_1\boldsymbol{\alpha}_1 + k_2\boldsymbol{\alpha}_2 (k_1 k_2 \neq 0)$ 是 A 对应于特征值 λ 的特征向量，则有

$$
A(k_1\boldsymbol{\alpha}_1 + k_2\boldsymbol{\alpha}_2) = \lambda(k_1\boldsymbol{\alpha}_1 + k_2\boldsymbol{\alpha}_2),
$$

而

$$
A(k_1\boldsymbol{\alpha}_1 + k_2\boldsymbol{\alpha}_2) = k_1(A\boldsymbol{\alpha}_1) + k_2(A\boldsymbol{\alpha}_2) = k_1\lambda_1\boldsymbol{\alpha}_1 + k_2\lambda_2\boldsymbol{\alpha}_2,
$$

所以

$$k_1\lambda_1\boldsymbol{\alpha}_1+k_2\lambda_2\boldsymbol{\alpha}_2=\lambda(k_1\boldsymbol{\alpha}_1+k_2\boldsymbol{\alpha}_2),$$

$$k_1(\lambda_1-\lambda)\boldsymbol{\alpha}_1+k_2(\lambda_2-\lambda)\boldsymbol{\alpha}_2=\boldsymbol{0},$$

因为 $\boldsymbol{\alpha}_1,\boldsymbol{\alpha}_2$ 是不同特征值 λ_1,λ_2 的特征向量,故 $\boldsymbol{\alpha}_1,\boldsymbol{\alpha}_2$ 线性无关,欲使上式成立,必有

$$k_1(\lambda_1-\lambda)=0,\quad k_2(\lambda_2-\lambda)=0.$$

由于 $k_1k_2\neq0$,可得 $\lambda_1=\lambda=\lambda_2$,与 $\lambda_1\neq\lambda_2$ 矛盾,所以 $k_1\boldsymbol{\alpha}_1+k_2\boldsymbol{\alpha}_2\,(k_1k_2\neq0)$ 不是 $\boldsymbol{A}$ 的特征向量.

例 2 设 $\boldsymbol{A}$ 为 4 阶方阵,4 个不相同的特征值 $\lambda_1,\lambda_2,\lambda_3,\lambda_4$ 对应的特征向量依次为 $\boldsymbol{\alpha}_1,\boldsymbol{\alpha}_2,\boldsymbol{\alpha}_3,\boldsymbol{\alpha}_4$,令 $\boldsymbol{\beta}=\boldsymbol{\alpha}_1+\boldsymbol{\alpha}_2+\boldsymbol{\alpha}_3+\boldsymbol{\alpha}_4$,证明: $\boldsymbol{\beta},\boldsymbol{A}\boldsymbol{\beta},\boldsymbol{A}^2\boldsymbol{\beta},\boldsymbol{A}^3\boldsymbol{\beta}$ 线性无关.

分析 由于对应于不同特征值的特征向量是线性无关的,故 $\boldsymbol{\alpha}_1,\boldsymbol{\alpha}_2,\boldsymbol{\alpha}_3,\boldsymbol{\alpha}_4$ 线性无关.将向量 $\boldsymbol{\beta},\boldsymbol{A}\boldsymbol{\beta},\boldsymbol{A}^2\boldsymbol{\beta},\boldsymbol{A}^3\boldsymbol{\beta}$ 用 $\boldsymbol{\alpha}_1,\boldsymbol{\alpha}_2,\boldsymbol{\alpha}_3,\boldsymbol{\alpha}_4$ 表示出来,就可得到所需证明.

证 因为 $\boldsymbol{A}\boldsymbol{\alpha}_i=\lambda_i\boldsymbol{\alpha}_i\,(i=1,2,3,4)$, $\boldsymbol{\beta}=\boldsymbol{\alpha}_1+\boldsymbol{\alpha}_2+\boldsymbol{\alpha}_3+\boldsymbol{\alpha}_4$,则

$$\boldsymbol{A}\boldsymbol{\beta}=\boldsymbol{A}(\boldsymbol{\alpha}_1+\boldsymbol{\alpha}_2+\boldsymbol{\alpha}_3+\boldsymbol{\alpha}_4)=\lambda_1\boldsymbol{\alpha}_1+\lambda_2\boldsymbol{\alpha}_2+\lambda_3\boldsymbol{\alpha}_3+\lambda_4\boldsymbol{\alpha}_4,$$

$$\boldsymbol{A}^2\boldsymbol{\beta}=\boldsymbol{A}(\lambda_1\boldsymbol{\alpha}_1+\lambda_2\boldsymbol{\alpha}_2+\lambda_3\boldsymbol{\alpha}_3+\lambda_4\boldsymbol{\alpha}_4)=\lambda_1^2\boldsymbol{\alpha}_1+\lambda_2^2\boldsymbol{\alpha}_2+\lambda_3^2\boldsymbol{\alpha}_3+\lambda_4^2\boldsymbol{\alpha}_4,$$

$$\boldsymbol{A}^3\boldsymbol{\beta}=\lambda_1^3\boldsymbol{\alpha}_1+\lambda_2^3\boldsymbol{\alpha}_2+\lambda_3^3\boldsymbol{\alpha}_3+\lambda_4^3\boldsymbol{\alpha}_4.$$

设存在常数 $k_i\,(i=1,2,3,4)$ 使

$$k_1\boldsymbol{\beta}+k_2\boldsymbol{A}\boldsymbol{\beta}+k_3\boldsymbol{A}^2\boldsymbol{\beta}+k_4\boldsymbol{A}^3\boldsymbol{\beta}=\boldsymbol{0},$$

即

$$k_1\sum_{i=1}^{4}\boldsymbol{\alpha}_i+k_2\sum_{i=1}^{4}\lambda_i\boldsymbol{\alpha}_i+k_3\sum_{i=1}^{4}\lambda_i^2\boldsymbol{\alpha}_i+k_4\sum_{i=1}^{4}\lambda_i^3\boldsymbol{\alpha}_i=\boldsymbol{0}$$

$$\Rightarrow(k_1+k_2\lambda_1+k_3\lambda_1^2+k_4\lambda_1^3)\boldsymbol{\alpha}_1+(k_1+k_2\lambda_2+k_3\lambda_2^2+k_4\lambda_2^3)\boldsymbol{\alpha}_2+$$

$$(k_1+k_2\lambda_3+k_3\lambda_3^2+k_4\lambda_3^3)\boldsymbol{\alpha}_3+(k_1+k_2\lambda_4+k_3\lambda_4^2+k_4\lambda_4^3)\boldsymbol{\alpha}_4=\boldsymbol{0}.$$

由于属于不同特征值的特征向量线性无关,即 $\boldsymbol{\alpha}_1,\boldsymbol{\alpha}_2,\boldsymbol{\alpha}_3,\boldsymbol{\alpha}_4$ 线性无关,于是

$$\begin{cases}k_1+k_2\lambda_1+k_3\lambda_1^2+k_4\lambda_1^3=0,\\ k_1+k_2\lambda_2+k_3\lambda_2^2+k_4\lambda_2^3=0,\\ k_1+k_2\lambda_3+k_3\lambda_3^2+k_4\lambda_3^3=0,\\ k_1+k_2\lambda_4+k_3\lambda_4^2+k_4\lambda_4^3=0.\end{cases}$$

该线性方程组的系数行列式

$$D=\begin{vmatrix}1&\lambda_1&\lambda_1^2&\lambda_1^3\\1&\lambda_2&\lambda_2^2&\lambda_2^3\\1&\lambda_3&\lambda_3^2&\lambda_3^3\\1&\lambda_4&\lambda_4^2&\lambda_4^3\end{vmatrix}=\prod_{1\leqslant i<j\leqslant4}(\lambda_j-\lambda_i)\neq0,$$

所以方程组只有零解,即 $k_1=k_2=k_3=k_4=0$,故 $\boldsymbol{\beta},\boldsymbol{A}\boldsymbol{\beta},\boldsymbol{A}^2\boldsymbol{\beta},\boldsymbol{A}^3\boldsymbol{\beta}$ 线性无关.

例 3 设矩阵 $\boldsymbol{A}$ 可逆且 $\boldsymbol{A}\sim\boldsymbol{B}$,证明它们的伴随矩阵也相似,即 $\boldsymbol{A}^*\sim\boldsymbol{B}^*$.

分析 利用公式 $\boldsymbol{A}^*=|\boldsymbol{A}|\boldsymbol{A}^{-1}$ 即可.

证 因矩阵 $\boldsymbol{A}$ 可逆且 $\boldsymbol{A}\sim\boldsymbol{B}$,故存在可逆矩阵 $\boldsymbol{P}$ 使 $\boldsymbol{P}^{-1}\boldsymbol{A}\boldsymbol{P}=\boldsymbol{B}$,所以

$$\boldsymbol{P}^{-1}\boldsymbol{A}^{-1}\boldsymbol{P}=\boldsymbol{B}^{-1}.$$

将上式两端同乘以 $|\boldsymbol{A}|$,得

$$|A|P^{-1}A^{-1}P = |A|B^{-1},$$

又 $|B| = |P^{-1}AP| = |P^{-1}||A||P| = |A|$,于是

$$P^{-1}|A|A^{-1}P = |B|B^{-1},$$

即 $P^{-1}A^*P = B^*$,故 $A^* \sim B^*$.

例 4 设 A,B 均是 3 阶非零幂等矩阵(即 $A^2 = A$,$B^2 = B$),且 $AB = BA = O$.

(1) 证明 0 和 1 必是 A,B 的特征值;

(2) 若 ξ_1,ξ_2 分别是 A,B 的对应于特征值 $\lambda = 1$ 的特征向量,证明 ξ_1,ξ_2 线性无关.

分析 只需证明 $|A| = 0$,$|I - A| = 0$,由题设条件知 $A(I - A) = O$,所以结论较为显然.

证 (1) 因为 $A^2 = A$,所以 $A(I - A) = O$,由此可得

$$R(A) + R(I - A) \leqslant 3.$$

再由 $AB = O$,$A \neq O$,$B \neq O$,得

$$0 < R(A) < 3, \quad 0 < R(I - A) < 3,$$

所以

$$|A| = 0, \quad |I - A| = 0.$$

故 $\lambda = 0$ 与 $\lambda = 1$ 都是 A 的特征值. 同理,它们也都是 B 的特征值.

(2) 因 A 的对应于 $\lambda = 1$ 的特征向量是 ξ_1,故有

$$A\xi_1 = \xi_1.$$

两边左乘 B,并注意 $BA = O$ 得

$$BA\xi_1 = B\xi_1 = 0\xi_1,$$

可见 ξ_1 是矩阵 B 对应于 $\lambda = 0$ 的特征向量.

故 ξ_1,ξ_2 是 B 的分别对应于 $\lambda = 0$ 和 $\lambda = 1$ 的特征向量,从而得证 ξ_1,ξ_2 线性无关.

评注 若由 $A(I - A) = O \Rightarrow |A(I - A)| = 0 \Rightarrow |A| = 0$ 或 $|I - A| = 0$,由此得到 $\lambda = 0$ 与 $\lambda = 1$ 都是 A 的特征值是不对的,原因是我们不能由此推断必有 $|A| = 0$,$|I - A| = 0$ 同时成立.

例 5 设 A,B 均是 n 阶方阵,有相同的 n 个互异的特征值,证明存在 n 阶矩阵 T,S,其中 T 可逆,使得 $A = TS$,$B = ST$.

分析 若结论成立,则有 $S = T^{-1}A$,进而 $B = T^{-1}AT$. 故只需证明 A 与 B 相似.

证 因 A,B 有相同的 n 个互异的特征值,则 A 与 B 相似于同一个对角矩阵,从而 $A \sim B$,即存在可逆矩阵 P,使得

$$P^{-1}AP = B, \quad A = PBP^{-1}.$$

令 $P = T$,$BP^{-1} = S$,则 $A = TS$,$B = ST$,其中 T 是可逆矩阵.

例 6 设 $A = (a_{ij})_{n \times n}$ 是 n 阶下三角形矩阵($a_{ij} = 0$,$i < j$),证明:

(1) 若 $a_{ii} \neq a_{jj}$($i \neq j$,i,$j = 1, 2, \cdots, n$),则 A 与一对角矩阵相似.

(2) 若 $a_{11} = a_{22} = \cdots = a_{nn}$,且至少有一个 $a_{ij} \neq 0$($i > j$),则 A 不能与对角矩阵相似.

分析 (1) 当 $a_{ii} \neq a_{jj}$($i \neq j$,i,$j = 1, 2, \cdots, n$)时,A 有 n 个互不相同的特征

值,则其一定与一对角矩阵相似;(2) 若 $a_{11}=a_{22}=\cdots=a_{nn}$,则 $\lambda=a_{11}$ 是 A 的 n 重特征值,若 A 相似于对角矩阵,则该特征值就要对应 n 个线性无关的特征向量,即有 $R(a_{11}I-A)=0$,而有某个 $a_{ij}\ne0\ (i>j)$,显然这是不可能的.

证 (1) 因为 $A=(a_{ij})_{n\times n}$ 是下三角形矩阵,则 A 的特征多项式为
$$|\lambda I-A|=(\lambda-a_{11})(\lambda-a_{22})\cdots(\lambda-a_{nn}).$$

因为 $a_{ii}\ne a_{jj}(i\ne j,\ i,\ j=1,\ 2,\ \cdots,\ n)$,所以 A 有 n 个互不相同的特征值
$$\lambda_i=a_{ii}\ (i=1,\ 2,\ \cdots,\ n),$$
故 A 可与对角矩阵相似.

(2) **证法 1** 因 A 的特征值只有 $a_{11}(n\ \text{重})$,且 A 至少有一个 $a_{ij}\ne0\ (i>j)$,故对应于特征值 a_{11} 的齐次线性方程组
$$(a_{11}I-A)X=0$$
的系数矩阵的秩 $R(a_{11}I-A)=r\geqslant1$,故基础解系所含向量个数 $n-r<n$,所以 A 不可能有 n 个线性无关的特征向量,即 A 不能与对角矩阵相似.

证法 2 用反证法.

若 $a_{11}=a_{22}=\cdots=a_{nn}$ 且有一个 $a_{ij}\ne0\ (i>j)$,假设 A 与对角矩阵 $\varLambda$ 相似,则 $\varLambda$ 的特征值(即对角元)与 A 的特征值相同,故

$$\varLambda=\begin{bmatrix} a_{11} & & & \\ & a_{22} & & \\ & & \ddots & \\ & & & a_{nn} \end{bmatrix}=a_{11}I,$$

且存在可逆矩阵 P,使得
$$A=P\varLambda P^{-1}=Pa_{11}IP^{-1}=a_{11}I=\varLambda,$$
这与 A 至少有一个 $a_{ij}\ne0\ (i>j)$ 矛盾,故 A 不能与对角矩阵相似.

例 7 设 A 是 n 阶幂等矩阵($A^2=A$),$R(A)=r,0<r\leqslant n$,求证:A 与对角矩阵相似,并求 $|A-2I|$ 的值.

分析 只需证明 A 有 n 个线性无关的特征向量.幂等矩阵的特征值为 0 或 1,若 A 相似于对角矩阵,则必有 $A\sim\begin{bmatrix} I_r & O \\ O & O \end{bmatrix}$ $(r=R(A))$,故 $|A-2I|$ 就容易计算了.

证法 1 由 $A^2=A$,得
$$A(I-A)=O\Rightarrow R(A)+R(I-A)\leqslant n.$$
又
$$R(A)+R(I-A)\geqslant R(A+I-A)=R(I)=n,$$
从而
$$R(A)+R(I-A)=n.$$
由 $R(A)=r$,得 $R(I-A)=n-r$.

当 $\lambda=0$ 时,对应方程组 $AX=0$,由于 $R(A)=r$,故 $\lambda=0$ 对应 $n-r$ 个线性无关的特征向量.

当 $\lambda=1$ 时,对应方程组 $(I-A)X=0$,由于 $R(I-A)=n-r$,故 $\lambda=1$ 对应 r 个线性无关的特征向量.

又由不同特征值对应的特征向量线性无关,知 $\boldsymbol{A}$ 有 n 个线性无关的特征向量,故与对角矩阵相似,即存在可逆矩阵 $\boldsymbol{P}$ 使

$$\boldsymbol{P}^{-1}\boldsymbol{A}\boldsymbol{P}=\begin{pmatrix}\boldsymbol{I}_r & \boldsymbol{O}\\ \boldsymbol{O} & \boldsymbol{O}\end{pmatrix},$$

所以

$$|\boldsymbol{A}-2\boldsymbol{I}|=\left|\boldsymbol{P}\begin{pmatrix}\boldsymbol{I}_r & \boldsymbol{O}\\ \boldsymbol{O} & \boldsymbol{O}\end{pmatrix}\boldsymbol{P}^{-1}-2\boldsymbol{P}\boldsymbol{P}^{-1}\right|$$

$$=|\boldsymbol{P}|\left|\begin{pmatrix}\boldsymbol{I}_r & \boldsymbol{O}\\ \boldsymbol{O} & \boldsymbol{O}\end{pmatrix}-2\boldsymbol{I}\right||\boldsymbol{P}|^{-1}=(-1)^n\begin{pmatrix}\boldsymbol{I}_r & \boldsymbol{O}\\ \boldsymbol{O} & 2\boldsymbol{I}_{n-r}\end{pmatrix}=(-1)^n 2^{n-r}.$$

证法 2 因为 $\boldsymbol{A}^2=\boldsymbol{A}\boldsymbol{A}=\boldsymbol{A}$,所以将 $\boldsymbol{A}$ 以列分块得

$$\boldsymbol{A}(\boldsymbol{\alpha}_1,\boldsymbol{\alpha}_2,\cdots,\boldsymbol{\alpha}_n)=(\boldsymbol{\alpha}_1,\boldsymbol{\alpha}_2,\cdots,\boldsymbol{\alpha}_n),$$

即有

$$\boldsymbol{A}\boldsymbol{\alpha}_i=\boldsymbol{\alpha}_i(i=1,2,\cdots,r).$$

因为 $R(\boldsymbol{A})=r$,所以 $\boldsymbol{A}$ 中有 r 个列向量线性无关,上式表明这 r 个线性无关的列向量是 $\boldsymbol{A}$ 对应于特征值 $\lambda=1$ 的特征向量.

又 $R(\boldsymbol{A})=r$,故方程组 $\boldsymbol{A}\boldsymbol{X}=\boldsymbol{0}$ 有 $n-r$ 个线性无关的解向量,它们是 $\boldsymbol{A}$ 对应于特征值 $\lambda=0$ 的特征向量.

因为不同特征值对应的特征向量线性无关,所以 $\boldsymbol{A}$ 有 n 个线性无关的特征向量,故与对角矩阵相似.

例 8 (1) 已知 $\boldsymbol{\alpha}_1,\boldsymbol{\alpha}_2,\cdots,\boldsymbol{\alpha}_n$ 是 n 维空间的标准正交基,若向量 $\boldsymbol{\beta}$ 与 $\boldsymbol{\alpha}_i(i=1,2,\cdots,n)$ 都正交,证明 $\boldsymbol{\beta}=\boldsymbol{0}$.

(2) 已知 $\boldsymbol{\alpha}_1,\boldsymbol{\alpha}_2,\cdots,\boldsymbol{\alpha}_n$ 是 n 维空间的基,若对向量 $\boldsymbol{\alpha},\boldsymbol{\beta}$,均有 $(\boldsymbol{\alpha},\boldsymbol{\alpha}_i)=(\boldsymbol{\beta},\boldsymbol{\alpha}_i)$ $(i=1,2,\cdots,n)$ 成立,证明 $\boldsymbol{\alpha}=\boldsymbol{\beta}$.

分析 (1) 设 $\boldsymbol{\beta}=x_1\boldsymbol{\alpha}_1+x_2\boldsymbol{\alpha}_2+\cdots+x_n\boldsymbol{\alpha}_n$,只需证明必有 $x_i=0(i=1,2,\cdots,n)$.

(2) 因为 $(\boldsymbol{\alpha},\boldsymbol{\alpha}_i)=(\boldsymbol{\beta},\boldsymbol{\alpha}_i)\Leftrightarrow(\boldsymbol{\alpha}-\boldsymbol{\beta},\boldsymbol{\alpha}_i)=0$. 所以只需证明若 $(\boldsymbol{\gamma},\boldsymbol{\alpha}_i)=0(i=1,2,\cdots,n)$,则 $\boldsymbol{\gamma}=\boldsymbol{0}$.

证 (1) 设 $\boldsymbol{\beta}$ 在基 $\boldsymbol{\alpha}_1,\boldsymbol{\alpha}_2,\cdots,\boldsymbol{\alpha}_n$ 下的坐标为 $(x_1,x_2,\cdots,x_n)$,即

$$\boldsymbol{\beta}=x_1\boldsymbol{\alpha}_1+x_2\boldsymbol{\alpha}_2+\cdots+x_n\boldsymbol{\alpha}_n,$$

由已知

$$(\boldsymbol{\beta},\boldsymbol{\alpha}_i)=(x_1\boldsymbol{\alpha}_1+x_2\boldsymbol{\alpha}_2+\cdots+x_n\boldsymbol{\alpha}_n,\boldsymbol{\alpha}_i)$$

$$=x_1(\boldsymbol{\alpha}_1,\boldsymbol{\alpha}_i)+x_2(\boldsymbol{\alpha}_2,\boldsymbol{\alpha}_i)+\cdots+x_i(\boldsymbol{\alpha}_i,\boldsymbol{\alpha}_i)+\cdots+x_n(\boldsymbol{\alpha}_n,\boldsymbol{\alpha}_i)$$

$$=x_i(\boldsymbol{\alpha}_i,\boldsymbol{\alpha}_i)=x_i=0 \quad (i=1,2,\cdots,n),$$

得证 $\boldsymbol{\beta}=\boldsymbol{0}$.

(2) 因为 $(\boldsymbol{\alpha},\boldsymbol{\alpha}_i)=(\boldsymbol{\beta},\boldsymbol{\alpha}_i)\Leftrightarrow(\boldsymbol{\alpha}-\boldsymbol{\beta},\boldsymbol{\alpha}_i)=0(i=1,2,\cdots,n)$. 记 $\boldsymbol{\alpha}-\boldsymbol{\beta}=\boldsymbol{\gamma}$,下证 $\boldsymbol{\gamma}=\boldsymbol{0}$.

设 $\boldsymbol{\gamma}=x_1\boldsymbol{\alpha}_1+x_2\boldsymbol{\alpha}_2+\cdots+x_n\boldsymbol{\alpha}_n$,因为 $(\boldsymbol{\gamma},\boldsymbol{\alpha}_i)=0(i=1,2,\cdots,n)$,将 $\boldsymbol{\gamma}$ 与 $\boldsymbol{\gamma}$ 作内积,有

$$(\boldsymbol{\gamma},\boldsymbol{\gamma})=(x_1\boldsymbol{\alpha}_1+x_2\boldsymbol{\alpha}_2+\cdots+x_n\boldsymbol{\alpha}_n,\boldsymbol{\gamma})$$

$$=x_1(\boldsymbol{\alpha}_1,\boldsymbol{\gamma})+x_2(\boldsymbol{\alpha}_2,\boldsymbol{\gamma})+\cdots+x_n(\boldsymbol{\alpha}_n,\boldsymbol{\gamma})=0.$$

由内积的非负性知,$\boldsymbol{\gamma}=\boldsymbol{0}$,所以 $\boldsymbol{\alpha}=\boldsymbol{\beta}$.

评注　该例的结论表明,在 $\mathbf{R}^n$ 空间中,除了零向量,不存在与 n 个线性无关的向量都正交的向量.

例 9　设 n 维向量 $\boldsymbol{\alpha}_1,\boldsymbol{\alpha}_2$ 线性无关,$\boldsymbol{\alpha}_3,\boldsymbol{\alpha}_4$ 线性无关,若 $\boldsymbol{\alpha}_1,\boldsymbol{\alpha}_2$ 与 $\boldsymbol{\alpha}_3,\boldsymbol{\alpha}_4$ 正交,证明 $\boldsymbol{\alpha}_1,\boldsymbol{\alpha}_2,\boldsymbol{\alpha}_3,\boldsymbol{\alpha}_4$ 线性无关.

分析　设 $k_1\boldsymbol{\alpha}_1+k_2\boldsymbol{\alpha}_2+k_3\boldsymbol{\alpha}_3+k_4\boldsymbol{\alpha}_4=\mathbf{0}$,只需证明各系数 k_i 必全为 0. 为此,将等式变形为 $k_1\boldsymbol{\alpha}_1+k_2\boldsymbol{\alpha}_2=-k_3\boldsymbol{\alpha}_3-k_4\boldsymbol{\alpha}_4$,用 $\boldsymbol{\alpha}_1,\boldsymbol{\alpha}_2$ 分别与等式两边的向量作内积得方程组,并说明方程组只有零解;也可将向量 $k_1\boldsymbol{\alpha}_1+k_2\boldsymbol{\alpha}_2$ 与自身作内积,得到 $k_1=k_2=0$.

证法 1　设 $k_1\boldsymbol{\alpha}_1+k_2\boldsymbol{\alpha}_2+k_3\boldsymbol{\alpha}_3+k_4\boldsymbol{\alpha}_4=\mathbf{0}$,则

$$k_1\boldsymbol{\alpha}_1+k_2\boldsymbol{\alpha}_2=-k_3\boldsymbol{\alpha}_3-k_4\boldsymbol{\alpha}_4. \tag{5-4}$$

分别用 $\boldsymbol{\alpha}_1,\boldsymbol{\alpha}_2$ 与上式两边作内积,并注意到 $\boldsymbol{\alpha}_1,\boldsymbol{\alpha}_2$ 与 $\boldsymbol{\alpha}_3,\boldsymbol{\alpha}_4$ 正交,得

$$\begin{cases} k_1(\boldsymbol{\alpha}_1,\boldsymbol{\alpha}_1)+k_2(\boldsymbol{\alpha}_1,\boldsymbol{\alpha}_2)=0, \\ k_1(\boldsymbol{\alpha}_2,\boldsymbol{\alpha}_1)+k_2(\boldsymbol{\alpha}_2,\boldsymbol{\alpha}_2)=0. \end{cases} \tag{5-5}$$

因为 $\begin{vmatrix} (\boldsymbol{\alpha}_1,\boldsymbol{\alpha}_1) & (\boldsymbol{\alpha}_1,\boldsymbol{\alpha}_2) \\ (\boldsymbol{\alpha}_2,\boldsymbol{\alpha}_1) & (\boldsymbol{\alpha}_2,\boldsymbol{\alpha}_2) \end{vmatrix}=(\boldsymbol{\alpha}_1,\boldsymbol{\alpha}_1)(\boldsymbol{\alpha}_2,\boldsymbol{\alpha}_2)-(\boldsymbol{\alpha}_1,\boldsymbol{\alpha}_2)^2>0$(柯西-施瓦茨不等式),所以方程组(5-5)只有解,即 $k_1=k_2=0$.将 $k_1=k_2=0$ 代入(5-4)式得

$$k_3\boldsymbol{\alpha}_3+k_4\boldsymbol{\alpha}_4=\mathbf{0},$$

由 $\boldsymbol{\alpha}_3,\boldsymbol{\alpha}_4$ 线性无关得 $k_3=k_4=0$. 即有 $k_1=k_2=k_3=k_4=0$,故 $\boldsymbol{\alpha}_1,\boldsymbol{\alpha}_2,\boldsymbol{\alpha}_3,\boldsymbol{\alpha}_4$ 线性无关.

证法 2　利用(5-4)式,将向量 $k_1\boldsymbol{\alpha}_1+k_2\boldsymbol{\alpha}_2$ 与自身作内积,得到

$$(k_1\boldsymbol{\alpha}_1+k_2\boldsymbol{\alpha}_2,k_1\boldsymbol{\alpha}_1+k_2\boldsymbol{\alpha}_2)=(k_1\boldsymbol{\alpha}_1+k_2\boldsymbol{\alpha}_2,-k_3\boldsymbol{\alpha}_3-k_4\boldsymbol{\alpha}_4)=0.$$

由内积的非负性得

$$k_1\boldsymbol{\alpha}_1+k_2\boldsymbol{\alpha}_2=\mathbf{0},$$

再由 $\boldsymbol{\alpha}_1,\boldsymbol{\alpha}_2$ 线性无关得 $k_1=k_2=0$;同样由 $\boldsymbol{\alpha}_3,\boldsymbol{\alpha}_4$ 线性无关可得 $k_3=k_4=0$.

评注　该例的更一般结论是:设 n 维向量组(Ⅰ)$\boldsymbol{\alpha}_1,\boldsymbol{\alpha}_2,\cdots,\boldsymbol{\alpha}_s$ 线性无关,(Ⅱ)$\boldsymbol{\beta}_1,\boldsymbol{\beta}_2,\cdots,\boldsymbol{\beta}_t(s+t\leqslant n)$ 线性无关.若向量组(Ⅰ)与(Ⅱ)正交,则向量组 $\boldsymbol{\alpha}_1,\boldsymbol{\alpha}_2,\cdots,\boldsymbol{\alpha}_s,\boldsymbol{\beta}_1,\boldsymbol{\beta}_2,\cdots,\boldsymbol{\beta}_t$ 也线性无关.

例 10　设 n 维向量组 $\boldsymbol{\alpha}_1,\boldsymbol{\alpha}_2,\cdots,\boldsymbol{\alpha}_{n-1}$ 线性无关,且与 $\boldsymbol{\beta}_1,\boldsymbol{\beta}_2$ 都正交,证明:$\boldsymbol{\beta}_1,\boldsymbol{\beta}_2$ 线性相关.

分析　当 $\boldsymbol{\beta}_1\neq\mathbf{0}$ 时,容易判定向量组 $\boldsymbol{\alpha}_1,\boldsymbol{\alpha}_2,\cdots,\boldsymbol{\alpha}_{n-1},\boldsymbol{\beta}_1$ 是线性无关的,从而 $\boldsymbol{\beta}_2$ 可由这组向量线性表出,设 $\boldsymbol{\beta}_2=k_1\boldsymbol{\alpha}_1+k_2\boldsymbol{\alpha}_2+\cdots+k_{n-1}\boldsymbol{\alpha}_{n-1}+k_n\boldsymbol{\beta}_1$,则 $\boldsymbol{\beta}_2-k_n\boldsymbol{\beta}_1=k_1\boldsymbol{\alpha}_1+k_2\boldsymbol{\alpha}_2+\cdots+k_{n-1}\boldsymbol{\alpha}_{n-1}$,由例 9 证法 2 可知 $(\boldsymbol{\beta}_2-k_n\boldsymbol{\beta}_1,\boldsymbol{\beta}_2-k_n\boldsymbol{\beta}_1)=0$,故 $\boldsymbol{\beta}_2-k_n\boldsymbol{\beta}_1=\mathbf{0}$.问题得证.

证法 1　若 $\boldsymbol{\beta}_1\neq\mathbf{0}$($\boldsymbol{\beta}_1=\mathbf{0}$,显然 $\boldsymbol{\beta}_1,\boldsymbol{\beta}_2$ 线性相关),设 $k_1\boldsymbol{\alpha}_1+k_2\boldsymbol{\alpha}_2+\cdots+k_{n-1}\boldsymbol{\alpha}_{n-1}+k_n\boldsymbol{\beta}_1=\mathbf{0}$,用 $\boldsymbol{\beta}_1$ 两端作内积,并注意 $\boldsymbol{\alpha}_1,\boldsymbol{\alpha}_2,\cdots,\boldsymbol{\alpha}_{n-1}$ 与 $\boldsymbol{\beta}_1$ 正交,得

$$k_n(\boldsymbol{\beta}_1,\boldsymbol{\beta}_1)=0.$$

因为 $(\boldsymbol{\beta}_1,\boldsymbol{\beta}_1)>0$,所以 $k_n=0$. 从而

$$k_1\boldsymbol{\alpha}_1+k_2\boldsymbol{\alpha}_2+\cdots+k_{n-1}\boldsymbol{\alpha}_{n-1}=\mathbf{0},$$

由 $\boldsymbol{\alpha}_1,\boldsymbol{\alpha}_2,\cdots,\boldsymbol{\alpha}_{n-1}$ 线性无关,得 $k_1=k_2=\cdots=k_{n-1}=0$.因此,$\boldsymbol{\alpha}_1,\boldsymbol{\alpha}_2,\cdots,\boldsymbol{\alpha}_{n-1},\boldsymbol{\beta}_1$ 线

性无关.

而 $\boldsymbol{\alpha}_1,\boldsymbol{\alpha}_2,\cdots,\boldsymbol{\alpha}_{n-1},\boldsymbol{\beta}_1,\boldsymbol{\beta}_2$ 线性相关($n+1$ 个 n 维向量),因此 $\boldsymbol{\beta}_2$ 可由 $\boldsymbol{\alpha}_1,\boldsymbol{\alpha}_2,\cdots,$ $\boldsymbol{\alpha}_{n-1},\boldsymbol{\beta}_1$ 线性表出. 设为

$$\boldsymbol{\beta}_2=l_1\boldsymbol{\alpha}_1+l_2\boldsymbol{\alpha}_2+\cdots+l_{n-1}\boldsymbol{\alpha}_{n-1}+l_n\boldsymbol{\beta}_1,$$

则

$$\boldsymbol{\beta}_2-l_n\boldsymbol{\beta}_1=l_1\boldsymbol{\alpha}_1+l_2\boldsymbol{\alpha}_2+\cdots+l_{n-1}\boldsymbol{\alpha}_{n-1},$$
$$(\boldsymbol{\beta}_2-l_n\boldsymbol{\beta}_1,\boldsymbol{\beta}_2-l_n\boldsymbol{\beta}_1)=(\boldsymbol{\beta}_2-l_n\boldsymbol{\beta}_1,l_1\boldsymbol{\alpha}_1+l_2\boldsymbol{\alpha}_2+\cdots+l_{n-1}\boldsymbol{\alpha}_{n-1})=0,$$

所以 $\boldsymbol{\beta}_2-l_n\boldsymbol{\beta}_1=\mathbf{0}$,即 $\boldsymbol{\beta}_1,\boldsymbol{\beta}_2$ 线性相关.

证法 2 由已知 $(\boldsymbol{\alpha}_i,\boldsymbol{\beta}_i)=\boldsymbol{\alpha}_i^{\mathrm{T}}\boldsymbol{\beta}_1=0(i=1,2,\cdots,n-1)$,即

$$\begin{pmatrix}\boldsymbol{\alpha}_1^{\mathrm{T}}\\\boldsymbol{\alpha}_2^{\mathrm{T}}\\\vdots\\\boldsymbol{\alpha}_{n-1}^{\mathrm{T}}\end{pmatrix}\boldsymbol{\beta}_1=\boldsymbol{A}_{(n-1)\times n}\boldsymbol{\beta}_1=\mathbf{0}.$$

这说明 $\boldsymbol{\beta}_1$ 是齐次方程组 $\boldsymbol{AX}=\mathbf{0}$ 的解向量,同理 $\boldsymbol{\beta}_2$ 也是 $\boldsymbol{AX}=\mathbf{0}$ 的解向量.

由 $\boldsymbol{\alpha}_1,\boldsymbol{\alpha}_2,\cdots,\boldsymbol{\alpha}_{n-1}$ 线性无关可知,$R(\boldsymbol{A})=n-1$.所以 $\boldsymbol{AX}=\mathbf{0}$ 的基础解系仅由一个线性无关的向量组成(或解空间的维数是 1),故 $\boldsymbol{\beta}_1,\boldsymbol{\beta}_2$ 线性相关.

评注 该例的更一般结论是:设 n 维向量组(Ⅰ)$\boldsymbol{\alpha}_1,\boldsymbol{\alpha}_2,\cdots,\boldsymbol{\alpha}_s$ 线性无关,向量组 $\boldsymbol{\beta}_1,\boldsymbol{\beta}_2,\cdots,\boldsymbol{\beta}_t$ 中的每一个向量都与向量组(Ⅰ)中的向量正交,若 $s+t>n$,则向量组 $\boldsymbol{\beta}_1,\boldsymbol{\beta}_2,\cdots,\boldsymbol{\beta}_t$ 线性相关.

例 11 设 $\boldsymbol{A},\boldsymbol{B}$ 均为 n 阶矩阵,$\boldsymbol{A}$ 有 n 个不相同的特征值,试证:(1) 若 $\boldsymbol{AB}=\boldsymbol{BA}$,则 $\boldsymbol{B}$ 相似于对角矩阵;(2) 若 $\boldsymbol{A}$ 的特征向量也是 $\boldsymbol{B}$ 的特征向量,则 $\boldsymbol{AB}=\boldsymbol{BA}$.

分析 由题设知 $\boldsymbol{A}$ 相似于对角矩阵,即有 $\boldsymbol{P}^{-1}\boldsymbol{AP}=\boldsymbol{\Lambda}$ 为对角矩阵.(1) 若 $\boldsymbol{AB}=\boldsymbol{BA}$,易得 $\boldsymbol{\Lambda}(\boldsymbol{P}^{-1}\boldsymbol{BP})=(\boldsymbol{P}^{-1}\boldsymbol{BP})\boldsymbol{\Lambda}$,则 $\boldsymbol{P}^{-1}\boldsymbol{BP}$ 只能是对角矩阵.(2) 若 $\boldsymbol{A}$ 的特征向量也是 $\boldsymbol{B}$ 的特征向量,则 $\boldsymbol{P}^{-1}\boldsymbol{AP}$,$\boldsymbol{P}^{-1}\boldsymbol{BP}$ 同为对角矩阵,从而它们的乘积可交换,即有 $\boldsymbol{AB}=\boldsymbol{BA}$.

证 设 $\lambda_1,\lambda_2,\cdots,\lambda_n$ 为 $\boldsymbol{A}$ 的 n 个互不相同的特征值,则存在可逆矩阵 $\boldsymbol{P}$ 使

$$\boldsymbol{P}^{-1}\boldsymbol{AP}=\begin{pmatrix}\lambda_1&&&\\&\lambda_2&&\\&&\ddots&\\&&&\lambda_n\end{pmatrix}=\boldsymbol{\Lambda}_1.$$

(1) 由 $\boldsymbol{AB}=\boldsymbol{BA}$ 得

$$(\boldsymbol{P}^{-1}\boldsymbol{AP})(\boldsymbol{P}^{-1}\boldsymbol{BP})=(\boldsymbol{P}^{-1}\boldsymbol{BP})(\boldsymbol{P}^{-1}\boldsymbol{AP}),$$

即

$$\boldsymbol{\Lambda}_1(\boldsymbol{P}^{-1}\boldsymbol{BP})=(\boldsymbol{P}^{-1}\boldsymbol{BP})\boldsymbol{\Lambda}_1.$$

下证 $\boldsymbol{P}^{-1}\boldsymbol{BP}$ 是对角矩阵.

设 $\boldsymbol{P}^{-1}\boldsymbol{BP}=(c_{ij})_{n\times n}$,则

$$\begin{pmatrix}\lambda_1&&&\\&\lambda_2&&\\&&\ddots&\\&&&\lambda_n\end{pmatrix}\begin{pmatrix}c_{11}&c_{12}&\cdots&c_{1n}\\c_{21}&c_{22}&\cdots&c_{2n}\\\vdots&\vdots&&\vdots\\c_{n1}&c_{n2}&\cdots&c_{nn}\end{pmatrix}=\begin{pmatrix}c_{11}&c_{12}&\cdots&c_{1n}\\c_{21}&c_{22}&\cdots&c_{2n}\\\vdots&\vdots&&\vdots\\c_{n1}&c_{n2}&\cdots&c_{nn}\end{pmatrix}\begin{pmatrix}\lambda_1&&&\\&\lambda_2&&\\&&\ddots&\\&&&\lambda_n\end{pmatrix},$$

即

$$\begin{pmatrix} \lambda_1 c_{11} & \lambda_1 c_{12} & \cdots & \lambda_1 c_{1n} \\ \lambda_2 c_{21} & \lambda_2 c_{22} & \cdots & \lambda_2 c_{2n} \\ \vdots & \vdots & & \vdots \\ \lambda_n c_{n1} & \lambda_n c_{n2} & \cdots & \lambda_n c_{nn} \end{pmatrix} = \begin{pmatrix} \lambda_1 c_{11} & \lambda_2 c_{12} & \cdots & \lambda_n c_{1n} \\ \lambda_1 c_{21} & \lambda_2 c_{22} & \cdots & \lambda_n c_{2n} \\ \vdots & \vdots & & \vdots \\ \lambda_1 c_{n1} & \lambda_2 c_{n2} & \cdots & \lambda_n c_{nn} \end{pmatrix}.$$

比较两边 (i,j) 元素得

$$\lambda_i c_{ij} = \lambda_j c_{ij} \Rightarrow (\lambda_i - \lambda_j) c_{ij} = 0.$$

当 $i \neq j$ 时，$\lambda_i \neq \lambda_j$，则 $c_{ij} = 0$，故

$$\boldsymbol{P}^{-1} \boldsymbol{B} \boldsymbol{P} = \begin{pmatrix} c_{11} & & & \\ & c_{22} & & \\ & & \ddots & \\ & & & c_{nn} \end{pmatrix}.$$

（2）记 $\boldsymbol{P} = (\boldsymbol{p}_1, \boldsymbol{p}_2, \cdots, \boldsymbol{p}_n)$．若 $\boldsymbol{p}_i (i = 1, 2, \cdots, n)$ 也是 $\boldsymbol{B}$ 的特征向量，设对应特征值为 u_i，即

$$\boldsymbol{B} \boldsymbol{p}_i = u_i \boldsymbol{p}_i (i = 1, 2, \cdots, n),$$

则有

$$\boldsymbol{P}^{-1} \boldsymbol{B} \boldsymbol{P} = \begin{pmatrix} u_1 & & & \\ & u_2 & & \\ & & \ddots & \\ & & & u_n \end{pmatrix} = \boldsymbol{\Lambda}_2.$$

从而

$$\boldsymbol{P}^{-1} \boldsymbol{A} \boldsymbol{B} \boldsymbol{P} = (\boldsymbol{P}^{-1} \boldsymbol{A} \boldsymbol{P})(\boldsymbol{P}^{-1} \boldsymbol{B} \boldsymbol{P}) = \boldsymbol{\Lambda}_1 \boldsymbol{\Lambda}_2 = \boldsymbol{\Lambda}_2 \boldsymbol{\Lambda}_1 = (\boldsymbol{P}^{-1} \boldsymbol{B} \boldsymbol{P})(\boldsymbol{P}^{-1} \boldsymbol{A} \boldsymbol{P}) = \boldsymbol{P}^{-1} \boldsymbol{B} \boldsymbol{A} \boldsymbol{P},$$

由此可得

$$\boldsymbol{A} \boldsymbol{B} = \boldsymbol{B} \boldsymbol{A}.$$

例 12 设 $\boldsymbol{\alpha}$ 是 $\mathbf{R}^n$ 中的单位（列）向量，$\boldsymbol{I}$ 为 n 阶单位矩阵，证明：$\boldsymbol{A} = \boldsymbol{I} - 2\boldsymbol{\alpha}\boldsymbol{\alpha}^\top$ 是正交矩阵．

分析 只需验证 $\boldsymbol{A}^\top \boldsymbol{A} = \boldsymbol{I}$．

证 由于 $\boldsymbol{\alpha}$ 是单位向量，故 $\boldsymbol{\alpha}^\top \boldsymbol{\alpha} = \|\boldsymbol{\alpha}\|^2 = 1$，

$$\boldsymbol{A}^\top \boldsymbol{A} = (\boldsymbol{I} - 2\boldsymbol{\alpha}\boldsymbol{\alpha}^\top)^\top (\boldsymbol{I} - 2\boldsymbol{\alpha}\boldsymbol{\alpha}^\top) = (\boldsymbol{I} - 2\boldsymbol{\alpha}\boldsymbol{\alpha}^\top)(\boldsymbol{I} - 2\boldsymbol{\alpha}\boldsymbol{\alpha}^\top)$$
$$= \boldsymbol{I} - 4\boldsymbol{\alpha}\boldsymbol{\alpha}^\top + 4\boldsymbol{\alpha}\boldsymbol{\alpha}^\top \boldsymbol{\alpha}\boldsymbol{\alpha}^\top = \boldsymbol{I} - 4\boldsymbol{\alpha}\boldsymbol{\alpha}^\top + 4\boldsymbol{\alpha}(\boldsymbol{\alpha}^\top \boldsymbol{\alpha})\boldsymbol{\alpha}^\top$$
$$= \boldsymbol{I} - 4\boldsymbol{\alpha}\boldsymbol{\alpha}^\top + 4\boldsymbol{\alpha}\boldsymbol{\alpha}^\top = \boldsymbol{I},$$

所以 $\boldsymbol{A}$ 是正交矩阵．

例 13 设 $\boldsymbol{\gamma}_1, \boldsymbol{\gamma}_2, \boldsymbol{\gamma}_3$ 是 $\mathbf{R}^3$ 的一组标准正交基，且 $\boldsymbol{\alpha}_1 = \dfrac{1}{3}(2\boldsymbol{\gamma}_1 + 2\boldsymbol{\gamma}_2 - \boldsymbol{\gamma}_3)$，$\boldsymbol{\alpha}_2 = \dfrac{1}{3}(2\boldsymbol{\gamma}_1 - \boldsymbol{\gamma}_2 + 2\boldsymbol{\gamma}_3)$，$\boldsymbol{\alpha}_3 = \dfrac{1}{3}(\boldsymbol{\gamma}_1 - 2\boldsymbol{\gamma}_2 - 2\boldsymbol{\gamma}_3)$．证明：矩阵 $\boldsymbol{A} = (\boldsymbol{\alpha}_1, \boldsymbol{\alpha}_2, \boldsymbol{\alpha}_3)$ 是正交矩阵．

分析 只需证明 $\boldsymbol{\alpha}_1, \boldsymbol{\alpha}_2, \boldsymbol{\alpha}_3$ 也是 $\mathbf{R}^3$ 的一组标准正交基．

证法 1 由于

$$(\boldsymbol{\alpha}_1, \boldsymbol{\alpha}_2) = \frac{4}{9}(\boldsymbol{\gamma}_1, \boldsymbol{\gamma}_1) - \frac{2}{9}(\boldsymbol{\gamma}_2, \boldsymbol{\gamma}_2) - \frac{2}{9}(\boldsymbol{\gamma}_3, \boldsymbol{\gamma}_3) = \frac{4}{9} - \frac{2}{9} - \frac{2}{9} = 0,$$

$$(\boldsymbol{\alpha}_1, \boldsymbol{\alpha}_1) = \frac{4}{9}(\boldsymbol{\gamma}_1, \boldsymbol{\gamma}_1) + \frac{4}{9}(\boldsymbol{\gamma}_2, \boldsymbol{\gamma}_2) + \frac{1}{9}(\boldsymbol{\gamma}_3, \boldsymbol{\gamma}_3) = \frac{4}{9} + \frac{4}{9} + \frac{1}{9} = 1,$$

同样可得$(\boldsymbol{\alpha}_1, \boldsymbol{\alpha}_3) = (\boldsymbol{\alpha}_2, \boldsymbol{\alpha}_3) = 0, (\boldsymbol{\alpha}_2, \boldsymbol{\alpha}_2) = (\boldsymbol{\alpha}_3, \boldsymbol{\alpha}_3) = 1$，即三向量相互正交，且都是单位向量，因此向量 $\boldsymbol{\alpha}_1, \boldsymbol{\alpha}_2, \boldsymbol{\alpha}_3$ 也是 $\mathbf{R}^3$ 的一组标准正交基，故 $\boldsymbol{A} = (\boldsymbol{\alpha}_1, \boldsymbol{\alpha}_2, \boldsymbol{\alpha}_3)$ 是正交矩阵.

证法 2 由于

$$\boldsymbol{A} = (\boldsymbol{\alpha}_1, \boldsymbol{\alpha}_2, \boldsymbol{\alpha}_3) = \frac{1}{3}(2\boldsymbol{\gamma}_1 + 2\boldsymbol{\gamma}_2 - \boldsymbol{\gamma}_3, 2\boldsymbol{\gamma}_1 - \boldsymbol{\gamma}_2 + 2\boldsymbol{\gamma}_3, \boldsymbol{\gamma}_1 - 2\boldsymbol{\gamma}_2 - 2\boldsymbol{\gamma}_3)$$

$$= (\boldsymbol{\gamma}_1, \boldsymbol{\gamma}_2, \boldsymbol{\gamma}_3)\frac{1}{3}\begin{pmatrix} 2 & 2 & 1 \\ 2 & -1 & -2 \\ -1 & 2 & -2 \end{pmatrix},$$

其中 $\boldsymbol{B} = (\boldsymbol{\gamma}_1, \boldsymbol{\gamma}_2, \boldsymbol{\gamma}_3), \boldsymbol{C} = \frac{1}{3}\begin{pmatrix} 2 & 2 & 1 \\ 2 & -1 & -2 \\ -1 & 2 & -2 \end{pmatrix}$ 都是正交矩阵，所以 $\boldsymbol{A} = \boldsymbol{BC}$ 也是正交矩阵.

例 14 设分块矩阵 $\boldsymbol{P} = \begin{pmatrix} \boldsymbol{A} & \boldsymbol{B} \\ \boldsymbol{O} & \boldsymbol{C} \end{pmatrix}$ 是正交矩阵，其中 $\boldsymbol{A}, \boldsymbol{C}$ 分别是 m, n 阶方阵，证明：$\boldsymbol{A}, \boldsymbol{C}$ 都是正交矩阵，且 $\boldsymbol{B} = \boldsymbol{O}$.

分析 由 $\boldsymbol{P}^\mathrm{T}\boldsymbol{P} = \boldsymbol{I}$ 得到 $\boldsymbol{AA}^\mathrm{T} = \boldsymbol{I}, \boldsymbol{CC}^\mathrm{T} = \boldsymbol{I}, \boldsymbol{B} = \boldsymbol{O}$.

证 设 $\boldsymbol{I}_m, \boldsymbol{I}_n$ 分别为 m, n 阶单位矩阵，因为 $\boldsymbol{P}$ 为正交矩阵，即 $\boldsymbol{P}^\mathrm{T}\boldsymbol{P} = \boldsymbol{I}$，可得

$$\boldsymbol{P}^\mathrm{T}\boldsymbol{P} = \begin{pmatrix} \boldsymbol{A} & \boldsymbol{B} \\ \boldsymbol{O} & \boldsymbol{C} \end{pmatrix}^\mathrm{T}\begin{pmatrix} \boldsymbol{A} & \boldsymbol{B} \\ \boldsymbol{O} & \boldsymbol{C} \end{pmatrix} = \begin{pmatrix} \boldsymbol{A}^\mathrm{T} & \boldsymbol{O} \\ \boldsymbol{B}^\mathrm{T} & \boldsymbol{C}^\mathrm{T} \end{pmatrix}\begin{pmatrix} \boldsymbol{A} & \boldsymbol{B} \\ \boldsymbol{O} & \boldsymbol{C} \end{pmatrix} = \begin{pmatrix} \boldsymbol{A}^\mathrm{T}\boldsymbol{A} & \boldsymbol{A}^\mathrm{T}\boldsymbol{B} \\ \boldsymbol{B}^\mathrm{T}\boldsymbol{A} & \boldsymbol{B}^\mathrm{T}\boldsymbol{B} + \boldsymbol{C}^\mathrm{T}\boldsymbol{C} \end{pmatrix} = \begin{pmatrix} \boldsymbol{I}_m & \boldsymbol{O} \\ \boldsymbol{O} & \boldsymbol{I}_n \end{pmatrix},$$

即

$$\begin{cases} \boldsymbol{A}^\mathrm{T}\boldsymbol{A} = \boldsymbol{I}_m, & (5-6) \\ \boldsymbol{A}^\mathrm{T}\boldsymbol{B} = \boldsymbol{O}, & (5-7) \\ \boldsymbol{B}^\mathrm{T}\boldsymbol{A} = \boldsymbol{O}, & (5-8) \\ \boldsymbol{B}^\mathrm{T}\boldsymbol{B} + \boldsymbol{C}^\mathrm{T}\boldsymbol{C} = \boldsymbol{I}_n. & (5-9) \end{cases}$$

由(5-6)式可知矩阵 $\boldsymbol{A}$ 是正交矩阵，则 $\boldsymbol{A}$ 可逆.(5-8)式两端右乘 $\boldsymbol{A}^{-1}$ 得 $\boldsymbol{B}^\mathrm{T} = \boldsymbol{O}$（即 $\boldsymbol{B} = \boldsymbol{O}$），把 $\boldsymbol{B} = \boldsymbol{O}$ 代入(5-9)式得 $\boldsymbol{C}^\mathrm{T}\boldsymbol{C} = \boldsymbol{I}_n$，即 $\boldsymbol{C}$ 为正交矩阵.

例 15 设 $\boldsymbol{A}$ 为 n 阶实反称矩阵，试证：

(1) $\boldsymbol{I} + \boldsymbol{A}, \boldsymbol{I} - \boldsymbol{A}$ 均可逆；

(2) $(\boldsymbol{I} - \boldsymbol{A})(\boldsymbol{I} + \boldsymbol{A})^{-1}$ 是正交矩阵，且 -1 不是其特征值.

分析 由于实反称矩阵的特征值只能是 0 或纯虚数，故(1)中结论显然成立；记 $\boldsymbol{B} = (\boldsymbol{I} - \boldsymbol{A})(\boldsymbol{I} + \boldsymbol{A})^{-1}$，只需验证 $\boldsymbol{BB}^\mathrm{T} = \boldsymbol{I}$ 且 $|-\boldsymbol{I} - (\boldsymbol{I} - \boldsymbol{A})(\boldsymbol{I} + \boldsymbol{A})^{-1}| \neq 0$.

证 (1) 先证明实反称矩阵的特征值只能是纯虚数.

设 $\boldsymbol{\alpha}$ 为 $\boldsymbol{A}$ 对应于 λ 的特征向量，即 $\boldsymbol{A\alpha} = \lambda\boldsymbol{\alpha}$，由于 $\boldsymbol{A} = -\boldsymbol{A}^\mathrm{T}$ 且 $\boldsymbol{A} = \overline{\boldsymbol{A}}$（共轭）得

$$\boldsymbol{\alpha}^\mathrm{T}\boldsymbol{A}^\mathrm{T} = \lambda\boldsymbol{\alpha}^\mathrm{T} \Rightarrow -\boldsymbol{\alpha}^\mathrm{T}\boldsymbol{A} = \lambda\boldsymbol{\alpha}^\mathrm{T}$$

$$\Rightarrow -\overline{\boldsymbol{\alpha}^{\top}}\boldsymbol{A} = \overline{\lambda}\,\overline{\boldsymbol{\alpha}^{\top}} \Rightarrow -\overline{\boldsymbol{\alpha}^{\top}}\boldsymbol{A}\boldsymbol{\alpha} = \overline{\lambda}\,\overline{\boldsymbol{\alpha}^{\top}}\boldsymbol{\alpha}$$

$$\Rightarrow -\lambda\,\overline{\boldsymbol{\alpha}^{\top}}\boldsymbol{\alpha} = \overline{\lambda}\,\overline{\boldsymbol{\alpha}^{\top}}\boldsymbol{\alpha} \Rightarrow (\lambda + \overline{\lambda})\overline{\boldsymbol{\alpha}^{\top}}\boldsymbol{\alpha} = 0.$$

因为 $\boldsymbol{\alpha} \neq \boldsymbol{0}, \overline{\boldsymbol{\alpha}^{\top}}\boldsymbol{\alpha} > 0$，故 $\lambda + \overline{\lambda} = 0$，即 $\lambda = 0$ 或 λ 为纯虚数.故 $\lambda = \pm 1$ 不是 $\boldsymbol{A}$ 的特征值,所以 $|\boldsymbol{I} + \boldsymbol{A}| \neq 0, |\boldsymbol{I} - \boldsymbol{A}| \neq 0$,故 $\boldsymbol{I} + \boldsymbol{A}$ 与 $\boldsymbol{I} - \boldsymbol{A}$ 可逆.

(2) 记 $\boldsymbol{B} = (\boldsymbol{I} - \boldsymbol{A})(\boldsymbol{I} + \boldsymbol{A})^{-1}$,下面验证 $\boldsymbol{B}\boldsymbol{B}^{\top} = \boldsymbol{I}$.

$$\begin{aligned}
\boldsymbol{B}\boldsymbol{B}^{\top} &= (\boldsymbol{I} - \boldsymbol{A})(\boldsymbol{I} + \boldsymbol{A})^{-1}[(\boldsymbol{I} - \boldsymbol{A})(\boldsymbol{I} + \boldsymbol{A})^{-1}]^{\top} \\
&= (\boldsymbol{I} - \boldsymbol{A})(\boldsymbol{I} + \boldsymbol{A})^{-1}[(\boldsymbol{I} + \boldsymbol{A})^{-1}]^{\top}(\boldsymbol{I} - \boldsymbol{A})^{\top} \\
&= (\boldsymbol{I} - \boldsymbol{A})[(\boldsymbol{I} + \boldsymbol{A})^{\top}(\boldsymbol{I} + \boldsymbol{A})]^{-1}(\boldsymbol{I} - \boldsymbol{A})^{\top} \\
&= (\boldsymbol{I} - \boldsymbol{A})[(\boldsymbol{I} - \boldsymbol{A})(\boldsymbol{I} + \boldsymbol{A})]^{-1}(\boldsymbol{I} + \boldsymbol{A}) \\
&= (\boldsymbol{I} - \boldsymbol{A})[(\boldsymbol{I} + \boldsymbol{A})(\boldsymbol{I} - \boldsymbol{A})]^{-1}(\boldsymbol{I} + \boldsymbol{A}) \\
&= (\boldsymbol{I} - \boldsymbol{A})(\boldsymbol{I} - \boldsymbol{A})^{-1}(\boldsymbol{I} + \boldsymbol{A})^{-1}(\boldsymbol{I} + \boldsymbol{A}) = \boldsymbol{I},
\end{aligned}$$

所以 $\boldsymbol{B} = (\boldsymbol{I} - \boldsymbol{A})(\boldsymbol{I} + \boldsymbol{A})^{-1}$ 是正交矩阵.

下证 $|-\boldsymbol{I} - (\boldsymbol{I} - \boldsymbol{A})(\boldsymbol{I} + \boldsymbol{A})^{-1}| \neq 0$.

因为

$$\begin{aligned}
|-\boldsymbol{I} - (\boldsymbol{I} - \boldsymbol{A})(\boldsymbol{I} + \boldsymbol{A})^{-1}| &= (-1)^n |(\boldsymbol{I} + \boldsymbol{A})(\boldsymbol{I} + \boldsymbol{A})^{-1} + (\boldsymbol{I} - \boldsymbol{A})(\boldsymbol{I} + \boldsymbol{A})^{-1}| \\
&= (-1)^n |(\boldsymbol{I} + \boldsymbol{A}) + (\boldsymbol{I} - \boldsymbol{A})| |(\boldsymbol{I} + \boldsymbol{A})^{-1}| \\
&= (-1)^n |2\boldsymbol{I}| |\boldsymbol{I} + \boldsymbol{A}|^{-1} \neq 0,
\end{aligned}$$

所以 -1 不是 $(\boldsymbol{I} - \boldsymbol{A})(\boldsymbol{I} + \boldsymbol{A})^{-1}$ 的特征值.

例 16 设 $\boldsymbol{A}$ 为 n 阶实可逆矩阵,证明:一定存在正交矩阵 $\boldsymbol{Q}$ 与可逆的上三角形矩阵 $\boldsymbol{R}$ 使 $\boldsymbol{A} = \boldsymbol{Q}\boldsymbol{R}$.

分析 用施密特正交化方法将 $\boldsymbol{A}$ 的列向量组正交化、单位化再写成矩阵形式,就得到相应的证明.

证 设 $\boldsymbol{A} = (\boldsymbol{\alpha}_1, \boldsymbol{\alpha}_2, \cdots, \boldsymbol{\alpha}_n)$,因为 $\boldsymbol{A}$ 可逆,所以 $\boldsymbol{\alpha}_1, \boldsymbol{\alpha}_2, \cdots, \boldsymbol{\alpha}_n$ 线性无关.

用施密特正交化方法将 $\boldsymbol{\alpha}_1, \boldsymbol{\alpha}_2, \cdots, \boldsymbol{\alpha}_n$ 正交化、单位化. 令

$$\begin{aligned}
\boldsymbol{\beta}_1 &= \boldsymbol{\alpha}_1, \\
\boldsymbol{\beta}_2 &= \boldsymbol{\alpha}_2 - \frac{(\boldsymbol{\alpha}_2, \boldsymbol{\beta}_1)}{(\boldsymbol{\beta}_1, \boldsymbol{\beta}_1)}\boldsymbol{\beta}_1 \\
\boldsymbol{\beta}_3 &= \boldsymbol{\alpha}_3 - \frac{(\boldsymbol{\alpha}_3, \boldsymbol{\beta}_1)}{(\boldsymbol{\beta}_1, \boldsymbol{\beta}_1)}\boldsymbol{\beta}_1 - \frac{(\boldsymbol{\alpha}_3, \boldsymbol{\beta}_2)}{(\boldsymbol{\beta}_2, \boldsymbol{\beta}_2)}\boldsymbol{\beta}_2, \\
&\cdots\cdots\cdots\cdots \\
\boldsymbol{\beta}_n &= \boldsymbol{\alpha}_n - \frac{(\boldsymbol{\alpha}_n, \boldsymbol{\beta}_1)}{(\boldsymbol{\beta}_1, \boldsymbol{\beta}_1)}\boldsymbol{\beta}_1 - \cdots - \frac{(\boldsymbol{\alpha}_n, \boldsymbol{\beta}_{n-1})}{(\boldsymbol{\beta}_{n-1}, \boldsymbol{\beta}_{n-1})}\boldsymbol{\beta}_{n-1},
\end{aligned} \tag{5-10}$$

再令

$$\boldsymbol{\gamma}_i = \frac{1}{\|\boldsymbol{\beta}_i\|}\boldsymbol{\beta}_i, (i = 1, 2, \cdots, n), \tag{5-11}$$

则 $\boldsymbol{\gamma}_1, \boldsymbol{\gamma}_2, \cdots, \boldsymbol{\gamma}_n$ 是 $\mathbf{R}^n$ 的一组标准正交基,将 $(5-11)$ 式代入 $(5-10)$ 中各等式,并写为

$$\begin{aligned}
\boldsymbol{\alpha}_1 &= k_{11}\boldsymbol{\gamma}_1, \\
\boldsymbol{\alpha}_2 &= k_{21}\boldsymbol{\gamma}_1 + k_{22}\boldsymbol{\gamma}_2
\end{aligned}$$

$$\boldsymbol{\alpha}_3 = k_{31}\boldsymbol{\gamma}_1 + k_{32}\boldsymbol{\gamma}_2 + k_{33}\boldsymbol{\gamma}_3, \tag{5-12}$$

$$\cdots\cdots\cdots\cdots$$

$$\boldsymbol{\alpha}_n = k_{n1}\boldsymbol{\gamma}_1 + k_{n2}\boldsymbol{\gamma}_2 + \cdots + k_{nn}\boldsymbol{\gamma}_n.$$

将(5-12)式写成矩阵形式,有

$$(\boldsymbol{\alpha}_1, \boldsymbol{\alpha}_2, \cdots, \boldsymbol{\alpha}_n) = (\boldsymbol{\gamma}_1, \boldsymbol{\gamma}_2, \cdots, \boldsymbol{\gamma}_n)\begin{pmatrix} k_{11} & k_{21} & \cdots & k_{n1} \\ & k_{22} & \cdots & k_{n2} \\ & & \ddots & \vdots \\ & & & k_{nn} \end{pmatrix},$$

即 $\boldsymbol{A} = \boldsymbol{QR}$,其中 $\boldsymbol{Q} = (\boldsymbol{\gamma}_1, \boldsymbol{\gamma}_2, \cdots, \boldsymbol{\gamma}_n)$ 是正交矩阵,$\boldsymbol{R} = \begin{pmatrix} k_{11} & k_{21} & \cdots & k_{n1} \\ & k_{22} & \cdots & k_{n2} \\ & & \ddots & \vdots \\ & & & k_{nn} \end{pmatrix}$ 是可逆的上

三角形矩阵.

例 17 设 $\boldsymbol{A}$ 与 $\boldsymbol{B}$ 是同阶实对称矩阵,证明存在正交矩阵 $\boldsymbol{P}$ 使 $\boldsymbol{P}^\top\boldsymbol{AP} = \boldsymbol{B}$ 的充要条件是 $\boldsymbol{A}$ 与 $\boldsymbol{B}$ 有相同的特征值.

分析 由于两实对称矩阵相似的充要条件是它们有相同的特征值,故该题的结论是显然的.

证 充分性.设 $\boldsymbol{A}$ 与 $\boldsymbol{B}$ 的相同特征值为 $\lambda_1, \lambda_2, \cdots, \lambda_n$,且 $\boldsymbol{A}$ 与 $\boldsymbol{B}$ 是实对称矩阵,故存在正交矩阵 $\boldsymbol{P}_1, \boldsymbol{P}_2$,使

$$\boldsymbol{P}_1^\top\boldsymbol{AP}_1 = \begin{pmatrix} \lambda_1 & & & \\ & \lambda_2 & & \\ & & \ddots & \\ & & & \lambda_n \end{pmatrix} = \boldsymbol{P}_2^\top\boldsymbol{BP}_2,$$

可得

$$(\boldsymbol{P}_2^\top)^{-1}\boldsymbol{P}_1^\top\boldsymbol{AP}_1\boldsymbol{P}_2^{-1} = \boldsymbol{B}, \text{即} (\boldsymbol{P}_1\boldsymbol{P}_2^{-1})^\top\boldsymbol{A}(\boldsymbol{P}_1\boldsymbol{P}_2^{-1}) = \boldsymbol{B}.$$

因为 $\boldsymbol{P}_1, \boldsymbol{P}_2$ 都是正交矩阵,所以 $\boldsymbol{P}_2^{-1}$ 及 $\boldsymbol{P}_1\boldsymbol{P}_2^{-1}$ 也是正交矩阵,令 $\boldsymbol{P} = \boldsymbol{P}_1\boldsymbol{P}_2^{-1}$,则 $\boldsymbol{P}^\top\boldsymbol{AP} = \boldsymbol{B}$.

必要性.因为 $\boldsymbol{P}$ 是正交矩阵且 $\boldsymbol{P}^\top\boldsymbol{AP} = \boldsymbol{B}$,所以 $\boldsymbol{P}^{-1}\boldsymbol{AP} = \boldsymbol{B}$,即 $\boldsymbol{A}$ 与 $\boldsymbol{B}$ 相似,因而有相同的特征值.

例 18 证明 n 阶矩阵 $\boldsymbol{A} = \begin{pmatrix} 1 & 1 & \cdots & 1 \\ 1 & 1 & \cdots & 1 \\ \vdots & \vdots & & \vdots \\ 1 & 1 & \cdots & 1 \end{pmatrix}$ 与 $\boldsymbol{B} = \begin{pmatrix} 0 & \cdots & 0 & 1 \\ 0 & \cdots & 0 & 2 \\ \vdots & & & \vdots \\ 0 & \cdots & 0 & n \end{pmatrix}$ 相似.

分析 只需证明 $\boldsymbol{A}$ 与 $\boldsymbol{B}$ 相似于同一对角矩阵.

证 $\boldsymbol{A}$ 是实对称矩阵,一定相似于对角矩阵. 因为

$$\boldsymbol{A}\begin{pmatrix} 1 \\ 1 \\ \vdots \\ 1 \end{pmatrix} = n\begin{pmatrix} 1 \\ 1 \\ \vdots \\ 1 \end{pmatrix}, \text{且} R(\boldsymbol{A}) = 1,$$

所以 A 的特征值为 $n,0,\cdots,0$. 故

$$A\sim\begin{bmatrix}n&&&\\&0&&\\&&\ddots&\\&&&0\end{bmatrix}.$$

显然 B 的特征值也为 $n,0,\cdots,0$.

当 $\lambda=0$ 时, $R(0I-B)=R(B)=1$, 则 $(0I-B)X=0$ 的基础解系含有 $n-1$ 个解向量, 即 $\lambda=0$ 对应 $n-1$ 个线性无关的特征向量, 因此 B 相似于对角矩阵, 且

$$B\sim\begin{bmatrix}n&&&\\&0&&\\&&\ddots&\\&&&0\end{bmatrix}\sim A.$$

例 19 设 A 是 n 阶实对称矩阵, 证明: 一定存在正交矩阵 Q 使 $Q^{-1}AQ=\Lambda$ 为对角矩阵.

分析 若正交矩阵 $Q=(\boldsymbol{\alpha}_1,\boldsymbol{\alpha}_2,\cdots,\boldsymbol{\alpha}_n)$ 中的 $\boldsymbol{\alpha}_1$ 是 A 的特征向量, λ_1 是对应的特征值, 则有 $Q^{-1}AQ=Q^{\top}AQ=\begin{bmatrix}\lambda_1&\boldsymbol{O}\\\boldsymbol{O}&\boldsymbol{B}\end{bmatrix}$, 且 B 是 $n-1$ 阶实对称矩阵. 故可考虑对矩阵的阶数 n 用数学归纳法.

证 对 A 的阶数 n 用数学归纳法.

当 $n=1$ 时, 一阶矩阵已经是对角矩阵, 结论显然成立.

设 $n-1$ 阶实对称矩阵能正交相似于对角矩阵.

对 n 阶实对称矩阵 A, 设 λ_1 是 A 的一个特征值, $\boldsymbol{\alpha}_1$ 是对应的一个单位特征向量, 将 $\boldsymbol{\alpha}_1$ 扩充为空间 $\mathbf{R}^n$ 中的一组标准正交基 $\boldsymbol{\alpha}_1,\boldsymbol{\alpha}_2,\cdots,\boldsymbol{\alpha}_n$. 作正交矩阵 $Q_1=(\boldsymbol{\alpha}_1,\boldsymbol{\alpha}_2,\cdots,\boldsymbol{\alpha}_n)$, 则

$$AQ_1=Q_1\begin{bmatrix}\lambda_1&\boldsymbol{B}_1\\\boldsymbol{O}&\boldsymbol{B}_2\end{bmatrix}\Rightarrow Q_1^{-1}AQ_1=\begin{bmatrix}\lambda_1&\boldsymbol{B}_1\\\boldsymbol{O}&\boldsymbol{B}_2\end{bmatrix}.$$

由于 A 是实对称矩阵, 故 $Q_1^{-1}AQ_1$ 也是实对称矩阵, 则必有 $\boldsymbol{B}_1=\boldsymbol{O}$, 且 $\boldsymbol{B}_2$ 是 $n-1$ 阶实对称矩阵.

由归纳假设存在 $n-1$ 阶正交矩阵 Q_2 使 B_2 相似于对角矩阵

$$Q_2^{-1}\boldsymbol{B}_2Q_2=\begin{bmatrix}\lambda_2&&\\&\ddots&\\&&\lambda_n\end{bmatrix}.$$

于是正交矩阵 $Q=Q_1\begin{bmatrix}1&\\&Q_2\end{bmatrix}$ 就使 A 相似于对角矩阵

$$Q^{-1}AQ=\begin{bmatrix}\lambda_1&&\\&\ddots&\\&&\lambda_n\end{bmatrix}.$$

一、填空题(每题 3 分,共 15 分)

1. 设 A 是 4 阶矩阵,A 的元全为 1,则 A 的全部特征值为_____,非零特征值对应的特征向量为_____.

2. 设 3 阶矩阵 A 的三个特征值分别为 1,2,3,则行列式 $|2I-A^3|=$_____.

3. 已知 $A \sim B = \begin{bmatrix} 1 & 0 & 0 & 0 \\ 0 & 1 & 0 & 0 \\ 0 & 0 & -1 & 2 \\ 0 & 0 & 2 & 2 \end{bmatrix}$,则 $R(A-I)+R(A-3I)=$_____.

4. 已知矩阵 $A = \begin{bmatrix} 2 & 0 & 0 \\ 0 & 0 & 1 \\ 0 & 1 & x \end{bmatrix}$ 与 $B = \begin{bmatrix} 2 & 0 & 0 \\ 0 & y & 0 \\ 0 & 0 & -1 \end{bmatrix}$ 相似,则 $x=$____,$y=$____.

5. 已知向量 $p_1 = \begin{bmatrix} 1 \\ 2 \\ 2 \end{bmatrix}$,$p_2 = \begin{bmatrix} 0 \\ -1 \\ 1 \end{bmatrix}$,$p_3 = \begin{bmatrix} 0 \\ 0 \\ 1 \end{bmatrix}$,方阵 A 满足 $Ap_1 = p_1$,$Ap_2 = 0$,$Ap_3 = -p_3$,则 $A=$____.

二、选择题(每题 3 分,共 15 分)

1. n 阶矩阵 A 与对角矩阵相似的充要条件是(   ).

(A) A 的特征值都是 $|\lambda I - A| = 0$ 的单根

(B) A 的不同特征值的特征向量线性无关

(C) 若 λ_i 是 $|\lambda I - A| = 0$ 的 k_i 重根,则 $R(\lambda_i I - A) = k_i$

(D) 若 λ_i 是 $|\lambda I - A| = 0$ 的 k_i 重根,则 $(\lambda_i I - A)X = 0$ 的基础解系由 k_i 个解向量组成

2. 设 A 是 n 阶方阵,向量 α_1,α_2 分别是 A 的对应于特征值 λ_1,λ_2 的特征向量,则有(   ).

(A) 当 $\lambda_1 = \lambda_2$ 时,$\alpha_1 = k\alpha_2$

(B) 当 $\lambda_1 = 0$ 时,$\alpha_1 = 0$

(C) 当 $\lambda_1 \neq \lambda_2$ 时,$\alpha_1 + \alpha_2$ 不可能是 A 的特征向量

(D) 当 $\lambda_1 \neq \lambda_2$ 时,若 $\lambda_3 = \lambda_1 + \lambda_2$ 也是特征值,则 $\alpha_1 + \alpha_2$ 是对应特征向量

3. 设 A 为 3 阶方阵,A 的特征值为 1,-2,3,则下列矩阵中(   )是满秩矩阵.

(A) $I-A$ (B) $2I-A$ (C) $2I+A$ (D) $-3I+A$

4. 设 n 阶实对称矩阵 A 的特征值为 $\lambda_i = (-1)^i (i=1,2,\cdots,n)$,则 $A^{100} = ($ $)$.

(A) $-A$ (B) $100A$ (C) $-I$ (D) I

5. 设 3 阶实对称矩阵 A 的特征值为 1,2,3,A 对应于特征值 1,2 的特征向量分别为 $\alpha_1 = (-1, -1, 1)^{\top}$,$\alpha_2 = (1, -2, -1)^{\top}$,则 A 对应于特征值 3 的特征向量为

(   ).

    (A) $(1,0,1)^{\top}$ (B) $(0,1,1)^{\top}$ (C) $(1,1,0)^{\top}$ (D) $(1,1,1)^{\top}$

三、(8分)设 n 阶矩阵 $\boldsymbol{A}$ 满足 $\boldsymbol{A}^2=4\boldsymbol{I}$,且 $|\boldsymbol{A}|>0$,$\boldsymbol{A}^*$ 是 $\boldsymbol{A}$ 的伴随矩阵,求 $(\boldsymbol{A}^*)^*+2\boldsymbol{A}^*$ 的特征值.

四、(10分)已知矩阵 $\boldsymbol{A}=\begin{bmatrix} 1 & 2 & 0 \\ 2 & 2 & 2 \\ 0 & 2 & 3 \end{bmatrix}$,$f(x)=\begin{vmatrix} x^4-1 & x \\ x^2 & x^6+1 \end{vmatrix}$,求

(1) $f(\boldsymbol{A})$;

(2) $f(\boldsymbol{A})$ 的特征值及其相对应的特征向量.

五、(10分)已知 $\boldsymbol{p}=\begin{bmatrix} 1 \\ 1 \\ -1 \end{bmatrix}$ 是矩阵 $\boldsymbol{A}=\begin{bmatrix} 2 & -1 & 2 \\ 5 & a & 3 \\ -1 & b & -2 \end{bmatrix}$ 的一个特征向量.

(1) 试确定参数 a,b 及 $\boldsymbol{p}$ 所对应的特征值;

(2) 问 $\boldsymbol{A}$ 能否相似于对角矩阵?

六、(8分)设矩阵 $\boldsymbol{A}$ 与 $\boldsymbol{B}$ 是 n 阶方阵,证明 $\boldsymbol{AB}$,$\boldsymbol{BA}$ 有相同的特征值.

七、(10分) 设 $\boldsymbol{A}$,$\boldsymbol{B}$ 分别是 m 阶,n 阶矩阵,且 $\boldsymbol{C}=\begin{bmatrix} \boldsymbol{A} & \boldsymbol{O} \\ \boldsymbol{O} & \boldsymbol{B} \end{bmatrix}$,证明:

(1) 若 $\boldsymbol{A}$,$\boldsymbol{B}$ 都相似于对角矩阵,则 $\boldsymbol{C}$ 相似于对角矩阵;

(2) 若 $\boldsymbol{A}$,$\boldsymbol{B}$ 都为正交矩阵,则 $\boldsymbol{C}$ 也是正交矩阵.

八、(8分)设 3 阶实对称矩阵 $\boldsymbol{A}$ 的特征值为 $\lambda_1=-1$,$\lambda_2=\lambda_3=2$,对应于 λ_1 的特征向量为 $\boldsymbol{\eta}_1=(0,1,1)^{\top}$,求 $\boldsymbol{A}^{100}$.

九、(8分)设 n 阶方阵 $\boldsymbol{A}$ 满足 $\boldsymbol{A}^2-5\boldsymbol{A}+6\boldsymbol{I}=\boldsymbol{O}$,证明 $\boldsymbol{A}$ 相似于一个对角矩阵,并求一可逆矩阵 $\boldsymbol{P}$,使 $\boldsymbol{P}^{-1}\boldsymbol{AP}$ 为对角矩阵.

十、(8分)设 $\boldsymbol{A}$ 是 3 阶矩阵,$\boldsymbol{e}_1=(1,0,1)^{\top}$,$\boldsymbol{e}_2=(0,1,0)^{\top}$,$\boldsymbol{e}_3=(0,0,1)^{\top}$,$\boldsymbol{\varepsilon}_1=(1,0,2)^{\top}$,$\boldsymbol{\varepsilon}_2=(-1,2,-1)^{\top}$,$\boldsymbol{\varepsilon}_3=(1,0,0)^{\top}$,且 $\boldsymbol{Ae}_i=\boldsymbol{\varepsilon}_i(i=1,2,3)$,求可逆矩阵 $\boldsymbol{W}$,使得 $\boldsymbol{W}^{-1}\boldsymbol{AW}=\boldsymbol{\Lambda}$,其中 $\boldsymbol{\Lambda}$ 是对角矩阵.

（二）检测题答案与提示

第六章 二次型与二次曲面

一、内容提要

图 6.1 第六章知识结构框图

（一）实二次型及其标准形

1. 二次型的相关概念

定义 1 n 元二次齐次多项式

$$f(x_1, x_2, \cdots, x_n) = \sum_{i=1}^{n} \sum_{j=1}^{n} a_{ij} x_i x_j = \boldsymbol{X}^{\mathrm{T}} \boldsymbol{A} \boldsymbol{X}$$

称为 n 元二次型，简称二次型。其中，

$$\boldsymbol{A} = \begin{pmatrix} a_{11} & a_{12} & \cdots & a_{1n} \\ a_{21} & a_{22} & \cdots & a_{2n} \\ \vdots & \vdots & & \vdots \\ a_{n1} & a_{n2} & \cdots & a_{nn} \end{pmatrix}, \quad \boldsymbol{A}^{\mathrm{T}} = \boldsymbol{A}, \quad \boldsymbol{X} = (x_1, x_2, \cdots, x_n)^{\mathrm{T}}.$$

定义 2 实对称矩阵 $\boldsymbol{A}$ 称为二次型 $f(\boldsymbol{X}) = \boldsymbol{X}^{\mathrm{T}} \boldsymbol{A} \boldsymbol{X}$ 的矩阵，$\boldsymbol{A}$ 的秩称为二次型 $f(\boldsymbol{X})$ 的秩。

2. 矩阵的合同

定义　设 A，B 为 n 阶方阵，如果存在可逆矩阵 C，使得

$$B = C^{\mathrm{T}}AC,$$

则称 A 与 B 合同.

性质　矩阵的合同具有反身性、对称性、传递性.

3. 二次型的标准形

（1）标准形的概念

定义 1　平方和

$$d_1 y_1^2 + d_2 y_2^2 + \cdots + d_n y_n^2$$

形式的二次型称为标准形.

定义 2　形如

$$y_1^2 + \cdots + y_p^2 - y_{p+1}^2 - \cdots - y_r^2$$

的标准形称为规范形. 正项个数 p 称为正惯性指数，负项个数 $r-p$ 称为负惯性指数，正负惯性指数的差 $2p-r$ 称为符号差.

（2）用配方法化二次型为标准形

定理　任何一个实二次型 $X^{\mathrm{T}}AX$ 都可以通过可逆线性变换 $X = CY$ 化为标准形.

二次型化为标准形的一般步骤：

第一步　若二次型含有 x_i 的平方项，则先把含有 x_i 的乘积项集中，然后配方. 再对其余的变量执行相同的操作，直到都配成平方项为止；

第二步　若二次型不含有平方项，但是 $a_{ij} \neq 0 (i \neq j)$，则先作可逆线性变换

$$\begin{cases} x_i = y_i - y_j, \\ x_j = y_i + y_j, \\ x_k = y_k, \end{cases}$$

化二次型为含有平方项的二次型，然后再按上述方法配方.

（3）用正交变换化二次型为标准形

定理　任何一个实二次型都可以通过正交变换化为标准形.

用正交变换将二次型化为标准形的一般步骤：

第一步　求特征值，解 $f(\lambda) = |\lambda I - A| = 0$，得 A 的相异特征值 λ_1，$\lambda_2, \cdots, \lambda_t (t \leqslant n)$；

第二步　求特征向量，求 $(\lambda_i I - A)X = 0$ 的基础解系 $X_{i1}, X_{i2}, \cdots, X_{ir_i} (i = 1, 2, \cdots, t)$；

第三步　正交化，将 $X_{i1}, X_{i2}, \cdots, X_{ir_i}$ 正交化得 $\boldsymbol{\beta}_{i1}, \boldsymbol{\beta}_{i2}, \cdots, \boldsymbol{\beta}_{ir_i} (i = 1, 2, \cdots, t)$；

第四步　单位化，令 $\boldsymbol{\gamma}_{ij} = \dfrac{1}{\|\boldsymbol{\beta}_{ij}\|} \boldsymbol{\beta}_{ij}$，得 $\boldsymbol{\gamma}_{i1}, \boldsymbol{\gamma}_{i2}, \cdots, \boldsymbol{\gamma}_{ir_i} (i = 1, 2, \cdots, t)$；

第五步　作正交矩阵

$$C = (\boldsymbol{\gamma}_{11}, \boldsymbol{\gamma}_{12}, \cdots, \boldsymbol{\gamma}_{1r_1}, \boldsymbol{\gamma}_{21}, \boldsymbol{\gamma}_{22}, \cdots, \boldsymbol{\gamma}_{2r_2}, \cdots, \boldsymbol{\gamma}_{t1}, \boldsymbol{\gamma}_{t2}, \cdots, \boldsymbol{\gamma}_{tr_t});$$

第六步　作正交变换，令 $X = CY$，则

$$f(X) = \lambda_1 y_1^2 + \lambda_2 y_2^2 + \cdots + \lambda_n y_n^2.$$

（二）正定二次型

1. 相关概念

定义 1 设 $f(\boldsymbol{X})=\boldsymbol{X}^{\mathrm{T}}\boldsymbol{A}\boldsymbol{X}$ 是实二次型，若任一非零实向量 $\boldsymbol{X}$，都有 $f(\boldsymbol{X})=\boldsymbol{X}^{\mathrm{T}}\boldsymbol{A}\boldsymbol{X}>0$，则称 $f(\boldsymbol{X})$ 为正定二次型，$f(\boldsymbol{X})$ 的矩阵 $\boldsymbol{A}$ 称为正定矩阵.

定义 2 对于 n 阶矩阵 $\boldsymbol{A}=(a_{ij})_{n\times n}$，子式

$$\boldsymbol{P}_k=\begin{vmatrix} a_{11} & a_{12} & \cdots & a_{1k} \\ a_{21} & a_{22} & \cdots & a_{2k} \\ \vdots & \vdots & & \vdots \\ a_{k1} & a_{k2} & \cdots & a_{kk} \end{vmatrix} \quad (k=1,2,\cdots,n)$$

称为 $\boldsymbol{A}$ 的 k 阶顺序主子式.

2. 正定二次型（正定矩阵）的判定

定理 1 二次型 $f(\boldsymbol{X})=\boldsymbol{X}^{\mathrm{T}}\boldsymbol{A}\boldsymbol{X}$ 为正定二次型的充要条件是矩阵 $\boldsymbol{A}$ 的特征值全为正实数.

推论 1 二次型 $f(\boldsymbol{X})=\boldsymbol{X}^{\mathrm{T}}\boldsymbol{A}\boldsymbol{X}$ 是正定二次型的充要条件是 $f(\boldsymbol{X})$ 的正惯性指数为 n，即 $f(\boldsymbol{X})$ 的标准形

$$d_1 y_1^2 + d_2 y_2^2 + \cdots + d_n y_n^2$$

中各项系数 $d_k>0(k=1,2,\cdots,n)$.

推论 2 二次型 $f(\boldsymbol{X})=\boldsymbol{X}^{\mathrm{T}}\boldsymbol{A}\boldsymbol{X}$ 是正定二次型的充要条件是矩阵 $\boldsymbol{A}$ 与单位矩阵 $\boldsymbol{I}$ 合同，即存在可逆矩阵 $\boldsymbol{C}$，使得 $\boldsymbol{A}=\boldsymbol{C}\boldsymbol{C}^{\mathrm{T}}$.

定理 2 二次型 $f(\boldsymbol{X})=\boldsymbol{X}^{\mathrm{T}}\boldsymbol{A}\boldsymbol{X}$ 是正定二次型的充要条件是矩阵 $\boldsymbol{A}$ 的各阶顺序主子式全大于零.

以上结论可用矩阵描述为：

设 $\boldsymbol{A}$ 为实对称矩阵，则有

$\boldsymbol{A}$ 是正定矩阵 $\Leftrightarrow$ $\boldsymbol{A}$ 的特征值全为正实数 $\Leftrightarrow$ $\boldsymbol{A}$ 与单位矩阵 $\boldsymbol{I}$ 合同 $\Leftrightarrow$ $\boldsymbol{A}$ 的各阶顺序主子式全大于零.

3. 其他类型二次型

（1）相关概念

定义 对于二次型 $f(\boldsymbol{X})=\boldsymbol{X}^{\mathrm{T}}\boldsymbol{A}\boldsymbol{X}$ 及任一非零向量 $\boldsymbol{X}$，

1° 若 $f(\boldsymbol{X})=\boldsymbol{X}^{\mathrm{T}}\boldsymbol{A}\boldsymbol{X}<0$，则称 $f(\boldsymbol{X})$ 是负定二次型；

2° 若 $f(\boldsymbol{X})=\boldsymbol{X}^{\mathrm{T}}\boldsymbol{A}\boldsymbol{X}\geqslant 0$，则称 $f(\boldsymbol{X})$ 是半正定二次型；

3° 若 $f(\boldsymbol{X})=\boldsymbol{X}^{\mathrm{T}}\boldsymbol{A}\boldsymbol{X}\leqslant 0$，则称 $f(\boldsymbol{X})$ 是半负定二次型；

4° 不是正定、半正定、负定、半负定的二次型称为不定二次型.

（2）负定二次型的判定

定理 对于二次型 $f(\boldsymbol{X})=\boldsymbol{X}^{\mathrm{T}}\boldsymbol{A}\boldsymbol{X}$，下列命题等价：

$f(\boldsymbol{X})$ 为负定二次型 $\Leftrightarrow$ $f(\boldsymbol{X})$ 的特征值全为负实数 $\Leftrightarrow$ $f(\boldsymbol{X})$ 的负惯性指数为 $n \Leftrightarrow f(\boldsymbol{X})$ 的矩阵 $\boldsymbol{A}$ 的顺序主子式满足 $(-1)^k P_k>0(k=1,2,\cdots,n)$.

（三）曲面与空间曲线

1. 曲面

（1）柱面

定义　若一动直线 l 沿已知曲线 c 移动,且始终与某一直线 l' 平行,则这样形成的曲面称为柱面.曲线 c 称为柱面的准线,而直线 l 称为柱面的母线.

母线与坐标轴平行的柱面

$1°$　与 x 轴平行,方程形式: $f(y,z)=0$.

$2°$　与 y 轴平行,方程形式: $f(x,z)=0$.

$3°$　与 z 轴平行,方程形式: $f(x,y)=0$.

（2）旋转曲面

定义　一条空间曲线 c 绕一条定直线 l 旋转一周所产生的曲面称为旋转曲面.曲线 c 称为该曲面的母线,定直线 l 称为旋转轴.

yOz 平面上的曲线

$$\begin{cases} f(y,z)=0, \\ x=0 \end{cases}$$

绕 z 轴旋转一周所产生的旋转曲面的方程为

$$f(\pm\sqrt{x^2+y^2},z)=0.$$

2. 空间曲线

（1）空间曲线的方程

$1°$　空间曲线的一般式方程　将曲线看做是两个曲面的交线,

$$\begin{cases} F_1(x,y,z)=0, \\ F_2(x,y,z)=0. \end{cases}$$

$2°$　空间曲线的参数方程　将曲线上动点的坐标 x,y,z 都用一个参变量 t 表示,

$$\begin{cases} x=x(t), \\ y=y(t), \\ z=z(t). \end{cases}$$

（2）空间曲线在坐标面上的投影

定义　以空间曲线 c 为准线,作母线平行于 z 轴的柱面 S,S 与 xOy 平面的交线 c' 就是 c 在 xOy 平面上的投影.曲面 S 称为投影柱面.

可类似定义空间曲线 c 在 yOz,zOx 平面上的投影.

（四）二次曲面

1. 二次曲面的概念

定义　一般二次方程

$$a_{11}x^2+a_{22}y^2+a_{33}z^2+2a_{12}xy+2a_{13}xz+2a_{23}yz+b_1x+b_2y+b_3z+c=0$$

所表示的曲面称为二次曲面.

2. 几类二次曲面的标准方程

（1）椭球面　$\dfrac{x^2}{a^2}+\dfrac{y^2}{b^2}+\dfrac{z^2}{c^2}=1$（当 $a=b=c$ 时,该方程表示球面）.

（2）抛物面

椭圆抛物面 $z=\dfrac{x^2}{2p}+\dfrac{y^2}{2q}(pq>0)$；

双曲抛物面 $z=\dfrac{x^2}{2p}-\dfrac{y^2}{2q}(pq>0)$.

（3）双曲面

单叶双曲面 $\dfrac{x^2}{a^2}+\dfrac{y^2}{b^2}-\dfrac{z^2}{c^2}=1$；

双叶双曲面 $\dfrac{x^2}{a^2}+\dfrac{y^2}{b^2}-\dfrac{z^2}{c^2}=-1$.

二、典型例题

（一）选择题

例 1 二次型 $f(x_1,x_2,x_3)=(x_1,x_2,x_3)\begin{pmatrix}1&2&1\\0&1&0\\1&2&1\end{pmatrix}\begin{pmatrix}x_1\\x_2\\x_3\end{pmatrix}$ 的秩为（ ）.

(A) 0   (B) 2   (C) 1   (D) 3

分析 二次型的矩阵必须是对称矩阵，表达式中的矩阵 $\begin{pmatrix}1&2&1\\0&1&0\\1&2&1\end{pmatrix}$ 不是二次型的

矩阵，应将其还原为对称矩阵 $\begin{pmatrix}1&1&1\\1&1&1\\1&1&1\end{pmatrix}$，再计算秩.

答案 （C）.

例 2 设 A,B 均是 n 阶实对称矩阵，则正确的命题是（ ）.

（A）若 A 与 B 等价，则 A 与 B 相似   （B）若 A 与 B 相似，则 A 与 B 合同

（C）若 A 与 B 合同，则 A 与 B 相似   （D）若 A 与 B 等价，则 A 与 B 合同

分析 同型矩阵等价的充要条件是其具有相同的秩.相似的矩阵具有相同的秩、相同的特征多项式、相同的特征值、相同的行列式.合同的矩阵具有相同的秩.

相似的矩阵必然等价，合同的矩阵必然等价，但反过来不一定成立.相似的矩阵不一定合同，合同的矩阵不一定相似.

但因为实对称矩阵可以相似对角化，所以若 A 与 B 相似，则存在正交矩阵 P 和 Q 使得

$$P^\top AP=\mathrm{diag}(\lambda_1,\lambda_2,\cdots,\lambda_n)=Q^\top BQ,$$

其中 $\lambda_1,\lambda_2,\cdots,\lambda_n$ 为矩阵 A 与 B 的所有特征值.从而，

$$A=(QP^{-1})^\top B(QP^{-1}).$$

所以若两个实对称矩阵相似,则其必然合同.

答案 (B).

例 3 若二次型的秩为 r,符号差为 s 且 s 为偶数,则下列结论正确的是( ).

(A) r 为偶数且 $|s| \leqslant r$ (B) r 为奇数且 $|s| \leqslant r$

(C) r 为奇数且 $|s| > r$ (D) r 为偶数且 $|s| > r$

分析 设二次型的正惯性指数为 p,则 $s = 2p - r$,即 $s + r = 2p$,所以 r 与 s 的奇偶性相同.因为 $0 \leqslant p \leqslant r$,所以 $0 \leqslant s + r \leqslant 2r$,于是 $-r \leqslant s \leqslant r$,即 $|s| \leqslant r$.

答案 (A).

例 4 已知矩阵 $\boldsymbol{A} = \begin{bmatrix} 1 & -1 & -1 \\ -1 & 4 & 2 \\ -1 & 2 & 4 \end{bmatrix}$,则矩阵 $\boldsymbol{A}$ 是( ).

(A) 负定的   (B) 半负定的   (C) 半正定的   (D) 正定的

分析 实对称矩阵正定的充要条件是其顺序主子式全大于零,因此,只需验证矩阵的三个顺序主子式即可.

答案 (D).

例 5 下列不是 n 元二次型 $f(\boldsymbol{X}) = \boldsymbol{X}^{\mathrm{T}} \boldsymbol{A} \boldsymbol{X}$ 为正定二次型的充要条件的是( ).

(A) 存在正交矩阵 $\boldsymbol{P}$,使得 $\boldsymbol{P}^{\mathrm{T}} \boldsymbol{A} \boldsymbol{P} = \boldsymbol{I}$ (B) 正惯性指数为 n

(C) $\boldsymbol{A}$ 的特征值全为正实数   (D) $f(\boldsymbol{X})$ 的规范形为 $y_1^2 + y_2^2 + \cdots + y_n^2$

分析 二次型 $f(\boldsymbol{X}) = \boldsymbol{X}^{\mathrm{T}} \boldsymbol{A} \boldsymbol{X}$ 是正定二次型的几个常见的充要条件:

$\boldsymbol{A}$ 的特征值全为正实数 $\Leftrightarrow f(\boldsymbol{X})$ 的正惯性指数为 $n \Leftrightarrow \boldsymbol{A}$ 与单位矩阵 $\boldsymbol{I}$ 合同 $\Leftrightarrow \boldsymbol{A}$ 的各阶顺序主子式全大于零.

可见(B)、(C)、(D)均是正定二次型的充要条件.

(A) 中的条件只是充分条件而非必要条件,即从 $f(\boldsymbol{X}) = \boldsymbol{X}^{\mathrm{T}} \boldsymbol{A} \boldsymbol{X}$ 是正定二次型出发,只能推出存在可逆矩阵 $\boldsymbol{P}$,使得 $\boldsymbol{P}^{\mathrm{T}} \boldsymbol{A} \boldsymbol{P} = \boldsymbol{I}$,$\boldsymbol{P}$ 不一定是正交矩阵.

答案 (A).

例 6 方程 $3x^2 - 2z^2 = 6$ 表示( )曲面.

(A) 母线平行于 x 轴的椭圆柱面   (B) 母线平行于 y 轴的椭圆柱面

(C) 母线平行于 z 轴的椭圆柱面   (D) 母线平行于 y 轴的双曲柱面

分析 一般来说,若曲面方程缺少一个变量,则该曲面是一个柱面,且这个柱面的母线与这个变量对应的坐标轴平行.另外,要注意椭圆柱面与双曲柱面方程的区别.

答案 (D).

例 7 曲线

$$\begin{cases} 5x^2 + 3y^2 - 3z^2 = 12, \\ y = 3 \end{cases}$$

在 xOz 面上的投影曲线绕 x 轴旋转一周所成的曲面是( ).

(A) 椭球面   (B) 马鞍面   (C) 单叶双曲面   (D) 双叶双曲面

分析 消去变量 y 得到母线与 y 轴平行的双曲柱面:

$$\frac{z^2}{5} - \frac{x^2}{3} = 1,$$

从而在 xOz 面上的投影曲线为

$$\begin{cases} \dfrac{z^2}{5} - \dfrac{x^2}{3} = 1, \\ y = 0. \end{cases}$$

该曲线绕 x 轴旋转一周得到单叶双曲面

$$\frac{y^2 + z^2}{5} - \frac{x^2}{3} = 1.$$

答案 （C）．

例 8 已知三元二次型

$$f(x_1, x_2, x_3) = 5x_1^2 + 5x_2^2 + 3x_3^2 - 2x_1x_2 + 6x_1x_3 - 6x_2x_3,$$

则 $f(x_1, x_2, x_3) = 1$ 表示（ ）．

(A) 旋转抛物面 (B) 圆锥面 (C) 双曲柱面 (D) 椭圆柱面

分析 先将二次型化为标准形，再判断曲面的类型；利用正交变换化二次型为标准形，只需计算二次型矩阵的特征值．

二次型 $f(x_1, x_2, x_3)$ 的矩阵为

$$A = \begin{pmatrix} 5 & -1 & 3 \\ -1 & 5 & -3 \\ 3 & -3 & 3 \end{pmatrix}.$$

计算可得矩阵 A 的三个特征值分别为 $0, 4, 9$．在正交变换下，$f(x_1, x_2, x_3) = 1$ 化为椭圆柱面

$$4y_2^2 + 9y_3^2 = 1.$$

答案 （D）．

（二）解答题

例 1 求二次型 $f(X) = \sum\limits_{i=1}^{m} (b_{i1}x_1 + b_{i2}x_2 + \cdots + b_{in}x_n)^2$ 的矩阵 A，其中 $B = (b_{ij})_{m \times n}$．

分析 因为括号中的表达式为 n 项之和，所以不能直接将括号展开来求二次型的矩阵，而是应该用矩阵分块乘积的办法来表示它．

解 可将 $f(X)$ 改写为

$$f(X) = \sum_{i=1}^{m} (x_1, x_2, \cdots, x_n) \begin{pmatrix} b_{i1} \\ b_{i2} \\ \vdots \\ b_{in} \end{pmatrix} (b_{i1}, b_{i2}, \cdots, b_{in}) \begin{pmatrix} x_1 \\ x_2 \\ \vdots \\ x_n \end{pmatrix}$$

$$= (x_1, x_2, \cdots, x_n) \sum_{i=1}^{m} \begin{pmatrix} b_{i1} \\ b_{i2} \\ \vdots \\ b_{in} \end{pmatrix} (b_{i1}, b_{i2}, \cdots, b_{in}) \begin{pmatrix} x_1 \\ x_2 \\ \vdots \\ x_n \end{pmatrix}.$$

因此, $f(\boldsymbol{X})=\boldsymbol{X}^{\mathrm{T}}(\boldsymbol{B}^{\mathrm{T}}\boldsymbol{B})\boldsymbol{X}$. 显然, $\boldsymbol{B}^{\mathrm{T}}\boldsymbol{B}$ 为对称矩阵, 因此 $\boldsymbol{A}=\boldsymbol{B}^{\mathrm{T}}\boldsymbol{B}$.

评注 二次型的矩阵必须为对称矩阵.

例 2 计算二次型 $f(x_1,x_2,x_3)=x_1^2+x_3^2-2x_1x_2+2x_1x_3+2x_2x_3$ 的正惯性指数.

分析 求一个二次型的正惯性指数可以用配方法对二次型做可逆线性变换解得, 或者用正交变换化为标准形, 也可以直接计算其矩阵的特征值来判断.

解 二次型的矩阵为

$$\boldsymbol{A}=\begin{pmatrix} 1 & -1 & 1 \\ -1 & 0 & 1 \\ 1 & 1 & 1 \end{pmatrix}.$$

计算

$$|\lambda\boldsymbol{I}-\boldsymbol{A}|=\begin{vmatrix} \lambda-1 & 1 & -1 \\ 1 & \lambda & -1 \\ -1 & -1 & \lambda-1 \end{vmatrix}=0,$$

解得 $\boldsymbol{A}$ 的特征值为 $\lambda_1=2,\lambda_2=\sqrt{2},\lambda_3=-\sqrt{2}$, 所以 $f(x_1,x_2,x_3)$ 的正惯性指数为 2.

评注 二次型的正惯性指数等于其矩阵的正特征值的个数.

例 3 用配方法化二次型 $f(x_1,x_2,x_3)=x_1x_2+4x_1x_3+x_2x_3$ 为规范形, 并写出所用的可逆线性变换.

分析 二次型中没有平方项, 应先做一次变换构造出平方项.

解 令 $x_1=y_1+y_2,x_2=y_1-y_2,x_3=y_3$, 二次型化为

$$f=y_1^2-y_2^2+4(y_1+y_2)y_3+(y_1-y_2)y_3=y_1^2-y_2^2+5y_1y_3+3y_2y_3.$$

先对 y_1 配方, 有

$$f=\left(y_1+\frac{5}{2}y_3\right)^2-y_2^2-\frac{25}{4}y_3^2+3y_2y_3=\left(y_1+\frac{5}{2}y_3\right)^2-\left(y_2-\frac{3}{2}y_3\right)^2-4y_3^2.$$

令

$$\begin{cases} z_1=y_1+\dfrac{5}{2}y_3=\dfrac{x_1}{2}+\dfrac{x_2}{2}+\dfrac{5}{2}x_3, \\ z_2=y_2-\dfrac{3}{2}y_3=\dfrac{1}{2}x_1-\dfrac{1}{2}x_2-\dfrac{3}{2}x_3, \\ z_3=2y_3=2x_3, \end{cases}$$

即可逆线性变换为

$$\begin{pmatrix} x_1 \\ x_2 \\ x_3 \end{pmatrix}=\begin{pmatrix} 1 & 1 & -\dfrac{1}{2} \\ 1 & -1 & -2 \\ 0 & 0 & \dfrac{1}{2} \end{pmatrix}\begin{pmatrix} z_1 \\ z_2 \\ z_3 \end{pmatrix}.$$

故二次型的规范形为 $z_1^2-z_2^2-z_3^2$.

例 4 用正交变换化二次型

$$f(x_1,x_2,x_3)=x_1^2+2x_2^2+3x_3^2+4x_1x_2-4x_2x_3$$

为标准形,并求出该正交变换.

分析 用正交变换化二次型为标准形,主要工作在于求正交矩阵.一般方法是:首先写出二次型的矩阵,然后求其特征值与特征向量,最后采用施密特正交化方法求得正交矩阵.

解 二次型的矩阵为

$$A = \begin{bmatrix} 1 & 2 & 0 \\ 2 & 2 & -2 \\ 0 & -2 & 3 \end{bmatrix},$$

则由 A 的特征方程

$$|\lambda I - A| = \begin{vmatrix} \lambda-1 & -2 & 0 \\ -2 & \lambda-2 & 2 \\ 0 & 2 & \lambda-3 \end{vmatrix} = (\lambda+1)(\lambda-2)(\lambda-5) = 0,$$

得到矩阵 A 的特征值为 $\lambda_1 = 2, \lambda_2 = 5, \lambda_3 = -1$.

对 $\lambda_1 = 2$,由 $(2I - A)X = 0$,对其系数矩阵作初等变换得

$$\begin{bmatrix} 1 & -2 & 0 \\ -2 & 0 & 2 \\ 0 & 2 & -1 \end{bmatrix} \longrightarrow \begin{bmatrix} 1 & -2 & 0 \\ 0 & 2 & -1 \\ 0 & 0 & 0 \end{bmatrix}.$$

由此可得特征向量 $\boldsymbol{\xi}_1 = (2, 1, 2)^\top$.

同理,对 $\lambda_2 = 5$,由 $(5I - A)X = 0$ 可得特征向量 $\boldsymbol{\xi}_2 = (1, 2, -2)^\top$.对 $\lambda_3 = -1$,由 $(-I - A)X = 0$ 可得特征向量 $\boldsymbol{\xi}_3 = (-2, 2, 1)^\top$.

特征值不同,特征向量必两两正交,只需对其单位化可得

$$\boldsymbol{\gamma}_1 = \frac{1}{3}(2, 1, 2)^\top, \quad \boldsymbol{\gamma}_2 = \frac{1}{3}(1, 2, -2)^\top, \quad \boldsymbol{\gamma}_3 = \frac{1}{3}(-2, 2, 1)^\top.$$

令

$$X = \begin{bmatrix} x_1 \\ x_2 \\ x_3 \end{bmatrix}, \quad C = (\boldsymbol{\gamma}_1, \boldsymbol{\gamma}_2, \boldsymbol{\gamma}_3) = \frac{1}{3}\begin{bmatrix} 2 & 1 & -2 \\ 1 & 2 & 2 \\ 2 & -2 & 1 \end{bmatrix}, \quad Y = \begin{bmatrix} y_1 \\ y_2 \\ y_3 \end{bmatrix},$$

则 $X = CY$ 是正交变换,且标准形为

$$f(x_1, x_2, x_3) = 2y_1^2 + 5y_2^2 - y_3^2.$$

例 5 设二次型 $f(x_1, x_2, x_3) = x_1^2 + x_2^2 + x_3^2 + 2ax_1x_2 + 2x_1x_3 + 2bx_2x_3$ 经过正交变换 $X = CY$ 化为 $f = y_2^2 + 2y_3^2$,求常数 a, b 的值.

分析 正交变换化二次型为标准形时,标准形的系数为对应的二次型矩阵的特征值,由此可以计算出常数 a, b 的值.

解 根据假设条件知,二次型的矩阵为

$$A = \begin{bmatrix} 1 & a & 1 \\ a & 1 & b \\ 1 & b & 1 \end{bmatrix},$$

则 A 的特征值为 $0, 1, 2$.因此,

$$|\lambda I - A| = \begin{vmatrix} \lambda-1 & -a & -1 \\ -a & \lambda-1 & -b \\ -1 & -b & \lambda-1 \end{vmatrix} = \lambda(\lambda-1)(\lambda-2),$$

即

$$\lambda^3 - 3\lambda^2 + (2-a^2-b^2)\lambda + (a-b)^2 = \lambda^3 - 3\lambda^2 + 2\lambda,$$

从而 $a=b=0$.

评注 二次型标准形的系数为二次型矩阵的特征值.

例 6 已知二次型 $f(x_1,x_2,x_3) = X^{\mathrm{T}}AX$ 的矩阵 A 满足 $\left|\dfrac{1}{2}A-I\right|=0, AB=O$，其中

$$B = \begin{pmatrix} 1 & 1 \\ 2 & -1 \\ 1 & 1 \end{pmatrix}.$$

（1）利用正交变换将二次型化为标准形，并写出所用的正交变换和所得的标准形；

（2）求出该二次型.

分析 本题关键在于构造一个正交矩阵，先求 3 个线性无关的特征向量，然后再正交化、单位化.

解 （1）由题意知，A 是实对称矩阵. 记 $\boldsymbol{\alpha}_1 = (1,2,1)^{\mathrm{T}}, \boldsymbol{\alpha}_2 = (1,-1,1)^{\mathrm{T}}$，则 $B=(\boldsymbol{\alpha}_1,\boldsymbol{\alpha}_2)$. 由题设有 $AB=A(\boldsymbol{\alpha}_1,\boldsymbol{\alpha}_2)=(A\boldsymbol{\alpha}_1,A\boldsymbol{\alpha}_2)=O$，所以 $A\boldsymbol{\alpha}_1=A\boldsymbol{\alpha}_2=\boldsymbol{0}$，这表明 $\lambda_1=0$ 是 A 的一个特征值，$\boldsymbol{\alpha}_1,\boldsymbol{\alpha}_2$ 是 A 的属于特征值 $\lambda_1=0$ 的特征向量.

另外，由 $\left|\dfrac{1}{2}A-I\right| = \left|-\dfrac{1}{2}(2I-A)\right|=0$ 可得 $|2I-A|=0$，所以 $\lambda_2=2$ 是 A 的另一个特征值. 设 $\boldsymbol{\alpha}_3 = (x_1,x_2,x_3)^{\mathrm{T}}$ 是 A 的属于特征值 $\lambda_2=2$ 的特征向量，由于 $\lambda_1\neq\lambda_2$，知 $\boldsymbol{\alpha}_3$ 与 $\boldsymbol{\alpha}_1,\boldsymbol{\alpha}_2$ 正交，即

$$\begin{cases} x_1+2x_2+x_3=0, \\ x_1-x_2+x_3=0, \end{cases}$$

取其一组解为 $\boldsymbol{\alpha}_3=(-1,0,1)^{\mathrm{T}}$.

由于 $\boldsymbol{\alpha}_1$ 与 $\boldsymbol{\alpha}_2$ 正交，将 $\boldsymbol{\alpha}_1,\boldsymbol{\alpha}_2,\boldsymbol{\alpha}_3$ 分别单位化得两两正交的向量组

$$\boldsymbol{\eta}_1 = \frac{1}{\sqrt{6}}(1,2,1)^{\mathrm{T}}, \quad \boldsymbol{\eta}_2 = \frac{1}{\sqrt{3}}(1,-1,1)^{\mathrm{T}}, \quad \boldsymbol{\eta}_3 = \frac{1}{\sqrt{2}}(-1,0,1)^{\mathrm{T}}.$$

令 $C=(\boldsymbol{\eta}_1,\boldsymbol{\eta}_2,\boldsymbol{\eta}_3)$，则 C 为正交矩阵，且 $C^{\mathrm{T}}AC=\mathrm{diag}(0,0,2)$. 作正交变换 $X=CY$，则得标准形

$$f(x_1,x_2,x_3) = X^{\mathrm{T}}AX = (CY)^{\mathrm{T}}A(CY) = Y^{\mathrm{T}}(C^{\mathrm{T}}AC)Y = Y^{\mathrm{T}}\mathrm{diag}(0,0,2)Y = 2y_3^2.$$

（2）由（1）知，$C^{\mathrm{T}}AC=\mathrm{diag}(0,0,2)$，故

$$A = C\,\mathrm{diag}(0,0,2)\,C^{\mathrm{T}} = \begin{pmatrix} 1 & 0 & -1 \\ 0 & 0 & 0 \\ -1 & 0 & 1 \end{pmatrix},$$

因此二次型 $f(x_1,x_2,x_3) = x_1^2 - 2x_1x_3 + x_3^2$.

评注 本例的矩阵形式表述为：已知 3 阶实对称矩阵 A 满足 $\left|\dfrac{1}{2}A-I\right|=0$，$AB=O$，其中

$$B=\begin{pmatrix}1 & 1\\ 2 & -1\\ 1 & 1\end{pmatrix},$$

求矩阵 A.

也可以表述为：已知 3 阶实对称矩阵 A 满足 $\left|\dfrac{1}{2}A-I\right|=0$，且 $\boldsymbol{\alpha}_1=(1,2,1)^{\mathrm{T}}$，$\boldsymbol{\alpha}_2=(1,-1,1)^{\mathrm{T}}$ 是齐次线性方程组 $AX=0$ 的一个基础解系，求矩阵 A.

例 7 已知二次型 $f(x_1,x_2,x_3)=X^{\mathrm{T}}AX$ 经过正交变换 $X=CY$ 化为标准形 $\lambda y_1^2-y_2^2-y_3^2$. 若 $A\boldsymbol{\alpha}=2\boldsymbol{\alpha}$，其中 $\boldsymbol{\alpha}=(1,-1,1)^{\mathrm{T}}$，求二次型 $f(x_1,x_2,x_3)$.

分析 此题关键在于求出正交矩阵 C 以及未知参数 λ，则 $A=C\,\mathrm{diag}(\lambda,-1,-1)C^{\mathrm{T}}$.

解 由题设知 A 有 3 个特征值 $\lambda_1=\lambda,\lambda_2=\lambda_3=-1$. 又因为 $A\boldsymbol{\alpha}=2\boldsymbol{\alpha}$，故 2 是 A 的一个特征值，所以 $\boldsymbol{\alpha}=(1,-1,1)^{\mathrm{T}}$ 是 A 的属于特征值 $\lambda_1=2$ 的特征向量.

设 A 的属于特征值 -1 的特征向量为 $\boldsymbol{\beta}=(x_1,x_2,x_3)^{\mathrm{T}}$，因 $\lambda_1\neq-1$，所以 $\boldsymbol{\alpha}$ 与 $\boldsymbol{\beta}$ 正交，因此得方程组 $x_1-x_2+x_3=0$，解得 A 的属于特征值 $\lambda=-1$ 的两个线性无关的特征向量为

$$\boldsymbol{\beta}=(1,1,0)^{\mathrm{T}},\quad \boldsymbol{\gamma}=(-1,0,1)^{\mathrm{T}}.$$

显然，$\boldsymbol{\alpha},\boldsymbol{\beta},\boldsymbol{\gamma}$ 是线性无关的向量组. 对 $\boldsymbol{\alpha}$ 单位化，得

$$\boldsymbol{\xi}_1=\frac{1}{\sqrt{3}}(1,-1,1)^{\mathrm{T}}.$$

对 $\boldsymbol{\beta},\boldsymbol{\gamma}$ 正交化，得

$$\boldsymbol{\beta}'=\boldsymbol{\beta}=(1,1,0)^{\mathrm{T}},\quad \boldsymbol{\gamma}'=\left(-\frac{1}{2},\frac{1}{2},1\right)^{\mathrm{T}}.$$

对 $\boldsymbol{\beta}',\boldsymbol{\gamma}'$ 单位化，得

$$\boldsymbol{\xi}_2=\frac{1}{\sqrt{2}}(1,1,0)^{\mathrm{T}},\quad \boldsymbol{\xi}_3=\frac{\sqrt{6}}{6}(-1,1,2)^{\mathrm{T}}.$$

令 $C=(\boldsymbol{\xi}_1,\boldsymbol{\xi}_2,\boldsymbol{\xi}_3)$，则 C 是正交矩阵且 $C^{\mathrm{T}}AC=\mathrm{diag}(2,-1,-1)$，从而

$$A=C\,\mathrm{diag}(2,-1,-1)C^{\mathrm{T}}=\begin{pmatrix}0 & -1 & 1\\ -1 & 0 & -1\\ 1 & -1 & 0\end{pmatrix}.$$

故所求的二次型为 $f(x_1,x_2,x_3)=X^{\mathrm{T}}AX=-2x_1x_2+2x_1x_3-2x_2x_3$.

评注 本题也可以令 $P=(\boldsymbol{\alpha},\boldsymbol{\beta},\boldsymbol{\gamma})$，由于 $\boldsymbol{\alpha},\boldsymbol{\beta},\boldsymbol{\gamma}$ 是一组线性无关的特征向量，故 P 可逆且

$$AP=(2\boldsymbol{\alpha},-\boldsymbol{\beta},-\boldsymbol{\gamma})=(\boldsymbol{\alpha},\boldsymbol{\beta},\boldsymbol{\gamma})\,\mathrm{diag}(2,-1,-1)=P\,\mathrm{diag}(2,-1,-1),$$

所以 $A=P\,\mathrm{diag}(2,-1,-1)P^{-1}$.

例 8 设矩阵

$$A = \begin{pmatrix} 0 & 1 & 0 & 0 \\ 1 & 0 & 0 & 0 \\ 0 & 0 & y & 1 \\ 0 & 0 & 1 & 2 \end{pmatrix}$$

有一个特征值为 3,求未知量 y 以及可逆矩阵 $\boldsymbol{P}$ 使得 $(\boldsymbol{AP})^\top(\boldsymbol{AP})$ 为对角矩阵.

分析 这是将实对称矩阵 $\boldsymbol{A}^\top \boldsymbol{A}$ 相似对角化问题,可以利用化二次型 $f(\boldsymbol{X}) = \boldsymbol{X}^\top(\boldsymbol{A}^\top \boldsymbol{A})\boldsymbol{X}$ 为标准形来解决.

解 因为 3 是矩阵 $\boldsymbol{A}$ 的特征值,用拉普拉斯展开式有

$$|3\boldsymbol{I} - \boldsymbol{A}| = \begin{vmatrix} 3 & -1 & 0 & 0 \\ -1 & 3 & 0 & 0 \\ 0 & 0 & 3-y & -1 \\ 0 & 0 & -1 & 1 \end{vmatrix} = 8 \begin{vmatrix} 3-y & -1 \\ -1 & 1 \end{vmatrix} = 0,$$

解得 $y = 2$,从而

$$\boldsymbol{A} = \begin{pmatrix} 0 & 1 & 0 & 0 \\ 1 & 0 & 0 & 0 \\ 0 & 0 & 2 & 1 \\ 0 & 0 & 1 & 2 \end{pmatrix}.$$

由于 $\boldsymbol{A} = \boldsymbol{A}^\top$,故 $(\boldsymbol{AP})^\top(\boldsymbol{AP}) = \boldsymbol{P}^\top \boldsymbol{A}^2 \boldsymbol{P}$,其中

$$\boldsymbol{A}^2 = \begin{pmatrix} 1 & 0 & 0 & 0 \\ 0 & 1 & 0 & 0 \\ 0 & 0 & 5 & 4 \\ 0 & 0 & 4 & 5 \end{pmatrix}$$

为实对称矩阵.要使 $\boldsymbol{P}^\top \boldsymbol{A}^2 \boldsymbol{P}$ 为对角矩阵,可构造二次型

$$f(\boldsymbol{X}) = \boldsymbol{X}^\top \boldsymbol{A}^2 \boldsymbol{X} = x_1^2 + x_2^2 + 5x_3^2 + 5x_4^2 + 8x_3 x_4,$$

再化其为标准形,可得可逆矩阵 $\boldsymbol{P}$.

经配方得 $f(\boldsymbol{X}) = y_1^2 + y_2^2 + 5y_3^2 + \dfrac{9}{5}y_4^2$,其中

$$y_1 = x_1, \quad y_2 = x_2, \quad y_3 = x_3 + \frac{4}{5}x_4, \quad y_4 = x_4.$$

于是

$$\begin{pmatrix} x_1 \\ x_2 \\ x_3 \\ x_4 \end{pmatrix} = \begin{pmatrix} 1 & 0 & 0 & 0 \\ 0 & 1 & 0 & 0 \\ 0 & 0 & 1 & -\dfrac{4}{5} \\ 0 & 0 & 0 & 1 \end{pmatrix} \begin{pmatrix} y_1 \\ y_2 \\ y_3 \\ y_4 \end{pmatrix}.$$

令

$$P = \begin{pmatrix} 1 & 0 & 0 & 0 \\ 0 & 1 & 0 & 0 \\ 0 & 0 & 1 & -\dfrac{4}{5} \\ 0 & 0 & 0 & 1 \end{pmatrix},$$

则

$$(AP)^{\top}(AP) = P^{\top}A^2P = \begin{pmatrix} 1 & & & \\ & 1 & & \\ & & 5 & \\ & & & \dfrac{9}{5} \end{pmatrix}.$$

例 9 判定二次型 $f(x_1,x_2,x_3) = x_1^2 + 2x_2^2 + 5x_3^2 + 2x_1x_2 - 4x_2x_3$ 是否为正定二次型.

分析 可利用二次型为正定二次型的几个等价命题来判断,比如二次型的矩阵为正定矩阵(各阶顺序主子式大于零),化二次型为标准形(正惯性指数为 n)等.

解法 1 二次型 $f(x_1,x_2,x_3)$ 的矩阵为

$$A = \begin{pmatrix} 1 & 1 & 0 \\ 1 & 2 & -2 \\ 0 & -2 & 5 \end{pmatrix}.$$

它的三个顺序主子式的值分别为

$$P_1 = 1 > 0, \quad P_2 = \begin{vmatrix} 1 & 1 \\ 1 & 2 \end{vmatrix} = 1 > 0, \quad \begin{vmatrix} 1 & 1 & 0 \\ 1 & 2 & -2 \\ 0 & -2 & 5 \end{vmatrix} = 1 > 0.$$

所以 $f(x_1,x_2,x_3)$ 为正定二次型.

解法 2 利用配方法化二次型为标准形.

$f(x_1,x_2,x_3) = x_1^2 + 2x_2^2 + 5x_3^2 + 2x_1x_2 - 4x_2x_3 = (x_1+x_2)^2 + (x_2-2x_3)^2 + x_3^2.$

因此,二次型的正惯性指数为 3,从而 $f(x_1,x_2,x_3)$ 是正定二次型.

例 10 设矩阵

$$A = \begin{pmatrix} 1 & 0 & 1 \\ 0 & 2 & 0 \\ 1 & 0 & 1 \end{pmatrix},$$

$B = (kI+A)^2$,其中 k 为实数,I 为 3 阶单位矩阵.求对角矩阵 Λ,使 B 与 Λ 相似;当 k 为何值时,B 为正定矩阵.

分析 B 为实对称矩阵,所以可以相似对角化.通过矩阵 A 的特征值,求得 B 的特征值,从而得到对角矩阵.

解 由 A 的特征多项式

$$|\lambda I - A| = \begin{vmatrix} \lambda-1 & 0 & -1 \\ 0 & \lambda-2 & 0 \\ -1 & 0 & \lambda-1 \end{vmatrix} = \lambda(\lambda-2)^2,$$

可得 $\boldsymbol{A}$ 的特征值为 $\lambda_1=\lambda_2=2,\lambda_3=0$. 那么 $k\boldsymbol{I}+\boldsymbol{A}$ 的特征值为 $k+2,k+2,k$, $\boldsymbol{B}$ 的特征值为 $(k+2)^2,(k+2)^2,k^2$. 又因为 $\boldsymbol{A}$ 为实对称矩阵, 所以

$$\boldsymbol{B}^{\mathrm{T}}=((k\boldsymbol{I}+\boldsymbol{A})^2)^{\mathrm{T}}=((k\boldsymbol{I}+\boldsymbol{A})^{\mathrm{T}})^2=(k\boldsymbol{I}+\boldsymbol{A})^2=\boldsymbol{B},$$

即 $\boldsymbol{B}$ 为实对称矩阵. 因此, $\boldsymbol{B}$ 可相似对角化为

$$\boldsymbol{\Lambda}=\begin{pmatrix}(k+2)^2 & & \\ & (k+2)^2 & \\ & & k^2\end{pmatrix}.$$

当 $k\neq-2$ 且 $k\neq0$ 时, $\boldsymbol{B}$ 的特征值全部大于零, 此时 $\boldsymbol{B}$ 为正定矩阵.

例 11 已知柱面的准线为

$$\begin{cases}x=y^2+z^2, \\ x=2z,\end{cases}$$

其母线垂直于该准线所在的平面, 求柱面方程.

分析 对于柱面上任一点 P, 由柱面的性质知, 必在准线上有相应点 Q, 使 PQ 平行于柱面母线的方向向量. 由此可建立 P,Q 点坐标间的关系, 再根据点 Q 的坐标满足准线方程来建立柱面方程.

解 由准线方程知, 准线在平面 $x=2z$ 上, 故母线的方向向量为 $(1,0,-2)$.

设 $P(x,y,z)$ 为柱面上任意一点, $Q(x_0,y_0,z_0)$ 为 P 所在的母线与准线的交点, 则

$$\frac{x-x_0}{1}=\frac{y-y_0}{0}=\frac{z-z_0}{-2}=t,$$

即

$$\begin{cases}x_0=x-t, \\ y_0=y, \\ z_0=z+2t.\end{cases}$$

因为 $Q(x_0,y_0,z_0)$ 在准线上, 故 x_0,y_0,z_0 满足准线方程

$$\begin{cases}x-t=y^2+(z+2t)^2, \\ x-t=2z+4t,\end{cases}$$

消去参数 t, 得柱面方程

$$(2x+z)^2-10(2x+z)+25y^2=0.$$

例 12 求 xOz 平面上的曲线 $\begin{cases}x^2+3z^2=9, \\ y=0\end{cases}$ 绕 z 轴旋转一周所形成的旋转曲面方程.

分析 求某一坐标平面上的曲线绕该坐标面上某一个坐标轴旋转一周而形成的旋转曲面方程的一般方法是: 绕任一坐标轴旋转, 则原曲线方程中相应的那个坐标变量不变, 而将曲线方程中另外一个变量改写为该变量与第三个变量平方和的正负平方根.

解 将 x 以 $\pm\sqrt{x^2+y^2}$ 代换, 即得旋转曲面方程为

$$x^2+y^2+3z^2=9.$$

例 13 求直线 $l:\begin{cases} x=1, \\ y=z \end{cases}$ 绕 z 轴旋转一周所形成的旋转曲面的方程.

分析 利用旋转曲面的几何对称性知,若点 P 在旋转曲面上,则在直线 l 上一定存在一点 Q,使得 P 与 Q 有相同的旋转半径.

解 设点 $M_0(x_0, y_0, z_0) \in l$,则 $x_0 = 1, y_0 = z_0$.若点 $M(x, y, z)$ 是由 M_0 绕 z 轴旋转而到达的点,则

$$\begin{cases} x^2 + y^2 = x_0^2 + y_0^2, \\ z = z_0, \end{cases}$$

消去参数 x_0, y_0, z_0,得旋转曲面方程 $x^2 + y^2 = 1 + z^2$.

例 14 求以点 $A(0, 0, 1)$ 为顶点,以椭圆 $\begin{cases} \dfrac{x^2}{25} + \dfrac{y^2}{9} = 1, \\ z = 3 \end{cases}$ 为准线的锥面方程.

分析 通过准线上任一点 M 与点 A 确定的直线方程来建立锥面方程.

解 设 $M(x_0, y_0, z_0)$ 为椭圆上一点,则 A, M 两点所确定的直线 l 为

$$\frac{x}{x_0} = \frac{y}{y_0} = \frac{z-1}{z_0-1}.$$

因 M 在椭圆上,故

$$\begin{cases} \dfrac{x_0^2}{25} + \dfrac{y_0^2}{9} = 1, \\ z_0 = 3, \end{cases}$$

上述两式联立,消去 x_0, y_0, z_0,得锥面方程

$$\frac{x^2}{25} + \frac{y^2}{9} - \frac{(z-1)^2}{4} = 0.$$

例 15 把曲线的参数方程

$$\begin{cases} x = \dfrac{a}{2}(1 + \cos t), \\ y = \dfrac{a}{2}\sin t, \\ z = a\sin\dfrac{t}{2} \end{cases}$$

化为一般方程.

分析 消去 t 将参数方程化为一般方程.

解 由参数方程得

$$x^2 + y^2 + z^2 = \frac{a^2}{4}[(1 + \cos t)^2 + \sin^2 t] + a^2\sin^2\frac{t}{2} = a^2,$$

$$\left(x - \frac{a}{2}\right)^2 + y^2 = \frac{a^2}{4}(\cos^2 t + \sin^2 t) = \frac{a^2}{4},$$

即 $x^2 + y^2 - ax = 0$.

因此,曲线的一般方程为

$$\begin{cases} x^2 + y^2 + z^2 = a^2, \\ x^2 + y^2 - ax = 0. \end{cases}$$

例 16 已知球面 $x^2+y^2+z^2-2x+4y-6z=0$，一平面通过其球心且与直线 $\begin{cases} x=0, \\ y-z=0 \end{cases}$ 垂直相交，试求球面与平面的交线在 xOy 平面上的投影.

分析 将直线的方向向量作为平面的法向量可以建立平面方程，因此得到曲线的一般方程，消去一个变量得到母线与坐标轴平行的柱面，再与坐标面的方程联立.

解 球面方程可以改写为
$$(x-1)^2+(y+2)^2+(z-3)^2=14,$$
则球心坐标为 $(1,-2,3)$.

直线 $\begin{cases} x=0, \\ y-z=0 \end{cases}$ 的方向向量为
$$\begin{vmatrix} \boldsymbol{i} & \boldsymbol{j} & \boldsymbol{k} \\ 1 & 0 & 0 \\ 0 & 1 & -1 \end{vmatrix}=(0,1,1),$$
故平面的法向量为 $(0,1,1)$，因此平面的方程为
$$1\cdot(x-1)+1\cdot(y+2)+1\cdot(z-3)=0,$$
即 $y+z-1=0$.

因此，交线的方程为
$$\begin{cases} x^2+y^2+z^2-2x+4y-6z=0, \\ y+z-1=0. \end{cases}$$
消去变量 z，得柱面方程 $(x-1)^2+2(y+2)^2=14$，因此所求的投影为
$$\begin{cases} (x-1)^2+2(y+2)^2=14, \\ z=0. \end{cases}$$

例 17 已知二次型 $f(x_1,x_2,x_3)=5x_1^2+5x_2^2+ax_3^2-2x_1x_2+6x_1x_3-6x_2x_3$ 的秩为 2.

(1) 求参数 a 以及二次型矩阵的特征值；

(2) 方程 $f(x_1,x_2,x_3)=1$ 表示何种曲面？

分析 根据二次型矩阵的秩为 2 来求解未知参数 a，从而得到二次型的矩阵 $\boldsymbol{A}$，进一步可以求得矩阵 $\boldsymbol{A}$ 的所有特征值.将二次型化为标准形便可知道二次型所表示的曲面类型.

解 (1) 二次型 $f(x_1,x_2,x_3)$ 的矩阵为
$$\boldsymbol{A}=\begin{pmatrix} 5 & -1 & 3 \\ -1 & 5 & -3 \\ 3 & -3 & a \end{pmatrix},$$
因为 $R(\boldsymbol{A})=2$，所以
$$0=|\boldsymbol{A}|=\begin{vmatrix} 5 & -1 & 3 \\ -1 & 5 & -3 \\ 3 & -3 & a \end{vmatrix}=24(a-3),$$

解得 $a=3$. 于是,

$$\boldsymbol{A}=\begin{pmatrix} 5 & -1 & 3 \\ -1 & 5 & -3 \\ 3 & -3 & 3 \end{pmatrix}.$$

求解 $\boldsymbol{A}$ 的特征多项式

$$|\lambda\boldsymbol{I}-\boldsymbol{A}|=\begin{vmatrix} \lambda-5 & 1 & -3 \\ 1 & \lambda-5 & 3 \\ -3 & 3 & \lambda-3 \end{vmatrix}=\lambda(\lambda-4)(\lambda-9),$$

解得 $\boldsymbol{A}$ 的特征值为 $\lambda_1=0,\lambda_2=4,\lambda_3=9$.

（2）由（1）知，存在正交矩阵 $\boldsymbol{C}$，使得

$$\boldsymbol{C}^{\mathrm{T}}\boldsymbol{A}\boldsymbol{C}=\begin{pmatrix} 0 & 0 & 0 \\ 0 & 4 & 0 \\ 0 & 0 & 9 \end{pmatrix},$$

即 $f(x_1,x_2,x_3)$ 可以经过正交变换 $\boldsymbol{X}=\boldsymbol{C}\boldsymbol{Y}$ 化为标准形 $4y_2^2+9y_3^2$，这表明二次曲面 $f(x_1,x_2,x_3)=1$ 的标准形为 $4y_2^2+9y_3^2=1$，因此 $f(x_1,x_2,x_3)=1$ 表示椭圆柱面.

例 18 已知二次曲面方程

$$x^2+ay^2+z^2+2bxy+2xz+2yz=4$$

可以经过正交变换 $(x,y,z)^{\mathrm{T}}=\boldsymbol{P}(\xi,\eta,\zeta)^{\mathrm{T}}$ 化为椭圆柱面方程 $\eta^2+4\zeta^2=4$，求 a,b 的值和正交矩阵 $\boldsymbol{P}$.

分析 将二次型化为椭圆柱面方程，实质上是要用正交变换将二次型化为相似标准形.

解 设

$$\boldsymbol{A}=\begin{pmatrix} 1 & b & 1 \\ b & a & 1 \\ 1 & 1 & 1 \end{pmatrix},$$

则 $\boldsymbol{A}$ 与 $\mathrm{diag}(0,1,4)$ 相似，从而

$$\begin{vmatrix} \lambda-1 & -b & -1 \\ -b & \lambda-a & -1 \\ -1 & -1 & \lambda-1 \end{vmatrix}=\begin{vmatrix} \lambda & & \\ & \lambda-1 & \\ & & \lambda-4 \end{vmatrix}=\lambda(\lambda-1)(\lambda-4),$$

解得 $a=3,b=1$.

分别求 $\boldsymbol{A}$ 的属于特征值 $0,1,4$ 的单位特征向量，得

$$\boldsymbol{\alpha}=\left(\frac{1}{\sqrt{2}},0,-\frac{1}{\sqrt{2}}\right)^{\mathrm{T}}, \quad \boldsymbol{\beta}=\left(\frac{1}{\sqrt{3}},-\frac{1}{\sqrt{3}},\frac{1}{\sqrt{3}}\right)^{\mathrm{T}}, \quad \boldsymbol{\gamma}=\left(\frac{1}{\sqrt{6}},\frac{2}{\sqrt{6}},\frac{1}{\sqrt{6}}\right)^{\mathrm{T}}.$$

因此，

$$\boldsymbol{P}=\begin{pmatrix} \dfrac{1}{\sqrt{2}} & \dfrac{1}{\sqrt{3}} & \dfrac{1}{\sqrt{6}} \\ 0 & -\dfrac{1}{\sqrt{3}} & \dfrac{2}{\sqrt{6}} \\ -\dfrac{1}{\sqrt{2}} & \dfrac{1}{\sqrt{3}} & \dfrac{1}{\sqrt{6}} \end{pmatrix}.$$

例 19 求圆周

$$\begin{cases} (x+2)^2+(y-1)^2+(z+4)^2=2, \\ 6x-3y-2z=0 \end{cases}$$

的半径和圆心.

分析 此圆是球面与平面的交线,求出球心到平面的距离以及过球心且与平面垂直的直线方程,即可求出圆心和半径.

解 球心$(-2,1,-4)$到平面$6x-3y-2z=0$的距离为

$$d=\frac{|-12-3+8|}{\sqrt{6^2+(-3)^2+(-2)^2}}=1,$$

故圆周的半径为$r=\sqrt{R^2-d^2}=1.$

过球心且与平面$6x-3y-2z=0$垂直的直线方程为

$$\begin{cases} x=6t-2, \\ y=-3t+1, \\ z=-2t-4, \end{cases}$$

将此参数方程代入到平面方程$6x-3y-2z=0$中,得

$$t=\frac{1}{7}.$$

该参数所对应的点即为圆心,故圆心为

$$\left(-\frac{8}{7},\frac{4}{7},-\frac{30}{7}\right).$$

例 20 求过点$A(-2,3,1),B(4,-1,2),C(3,1,1)$的圆周方程.

分析 所求的圆周方程为曲线,需求出两曲面,使其为两曲面的交线,所求圆周可以看成是过点A,B,C的平面与过点A,B,C的某个球面的交线.

解 由题设知,

$$\overrightarrow{AC}=(5,-2,0), \quad \overrightarrow{BC}=(-1,2,-1), \quad \overrightarrow{AC}\times\overrightarrow{BC}=(2,5,8),$$

故点A,B,C所在的平面方程为

$$2x+5y+8z-19=0.$$

过点A,B,C的球面有无穷多个,但其球心必在AC,BC的垂直平分面上.容易求得AC,BC的垂直平分面分别为$10x-4y+3=0,x-2y+z-5=0.$于是球心必在直线

$$\begin{cases} 10x-4y+3=0, \\ x-2y+z-5=0 \end{cases}$$

上.在该直线上取一点$M_0\left(-\frac{3}{2},-3,\frac{1}{2}\right)$作为球心,则球面的半径为

$$r=|\overrightarrow{M_0A}|=\sqrt{\frac{73}{2}},$$

故球面方程为

$$\left(x+\frac{3}{2}\right)^2+(y+3)^2+\left(z-\frac{1}{2}\right)^2=\frac{73}{2},$$

化简得 $x^2+y^2+z^2+3x+6y-z=25$. 此球面与过点 A,B,C 的平面的交线

$$\begin{cases} x^2+y^2+z^2+3x+6y-z=25, \\ 2x+5y+8z-19=0 \end{cases}$$

即为所求圆周.

例 21 求以原点为顶点且经过三坐标轴的正圆锥面.

分析 由几何意义及母线方程可以建立锥面方程.

解法 1 由对称性知,该圆锥的中心轴的方向为 $(1,1,1)$,且过原点,故中心轴的方程为

$$x=y=z.$$

该直线与圆锥的每一条母线的夹角都相等,x 轴为其中一条母线,方向为 $(1,0,0)$.

设 $M(x,y,z)$ 为圆锥上任一点,过点 M 的母线方向为 (x,y,z).向量 (x,y,z),$(1,0,0)$ 与中心轴方向 $(1,1,1)$ 的夹角相等,于是

$$\frac{|x+y+z|}{\sqrt{x^2+y^2+z^2}\sqrt{1^2+1^2+1^2}}=\frac{1}{\sqrt{1^2+0^2+0^2}\sqrt{1^2+1^2+1^2}},$$

化简即得圆锥面的方程

$$xy+yz+zx=0.$$

解法 2 该圆锥过点 $A(1,0,0),B(0,1,0),C(0,0,1)$.由点 A,B,C 确定的平面方程为

$$x+y+z=1.$$

该平面与圆锥的交线为一个圆周

$$\begin{cases} x+y+z=1, \\ x^2+y^2+z^2=1, \end{cases}$$

这就是圆锥的一条准线方程.

设 $M(x,y,z)$ 为圆锥上任意一点,则准线上必存在一点 $M_0(x_0,y_0,z_0)$,使得直线 M_0M 过原点.令

$$\frac{x_0}{x}=\frac{y_0}{y}=\frac{z_0}{z}=t,$$

将 $x_0=tx,y_0=ty,z_0=tz$ 代入准线方程得

$$\begin{cases} t(x+y+z)=1, \\ t^2(x^2+y^2+z^2)=1, \end{cases}$$

消去 t 得圆锥面方程

$$xy+yz+zx=0.$$

（三）证明题

例 1 假定 $n\geqslant 2,a$ 为常数.证明:二次型

$$f(x_1,x_2,x_3)=(x_1+x_2+x_3)^2+(ax_1+(a+d_1)x_2+(a+2d_1)x_3)^2+$$

$$\sum_{i=2}^{n}((a+d_i)x_1+(a+2d_i)x_2+(a+3d_i)x_3)^2$$

当 $d_1\neq 0$ 时,无论 n 为何值,$f(x_1,x_2,x_3)$ 的秩均为 2.

分析 关键在于写出二次型 $f(x_1,x_2,x_3)$ 的矩阵.因括号中的表达式为 3 项之和,直接将括号展开来求二次型的矩阵计算量非常大,因此用矩阵分块的乘积来表示.

证 首先将 $f(x_1,x_2,x_3)$ 改写为 $f(x_1,x_2,x_3)=\boldsymbol{X}^{\mathrm{T}}(\boldsymbol{A}^{\mathrm{T}}\boldsymbol{A})\boldsymbol{X}$,其中 $\boldsymbol{X}=(x_1,$ $x_2,x_3)^{\mathrm{T}}$,

$$\boldsymbol{A}=\begin{pmatrix} 1 & 1 & 1 \\ a & a+d_1 & a+2d_1 \\ a+d_2 & a+2d_2 & a+3d_2 \\ \vdots & \vdots & \vdots \\ a+d_n & a+2d_n & a+3d_n \end{pmatrix}.$$

又因为 $\boldsymbol{A}^{\mathrm{T}}\boldsymbol{A}$ 的秩等于 $\boldsymbol{A}$ 的秩,所以二次型 $f(x_1,x_2,x_3)$ 的秩等于 $\boldsymbol{A}$ 的秩.

对矩阵 $\boldsymbol{A}$ 进行行初等变换,得

$$\boldsymbol{A}\rightarrow\begin{pmatrix} 1 & 1 & 1 \\ 0 & d_1 & 2d_1 \\ 0 & 0 & 0 \\ \vdots & \vdots & \vdots \\ 0 & 0 & 0 \end{pmatrix}.$$

因此,当 $d_1\neq 0$ 时,$\boldsymbol{A}$ 的秩为 2,这与 n 的取值无关.所以,当 $d_1\neq 0$ 时,无论 n 为何值,$f(x_1,x_2,x_3)$ 的秩均为 2.

评注 本题使用到结论"$\boldsymbol{A}^{\mathrm{T}}\boldsymbol{A}$ 与 $\boldsymbol{A}$ 具有相同的秩".

例 2 设实二次型 $f(x_1,x_2,\cdots,x_n)=\boldsymbol{X}^{\mathrm{T}}\boldsymbol{A}\boldsymbol{X}$ 的矩阵 $\boldsymbol{A}$ 的特征值为 $\lambda_1,\lambda_2,\cdots,$ λ_n,且

$$\lambda_1\leqslant\lambda_2\leqslant\cdots\leqslant\lambda_n.$$

证明:$f(x_1,x_2,\cdots,x_n)$ 在条件 $x_1^2+x_2^2+\cdots+x_n^2=1$ 下的最大值恰为 $\boldsymbol{A}$ 的最大特征值 λ_n,最小值恰为 $\boldsymbol{A}$ 的最小特征值 λ_1.

分析 将 f 经正交变换化成标准形,估计出 f 的上界,并用一特殊点代入,从而求得 f 在给定条件下的最大值.类似地可求得 f 在给定条件下的最小值.

证 存在正交变换 $\boldsymbol{X}=\boldsymbol{C}\boldsymbol{Y}$ 化二次型 f 为

$$f(x_1,x_2,\cdots,x_n)=\lambda_1 y_1^2+\lambda_2 y_2^2+\cdots+\lambda_n y_n^2.$$

当 $\boldsymbol{X}^{\mathrm{T}}\boldsymbol{X}=x_1^2+x_2^2+\cdots+x_n^2=1$ 时,$\boldsymbol{X}^{\mathrm{T}}\boldsymbol{X}=\boldsymbol{Y}^{\mathrm{T}}(\boldsymbol{C}^{\mathrm{T}}\boldsymbol{C})\boldsymbol{Y}=\boldsymbol{Y}^{\mathrm{T}}\boldsymbol{Y}=y_1^2+y_2^2+\cdots+y_n^2=1$,因此

$$f=\lambda_1 y_1^2+\lambda_2 y_2^2+\cdots+\lambda_n y_n^2\leqslant\lambda_n(y_1^2+y_2^2+\cdots+y_n^2)\leqslant\lambda_n.$$

这说明在条件 $x_1^2+x_2^2+\cdots+x_n^2=1$ 下,f 的最大值不超过 λ_n.

在 $\boldsymbol{Y}^{\mathrm{T}}\boldsymbol{Y}=1$ 上取一点 $\boldsymbol{Y}_0=(0,0,\cdots,1)^{\mathrm{T}}$,令 $\boldsymbol{X}_0=\boldsymbol{C}\boldsymbol{Y}_0$,则 $\boldsymbol{X}_0^{\mathrm{T}}\boldsymbol{X}_0=\boldsymbol{Y}_0^{\mathrm{T}}\boldsymbol{Y}_0=1$ 且

$$\boldsymbol{X}_0^{\mathrm{T}}\boldsymbol{A}\boldsymbol{X}_0=\boldsymbol{Y}_0^{\mathrm{T}}(\boldsymbol{C}^{\mathrm{T}}\boldsymbol{A}\boldsymbol{C})\boldsymbol{Y}_0=\lambda_n.$$

综上所述,λ_n 是二次型 f 在条件 $x_1^2+x_2^2+\cdots+x_n^2=1$ 下的最大值.

同理可得,二次型 f 在条件 $x_1^2+x_2^2+\cdots+x_n^2=1$ 下的最小值是 λ_1.

例 3 若二次型

$$\sum_{i=1}^{n}\sum_{j=1}^{n}a_{ij}x_i x_j=\boldsymbol{X}^{\mathrm{T}}\boldsymbol{A}\boldsymbol{X}$$

是正定二次型,其中 $\boldsymbol{A}=(a_{ij})_{n\times n}$,则

$$f(y_1,y_2,\cdots,y_n)=\begin{vmatrix} a_{11} & a_{12} & \cdots & a_{1n} & y_1 \\ a_{21} & a_{22} & \cdots & a_{2n} & y_2 \\ \vdots & \vdots & & \vdots & \vdots \\ a_{n1} & a_{n2} & \cdots & a_{nn} & y_n \\ y_1 & y_2 & \cdots & y_n & 0 \end{vmatrix}$$

是负定二次型.

分析 做可逆线性变换 $\boldsymbol{Y}=\boldsymbol{AZ}$,然后利用行列式的性质,把 $f(y_1,y_2,\cdots,y_n)$ 表示成一个负定二次型.

证 由题意知矩阵 $\boldsymbol{A}$ 可逆,故方程组 $\boldsymbol{Y}=\boldsymbol{AZ}$ 存在唯一解 $\boldsymbol{Z}=(z_1,z_2,\cdots,z_n)^{\mathrm{T}}$,即

$$\sum_{j=1}^n a_{ij}z_j=y_i\;(1\leqslant i\leqslant n).$$

对行列式 $f(y_1,y_2,\cdots,y_n)$ 作如下列初等变换:对每一个 $1\leqslant j\leqslant n$,将第 j 列的 $-z_j$ 倍加到第 $n+1$ 列,得

$$f(y_1,y_2,\cdots,y_n)=\begin{vmatrix} a_{11} & a_{12} & \cdots & a_{1n} & 0 \\ a_{21} & a_{22} & \cdots & a_{2n} & 0 \\ \vdots & \vdots & & \vdots & \vdots \\ a_{n1} & a_{n2} & \cdots & a_{nn} & 0 \\ y_1 & y_2 & \cdots & y_n & -(y_1z_1+y_2z_2+\cdots+y_nz_n) \end{vmatrix}$$

$$=-|\boldsymbol{A}|(y_1z_1+y_2z_2+\cdots+y_nz_n)$$

$$=-|\boldsymbol{A}|\boldsymbol{Y}^{\mathrm{T}}\boldsymbol{Z}=-|\boldsymbol{A}|\boldsymbol{Z}^{\mathrm{T}}\boldsymbol{A}^{\mathrm{T}}\boldsymbol{Z}=-|\boldsymbol{A}|\boldsymbol{Z}^{\mathrm{T}}\boldsymbol{AZ}.$$

由于 $\boldsymbol{A}$ 是正定矩阵,故 $|\boldsymbol{A}|>0$ 且 $\boldsymbol{Z}^{\mathrm{T}}\boldsymbol{AZ}>0$.所以 $f(y_1,y_2,\cdots,y_n)=-|\boldsymbol{A}|\boldsymbol{Z}^{\mathrm{T}}\boldsymbol{AZ}<0$,说明 $f(y_1,y_2,\cdots,y_n)$ 是负定二次型.

例 4 设 $\boldsymbol{A}$ 为 n 阶可逆实矩阵,证明:$\boldsymbol{A}^{\mathrm{T}}\boldsymbol{A}$ 为正定矩阵.

分析 按照正定矩阵的定义来直接验证.

证 显然 $\boldsymbol{A}^{\mathrm{T}}\boldsymbol{A}$ 为实对称矩阵.对任一 n 维非零列向量 $\boldsymbol{X}$,由于 $\boldsymbol{A}$ 可逆,则 $\boldsymbol{AX}$ 也为非零列向量,故 $\boldsymbol{X}^{\mathrm{T}}(\boldsymbol{A}^{\mathrm{T}}\boldsymbol{A})\boldsymbol{X}=(\boldsymbol{AX})^{\mathrm{T}}(\boldsymbol{AX})>0$,所以 $\boldsymbol{A}^{\mathrm{T}}\boldsymbol{A}$ 为正定矩阵.

例 5 已知 $\boldsymbol{A}$ 是 $m\times n$ 实矩阵且 $m<n$,证明:$\boldsymbol{A}\boldsymbol{A}^{\mathrm{T}}$ 为正定矩阵的充要条件是 $R(\boldsymbol{A})=m$.

分析 利用列满秩矩阵列向量线性无关以及正定矩阵的定义来证明.

证 充分性.若 $R(\boldsymbol{A})=m$,则 $\boldsymbol{A}^{\mathrm{T}}$ 的列向量线性无关,故对于任意非零的 m 维列向量 $\boldsymbol{X}$,$\boldsymbol{A}^{\mathrm{T}}\boldsymbol{X}\neq\boldsymbol{0}$.从而,$\boldsymbol{X}^{\mathrm{T}}(\boldsymbol{A}\boldsymbol{A}^{\mathrm{T}})\boldsymbol{X}=(\boldsymbol{A}^{\mathrm{T}}\boldsymbol{X})^{\mathrm{T}}(\boldsymbol{A}^{\mathrm{T}}\boldsymbol{X})>0$.显然,$\boldsymbol{A}\boldsymbol{A}^{\mathrm{T}}$ 为实对称矩阵,故 $\boldsymbol{A}\boldsymbol{A}^{\mathrm{T}}$ 为正定矩阵.

必要性.假设 $R(\boldsymbol{A})<m$,则线性方程组 $\boldsymbol{A}^{\mathrm{T}}\boldsymbol{X}=\boldsymbol{0}$ 有非零解,设为 $\boldsymbol{X}_0$,即存在 $\boldsymbol{X}_0\neq\boldsymbol{0}$,使得 $\boldsymbol{A}^{\mathrm{T}}\boldsymbol{X}_0=\boldsymbol{0}$.由此可得,$(\boldsymbol{A}^{\mathrm{T}}\boldsymbol{X}_0)^{\mathrm{T}}\boldsymbol{A}^{\mathrm{T}}\boldsymbol{X}_0=\boldsymbol{X}_0^{\mathrm{T}}(\boldsymbol{A}\boldsymbol{A}^{\mathrm{T}})\boldsymbol{X}_0=0$,与 $\boldsymbol{A}\boldsymbol{A}^{\mathrm{T}}$ 是正定矩阵矛盾.所以,$R(\boldsymbol{A})\geqslant m$.由于 $\boldsymbol{A}$ 是 $m\times n$ 矩阵,故 $R(\boldsymbol{A})=m$.

例 6 证明:任一实可逆矩阵可以分解为一正交矩阵与一正定矩阵之积.

分析 利用"若 $\boldsymbol{A}$ 为可逆矩阵,则存在一正定矩阵 $\boldsymbol{B}$ 使得 $\boldsymbol{A}^{\mathrm{T}}\boldsymbol{A}=\boldsymbol{B}^2$"这一结论,

将矩阵 A 改写为 $A=((A^T)^{-1}B)B$, 然后再证明 $(A^T)^{-1}B=AB^{-1}$ 为正交矩阵.

证 设 A 为 n 阶可逆实矩阵, 则 A^TA 为正定矩阵.

设 $\lambda_1, \lambda_2, \cdots, \lambda_n$ 为 A^TA 的全部特征值, 则其全部大于零, 且存在正交矩阵 P 使得
$$P^T(A^TA)P=\mathrm{diag}(\lambda_1, \lambda_2, \cdots, \lambda_n).$$

令 $B=P\,\mathrm{diag}(\sqrt{\lambda_1}, \sqrt{\lambda_2}, \cdots, \sqrt{\lambda_n})P^T$, 则 B 为正定矩阵, 从而 B^{-1} 也为正定矩阵, 且
$$A^TA=B^2, \quad B^{-1}A^TAB^{-1}=I, \quad (AB^{-1})^T(AB^{-1})=I.$$

因此, AB^{-1} 为正交矩阵.

令 $Q=AB^{-1}$, 则 $A=QB$, 其中 Q 为正交矩阵, B 为正定矩阵.

例 7 已知实对称矩阵 A 满足 $A^3-6A^2+11A-6I=O$, 证明: A 是正定矩阵.

分析 利用"实对称矩阵为正定矩阵当且仅当该矩阵的特征值全为正实数"这一判定定理来证明.

证 令 $f(x)=x^3-6x^2+11x-6$, 则 $f(A)=A^3-6A^2+11A-6I$. 设 λ 是 A 的任一特征值, 则 $f(\lambda)$ 是 $f(A)$ 的特征值. 因为零矩阵的特征值仅为 0, 所以 $f(\lambda)=0$. 从而,
$$\lambda^3-6\lambda^2+11\lambda-6=(\lambda-1)(\lambda-2)(\lambda-3)=0.$$

因此, A 的特征值只能取 $1, 2$ 或 3, 即 A 的特征值全大于 0, 故 A 是正定矩阵.

例 8 设 A 是 $m\times n$ 实矩阵, I 是 n 阶单位矩阵. 令矩阵 $B=\lambda I+A^TA$, 其中 λ 为实数. 证明: 当 $\lambda>0$ 时, B 为正定矩阵.

分析 按照定义直接证明.

证 由题设知, B 为 n 阶方阵且
$$B^T=(\lambda I+A^TA)^T=(\lambda I)^T+(A^TA)^T=\lambda I+A^TA=B,$$

所以 B 为实对称矩阵.

对任意非零向量 $X=(x_1, x_2, \cdots, x_n)^T$,
$$X^TBX=X^T(\lambda I+A^TA)X=\lambda X^TX+(AX)^T(AX).$$

显然, $X^TX>0$, $(AX)^T(AX)\geqslant 0$. 故当 $\lambda>0$ 时, 对任意非零向量, $X^TBX>0$, 因此实对称矩阵 B 是正定矩阵.

例 9 设 A 为 m 阶正定矩阵, B 为 $m\times n$ 实矩阵, 证明: B^TAB 为正定矩阵的充要条件是 $R(B)=n$.

分析 根据正定矩阵的定义来直接证明.

证 必要性. 设 B^TAB 为正定矩阵, 则对任意的 n 维非零列向量 X, 有 $X^T(B^TAB)X>0$, 即 $(BX)^TA(BX)>0$. 由于 A 为正定矩阵, 故 $BX\neq 0$. 因此 $BX=0$ 只有零解, 从而 B 列满秩, 即 $R(B)=n$.

充分性. 因 $(B^TAB)^T=B^TAB$, 故 B^TAB 为实对称矩阵. 若 $R(B)=n$, 即矩阵 B 的列向量线性无关, 则线性方程组 $BX=0$ 只有零解, 从而对于任意 n 维非零列向量 X, $BX\neq 0$. 又因为 A 为正定矩阵, 所以对于 $BX\neq 0$ 有 $(BX)^TA(BX)>0$. 于是当 $X\neq 0$ 时, $X^T(B^TAB)X>0$, 故 B^TAB 为正定矩阵.

例 10 设 $A=(a_{ij})$, $B=(b_{ij})$ 都是 n 阶正定矩阵, 证明: 矩阵 $C=(a_{ij}b_{ij})$ 也是 n 阶正定矩阵.

分析 按照定义来直接证明.

证 显然 C 为实对称矩阵,任取非零向量 $X=(x_1,x_2,\cdots,x_n)^{\mathrm{T}}$,则由 A,B 都是正定矩阵,可知

$$X^{\mathrm{T}}AX=\sum_{k=1}^{n}\sum_{j=1}^{n}a_{jk}x_jx_k>0,\quad X^{\mathrm{T}}BX=\sum_{k=1}^{n}\sum_{j=1}^{n}b_{jk}x_jx_k>0.$$

现在需要证明

$$X^{\mathrm{T}}CX=\sum_{k=1}^{n}\sum_{j=1}^{n}a_{jk}b_{jk}x_jx_k>0.$$

由于 B 正定,存在可逆矩阵 Q,使得 $B=Q^{\mathrm{T}}Q$,即

$$b_{jk}=\sum_{l=1}^{n}q_{lj}q_{lk}\,(j,k=1,2,\cdots,n).$$

所以

$$\sum_{k=1}^{n}\sum_{j=1}^{n}a_{jk}b_{jk}x_jx_k=\sum_{k=1}^{n}\sum_{j=1}^{n}a_{jk}\sum_{l=1}^{n}q_{lj}q_{lk}x_jx_k=\sum_{l=1}^{n}\sum_{k=1}^{n}\sum_{j=1}^{n}a_{jk}(x_jq_{lj})(x_kq_{lk}).$$

对任意非零向量 $X=(x_1,x_2,\cdots,x_n)^{\mathrm{T}}$,因为 Q 可逆,所以存在一个 l,使得

$$(x_1q_{l1},x_2q_{l2},\cdots,x_nq_{ln})^{\mathrm{T}}\neq\boldsymbol{0}.$$

由于 A 是正定矩阵,故对这个 l,

$$\sum_{k=1}^{n}\sum_{j=1}^{n}a_{jk}(x_jq_{lj})(x_kq_{lk})>0,$$

从而

$$\sum_{l=1}^{n}\sum_{k=1}^{n}\sum_{j=1}^{n}a_{jk}(x_jq_{lj})(x_kq_{lk})>0,$$

即

$$\sum_{k=1}^{n}\sum_{j=1}^{n}a_{jk}b_{jk}x_jx_k>0,$$

说明 $C=(a_{ij}b_{ij})$ 是正定矩阵.

例 11 设 A,B 为 n 阶正定矩阵,证明:$|A+B|>|A|+|B|$.

分析 将两个正定矩阵同时对角化,即可比较它们和的行列式与行列式的和,从而得到结论.

证 因为 A 是正定矩阵,所以 A 与单位矩阵 I 合同,故存在可逆矩阵 C 使得 $C^{\mathrm{T}}AC=I$.

不难证明,$C^{\mathrm{T}}BC$ 仍是正定矩阵,因而存在正交矩阵 Q 使得

$$Q^{\mathrm{T}}(C^{\mathrm{T}}BC)Q=\mathrm{diag}(\lambda_1,\lambda_2,\cdots,\lambda_n)=D,$$

其中 $\lambda_1,\lambda_2,\cdots,\lambda_n$ 是 $C^{\mathrm{T}}BC$ 的所有特征值且均大于零.

记 $CQ=P$,则 $P^{\mathrm{T}}AP=Q^{\mathrm{T}}(C^{\mathrm{T}}AC)Q=I$,$P^{\mathrm{T}}BP=D$,$P^{\mathrm{T}}(A+B)P=I+D$.因此,

$$|P^2|\cdot|A+B|=|P^{\mathrm{T}}(A+B)P|=|I+D|$$

$$=\prod_{i=1}^{n}(1+\lambda_i)>1+\prod_{i=1}^{n}\lambda_i=|I|+|D|.$$

又因为 $|P^2|\cdot|A|=|P^{\mathrm{T}}AP|=|I|$,$|P^2|\cdot|B|=|P^{\mathrm{T}}BP|=|D|$,所以

$$|P^2|\cdot|A+B|>|P^2|\cdot|A|+|P^2|\cdot|B|.$$

显然 $|P^2|>0$,所以 $|A+B|>|A|+|B|$.

评注 本题中使用到"与正定矩阵合同的矩阵仍为正定矩阵"这一结论.

例 12 设 A,B 为 n 阶正定矩阵,则 AB 是正定矩阵的充要条件是 $AB=BA$.

分析 必要性的证明只需简单验证.本题的难点是充分性的证明,首先验证 AB 是对称矩阵,然后用正定矩阵的定义或正定矩阵的等价命题论证.

证 必要性.因为 A,B 以及 AB 均为正定矩阵,它们自然为对称矩阵,所以
$$AB=(AB)^{\mathrm{T}}=B^{\mathrm{T}}A^{\mathrm{T}}=BA.$$

充分性.由于 $AB=BA$,故 $(AB)^{\mathrm{T}}=B^{\mathrm{T}}A^{\mathrm{T}}=BA=AB$,因此 AB 是对称矩阵.又因为 A,B 是正定矩阵,因此存在可逆矩阵 P,Q 使得 $A=P^{\mathrm{T}}P,B=Q^{\mathrm{T}}Q$,于是
$$AB=P^{\mathrm{T}}PQ^{\mathrm{T}}Q.$$

由此得
$$Q(AB)Q^{-1}=Q(P^{\mathrm{T}}PQ^{\mathrm{T}}Q)Q^{-1}=QP^{\mathrm{T}}PQ^{\mathrm{T}}=(PQ^{\mathrm{T}})^{\mathrm{T}}I(PQ^{\mathrm{T}}),$$
因为 PQ^{T} 为可逆矩阵,故 $Q(AB)Q^{-1}$ 与单位矩阵合同,从而 $Q(AB)Q^{-1}$ 是正定矩阵,即 AB 与正定矩阵相似,因此它的特征值全部大于零,从而 AB 为正定矩阵.

评注 例 12 告诉我们:两个正定矩阵的乘积未必还是正定矩阵,因为两个正定矩阵相乘所得到的矩阵不一定对称,但乘积矩阵相似于正定矩阵.

例 13 设 A,B 为 n 阶实对称矩阵且 A 为正定矩阵,则 AB 的特征值全为实数.

分析 虽然 A,B 是实对称矩阵,但 AB 不一定是实对称矩阵.设法证明 AB 的特征多项式与一个实对称矩阵的特征多项式相同即可.

证 因为 A 是正定矩阵,所以存在可逆矩阵 Q 使得 $A=Q^{\mathrm{T}}Q$.于是有
$$\begin{aligned}
|\lambda I-AB| &= |\lambda I-Q^{\mathrm{T}}QB| \\
&= |\lambda I-Q^{\mathrm{T}}(QBQ^{\mathrm{T}})(Q^{\mathrm{T}})^{-1}| \\
&= |Q^{\mathrm{T}}|\cdot|\lambda I-QBQ^{\mathrm{T}}|\cdot|(Q^{\mathrm{T}})^{-1}| \\
&= |\lambda I-QBQ^{\mathrm{T}}|.
\end{aligned}$$

因为 B 是实对称矩阵,所以 QBQ^{T} 也是实对称矩阵,因此它的特征值全是实数,故 AB 的特征值也全是实数.

例 14 设 A,B 为 n 阶正定矩阵,证明:

(1) 方程 $|\lambda A-B|=0$ 的根都大于零;

(2) 方程 $|\lambda A-B|=0$ 的所有根等于 1 的充要条件为 $A=B$.

分析 利用正定矩阵与单位矩阵合同这条性质,将方程转化为正定矩阵的特征多项式.

证 (1) 由于 A 正定,则存在可逆矩阵 P,使得 $P^{\mathrm{T}}AP=I$.由于 B 正定,故 $P^{\mathrm{T}}BP$ 也为正定矩阵.因此,
$$|P^{\mathrm{T}}||\lambda A-B||P|=|\lambda P^{\mathrm{T}}AP-P^{\mathrm{T}}BP|=|\lambda I-P^{\mathrm{T}}BP|,$$
故方程 $|\lambda A-B|=0$ 与 $|\lambda I-P^{\mathrm{T}}BP|=0$ 的根完全相同.

因为 $P^{\mathrm{T}}BP$ 为正定矩阵,所以 $|\lambda I-P^{\mathrm{T}}BP|=0$ 的根均大于零,从而 $|\lambda A-B|=0$ 的根也都大于零.

(2) 若方程 $|\lambda A-B|=0$ 的所有根等于 1,则 $|\lambda I-P^{\mathrm{T}}BP|=0$ 的所有根等于 1,说明 $P^{\mathrm{T}}BP$ 与单位矩阵 I 相似,因此 $P^{\mathrm{T}}BP=I$,从而 $P^{\mathrm{T}}AP=I=P^{\mathrm{T}}BP$,所以 $A=B$.

反之,若 $A=B$,则方程 $|\lambda A-B|=0$ 变为 $|(\lambda-1)B|=0$,即 $(\lambda-1)^n|B|=0$.因

为 $|\boldsymbol{B}|\neq0$,故 $(\lambda-1)^n=0$,则 $\lambda_1=\lambda_2=\cdots=\lambda_n=1$,即方程 $|\lambda\boldsymbol{A}-\boldsymbol{B}|=0$ 的所有根等于 1.

三、单元检测

（一）检测题

一、填空题（每题 3 分,共 15 分）

1. 二次型 $f(x_1,x_2,x_3)=4x_1x_2-2x_1x_3-2x_2x_3+3x_3^2$ 的符号差为 _____.

2. 已知二次型 $f(x_1,x_2,x_3)=a(x_1^2+x_2^2+x_3^2)+4x_1x_2+4x_1x_3+4x_2x_3$ 经过正交变换 $\boldsymbol{X}=\boldsymbol{CY}$ 可化成标准形 $f=6y_1^2$,则 $a=$ _____.

3. 设 $f(x,y,z)=2x^2+3y^2+3z^2+2ayz$ 是正定二次型,则 a 的取值范围是 _____.

4. 将 n 阶实对称矩阵按合同分类,彼此合同的矩阵分为一类,则可以分成 _____ 类.

5. 若曲面 $2x^2-y^2+2z^2+1=0$ 是由坐标平面内的一曲线绕 y 轴旋转而成,则该曲线为 _____.

二、选择题（每题 3 分,共 15 分）

1. 与矩阵 $\begin{bmatrix}-1&&\\&1&\\&&1\end{bmatrix}$ 合同的矩阵是（　　）.

(A) $\begin{bmatrix}-1&&\\&1&\\&&0\end{bmatrix}$ 　　　　　 (B) $\begin{bmatrix}1&&\\&1&\\&&-1\end{bmatrix}$

(C) $\begin{bmatrix}1&&\\&0&\\&&-1\end{bmatrix}$ 　　　　　 (D) $\begin{bmatrix}0&&\\&-1&\\&&0\end{bmatrix}$

2. 设二次型 $f(\boldsymbol{X})$ 的秩为 r,符号差为 s,则（　　）.

(A) r 是奇数,s 是偶数 　　　 (B) r 是偶数,s 是奇数

(C) r 与 s 均只能是奇数 　　　 (D) r 与 s 的奇偶性相同

3. 设 $\boldsymbol{A}$,$\boldsymbol{B}$ 均为 n 阶对称矩阵,若对于任意 n 维列向量 $\boldsymbol{X}$ 都有 $\boldsymbol{X}^{\mathrm{T}}\boldsymbol{A}\boldsymbol{X}=\boldsymbol{X}^{\mathrm{T}}\boldsymbol{B}\boldsymbol{X}$,则（　　）.

(A) $\boldsymbol{A}$ 与 $\boldsymbol{B}$ 可能相似 　　　 (B) $\boldsymbol{A}$ 与 $\boldsymbol{B}$ 可能合同

(C) $\boldsymbol{A}$ 与 $\boldsymbol{B}$ 可能相等 　　　 (D) $\boldsymbol{A}$ 与 $\boldsymbol{B}$ 一定相等

4. 下列矩阵是正定矩阵的是（　　）.

(A) $\begin{bmatrix}2&0&0\\0&1&2\\0&2&5\end{bmatrix}$ 　　　　　 (B) $\begin{bmatrix}1&1&0\\2&1&0\\0&0&2\end{bmatrix}$

$$(C) \begin{vmatrix} 1 & 2 & 0 \\ 2 & 4 & 0 \\ 0 & 0 & 2 \end{vmatrix} \qquad\qquad (D) \begin{vmatrix} 1 & 2 & 0 \\ 2 & 3 & 0 \\ 0 & 0 & 2 \end{vmatrix}$$

5. 方程 $2x^2 + 2y^2 - 2xy = 1$ 在 $\mathbf{R}^3$ 中表示(　　).

(A) 双叶双曲面　　　　　　　　　(B) 单叶双曲面

(C) 椭圆柱面　　　　　　　　　　(D) 双曲柱面

三、计算与证明题(第 1 题 7 分,其余每题 9 分,共 70 分)

1. 设 $\mathbf{A} = (a_{ij})_{n\times n}$ 是 n 阶实对称可逆矩阵,A_{ij} 是 a_{ij} 的代数余子式,求二次型

$$f(\mathbf{X}) = \sum_{i=1}^{n} \sum_{j=1}^{n} \frac{A_{ij}}{|\mathbf{A}|} x_i x_j$$

的矩阵.

2. 已知实对称矩阵 $\mathbf{A} = \begin{bmatrix} 1 & 1 & 2 \\ 1 & 0 & 1 \\ 2 & 1 & 3 \end{bmatrix}$,求一可逆矩阵 $\mathbf{P}$ 使得 $\mathbf{P}^{\top}\mathbf{A}\mathbf{P}$ 为对角矩阵.

3. 设 $f(x_1, x_2, \cdots, x_n) = \mathbf{X}^{\top}\mathbf{A}\mathbf{X}$ 为实二次型,证明:存在实数 c 使得对任意非零向量 $\mathbf{X} = (x_1, x_2, \cdots, x_n)^{\top}$,均有 $|\mathbf{X}^{\top}\mathbf{A}\mathbf{X}| \leqslant c\mathbf{X}^{\top}\mathbf{X}$.

4. 当 t 取何值时,$f(x_1, x_2, x_3) = x_1^2 + x_2^2 + 5x_3^2 + 2tx_1x_2 - 2x_1x_3 + 4x_2x_3$ 是正定二次型?

5. 设 $\mathbf{A}$ 是正定矩阵,证明:对任意两向量 $\mathbf{X}, \mathbf{Y}$,$(\mathbf{X}^{\top}\mathbf{A}\mathbf{Y})^2 \leqslant (\mathbf{X}^{\top}\mathbf{A}\mathbf{X})(\mathbf{Y}^{\top}\mathbf{A}\mathbf{Y})$ 成立.

6. 设 $\mathbf{A}$ 是正定矩阵,令二次型 $f(x_1, x_2, \cdots, x_n) = \mathbf{X}^{\top}\mathbf{A}\mathbf{X} + x_n^2$ 的矩阵为 $\mathbf{B}$.证明:$\mathbf{B}$ 是正定矩阵且 $|\mathbf{B}| > |\mathbf{A}|$.

7. 求准线方程为

$$\begin{cases} x^2 + y^2 + z^2 = 1, \\ 2x^2 + 2y^2 + z^2 = 2, \end{cases}$$

母线方向向量为 $(-1, 0, 1)$ 的柱面方程.

8. 设二次型 $f(x_1, x_2, x_3) = 3x_2^2 - 2x_1x_2 + 8x_1x_3 - 2x_2x_3$.

(1) 用正交变换化 $f(x_1, x_2, x_3)$ 为标准形,并写出所用正交变换;

(2) $f(x_1, x_2, x_3) = 1$ 表示何种类型的二次曲面?

(二) 检测题答案与提示

* 第七章　线性空间与线性变换

▶ **一、内容提要**

图 7.1　第七章知识结构框图

（一）线性空间的概念

1. 线性空间

（1）线性空间的概念

定义 1　如果数集 P 中任意两个数作某一运算后的结果仍在 P 中，我们就称数集 P 对这个运算是封闭的.对加、减、乘、除四则运算封闭的数集 P 称为数域.

定义 2　设 V 是一个非空集合，P 是一个数域，若在 V 中定义了一个加法运算"$+$"，在 P 与 V 之间定义了一个数乘运算"$\cdot$"，V 对这两种运算封闭，且满足八条运算规则，则称系统$(V,P,+,\cdot)$是数域 P 上的线性空间，简记为 $V(P)$.

定义 3　实数域上的线性空间称为实线性空间，复数域上的线性空间称为复线性空间.

（2）线性空间的性质

性质 1　零元素 $\mathbf{0}$ 是唯一的；

性质 2　任一元素的负元素是唯一的；

性质 3　$0\boldsymbol{\alpha}=\mathbf{0}$，$(-1)\boldsymbol{\alpha}=-\boldsymbol{\alpha}$，$k\mathbf{0}=\mathbf{0}$；

性质 4 若 $k\boldsymbol{\alpha}=\mathbf{0}$,则 $k=0$ 或 $\boldsymbol{\alpha}=\mathbf{0}$.

2. 子空间

定义 1 设 W 是线性空间 V 的非空子集合,若 W 对 V 中的两种运算封闭,则称 W 是 V 的子空间.

定义 2 设 $V(P)$ 是线性空间,$\boldsymbol{\alpha}_1,\boldsymbol{\alpha}_2,\cdots,\boldsymbol{\alpha}_m\in V$,则

$$L(\boldsymbol{\alpha}_1,\boldsymbol{\alpha}_2,\cdots,\boldsymbol{\alpha}_m)=\{k_1\boldsymbol{\alpha}_1+k_2\boldsymbol{\alpha}_2+\cdots+k_m\boldsymbol{\alpha}_m\mid k_i\in P,i=1,2,\cdots,m\}$$

是 V 的子空间,称为由 $\boldsymbol{\alpha}_1,\boldsymbol{\alpha}_2,\cdots,\boldsymbol{\alpha}_m$ 生成的子空间.

(二)线性空间的基、维数与坐标

1. 基与维数

(1)基与维数的概念

定义 1 如果线性空间 V 中有 n 个向量 $\boldsymbol{\varepsilon}_1,\boldsymbol{\varepsilon}_2,\cdots,\boldsymbol{\varepsilon}_n$ 线性无关,而 V 中任意 $n+1$ 个向量都线性相关,则称 $\boldsymbol{\varepsilon}_1,\boldsymbol{\varepsilon}_2,\cdots,\boldsymbol{\varepsilon}_n$ 为 V 的一组基,n 称为线性空间 V 的维数,记为 $\dim V=n$.

定义 2 维数为 n 的线性空间称为 n 维线性空间.

(2)基与维数的性质

性质 1 $\boldsymbol{\varepsilon}_1,\boldsymbol{\varepsilon}_2,\cdots,\boldsymbol{\varepsilon}_n$ 是 V 的一组基的充要条件是 $\boldsymbol{\varepsilon}_1,\boldsymbol{\varepsilon}_2,\cdots,\boldsymbol{\varepsilon}_n$ 线性无关,且 V 中任意一个向量可由它们线性表出.

性质 2 n 维线性空间 V 中任意 n 个线性无关的向量都是 V 的一组基.

定理 设 V 是 n 维线性空间,W 是 V 的 m 维子空间,且 $\boldsymbol{\alpha}_1,\boldsymbol{\alpha}_2,\cdots,\boldsymbol{\alpha}_m$ 是 W 的一组基,则 $\boldsymbol{\alpha}_1,\boldsymbol{\alpha}_2,\cdots,\boldsymbol{\alpha}_m$ 可以扩充为 V 的基,即在 $\boldsymbol{\alpha}_1,\boldsymbol{\alpha}_2,\cdots,\boldsymbol{\alpha}_m$ 的基础上可以添加 $n-m$ 个向量成为 V 的一组基.

2. 坐标

定义 设 $\boldsymbol{\varepsilon}_1,\boldsymbol{\varepsilon}_2,\cdots,\boldsymbol{\varepsilon}_n$ 是 V 的一组基,$\boldsymbol{\alpha}\in V$,且 $\boldsymbol{\alpha}=a_1\boldsymbol{\varepsilon}_1+a_2\boldsymbol{\varepsilon}_2+\cdots+a_n\boldsymbol{\varepsilon}_n$,则称有序组 $(a_1,a_2,\cdots,a_n)$ 为 $\boldsymbol{\alpha}$ 在基 $\boldsymbol{\varepsilon}_1,\boldsymbol{\varepsilon}_2,\cdots,\boldsymbol{\varepsilon}_n$ 下的坐标.

3. 基变换与坐标变换

(1)基变换

定义 设向量组 $\boldsymbol{\alpha}_1,\boldsymbol{\alpha}_2,\cdots,\boldsymbol{\alpha}_n$ 与 $\boldsymbol{\beta}_1,\boldsymbol{\beta}_2,\cdots,\boldsymbol{\beta}_n$ 是线性空间 V 的两组基,且有

$$\begin{cases}\boldsymbol{\beta}_1=a_{11}\boldsymbol{\alpha}_1+a_{21}\boldsymbol{\alpha}_2+\cdots+a_{n1}\boldsymbol{\alpha}_n,\\\boldsymbol{\beta}_2=a_{12}\boldsymbol{\alpha}_1+a_{22}\boldsymbol{\alpha}_2+\cdots+a_{n2}\boldsymbol{\alpha}_n,\\\qquad\cdots\cdots\cdots\cdots\\\boldsymbol{\beta}_n=a_{1n}\boldsymbol{\alpha}_1+a_{2n}\boldsymbol{\alpha}_2+\cdots+a_{nn}\boldsymbol{\alpha}_n,\end{cases}$$

简记为

$$(\boldsymbol{\beta}_1,\boldsymbol{\beta}_2,\cdots,\boldsymbol{\beta}_n)=(\boldsymbol{\alpha}_1,\boldsymbol{\alpha}_2,\cdots,\boldsymbol{\alpha}_n)\boldsymbol{A},\qquad\qquad(7-1)$$

其中

$$\boldsymbol{A}=\begin{pmatrix}a_{11}&a_{12}&\cdots&a_{1n}\\a_{21}&a_{22}&\cdots&a_{2n}\\\vdots&\vdots&&\vdots\\a_{n1}&a_{n2}&\cdots&a_{nn}\end{pmatrix}.$$

（7—1）式称为从基 $\pmb{\alpha}_1,\pmb{\alpha}_2,\cdots,\pmb{\alpha}_n$ 到基 $\pmb{\beta}_1,\pmb{\beta}_2,\cdots,\pmb{\beta}_n$ 的基变换式,矩阵 $\pmb{A}$ 称为从基 $\pmb{\alpha}_1,$ $\pmb{\alpha}_2,\cdots,\pmb{\alpha}_n$ 到基 $\pmb{\beta}_1,\pmb{\beta}_2,\cdots,\pmb{\beta}_n$ 的过渡矩阵.

（2）坐标变换

定义 设 V 中向量 $\pmb{\alpha}$ 在基 $\pmb{\alpha}_1,\pmb{\alpha}_2,\cdots,\pmb{\alpha}_n$ 与基 $\pmb{\beta}_1,\pmb{\beta}_2,\cdots,\pmb{\beta}_n$ 下的坐标分别为 $(a_1,$ $a_2,\cdots,a_n)$ 与 $(b_1,b_2,\cdots,b_n)$,则有

$$(a_1,a_2,\cdots,a_n)^{\top}=\pmb{A}(b_1,b_2,\cdots,b_n)^{\top} \text{ 或 } (b_1,b_2,\cdots,b_n)^{\top}=\pmb{A}^{-1}(a_1,a_2,\cdots,a_n)^{\top},$$

$$(7-2)$$

其中 $\pmb{A}$ 是从基 $\pmb{\alpha}_1,\pmb{\alpha}_2,\cdots,\pmb{\alpha}_n$ 到基 $\pmb{\beta}_1,\pmb{\beta}_2,\cdots,\pmb{\beta}_n$ 的过渡矩阵,（7—2）式称为 $\pmb{\alpha}$ 在两组基下的坐标变换式.

（三）欧氏空间

1. 内积

定义 设 $(V,\pmb{R},+,\cdot)$ 是线性空间,若 V 中任意两个元素 $\pmb{\alpha},\pmb{\beta}$ 可进行某种运算,将这种运算记为 $(\pmb{\alpha},\pmb{\beta})$,其运算结果是一个实数,且运算满足以下条件:

1° $(\pmb{\alpha},\pmb{\beta})=(\pmb{\beta},\pmb{\alpha})$;

2° $(\pmb{\alpha}+\pmb{\beta},\pmb{\gamma})=(\pmb{\alpha},\pmb{\gamma})+(\pmb{\beta},\pmb{\gamma})$;

3° $(\pmb{\alpha},\pmb{\alpha})\geqslant 0$,当且仅当 $\pmb{\alpha}=\pmb{0}$ 时等号成立,

则称 $(\pmb{\alpha},\pmb{\beta})$ 为线性空间 $(V,\pmb{R},+,\cdot)$ 的一个内积.

定义了内积的实线性空间称为欧氏空间.

2. 内积的性质

定义 设 $(V,\pmb{R},+,\cdot)$ 是欧氏空间,则

$$\|\pmb{\alpha}\|=\sqrt{(\pmb{\alpha},\pmb{\alpha})} \quad (\pmb{\alpha}\in V)$$

称为向量 $\pmb{\alpha}$ 的模（长度或范数）.

柯西不等式 $|(\pmb{\alpha},\pmb{\beta})|\leqslant\|\pmb{\alpha}\|\cdot\|\pmb{\beta}\|$.

三角不等式 $\|\pmb{\alpha}+\pmb{\beta}\|\leqslant\|\pmb{\alpha}\|+\|\pmb{\beta}\|$.

3. 标准正交基

定义 设 $\pmb{\alpha}_1,\pmb{\alpha}_2,\cdots,\pmb{\alpha}_n$ 是欧氏空间 $V(\pmb{R})$ 的一组基,且满足

1° $(\pmb{\alpha}_i,\pmb{\alpha}_j)=0 \quad (i\neq j)$;

2° $\|\pmb{\alpha}_i\|=1 \quad (i=1,2,\cdots,n)$,

则称 $\pmb{\alpha}_1,\pmb{\alpha}_2,\cdots,\pmb{\alpha}_n$ 为欧氏空间 $V(\pmb{R})$ 的一组标准（规范）正交基.

（四）线性变换

1. 线性变换的概念与性质

（1）线性变换的概念

定义 1 设 V 是数域 P 上的线性空间,σ 是从 V 到 V 的一个映射,且满足

1° $\sigma(\pmb{\alpha}+\pmb{\beta})=\sigma(\pmb{\alpha})+\sigma(\pmb{\beta}), \quad \forall \pmb{\alpha},\pmb{\beta}\in V$,

2° $\sigma(k\pmb{\alpha})=k\sigma(\pmb{\alpha}), \quad \forall k\in P, \quad \pmb{\alpha}\in V$,

则称 σ 为线性空间 V 的线性变换.

定义 2 若线性变换 σ 是 V 到自身的 1—1 映射,则称 σ 为可逆线性变换.

（2）线性变换的性质

性质 1 $\sigma(\mathbf{0})=\mathbf{0}, \sigma(-\boldsymbol{\alpha})=-\sigma(\boldsymbol{\alpha})$；

性质 2 $\sigma(k_1\boldsymbol{\alpha}_1+k_2\boldsymbol{\alpha}_2+\cdots+k_s\boldsymbol{\alpha}_s)=k_1\sigma(\boldsymbol{\alpha}_1)+k_2\sigma(\boldsymbol{\alpha}_2)+\cdots+k_s\sigma(\boldsymbol{\alpha}_s)$；

性质 3 若 $\boldsymbol{\alpha}_1,\boldsymbol{\alpha}_2,\cdots,\boldsymbol{\alpha}_s$ 线性相关,则 $\sigma(\boldsymbol{\alpha}_1),\sigma(\boldsymbol{\alpha}_2),\cdots,\sigma(\boldsymbol{\alpha}_s)$ 也线性相关；

性质 4 若 σ 是可逆线性变换,则 $\boldsymbol{\alpha}_1,\boldsymbol{\alpha}_2,\cdots,\boldsymbol{\alpha}_s$ 线性相关的充要条件是 $\sigma(\boldsymbol{\alpha}_1),\sigma(\boldsymbol{\alpha}_2),\cdots,\sigma(\boldsymbol{\alpha}_s)$ 线性相关.

2. 线性变换的运算

定义 设 σ,τ 是数域 P 上线性空间 $V(P)$ 的线性变换, $k\in P$,规定

1° $(\sigma+\tau)\boldsymbol{\alpha}=\sigma(\boldsymbol{\alpha})+\tau(\boldsymbol{\alpha})$；

2° $(k\sigma)\boldsymbol{\alpha}=k\sigma(\boldsymbol{\alpha})$；

3° $(\sigma\tau)\boldsymbol{\alpha}=\sigma(\tau(\boldsymbol{\alpha}))$.

以上运算分别称为线性变换的加法、数乘与乘法. $\sigma+\tau,k\sigma,\sigma\tau$ 也是线性变换.

3. 线性变换的矩阵

（1）线性变换的矩阵的概念

定义 设 $\boldsymbol{\alpha}_1,\boldsymbol{\alpha}_2,\cdots,\boldsymbol{\alpha}_n$ 是线性空间 $V(P)$ 的一组基, σ 是 $V(P)$ 的线性变换,且
$$(\sigma(\boldsymbol{\alpha}_1),\sigma(\boldsymbol{\alpha}_2),\cdots,\sigma(\boldsymbol{\alpha}_n))=(\boldsymbol{\alpha}_1,\boldsymbol{\alpha}_2,\cdots,\boldsymbol{\alpha}_n)\boldsymbol{A},$$
则矩阵 $\boldsymbol{A}$ 称为 σ 在基 $\boldsymbol{\alpha}_1,\boldsymbol{\alpha}_2,\cdots,\boldsymbol{\alpha}_n$ 下的矩阵.

（2）线性变换的矩阵的性质

定理 1 设 σ,τ 是线性空间 $V(P)$ 的线性变换, $\boldsymbol{\alpha}_1,\boldsymbol{\alpha}_2,\cdots,\boldsymbol{\alpha}_n$ 是 $V(P)$ 的一组基, σ,τ 在这组基下的矩阵分别是 $\boldsymbol{A},\boldsymbol{B}$,则在这一组基下

1° $\sigma+\tau$ 的矩阵为 $\boldsymbol{A}+\boldsymbol{B}$；

2° $k\sigma$ 的矩阵为 $k\boldsymbol{A}$；

3° $\sigma\tau$ 的矩阵为 $\boldsymbol{AB}$；

4° σ 是可逆线性变换的充要条件是 $\boldsymbol{A}$ 为可逆矩阵.

定理 2 设 $\boldsymbol{\alpha}_1,\boldsymbol{\alpha}_2,\cdots,\boldsymbol{\alpha}_n$ 与 $\boldsymbol{\beta}_1,\boldsymbol{\beta}_2,\cdots,\boldsymbol{\beta}_n$ 是线性空间 V 的两组基,从 $\boldsymbol{\alpha}_1,\boldsymbol{\alpha}_2,\cdots,\boldsymbol{\alpha}_n$ 到 $\boldsymbol{\beta}_1,\boldsymbol{\beta}_2,\cdots,\boldsymbol{\beta}_n$ 的过渡矩阵是 $\boldsymbol{P}$,线性变换 σ 在这两组基下的矩阵分别是 $\boldsymbol{A}$ 与 $\boldsymbol{B}$,则
$$\boldsymbol{B}=\boldsymbol{P}^{-1}\boldsymbol{A}\boldsymbol{P}.$$

定理 3 设 $\boldsymbol{\alpha}_1,\boldsymbol{\alpha}_2,\cdots,\boldsymbol{\alpha}_n$ 是线性空间 $V(P)$ 的一组基,如果 $V(P)$ 的两个线性变换 σ 和 τ 关于这组基的像相同,则 $\sigma=\tau$.

 典型例题

（一）选择题

例 1 按通常数域 P 上矩阵的加法和数乘运算,下列数域 P 上的非空方阵集合 V 不构成数域 P 上的线性空间的是（   ）.

（A）全体 n 阶实对称矩阵构成的非空集合 V

（B）全体 n 阶实下三角形矩阵构成的非空集合 V

（C）全体迹为零的 n 阶实矩阵构成的非空集合 V

（D）全体 n 阶实对称和反称矩阵构成的非空集合 V

分析　要判断一非空集合是线性空间可以直接用线性空间的定义来判断,首先判定 V 中元素对运算是否封闭,然后判定 V 是否满足线性空间定义中的八条运算规则.

（A）中,对任意的 $\boldsymbol{A},\boldsymbol{B}\in V$,　$\boldsymbol{A}^{\mathrm{T}}=\boldsymbol{A},\boldsymbol{B}^{\mathrm{T}}=\boldsymbol{B}$,所以 $(\boldsymbol{A}+\boldsymbol{B})^{\mathrm{T}}=\boldsymbol{A}^{\mathrm{T}}+\boldsymbol{B}^{\mathrm{T}}=\boldsymbol{A}+\boldsymbol{B}$ $\in V$.对任意的 $k\in P,\boldsymbol{A}\in V$,则 $(k\boldsymbol{A})^{\mathrm{T}}=k\boldsymbol{A}^{\mathrm{T}}=k\boldsymbol{A}\in V$,即 V 中元素对加法和数乘运算封闭.又因为通常数域上的矩阵的加法和数乘运算满足线性空间定义中的八条规则,所以全体 n 阶实对称矩阵构成的非空集合 V 是线性空间.

（B）中,同理可知全体 n 阶实下三角形矩阵组成的非空集合 V 构成线性空间.

（C）中,对任意的 $\boldsymbol{A}=(a_{ij}),\boldsymbol{B}=(b_{ij})\in V$,$\mathrm{tr}(\boldsymbol{A})=\sum_{i=1}^{n}a_{ii}=0,\mathrm{tr}(\boldsymbol{B})=\sum_{i=1}^{n}b_{ii}=0$,则

$$\mathrm{tr}(\boldsymbol{A}+\boldsymbol{B})=\sum_{i=1}^{n}(a_{ii}+b_{ii})=\sum_{i=1}^{n}a_{ii}+\sum_{i=1}^{n}b_{ii}=0,$$

$$\mathrm{tr}(k\boldsymbol{A})=\sum_{i=1}^{n}ka_{ii}=k\sum_{i=1}^{n}a_{ii}=0,$$

所以有 $\boldsymbol{A}+\boldsymbol{B}\in V,k\boldsymbol{A}\in V$,即 V 中元素对运算封闭.容易验证运算满足定义中的八条规则,所以全体迹为零的 n 阶实矩阵构成的非空集合 V 是线性空间.

（D）中,对任意的 $\boldsymbol{A},\boldsymbol{B}\in V$ 且 $\boldsymbol{A}^{\mathrm{T}}=\boldsymbol{A},\boldsymbol{B}^{\mathrm{T}}=-\boldsymbol{B}$,则 $(\boldsymbol{A}+\boldsymbol{B})^{\mathrm{T}}=\boldsymbol{A}^{\mathrm{T}}+\boldsymbol{B}^{\mathrm{T}}=\boldsymbol{A}-\boldsymbol{B}$,既不等于 $\boldsymbol{A}+\boldsymbol{B}$,又不等于 $-(\boldsymbol{A}+\boldsymbol{B})$,所以 $\boldsymbol{A}+\boldsymbol{B}\notin V$,即集合中的元素对加法运算是不封闭的,故全体 n 阶实对称和反称矩阵构成的非空集合 V 不构成线性空间.

答案　（D）.

例 2　下列集合是 $\mathbf{R}^{n}$ 的线性子空间的是(　　).

（A）$V=\left\{\boldsymbol{X}=(x_{1},x_{2},\cdots,x_{n})^{\mathrm{T}}\mid\sum_{i=1}^{n}x_{i}=0\right\}$

（B）$V=\left\{\boldsymbol{X}=(x_{1},x_{2},\cdots,x_{n})^{\mathrm{T}}\mid x_{i}\geqslant0,i=1,\cdots,n\right\}$

（C）$V=\left\{\boldsymbol{X}=(x_{1},x_{2},\cdots,x_{n})^{\mathrm{T}}\mid\prod_{i=1}^{n}x_{i}=0\right\}$

（D）$V=\left\{\boldsymbol{X}=(x_{1},x_{2},\cdots,x_{n})^{\mathrm{T}}\mid\sum_{i=1}^{n}x_{i}=1\right\}$

分析　判定线性空间的子集合是不是线性空间只需要验证子集合对加法和数乘运算是否封闭即可.

（A）中,对任意的 $\boldsymbol{X}=(x_{1},x_{2},\cdots,x_{n})^{\mathrm{T}},\boldsymbol{Y}=(y_{1},y_{2},\cdots,y_{n})^{\mathrm{T}}\in V$,有

$\boldsymbol{X}+\boldsymbol{Y}=(x_{1}+y_{1},x_{2}+y_{2},\cdots,x_{n}+y_{n})^{\mathrm{T}}$,　$k\boldsymbol{X}=(kx_{1},kx_{2},\cdots,kx_{n})^{\mathrm{T}}$,

且

$$\sum_{i=1}^{n}(x_{i}+y_{i})=\sum_{i=1}^{n}x_{i}+\sum_{i=1}^{n}y_{i}=0,\qquad\sum_{i=1}^{n}kx_{i}=k\sum_{i=1}^{n}x_{i}=0,$$

即 $\boldsymbol{X}+\boldsymbol{Y},k\boldsymbol{X}\in V$,所以 V 是 $\mathbf{R}^{n}$ 的线性子空间.

(B) 中，集合 V 中没有负元素，所以不构成线性空间，故 V 不是 $\mathbf{R}^n$ 的线性子空间.

(C) 中，设 $\boldsymbol{X}=(1,0,1,\cdots,1)^{\mathrm{T}}$，$\boldsymbol{Y}=(0,1,1,\cdots,1)^{\mathrm{T}}\in V$，但 $\boldsymbol{X}+\boldsymbol{Y}=(1,1,2,\cdots,2)^{\mathrm{T}}\notin V$，所以不构成线性空间，故 V 不是 $\mathbf{R}^n$ 的线性子空间.

(D) 中，V 的元素不满足数乘运算，所以不构成线性空间，即 V 不是 $\mathbf{R}^n$ 的线性子空间.

答案 (A).

例 3 设 V 为复数域上的全体 n 维向量构成的集合，则 V 作为实数域上的线性空间，其维数为( ).

(A) 2　　　　　　(B) n　　　　　　(C) $2n$　　　　　　(D) n^2

分析 很容易证明 V 中的 $2n$ 个向量

$$\boldsymbol{\varepsilon}_1=(1,0,\cdots,0)^{\mathrm{T}},\quad \boldsymbol{\varepsilon}_2=(0,1,\cdots,0)^{\mathrm{T}},\cdots,\quad \boldsymbol{\varepsilon}_n=(0,0,\cdots,1)^{\mathrm{T}},$$
$$\boldsymbol{\eta}_1=(\mathrm{i},0,\cdots,0)^{\mathrm{T}},\quad \boldsymbol{\eta}_2=(0,\mathrm{i},\cdots,0)^{\mathrm{T}},\cdots,\quad \boldsymbol{\eta}_n=(0,0,\cdots,\mathrm{i})^{\mathrm{T}}$$

构成一组基.

答案 (C).

例 4 已知三维线性空间的一组基为 $\boldsymbol{\alpha}_1=(1,1,0)^{\mathrm{T}}$，$\boldsymbol{\alpha}_2=(1,0,1)^{\mathrm{T}}$，$\boldsymbol{\alpha}_3=(0,1,1)^{\mathrm{T}}$，则向量 $\boldsymbol{\beta}=(2,0,0)^{\mathrm{T}}$ 在上述基下的坐标为( ).

(A) $(2,0,0)^{\mathrm{T}}$　　(B) $(1,-1,1)^{\mathrm{T}}$　　(C) $(1,1,-1)^{\mathrm{T}}$　　(D) $(-1,1,1)^{\mathrm{T}}$

分析 根据定义，求向量在一组基下的坐标实质上是求解方程组.

设向量 $\boldsymbol{\beta}$ 在基 $\boldsymbol{\alpha}_1,\boldsymbol{\alpha}_2,\boldsymbol{\alpha}_3$ 下的坐标为 $(x_1,x_2,x_3)^{\mathrm{T}}$，则 $\boldsymbol{\beta}=x_1\boldsymbol{\alpha}_1+x_2\boldsymbol{\alpha}_2+x_3\boldsymbol{\alpha}_3$，即

$$\begin{bmatrix}1&1&0\\1&0&1\\0&1&1\end{bmatrix}\begin{bmatrix}x_1\\x_2\\x_3\end{bmatrix}=\begin{bmatrix}2\\0\\0\end{bmatrix},$$

解此方程组得 $(x_1,x_2,x_3)^{\mathrm{T}}=(1,1,-1)^{\mathrm{T}}$.

答案 (C).

例 5 设 $\boldsymbol{\alpha}=(a_1,a_2)$，$\boldsymbol{\beta}=(b_1,b_2)$ 是线性空间 $\mathbf{R}^2$ 中的任意两个向量.下列运算是 $\mathbf{R}^2$ 的内积的是( ).

(A) $(\boldsymbol{\alpha},\boldsymbol{\beta})=a_1b_2+a_2b_1$　　　　　　(B) $(\boldsymbol{\alpha},\boldsymbol{\beta})=a_1b_1-a_2b_2$

(C) $(\boldsymbol{\alpha},\boldsymbol{\beta})=3a_1b_1+5a_2b_2$　　　　　　(D) $(\boldsymbol{\alpha},\boldsymbol{\beta})=a_1b_1+a_2b_2+1$

分析 根据内积定义中的三个条件来判断其是否为内积.

(A) 中，取 $\boldsymbol{\alpha}=(1,-1)$，则 $(\boldsymbol{\alpha},\boldsymbol{\alpha})=-2<0$，因此不是内积；

(B) 中，取 $\boldsymbol{\alpha}=(1,2)$，则 $(\boldsymbol{\alpha},\boldsymbol{\alpha})=-3<0$，因此不是内积；

(C) 中，因为

$$(\boldsymbol{\beta},\boldsymbol{\alpha})=3b_1a_1+5b_2a_2=(\boldsymbol{\alpha},\boldsymbol{\beta}).$$

设 $\boldsymbol{\gamma}=(c_1,c_2)$，则

$$\begin{aligned}(\boldsymbol{\alpha}+\boldsymbol{\beta},\boldsymbol{\gamma})&=3(a_1+b_1)c_1+5(a_2+b_2)c_2\\&=(3a_1c_1+5a_2c_2)+(3b_1c_1+5b_2c_2)\\&=(\boldsymbol{\alpha},\boldsymbol{\gamma})+(\boldsymbol{\beta},\boldsymbol{\gamma}),\end{aligned}$$

当 $\boldsymbol{\alpha}=(a_1,a_2)\neq0$ 时，即 a_1,a_2 不全为 0 时，

$$(\boldsymbol{\alpha},\boldsymbol{\alpha})=3a_1^2+5a_2^2>0.$$

因此是内积.

(D) 中,当 $\boldsymbol{\alpha}=\boldsymbol{0}$ 时,$(\boldsymbol{\alpha},\boldsymbol{\alpha})=1\neq0$,因此不是内积.

答案 (C).

例 6 下列映射中,( )是线性变换.

(A) 在 $\mathbf{R}^3$ 中,$\sigma(x_1,x_2,x_3)=(1,x_1x_2x_3,1)$

(B) $\sigma:\mathbf{C}[a,b]\to\mathbf{C}[a,b],\sigma(f(x))=\int_a^x f(t)\sin t\,\mathrm{d}t,\forall f(x)\in\mathbf{C}[a,b]$

(C) 把复数域 $\mathbf{C}$ 看成是复数域上的线性空间,$\sigma(\boldsymbol{X})=\overline{X},\forall \boldsymbol{X}\in\mathbf{C}$

(D) 在 $\mathbf{R}^{n\times n}$ 中,对任意的 $\boldsymbol{A}\in\mathbf{R}^{n\times n},\sigma(\boldsymbol{A})=\boldsymbol{B}$,其中 $\boldsymbol{B}$ 为 $\mathbf{R}^{n\times n}$ 中一个固定的非零矩阵.

分析 要验证映射 σ 为线性变换,只需验证 σ 保持加法及数乘运算,而要验证 σ 不是线性变换,只需举一个反例即可.

(A)中,假定 $k\neq1$,则 $\sigma(kx_1,kx_2,kx_3)=(1,k^3x_1x_2x_3,1)\neq k(1,x_1x_2x_3,1)=k\sigma(x_1,x_2,x_3)$,因此不是线性变换.

(B)中,容易验证是线性变换.

(C)中,取 $k=\mathrm{i},\boldsymbol{X}=1$,则 $\sigma(k\boldsymbol{X})=\sigma(\mathrm{i})=-\mathrm{i}\neq\mathrm{i}=k\sigma(\boldsymbol{X})$,因此不是线性变换.

(D)中,$\sigma(\boldsymbol{M}+\boldsymbol{N})=\boldsymbol{B}\neq2\boldsymbol{B}=\sigma(\boldsymbol{M})+\sigma(\boldsymbol{N})$,因此不是线性变换.

答案 (B).

例 7 在 $\mathbf{R}^3$ 中,取基 $\boldsymbol{\alpha}_1=(-1,0,-2)^\top,\boldsymbol{\alpha}_2=(0,1,2)^\top,\boldsymbol{\alpha}_3=(1,2,5)^\top$.线性变换 σ 使得

$$\sigma(\boldsymbol{\alpha}_1)=(2,0,-1)^\top,\quad \sigma(\boldsymbol{\alpha}_2)=(0,0,1)^\top,\quad \sigma(\boldsymbol{\alpha}_3)=(0,1,2)^\top.$$

σ 在基 $\boldsymbol{\alpha}_1,\boldsymbol{\alpha}_2,\boldsymbol{\alpha}_3$ 下的矩阵为( ).

(A) $\begin{pmatrix} 2 & 0 & 0 \\ 0 & 0 & 1 \\ -1 & 1 & 2 \end{pmatrix}$ (B) $\begin{pmatrix} 2 & 0 & -1 \\ 0 & 0 & 1 \\ 0 & 1 & 2 \end{pmatrix}$.

(C) $\begin{pmatrix} 1 & 0 & 0 \\ 0 & 1 & 0 \\ 1 & 2 & 0 \end{pmatrix}$ (D) $\begin{pmatrix} 3 & -1 & 0 \\ -10 & 2 & 1 \\ 5 & -1 & 0 \end{pmatrix}$

分析 设 σ 在基 $\boldsymbol{\alpha}_1,\boldsymbol{\alpha}_2,\boldsymbol{\alpha}_3$ 下的矩阵为 $\boldsymbol{A}$,由定义知

$$\sigma(\boldsymbol{\alpha}_1,\boldsymbol{\alpha}_2,\boldsymbol{\alpha}_3)=(\boldsymbol{\alpha}_1,\boldsymbol{\alpha}_2,\boldsymbol{\alpha}_3)\boldsymbol{A},$$

即

$$\begin{pmatrix} 2 & 0 & 0 \\ 0 & 0 & 1 \\ -1 & 1 & 2 \end{pmatrix}=\begin{pmatrix} -1 & 0 & 1 \\ 0 & 1 & 2 \\ -2 & 2 & 5 \end{pmatrix}\boldsymbol{A}.$$

因此,

$$\boldsymbol{A}=\begin{pmatrix} -1 & 0 & 1 \\ 0 & 1 & 2 \\ -2 & 2 & 5 \end{pmatrix}^{-1}\begin{pmatrix} 2 & 0 & 0 \\ 0 & 0 & 1 \\ -1 & 1 & 2 \end{pmatrix}=\begin{pmatrix} 3 & -1 & 0 \\ -10 & 2 & 1 \\ 5 & -1 & 0 \end{pmatrix}.$$

答案 (D).

例 8 下列命题错误的是(　　).

(A) 同一线性变换在不同基下的矩阵一定等价

(B) 同一线性变换在不同基下的矩阵一定合同

(C) 同一线性变换在不同基下的矩阵一定相似

(D) 不同的线性变换在同一组基下的矩阵一定不同

分析 同一线性变换在不同基下的矩阵一定相似,从而一定等价.相似的矩阵不一定合同.设 $\boldsymbol{\varepsilon}_1,\boldsymbol{\varepsilon}_2,\cdots,\boldsymbol{\varepsilon}_n$ 是 n 维线性空间 V 的一组基,σ 和 τ 是 V 的两个线性变换,它们在基 $\boldsymbol{\varepsilon}_1,\boldsymbol{\varepsilon}_2,\cdots,\boldsymbol{\varepsilon}_n$ 下的矩阵均为 $\boldsymbol{A}$,即

$$\sigma(\boldsymbol{\varepsilon}_1,\boldsymbol{\varepsilon}_2,\cdots,\boldsymbol{\varepsilon}_n)=\tau(\boldsymbol{\varepsilon}_1,\boldsymbol{\varepsilon}_2,\cdots,\boldsymbol{\varepsilon}_n)=(\boldsymbol{\varepsilon}_1,\boldsymbol{\varepsilon}_2,\cdots,\boldsymbol{\varepsilon}_n)\boldsymbol{A}.$$

对于任意的向量 $\boldsymbol{\alpha}\in V$,不妨设 $\boldsymbol{\alpha}=k_1\boldsymbol{\varepsilon}_1+k_2\boldsymbol{\varepsilon}_2+\cdots+k_n\boldsymbol{\varepsilon}_n$,则

$$\begin{aligned}
\sigma(\boldsymbol{\alpha})&=\sigma(k_1\boldsymbol{\varepsilon}_1+k_2\boldsymbol{\varepsilon}_2+\cdots+k_n\boldsymbol{\varepsilon}_n)\\
&=k_1\sigma(\boldsymbol{\varepsilon}_1)+k_2\sigma(\boldsymbol{\varepsilon}_2)+\cdots+k_n\sigma(\boldsymbol{\varepsilon}_n)\\
&=(\sigma(\boldsymbol{\varepsilon}_1),\sigma(\boldsymbol{\varepsilon}_2),\cdots,\sigma(\boldsymbol{\varepsilon}_n))(k_1,k_2,\cdots,k_n)^{\mathrm{T}}\\
&=(\boldsymbol{\varepsilon}_1,\boldsymbol{\varepsilon}_2,\cdots,\boldsymbol{\varepsilon}_n)\boldsymbol{A}(k_1,k_2,\cdots,k_n)^{\mathrm{T}},\\
\tau(\boldsymbol{\alpha})&=\tau(k_1\boldsymbol{\varepsilon}_1+k_2\boldsymbol{\varepsilon}_2+\cdots+k_n\boldsymbol{\varepsilon}_n)\\
&=k_1\tau(\boldsymbol{\varepsilon}_1)+k_2\tau(\boldsymbol{\varepsilon}_2)+\cdots+k_n\tau(\boldsymbol{\varepsilon}_n)\\
&=(\tau(\boldsymbol{\varepsilon}_1),\tau(\boldsymbol{\varepsilon}_2),\cdots,\tau(\boldsymbol{\varepsilon}_n))(k_1,k_2,\cdots,k_n)^{\mathrm{T}}\\
&=(\boldsymbol{\varepsilon}_1,\boldsymbol{\varepsilon}_2,\cdots,\boldsymbol{\varepsilon}_n)\boldsymbol{A}(k_1,k_2,\cdots,k_n)^{\mathrm{T}},
\end{aligned}$$

即 $\sigma(\boldsymbol{\alpha})=\tau(\boldsymbol{\alpha})$.由 $\boldsymbol{\alpha}$ 的任意性知,σ 和 τ 是相同的线性变换,因此不同的线性变换在同一组基下的矩阵一定不同.

答案 (B).

(二) 解答题

例 1 下列集合 V 是否构成实数域 $\mathbf{R}$ 上的线性空间?

(1) 设 $V=\{$对角线上各元之和为零的实 n 阶矩阵全体$\}$,对应矩阵的加法与数乘;

(2) 设 $V=\left\{f(x)\middle|\int_0^1 f(x)\mathrm{d}x=0\right\}$,对应通常函数的加法与数乘;

(3) 设 $V=\{n$ 阶实可逆矩阵全体$\}$,对于矩阵的加法与数乘;

(4) $V=\{(a_1,a_2)|a_1,a_2\in\mathbf{R}\}$,在 V 的元素之间定义了一种加法

$$\forall\,\boldsymbol{\alpha}=(a_1,a_2),\quad\boldsymbol{\beta}=(b_1,b_2),\quad\boldsymbol{\alpha}+\boldsymbol{\beta}=(a_1+b_1,a_2+b_2).$$

在实数域 $\mathbf{R}$ 与 V 的元素之间定义了一种数乘 $k\boldsymbol{\alpha}=(ka_1,0)$.

分析 要判定一个集合为线性空间,首先要证明该集合对两种运算(加法和数乘)是封闭的,其次要证明八条运算规则都要满足,缺一不可.但对否定一个集合是线性空间,只要证明其中一个条件不能满足就可以了.

解 (1) 任取 $\boldsymbol{A},\boldsymbol{B}\in V$,设 $a_{ii},b_{ii}(i=1,2,\cdots,n)$ 分别为矩阵 $\boldsymbol{A},\boldsymbol{B}$ 的对角元,则由题设知

$$a_{11}+a_{22}+\cdots+a_{nn}=0,\quad b_{11}+b_{22}+\cdots+b_{nn}=0.$$

设 $A+B=C$，则 C 的对角元之和为
$$(a_{11}+b_{11})+(a_{22}+b_{22})+\cdots+(a_{nn}+b_{nn})=0,$$
故有 $C\in V$.

又对任意的实数 k，kA 的对角元之和为
$$ka_{11}+ka_{22}+\cdots+ka_{nn}=k(a_{11}+a_{22}+\cdots+a_{nn})=0,$$
故有 $kA\in V$.

所以，V 对于矩阵的加法与数乘是封闭的.

又由矩阵的加法与数乘可知：

$1°$ $A+B=B+A$；

$2°$ $(A+B)+C=A+(B+C)$；

$3°$ 存在零元素 O，对任意的矩阵 $A\in V$，$A+O=A$；

$4°$ $A\in V$，存在负矩阵 $-A\in V$，使 $A+(-A)=O$；

$5°$ $1A=A$；

$6°$ $k(lA)=(kl)A$；

$7°$ $(k+l)A=kA+lA$；

$8°$ $k(A+B)=kA+kB$，

其中 $A,B,C\in V,k,l\in \mathbf{R}$.故 V 对于矩阵的加法与数乘构成实数域 $\mathbf{R}$ 上的线性空间.

（2）对任意的 $f(x),g(x)\in V,k\in \mathbf{R}$，有
$$\int_0^1\big[f(x)+g(x)\big]\mathrm{d}x=\int_0^1 f(x)\mathrm{d}x+\int_0^1 g(x)\mathrm{d}x=0+0=0,$$
$$\int_0^1 kf(x)\mathrm{d}x=k\int_0^1 f(x)\mathrm{d}x=k0=0.$$

所以，V 对于函数的加法与数乘是封闭的.

函数的加法与数乘还满足

$1°$ $f(x)+g(x)=g(x)+f(x)$；

$2°$ $(f(x)+g(x))+h(x)=f(x)+(g(x)+h(x))$；

$3°$ 零元素就是恒等于零的函数；

$4°$ $f(x)$ 的负元素是 $-f(x)$；

$5°$ $1\cdot f(x)=f(x)$；

$6°$ $k(lf(x))=(kl)f(x)$；

$7°$ $(k+l)f(x)=kf(x)+lf(x)$；

$8°$ $k(f(x)+g(x))=kf(x)+kg(x)$，

其中 $f(x),g(x),h(x)\in V,k,l\in \mathbf{R}$.故 V 是实数域 $\mathbf{R}$ 上的线性空间.

（3）集合 V 中不存在零元素 O，使得 $\forall A\in V,O+A=A$，故 V 不是 $\mathbf{R}$ 上的线性空间.

（4）可以验证 V 对于这两种运算都是封闭的，且八条运算规律中的 $1°$—$4°$ 条都满足，但是 $1\cdot \boldsymbol{\alpha}=(1\cdot a_1,0)=(a_1,0)\neq \boldsymbol{\alpha}$，故 V 不是 $\mathbf{R}$ 上的线性空间.

例 2   按几何向量的加法与数乘运算，检验下列各集合是否构成实数域上的线性空间？

（1）空间中与已知向量 $\boldsymbol{\xi}$ 平行的全体向量以及零向量构成的集合 V；

（2）空间中与已知向量 $\boldsymbol{\xi}$ 不平行的全体向量构成的集合 V；

（3）起点在原点，终点在一条直线上的空间向量的全体构成的集合 V.

解 （1）设 $\boldsymbol{\alpha},\boldsymbol{\beta}\in V$，则 $\boldsymbol{\alpha}+\boldsymbol{\beta}$ 与 $k\boldsymbol{\alpha}$ 或是零向量或仍与 $\boldsymbol{\xi}$ 平行，从而 $\boldsymbol{\alpha}+\boldsymbol{\beta}$ 与 $k\boldsymbol{\alpha}$ 属于 V.显然，V 满足线性空间定义中的其他条件，因此 V 是线性空间.

（2）任取与 $\boldsymbol{\xi}$ 不平行的向量 $\boldsymbol{\eta}$，则 $\boldsymbol{\xi}-\boldsymbol{\eta}$ 也与 $\boldsymbol{\xi}$ 不平行，但 $(\boldsymbol{\xi}-\boldsymbol{\eta})+\boldsymbol{\eta}$ 与 $\boldsymbol{\xi}$ 平行，因此 V 构不成线性空间.

（3）如果这条直线过原点，则显然 V 构成线性空间；如果这条直线不过原点，则 V 构不成线性空间，因为它不包含零向量.

例 3 设 $P^{n\times n}=\{$数域 P 上的 n 阶矩阵全体$\}$，容易验证 $P^{n\times n}$ 对于矩阵的加法与数乘构成数域 P 上的线性空间，试讨论下列集合中，哪些可以构成 $P^{n\times n}$ 的子空间？

（1）$V_1=\{\boldsymbol{A}\mid|\boldsymbol{A}|=1\}$；　　　　　　　　（2）$V_2=\{\boldsymbol{O}\}$；

（3）$V_3=\{\boldsymbol{I}\}$；　　　　　　　　　　　　（4）$V_4=\{\boldsymbol{A}\mid\boldsymbol{A}^{\mathrm{T}}=\boldsymbol{A}\}$；

（5）$V_5=\{\boldsymbol{A}\mid\boldsymbol{A}^{\mathrm{T}}\boldsymbol{A}=\boldsymbol{I}\}$；　　　　　（6）$V_6=\{\boldsymbol{A}\mid a_{ii}=0,i=1,2,\cdots,n\}$.

分析 要判定线性空间的子集合是否能构成线性子空间，我们不需要一一验证子集合满足八条规则，而只需要验证其对加法与数乘运算封闭即可.

解 （1）V_1 对矩阵的加法与数乘运算都不封闭，比如，对数 0 及任意的 $\boldsymbol{A}\in V_1$，$|0\boldsymbol{A}|=0,0\boldsymbol{A}\notin V_1$.

（2）显然 V_2 对矩阵的加法与数乘运算是封闭的，故 V_2 是 $P^{n\times n}$ 的子空间，这是一个特殊的子空间，称为零子空间.

（3）V_3 只含一个元素即单位矩阵 $\boldsymbol{I}$，显然单位矩阵 $\boldsymbol{I}$ 对矩阵的加法与数乘运算都不封闭，且 V_3 也不含零元素，故 V_3 不是 $P^{n\times n}$ 的子空间.

（4）任取 $\boldsymbol{A},\boldsymbol{B}\in V_4$，则 $\boldsymbol{A}^{\mathrm{T}}=\boldsymbol{A}$，$\boldsymbol{B}^{\mathrm{T}}=\boldsymbol{B}$，因此

$$(\boldsymbol{A}+\boldsymbol{B})^{\mathrm{T}}=\boldsymbol{A}^{\mathrm{T}}+\boldsymbol{B}^{\mathrm{T}}=\boldsymbol{A}+\boldsymbol{B}\in V_4,\quad(k\boldsymbol{A})^{\mathrm{T}}=k\boldsymbol{A}^{\mathrm{T}}=k\boldsymbol{A}\in V_4,$$

故 V_4 是 $P^{n\times n}$ 的子空间.

（5）V_5 对矩阵的数乘运算不封闭的，例如，对任意的 $\boldsymbol{A}\in V_5$，$0\boldsymbol{A}=\boldsymbol{O}\notin V_5$，故 V_5 不是 $P^{n\times n}$ 的子空间.

（6）任取 $\boldsymbol{A},\boldsymbol{B}\in V_6$，根据题设有 $a_{ii}=b_{ii}=0(i=1,2,\cdots,n)$，则

$$a_{ii}+b_{ii}=0(i=1,2,\cdots,n).$$

所以 $\boldsymbol{A}+\boldsymbol{B}\in V_6$，同时 $ka_{ii}=0(i=1,2,\cdots,n)$，故 $k\boldsymbol{A}\in V_6$，所以 V_6 对于 $P^{n\times n}$ 的加法与数乘运算都是封闭的，即 V_6 是 $P^{n\times n}$ 的子空间.

例 4 设 $\boldsymbol{A}$ 为一固定的 n 阶实对称矩阵，$W=\{\boldsymbol{X}\in\mathbf{R}^n\mid\boldsymbol{X}\boldsymbol{A}\boldsymbol{X}^{\mathrm{T}}=0\}$.当 W 满足什么条件时，其构成 $\mathbf{R}^n$ 的子空间？

解 显然 $\boldsymbol{O}\in W$.其次，若 $\boldsymbol{X}\in W$，即 $\boldsymbol{X}\boldsymbol{A}\boldsymbol{X}^{\mathrm{T}}=0$，则对于任意的实数 $k\in\mathbf{R}$，有

$$(k\boldsymbol{X})\boldsymbol{A}(k\boldsymbol{X})^{\mathrm{T}}=k^2\boldsymbol{X}\boldsymbol{A}\boldsymbol{X}^{\mathrm{T}}=0.$$

因此，W 构成子空间的条件为：对任意的 $\boldsymbol{X},\boldsymbol{Y}\in W$，$(\boldsymbol{X}+\boldsymbol{Y})\boldsymbol{A}(\boldsymbol{X}+\boldsymbol{Y})^{\mathrm{T}}=0$ 成立.等价地，

$$(\boldsymbol{X}+\boldsymbol{Y})\boldsymbol{A}(\boldsymbol{X}+\boldsymbol{Y})^{\mathrm{T}}=\boldsymbol{X}\boldsymbol{A}\boldsymbol{X}^{\mathrm{T}}+\boldsymbol{X}\boldsymbol{A}\boldsymbol{Y}^{\mathrm{T}}+\boldsymbol{Y}\boldsymbol{A}\boldsymbol{X}^{\mathrm{T}}+\boldsymbol{Y}\boldsymbol{A}\boldsymbol{Y}^{\mathrm{T}}=0.$$

因为 $\boldsymbol{A}$ 是实对称矩阵，所以 $\boldsymbol{X}\boldsymbol{A}\boldsymbol{Y}^{\mathrm{T}}=(\boldsymbol{Y}\boldsymbol{A}\boldsymbol{X}^{\mathrm{T}})^{\mathrm{T}}\in\mathbf{R}$，从而 $\boldsymbol{X}\boldsymbol{A}\boldsymbol{Y}^{\mathrm{T}}=\boldsymbol{Y}\boldsymbol{A}\boldsymbol{X}^{\mathrm{T}}$.因此，$\boldsymbol{X}\boldsymbol{A}\boldsymbol{Y}^{\mathrm{T}}=0$.所以，$W$ 构成 $\mathbf{R}^n$ 的子空间的条件为：对任意的 $\boldsymbol{X},\boldsymbol{Y}\in W$，$\boldsymbol{X}\boldsymbol{A}\boldsymbol{Y}^{\mathrm{T}}=0$.

例 5 在 $\mathbf{R}^4$ 中，求向量 $\boldsymbol{\alpha}_1,\boldsymbol{\alpha}_2,\boldsymbol{\alpha}_3,\boldsymbol{\alpha}_4$ 生成的子空间的基与维数，其中

$$\boldsymbol{\alpha}_1=(2,1,3,1), \quad \boldsymbol{\alpha}_2=(1,2,0,1), \quad \boldsymbol{\alpha}_3=(-1,1,-3,0), \quad \boldsymbol{\alpha}_4=(1,1,1,1).$$

分析 求一组向量生成的子空间实际上是求这组向量的一个最大线性无关组.最大线性无关组线性表出的所有向量构成的集合便是它们生成的子空间对应的集合.同时,最大线性无关组便是所生成的子空间的一组基,最大线性无关组中的向量的个数便是维数.

解 显然 $\boldsymbol{\alpha}_3=-\boldsymbol{\alpha}_1+\boldsymbol{\alpha}_2$,另外容易验证 $\boldsymbol{\alpha}_1,\boldsymbol{\alpha}_2,\boldsymbol{\alpha}_4$ 线性无关,所以 $\boldsymbol{\alpha}_1,\boldsymbol{\alpha}_2,\boldsymbol{\alpha}_4$ 是 $\boldsymbol{\alpha}_1,\boldsymbol{\alpha}_2,\boldsymbol{\alpha}_3,\boldsymbol{\alpha}_4$ 生成的子空间的一组基,其维数为 3.

例 6 在线性空间 $C[-\pi,\pi]$ 中,求由 $1,\cos x,\sin x,\cos 2x,\sin 2x,\cos 3x,\sin 3x,\cos 4x,\sin 4x$ 所生成的子空间的维数.

解 首先证明 $1,\cos x,\sin x,\cos 2x,\sin 2x,\cos 3x,\sin 3x,\cos 4x,\sin 4x$ 线性无关.令

$$k_0+k_1\cos x+h_1\sin x+k_2\cos 2x+h_2\sin 2x+$$
$$k_3\cos 3x+h_3\sin 3x+k_4\cos 4x+h_4\sin 4x=0.$$

首先证明 k_0,k_1,k_2,k_3,k_4 全为零.为证明 $k_0=0$,等式两边取从 $-\pi$ 至 π 的积分,得 $2\pi k_0=0$,故 $k_0=0$.

为证 k_1,k_2,k_3,k_4 全为零,等式两边同乘 $\cos ix$(如 $i=2$)后取积分得

$$\int_{-\pi}^{\pi}k_0\cos 2x\,\mathrm{d}x+\cdots+\int_{-\pi}^{\pi}k_2\cos^2 2x\,\mathrm{d}x+\cdots=0,$$

得 $\pi k_2=0$,故 $k_2=0$.

同样,等式两边同乘 $\sin ix$ 后取积分,可证 $h_i=0(i=1,2,3,4)$.故上述 9 个函数线性无关,所以由这 9 个函数生成的子空间的维数是 9.

例 7 在 $\mathbf{R}^4$ 中,求齐次线性方程组

$$\begin{cases}2x_1+\ x_2-2x_3+3x_4=0,\\3x_1+3x_2+3x_3-3x_4=0,\\3x_1+2x_2-\ x_3+2x_4=0\end{cases}$$

的解空间的基与维数.

解 先求方程组的基础解系,对系数矩阵进行行初等变换

$$\begin{bmatrix}2&1&-2&3\\3&3&3&-3\\3&2&-1&2\end{bmatrix}\rightarrow\begin{bmatrix}2&1&-2&3\\1&1&1&-1\\3&2&-1&2\end{bmatrix}\rightarrow\begin{bmatrix}0&-1&-4&5\\1&1&1&-1\\0&-1&-4&5\end{bmatrix}\rightarrow\begin{bmatrix}1&0&-3&4\\0&1&4&-5\\0&0&0&0\end{bmatrix},$$

所以原方程组等价于下面方程组

$$\begin{cases}x_1=\ 3x_3-4x_4,\\x_2=-4x_3+5x_4,\end{cases}$$

分别令 $(x_3,x_4)=(1,0),(0,1)$,得基础解系为 $\boldsymbol{\alpha}_1=(3,-4,1,0)^{\mathrm{T}},\boldsymbol{\alpha}_2=(-4,5,0,1)^{\mathrm{T}}$.

$\boldsymbol{\alpha}_1,\boldsymbol{\alpha}_2$ 就是齐次线性方程组解空间的基,解空间的维数为 2.

评注 设 $\boldsymbol{AX}=\boldsymbol{0}$ 是一个 n 元齐次线性方程组,则对于 $\boldsymbol{AX}=\boldsymbol{0}$ 的解集合 $V\subseteq\mathbf{R}^n$,任取 $\boldsymbol{\alpha}_1,\boldsymbol{\alpha}_2\in V,k\in\mathbf{R}$,都有 $\boldsymbol{\alpha}_1+\boldsymbol{\alpha}_2\in V,k\boldsymbol{\alpha}_1\in V$,故 V 是 $\mathbf{R}^n$ 的子空间,这个子空间称为齐次线性方程组 $\boldsymbol{AX}=\boldsymbol{0}$ 的解空间.若系数矩阵 $\boldsymbol{A}$ 的秩 $R(\boldsymbol{A})<n$,则 $\boldsymbol{AX}=\boldsymbol{0}$ 的基础解系由 $n-R(\boldsymbol{A})$ 个解向量组成.基础解系中的解向量是线性无关的,且解向量中任一

个向量都可由它们线性表出,所以 $AX=0$ 的基础解系就是其解空间的基,$n-R(A)$ 就是解空间的维数.

例 8 在 $\mathbf{R}^4$ 中,求向量 $\boldsymbol{\alpha}=(1,2,1,1)^{\mathrm{T}}$ 在基

$$e_1=(1,1,1,1)^{\mathrm{T}}, \quad e_2=(1,1,-1,-1)^{\mathrm{T}}, \quad e_3=(1,-1,1,-1)^{\mathrm{T}}, \quad e_4=(1,-1,-1,1)^{\mathrm{T}}$$

下的坐标.

分析 求一个向量在一组基下的坐标,本质上是求以该组基为系数矩阵的非齐次线性方程组的解.由于基中的向量线性无关,故对应的系数矩阵必然可逆,从而存在唯一解.

解 设

$$\boldsymbol{\alpha}=x_1e_1+x_2e_2+x_3e_3+x_4e_4=(e_1,e_2,e_3,e_4)\begin{pmatrix} x_1 \\ x_2 \\ x_3 \\ x_4 \end{pmatrix},$$

即有

$$\begin{cases} x_1+x_2+x_3+x_4=1, \\ x_1+x_2-x_3-x_4=2, \\ x_1-x_2+x_3-x_4=1, \\ x_1-x_2-x_3+x_4=1, \end{cases}$$

解此线性方程组可得

$$x_1=\frac{5}{4}, \quad x_2=\frac{1}{4}, \quad x_3=-\frac{1}{4}, \quad x_4=-\frac{1}{4}.$$

所以 $\boldsymbol{\alpha}$ 在基 e_1,e_2,e_3,e_4 下的坐标为

$$\left(\frac{5}{4},\frac{1}{4},-\frac{1}{4},-\frac{1}{4}\right)^{\mathrm{T}}.$$

例 9 设 V 是 $\mathbf{R}$ 上 2 阶对称矩阵按矩阵加法和数乘组成的线性空间,求矩阵

$$A=\begin{pmatrix} 4 & -11 \\ -11 & -7 \end{pmatrix}$$

在基

$$\begin{pmatrix} 1 & -2 \\ -2 & 1 \end{pmatrix}, \quad \begin{pmatrix} 2 & 1 \\ 1 & 3 \end{pmatrix}, \quad \begin{pmatrix} 4 & -1 \\ -1 & -5 \end{pmatrix}$$

下的坐标.

解 设矩阵 A 在此基下的坐标为 $(x,y,z)^{\mathrm{T}}$,则

$$\begin{pmatrix} 4 & -11 \\ -11 & -7 \end{pmatrix}=x\begin{pmatrix} 1 & -2 \\ -2 & 1 \end{pmatrix}+y\begin{pmatrix} 2 & 1 \\ 1 & 3 \end{pmatrix}+z\begin{pmatrix} 4 & -1 \\ -1 & -5 \end{pmatrix},$$

即

$$\begin{cases} x+2y+4z=4, \\ -2x+y-z=-11, \\ -2x+y-z=-11, \\ x+3y-5z=-7, \end{cases}$$

解得 $x=4,y=-2,z=1$,所以矩阵 A 在给定基下的坐标为 $(4,-2,1)^{\mathrm{T}}$.

例 10 在线性空间 $\mathbf{R}_n[x]$ 中，定义多项式

$$f_i(x)=(x-e_1)\cdots(x-e_{i-1})(x-e_{i+1})\cdots(x-e_n),\quad 1\leqslant i\leqslant n,$$

其中 $e_1,e_2,\cdots,e_n$ 为全体 n 次单位根，即 $e_i^n=1$. 可以证明 $f_1(x),f_2(x),\cdots,f_n(x)$ 构成 $\mathbf{R}_n[x]$ 的一组基. 求由基 $1,x,\cdots,x^{n-1}$ 到基 $f_1(x),f_2(x),\cdots,f_n(x)$ 的过渡矩阵.

解 对每个 i，

$$x^n-1=(x-e_1)(x-e_2)\cdots(x-e_n)=(x-e_i)f_i(x),$$

因此

$$f_i(x)=\frac{x^n-1}{x-e_i}=e_i^{n-1}+e_i^{n-2}x+\cdots+e_ix^{n-2}+x^{n-1}.$$

由此得由基 $1,x,\cdots,x^{n-1}$ 到基 $f_1(x),f_2(x),\cdots,f_n(x)$ 的过渡矩阵为

$$\begin{pmatrix} e_1^{n-1} & e_2^{n-1} & \cdots & e_n^{n-1} \\ e_1^{n-2} & e_2^{n-2} & \cdots & e_n^{n-2} \\ \vdots & \vdots & & \vdots \\ e_1 & e_2 & \cdots & e_n \\ 1 & 1 & \cdots & 1 \end{pmatrix}.$$

例 11 已知 $\mathbf{R}^3$ 的两组基为

$$\boldsymbol{\alpha}_1=(1,1,1)^{\mathrm{T}},\quad \boldsymbol{\alpha}_2=(1,0,-1)^{\mathrm{T}},\quad \boldsymbol{\alpha}_3=(1,0,1)^{\mathrm{T}},$$

$$\boldsymbol{\beta}_1=(1,2,1)^{\mathrm{T}},\quad \boldsymbol{\beta}_2=(2,3,4)^{\mathrm{T}},\quad \boldsymbol{\beta}_3=(3,4,3)^{\mathrm{T}}.$$

(1) 求基 $\boldsymbol{\alpha}_1,\boldsymbol{\alpha}_2,\boldsymbol{\alpha}_3$ 到基 $\boldsymbol{\beta}_1,\boldsymbol{\beta}_2,\boldsymbol{\beta}_3$ 的过渡矩阵；

(2) 求 $\mathbf{R}^3$ 中任一个向量 $\boldsymbol{\alpha}$ 在这两组基下的坐标之间的关系.

解 (1) 设基 $\boldsymbol{\alpha}_1,\boldsymbol{\alpha}_2,\boldsymbol{\alpha}_3$ 到基 $\boldsymbol{\beta}_1,\boldsymbol{\beta}_2,\boldsymbol{\beta}_3$ 的过渡矩阵为 $\boldsymbol{A}$，则 $(\boldsymbol{\beta}_1,\boldsymbol{\beta}_2,\boldsymbol{\beta}_3)=(\boldsymbol{\alpha}_1,\boldsymbol{\alpha}_2,\boldsymbol{\alpha}_3)\boldsymbol{A}$，于是有 $\boldsymbol{A}=(\boldsymbol{\alpha}_1,\boldsymbol{\alpha}_2,\boldsymbol{\alpha}_3)^{-1}(\boldsymbol{\beta}_1,\boldsymbol{\beta}_2,\boldsymbol{\beta}_3)$，其中

$$(\boldsymbol{\alpha}_1,\boldsymbol{\alpha}_2,\boldsymbol{\alpha}_3)^{-1}=\begin{pmatrix} 1 & 1 & 1 \\ 1 & 0 & 0 \\ 1 & -1 & 1 \end{pmatrix}^{-1}=\begin{pmatrix} 0 & 1 & 0 \\ \dfrac{1}{2} & 0 & -\dfrac{1}{2} \\ \dfrac{1}{2} & -1 & \dfrac{1}{2} \end{pmatrix}.$$

故

$$\boldsymbol{A}=\begin{pmatrix} 0 & 1 & 0 \\ \dfrac{1}{2} & 0 & -\dfrac{1}{2} \\ \dfrac{1}{2} & -1 & \dfrac{1}{2} \end{pmatrix}\begin{pmatrix} 1 & 2 & 3 \\ 2 & 3 & 4 \\ 1 & 4 & 3 \end{pmatrix}=\begin{pmatrix} 2 & 3 & 4 \\ 0 & -1 & 0 \\ -1 & 0 & -1 \end{pmatrix}.$$

(2) 设

$$\boldsymbol{\alpha}=x_1\boldsymbol{\alpha}_1+x_2\boldsymbol{\alpha}_2+x_3\boldsymbol{\alpha}_3=y_1\boldsymbol{\beta}_1+y_2\boldsymbol{\beta}_2+y_3\boldsymbol{\beta}_3$$

$$=(\boldsymbol{\alpha}_1,\boldsymbol{\alpha}_2,\boldsymbol{\alpha}_3)\begin{pmatrix} x_1 \\ x_2 \\ x_3 \end{pmatrix}=(\boldsymbol{\beta}_1,\boldsymbol{\beta}_2,\boldsymbol{\beta}_3)\begin{pmatrix} y_1 \\ y_2 \\ y_3 \end{pmatrix}=(\boldsymbol{\alpha}_1,\boldsymbol{\alpha}_2,\boldsymbol{\alpha}_3)\boldsymbol{A}\begin{pmatrix} y_1 \\ y_2 \\ y_3 \end{pmatrix},$$

所以两组坐标之间的关系式为

$$\begin{bmatrix} x_1 \\ x_2 \\ x_3 \end{bmatrix} = \boldsymbol{A} \begin{bmatrix} y_1 \\ y_2 \\ y_3 \end{bmatrix} = \begin{bmatrix} 2 & 3 & 4 \\ 0 & -1 & 0 \\ -1 & 0 & -1 \end{bmatrix} \begin{bmatrix} y_1 \\ y_2 \\ y_3 \end{bmatrix}.$$

例 12 在 $\mathbf{R}^3$ 中,求基 $\boldsymbol{\alpha}_1 = (1,0,0)^{\mathrm{T}}$, $\boldsymbol{\alpha}_2 = (1,1,0)^{\mathrm{T}}$, $\boldsymbol{\alpha}_3 = (1,1,1)^{\mathrm{T}}$ 通过过渡矩阵

$$\boldsymbol{A} = \begin{bmatrix} 1 & -1 & 0 \\ 0 & 1 & -1 \\ 0 & 0 & 1 \end{bmatrix}$$

所得到的新基 $\boldsymbol{\beta}_1, \boldsymbol{\beta}_2, \boldsymbol{\beta}_3$,并求 $\boldsymbol{\alpha} = -\boldsymbol{\alpha}_1 - 2\boldsymbol{\alpha}_2 + 5\boldsymbol{\alpha}_3$ 在基 $\boldsymbol{\beta}_1, \boldsymbol{\beta}_2, \boldsymbol{\beta}_3$ 下的坐标.

解 根据题设知

$$(\boldsymbol{\beta}_1, \boldsymbol{\beta}_2, \boldsymbol{\beta}_3) = (\boldsymbol{\alpha}_1, \boldsymbol{\alpha}_2, \boldsymbol{\alpha}_3) \begin{bmatrix} 1 & -1 & 0 \\ 0 & 1 & -1 \\ 0 & 0 & 1 \end{bmatrix} = (\boldsymbol{\alpha}_1, -\boldsymbol{\alpha}_1 + \boldsymbol{\alpha}_2, -\boldsymbol{\alpha}_2 + \boldsymbol{\alpha}_3),$$

因此 $\boldsymbol{\beta}_1 = \boldsymbol{\alpha}_1 = (1,0,0)^{\mathrm{T}}$, $\boldsymbol{\beta}_2 = -\boldsymbol{\alpha}_1 + \boldsymbol{\alpha}_2 = (0,1,0)^{\mathrm{T}}$, $\boldsymbol{\beta}_3 = -\boldsymbol{\alpha}_2 + \boldsymbol{\alpha}_3 = (0,0,1)^{\mathrm{T}}$.

由于 $\boldsymbol{\alpha} = -\boldsymbol{\alpha}_1 - 2\boldsymbol{\alpha}_2 + 5\boldsymbol{\alpha}_3 = (2,3,5)^{\mathrm{T}} = 2\boldsymbol{\beta}_1 + 3\boldsymbol{\beta}_2 + 5\boldsymbol{\beta}_3$,故 $\boldsymbol{\alpha}$ 在 $\boldsymbol{\beta}_1, \boldsymbol{\beta}_2, \boldsymbol{\beta}_3$ 的坐标为 $(2,3,5)^{\mathrm{T}}$.

例 13 设 $\boldsymbol{\varepsilon}_1, \boldsymbol{\varepsilon}_2, \boldsymbol{\varepsilon}_3, \boldsymbol{\varepsilon}_4, \boldsymbol{\varepsilon}_5$ 是 5 维欧式空间 V 的一组标准正交基,$W = L(\boldsymbol{\alpha}_1, \boldsymbol{\alpha}_2, \boldsymbol{\alpha}_3)$,其中

$$\boldsymbol{\alpha}_1 = \boldsymbol{\varepsilon}_1 + \boldsymbol{\varepsilon}_5, \quad \boldsymbol{\alpha}_2 = \boldsymbol{\varepsilon}_1 - \boldsymbol{\varepsilon}_2 + \boldsymbol{\varepsilon}_4, \quad \boldsymbol{\alpha}_3 = 2\boldsymbol{\varepsilon}_1 + \boldsymbol{\varepsilon}_2 + \boldsymbol{\varepsilon}_3,$$

求 W 的一组标准正交基.

解 容易验证 $\boldsymbol{\alpha}_1, \boldsymbol{\alpha}_2, \boldsymbol{\alpha}_3$ 线性无关,从而是 W 的一组基.先对其正交化,令

$$\boldsymbol{\beta}_1 = \boldsymbol{\alpha}_1 = \boldsymbol{\varepsilon}_1 + \boldsymbol{\varepsilon}_5,$$

$$\boldsymbol{\beta}_2 = \boldsymbol{\alpha}_2 - \frac{(\boldsymbol{\alpha}_2, \boldsymbol{\beta}_1)}{(\boldsymbol{\beta}_1, \boldsymbol{\beta}_1)} \boldsymbol{\beta}_1 = \frac{1}{2}\boldsymbol{\varepsilon}_1 - \boldsymbol{\varepsilon}_2 + \boldsymbol{\varepsilon}_4 - \frac{1}{2}\boldsymbol{\varepsilon}_5,$$

$$\boldsymbol{\beta}_3 = \boldsymbol{\alpha}_3 - \frac{(\boldsymbol{\alpha}_3, \boldsymbol{\beta}_1)}{(\boldsymbol{\beta}_1, \boldsymbol{\beta}_1)} \boldsymbol{\beta}_1 - \frac{(\boldsymbol{\alpha}_3, \boldsymbol{\beta}_2)}{(\boldsymbol{\beta}_2, \boldsymbol{\beta}_2)} \boldsymbol{\beta}_2 = \boldsymbol{\varepsilon}_1 + \boldsymbol{\varepsilon}_2 + \boldsymbol{\varepsilon}_3 - \boldsymbol{\varepsilon}_5.$$

再单位化,即得标准正交基

$$\boldsymbol{\eta}_1 = \frac{1}{\sqrt{2}}(\boldsymbol{\varepsilon}_1 + \boldsymbol{\varepsilon}_5),$$

$$\boldsymbol{\eta}_2 = \frac{1}{\sqrt{10}}(\boldsymbol{\varepsilon}_1 - 2\boldsymbol{\varepsilon}_2 + 2\boldsymbol{\varepsilon}_4 - \boldsymbol{\varepsilon}_5),$$

$$\boldsymbol{\eta}_3 = \frac{1}{2}(\boldsymbol{\varepsilon}_1 + \boldsymbol{\varepsilon}_2 + \boldsymbol{\varepsilon}_3 - \boldsymbol{\varepsilon}_5).$$

例 14 设 $\sigma(x,y) = (y,-x)$, $\tau(x,y) = (x,-y)$ 是 $\mathbf{R}^2$ 的两个线性变换,求
(1) $(\sigma + \tau)(x,y)$; (2) $(\sigma\tau)(x,y)$; (3) $(\tau\sigma)(x,y)$.

解 根据定义求出结果
(1) $(\sigma + \tau)(x,y) = \sigma(x,y) + \tau(x,y) = (y,-x) + (x,-y) = (x+y, -x-y)$;
(2) $(\sigma\tau)(x,y) = \sigma(\tau(x,y)) = \sigma(x,-y) = (-y,-x)$;
(3) $(\tau\sigma)(x,y) = \tau(\sigma(x,y)) = \tau(y,-x) = (y,x)$.

例 15 在 $\mathbf{R}^3$ 中,求 $\sigma(x_1,x_2,x_3)=(2x_1-x_2,x_2+x_3,x_3)^{\mathrm{T}}$ 在基

$$\boldsymbol{\varepsilon}_1=(1,0,0)^{\mathrm{T}},\quad \boldsymbol{\varepsilon}_2=(0,1,0)^{\mathrm{T}},\quad \boldsymbol{\varepsilon}_3=(0,0,1)^{\mathrm{T}}$$

下的矩阵.

解 因为

$$\sigma(\boldsymbol{\varepsilon}_1)=(2,0,0)^{\mathrm{T}}=2\boldsymbol{\varepsilon}_1+0\boldsymbol{\varepsilon}_2+0\boldsymbol{\varepsilon}_3,$$
$$\sigma(\boldsymbol{\varepsilon}_2)=(-1,1,0)^{\mathrm{T}}=-\boldsymbol{\varepsilon}_1+\boldsymbol{\varepsilon}_2+0\boldsymbol{\varepsilon}_3,$$
$$\sigma(\boldsymbol{\varepsilon}_3)=(0,1,1)^{\mathrm{T}}=0\boldsymbol{\varepsilon}_1+\boldsymbol{\varepsilon}_2+\boldsymbol{\varepsilon}_3,$$

所以 σ 在基 $\boldsymbol{\varepsilon}_1,\boldsymbol{\varepsilon}_2,\boldsymbol{\varepsilon}_3$ 下的矩阵为

$$\boldsymbol{A}=\begin{pmatrix} 2 & -1 & 0 \\ 0 & 1 & 1 \\ 0 & 0 & 1 \end{pmatrix}.$$

例 16 在 $\mathbf{R}^3$ 中取两组基

$$\boldsymbol{\alpha}_1=(-2,0,-1)^{\mathrm{T}},\quad \boldsymbol{\alpha}_2=(2,1,0)^{\mathrm{T}},\quad \boldsymbol{\alpha}_3=(5,2,1)^{\mathrm{T}},$$
$$\boldsymbol{\beta}_1=(-1,1,0)^{\mathrm{T}},\quad \boldsymbol{\beta}_2=(1,0,1)^{\mathrm{T}},\quad \boldsymbol{\beta}_3=(0,1,2)^{\mathrm{T}}.$$

线性变换 σ 使得

$$\sigma(\boldsymbol{\alpha}_1)=(-1,0,2)^{\mathrm{T}},\quad \sigma(\boldsymbol{\alpha}_2)=(1,0,0)^{\mathrm{T}},\quad \sigma(\boldsymbol{\alpha}_3)=(2,1,0)^{\mathrm{T}}.$$

求 σ 在基 $\boldsymbol{\beta}_1,\boldsymbol{\beta}_2,\boldsymbol{\beta}_3$ 下的矩阵.

分析 如果按定义直接写出 $\sigma(\boldsymbol{\beta}_i)$ 被基 $\boldsymbol{\beta}_1,\boldsymbol{\beta}_2,\boldsymbol{\beta}_3$ 线性表出的表达式相当麻烦,为此可以引入一组新基(通常是标准基)简化运算.

解 取基 $\boldsymbol{\varepsilon}_1=(1,0,0)^{\mathrm{T}},\boldsymbol{\varepsilon}_2=(0,1,0)^{\mathrm{T}},\boldsymbol{\varepsilon}_3=(0,0,1)^{\mathrm{T}}$,则 $(\boldsymbol{\alpha}_1,\boldsymbol{\alpha}_2,\boldsymbol{\alpha}_3)=(\boldsymbol{\varepsilon}_1,\boldsymbol{\varepsilon}_2,\boldsymbol{\varepsilon}_3)\boldsymbol{A}$,其中

$$\boldsymbol{A}=\begin{pmatrix} -2 & 2 & 5 \\ 0 & 1 & 2 \\ -1 & 0 & 1 \end{pmatrix}.$$

因此,

$$(\boldsymbol{\varepsilon}_1,\boldsymbol{\varepsilon}_2,\boldsymbol{\varepsilon}_3)=(\boldsymbol{\alpha}_1,\boldsymbol{\alpha}_2,\boldsymbol{\alpha}_3)\boldsymbol{A}^{-1}=(\boldsymbol{\alpha}_1,\boldsymbol{\alpha}_2,\boldsymbol{\alpha}_3)\begin{pmatrix} -1 & 2 & 1 \\ 2 & -3 & -4 \\ -1 & 2 & 2 \end{pmatrix}.$$

同时,$\sigma(\boldsymbol{\alpha}_1,\boldsymbol{\alpha}_2,\boldsymbol{\alpha}_3)=(\boldsymbol{\varepsilon}_1,\boldsymbol{\varepsilon}_2,\boldsymbol{\varepsilon}_3)\boldsymbol{B}$,其中

$$\boldsymbol{B}=\begin{pmatrix} -1 & 1 & 2 \\ 0 & 0 & 1 \\ 2 & 0 & 0 \end{pmatrix}.$$

又因为,$(\boldsymbol{\beta}_1,\boldsymbol{\beta}_2,\boldsymbol{\beta}_3)=(\boldsymbol{\varepsilon}_1,\boldsymbol{\varepsilon}_2,\boldsymbol{\varepsilon}_3)\boldsymbol{C}$,其中

$$\boldsymbol{C}=\begin{pmatrix} -1 & 1 & 0 \\ 1 & 0 & 1 \\ 0 & 1 & 2 \end{pmatrix},$$

所以

$$(\boldsymbol{\varepsilon}_1,\boldsymbol{\varepsilon}_2,\boldsymbol{\varepsilon}_3)=(\boldsymbol{\beta}_1,\boldsymbol{\beta}_2,\boldsymbol{\beta}_3)\boldsymbol{C}^{-1}=(\boldsymbol{\beta}_1,\boldsymbol{\beta}_2,\boldsymbol{\beta}_3)\begin{pmatrix} 1 & 2 & -1 \\ 2 & 2 & -1 \\ -1 & -1 & 1 \end{pmatrix}.$$

因此,
$$\sigma(\boldsymbol{\beta}_1,\boldsymbol{\beta}_2,\boldsymbol{\beta}_3)=\sigma(\boldsymbol{\varepsilon}_1,\boldsymbol{\varepsilon}_2,\boldsymbol{\varepsilon}_3)\boldsymbol{C}=\sigma(\boldsymbol{\alpha}_1,\boldsymbol{\alpha}_2,\boldsymbol{\alpha}_3)\boldsymbol{A}^{-1}\boldsymbol{C}=(\boldsymbol{\varepsilon}_1,\boldsymbol{\varepsilon}_2,\boldsymbol{\varepsilon}_3)\boldsymbol{B}\boldsymbol{A}^{-1}\boldsymbol{C}$$
$$=(\boldsymbol{\beta}_1,\boldsymbol{\beta}_2,\boldsymbol{\beta}_3)\boldsymbol{C}^{-1}\boldsymbol{B}\boldsymbol{A}^{-1}\boldsymbol{C}.$$

于是,σ 在基 $\boldsymbol{\beta}_1,\boldsymbol{\beta}_2,\boldsymbol{\beta}_3$ 下的矩阵为

$$\boldsymbol{C}^{-1}\boldsymbol{B}\boldsymbol{A}^{-1}\boldsymbol{C}=\begin{pmatrix}-2 & 2 & 1\\ -4 & 2 & -2\\ 5 & -1 & 5\end{pmatrix}.$$

例 17 设 σ 是线性空间 V 的线性变换,σ 在 V 的一组基 $\boldsymbol{\alpha}_1,\boldsymbol{\alpha}_2,\boldsymbol{\alpha}_3$ 下的矩阵为

$$\boldsymbol{A}=\begin{pmatrix}1 & 1 & 1\\ 1 & 2 & 1\\ 1 & 1 & 2\end{pmatrix}.$$

求 σ 在 V 的另一组基 $\boldsymbol{\beta}_1,\boldsymbol{\beta}_2,\boldsymbol{\beta}_3$ 下的矩阵,其中

$$\boldsymbol{\beta}_1=2\boldsymbol{\alpha}_1+3\boldsymbol{\alpha}_2+\boldsymbol{\alpha}_3, \quad \boldsymbol{\beta}_2=3\boldsymbol{\alpha}_1+4\boldsymbol{\alpha}_2+\boldsymbol{\alpha}_3, \quad \boldsymbol{\beta}_3=\boldsymbol{\alpha}_1+2\boldsymbol{\alpha}_2+2\boldsymbol{\alpha}_3.$$

分析 此题考察的是"同一线性变换在不同基下的矩阵相似"这一结论,关键在于求出两组基之间的过渡矩阵.

解 根据题设,基 $\boldsymbol{\alpha}_1,\boldsymbol{\alpha}_2,\boldsymbol{\alpha}_3$ 到基 $\boldsymbol{\beta}_1,\boldsymbol{\beta}_2,\boldsymbol{\beta}_3$ 的过渡矩阵为

$$\boldsymbol{C}=\begin{pmatrix}2 & 3 & 1\\ 3 & 4 & 2\\ 1 & 1 & 2\end{pmatrix},$$

故线性变换 σ 在基 $\boldsymbol{\beta}_1,\boldsymbol{\beta}_2,\boldsymbol{\beta}_3$ 下的矩阵为

$$\boldsymbol{B}=\boldsymbol{C}^{-1}\boldsymbol{A}\boldsymbol{C}=\begin{pmatrix}-5 & -6 & -9\\ 4 & 5 & 6\\ 4 & 5 & 5\end{pmatrix}.$$

例 18 设

$$\boldsymbol{\alpha}_1=(2,-1,-1)^{\mathrm{T}}, \quad \boldsymbol{\alpha}_2=(1,-2,-1)^{\mathrm{T}}, \quad \boldsymbol{\alpha}_3=(-1,0,1)^{\mathrm{T}},$$
$$\boldsymbol{\beta}_1=(-1,0,1)^{\mathrm{T}}, \quad \boldsymbol{\beta}_2=(1,2,-1)^{\mathrm{T}}, \quad \boldsymbol{\beta}_3=(-1,0,1)^{\mathrm{T}}.$$

在 $\mathbf{R}^3$ 中求一线性变换 σ 使得 $\sigma(\boldsymbol{\alpha}_1)=\boldsymbol{\beta}_1,\sigma(\boldsymbol{\alpha}_2)=\boldsymbol{\beta}_2,\sigma(\boldsymbol{\alpha}_3)=\boldsymbol{\beta}_3$.

分析 要确定一个线性变换 σ,即是要确定:对任意的 $\boldsymbol{X}=(x_1,x_2,x_3)^{\mathrm{T}}$,求对应到 $\sigma(\boldsymbol{X})$ 的规则,现在 $\boldsymbol{\alpha}_1,\boldsymbol{\alpha}_2,\boldsymbol{\alpha}_3$ 线性无关,因此对任意的 $\boldsymbol{X}=(x_1,x_2,x_3)^{\mathrm{T}}$,均有 $\boldsymbol{X}=k_1\boldsymbol{\alpha}_1+k_2\boldsymbol{\alpha}_2+k_3\boldsymbol{\alpha}_3$.进一步,

$$\sigma(\boldsymbol{X})=\sigma\Big(\sum_{i=1}^{3}k_i\boldsymbol{\alpha}_i\Big)=\sum_{i=1}^{3}k_i\sigma(\boldsymbol{\alpha}_i)=\sum_{i=1}^{3}k_i\boldsymbol{\beta}_i.$$

因此只要求出 k_1,k_2,k_3,即可确定出 σ.

解 设 $\boldsymbol{X}=(x_1,x_2,x_3)^{\mathrm{T}}\in\mathbf{R}^3$,记
$$\boldsymbol{X}=k_1\boldsymbol{\alpha}_1+k_2\boldsymbol{\alpha}_2+k_3\boldsymbol{\alpha}_3=k_1(2,-1,-1)^{\mathrm{T}}+k_2(1,-2,-1)^{\mathrm{T}}+k_3(-1,0,1)^{\mathrm{T}}=(x_1,x_2,x_3)^{\mathrm{T}},$$
有

$$\begin{cases}2k_1+k_2-k_3=x_1,\\ -k_1-2k_2+0k_3=x_2,\\ -k_1-k_2+k_3=x_3,\end{cases}$$

解之得
$$\begin{cases} k_1 = x_1 + x_3, \\ k_2 = -\dfrac{1}{2}(x_1 + x_2 + x_3), \\ k_3 = \dfrac{1}{2}(x_1 - x_2 + 3x_3). \end{cases}$$

故有
$$\boldsymbol{X} = k_1\boldsymbol{\alpha}_1 + k_2\boldsymbol{\alpha}_2 + k_3\boldsymbol{\alpha}_3 = (x_1 + x_3)\boldsymbol{\alpha}_1 + \left(-\frac{1}{2}(x_1 + x_2 + x_3)\right)\boldsymbol{\alpha}_2 + \frac{1}{2}(x_1 - x_2 + 3x_3)\boldsymbol{\alpha}_3,$$

则
$$\sigma(\boldsymbol{X}) = \sigma\left(\sum_{i=1}^{3} k_i\boldsymbol{\alpha}_i\right) = \sum_{i=1}^{3} k_i\sigma(\boldsymbol{\alpha}_i) = \sum_{i=1}^{3} k_i\boldsymbol{\beta}_i$$

$$= (x_1 + x_3)\begin{bmatrix} -1 \\ 0 \\ 1 \end{bmatrix} + \left(-\frac{1}{2}x_1 - \frac{1}{2}x_2 - \frac{1}{2}x_3\right)\begin{bmatrix} 1 \\ 2 \\ -1 \end{bmatrix} + \frac{1}{2}(x_1 - x_2 + 3x_3)\begin{bmatrix} -1 \\ 0 \\ 1 \end{bmatrix},$$

$$= \begin{bmatrix} -2x_1 - 3x_3 \\ -x_1 - x_2 - x_3 \\ 2x_1 + 3x_3 \end{bmatrix}.$$

因此,所求线性变换 σ 为
$$\sigma((x_1, x_2, x_3)^{\mathrm{T}}) = (-2x_1 - 3x_3, -x_1 - x_2 - x_3, 2x_1 + 3x_3)^{\mathrm{T}}.$$

（三）证明题

例 1 证明：二维实向量的全体构成的集合,关于以下运算
$$(a_1, b_1) \oplus (a_2, b_2) = (a_1 + a_2, b_1 + b_2 + a_1a_2),$$
$$k \circ (a_1, b_1) = \left(ka_1, kb_1 + \frac{k(k-1)}{2}a_1^2\right)$$

构成实数域上的线性空间.

证 显然加法运算与数乘运算满足封闭性,接下来验证满足八条规则.

1° $(a_1, b_1) \oplus (a_2, b_2) = (a_1 + a_2, b_1 + b_2 + a_1a_2) = (a_2, b_2) \oplus (a_1, b_1).$

2° $((a_1, b_1) \oplus (a_2, b_2)) \oplus (a_3, b_3) = (a_1 + a_2, b_1 + b_2 + a_1a_2) \oplus (a_3, b_3)$
$$= ((a_1 + a_2) + a_3, (b_1 + b_2 + a_1a_2) + b_3 + (a_1 + a_2)a_3)$$
$$= (a_1 + a_2 + a_3, b_1 + b_2 + b_3 + a_1a_2 + a_1a_3 + a_2a_3),$$

$(a_1, b_1) \oplus ((a_2, b_2) \oplus (a_3, b_3)) = (a_1, b_1) \oplus (a_2 + a_3, b_2 + b_3 + a_2a_3)$
$$= (a_1 + (a_2 + a_3), b_1 + (b_2 + b_3 + a_2a_3) + a_1(a_2 + a_3))$$
$$= (a_1 + a_2 + a_3, b_1 + b_2 + b_3 + a_1a_2 + a_1a_3 + a_2a_3),$$

所以
$$((a_1, b_1) \oplus (a_2, b_2)) \oplus (a_3, b_3) = (a_1, b_1) \oplus ((a_2, b_2) \oplus (a_3, b_3)).$$

3° 零元素是 $(0,0)$,
$$(a_1,b_1)\oplus(0,0)=(a_1,b_1).$$

4° (a,b) 的负元素是 $(-a,a^2-b)$,
$$(a,b)\oplus(-a,a^2-b)=(0,0).$$

5° $1\circ(a,b)=(a,b)$.

6° $k\circ(l\circ(a,b))=k\circ\left(la,lb+\dfrac{l(l-1)}{2}a^2\right)$

$$=\left(kla,k\left[lb+\dfrac{l(l-1)}{2}a^2\right]+\dfrac{k(k-1)}{2}(la)^2\right)$$

$$=\left(kla,klb+\dfrac{kl(kl-1)}{2}a^2\right)=kl\circ(a,b).$$

7° $k\circ[(a_1,b_1)\oplus(a_2,b_2)]=k\circ(a_1+a_2,b_1+b_2+a_1a_2)$

$$=\left(k(a_1+a_2),k(b_1+b_2+a_1a_2)+\dfrac{k(k-1)}{2}(a_1+a_2)^2\right)$$

$$=\left(ka_1+ka_2,kb_1+kb_2+\dfrac{k(k-1)}{2}a_1^2+\dfrac{k(k-1)}{2}a_2^2+k^2a_1a_2\right)$$

$$=\left(ka_1,kb_1+\dfrac{k(k-1)}{2}a_1^2\right)\oplus\left(ka_2,kb_2+\dfrac{k(k-1)}{2}a_2^2\right)$$

$$=k\circ(a_1,b_1)\oplus k\circ(a_2,b_2).$$

8° $(k+l)\circ(a,b)=\left((k+l)a,(k+l)b+\dfrac{(k+l)(k+l-1)}{2}a^2\right)$,

$$k\circ(a,b)\oplus l\circ(a,b)=\left(ka,kb+\dfrac{k(k-1)}{2}a^2\right)\oplus\left(la,lb+\dfrac{l(l-1)}{2}a^2\right)$$

$$=\left((k+l)a,kb+\dfrac{k(k-1)}{2}a^2+lb+\dfrac{l(l-1)}{2}a^2+kla^2\right)$$

$$=\left((k+l)a,(k+l)b+\dfrac{(k+l)(k+l-1)}{2}a^2\right).$$

因此,$(k+l)\circ(a,b)=k\circ(a,b)\oplus l\circ(a,b)$.

因此,这个集合对指定的运算构成实数域上的一个线性空间.

例 2 设 A 是实 n 阶矩阵,λ_0 是 A 的一个实特征值,$W_{\lambda_0}=\{\boldsymbol{\alpha}\mid A\boldsymbol{\alpha}=\lambda_0\boldsymbol{\alpha},\boldsymbol{\alpha}\in\mathbf{R}^n\}$,证明:$W_{\lambda_0}$ 是 $\mathbf{R}^n$ 的子空间.

证 任取 $\boldsymbol{\alpha}_1,\boldsymbol{\alpha}_2\in W_{\lambda_0}$,则 $A\boldsymbol{\alpha}_1=\lambda_0\boldsymbol{\alpha}_1$,$A\boldsymbol{\alpha}_2=\lambda_0\boldsymbol{\alpha}_2$,且
$$A(\boldsymbol{\alpha}_1+\boldsymbol{\alpha}_2)=A\boldsymbol{\alpha}_1+A\boldsymbol{\alpha}_2=\lambda_0\boldsymbol{\alpha}_1+\lambda_0\boldsymbol{\alpha}_2=\lambda_0(\boldsymbol{\alpha}_1+\boldsymbol{\alpha}_2).$$

故 $\boldsymbol{\alpha}_1+\boldsymbol{\alpha}_2\in W_{\lambda_0}$. 任取 $k\in\mathbf{R}$,则 $A(k\boldsymbol{\alpha}_1)=k(A\boldsymbol{\alpha}_1)=k(\lambda_0\boldsymbol{\alpha}_1)=\lambda_0(k\boldsymbol{\alpha}_1)$. 所以,$k\boldsymbol{\alpha}_1\in W_{\lambda_0}$.

于是,W_{λ_0} 是 $\mathbf{R}^n$ 的子空间.

例 3 给定实数 $a\in\mathbf{R}$,证明下列多项式
$$f_i(x)=(x-a)^i \quad (i=0,1,\cdots,n-1)$$
构成线性空间 $\mathbf{R}_n[x]$ 的一组基.

证 因为 $\mathbf{R}_n[x]$ 是 n 维的,所以只需证明 $f_0(x)=1,f_1(x)=(x-a),\cdots,$

$f_{n-1}(x)=(x-a)^{n-1}$ 线性无关.接下来对 n 做归纳证明.

当 $n=1$ 时,结论显然成立.

假定当 $n=m-1$ 时,结论成立.设
$$k_0 \cdot 1+k_1 \cdot (x-a)+k_2 \cdot (x-a)^2+\cdots+k_{m-1} \cdot (x-a)^{m-1}=0.$$

令 $x=a$ 代入上式,得 $k_0=0.$ 于是上式化简为
$$k_1 \cdot 1+k_2 \cdot (x-a)+k_3 \cdot (x-a)^2+\cdots+k_{m-1} \cdot (x-a)^{m-2}=0.$$

由归纳假设知,$1,(x-a),\cdots,(x-a)^{m-2}$ 线性无关,所以
$$k_1=k_2=k_3=\cdots=k_{m-1}=0.$$

因此,$1,(x-a),\cdots,(x-a)^{m-1}$ 线性无关.

例 4 （1）证明:$1,(x-1),(x-2)(x-1)$ 是 $\mathbf{R}_3[x]$ 的一组基;

（2）求向量 $1+x+x^2$ 在该组基下的坐标.

（1）**证法 1** 因为 $\mathbf{R}_3[x]$ 是 3 维线性空间,所以 $\mathbf{R}_3[x]$ 中任意三个线性无关的向量都可以构成它的一组基.

令 $k_1 \cdot 1+k_2(x-1)+k_3(x-2)(x-1)=0,$ 整理可得
$$k_1-k_2+2k_3+(k_2-3k_3)x+k_3x^2=0,$$

上式对任意的 x 都成立,比较两端可得
$$\begin{cases} k_1-k_2+2k_3=0, \\ k_2-3k_3=0, \\ k_3=0. \end{cases}$$

显然此方程组只有唯一零解 $k_1=k_2=k_3=0$,所以 $1,(x-1),(x-2)(x-1)$ 线性无关,故 $1,(x-1),(x-2)(x-1)$ 是 $\mathbf{R}_3[x]$ 的一组基.

证法 2 已知 $1,x,x^2$ 是 $\mathbf{R}_3[x]$ 的一组基,故 $1,(x-1),(x-2)(x-1)$ 可由 $1,x,x^2$ 线性表出.又因为
$$\begin{cases} 1=1\times 1, \\ x=1\times 1+1\times (x-1), \\ x^2=1\times 1+3\times (x-1)+1\times (x-2)(x-1), \end{cases}$$

即 $1,x,x^2$ 可由 $1,(x-1),(x-2)(x-1)$ 线性表出,所以两个向量组等价,而 $1,x,x^2$ 线性无关,因此 $1,(x-1),(x-2)(x-1)$ 也线性无关,故 $1,(x-1),(x-2)(x-1)$ 是 $\mathbf{R}_3[x]$ 的一组基.

（2）**解** 设 $1+x+x^2$ 在 $1,(x-1),(x-2)(x-1)$ 下的坐标为 $(a_1,a_2,a_3)^\top$,则有
$$1+x+x^2=a_1 \cdot 1+a_2(x-1)+a_3(x-2)(x-1)=(a_1-a_2+2a_3)+(a_2-3a_3)x+a_3x^2,$$
比较上式两端系数可得
$$\begin{cases} a_1-a_2+2a_3=1, \\ a_2-3a_3=1, \\ a_3=1. \end{cases}$$

解之可得,$a_1=3,a_2=4,a_3=1.$ 所以,$1+x+x^2$ 在基 $1,(x-1),(x-2)(x-1)$ 下的坐标为 $(3,4,1)^\top.$

例 5 设 $\boldsymbol{A}$ 是 n 阶可逆矩阵,向量 $\boldsymbol{X}=(x_1,x_2,\cdots,x_n)^\top,\boldsymbol{Y}=(y_1,y_2,\cdots,y_n)^\top \in \mathbf{R}^n$,证

明：由$(X,Y)=(AX)^\mathrm{T}(AY)$定义了$\mathbf{R}^n$的一内积.

分析 只需验证所定义的映射满足内积定义的三个条件.

证 设
$$AX=(a_1,a_2,\cdots,a_n)^\mathrm{T}\in\mathbf{R}^n,$$
$$AY=(b_1,b_2,\cdots,b_n)^\mathrm{T}\in\mathbf{R}^n,$$

则由所给定义得

(1) $(Y,X)=(AY)^\mathrm{T}(AX)=\sum\limits_{i=1}^{n}b_ia_i=\sum\limits_{i=1}^{n}a_ib_i=(AX)^\mathrm{T}(AY)=(X,Y)$;

(2) 设任意的向量$Z=(z_1,z_2,\cdots,z_n)^\mathrm{T}$,
$$(X+Y,Z)=(A(X+Y))^\mathrm{T}(AZ)=((AX)^\mathrm{T}+(AY)^\mathrm{T})(AZ)$$
$$=(AX)^\mathrm{T}(AZ)+(AY)^\mathrm{T}(AZ)$$
$$=(X,Z)+(Y,Z).$$

(3) $(X,X)=(AX)^\mathrm{T}(AX)=\sum\limits_{i=1}^{n}a_ia_i\geqslant 0$,而且

$$(X,X)=\sum\limits_{i=1}^{n}a_ia_i=0\Leftrightarrow a_i=0(i=1,2,\cdots,n)\Leftrightarrow AX=\mathbf{0}.$$

因为矩阵A是可逆矩阵,所以$AX=\mathbf{0}\Leftrightarrow X=\mathbf{0}$.

因此,所定义的映射满足内积定义的三个条件,从而是$\mathbf{R}^n$的一内积.

例 6 设$\varepsilon_1,\varepsilon_2,\cdots,\varepsilon_n$及$\eta_1,\eta_2,\cdots,\eta_n$为$n$维欧氏空间$V$的两组基,且前者为标准正交基,又有$(\eta_1,\eta_2,\cdots,\eta_n)=(\varepsilon_1,\varepsilon_2,\cdots,\varepsilon_n)A$.证明:$\eta_1,\eta_2,\cdots,\eta_n$为$V$的标准正交基的充要条件是$A$为正交矩阵.

证 必要性.设矩阵
$$A=\begin{pmatrix} a_{11} & a_{12} & \cdots & a_{1n} \\ a_{21} & a_{22} & \cdots & a_{2n} \\ \vdots & \vdots & & \vdots \\ a_{n1} & a_{n2} & \cdots & a_{nn} \end{pmatrix},$$

则由$\varepsilon_1,\varepsilon_2,\cdots,\varepsilon_n$为标准正交基以及等式$(\eta_1,\eta_2,\cdots,\eta_n)=(\varepsilon_1,\varepsilon_2,\cdots,\varepsilon_n)A$,可得
$$(\eta_i,\eta_j)=(a_{1i}\varepsilon_1+a_{2i}\varepsilon_2+\cdots+a_{ni}\varepsilon_n,a_{1j}\varepsilon_1+a_{2j}\varepsilon_2+\cdots+a_{nj}\varepsilon_n)$$
$$=a_{1i}a_{1j}+a_{2i}a_{2j}+\cdots+a_{ni}a_{nj}.$$

若$\eta_1,\eta_2,\cdots,\eta_n$为标准正交基,则

$$(\eta_i,\eta_j)=\begin{cases}1, & i=j, \\ 0, & i\neq j.\end{cases} \tag{7-3}$$

可得

$$a_{1i}a_{1j}+a_{2i}a_{2j}+\cdots+a_{ni}a_{nj}=\begin{cases}1, & i=j, \\ 0, & i\neq j,\end{cases} \tag{7-4}$$

上式说明$A^\mathrm{T}A=I$,故A是正交矩阵.

充分性.若A为正交矩阵,则(7-4)式成立,从而(7-3)式成立,即$\eta_1,\eta_2,\cdots,\eta_n$为标准正交基.

例 7 设$\varepsilon_1,\varepsilon_2,\cdots,\varepsilon_n$是$n$维欧氏空间$V$的一组标准正交基,$\alpha$是$V$中任一非零

向量，θ_i 是 $\boldsymbol{\alpha}$ 与 $\boldsymbol{\varepsilon}_i$ 的夹角.证明：$\cos^2\theta_1+\cos^2\theta_2+\cdots+\cos^2\theta_n=1$.

证 根据向量夹角的定义，我们有

$$\cos\theta_i=\frac{(\boldsymbol{\alpha},\boldsymbol{\varepsilon}_i)}{\|\boldsymbol{\alpha}\|\cdot\|\boldsymbol{\varepsilon}_i\|}=\frac{(\boldsymbol{\alpha},\boldsymbol{\varepsilon}_i)}{\|\boldsymbol{\alpha}\|}\quad(i=1,2,\cdots,n).$$

因此

$$\cos^2\theta_1+\cos^2\theta_2+\cdots+\cos^2\theta_n=\frac{1}{\|\boldsymbol{\alpha}\|^2}((\boldsymbol{\alpha},\boldsymbol{\varepsilon}_1)^2+(\boldsymbol{\alpha},\boldsymbol{\varepsilon}_2)^2+\cdots+(\boldsymbol{\alpha},\boldsymbol{\varepsilon}_n)^2).$$

由向量 $\boldsymbol{\alpha}$ 在标准正交基下的线性表示式

$$\boldsymbol{\alpha}=(\boldsymbol{\alpha},\boldsymbol{\varepsilon}_1)\boldsymbol{\varepsilon}_1+(\boldsymbol{\alpha},\boldsymbol{\varepsilon}_2)\boldsymbol{\varepsilon}_2+\cdots+(\boldsymbol{\alpha},\boldsymbol{\varepsilon}_n)\boldsymbol{\varepsilon}_n,$$

可得，$(\boldsymbol{\alpha},\boldsymbol{\alpha})=\|\boldsymbol{\alpha}\|^2=(\boldsymbol{\alpha},\boldsymbol{\varepsilon}_1)^2+(\boldsymbol{\alpha},\boldsymbol{\varepsilon}_2)^2+\cdots+(\boldsymbol{\alpha},\boldsymbol{\varepsilon}_n)^2$.结合上述两式得，

$$\cos^2\theta_1+\cos^2\theta_2+\cdots+\cos^2\theta_n=1.$$

例 8 在 $\mathbf{R}^2$ 中，$\sigma(x,y)=(ax,by)$，其中 a,b 是两个固定的实数.证明：σ 是 $\mathbf{R}^2$ 的线性变换.

证 设 $\boldsymbol{\alpha}=(x_1,y_1),\boldsymbol{\beta}=(x_2,y_2)$，则

$$\sigma(\boldsymbol{\alpha}+\boldsymbol{\beta})=\sigma(x_1+x_2,y_1+y_2)=(a(x_1+x_2),b(y_1+y_2))$$
$$=(ax_1,by_1)+(ax_2,by_2)=\sigma(\boldsymbol{\alpha})+\sigma(\boldsymbol{\beta}),$$
$$\sigma(k\boldsymbol{\alpha})=\sigma(kx_1,ky_1)=(akx_1,bky_1)=k(ax_1,by_1)=k\sigma(\boldsymbol{\alpha}).$$

所以 σ 是 $\mathbf{R}^2$ 的线性变换.

评注 当 $a=1,b=\dfrac{1}{2}$ 时，σ 把圆 $x^2+y^2=1$ 变为椭圆 $x^2+\dfrac{y^2}{4}=1$；当 $a=b=\dfrac{1}{2}$ 时，σ 把圆 $x^2+y^2=1$ 变为半径为 2 的圆 $x^2+y^2=4$.

例 9 设 σ 是数域 P 上线性空间 V 的线性变换，$\sigma(W)=\{\sigma(\boldsymbol{\alpha})\mid\boldsymbol{\alpha}\in W\}$，其中 W 是 V 的子空间.证明：$\sigma(W)$ 也是 V 的子空间.

证 对任意的 $\boldsymbol{\beta}_1,\boldsymbol{\beta}_2\in\sigma(W)$，存在 $\boldsymbol{\alpha}_1,\boldsymbol{\alpha}_2\in W$ 使得 $\sigma(\boldsymbol{\alpha}_1)=\boldsymbol{\beta}_1,\sigma(\boldsymbol{\alpha}_2)=\boldsymbol{\beta}_2$.则

$$\boldsymbol{\beta}_1+\boldsymbol{\beta}_2=\sigma(\boldsymbol{\alpha}_1)+\sigma(\boldsymbol{\alpha}_2)=\sigma(\boldsymbol{\alpha}_1+\boldsymbol{\alpha}_2)\in\sigma(W),$$
$$k\boldsymbol{\beta}_1=k\sigma(\boldsymbol{\alpha}_1)=\sigma(k\boldsymbol{\alpha}_1)\in\sigma(W),\quad\forall k\in P.$$

所以，$\sigma(W)$ 也是 V 的子空间.

例 10 设 σ,τ 是线性空间 V 的两个线性变换，且 $\sigma^2=\sigma,\tau^2=\tau$.证明：$(\sigma+\tau)^2=\sigma+\tau$ 当且仅当 $\sigma\tau=\tau\sigma=0$.

证 由 $\sigma^2=\sigma,\tau^2=\tau$ 可得

$$(\sigma+\tau)^2=(\sigma+\tau)(\sigma+\tau)=\sigma^2+\sigma\tau+\tau\sigma+\tau^2=\sigma+\sigma\tau+\tau\sigma+\tau.$$

若 $\sigma\tau=\tau\sigma=0$，则 $(\sigma+\tau)^2=\sigma+\tau$.

反之，若 $(\sigma+\tau)^2=\sigma+\tau$，则

$$\sigma\tau+\tau\sigma=0.$$

在上式左乘 τ，得 $\tau\sigma\tau+\tau\sigma=0$.右乘 τ，得 $\sigma\tau+\tau\sigma\tau=0$.从而，$\sigma\tau=\tau\sigma$.又因为 $\sigma\tau+\tau\sigma=0$，所以 $\sigma\tau=\tau\sigma=0$.

例 11 设 σ,τ 是线性空间 V 的两个线性变换，定义运算"$\circ$"：

$$\sigma\circ\tau=\sigma\tau-\tau\sigma.$$

证明：对 V 的任意线性变换 σ,τ,υ，有

$$(\sigma \circ \tau) \circ \upsilon + (\tau \circ \upsilon) \circ \sigma + (\upsilon \circ \sigma) \circ \tau = 0.$$

证 直接计算可得

$$(\sigma \circ \tau) \circ \upsilon = (\sigma\tau - \tau\sigma) \circ \upsilon = (\sigma\tau - \tau\sigma)\upsilon - \upsilon(\sigma\tau - \tau\sigma) = \sigma\tau\upsilon - \tau\sigma\upsilon - \upsilon\sigma\tau + \upsilon\tau\sigma.$$

类似地,

$$(\tau \circ \upsilon) \circ \sigma = \tau\upsilon\sigma - \upsilon\tau\sigma - \sigma\tau\upsilon + \sigma\upsilon\tau,$$

$$(\upsilon \circ \sigma) \circ \tau = \upsilon\sigma\tau - \sigma\upsilon\tau - \tau\upsilon\sigma + \tau\sigma\upsilon.$$

将上述三个等式相加,得

$$(\sigma \circ \tau) \circ \upsilon + (\tau \circ \upsilon) \circ \sigma + (\upsilon \circ \sigma) \circ \tau = 0.$$

例 12 设 σ 是线性空间 V 的线性变换,证明:若 $\sigma^{k-1}(\boldsymbol{\alpha}) \neq \boldsymbol{0}$,但 $\sigma^k(\boldsymbol{\alpha}) = \boldsymbol{0}$,则

$$\boldsymbol{\alpha}, \sigma(\boldsymbol{\alpha}), \sigma^2(\boldsymbol{\alpha}), \cdots, \sigma^{k-1}(\boldsymbol{\alpha})$$

线性无关.

证 反证法.设 $\boldsymbol{\alpha}, \sigma(\boldsymbol{\alpha}), \sigma^2(\boldsymbol{\alpha}), \cdots, \sigma^{k-1}(\boldsymbol{\alpha})$ 线性相关,则存在不全为零的数 l_0, $l_1, \cdots, l_{k-1}$ 使得

$$l_0\boldsymbol{\alpha} + l_1\sigma(\boldsymbol{\alpha}) + \cdots + l_{k-1}\sigma^{k-1}(\boldsymbol{\alpha}) = \boldsymbol{0}.$$

设 l_i 是第一个不等于零的系数,即

$$l_0 = l_1 = \cdots = l_{i-1} = 0, l_i \neq 0,$$

则

$$l_i\sigma^i(\boldsymbol{\alpha}) + l_{i+1}\sigma^{i+1}(\boldsymbol{\alpha}) + \cdots + l_{k-1}\sigma^{k-1}(\boldsymbol{\alpha}) = \boldsymbol{0}.$$

在上式两边同时施以变换 σ^{k-i-1},得

$$l_i\sigma^{k-1}(\boldsymbol{\alpha}) + l_{i+1}\sigma^k(\boldsymbol{\alpha}) + \cdots + l_{k-1}\sigma^{2k-i-1}(\boldsymbol{\alpha}) = \boldsymbol{0}.$$

由于 $\sigma^k(\boldsymbol{\alpha}) = \boldsymbol{0}$,故对于任意的 $m \geq k$,都有 $\sigma^m(\boldsymbol{\alpha}) = \boldsymbol{0}$,从而由上式得

$$l_i\sigma^{k-1}(\boldsymbol{\alpha}) = \boldsymbol{0}.$$

又因为 $\sigma^{k-1}(\boldsymbol{\alpha}) \neq \boldsymbol{0}$,所以 $l_i = 0$,与假设矛盾.

因此,$\boldsymbol{\alpha}, \sigma(\boldsymbol{\alpha}), \sigma^2(\boldsymbol{\alpha}), \cdots, \sigma^{k-1}(\boldsymbol{\alpha})$ 线性无关.

 三、单元检测

（一）检测题

一、填空题(每题 3 分,共 15 分)

1. 在实函数空间中,由 $1, \cos^2 t, \cos 2t$ 生成的子空间为_____.

2. 已知三维线性空间的一组基为 $\boldsymbol{\alpha}_1 = (1,1,0)^{\mathrm{T}}, \boldsymbol{\alpha}_2 = (1,0,1)^{\mathrm{T}}, \boldsymbol{\alpha}_3 = (0,1,1)^{\mathrm{T}}$, 则向量 $\boldsymbol{\beta} = (2,0,0)^{\mathrm{T}}$ 在此基下的坐标为_____.

3. $\mathbf{R}^{n \times n}$ 中全体对称矩阵构成实数域 $\mathbf{R}$ 上的线性空间,其维数为_____.

4. 在欧氏空间中,柯西不等式 $|(\boldsymbol{\alpha}, \boldsymbol{\beta})| \leqslant \|\boldsymbol{\alpha}\| \cdot \|\boldsymbol{\beta}\|$ 等号成立的条件为_____.

5. 设 $\sigma: \mathbf{R}^2 \to \mathbf{R}^2$ 是线性变换,且满足 $\sigma((1,1)) = (3,0), \sigma((0,1)) = (0,2)$,则 $\sigma((a,b)) = $_____.

二、选择题(每题 3 分,共 15 分)

1. 下列集合是 $\mathbf{R}^n$ 的子空间的为(　　).

(A) $V_1 = \{\boldsymbol{X} = (x_1, \cdots, x_r, x_{r+1}, \cdots, x_n) \mid \sum_{i=1}^{r} x_i = 0\}$

(B) $V_2 = \{\boldsymbol{X} = (x_1, x_2, \cdots, x_n) \mid x_i \geqslant 0, i = 1, 2, \cdots, n\}$

(C) $V_3 = \{\boldsymbol{X} = (x_1, x_2, \cdots, x_n) \mid x_1 x_2 \cdots x_n = 0\}$

(D) $V_4 = \{\boldsymbol{X} = (x_1, \cdots, x_r, x_{r+1}, \cdots, x_n) \mid \sum_{i=1}^{r} x_i = 1\}$

2. 设 $\boldsymbol{\varepsilon}_1, \boldsymbol{\varepsilon}_2, \cdots, \boldsymbol{\varepsilon}_n$ 为 n 维欧氏空间 V 的一组标准正交基,V 中向量 $\boldsymbol{\alpha}, \boldsymbol{\beta}$ 在该基下的坐标为 $\boldsymbol{X} = (x_1, x_2, \cdots, x_n)^{\mathrm{T}} \in \mathbf{R}^n, \boldsymbol{Y} = (y_1, y_2, \cdots, y_n)^{\mathrm{T}} \in \mathbf{R}^n$,则(　　).

(A) $(\boldsymbol{\alpha}, \boldsymbol{\beta}) \neq (\boldsymbol{X}, \boldsymbol{Y})$ 　　　　　　(B) $\|\boldsymbol{\alpha} - \boldsymbol{\beta}\| \neq \|\boldsymbol{X} - \boldsymbol{Y}\|$

(C) $\|\boldsymbol{\alpha}\| = \|\boldsymbol{\beta}\|$ 当且仅当 $\boldsymbol{X} = \boldsymbol{Y}$ 　　(D) $\boldsymbol{\alpha}$ 与 $\boldsymbol{\beta}$ 正交当且仅当 $\boldsymbol{X}$ 与 $\boldsymbol{Y}$ 正交

3. 设 S 为欧氏空间 V 中的一个向量组,则 S 为正交向量组是 S 为线性无关向量组的(　　).

(A) 充分条件,但非必要条件　　　(B) 必要条件,但非充分条件

(C) 充分必要条件　　　　　　　　(D) 既非充分条件,也非必要条件

4. 下列变换 $\sigma_i (i = 1, 2, 3, 4)$ 是 $\mathbf{R}^3$ 中线性变换的为(　　).

(A) $\sigma_1(x_1, x_2, x_3) = (x_1^2, x_2, x_3^2)$ 　(B) $\sigma_2(x_1, x_2, x_3) = (x_1, x_2^2, x_3)$

(C) $\sigma_3(x_1, x_2, x_3) = (x_1, x_2, x_3)$ 　(D) $\sigma_4(x_1, x_2, x_3) = (x_1^2, x_2^2, x_3^2)$

5. 设 σ 是线性空间 V 上的线性变换,$\boldsymbol{\varepsilon}_1, \boldsymbol{\varepsilon}_2, \cdots, \boldsymbol{\varepsilon}_n$ 是 V 中的一组基,则 $\sigma(\boldsymbol{\varepsilon}_1)$,$\sigma(\boldsymbol{\varepsilon}_2), \cdots, \sigma(\boldsymbol{\varepsilon}_n)$ 一定(　　).

(A) 能由 $\boldsymbol{\varepsilon}_1, \boldsymbol{\varepsilon}_2, \cdots, \boldsymbol{\varepsilon}_n$ 线性表出　(B) 可以线性表出 $\boldsymbol{\varepsilon}_1, \boldsymbol{\varepsilon}_2, \cdots, \boldsymbol{\varepsilon}_n$

(C) 线性无关　　　　　　　　　　(D) 线性相关

三、计算与证明题(第一题 7 分,其余每题 9 分,共 70 分)

1. 设矩阵 $\boldsymbol{M} \in \mathbf{R}^{n \times n}$,假定 W 是与 $\boldsymbol{M}$ 满足乘法交换律的矩阵构成的集合,证明:W 构成一个子空间.

2. 证明:如果线性空间 V 中每个向量都可由 V 的 n 个向量 $\boldsymbol{\alpha}_1, \boldsymbol{\alpha}_2, \cdots, \boldsymbol{\alpha}_n$ 线性表出,且存在一个向量,其表示法是唯一的,则 V 必为 n 维空间,且这组向量是它的一组基.

3. 设 $\boldsymbol{\alpha}_1, \boldsymbol{\alpha}_2, \boldsymbol{\alpha}_3$ 是 $\mathbf{R}^3$ 的一组基,求向量 $\boldsymbol{\alpha} = \boldsymbol{\alpha}_1 - \boldsymbol{\alpha}_2 - \boldsymbol{\alpha}_3$ 在基 $\boldsymbol{\alpha}_1, \boldsymbol{\alpha}_1 + \boldsymbol{\alpha}_2, \boldsymbol{\alpha}_1 + \boldsymbol{\alpha}_2 + \boldsymbol{\alpha}_3$ 下的坐标.

4. 在 $\mathbf{R}^4$ 中取两组基

$\boldsymbol{\alpha}_1 = (0, 0, 0, 1)^{\mathrm{T}}, \boldsymbol{\alpha}_2 = (0, 0, 1, 1)^{\mathrm{T}}, \boldsymbol{\alpha}_3 = (0, 1, 1, 1)^{\mathrm{T}}, \boldsymbol{\alpha}_4 = (1, 1, 1, 1)^{\mathrm{T}}$,

$\boldsymbol{\beta}_1 = (2, 1, -1, 1)^{\mathrm{T}}, \boldsymbol{\beta}_2 = (0, 3, 1, 0)^{\mathrm{T}}, \boldsymbol{\beta}_3 = (5, 3, 2, 1)^{\mathrm{T}}, \boldsymbol{\beta}_4 = (6, 6, 1, 3)^{\mathrm{T}}$.

(1) 求基 $\boldsymbol{\alpha}_1, \boldsymbol{\alpha}_2, \boldsymbol{\alpha}_3, \boldsymbol{\alpha}_4$ 到基 $\boldsymbol{\beta}_1, \boldsymbol{\beta}_2, \boldsymbol{\beta}_3, \boldsymbol{\beta}_4$ 的过渡矩阵;

(2) 求在两组基下有相同坐标的所有向量.

5. 设 $\boldsymbol{\alpha} = (a_1, a_2), \boldsymbol{\beta} = (b_1, b_2)$ 为 $\mathbf{R}^2$ 中任意两个向量,p, q 是两个实数.证明:运算

$$(\boldsymbol{\alpha}, \boldsymbol{\beta}) = p a_1 b_1 + q a_2 b_2$$

是内积的充要条件是 $p>0,q>0$.

6. 在 $\mathbf{R}^{n \times n}$ 中,定义变换:$\sigma(\boldsymbol{X})=\boldsymbol{AX}-\boldsymbol{XA}$,其中 $\boldsymbol{A} \in \mathbf{R}^{n \times n}$ 是一固定矩阵.证明:

(1) σ 是 $\mathbf{R}^{n \times n}$ 的一个线性变换;

(2) 对任意的 $\boldsymbol{M},\boldsymbol{N} \in \mathbf{R}^{n \times n}$,

$$\sigma(\boldsymbol{MN})=\sigma(\boldsymbol{M})\boldsymbol{N}+\boldsymbol{M}\sigma(\boldsymbol{N}).$$

7. 给定 $\mathbf{R}^3$ 的两组基:

$$\boldsymbol{\varepsilon}_1=(1,1,1)^{\top},\boldsymbol{\varepsilon}_2=(1,1,0)^{\top},\boldsymbol{\varepsilon}_3=(1,0,0)^{\top},$$

$$\boldsymbol{\eta}_1=(-1,1,1)^{\top},\boldsymbol{\eta}_2=(1,0,-1)^{\top},\boldsymbol{\eta}_3=(0,1,1)^{\top}.$$

已知 $\mathbf{R}^3$ 的线性变换 σ 在基 $\boldsymbol{\eta}_1,\boldsymbol{\eta}_2,\boldsymbol{\eta}_3$ 下的矩阵为

$$\boldsymbol{A}=\begin{pmatrix} 1 & 0 & 1 \\ 1 & 1 & 0 \\ -1 & 2 & 1 \end{pmatrix}.$$

求 σ 在基 $\boldsymbol{\varepsilon}_1,\boldsymbol{\varepsilon}_2,\boldsymbol{\varepsilon}_3$ 下的矩阵.

8. 设 $\boldsymbol{\alpha}_1,\boldsymbol{\alpha}_2,\cdots,\boldsymbol{\alpha}_m$ 是线性空间 V 的一组向量,σ 是 V 的一个线性变换.证明:

$$\sigma(L(\boldsymbol{\alpha}_1,\boldsymbol{\alpha}_2,\cdots,\boldsymbol{\alpha}_m))=L(\sigma(\boldsymbol{\alpha}_1),\sigma(\boldsymbol{\alpha}_2),\cdots,\sigma(\boldsymbol{\alpha}_m)).$$

（二）检测题答案与提示

附录一　期末检测题与参考答案

检 测 题 一

一、填空题(每小题 3 分,共 15 分)

1. 设 3 阶方阵 $A = (\boldsymbol{\alpha}_1, \boldsymbol{\alpha}_2, \boldsymbol{\alpha}_3)$,且 $|A| = 3$,又设 $B = (\boldsymbol{\alpha}_2, 2\boldsymbol{\alpha}_3, -\boldsymbol{\alpha}_1)$,则 $|A - B| = $ _____.

2. 设向量 $\boldsymbol{a}$ 与向量 $\boldsymbol{b}$ 满足条件 $\|\boldsymbol{a}\| = 2$,$\|\boldsymbol{b}\| = \sqrt{3}$,$\|\boldsymbol{a} + \boldsymbol{b}\| = 2$,则 $\|\boldsymbol{a} - \boldsymbol{b}\| = $ _____.

3. 设 $\boldsymbol{\alpha}_1 = (a, b, 0)$,$\boldsymbol{\alpha}_2 = (a, 2b, 1)$,$\boldsymbol{\alpha}_3 = (2, 4, 6)$,$\boldsymbol{\alpha}_4 = (1, 2, 3)$,若 $R(\boldsymbol{\alpha}_1, \boldsymbol{\alpha}_2, \boldsymbol{\alpha}_3, \boldsymbol{\alpha}_4) = 3$,则 a, b 应满足条件 _____.

4. 设 $A = \begin{bmatrix} 2 & 1 & 1 \\ 1 & 2 & 1 \\ 1 & 1 & 2 \end{bmatrix}$,向量 $\boldsymbol{\alpha} = (1, k, 1)^{\mathrm{T}}$ 是矩阵 A^{-1} 的一个特征向量,则 $k = $ _____.

5. 设 3 阶实对称矩阵 A 的特征值分别为 $1, -2, 3$,当 t _____ 时,$t\boldsymbol{I} - A^2$ 为正定矩阵.

二、单项选择题(每小题 3 分,共 15 分)

1. 设矩阵 A, B 满足 $AB = I$,I 为单位矩阵,则下列等式正确的是( ).

(A) $BA = I$ (B) $|AB| = |A\|B|$

(C) $AB = BA$ (D) $|AB| = 1$

2. 矩阵 $A = \begin{bmatrix} a_1 & b_1 & c_1 \\ a_2 & b_2 & c_2 \\ a_3 & b_3 & c_3 \end{bmatrix}$ 满秩,则直线 $\dfrac{x - a_3}{a_1 - a_2} = \dfrac{y - b_3}{b_1 - b_2} = \dfrac{z - c_3}{c_1 - c_2}$ 与 $\dfrac{x - a_1}{a_2 - a_3} = \dfrac{y - b_1}{b_2 - b_3} = \dfrac{z - c_1}{c_2 - c_3}$( ).

(A) 交于一点   (B) 重合   (C) 平行不重合   (D) 异面

3. 若向量组 $\boldsymbol{\alpha}, \boldsymbol{\beta}, \boldsymbol{\gamma}$ 线性无关,$\boldsymbol{\alpha}, \boldsymbol{\beta}, \boldsymbol{\delta}$ 线性相关,则( ).

(A) $\boldsymbol{\beta}$ 必可由 $\boldsymbol{\alpha}, \boldsymbol{\gamma}, \boldsymbol{\delta}$ 线性表出   (B) $\boldsymbol{\beta}$ 必不可由 $\boldsymbol{\alpha}, \boldsymbol{\gamma}, \boldsymbol{\delta}$ 线性表出

(C) $\boldsymbol{\delta}$ 必可由 $\boldsymbol{\alpha}, \boldsymbol{\beta}, \boldsymbol{\gamma}$ 线性表出   (D) $\boldsymbol{\delta}$ 必不可由 $\boldsymbol{\alpha}, \boldsymbol{\beta}, \boldsymbol{\gamma}$ 线性表出

4. 设 $\boldsymbol{\alpha}_1, \boldsymbol{\alpha}_2, \cdots, \boldsymbol{\alpha}_s$ 和 $\boldsymbol{\beta}_1, \boldsymbol{\beta}_2, \cdots, \boldsymbol{\beta}_t$ 是两个 n 维向量组,且两个向量组的秩都是 r,则( ).

(A) 两个向量组等价

(B) 向量组 $\boldsymbol{\alpha}_1, \boldsymbol{\alpha}_2, \cdots, \boldsymbol{\alpha}_s, \boldsymbol{\beta}_1, \boldsymbol{\beta}_2, \cdots, \boldsymbol{\beta}_t$ 的秩是 $2r$

(C) 当 $s = t$ 时,两向量组等价

（D）当 $\pmb{\alpha}_1,\pmb{\alpha}_2,\cdots,\pmb{\alpha}_s$ 可由 $\pmb{\beta}_1,\pmb{\beta}_2,\cdots,\pmb{\beta}_t$ 线性表出时，$\pmb{\beta}_1,\pmb{\beta}_2,\cdots,\pmb{\beta}_t$ 也可由 $\pmb{\alpha}_1,$ $\pmb{\alpha}_2,\cdots,\pmb{\alpha}_s$ 线性表出

5. 设分块矩阵 $\pmb{X}=\begin{bmatrix}\pmb{A}_1 & \pmb{\alpha}_1 \\ \pmb{\beta}_1 & 1\end{bmatrix}$，$\pmb{X}^{-1}=\begin{bmatrix}\pmb{A}_2 & \pmb{\alpha}_2 \\ \pmb{\beta}_2 & a\end{bmatrix}$，其中 $\pmb{A}_1,\pmb{A}_2$ 为 n 阶矩阵，a 为实数，则 $a=($　　$)$.

（A）1　　　　　（B）$\pmb{\beta}_1\pmb{A}_1^{-1}\pmb{\alpha}_1$　　　（C）$\dfrac{1}{1+\pmb{\beta}_1\pmb{A}_1^{-1}\pmb{\alpha}_1}$　（D）$\dfrac{1}{1-\pmb{\beta}_1\pmb{A}_1^{-1}\pmb{\alpha}_1}$

三、（8分）设方阵 $\pmb{A}=\begin{bmatrix}1 & 1 & 1 & 1 \\ 2 & -2 & -1 & 3 \\ 4 & 4 & 1 & 9 \\ 8 & -8 & -1 & 27\end{bmatrix}$，求行列式 $|\pmb{A}^2||\pmb{A}^{-1}|$ 的值.

四、（11分）设 $\pmb{A}$ 为 4 阶实反称矩阵，$\pmb{I}$ 为 4 阶单位矩阵，

$$\pmb{B}=\begin{bmatrix}0 & 0 & 0 & 0 \\ 0 & 0 & 0 & 0 \\ 0 & 0 & -2 & 0 \\ 0 & 0 & 0 & 3\end{bmatrix},$$

（1）求 $\pmb{I}+\pmb{AB}$，并指出 $\pmb{A}$ 中元满足什么条件时 $\pmb{I}+\pmb{AB}$ 可逆；

（2）若 $\pmb{I}+\pmb{AB}$ 是一个可逆的上三角形矩阵，求 $(\pmb{I}+\pmb{AB})^{-1}$.

五、（8分）证明：$\|\pmb{a}\times\pmb{b}\|^2+(\pmb{a}\cdot\pmb{b})^2=\|\pmb{a}\|^2\|\pmb{b}\|^2$.

六、（8分）求向量组 $\pmb{\alpha}_1=\begin{bmatrix}1 \\ -1 \\ 2 \\ 4\end{bmatrix},\pmb{\alpha}_2=\begin{bmatrix}0 \\ 3 \\ 1 \\ 2\end{bmatrix},\pmb{\alpha}_3=\begin{bmatrix}1 \\ -2 \\ 2 \\ 1\end{bmatrix},\pmb{\alpha}_4=\begin{bmatrix}3 \\ 0 \\ 7 \\ 14\end{bmatrix},\pmb{\alpha}_5=\begin{bmatrix}3 \\ 1 \\ 5 \\ 10\end{bmatrix}$ 的秩与一个极大无关组.

七、（10分）设向量组 $\pmb{\alpha}_1,\pmb{\alpha}_2,\cdots,\pmb{\alpha}_s$ 是齐次线性方程组 $\pmb{AX}=\pmb{0}$ 的一个基础解系，向量 $\pmb{\beta}$ 不是方程组 $\pmb{AX}=\pmb{0}$ 的解，即 $\pmb{A\beta}\neq\pmb{0}$. 试证明：向量组 $\pmb{\beta},\pmb{\beta}+\pmb{\alpha}_1,\pmb{\beta}+\pmb{\alpha}_2,\cdots,\pmb{\beta}+\pmb{\alpha}_s$ 线性无关.

八、（10分）设 3 阶矩阵 $\pmb{A}$ 的特征值为 $\lambda_1=1,\lambda_2=2,\lambda_3=3$，对应的特征向量依次为

$$\pmb{\xi}_1=(1,1,1)^\top,\quad \pmb{\xi}_2=(1,2,4)^\top,\quad \pmb{\xi}_3=(1,3,9)^\top,$$

（1）将向量 $\pmb{\beta}=(1,1,3)^\top$ 用 $\pmb{\xi}_1,\pmb{\xi}_2,\pmb{\xi}_3$ 线性表出；

（2）设 n 为自然数，求 $\pmb{A}^n\pmb{\beta}$.

九、（15分）（1）设 $\pmb{u}$ 是 $n\times1$ 矩阵，且 $\pmb{u}^\top\pmb{u}=1$，定义镜面反射矩阵为 $\pmb{S}=\pmb{I}-2\pmb{u}\pmb{u}^\top$，其中 $\pmb{u}$ 又称为反射镜面的"单位法向量"，证明：$\pmb{S}$ 是正交矩阵；

（2）令 $\pmb{u}=(1,0)^\top,\pmb{\tau}=(3,2)^\top,\pmb{\sigma}=\pmb{S\tau}$，求向量 $\pmb{\sigma}$，并分析向量 $\pmb{\sigma}$ 与 $\pmb{\tau}$ 的位置关系；

（3）若一光线沿直线 $l:\dfrac{x+3}{5}=\dfrac{y-1}{1}=\dfrac{z-4}{3}$ 入射，经平面 $\pi:2x-y-z+5=0$ 反射，求反射光线的方程.

检测题一 参考答案

检测题二

一、填空题(每小题 3 分,共 15 分)

1. $\begin{bmatrix} 0 & 1 \\ 1 & 0 \end{bmatrix}^{20} \begin{bmatrix} 1 & 2 \\ 3 & 4 \end{bmatrix} \begin{bmatrix} 1 & 1 \\ 0 & 1 \end{bmatrix}^{10} =$ _____.

2. 已知向量 $c = a + 3b, d = 2a - b$,且 $c \perp d$,$\|a\| = 2$,$\|b\| = 1$,则 a 与 b 的夹角 θ 为 _____.

3. 设方程组 $\begin{cases} \lambda x_1 + x_2 + x_3 = 0, \\ x_1 + \lambda x_2 + x_3 = 0, \\ x_1 + x_2 + \lambda x_3 = 0 \end{cases}$ 有非零解,则 $\lambda =$ _____.

4. 设 A 是秩为 2 的 3 阶实对称矩阵,且 $A^2 + 5A = O$,则 A 的特征值为 _____.

5. 设 α 为 n 维非零列向量,$A = I - k\alpha\alpha^{\top}(k \neq 0)$,$\alpha^{\top}\alpha = 1$,若 A 为正交矩阵,则 $k =$ _____.

二、单项选择题(每小题 3 分,共 15 分)

1. 设 A 是 n 阶矩阵,且 $A^2 - A - I = O$,则下列说法不正确的是(   ).

(A) 方程组 $AX = b$ 有唯一的解   (B) $|A| = 0$

(C) 若 $AB = O$,则 $B = O$ (D) $R(A) = n$

2. 设 A 为 3 阶方阵,$\alpha_1, \alpha_2, \alpha_3$ 是线性无关的向量组,若 $A\alpha_1 = \alpha_1 + \alpha_2$,$A\alpha_2 = \alpha_2 + \alpha_3$,$A\alpha_3 = \alpha_1 + \alpha_3$,则 A 的行列式为(   ).

(A) 1   (B) 2   (C) 3   (D) 4

3. 设 A, B, C 为 n 阶矩阵,$A = B + C$,且 $R(A) = r_1, R(B) = r_2, R(C) = r_3$,则(   ).

(A) $r_1 = r_2 + r_3$ (B) $r_1 \leqslant r_2 + r_3$

(C) $r_1 \geqslant r_2 + r_3$ (D) r_1, r_2, r_3 的关系无法确定

4. 设 A, B 均为 n 阶实对称矩阵,则 A 与 B 合同的充要条件是(   ).

(A) A, B 有相同的特征值   (B) A, B 有相同的秩

(C) A, B 有相同的行列式   (D) A, B 有相同的正负惯性指数

5. 下列矩阵中,正定矩阵是(   ).

(A) $\begin{bmatrix} 1 & 2 & -3 \\ 2 & 7 & 5 \\ -3 & 5 & 0 \end{bmatrix}$ (B) $\begin{bmatrix} 1 & 2 & -3 \\ 2 & 4 & 5 \\ -3 & 5 & 7 \end{bmatrix}$

$$(C) \begin{bmatrix} 5 & -2 & 0 \\ -2 & 6 & -2 \\ 0 & -2 & 4 \end{bmatrix} \qquad (D) \begin{bmatrix} 5 & 2 & 0 \\ 2 & 6 & -3 \\ 0 & -3 & -1 \end{bmatrix}$$

三、(8 分)计算行列式 $D_4 = \begin{vmatrix} 1 & -1 & 1 & x-1 \\ 1 & -1 & x+1 & -1 \\ 1 & x-1 & 1 & -1 \\ x+1 & -1 & 1 & -1 \end{vmatrix}$.

四、(12 分)已知方程组 $\begin{cases} x_1+x_2+x_3=1, \\ 2x_1+x_2-3x_3=p, \\ qx_1+2x_2+6x_3=3 \end{cases}$ 有解,且其导出组基础解系只有一个向量. 试确定 p,q 的值,并求出方程组的通解.

五、(10 分)设平面 π 与 $\pi':5x-y+3z-2=0$ 垂直,且与 π' 的交线落在 xOy 平面上,求 π 的方程.

六、(12 分)设 A,B 是 n 阶矩阵,$AB=A+B$,I 为单位矩阵,求证:

(1) $A-I$ 可逆;

(2) $AB=BA$.

七、(12 分)设矩阵 $A = \begin{bmatrix} 2 & 2 & -2 \\ 2 & 5 & -4 \\ -2 & -4 & 5 \end{bmatrix}$,求 A^n(n 为自然数).

八、(8 分)设 A 是 n 阶正定矩阵,$\boldsymbol{\alpha}_1,\boldsymbol{\alpha}_2,\boldsymbol{\alpha}_3$ 是非零实 n 维列向量,且 $\boldsymbol{\alpha}_i^{\mathrm{T}}A\boldsymbol{\alpha}_j = 0(i,j=1,2,3,i\neq j)$,证明:$\boldsymbol{\alpha}_1,\boldsymbol{\alpha}_2,\boldsymbol{\alpha}_3$ 线性无关.

九、(8 分)在 $\mathbf{R}^3$ 中,设 $\boldsymbol{\alpha}_1=(1,0,1)^{\mathrm{T}}$,$\boldsymbol{\alpha}_2=(1,2,-1)^{\mathrm{T}}$,$\boldsymbol{\alpha}_3=(-1,2,0)^{\mathrm{T}}$,$\boldsymbol{\beta}_1=(1,1,2)^{\mathrm{T}}$,$\boldsymbol{\beta}_2=(-1,1,1)^{\mathrm{T}}$,$\boldsymbol{\beta}_3=(1,0,1)^{\mathrm{T}}$,求从基 $\boldsymbol{\alpha}_1,\boldsymbol{\alpha}_2,\boldsymbol{\alpha}_3$ 到基 $\boldsymbol{\beta}_1,\boldsymbol{\beta}_2,\boldsymbol{\beta}_3$ 的过渡矩阵.

检测题二参考答案

检 测 题 三

一、填空题(每小题 3 分,共 15 分)

1. 设 A,B 均为 3 阶矩阵,且 $|A|=2$,$|B|=-3$,则 $|2A^*B^{-1}|=$ _____.

2. 设 A 是 3 阶实对称矩阵,特征值是 $0,1,2$,如果 $\lambda=0$ 与 $\lambda=1$ 对应的特征向量分别是 $(1,2,1)^{\mathrm{T}}$ 与 $(1,0,-1)^{\mathrm{T}}$,则 $\lambda=2$ 的特征向量为 _____.

3. 若二次型 $2x_1^2+x_2^2+x_3^2+2x_1x_2+2tx_2x_3$ 的秩为 2,则 $t=$ _____.

4. 经过点 $P(2,-3,1)$ 与平面 $\pi:3x+y+5z+6=0$ 垂直的直线 l 的方

程_____.

5. 设 $A = \begin{bmatrix} 1 & 2 & -2 \\ 4 & a & 3 \\ 3 & -1 & 1 \end{bmatrix}$, B 为 3 阶非零矩阵, 且 $AB = O$, 则 $a = $_____.

二、单项选择题(每小题 3 分, 共 15 分)

1. 设 $A = \begin{bmatrix} a_{11} & a_{12} & a_{13} \\ a_{21} & a_{22} & a_{23} \\ a_{31} & a_{32} & a_{33} \end{bmatrix}$, $B = \begin{bmatrix} a_{13} & a_{12} & a_{11}+a_{12} \\ a_{23} & a_{22} & a_{21}+a_{22} \\ a_{33} & a_{32} & a_{31}+a_{32} \end{bmatrix}$, $P_1 = \begin{bmatrix} 1 & 0 & 0 \\ 1 & 1 & 0 \\ 0 & 0 & 1 \end{bmatrix}$,

$P_2 = \begin{bmatrix} 1 & 1 & 0 \\ 0 & 1 & 0 \\ 0 & 0 & 1 \end{bmatrix}$, $P_3 = \begin{bmatrix} 0 & 0 & 1 \\ 0 & 1 & 0 \\ 1 & 0 & 0 \end{bmatrix}$, 则 $B = ($ $)$.

(A) $P_2 A P_3$ (B) $A P_1 P_3$ (C) $A P_3 P_1$ (D) $A P_2 P_3$

2. 设 A 为 $m \times n$ 矩阵, 且 $R(A) = m < n$, 则有 ( ).

(A) A 的任意 m 个列向量线性无关

(B) A 经过若干次行初等变换可化为 (I_m, O) 形式

(C) A 中任一 m 阶子式为零

(D) $AX = b$ 必有无穷多组解

3. 设 A 是 n 阶方阵, 且 $A^3 = O$, 则 ( ).

(A) 0 与 10^3 都不是 A 的特征值

(B) 0 是 A 的特征值, 10^3 不是 A 的特征值

(C) 0 与 10^3 都是 A 的特征值

(D) 0 不是 A 的特征值, 10^3 不能判断是否 A 的特征值

4. 与矩阵 $A = \begin{bmatrix} 1 & 0 & 0 \\ 0 & -1 & 2 \\ 0 & 2 & 2 \end{bmatrix}$ 合同的矩阵是 ( ).

(A) $\begin{bmatrix} 1 & & \\ & -1 & \\ & & 0 \end{bmatrix}$ (B) $\begin{bmatrix} 1 & & \\ & 1 & \\ & & -1 \end{bmatrix}$

(C) $\begin{bmatrix} 1 & & \\ & -1 & \\ & & -1 \end{bmatrix}$ (D) $\begin{bmatrix} -1 & & \\ & -1 & \\ & & -1 \end{bmatrix}$

5. 设 $\alpha_1 = (1,0,2)^\top$, $\alpha_2 = (0,1,-1)^\top$ 都是线性方程组 $AX = 0$ 的解, 则 $A = ($ $)$.

(A) $(-2,1,1)$ (B) $\begin{bmatrix} 2 & 0 & -1 \\ 0 & 1 & 1 \end{bmatrix}$

(C) $\begin{bmatrix} -1 & 0 & 2 \\ 0 & 1 & -1 \end{bmatrix}$ (D) $\begin{bmatrix} 0 & 1 & -1 \\ 4 & -2 & -2 \\ 0 & 1 & 1 \end{bmatrix}$.

三、(8 分)解矩阵方程

$$\begin{bmatrix} 1 & 1 & -1 \\ 0 & 2 & 2 \\ 1 & -1 & 0 \end{bmatrix} \boldsymbol{X} + \begin{bmatrix} 0 & 1 \\ 1 & 0 \\ 4 & 3 \end{bmatrix} = \begin{bmatrix} 1 & -1 \\ 1 & 1 \\ 2 & 1 \end{bmatrix}.$$

四、(10 分)证明：$\boldsymbol{\alpha}_1 = (1,1,0)^{\mathrm{T}}, \boldsymbol{\alpha}_2 = (1,0,1)^{\mathrm{T}}, \boldsymbol{\alpha}_3 = (0,1,1)^{\mathrm{T}}$ 是 $\mathbf{R}^3$ 的一组基，并求 $\boldsymbol{\beta} = (-3,-2,-2)^{\mathrm{T}}$ 在这组基下的坐标.

五、(8 分)平面 π 经过两个平面 $\pi_1 : x+y+1=0, \pi_2 : x+2y+2z=0$ 的交线，并且与平面 $\pi_3 : 2x-y-z=0$ 垂直，求平面 π 的方程.

六、(12 分)p, t 取何值时，方程组 $\begin{cases} x_1 + x_2 - 2x_3 + 3x_4 = 0, \\ 2x_1 + x_2 - 6x_3 + 4x_4 = -1, \\ 3x_1 + 2x_2 + px_3 + 7x_4 = -1, \\ x_1 - x_2 - 6x_3 - x_4 = t \end{cases}$ 无解？有唯一解或有无穷多解？并在有无穷多解时，求出方程组的通解.

七、(10 分)设矩阵 $\boldsymbol{A} = \begin{bmatrix} 3 & 2 & -2 \\ -k & -1 & k \\ 4 & 2 & -3 \end{bmatrix}$，当 k 为何值时，存在可逆矩阵 $\boldsymbol{P}$，使 $\boldsymbol{P}^{-1}\boldsymbol{A}\boldsymbol{P} = \boldsymbol{\Lambda}$ 为对角矩阵？并求出相应的 $\boldsymbol{P}$ 与对角矩阵 $\boldsymbol{\Lambda}$.

八、(12 分)用正交变换化二次型 $f(x_1,x_2,x_3) = x_1^2 + x_2^2 + x_3^2 - 4x_1x_2 - 4x_2x_3 - 4x_1x_3$ 为标准形. $f(x_1,x_2,x_3)=1$ 是什么曲面？

九、(10 分)设 $\boldsymbol{A}$ 为 n 阶方阵，$\boldsymbol{\alpha}_1, \boldsymbol{\alpha}_2, \cdots, \boldsymbol{\alpha}_n$ 为 n 个线性无关的 n 维向量，证明：$R(\boldsymbol{A})=n$ 的充要条件为 $\boldsymbol{A}\boldsymbol{\alpha}_1, \boldsymbol{A}\boldsymbol{\alpha}_2, \cdots, \boldsymbol{A}\boldsymbol{\alpha}_n$ 线性无关.

检测题三参考答案

检 测 题 四

一、填空题(每小题 3 分，共 15 分)

1. 若齐次线性方程组 $\begin{cases} \lambda x_1 + x_2 + x_3 = 0, \\ x_1 + \mu x_2 + x_3 = 0, \\ x_1 + 2\mu x_2 + \lambda x_3 = 0 \end{cases}$ 有非零解，则 $\lambda = \underline{\hspace{1.5cm}}$ 或 $\mu = \underline{\hspace{1.5cm}}$.

2. 设 $\boldsymbol{A}, \boldsymbol{B}$ 均为 3 阶方阵，$\boldsymbol{A}^*$ 是 $\boldsymbol{A}$ 的伴随矩阵，且 $|\boldsymbol{A}| = -2, |\boldsymbol{B}| = \dfrac{1}{3}$，则 $|\boldsymbol{A}^*(-3\boldsymbol{B}^2)^{-1}|$ 的值为 $\underline{\hspace{1.5cm}}$.

3. 若 $\boldsymbol{\beta} = (4,5,2,10)$ 可由 $\boldsymbol{\alpha}_1 = (1,2,1,1), \boldsymbol{\alpha}_2 = (0,1,-1,2), \boldsymbol{\alpha}_3 = (1,1,1,t)$ 唯一地线性表出，则 $t = \underline{\hspace{1.5cm}}$.

4. n 阶实矩阵 A 的秩为 r，则 $A^{\mathrm{T}}A$ 的零特征值的个数有_____.

5. 已知二次曲面方程 $x_1^2+x_2^2+ax_3^2+2bx_1x_2-2x_1x_3=5$ 经过正交变换 $X=PY$ 化为椭圆柱面方程 $y_1^2+2y_2^2=5$，则 $a=$_____，$b=$_____.

二、单项选择题（每小题 3 分，共 15 分）

1. 设 A，B 都是 n 阶可逆矩阵，则（　　）.

(A) $A+B$ 可逆

(B) $|A+B|=|A|+|B|$

(C) 可用行初等变换把 A 变为 B

(D) $AB=BA$

2. 若矩阵 $A=\begin{bmatrix}1&1&2&1&1\\p&1&1&2&2\\5&3&5&4&q\end{bmatrix}$ 的秩为 2，则（　　）.

(A) $p=3$ 或 $q=4$

(B) $p=3$ 且 $q=4$

(C) $p\neq3$ 或 $q=4$

(D) $p=3$ 或 $q\neq4$

3. 设 A 为 n 阶矩阵，α 为 n 维列向量，若 $R\begin{pmatrix}A&\alpha\\\alpha^{\mathrm{T}}&0\end{pmatrix}=R(A)$，则线性方程组（　　）.

(A) $AX=\alpha$ 必有无穷解

(B) $AX=\alpha$ 必有唯一解

(C) $\begin{pmatrix}A&\alpha\\\alpha^{\mathrm{T}}&0\end{pmatrix}\begin{pmatrix}X\\Y\end{pmatrix}=0$ 仅有零解

(D) $\begin{pmatrix}A&\alpha\\\alpha^{\mathrm{T}}&0\end{pmatrix}\begin{pmatrix}X\\Y\end{pmatrix}=0$ 必有非零解

4. 设矩阵 $B=\begin{bmatrix}0&0&1\\0&1&0\\1&0&0\end{bmatrix}$，已知矩阵 A 与 B 相似，则 $R(A-2I)+R(A-I)=$（　　）.

(A) 2　　　　　　(B) 3　　　　　　(C) 4　　　　　　(D) 5

5. 设 α，β 是互相正交的 n 维向量，则下列各式中错误的是（　　）.

(A) $\|\alpha+\beta\|^2=\|\alpha\|^2+\|\beta\|^2$

(B) $\|\alpha+\beta\|=\|\alpha-\beta\|$

(C) $\|\alpha-\beta\|^2=\|\alpha\|^2+\|\beta\|^2$

(D) $\|\alpha+\beta\|=\|\alpha\|+\|\beta\|$

三、（10 分）计算行列式 $D_n=\begin{vmatrix}1-a&a&0&\cdots&0&0\\-1&1-a&a&\cdots&0&0\\0&-1&1-a&\cdots&0&0\\\vdots&\vdots&\vdots&&\vdots&\vdots\\0&0&0&\cdots&1-a&a\\0&0&0&\cdots&-1&1-a\end{vmatrix}$.

四、（8 分）设 α，β，γ 为三维向量，证明：$[(\alpha\times\beta)\cdot\gamma]^2=\begin{vmatrix}\alpha^2&\alpha\beta^{\mathrm{T}}&\alpha\gamma^{\mathrm{T}}\\\beta\alpha^{\mathrm{T}}&\beta^2&\beta\gamma^{\mathrm{T}}\\\gamma\alpha^{\mathrm{T}}&\gamma\beta^{\mathrm{T}}&\gamma^2\end{vmatrix}$.

五、（12 分）设 A 是 n 阶（$n>2$）非零实矩阵，其元 $a_{ij}(i,j=1,2,\cdots,n)$ 与其代数余子式 $A_{ij}(i,j=1,2,\cdots,n)$ 相等.

（1）证明：A 可逆；

(2) 设 $a_{nn} = -1$, $\boldsymbol{b} = (0, \cdots, 0, 1)^{\mathrm{T}}$, 求解线性方程组 $\boldsymbol{AX} = \boldsymbol{b}$.

六、(10 分) 已知 $\boldsymbol{B} = \begin{pmatrix} 1 & -1 & 0 & 0 \\ 0 & 1 & -1 & 0 \\ 0 & 0 & 1 & -1 \\ 0 & 0 & 0 & 1 \end{pmatrix}$, $\boldsymbol{C} = \begin{pmatrix} 2 & 1 & 3 & 4 \\ 0 & 2 & 1 & 3 \\ 0 & 0 & 2 & 1 \\ 0 & 0 & 0 & 2 \end{pmatrix}$, 且矩阵 $\boldsymbol{A}$ 满足等

式 $\boldsymbol{A}(\boldsymbol{I} - \boldsymbol{C}^{-1}\boldsymbol{B})^{\mathrm{T}}\boldsymbol{C}^{\mathrm{T}} = \boldsymbol{I}$, 求矩阵 $\boldsymbol{A}$.

七、(10 分) 设向量组

（Ⅰ）: $\boldsymbol{\alpha}_1 = (2, 4, -2)^{\mathrm{T}}$, $\boldsymbol{\alpha}_2 = (-1, a-3, 1)^{\mathrm{T}}$, $\boldsymbol{\alpha}_3 = (2, 8, b-1)^{\mathrm{T}}$;

（Ⅱ）: $\boldsymbol{\beta}_1 = (2, b+5, -2)^{\mathrm{T}}$, $\boldsymbol{\beta}_2 = (3, 7, a-4)^{\mathrm{T}}$, $\boldsymbol{\beta}_3 = (1, 2b+4, -1)^{\mathrm{T}}$.

问: (1) 当 a, b 取何值时, $R(Ⅰ) = R(Ⅱ)$, 且（Ⅰ）与（Ⅱ）等价?

(2) 当 a, b 取何值时, $R(Ⅰ) = R(Ⅱ)$, 但（Ⅰ）与（Ⅱ）不等价?

八、(10 分) 设 $\boldsymbol{A}_{n \times n} = \begin{pmatrix} a & a & \cdots & a \\ a & a & \cdots & a \\ \vdots & \vdots & & \vdots \\ a & a & \cdots & a \end{pmatrix}$, 求 $\boldsymbol{A}$ 的特征值与特征向量.

九、(10 分) 请谈谈你对矩阵秩的理解, 说明研究矩阵的秩有何意义?

检测题四参考答案

附录二　期末试题与参考答案

试　题　一

一、选择题（每小题 3 分，共 15 分）

1. 设矩阵 A 经过一次初等列变换得到矩阵 B，则（　　　）.

(A) $|A|=|B|$　　　　　　　　　(B) $|A|=-|B|$

(C) $AX=0$ 与 $BX=0$ 同解　　　(D) 如果 $|A|=0$，那么 $|B|=0$

2. 设 n 阶实矩阵 $A，B$ 相似，如下叙述中错误的是（　　　）.

(A) $A，B$ 有相同的特征值　　　(B) $A，B$ 有相同的秩

(C) $A，B$ 合同　　　　　　　　(D) $A，B$ 有相同的行列式

3. 设向量组 $\alpha_1，\alpha_2，\alpha_3$ 线性无关，则下列向量组线性相关的是（　　　）.

(A) $\alpha_1-\alpha_2，\alpha_2-\alpha_3，\alpha_3-\alpha_1$　　　(B) $\alpha_1+\alpha_2，\alpha_2+\alpha_3，\alpha_3+\alpha_1$

(C) $\alpha_1-2\alpha_2，\alpha_2-2\alpha_3，\alpha_3-2\alpha_1$　(D) $\alpha_1+2\alpha_2，\alpha_2+2\alpha_3，\alpha_3+2\alpha_1$

4. 设矩阵 $A=\begin{bmatrix}1&1\\1&1\end{bmatrix}，B=\begin{bmatrix}1&0\\0&0\end{bmatrix}$，则 A 与 B（　　　）.

(A) 合同，且相似　　　　　　　(B) 合同，但不相似

(C) 不合同，但相似　　　　　　(D) 既不合同，又不相似

5. 设向量组 I：$\alpha_1，\alpha_2，\cdots，\alpha_r$ 可由向量组 II：$\beta_1，\beta_2，\cdots，\beta_s$ 线性表出，下列命题正确的是（　　　）.

(A) 若向量组 I 线性无关，则 $r\leqslant s$　(B) 若向量组 I 线性相关，则 $r>s$

(C) 若向量组 II 线性无关，则 $r\leqslant s$　(D) 若向量组 II 线性相关，则 $r<s$

二、填空题（每小题 3 分，共 15 分）

1. 设矩阵 $A=\begin{bmatrix}0&0&0\\1&0&0\\0&1&0\end{bmatrix}$，则 A^2 的秩为_____.

2. 设 $\alpha_1=(2,-1,0)，\alpha_2=(1,0,2)，\alpha_3=(1,1,a)$ 线性相关，则 $a=$_____.

3. 设 $A，B$ 为 3 阶矩阵，且 $|A|=2，|B|=3$，则 $|4A^{-1}B^*|=$_____.

4. 设 A 为 4 阶方阵，A^* 是其伴随矩阵，若 $Ax=0$ 的基础解系只有 2 个向量，则 $R(A^*)=$_____.

5. 设 A 为 3 阶实对称矩阵，且 $A^2+A=O$，若 A 的秩为 2，则 A 的全部特征值为_____.

三、（10 分）求过点 $A(-1,2,3)$ 与直线 $l:\dfrac{x-1}{2}=\dfrac{y+2}{1}=\dfrac{z-3}{1}$ 相交，并且与平面 $4x+3y+z=1$ 平行的直线方程.

四、(10 分) 设 A 为 n 阶矩阵，若线性方程组 $A^4X=0$ 有解向量 α，并且 $A^3\alpha\neq 0$. 证明：向量组 $\alpha,A\alpha,A^2\alpha$ 线性无关.

五、(10 分) 设 A,B,C 均为 n 阶矩阵，设 $B=I+AB,C=A+CA$，证明 $B-C=I$.

六、(10 分) 求线性方程组 $\begin{cases} x_1+x_2+x_3-x_4=2, \\ 2x_1+x_2-2x_3+3x_4=1, \\ 5x_1+3x_2-3x_3+5x_4=4 \end{cases}$ 的通解.

七、(10 分) 设 A 为 3 阶实对称矩阵，A 的秩为 2，且 $A\begin{pmatrix} 1 & 1 \\ 0 & 0 \\ -1 & 1 \end{pmatrix}=\begin{pmatrix} -1 & 1 \\ 0 & 0 \\ 1 & 1 \end{pmatrix}$，求 A 的特征值与对应的全部特征向量.

八、(12 分) 设二次型 $f(x,y,z)=3y^2-2xy+8xz-2yz$.

(1) 用正交变换将原二次型化为标准形，并写出所用正交变换；

(2) $f(x,y,z)=1$ 表示何种类型的二次曲面？

九、(8 分) 设有二元实二次型 $f(x_1,x_2)=(x_1+ax_2)^2+(x_2+ax_1)^2$，其中 a 为实数. 试问：当 a 满足何种条件时，二次型 $f(x_1,x_2)$ 正定.

试题一参考答案

试 题 二

一、选择题 (每小题 3 分，共 15 分)

1. 设 A,B 为两个 n 阶正定矩阵，则( ).

(A) A^*+B^T 一定是正定矩阵　　(B) A^2+B^{-1} 不是正定矩阵

(C) $A-B^{-1}$ 一定是正定矩阵　　(D) AB^{-1} 一定是正定矩阵

2. 设 n 阶实矩阵 A 与 B 相似，$f(x)$ 为实系数多项式，则必有( ).

(A) $|f(A)|=f(|A|)$，$|f(B)|=f(|B|)$

(B) $|f(B)|=|f(A)|$

(C) $|f(A)|\neq|f(B)|$

(D) $f(A)$ 与 $f(B)$ 不一定相似

3. 设 A,B 是 n 阶矩阵，则( ).

(A) $R(A-B)\geqslant R(A)-R(B)$，$R(AB)\leqslant R(A)-R(B)$

(B) $R(A-B)\leqslant R(A)-R(B)$，$R(AB)\leqslant R(A)R(B)$

(C) $R(A-B)\geqslant R(A)+R(B)$，$R(AB)\leqslant R(A)$

(D) $R(A-B)\leqslant R(A)+R(B)$，$R(AB)\leqslant \min\{R(A),R(B)\}$

4. 设 n 阶矩阵 A 的列向量组 Ⅰ：$\boldsymbol{\alpha}_1, \boldsymbol{\alpha}_2, \cdots, \boldsymbol{\alpha}_n$，$n$ 阶矩阵 B 的列向量组 Ⅱ：$\boldsymbol{\beta}_1$，$\boldsymbol{\beta}_2, \cdots, \boldsymbol{\beta}_n$，若 Ⅰ 由 Ⅱ 线性表出，则（　　　　）.

(A) 当 $R(A) = R(B)$ 时，向量组 Ⅰ 与 Ⅱ 不一定等价

(B) 当 $R(A) < R(B)$ 时，向量组 Ⅱ 必线性相关

(C) 当 $R(A) < R(B)$ 时，向量组 Ⅰ 必线性相关

(D) 当 $R(A) = R(B)$ 时，向量组 Ⅰ 必线性相关

5. 实二次型 $f(x_1, x_2, \cdots, x_n) = \boldsymbol{X}^\mathrm{T} \boldsymbol{A} \boldsymbol{X}$ 为正定的充要条件是（　　　　）.

(A) $|\boldsymbol{A}| > 0$

(B) 存在 n 阶可逆矩阵 $\boldsymbol{C}$，使 $\boldsymbol{A} = \boldsymbol{C}^\mathrm{T} \boldsymbol{C}$

(C) 负惯性指数为零

(D) 对某一 $\boldsymbol{X} = (x_1, x_2, \cdots, x_n)^\mathrm{T} \neq \boldsymbol{0}$ 有 $\boldsymbol{X}^\mathrm{T} \boldsymbol{A} \boldsymbol{X} > 0$

二、填空题（每空 3 分，共 15 分）

1. $f(x) = \begin{vmatrix} 1 & 2 & 3 \\ 1 & x-2 & 3 \\ 1 & 2 & x-3 \end{vmatrix} = 0$ 的所有根为 _____.

2. 设 n 阶正交矩阵 $\boldsymbol{A}$，则 $\begin{bmatrix} & -\boldsymbol{A} \\ \boldsymbol{A}^\mathrm{T} & \end{bmatrix} \begin{bmatrix} & -\boldsymbol{A} \\ \boldsymbol{A}^\mathrm{T} & \end{bmatrix}^\mathrm{T} = $ _____.

3. 已知 3 阶矩阵 $\boldsymbol{A}$ 的特征值为 $-1, 3, 2$，则 $\boldsymbol{A}^3 + 2\boldsymbol{A}^*$ 的迹为 _____.

4. 设 $P_i(x_i, y_i, z_i)(i = 1, 2, 3, 4)$ 是空间的 4 个点，则 P_1, P_2, P_3, P_4 共面的充要条件是 $\begin{vmatrix} x_2 - x_1 & y_2 - y_1 & z_2 - z_1 \\ x_3 - x_1 & y_3 - y_1 & z_3 - z_1 \\ x_4 - x_1 & y_4 - y_1 & z_4 - z_1 \end{vmatrix} = $ _____.

5. 二次曲面 $3x^2 + 2y^2 + z^2 - 5xy - 4yz = 1$ 的形状为 _____ 曲面.

三、（10 分）（1）首先考虑 $n = 2$ 的情形，设 $A = \begin{bmatrix} a_1 & a_2 \\ b_1 & b_2 \end{bmatrix}$，试计算行列式 $|AA^\mathrm{T}|$，并在此基础证明 $n = 2$ 情形的柯西不等式：$(a_1^2 + a_2^2)(b_1^2 + b_2^2) \geqslant (a_1 b_1 + a_2 b_2)^2$；

（2）初等数论中有如下结论：若正整数 n_1 和 n_2 都能表示成两整数的平方和，则 $n_1 n_2$ 也能表示成两整数的平方和. 为此设 $n_1 = k_1^2 + k_2^2 = \begin{vmatrix} k_1 & -k_2 \\ k_2 & k_1 \end{vmatrix}$，$n_2 = m_1^2 + m_2^2 = \begin{vmatrix} m_1 & -m_2 \\ m_2 & m_1 \end{vmatrix}$，试运用行列式证明该结论.

四、（10 分）设三阶实对称矩阵 A 的特征值为 $1, 2, 3$，A 对应于特征值 $1, 2$ 的特征向量分别为 $\boldsymbol{\alpha}_1 = (-1, -1, 1)^\mathrm{T}$，$\boldsymbol{\alpha}_2 = (1, -2, -1)^\mathrm{T}$.

（1）求 A 对应于特征值 3 的特征向量；

（2）求矩阵 A.

五、（10 分）设 A 是 n 阶矩阵.

（1）若存在正整数 k，使线性方程组 $A^k X = 0$ 有非零解向量 $\boldsymbol{\alpha}$，且 $A^{k-1} \boldsymbol{\alpha} \neq \boldsymbol{0}$，证明：$\boldsymbol{\alpha}, A\boldsymbol{\alpha}, \cdots, A^{k-1}\boldsymbol{\alpha}$ 线性无关；

(2) 试确定线性方程组 $A^k X = 0$ 的解空间与 $A^{n+1} X = 0$ 的解空间的包含关系;

(3) 证明 $R(A^n) = R(A^{n+1})$.

六、(10分)已知 4 阶方阵 $A = (\pmb{\alpha}_1, \pmb{\alpha}_2, \pmb{\alpha}_3, \pmb{\alpha}_4)$, $\pmb{\alpha}_1, \pmb{\alpha}_2, \pmb{\alpha}_3, \pmb{\alpha}_4$ 为 A 的列向量组, 其中 $\pmb{\alpha}_2, \pmb{\alpha}_3, \pmb{\alpha}_4$ 线性无关, $\pmb{\alpha}_1 = 2\pmb{\alpha}_2 - \pmb{\alpha}_3$, 如果 $\pmb{\beta} = \pmb{\alpha}_1 + \pmb{\alpha}_2 + \pmb{\alpha}_3 + \pmb{\alpha}_4$, 求线性方程组 $A X = \pmb{\beta}$ 的通解.

七、(10分) 设 A 为 n 阶正定矩阵, 试证: 存在正定矩阵 B, 使 $A = B^2$.

八、(11分)设二次型 $f = 5x_1^2 + 5x_2^2 + kx_3^2 - 2x_1x_2 + 6x_1x_3 - 6x_2x_3$ 的秩为 2.

(1) 求 k 及正交变换 $X = PY$, 将 f 化为标准形, 问 $f(x_1, x_2, x_3) = 1$ 是什么曲面;

(2) 求 $f(x_1, x_2, x_3)$ 在条件 $x_1^2 + x_2^2 + x_3^2 = 1$ 下的最大值和最小值.

九、(9分)试论矩阵、向量组、线性方程组之间的关系.

试题二参考答案

试 题 三

一、选择题(每小题 3 分, 共 15 分)

1. 设三角形的顶点为原点 O 及 $A(1, 2, -1)$, $B(1, 1, 0)$, 则该三角形所在平面的法向量为( ).

(A) $(1, -1, -1)$ (B) $(1, 1, -1)$ (C) $(-1, 1, -1)$ (D) $(-1, 1, 1)$

2. 若已知行列式 $\begin{vmatrix} 1 & 3 & a \\ 5 & -1 & 1 \\ 3 & 2 & 1 \end{vmatrix}$ 的代数余子式 $A_{21} = 1$, 则 a 为( ).

(A) 1 (B) 2 (C) 0 (D) 3

3. 设 $\pmb{\alpha}_1 = (a_1, a_2, a_3)$, $\pmb{\alpha}_2 = (b_1, b_2, b_3)$, $\pmb{\alpha}_3 = (c_1, c_2, c_3)$ 为非零向量, 则三直线 $a_i x + b_i y + c_i = 0 (i = 1, 2, 3)$ 相交于一点的充要条件是( ).

(A) $\pmb{\alpha}_1, \pmb{\alpha}_2, \pmb{\alpha}_3$ 线性无关

(B) $\pmb{\alpha}_1, \pmb{\alpha}_2, \pmb{\alpha}_3$ 线性相关

(C) $\pmb{\alpha}_1, \pmb{\alpha}_2, \pmb{\alpha}_3$ 线性相关, 而 $\pmb{\alpha}_1, \pmb{\alpha}_2$ 线性无关

(D) $\pmb{\alpha}_1, \pmb{\alpha}_2$ 线性相关

4. 设 λ_1, λ_2 是矩阵 A 的两个不同的特征值, 对应的特征向量分别为 $\pmb{\alpha}_1, \pmb{\alpha}_2$, 则 $\pmb{\alpha}_1, A(\pmb{\alpha}_1 + \pmb{\alpha}_2)$ 线性无关的充要条件是( ).

(A) $\lambda_1 \neq 0$ (B) $\lambda_1 = 0$ (C) $\lambda_2 = 0$ (D) $\lambda_2 \neq 0$

5. 下列矩阵正定的是( ).

$$(A) \begin{bmatrix} 1 & 1 & 3 \\ 1 & 0 & 1 \\ 3 & 1 & 2 \end{bmatrix} \qquad (B) \begin{bmatrix} 1 & 2 & 0 \\ 2 & 2 & 0 \\ 0 & 0 & 4 \end{bmatrix}$$

$$(C) \begin{bmatrix} 1 & -2 & 0 \\ -2 & 4 & 5 \\ 0 & 5 & -2 \end{bmatrix} \qquad (D) \begin{bmatrix} 2 & 0 & 0 \\ 0 & 1 & 2 \\ 0 & 2 & 5 \end{bmatrix}$$

二、填空题(每小题 3 分,共 15 分)

1. 已知 3 阶矩阵 A 的特征值为 $1,-1,2$,则 $|A^3 - 2A| =$ _____ .

2. 设有向量组 $\boldsymbol{\alpha}_1 = (1,2,3)$, $\boldsymbol{\alpha}_2 = (0,3,5)$, $\boldsymbol{\alpha}_3 = (0,4,6)$,则该向量组秩 $R(\boldsymbol{\alpha}_1, \boldsymbol{\alpha}_2, \boldsymbol{\alpha}_3) =$ _____ .

3. 设 A 是 3 阶实对称矩阵,λ_1 是二重特征根,对应两线性无关的向量 $\boldsymbol{\xi}_1 = (1,2,3)^\mathrm{T}$, $\boldsymbol{\xi}_2 = (-2,1,-1)^\mathrm{T}$,则对应于另一特征值 λ_3 的全部特征向量是 _____ .

4. 已知实二次型 $f(x_1, x_2, x_3) = a(x_1^2 + x_2^2) - x_3^2 - 4x_1x_2 + 4x_1x_3 + 2x_2x_3$ 经可逆线性变换可化为标准形 $f = y_1^2 - y_2^2$,则 $a =$ _____ .

5. 平面曲线 $x^2 - 2y^2 = 3$ 绕 x 轴旋转所得曲面与抛物面 $x = y^2 + z^2$ 的交线在 yOz 平面的投影方程为 _____ .

三、(8 分)设多项式 $f(x) = \begin{vmatrix} 2x & 3 & 1 & 2 \\ x & x & -2 & 1 \\ 2 & 1 & x & 4 \\ x & 2 & 1 & 4x \end{vmatrix}$,求该多项式的常数项.

四、(10 分)设 A 的伴随矩阵 $A^* = \begin{bmatrix} 1 & 0 & 0 & 0 \\ 0 & 1 & 0 & 0 \\ 1 & 0 & 1 & 0 \\ 0 & -3 & 0 & 8 \end{bmatrix}$,且 $ABA^{-1} = BA^{-1} + 3I$,求 B.

五、(10 分)λ 为何值时,方程组 $\begin{cases} x_1 - 2x_2 + 4x_3 = -5, \\ 2x_1 + \lambda x_2 + x_3 = 4, \\ \lambda x_1 + 8x_2 - 2x_3 = 13 \end{cases}$ 有无穷多解,并求其通解.

六、(10 分)证明:二直线 $l_1: \begin{cases} 2x - y + 3z + 3 = 0, \\ x + 10y - 21 = 0, \end{cases}$ $l_2: \begin{cases} 2x - y = 0, \\ 7x + z - 6 = 0 \end{cases}$ 相交,并求出 l_1 与 l_2 的交点、夹角以及 l_1 与 l_2 所确定的平面.

七、(10 分)若向量组 $\boldsymbol{\alpha}_1, \boldsymbol{\alpha}_2, \cdots, \boldsymbol{\alpha}_r$ 可由 $\boldsymbol{\beta}_1, \boldsymbol{\beta}_2, \cdots, \boldsymbol{\beta}_s$ 线性表出,且 $\boldsymbol{\alpha}_1, \boldsymbol{\alpha}_2, \cdots, \boldsymbol{\alpha}_r$ 线性无关,求证:$r \leqslant s$.

八、(12 分)设 $A = \begin{bmatrix} 0 & -1 & 1 \\ -1 & 0 & 1 \\ 1 & a & 0 \end{bmatrix}$,$\boldsymbol{\alpha} = \begin{bmatrix} b \\ c \\ 1 \end{bmatrix}$ 为 A 的属于特征值 -2 的特征向量.

(1) 求 a, b, c 的值;

(2) 求可逆矩阵 P 和对角矩阵 $\boldsymbol{\Lambda}$,使得 $P^{-1}AP = \boldsymbol{\Lambda}$.

九、(10 分)设 $D = \begin{bmatrix} A & C \\ C^{\top} & B \end{bmatrix}$ 为正定矩阵,其中 A,B 分别为 m 阶和 n 阶对称矩阵,C 为 $m \times n$ 矩阵.

(1) 计算 $P^{\top}DP$,其中 $P = \begin{bmatrix} I_m & -A^{-1}C \\ O & I_n \end{bmatrix}$;

(2) 判断矩阵 $B - C^{\top}A^{-1}C$ 是否为正定矩阵,并证明你的结论.

试题三参考答案

试 题 四

一、选择题(每题 3 分,共 15 分)

1. 若方阵 A 满足 $A^2 = A$,I 为单位矩阵,则一定成立( ).

(A) $A = O$ 或 $A = I$ (B) $|A| = 0$ 或 $A = I$

(C) A 为正定矩阵   (D) A 为正交矩阵

2. 设矩阵 $A_{m \times n}$ 的秩为 $r(0 < r < n)$,则下列叙述中不正确的是( ).

(A) 方程组 $AX = 0$ 的任何一个基础解系中都含有 $n - r$ 个线性无关的解向量

(B) 若矩阵 $B_{n \times s}$ 满足 $AB = O$,则 $R(B) \leqslant n - r$

(C) β 为 m 维列向量,$R(A, \beta) = r$,则 β 可由 A 的列向量组线性表出

(D) 非齐次线性方程组 $AX = b$ 必有无穷多个解

3. 设 n 阶方阵 A 与一对角矩阵相似,则下列叙述中正确的是( ).

(A) A 的秩等于 n (B) A 有 n 个互异的特征值

(C) A 一定是对称矩阵   (D) A 有 n 个线性无关的特征向量

4. 设 A,B 为 n 阶实对称矩阵,且都正定,则 AB 是( ).

(A) 可逆矩阵   (B) 正定矩阵   (C) 实对称矩阵   (D) 正交矩阵

5. 设 ξ_1,ξ_2,ξ_3 是齐次线性方程组 $AX = 0$ 的一个基础解系,下列中一定是该方程组的基础解系的是( ).

(A) ξ_1,ξ_2,ξ_3 的一个等价向量组   (B) ξ_1,ξ_2,ξ_3 的一个等秩向量组

(C) ξ_1,$\xi_1 + \xi_2$,$\xi_1 + \xi_2 + \xi_3$ (D) $\xi_1 - \xi_2$,$\xi_2 - \xi_3$,$\xi_3 - \xi_1$

二、选择题(每题 3 分,共 15 分)

1. 设 3 阶方阵 A 的特征值分别为 $1, 2, 3$,则 $|A^* - I| = $ _____.

2. 设 3 阶方阵 A 可逆,$B = \begin{bmatrix} 1 & 1 & 1 \\ 1 & a & 2 \\ 4 & 3 & 2 \end{bmatrix}$,且 $R(ABA) = 2$,则 $a = $ _____.

3. 设 A 为 4×3 矩阵, 则 $|AA^{\mathrm{T}}| = $ _____ .

4. 过点 $M(2,0,-1)$ 且与直线 $l: \begin{cases} 2x-3y+z-6=0, \\ 4x-2y+3z+9=0 \end{cases}$ 平行的直线方程为 _____ .

5. 曲线 $c: \begin{cases} x^2+y^2+z^2=a^2, \\ x^2+y^2-ax=0 \end{cases}$ 在 xOy 平面上的投影为 _____ .

三、(10 分) 设 3 阶方阵 A 的特征值 $-1,1$ 对应的特征向量分别为 $\boldsymbol{\alpha}_1, \boldsymbol{\alpha}_2$, 向量 $\boldsymbol{\alpha}_3$ 满足 $A\boldsymbol{\alpha}_3 = \boldsymbol{\alpha}_2 + \boldsymbol{\alpha}_3$.

(1) 证明: $\boldsymbol{\alpha}_1, \boldsymbol{\alpha}_2, \boldsymbol{\alpha}_3$ 线性无关;

(2) 设 $\boldsymbol{P}=(\boldsymbol{\alpha}_1, \boldsymbol{\alpha}_2, \boldsymbol{\alpha}_3)$, 求 $\boldsymbol{P}^{-1}\boldsymbol{A}\boldsymbol{P}$.

四、计算题 (共 30 分, 每小题 10 分)

1. 设 $|\boldsymbol{A}| = \begin{vmatrix} 1 & -5 & 1 & 3 \\ 1 & 1 & 3 & 4 \\ 1 & 1 & 2 & 3 \\ 2 & 2 & 3 & 4 \end{vmatrix}$, A_{ij} 表示元素 a_{ij} 的代数余子式, 计算 $A_{41} + A_{42} + A_{43} + A_{44}$.

2. 设矩阵 $\boldsymbol{A} = \begin{pmatrix} 1 & 0 & 0 \\ 1 & 1 & 0 \\ 1 & 1 & 1 \end{pmatrix}$, $\boldsymbol{B} = \begin{pmatrix} 0 & 1 & 1 \\ 1 & 0 & 1 \\ 1 & 1 & 0 \end{pmatrix}$, 矩阵 $\boldsymbol{X}$ 满足 $AXA + BXB = AXB + BXA + I$, 求矩阵 $\boldsymbol{X}$.

3. 已知线性方程组 $\begin{cases} x_1+x_2+x_3=0, \\ x_1+2x_2+ax_3=0, \\ x_1+4x_2+a^2x_3=0 \end{cases}$ 与方程 $x_1+2x_2+x_3=a-1$ 有公共解, 求常数 a 的值, 并求公共解.

五、解答题 (共 30 分, 每小题 10 分)

1. 设 A 为 n 阶正定矩阵 $(n \geq 2)$, $\boldsymbol{\alpha}$ 是 n 维非零实列向量, 令矩阵 $\boldsymbol{B} = A\boldsymbol{\alpha}\boldsymbol{\alpha}^{\mathrm{T}}$.

(1) 求 $\boldsymbol{B}$ 的秩;

(2) $A\boldsymbol{\alpha}$ 是不是 $\boldsymbol{B}$ 的特征向量? 并说明理由.

(3) $\boldsymbol{B}$ 是否可对角化? 为什么?

2. 已知 3 阶矩阵 A 对称, 二次型 $\boldsymbol{X}^{\mathrm{T}}\boldsymbol{A}\boldsymbol{X}$ 平方项 x_1^2, x_2^2, x_3^2 的系数均为 0, 设 $\boldsymbol{\alpha} = (1,2,-1)^{\mathrm{T}}$ 满足 $A\boldsymbol{\alpha} = 2\boldsymbol{\alpha}$.

(1) 求二次型 $\boldsymbol{X}^{\mathrm{T}}\boldsymbol{A}\boldsymbol{X}$ 的表达式;

(2) 求正交变换 $\boldsymbol{X}=\boldsymbol{P}\boldsymbol{Y}$ 化二次型为标准形;

(3) 问 $f(x_1,x_2,x_3)=5$ 代表三维空间中二次曲面的形状.

3. 请回答以下问题:

(1) 矩阵的等价、相似与合同有何区别与联系?

(2) 设有矩阵 $\boldsymbol{A} = \begin{pmatrix} 2 & 1 \\ 1 & 0 \end{pmatrix}$ 与 $\boldsymbol{B} = \begin{pmatrix} 1 & 1 \\ 2 & 1 \end{pmatrix}$, 请说明 $\boldsymbol{A}$ 与 $\boldsymbol{B}$ 是否等价, 是否相似, 是否合同?

试题四参考答案